Strömungsmechanik

Heinz Herwig · Bastian Schmandt

Strömungsmechanik

Physikalisch-mathematische Grundlagen
und Anleitung zum Lösen von Aufgaben

4., erweiterte Auflage

 Springer Vieweg

Heinz Herwig
Technische Universität Hamburg-Harburg
Hamburg, Deutschland

Bastian Schmandt
Technische Universität Hamburg-Harburg
Hamburg, Deutschland

ISBN 978-3-662-57772-1   ISBN 978-3-662-57773-8   (eBook)
https://doi.org/10.1007/978-3-662-57773-8

Die Deutsche Nationalbibliothek verzeichnet diese Publikation in der Deutschen Nationalbibliografie; detaillierte bibliografische Daten sind im Internet über http://dnb.d-nb.de abrufbar.

Springer Vieweg
© Springer-Verlag Berlin Heidelberg 2002, 2006, 2015, 2018

Gedruckt auf säurefreiem und chlorfrei gebleichtem Papier

Springer Vieweg ist ein Imprint der eingetragenen Gesellschaft Springer-Verlag GmbH, DE und ist ein Teil von Springer Nature
Die Anschrift der Gesellschaft ist: Heidelberger Platz 3, 14197 Berlin, Germany

Vorwort

Der didaktische Ansatz und die Besonderheiten des vorliegenden Buches sind in dem nachfolgenden Vorwort zur 1. Auflage ausführlich beschrieben. Bis zur inzwischen vierten Auflage sind eine Reihe von Ergänzungen bzw. neue Aspekte hinzugekommen. So wurde das Buch in der dritten Auflage um den Teil C „Thermodynamische Aspekte" erweitert und als zweiter Autor kam Dr. Bastian Schmandt hinzu, der diesen Teil C wesentlich gestaltet hat.

In der vorliegenden vierten Auflage gibt es neben einigen Ergänzungen zur Dimensionsanalyse und diversen Klarstellungen vor allem zwei „Neuerungen":

❐ eine Erweiterung der thermodynamischen Betrachtungen in Kap. 14 auf instationäre, kompressible und verzweigte Strömungen

❐ einen wesentlich erweiterten Übungsteil D, der jetzt über ein eigenes Kapitel mit der Anleitung zum Lösen von Aufgaben verfügt. Darin wird das sog. SMART-Konzept eingeführt, mit dessen Hilfe es gelingen soll (sollte) Übungsaufgaben systematisch und mit einem sinnvollen Konzept anzugehen, zu verstehen und letztlich auch zu lösen.

Hamburg, Sommer 2018 — H. Herwig
B. Schmandt

Vorwort zur 1. Auflage

Dieses Buch soll der Entwicklung Rechnung tragen, dass strömungsmechanische Probleme in Forschung und Entwicklung zunehmend durch den Einsatz leistungsstarker Rechner und weitentwickelter Software gelöst werden. Dieser Trend, beschrieben durch die Abkürzung CFD (*engl.* für: computational fluid dynamics), wird sich in Zukunft mit Sicherheit noch verstärken. Mit dieser Entwicklung ist aber auch eine Gefahr verbunden: Der „Anwender" strömungsmechanischer Computer-Software neigt fast zwangsläufig dazu, diese Programme als „black box" zu sehen und sich aus der physikalisch motivierten und mathematisch begründeten Modellierung eines Problems zurückzuziehen, weil das Programm „das alles kann".

Ohne Kenntnis der physikalischen Zusammenhänge und ohne genaue Vorstellung davon, welche mathematischen Modelle, meist in Form von Differentialgleichungen, im konkreten Fall zum Einsatz kommen, ist eine halbwegs

seriöse Interpretation von numerischen Ergebnissen jedoch nicht möglich! Im Extremfall wird gar nicht eingesehen, dass solche Ergebnisse überhaupt interpretiert werden müssten, da sie doch „die gesuchte Lösung sind".

Vor diesem Hintergrund wird mit dem vorliegenden Buch versucht, von vornherein und immer wieder deutlich zu machen, dass eine angestrebte Problemlösung stets mit einer physikalisch/mathematischen Modellbildung einhergeht, die dem Problem angepasst sein muss. Das grundlegende Konzept besteht dabei darin, frühzeitig die allgemeinen Bilanzgleichungen bereitzustellen und einzelne physikalisch/mathematische Modelle als Spezialfälle dieser allgemeinen Formulierung erkennbar zu machen. Diese Vorgehensweise, die als *deduktiv*[1] bezeichnet werden kann, soll durch folgende Besonderheiten so klar wie möglich realisiert werden:

☞ Es wird stets versucht, den physikalischen Hintergrund mathematischer Gleichungen zu verdeutlichen, bzw. zu zeigen, dass eine physikalische Vorstellung und eine mathematische Formulierung zusammengenommen ein physikalisch/mathematisches Modell ausmachen. Dabei ist es besonders wichtig, stets das Strömungsverhalten eines Fluides von seinem Materialverhalten zu trennen.

☞ Dimensionsanalytische Überlegungen besitzen in diesem Buch einen hohen Stellenwert. Sie tragen zum physikalischen Verständnis entscheidend bei und sind ein wichtiges Element bei der Aufstellung physikalisch/mathematischer Modelle.

☞ Der formale Aufbau der z.T. komplizierten Gleichungssysteme wird einer strengen Ordnung unterworfen, die konsequent beibehalten wird und damit die Zuordnung sich entsprechender Terme erleichtert. Speziell bei der Energiegleichung wird streng nach mechanischer und thermischer Energie unterschieden. Es soll stets präsent sein, dass beide zusammen die im ersten Hauptsatz der Thermodynamik bilanzierte Energie darstellen.

☞ Es wird streng nach dimensionsbehafteten und dimensionslosen Größen unterschieden. Dimensionsbehaftete Größen werden an jeder Stelle durch einen hochgestellten Stern gekennzeichnet. Größen ohne Stern sind damit stets dimensionslose Größen.

Bei der Umsetzung dieses Konzeptes haben viele geholfen. Mein Dank geht in diesem Sinne an Frau Dorit Moldenhauer und Herrn Thorben Vahlenkamp für die Hilfe bei der Gestaltung des Buches, an Herrn Fabian Kock für die numerische Berechnung einer Reihe von Beispielen und an Herrn Dr.

---

[1] Das alternative Vorgehen wird als *induktiv* bezeichnet. Dabei wird ausgehend von stark vereinfachten Modellen zu einer immer umfassenderen Modellierung übergegangen. Die Modelle auf der jeweiligen Stufe können aber nicht abgeleitet, sondern nur bereitgestellt werden. Die konsequente Umsetzung dieses alternativen Konzepts findet sich z.B. in: Herwig, H. (2016): Strömungsmechanik/Einführung in die Physik von technischen Strömungen, 2. Aufl., Springer-Vieweg, Heidelberg

Moschallski sowie Herrn Roland Schmid für die kritische Durchsicht des Manuskriptes, die zu vielen Klarstellungen und Verbesserungen geführt hat. Last but not least geht mein ganz besonderer Dank an Herrn Holger Oest, der die Gesamtgestaltung des Buches übernommen hat und ohne dessen „virtuosen" Umgang mit LATEX und unermüdlichen Einsatz das Buch in dieser Form nicht hätte entstehen können.

Hamburg, Frühjahr 2002   H. Herwig

... und ein etwas anderes Vorwort

Jeder Autor eines Grundlagen-Buches zur Strömungsmechanik steht früher oder später vor folgender Entscheidung:

◻ Soll er die Probleme bei der Darstellung einer im Grunde sehr komplexen Materie verschweigen, bestimmte Sachverhalte als gegeben annehmen, Voraussetzungen nicht im einzelnen nennen, Einschränkungen unerwähnt lassen, Herleitungen sich und dem Leser ersparen? Damit wird dann der Eindruck erweckt: Eigentlich ist alles ganz einfach.

◻ Oder soll er ehrlich sein und sagen: Bestimmte Aspekte, wie z.B. die Turbulenz und ihre Modellierung oder die asymptotische Theorie bei großen Reynolds-Zahlen sind so kompliziert, dass man sie auf Anhieb eigentlich nicht wirklich verstehen kann, auch wenn die Darstellung noch so sorgfältig und überlegt gewählt ist? Und: Die Erfahrung lehrt, dass ein wirkliches Durchdringen von Problemen (leider) bedeutet, dass mit jeder Antwort mindestens zwei neue Fragen entstehen.

Auch dem Autor des vorliegenden Buches ist das grundlegende Problem nicht erspart geblieben, einerseits den Leser nicht „verschrecken" zu wollen, andererseits aber auch dem Anliegen einer gründlichen Vermittlung des Stoffes gerecht zu werden. Da sich Ehrlichkeit im Leben oft doch auszahlt, soll in diesem Buch möglichst nicht verschwiegen werden, dass die Strömungsmechanik vielleicht wirklich „ein schweres Fach" ist.

Fast zwangsläufig wird der Leser deshalb die Erfahrung machen, dass sich Phasen des „... jetzt habe ich es aber wirklich verstanden" mit denen des „... dann verstehe ich aber nicht mehr, wieso ..." ablösen. Genau so läuft aber ein Lernprozess ab, der zu einem sukzessiv vertieften Verständnis von Problemen führt. Das vorliegende Buch ist als Hilfestellung in diesem Prozess gedacht.

Hamburg, Frühjahr 2002   H. Herwig

Inhalt

Teil A Grundlagen

Teil B   Die physikalisch/mathematische Modellierung spezieller Strömungen

B1 Eindimensionale Näherung

B2 Zweidimensionale Näherung

Teil C Strömungen aus thermodynamischer Sicht

TEIL A

GRUNDLAGEN

Im Teil A des Buches werden Grundlagen der Strömungsmechanik behandelt. Neben der Beschreibung und Erläuterung grundlegender Phänomene sollen vor allem die weitgehend allgemeingültigen Bilanzgleichungen bereitgestellt werden. Der Schwerpunkt liegt dabei weniger auf dem formalen Aspekt der mathematischen Herleitung, als vielmehr auf der Erläuterung des physikalischen Hintergrundes. Dies gilt besonders bezüglich des Turbulenzproblems, das ausführlich behandelt wird.

Im Teil B des Buches werden die allgemeinen Bilanzgleichungen dann anschließend für verschiedene Strömungen systematisch vereinfacht und auf das jeweils dem Problem angepasste Maß reduziert.

1 Überblick über verschiedene Strömungen und ihre physikalischen Merkmale

1.1 Vorüberlegungen

1.1.1 Gegenstand der Strömungsmechanik

Die Strömungsmechanik befasst sich mit dem kinematischen und dynamischen Verhalten von *Fluiden*. Der Begriff Fluid umfasst dabei Flüssigkeiten und Gase und hat sich als Oberbegriff auch deshalb eingebürgert, weil in bestimmten thermodynamischen Zustandsbereichen (in der Nähe des sog. kritischen Zustandes) keine klare Trennung zwischen einem flüssigen und einem gasförmigen Zustand möglich ist. In diesem Sinne wird im englischsprachigen Raum der Begriff *fluid mechanics* verwendet.

Der entscheidende Unterschied eines Fluides im Vergleich zu einem Festkörper besteht im sog. *Verformungsverhalten*. Während ein Festkörper unter einer aufgeprägten, zeitlich konstanten Scherkraft eine endliche Verformung zeigt, treten bei Fluiden ständig anwachsende, d.h. nicht-endliche Verformungen auf. Dies wird als *Strömen* bezeichnet. In vielen Fällen sind bei Festkörpern die Verformungen direkt proportional zu den aufgeprägten Kräften, bei Fluiden hingegen die *Geschwindigkeiten* der Verformung (also die zeitlichen Änderungen der Verformungen).

Damit wird sofort eine besondere Schwierigkeit bei der Beschreibung von Strömungen deutlich: Während ein Festkörper auch unter der Wirkung von Kräften in Raum und Zeit leicht und eindeutig zu identifizieren ist, wird ein Fluid„körper" permanent deformiert und verliert seine ursprüngliche Identität. Wie später gezeigt wird, geht man deshalb bei Strömungen häufig von einer materiellen Beschreibung bzgl. des Verhaltens bestimmter Fluid-Partikel auf eine sog. ortsfeste Beschreibung über, die einzelne Strömungsgrößen an einem festen Ort in einem durchströmten Gebiet erfasst.

1.1.2 Strömungsmechanik als Kontinuumstheorie

Abgesehen von wenigen extremen Ausnahmesituationen kann eine Strömung in sehr guter Näherung als ein Kontinuum behandelt werden. Damit wird unterstellt, dass alle beteiligten physikalischen Größen eine kontinuierliche Verteilung in Raum und Zeit aufweisen. Es können aber noch unterschiedliche Werte zu beiden Seiten von Phasengrenzen auftreten, wie z.B. bzgl. der Dichte an einer Gas/Flüssigkeits-Grenze.

Diese Kontinuums-Modellvorstellung führt zu brauchbaren Ergebnissen, solange typische Abmessungen und typische Zeiten in den Betrachtungen sehr

© Springer-Verlag Berlin Heidelberg 2018
H. Herwig und B. Schmandt, *Strömungsmechanik*,
https://doi.org/10.1007/978-3-662-57773-8_1

groß gegenüber den Abmessungen und Zeiten sind, die den molekularen Aufbau des Fluides bestimmen. Modellvorstellungen sind dabei nicht nach den Kriterien „richtig" oder „falsch" zu beurteilen, sondern nach „brauchbar" oder „unbrauchbar" zur Beschreibung von interessierenden Vorgängen. Eine Kontinuums-Modellvorstellung wäre in diesem Sinne völlig unbrauchbar, um die Wechselwirkung einzelner Moleküle zu beschreiben. Deren „aufsummierte" Wirkung bestimmt aber das Verhalten einer Strömung, so dass diese dann wiederum sinnvoll mit einem Kontinuums-Modell beschrieben werden kann.

Bei der Verwendung einer Modellvorstellung müssen die Grenzen der Anwendbarkeit prinzipiell angegeben werden können. Im vorliegenden Fall ist dies die Frage nach den Abmessungen bzw. Zeiten, die als typische (charakteristische) Werte nicht unterschritten werden dürfen, um die Anwendung der Kontinuums-Modellvorstellung zu rechtfertigen. Dies soll im folgenden am Beispiel der Dichte ϱ^* eines Fluides diskutiert werden. Im Sinne der Kontinuumstheorie definiert man sie als

$$\varrho^* = \lim_{\Delta V^* \to 0} \frac{\Delta m^*}{\Delta V^*} \quad , \tag{1.1}$$

d.h. in einem „verschwindenden" Volumen und damit als eine physikalische Größe an einem Punkt des Strömungsfeldes.

Wollte man den Grenzprozess $\lim_{\Delta V^* \to 0}$ nun in der Realität nachvollziehen, so müssten nacheinander immer kleinere Volumenelemente ΔV^* aus dem Strömungsfeld isoliert und deren Masse Δm^* bestimmt werden. Dieses Δm^* ist dabei stets die aufsummierte Masse endlich vieler einzelner Moleküle. Solange deren Anzahl sehr groß ist, werden die Ergebnisse auch bei mehrmaliger Wiederholung „praktisch" zum gleichen Ergebnis führen. Erst wenn die Anzahl von Molekülen im Volumen ΔV^* klein wird, spielen statistische Schwankungen (d.h. Änderungen bei mehrmaliger Wiederholung) eine Rolle und markieren damit die Grenzen der Kontinuums-Modellvorstellung. Im nachfolgenden Beispiel 1.1 wird diese Überlegung für Luft unter Atmosphären-Bedingungen konkretisiert.

Bei Gasen sollten die charakteristischen Abmessungen eines Strömungsgebietes L_c^* deutlich größer als die sog. *mittlere freie Weglänge* λ^* der Moleküle sein. Diese Länge beschreibt den Weg, den ein Molekül im statistischen Mittel zurücklegt, bis es zu einer Wechselwirkung (meistens einem Stoß) mit einem anderen Molekül kommt. Sie entspricht unter Normbedingungen etwa dem 25fachen des mittleren Molekülabstandes. Der entsprechende Zahlenwert für λ^* von Luft ist $\approx 5 \cdot 10^{-8}$ m $= 0,05\,\mu$m. Setzt man beide Längen ins Verhältnis und bildet damit die sog. *Knudsen-Zahl* Kn, so gilt als Bedingung für die Anwendbarkeit der Kontinuums-Modellvorstellung bei Gasen

$$\mathrm{Kn} = \frac{\lambda^*}{L_c^*} < c \quad \text{mit} \quad c \approx 0{,}01 \tag{1.2}$$

Mit $\lambda^* \approx 0{,}05\,\mu$m gelangt man also bei Gasströmungen durch Mikrostrukturen im μm-Bereich ($L_c^* \approx 5\,\mu$m gemäß (1.2)) bereits an die Grenzen der Kon-

tinuumstheorie. Für Flüssigkeiten und Festkörper ist das Konzept der freien Weglänge nicht sinnvoll. Da der mittlere Abstand der Moleküle bei Gasen (unter Normbedingungen) etwa *zehn* Durchmesser beträgt, bei Flüssigkeiten (und Festkörpern) aber nur etwa *einen* Durchmesser, kann die untere Grenze für die Anwendbarkeit der Kontinuums-Modellvorstellung bei Flüssigkeiten etwa zehnmal niedriger angesetzt werden als bei Gasen. Dies entspricht einer charakteristischen Länge L_c^* von etwa $0,5\,\mu$m.

Beispiel 1.1: *Die Bestimmung der Dichte von Gasen unter Berücksichtigung der molekularen Struktur*

Luft im sog. Normzustand ($p^* = 1,013\,25$ bar, $T^* = 0\,^\circ$C) enthält etwa $3 \cdot 10^{19}$ Moleküle pro Kubikzentimeter. Der mittlere Abstand zwischen den einzelnen Molekülen von etwa $2 \cdot 10^{-9}$ m entspricht dabei dem zehnfachen Moleküldurchmesser. Wenn, wie zuvor ausgeführt, die mittlere freie Weglänge λ^* etwa 25 Molekülabständen entspricht, werden also Wege von etwa 250 Moleküldurchmessern zurückgelegt, bis das nächste Stoßereignis eintritt.

Nimmt man nun ein würfelförmiges Volumen mit der Kantenlänge λ^* an, so sind darin im Mittel $25^3 \approx 16\,000$ Moleküle enthalten. Mit Hilfe der sog. kinetischen Gastheorie kann man für dieses Volumen ermitteln, dass die Dichte als $\varrho_\Delta^* = \Delta m^*/\Delta V^* = \Delta m^*/\lambda^{*\,3}$ im zeitlichen Mittel (also bei ständiger Wiederholung der Auswertung von $\Delta m^*/\lambda^{*\,3}$) um ca. $0,8\,\%$ schwankt. Diese Prozentangabe entspricht der statistischen Standardabweichung. Reduziert man die Kantenlänge des betrachteten Würfels auf $0,1 \cdot \lambda^*$, so enthält dieser im Mittel noch 16 Moleküle. Trotzdem schwankt $\varrho_\Delta^* = \Delta m^*/(0,1\lambda^*)^3$ um „nur" etwa $25\,\%$. Diese Überlegungen bestätigen λ^* als sinnvolles Maß zur Abgrenzung des Brauchbarkeitsbereiches der Kontinuums-Modellvorstellung.

Übrigens: Wollte man die Moleküle in einem Kubikzentimeter zählen und hätte dafür ein Gerät zur Verfügung, das eine Milliarde Moleküle pro Sekunde zählen könnte, brauchte man immerhin noch ca. 1 000 Jahre!

1.2   Verschiedene Aspekte zur Charakterisierung von Strömungen

In Natur und Technik vorkommende Strömungen können sehr verschieden sein, d.h., sehr unterschiedliche Aspekte können von bestimmendem und deshalb in der Beschreibung nicht zu vernachlässigendem Einfluss sein. Häufig wird man mehrere solcher Teilaspekte benennen müssen, um eine bestimmte Strömung zu charakterisieren.

Im Sinne einer systematischen Vorgehensweise ist es wichtig, von vornherein das *Strömungsverhalten* vom *Materialverhalten* des Fluides (auch: Fluidverhalten) klar zu trennen.

1.2.1   Aspekte des Strömungsverhaltens

Zunächst (weitgehend) unabhängig von der Frage um welches Fluid es sich handelt, kann eine Strömung bezüglich folgender Aspekte charakterisiert werden:

☐ UMSTRÖMUNGEN/DURCHSTRÖMUNGEN

Dies charakterisiert ein Strömungsfeld in Bezug auf begrenzende Wände.
Durchströmungen sind dabei bis auf Ein- und Auslässe vollständig durch
Wände begrenzt; ein typisches Beispiel ist die Durchströmung eines Rohres. *Umströmungen* von Körpern sind nach außen hin prinzipiell unbegrenzt; ein typisches Beispiel ist die Umströmung eines Flugzeugtrag-
flügels zur aerodynamischen Auftriebserzeugung.

Diese Unterscheidung nach Durch- und Umströmungen ist sinnvoll,
weil man beide Strömungen häufig sehr unterschiedlich behandeln kann
bzw. muss. Andererseits ist die Entscheidung, welche Form vorliegt, keineswegs immer trivial. So kann z.B. die Strömung in einem Gitterverband
einer Turbine als Umströmung der einzelnen (benachbarten) Schaufeln interpretiert werden, aber auch als Durchströmung der von den Schaufeln
gebildeten Kanäle.

☐ ERZWUNGENE/NATÜRLICHE/GEMISCHTE KONVEKTION

Diese Unterscheidung hebt auf die Ursachen für das Zustandekommen
einer Strömung ab.

Eine *erzwungene Konvektion* (Strömung) entsteht als Folge eines ex-
ternen, in der Regel mechanischen, Antriebes z.B. in Form einer Pumpe (Förderung von Flüssigkeiten), eines Gebläses (Förderung von Gasen)
oder auch durch eine bewegte Wand, die angrenzende Fluidbereiche „mit-
reißt".

Eine *natürliche Konvektion* (bisweilen auch als *freie Konvektion* bezeichnet) entsteht als Folge eines internen Antriebes, mit dem die Strömung versucht, einen neuen „Gleichgewichtszustand" zu erreichen. Häufig
sind dies Auftriebsströmungen aufgrund von Dichteunterschieden im Fluid. Zu diesen Dichteunterschieden kommt es z.B. wenn Temperaturunterschiede auftreten und die Dichte ϱ^* eine Temperaturabhängigkeit $\varrho^*(T^*)$
aufweist. Ein typisches Beispiel ist die thermische Auftriebsströmung an
einem Heizkörper. Treten beide Strömungsursachen gemeinsam auf, so
entsteht eine *gemischte Konvektion*.

Aus thermodynamischer Sicht handelt es sich bei erzwungener Konvektion um einen Energieeintrag *in Form von Arbeit*, bei natürlicher Konvektion aber *in Form von Wärme*.

☐ LAMINARE/TURBULENTE STRÖMUNGEN

Dies sind zwei Strömungsformen mit grundsätzlich verschiedenem Charakter. Während eine laminare Strömung eine räumlich und zeitlich wohl-
geordnete *Schichtenströmung* darstellt (lamina *lat.* = Schicht), bei der
die einzelnen Fluidpartikel wie in geordneten Bahnen (Schichten) nebeneinander herströmen, sind turbulente Strömungen durch eine überlagerte
Schwankungsbewegung charakterisiert. Dies führt zu einem weitgehend
ungeordneten Verhalten der Fluidpartikel, die man dann nicht mehr ge-

ordneten Bahnen zuordnen kann. Als wesentliche Folge dieser Schwankungsbewegung tritt ein erhöhter Impulsaustausch zwischen benachbarten Fluidbereichen auf, der insgesamt dazu führt, dass z.B. turbulent umströmte Körper einen höheren Reibungswiderstand aufweisen als bei laminarer Umströmung vorliegen würde.

Technisch relevante Strömungen sind fast ausnahmslos turbulent, so dass diesem Aspekt naturgemäß eine sehr große Bedeutung zukommt.

◻ STATIONÄRE/INSTATIONÄRE STRÖMUNGEN

Betrachtet man eine Strömung als ortsfester Beobachter, der sich nicht mit der Strömung mitbewegt, so wird diese als *stationär* bezeichnet, wenn sich die beobachteten Strömungsgrößen mit der Zeit nicht verändern. Entsprechend werden zeitlich veränderliche Strömungen als *instationär* bezeichnet. Dabei können insbesondere *transiente Strömungen* auftreten, die in ihrer zeitlichen Entwicklung den Übergang in zeitunabhängige stationäre Strömungen darstellen, oder *periodische Strömungen*, die ein zeitabhängiges aber periodisch wiederkehrendes Verhalten zeigen.

Bei turbulenten Strömungen, die aufgrund der überlagerten Schwankungsbewegung zunächst von Natur aus stets instationär sind, bezieht sich die Unterscheidung nach stationär/instationär auf eine (über jeweils kurze Zeiträume) gemittelte Strömung. Turbulenz und eine mögliche Instationarität der zeitgemittelten Strömung spielen sich daher auf unterschiedlichen Zeitskalen ab.

◻ KOMPRESSIBLE/INKOMPRESSIBLE STRÖMUNGEN

Ein wesentliches Unterscheidungsmerkmal ist durch das Verhalten der Fluid-Dichte ϱ^* im betrachteten Strömungsfeld gegeben. Treten im Feld keine nennenswerten Dichteänderungen auf, spricht man von einer in erster Näherung *inkompressiblen Strömung*. Dies ist wohlgemerkt zunächst eine Eigenschaft des Strömungsfeldes und nicht des Fluides. Die thermodynamische Fluideigenschaft, dass sich die Dichte z.B. in Folge von Druck- oder Temperaturänderungen verändern kann, ist nur eine notwendige Bedingung dafür, dass eine Strömung *kompressibel* ist. Erst wenn in dem Strömungsfeld dann auch tatsächlich erhebliche Dichteänderungen auftreten, liegt eine kompressible Strömung vor.

Bezieht man die Kategorie kompressibel/inkompressibel, also sowohl auf das Strömungsfeld als in einer zweiten Bedeutung auch auf das Fluidverhalten, so kann es z.B. eine inkompressible Strömung eines kompressiblen Fluides geben.

◻ REIBUNGSBEHAFTETE/REIBUNGSFREIE STRÖMUNGEN

Wesentliche Mechanismen für die Ausbildung von Strömungen sind Reibungs-, Druck- und Volumenkräfte, die auf die einzelnen Fluidpartikel wirken und diese zur Bewegung bzw. zu einer Bewegungsänderung veranlassen. Soll das Fluid nicht in Ruhe oder einer gleichförmigen Bewegung

verharren, so muss mindestens eine dieser Kräfte wirken. Reibungskräfte treten dabei auf, wenn Fluidpartikel eine Relativbewegung zueinander besitzen und sich aufgrund von molekularen Wechselwirkungen (z.B. Anziehungskräften) gegenseitig „mitreißen". Aus makroskopischer Sicht ist dafür die sog. *Viskosität* von Fluiden verantwortlich.

Wenn nun keine besonders großen Relativbewegungen vorhanden sind, können die Reibungskräfte u.U. sehr viel kleiner als die Druck- und Volumenkräfte sein und deshalb in erster Näherung vernachlässigt werden. Auch hier ist wieder entscheidend, dass es sich um eine Aussage über das Strömungsfeld handelt und nicht über das Fluidverhalten. Eine reibungsfreie Strömung ist danach eine Strömung, in der Reibungskräfte eine in erster Näherung vernachlässigbare Rolle spielen. Wiederum ist die Viskosität eines Fluides als Stoffeigenschaft nur die notwendige Voraussetzung für das Auftreten einer reibungsbehafteten, also durch Reibungskräfte beeinflussten Strömung. In diesem Sinne kann es also die reibungsfreie Strömung eines viskosen Fluides geben.

◻ EIN-/ZWEI-/DREIDIMENSIONALE STRÖMUNGEN

In besonderen Situationen, z.B. hervorgerufen durch eine spezielle geometrische Form des Strömungsfeldes, kann es vorkommen, dass eine oder zwei Komponenten des zunächst allgemein dreidimensionalen Geschwindigkeitsvektors vernachlässigbar kleine Werte besitzen. Stellt man die Geschwindigkeitsvektoren in kartesischen Koordinaten dar, so entsteht bei Vernachlässigung einer Komponente eine sog. *ebene Strömung*. Diese besitzt in Schnittebenen parallel zur eigentlichen Darstellungsebene dasselbe Strömungsbild bzgl. der beiden nichtverschwindenden Geschwindigkeitskomponenten.

Geschwindigkeitsvektoren in Zylinderkoordinaten, bei denen jeweils die azimutale Geschwindigkeitskomponente vernachlässigt werden kann, führen auf sog. *rotationssymmetrische* Strömungen. Kann eine zweite Komponente vernachlässigt werden, das Geschwindigkeitsfeld also nur noch bzgl. einer Koordinate variieren, so spricht man von einer eindimensionalen Strömung

Bei turbulenten Strömungen, die aufgrund der überlagerten Schwankungsbewegung von Natur aus dreidimensional sind, beziehen sich die Aussagen zur eingeschränkten Dimensionalität auf die zeitlich gemittelten Geschwindigkeitsfelder, die als solche auch keine Schwankungen mehr im Raum aufweisen.

Man sollte sich aber stets sorgfältig davon überzeugen, dass die Vernachlässigung bestimmter dreidimensionaler Effekte, die in aller Regel vorhanden sind, auch wirklich gerechtfertigt ist und die Strömung damit als eben, rotationssymetrisch oder eindimensional bezeichnet werden kann.

1.2.2 Aspekte des Fluidverhaltens

Die im vorigen Abschnitt aufgeführten Strömungskategorien gelten als Unterscheidungsmerkmale für Strömungen, weitgehend unabhängig davon, welches Fluid strömt. Lediglich einige wenige notwendige Voraussetzungen müssen bezüglich der beteiligten Fluide vorliegen, um eine bestimmte Strömungskategorie zu ermöglichen (wie z.B. die Variabilität der Dichte für eine kompressible Strömung).

Im konkreten Anwendungsfall spielt aber natürlich auch das Fluidverhalten eine große Rolle. Im Sinne einer systematischen Beschreibung kann ein Fluid bezüglich folgender Aspekte charakterisiert werden:

☐ NEWTONSCHES/NICHT-NEWTONSCHES FLUID

In einem Versuch, dessen prinzipieller Aufbau in Bild 1.1 skizziert ist, kann ermittelt werden, wie ein Fluid auf eine einfache Scherbelastung reagiert. Dies ist für Strömungen ein wichtiger Aspekt. Dazu wird das zu untersuchende Fluid zwischen zwei parallel angeordnete Platten mit den Flächen A^* gebracht. Man bewegt dann die obere Platte in ihrer eigenen Ebene gegenüber der unteren Platte und erzeugt auf diese Weise eine laminare Strömung, die nach einer gewissen Anlaufzeit (abgesehen von Abweichung an den Plattenrändern) zu der skizzierten Geschwindigkeitsverteilung führt. Diese Strömung heißt (laminare) *Couette-Strömung*. Erfahrungsgemäß erfordert die Relativbewegung der Platten zueinander eine Kraft, die um so größer wird, je schneller die Platten in dieser Anordnung gegeneinander bewegt werden. Es gibt also einen funktionalen Zusammenhang zwischen der Relativgeschwindigkeit U^* und der Kraft F^*, mit der beide Platten gegeneinander bewegt werden. Um eine Aussage unabhängig von der Plattengröße zu erhalten, bildet man $\tau^* = F^*/A^*$ als sog. *Schub-* oder *Scherspannung*. Da in der gewählten Anordnung keine weiteren Kräfte beteiligt sind, folgt unmittelbar, dass in jeder plattenpar-

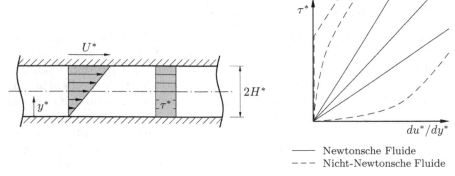

—— Newtonsche Fluide
– – – Nicht-Newtonsche Fluide

Bild 1.1: Scherströmung zwischen zwei parallelen Platten (Couette-Strömung); charakteristische Verläufe verschiedener Fließgesetze

allelen Ebene im Fluid die gleich große aber entgegengesetzte Scherkraft (Schubspannung × Fläche) zur Erfüllung des Kräftegleichgewichtes vorhanden sein muss, dass also im gesamten Strömungsfeld ein konstanter Wert τ^* existiert.

Würde man nun τ^* als Funktion von U^* suchen, so würden in diesem Zusammenhang Strömungs- und Fluideigenschaften gleichermaßen vorkommen, weil das Ergebnis nicht nur davon abhängt, welches Fluid den Zwischenraum füllt, sondern auch, wie groß der Plattenabstand H^* ist, d.h. welches Strömungsfeld vorliegt. Wenn man aber den Zusammenhang zwischen τ^* und einem Geschwindigkeits*gradienten* $du^*/dy^* = U^*/2H^*$ bestimmt, kann man in Gedanken den Plattenabstand H^* beliebig wählen, solange nur $U^*/2H^*$ dabei seinen Wert beibehält. Dieses sog. *Fließgesetz*, also τ^* als Funktion von du^*/dy^*, formal geschrieben als

$$\tau^* = \tau^* \left(\frac{du^*}{dy^*} \right) ,$$

ist somit eine reine Fluideigenschaft und besagt, mit welchem Geschwindigkeitsgradienten ein Fluid auf eine aufgeprägte Schubspannung reagiert.

Die Experimente ergeben für eine Reihe technisch wichtiger Fluide (wie z.B. Wasser und Luft) den einfachen Zusammenhang

$$\tau^* = \eta^* \frac{du^*}{dy^*} \quad \text{mit} \quad \eta^* = \text{const} \tag{1.3}$$

wobei mit der Konstanten η^* die sog. *dynamische Viskosität* (oder einfach: Viskosität, aber nicht: Zähigkeit) eingeführt worden ist. Fluide, die sich gemäß (1.3) verhalten, werden als *Newtonsche Fluide* bezeichnet; Gleichung (1.3) heißt nach Isaac Newton *Newtonsches Reibungsgesetz*.

Es gibt aber sehr viele Fluide (wie z.B. Lackfarben, Honig oder Blut), die einen komplizierteren Zusammenhang zwischen τ^* und du^*/dy^* besitzen und konsequenterweise als *Nicht-Newtonsche Fluide* bezeichnet werden.

◻ EINPHASIGES/MEHRPHASIGES FLUID

In vielen technisch wichtigen Strömungen (wie z.B. in Verdampfern oder Kondensatoren) treten Fluide in verschiedenen Phasen gleichzeitig auf, so dass man dann verkürzt von *Mehrphasenströmungen* (statt Strömungen von Fluiden mit mehreren Phasen) spricht. Dabei ist für die Behandlung solcher Probleme danach zu unterscheiden, ob es in der Strömung zu einem Phasenwechsel kommt oder nicht.

Dieser Phasenwechsel ist z.B. bei Kondensatoren und Verdampfern ein entscheidender Vorgang in der Strömung. Es gibt aber auch Strömungen eines Fluides mit mehr als einer Phase aber ohne Phasenwechsel.

Zu Mehrphasenströmungen kann es auch kommen, wenn mehr als eine Komponente an der Strömung beteiligt ist; so kommen z.B. bei Gas-Fest-

stoffströmungen der pneumatischen Förderung von granulösen Materialien zwei Phasen, aber keine Phasenübergänge vor.

Anmerkung 1.1: *Teilgebiete der Strömungsmechanik*

Für Teilgebiete der Strömungsmechanik haben sich eigene Namen eingebürgert, die meist schon erkennen lassen, welche Strömungen darin schwerpunktmäßig behandelt werden. In diesem Sinne sind folgende Bezeichnungen gebräuchlich:

❏ AERODYNAMIK:

> Schwerpunkt ist die Strömung von Gasen im gesamten Geschwindigkeitsbereich (Unter- bis Überschallströmungen). Eine entscheidende Fragestellung bezieht sich auf die Kräfte, die an umströmten Körpern auftreten, wie z.B. den Auftrieb an einem Flugzeugtragflügel.

❏ GASDYNAMIK:

> Auch die Gasdynamik befasst sich mit der Strömung von Gasen, schwerpunktmäßig aber im Bereich hoher Geschwindigkeiten, wo Kompressibilitätseffekte eine wichtige Rolle spielen. Reibungseffekte werden weitgehend vernachlässigt, so dass die Strömungen meist als reibungsfreie Strömungen modelliert werden. Zusätzlich wird das thermodynamische Verhalten der Gase einbezogen, insbesondere wenn chemische Reaktionen, wie z.B. bei der Verbrennung hinzukommen.

❏ HYDRODYNAMIK:

> Schwerpunkt ist die Strömung bei relativ niedrigen Geschwindigkeiten, bei denen Dichteänderungen nicht vorkommen bzw. vernachlässigt werden können (inkompressible Strömungen). Häufig wird der Begriff auf die Strömung von Flüssigkeiten bezogen, bei denen die fehlende Kompressibilität eine Fluideigenschaft ist.

❏ HYDRAULIK:

> Wie bei der Hydrodynamik werden inkompressible Strömungen betrachtet. Als weitere Einschränkung kommt hinzu, dass diese Strömungen in Rohrleitungen bzw. geschlossenen Systemen stattfinden. Ein wichtiger Aspekt ist die Kraftübertragung und -Verstärkung in solchen Systemen.

❏ HYDROSTATIK:

> Im eigentlichen Sinne ist dies kein Teilgebiet der Strömungsmechanik, da Fluide gerade in dem Zustand untersucht werden, in dem keine Strömung vorliegt. Trotzdem sind die Verhältnisse, insbesondere bzgl. des Druckes, in ruhenden Fluiden auch für strömende Fluide von Bedeutung, da sie die Grenzfälle darstellen, die Gesetzmäßigkeiten für strömende Fluide enthalten müssen.

❏ RHEOLOGIE:

> Dieses Teilgebiet der Strömungsmechanik befasst sich mit den Materialgesetzen sowie der Strömung von Nicht-Newtonschen Fluiden, s. dazu Gleichung (1.3).

2 Physikalisch/mathematische Modellbildung in der Strömungsmechanik

2.1 Vorüberlegungen

Praktisch alle im Alltag und in der Technik vorkommenden Strömungen sind – bis ins Detail analysiert – so kompliziert, dass sie sich einer exakten Beschreibung entziehen. Man ist häufig auch gar nicht an allen Details interessiert, sondern möchte eine Aussage über die wichtigen bzw. die wesentlichen Größen haben. Das bedeutet aber, dass mit Hilfe mathematischer Beziehungen nicht die Strömung selbst beschrieben wird, sondern ein (gedachtes, abstraktes) Modell, das eine Reihe gleicher Merkmale und Eigenschaften wie die reale Strömung besitzt, aber nicht bzgl. aller Details eine jeweilige Entsprechung aufweist. Bild 2.1 soll veranschaulichen, dass es neben der Realitätsebene eine Modellebene gibt, in der die mathematische Beschreibung erfolgt. Sinnvollerweise spricht man dann von einem *physikalisch/mathematischen Modell*. Die mathematische Beschreibung ist in Bezug auf das Modell exakt, d.h. Abweichungen zur Realität äußern sich nur in nicht vorhandenen Entsprechungen zwischen beiden Ebenen.

Ein solches physikalisch/mathematisches Modell kann nicht für sich danach beurteilt werden, ob es ein „gutes" oder ein „schlechtes" Modell ist,

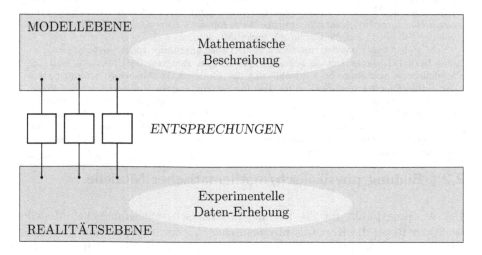

Bild 2.1: Realitätsebene (Strömung) und Modellebene (physikalische Vorstellung formuliert als mathematische Beziehung = physikalisch/mathematisches Modell)

© Springer-Verlag Berlin Heidelberg 2018
H. Herwig und B. Schmandt, *Strömungsmechanik*,
https://doi.org/10.1007/978-3-662-57773-8_2

sondern nur in Bezug auf die Realität. Die Frage ist also, ob es ein brauchbares Modell darstellt, um die betrachtete Strömung (Realitätsebene) näherungsweise zu beschreiben. Kategorien wie „falsch" oder „richtig" sind hier nicht angebracht; eine bestimmte Modellvorstellung kann im konkreten Fall nur mehr oder weniger brauchbar sein.

Es ist wichtig und hilfreich, sich zu vergegenwärtigen, dass man sich mit der Beschreibung von Strömungen durch mathematische Beziehungen (wie sie z.B. in diesem Buch erfolgt) auf der Modellebene bewegt. Durch den Vergleich mit der Realität, d.h. durch den Vergleich mit experimentellen Daten (die stets auf der Realitätsebene erhoben werden), muss man sich dann vergewissern, ob hinreichende Entsprechungen vorhanden sind, um von einem brauchbaren physikalisch/mathematischen Modell sprechen zu können. Dieser Vergleich wird Validierung des Modells genannt. Da ein Modell nur bezüglich einiger, aber nicht aller Aspekte eine Entsprechung mit der Realität aufweist, kann es u.U. zu scheinbaren Unstimmigkeiten kommen, wie Beispiel 2.1 zeigt. Neben der *Validierung* eines Modells ist auch noch die *Verifikation* der numerischen Lösung erforderlich. Beides wird im späteren Kapitel 12 in Anmerkung 12.1 näher erläutert.

Beispiel 2.1:   *Strömung durch eine plötzliche Querschnittserweiterung; das physikalisch/mathematische Modell einer eindimensionalen Strömung*

Die nachfolgende Abbildung B2.1 zeigt auf der Realitätsebene drei typische Geschwindigkeitsprofile (Profile der Axial-Geschwindigkeitskomponente). Unmittelbar hinter der Erweiterung sind Rückströmungen im sog. Ablösegebiet zu erkennen.

Ein sehr einfaches physikalisch/mathematisches Modell kann diese Strömung als eine eindimensionale reibungsfreie Strömung beschreiben. Die eindimensionalen Profile können als über den Querschnitt gemittelte „reale" Profile interpretiert werden. Damit sind die wesentlichen Entsprechungen zwischen Realitäts- und Modellebene die Erhaltung der Masse und die in dieser Strömung auftretende Druckerhöhung. Diese Druckerhöhung kann näherungsweise mit einer später herzuleitenden Gleichung (Bernoulli-Gleichung (6.4)) auf sehr einfache Weise mit der Geometrie, d.h. der Erweiterung von der Fläche A_1^* auf die Fläche A_2^*, verknüpft werden.

Sehr viele Details werden durch das Modell aber überhaupt nicht wiedergegeben, so dass bezüglich dieser Details keine Entsprechungen zwischen der Realitäts- und der Modellebene existieren. So vernachlässigt das Modell z.B., dass eine Strömung stets der Haftbedingung unterliegt, d.h., dass die Strömungsgeschwindigkeit an der Wand Null ist. Bezüglich der vernachlässigten Quergeschwindigkeitskomponente kommt es sogar zu scheinbaren Unstimmigkeiten im Modell: Damit das Fluid in der Realität den gesamten Querschnitt bei ② ausfüllen kann, muss es natürlich eine (wenn auch kleine) Quergeschwindigkeits-Komponente geben, die im eindimensionalen Modell aber definitionsgemäß nicht vorkommt!

2.2   Bildung physikalisch/mathematischer Modelle

Der Ausgangspunkt für die Bildung physikalisch/mathematischer Modelle ist in der Regel die Kenntnis physikalischer Wirkprinzipien. Diese Kenntnis ist aus der Beobachtung der Realität erwachsen. Beispiele hierfür sind das Kräftegleichgewicht an Körpern sowie die Erhaltung von Masse, Impuls und Energie bei Prozessen.

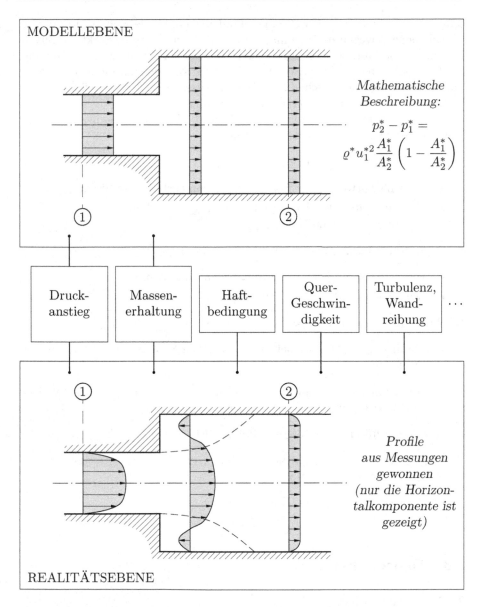

MODELLEBENE

Mathematische
Beschreibung:

$$p_2^* - p_1^* =$$

$$\varrho^* u_1^{*2} \frac{A_1^*}{A_2^*} \left(1 - \frac{A_1^*}{A_2^*}\right)$$

① ②

| Druck-anstieg | Massen-erhaltung | Haft-bedingung | Quer-Geschwin-digkeit | Turbulenz, Wand-reibung | ... |

① ②

Profile
aus Messungen
gewonnen
(nur die Horizon-
talkomponente ist
gezeigt)

REALITÄTSEBENE

Bild B2.1: Strömungsverhältnisse an einer plötzlichen Querschnittserweiterung; Darstellung analog zu Bild 2.1

Unter Beachtung solcher Prinzipien bzw. ausgehend von diesen wird man
versuchen, eine möglichst einfache Vorstellung bzgl. der interessierenden Vorgänge (die im Modell beschrieben werden sollen) zu entwickeln. Dabei gehen
häufig die Entwicklung der Vorstellung über den physikalischen Vorgang und

seine mathematische Beschreibung „Hand in Hand", da sich beide auf der Modellebene bewegen und die mathematische Formulierung exakt die physikalische Vorstellung wiedergeben muss. Wenn eine Strömung z.B. durch ein Modell beschrieben werden kann, bei dem die Strömung eindimensional ist, so dürfen in den mathematischen Beziehungen ausschließlich Geschwindigkeiten vorkommen, die von nur einer Koordinate abhängen.

Die nachfolgende Aufzählung enthält fünf Modellierungsansätze, deren Anwendbarkeit jeweils geprüft werden sollte.

◻ EINFÜHRUNG GEMITTELTER GRÖSSEN, z.B.:

- zeitliche Mittelung zur Beschreibung von turbulenten Strömungen
- Mittelung über den jeweiligen Strömungsquerschnitt ($\Rightarrow$ eindimensionale Näherung)

◻ VERNACHLÄSSIGUNG VON RANDEFFEKTEN, z.B.:

- Vernachlässigung der Haftbedingung an der Wand
- zweidimensionale (ebene) Strömungen

◻ NÄHERUNGSWEISE ERFASSUNG EINZELNER EFFEKTE, z.B.:

- Einführung von Verlustbeiwerten zur globalen Erfassung von Reibungsverlusten

◻ ÜBERLAGERUNG VON LÖSUNGEN FÜR ELEMENTARSTRÖMUNGEN ZUR ERZEUGUNG KOMPLEXER STRÖMUNGSFELDER, z.B.:

- Singularitäten-Methoden für Potentialströmungen (s. Kap. 8)

◻ AUFTEILUNG DES STRÖMUNGSFELDES IN EINZELNE GETRENNT ZU MODELLIERENDE BEREICHE, z.B.:

- Grenzschichttheorie (s. Kap. 9)

2.3 Dimensionsanalyse

2.3.1 Vorbemerkung

Wenn ein physikalisch/mathematisches Modell zur Beschreibung einer bestimmten Strömung als mathematische Gleichung oder als System aus mehreren Gleichungen vorliegt, so sind die Größen, die für das Problem relevant sind (die sog. *relevanten Einflussgrößen*) unmittelbar zu erkennen. Das Gleichungssystem verknüpft diese Größen miteinander und auch das gesuchte Ergebnis stellt im Prinzip eine (bestimmte) Verknüpfung dieser Einflussgrößen dar.

Der entscheidende Punkt ist nun: eine solche Verknüpfung kann nicht ganz beliebig sein, sondern muss in den Gleichungen und auch im Endergebnis „dimensionsrichtig" sein, d.h., alle Terme die in einer Gleichung additiv nebeneinander (oder auf beiden Seiten des Gleichheitszeichens) auftreten, müssen dieselbe Dimension besitzen. Dies schließt von vornherein viele Kombinationen aus. So könnte z.B. eine bestimmte Geschwindigkeit u^* also durch eine Gleichung $u^* = \text{const} \cdot L^*/t^*$ bestimmt sein, wenn L^* eine Länge und t^* eine Zeit ist; nicht möglich sind aber Gleichungen der Form $u^* = \text{const} \cdot L^* t^*$, $u^* = \text{const} \cdot L^* \sqrt{t^*}$, $u^* = \text{const} \cdot t^{*\,2}/L^*$ usw., weil alle diese Gleichungen nicht dimensionsrichtig sind.

Wenn nun die Gleichungen nicht explizit bekannt sind, man aber weiß, welche relevanten Einflussgrößen in dem Problem miteinander verknüpft sind, so können mit genau denselben Überlegungen von vornherein bestimmte Verknüpfungen ausgeschlossen werden. Positiv formuliert: Es kann gesagt werden, welche Verknüpfungen prinzipiell möglich sind. Dies ergibt nach einer systematischen Analyse, dass ein Problem eine Lösung besitzt, die als Verknüpfung einer bestimmten Anzahl von dimensionslosen Kennzahlen (dies sind dimensionslose Kombinationen von relevanten Einflussgrößen) darstellbar sein muss.

Wie sich zeigen wird, hat es große Vorteile, Lösungen in dieser Form zu suchen, also als Verknüpfung der beteiligten dimensionslosen Kennzahlen.

2.3.2 Das Pi-Theorem

Betrachtet man eine allgemeine Größe E^*, so hat diese als physikalische Variable folgende drei Merkmale (z.B.: $m^* = 10\,\text{kg}$):

1. einen Zahlenwert, geschrieben $\{E^*\}$ (z.B.: $\{m^*\} = 10$)

2. eine Einheit, geschrieben $[E^*]$ (z.B.: $[m^*] = \text{kg}$)

3. eine Dimension, geschrieben (E^*) (z.B.: $(m^*) = M$ für MASSE).

Dimensionen sind z.B. LÄNGE, ZEIT, MASSE, GESCHWINDIGKEIT, KRAFT, usw. Man unterscheidet nach *Basisdimensionen* und *abgeleiteten Dimensionen*, die Potenzprodukte der Basisdimensionen sind. Die Aufteilung in Basisdimensionen und abgeleitete Dimensionen ist eine Vereinbarung und nicht etwa die Folge verborgener Naturgesetze. So vereinbart man z.B. im Bereich der Dynamik, die Dimensionen LÄNGE (L), ZEIT (Z) UND MASSE (M) als Basisdimensionen einzuführen, und nennt dies *LZM-System*. Größen wie die Geschwindigkeit und die Kraft besitzen dann die abgeleiteten Dimensionen LZ^{-1} bzw. MLZ^{-2}. Die Auswahl der Basisdimensionen hat zwar Vereinbarungscharakter, es muss aber sichergestellt sein, dass das System aus Basisdimensionen vollständig ist. Folgende zwei Kriterien sind für diese Vollständigkeit zu erfüllen:

1. Keine Basisdimension lässt sich aus den anderen Basisdimensionen ableiten.

2. Jede weitere in einem betrachteten Problem enthaltene Dimension lässt sich aus den Basisdimensionen ableiten.

Zu den jeweiligen Dimensionen gehören entsprechende Einheiten, die dann analog als *Basiseinheiten* bzw. *abgeleitete Einheiten* bezeichnet werden. Basiseinheiten im vorher erwähnten LZM-System sind Meter (m), Sekunden (s) und Kilogramm (kg). Die Krafteinheit Newton (N) ist dann eine abgeleitete Einheit, für die gilt: $1\,N = 1\,kg\,m\,s^{-2}$. Es sollte besonders betont werden, dass sich ein System von Basisdimensionen stets auf das jeweils betrachtete Problem bezieht.

Die formale Herleitung der allgemeinen Lösung des Problems als Funktion einer bestimmten Anzahl von *dimensionslosen Kennzahlen* kann auf der Basis des sog. *Pi-Theorems* erfolgen, das von Buckingham (1914) erstmals formuliert wurde. Es lautet:

Pi-Theorem

Gegeben ist ein Zusammenhang von n Einflussgrößen a_i^* mit m Basisdimensionen als

$$f(a_1^*, a_2^*, \ldots, a_n^*) = 0.$$

Die Lösung des Problems hat die allgemeine Form

$$F(\Pi_1, \Pi_2, \ldots, \Pi_{n-m}) = 0,$$

wenn

1. die Gleichung $f(\ldots)$ der einzige funktionale Zusammenhang zwischen den Einflussgrößen a_i^* ist,

2. die Gleichung $f(\ldots)$ unabhängig von den Einheiten gilt, in denen die Größen a_i^* gemessen werden.

Die Größen Π_i sind die dimensionslosen Kennzahlen des Problems (Potenzprodukte von Einflussgrößen a_i^*).

Dabei ist es unerheblich, ob der Zusammenhang $f(a_1^*, a_2^*, \ldots, a_n^*) = 0$ explizit bekannt ist oder nicht. Sobald man weiß, welche Einflussgrößen a_i^* im Problem miteinander verknüpft sind, kann das Pi-Theorem angewandt werden.

Die Größen Π_i sind die dimensionslosen Kennzahlen des Problems. Das Symbol Π, das in der mathematischen Symbolik ein Produkt bezeichnet, wurde gewählt, weil die Kennzahlen Potenzprodukte der Einflussgrößen sind. Das Pi-Theorem bestimmt weder eindeutig die Form der Kennzahlen noch legt es den funktionalen Zusammenhang $F(\ldots)$ fest. Die wesentliche Aussage des Pi-Theorems bezieht sich auf die (minimale) Anzahl von dimensionslosen Kennzahlen, durch die ein Problem beschrieben werden kann. Wenn die An-

zahl von dimensionslosen Kennzahlen als $(n - m)$ bekannt ist, stellt deren konkrete Ermittlung kein Problem dar.

Diese Ermittlung kann sehr formal betrieben werden, indem ein Gleichungssystem zur Bestimmung aller Potenzen aufgestellt wird, mit denen die Einflussgrößen a_i^* in den Kennzahlen Π_i vorkommen. An die Stelle von m (Anzahl der Basisdimensionen) tritt dann der sog. *Rang der Dimensionsmatrix* r (weitere Details z.B. in: Zierep (1972), Isaacson und Isaacson (1975) sowie Kline (1986), s. auch Aufgabe 2-2 am Ende des Buches). Dies ist jedoch in den meisten Fällen unnötig aufwendig. Die häufig nur geringe Anzahl von Kennzahlen kann alternativ ganz einfach durch „Probieren" ermittelt werden. Das Pi-Theorem in der zuvor gezeigten Form legt die Anzahl der Kennzahlen zu $(n - m)$ fest, ein vollständiger Kennzahlen-Satz kann daher wie folgt bestimmt werden:

Einfache Ermittlung der Kennzahlen Π_i

Ausgehend von einer beliebigen Einflussgröße kombiniert man diese solange mit Potenzen von anderen Einflussgrößen, bis eine dimensionslose Kombination entsteht. Man hat damit die erste Kennzahl ermittelt. Dieses Verfahren muss insgesamt $(n - m)$ mal durchgeführt werden, wobei nur darauf zu achten ist, dass die so entstehenden Kennzahlen nicht Potenzen oder Kombinationen bereits erhaltener Kennzahlen sind. Dies kann sicher dadurch ausgeschlossen werden, dass man die Ermittlung einer neuen Kennzahl mit einer Einflussgröße beginnt, die in den bereits ermittelten Kennzahlen noch nicht vorkommt.

Bestimmte Kennzahlen, die häufig auftreten, werden nach bekannten Forschern zu deren Ehren benannt. Tab. 2.1 listet einige dieser Standard-Kennzahlen aus den Bereichen Strömungsmechanik und Wärmeübertragung auf.

Beispiel 2.2: *Formale Bestimmung von dimensionslosen Kennzahlen*

Wird unterstellt, dass ein Problem durch die fünf Einflussgrößen u^* (Geschwindigkeit in m/s), D^* (Durchmesser in m), η^* (Viskosität in kg/ms), ϱ^* (Dichte in kg/m^3) und τ_w^* (Wandschubspannung in kg/ms^2) beschrieben ist, so ergibt sich bezüglich der formalen Bestimmung der Kennzahlen folgende Situation (der physikalische Hintergrund zu dieser Auswahl wird in Beispiel 2.3 erläutert, hier interessiert nur der formale Aspekt, wenn die Liste der relevanten Einflussgrößen festlegt): Der Zusammenhang zwischen den Einflussgrößen ist

$$f(\tau_w^*, D^*, u^*, \varrho^*, \eta^*) = 0$$

Die Zahl der Einflussgrößen ist $n = 5$, die Zahl der Basisdimensionen des Problems ist $m = 3$, da die LÄNGE (L), die ZEIT (Z) und die MASSE (M) auftreten. Also gibt es

$n - m = 5 - 3 = 2$ dimensionslose Kennzahlen. Durch einfaches „Probieren" findet man z.B.:

$$\Pi_1 = \frac{\tau_w^*}{\varrho^* u^{*2}} \quad ; \quad \Pi_2 = \frac{\varrho^* u^* D^*}{\eta^*}$$

oder in einem „zweiten Versuch":

$$\hat{\Pi}_1 = \frac{\tau_w^* D^*}{u^* \eta^*} \quad ; \quad \hat{\Pi}_2 = \frac{\eta^*}{\varrho^* u^* D^*}$$

Der zweite Satz von Kennzahlen $(\hat{\Pi}_1, \hat{\Pi}_2)$ ist dem zunächst gefundenen Satz (Π_1, Π_2) vollkommen gleichwertig, weil beide durch $\hat{\Pi}_1 = \Pi_1 \Pi_2$ und $\hat{\Pi}_2 = 1/\Pi_2$ ineinander umrechenbar sind. Das Pi-Theorem legt nur die Anzahl, nicht aber die konkrete Form der dimensionslosen Kennzahlen fest. Die Lösung des Problems hat also die Form

$$F(\Pi_1, \Pi_2) = 0 \quad \text{(oder gleichwertig: } F(\hat{\Pi}_1, \hat{\Pi}_2) = 0 \text{)}$$

Um die konkrete Lösung zu finden, muss also nur die funktionale Beziehung zwischen zwei Größen gefunden werden und nicht zwischen fünf Größen, wie es der Fall gewesen wäre, wenn man die Lösung auf der Basis der fünf dimensionsbehafteten Einflussgrößen gesucht hätte.

Beispiel 2.2 zeigt, dass das Pi-Theorem anwendbar ist, sobald die Liste der relevanten Einflussgrößen bekannt ist, offensichtlich sogar ohne dass man irgend etwas über die Physik des Problems weiß. In Beispiel 2.2 war schließlich nicht gesagt worden, um welches physikalische Problem es sich handelt.

Vorsicht: Hier darf jetzt keine falsche Schlussfolgerung gezogen werden! Der entscheidende Schritt ist die *Auswahl der Einflussgrößen eines Problems* (in Beispiel 2.2 waren diese als bekannt unterstellt worden). Diese alles ent-

Kennzahl	Definition	bennant nach
Reynolds-Zahl	$Re = \varrho^* u_c^* L_c^* / \eta^*$	Osborne Reynolds (1842-1912)
Mach-Zahl	$Ma = u_c^* / a_s^*$	Ernst Mach (1838-1916)
Prandtl-Zahl	$Pr = \eta^* c_p^* / \lambda^*$	Ludwig Prandtl (1875-1953)
Grashof-Zahl	$Gr = g^* \beta^* \Delta T^* L^{*3} / \nu^{*2}$	Franz Grashof (1826-1893)
Froude-Zahl	$Fr = u_c^* / \sqrt{g^* L_c^*}$	William Froude (1810-1879)
Strouhal-Zahl	$Sr = f^* L_c^* / u_c^*$	Vincent Strouhal (1850-1922)
Knudsen-Zahl	λ_f^* / L_c^*	Martin Knudsen (1871-1949)
Nußelt-Zahl	$Nu = \dot{q}_w^* L_c^* / \lambda^* \Delta T^*$	Wilhelm Nußelt (1882-1957)

Tab. 2.1:   Benannte dimensionslose Kennzahlen
u_c^*: charakteristische Geschwindigkeit, L_c^*: charakteristische Länge, a_s^*: Schallgeschwindigkeit, ΔT^*: charakteristische Temperaturdifferenz, g^*: Erdbeschleunigung, ϱ^*: Dichte, β^*: thermischer Ausdehnungskoeffizient, η^*: dynamische Viskosität, ν^*: kinematische Viskosität, c_p^*: spezifische isobare Wärmekapazität, f^*: Frequenz, λ^*: Wärmeleitfähigkeit, λ_f^*: freie Weglänge, $\dot{q}_w^*$: Wandwärmestromdichte

scheidende Auswahl kann aber nur bei Kenntnis der Physik des betrachteten Problems getroffen werden!

Mit der Auswahl einer bestimmten Liste von Einflussgrößen erfolgt eine Modellbildung, ohne dass diese explizit mathematisch formuliert werden müsste. Man befindet sich in diesem Stadium auf der Modellebene im Schema nach Bild 2.1. Die Modellbildung besteht darin, dass bestimmte Effekte berücksichtigt werden, andere als irrelevant (weil von vernachlässigbarem Einfluss) angesehen werden. Dies führt zu einer *Liste von relevanten Einflussgrößen*, die deshalb häufig auch als *Relevanzliste* bezeichnet wird. Der Zusammenhang zur Modellbildung ist deshalb wichtig, weil damit die Beurteilungskriterien für eine Relevanzliste gegeben sind. Die Frage, ob eine bestimmte Größe in die Relevanzliste aufzunehmen ist, kann nicht nach den Kategorien „richtig" oder „falsch" beurteilt werden, sondern steht im Zusammenhang mit der Brauchbarkeit der entsprechenden Modellbildung, wie dies in Abschn. 2.1 erläutert worden ist.

In diesem Sinne bedeutet die Aufnahme einer Größe in die Relevanzliste eine Erweiterung des Modells um Effekte im Zusammenhang mit dieser Größe. Wird beispielsweise die Fallbeschleunigung g^* in die Relevanzliste aufgenommen, so werden Effekte im Zusammenhang mit der Gravitationswirkung als relevant angesehen und in die Modellbildung einbezogen (ohne dass diese spezifiziert werden müssten).

In diesem Zusammenhang wird deutlich, dass die Dimensionsanalyse nur auf Probleme angewendet werden kann, deren physikalische Mechanismen im Prinzip, nicht aber notwendigerweise im Detail, bekannt sind. Durch die Dimensionsanalyse erhält man zu einem physikalischen Problem keine neuen Informationen. Die Methode der Dimensionsanalyse dient „lediglich" dazu, vorhandene physikalische Informationen zu strukturieren und damit zu verdichten.

2.3.3 Modellbildung durch Aufstellen der Relevanzliste

Zur Festlegung der Relevanzliste eines bestimmten Problems, d.h. zur Konkretisierung der Modellvorstellung, sollte man das Problem nach folgendem „Fünf-Punkte-Plan" betrachten und daraus die relevanten Einflussgrößen gewinnen:

1. ZIELVARIABLE: Dies ist die gesuchte physikalische Größe. Wenn in einem Problem mehrere Größen gesucht sind, die sich gegenseitig nicht beeinflussen, darf zunächst nur eine Zielvariable gewählt werden. Für die anderen gesuchten Größen sind anschließend jeweils eigene Relevanzlisten aufzustellen.

   Beispiel: Der Druckabfall in einer Rohrströmung ist die gesuchte Größe. Wird zusätzlich der Wärmestrom an der Wand gesucht, so ist in Bezug auf diese Fragestellung eine eigene Relevanzliste aufzustellen.

2. GEOMETRIEVARIABLE: Dies ist eine geometrische Größe, die als interner (Geometrie)-Maßstab dienen kann. Nur wenn die Lösung geometrisch nichtähnliche Anordnungen umfassen soll, müssen weitere charakteristische Geometriegrößen hinzugenommen werden. Sind keine globalen Zusammenhänge gesucht, sondern Gesetzmäßigkeiten, nach denen bestimmte Größen lokal verteilt sind, so müssen entsprechende Koordinatenwerte (unabhängige Variablen des Problems) hinzugenommen werden.

   Beispiel: Wird die Strömung in einer kontinuierlichen Querschnittserweiterung, einem sog. Diffusor mit festem Öffnungswinkel und fester relativer Länge untersucht, so sind alle diese Diffusoren geometrisch ähnlich und durch eine charakteristische Länge, z.B. den Eintrittsdurchmesser festgelegt. Werden zusätzlich verschiedene Öffnungswinkel betrachtet, so tritt eine zweite charakteristische Länge, z.B. der Austrittsdurchmesser, hinzu.

   Ist der gesuchte Zusammenhang z.B. der lokale Wert der Geschwindigkeit, so sind im ebenen Fall zwei Koordinaten als weitere Einflussgrößen hinzuzunehmen.

3. PROZESSVARIABLE: Dies ist eine charakteristische Größe für die „Stärke" des betrachteten Prozesses. Häufig sind es globale Größen, wie z.B. der Volumenstrom oder durch Randbedingungen aufgeprägte Prozessgrößen. Werden kombinierte Prozesse betrachtet, die sich gegenseitig beeinflussen, treten zwei oder mehrere Größen auf.

   Beispiel: Die mittlere Geschwindigkeit (Volumenstrom) bei der Rohrströmung ist die charakteristische Größe. Wird diese durch einen Wärmeübergang beeinflusst, tritt eine weitere Prozessgröße, z.B. ein aufgeprägter Wandwärmestrom, hinzu.

4. STOFFWERTE: Es sind diejenigen Stoffwerte zu berücksichtigen, die im Zusammenhang mit dem betrachteten physikalischen Prozess auftreten. Im Rahmen dieses Buches können dies bis zu vier Stoffwerte sein, nämlich: ϱ^*, η^*, λ^* und c_p^*.

   Beispiel: Bei der Berechnung der Strömung eines Fluides konstanter Dichte und Viskosität in einem Diffusor sind die Dichte ϱ^* (Auftreten von Trägheitskräften), die Viskosität η^* (reibungsbehaftete Strömung) zu berücksichtigen, nicht aber die thermischen Größen λ^* und c_p^*.

5. KONSTANTEN: Dies sind Konstanten aus physikalischen Gesetzen, die zur Beschreibung des betrachteten Prozesses herangezogen werden müssen.

   Beispiel: Bei Strömungen mit Auftriebseffekten ist stets die Fallbeschleunigung g^* in die Relevanzliste aufzunehmen.

Die nach den Punkten 1–5 aufgestellte Relevanzliste kann durch folgendes „Gedankenexperiment" daraufhin überprüft werden, ob die darin enthaltenen Größen relevante Einflussgrößen sind, bzw. ob die Relevanzliste vollständig ist:

Man prüft für die einzelnen Größen, ob eine gedachte Änderung dieser Größe Auswirkungen auf die Zielgröße hat, bzw. ob es andere, nicht in der Relevanzliste enthaltene Größen gibt, deren Variation relevante Auswirkungen auf die Zielgröße zur Folge hätte.

Beispiel 2.3:   *Aufstellen der Relevanzliste für das Problem „Widerstand der ausgebildeten Rohrströmung".*

Bei einer ausgebildeten Strömung durch ein Rohr, also bei einer Strömung mit Geschwindigkeitsprofilen, die sich in Strömungsrichtung nicht mehr verändern, äußert sich der Strömungswiderstand unmittelbar durch die Wandschubspannung τ_w^*. Wird diese über die benetzte Fläche integriert, erhält man die Widerstandskraft.

Für das Problem kann aufgrund der physikalischen Vorstellungen in Bezug auf die Strömung folgende Relevanzliste in Anlehnung an den „Fünf-Punkte-Plan" ermittelt werden:

1. Zielvariable: τ_w^*
2. Geometrievariable: D^*
3. Prozessvariable: u^*
4. Stoffwerte: ϱ^*, η^*
5. Konstanten: —

Damit besteht als Modellvorstellung der Zusammenhang

$$f(\tau_w^*, D^*, u^*, \varrho^*, \eta^*) = 0$$

Im Beispiel 2.2 war daraus der Lösungs-Zusammenhang

$$F\left(\frac{\tau_w^*}{\varrho^* u^{*\,2}}, \frac{\varrho^* u^* D^*}{\eta^*}\right) = 0$$

hergeleitet worden.

Bestimmte häufig auftretende dimensionslose Kennzahlen werden nach verdienten Forschern benannt (s. Tab. 2.1), andere als Beiwerte oder Koeffizienten bezeichnet. So schreibt man für

$$\frac{8\,\tau_w^*}{\varrho^* u^{*\,2}} = \lambda_R \quad \text{(Rohrreibungszahl)} ; \qquad \frac{\varrho^* u^* D^*}{\eta^*} = \text{Re} \quad \text{(Reynolds-Zahl)}$$

und erhält als allgemeinen Zusammenhang die Beziehung $F(\lambda_R, \text{Re}) = 0$, was formal auch als $\lambda_R = \lambda_R(\text{Re})$ geschrieben werden kann. Hier interessiert vor allem der formale Aspekt. Eine nähere Erläuterung der physikalischen Zusammenhänge erfolgt im späteren Kap. 10.

Ob sich jedoch die Ergebnisse für reale ausgebildete Rohrströmungen alle in der Form $\lambda_R = \lambda_R(\text{Re})$ darstellen lassen, ist die Frage danach, ob die zugrundeliegende Modellvorstellung (dass die ausgewählten Einflussgrößen notwendig und darüber hinaus keine anderen Größen erforderlich sind) für alle diese Strömungen eine brauchbare Modellvorstellung darstellt. Dies kann nur im Vergleich zur Realität entschieden werden. Dabei zeigt sich nun folgendes:

1. Für laminare Strömungen ergibt die Ermittlung der Beziehung $\lambda_R = \lambda_R(\text{Re})$ den einfachen funktionalen Zusammenhang $\lambda_R = 64/\text{Re}$. Dies bedeutet aber, dass $\lambda_R \, \text{Re}$ eine Konstante ist, so dass eigentlich nur eine einzige Kennzahl existiert! Überprüft man daraufhin noch einmal die Modellvorstellung, so erkennt man, dass es aufgrund der Physik der ausgebildeten laminaren Rohrströmung eigentlich keinen Grund gibt, die Dichte ϱ^* in die Relevanzliste aufzunehmen. Verzichtet man auf ϱ^*, folgt unmittelbar $n - m = 4 - 3 = 1$ Kennzahl, deren Wert z.B. mit einem einzigen Experiment bestimmt werden kann!

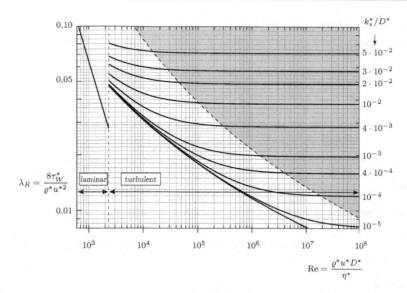

Bild B2.3:   Einheitliche Darstellung des Zusammenhanges $\lambda_R = \lambda_R(\mathrm{Re})$ bzw. $\lambda_R = \lambda_R(\mathrm{Re},k_s)$ für alle ausgebildeten Rohrströmungen, abgeleitet aus dimensionsanalytischen Überlegungen; Grafik: C. Redecker, TUHH
Für weitere Einzelheiten s. Bild B10.2 in Kap. 10

2. Für turbulente Strömungen sollte man ϱ^* sicherlich beibehalten, weil turbulente Schwankungsbewegungen zu momentanen und lokalen Trägheitskräften führen, für die die Dichte von Bedeutung ist.

Bei dem Versuch, den Zusammenhang $\lambda_R = \lambda_R(\mathrm{Re})$ für turbulente Rohrströmungen konkret zu bestimmen, stellt man nun fest, dass Strömungen nur dann einer solchen einheitlichen Darstellung folgen, wenn glatte Wände vorliegen. Sobald ein gewisses Maß an Wandrauheit überschritten wird, liegen die Lösungen nicht auf einer einheitlichen Lösungskurve $\lambda_R(\mathrm{Re})$. Offensichtlich ist bei turbulenten Strömungen die Wandrauheit eine wichtige Größe und muss deshalb in eine brauchbare Modellvorstellung, also in die Relevanzliste aufgenommen werden. Dies führt dann zu $n - m = 6 - 3 = 3$ dimensionslosen Kennzahlen, so dass neben λ_R und Re eine dritte Kennzahl, z.B. als k^*/D^* hinzutritt, wobei k^* ein geometrisches Maß für die Wandrauheit darstellt. Dass k^* für laminare Strömungen ohne Bedeutung ist, kann man nicht von vornherein wissen (und nicht leicht erklären!), sondern nur in der Realität beobachten.

Insgesamt ergibt sich somit eine einheitliche Darstellungsmöglichkeit, wie sie im nachfolgenden Bild B2.3 skizziert ist. Die Grenze zwischen laminarer und turbulenter Strömung ist aus den bisherigen Überlegungen nicht abzuleiten, sondern zeigt sich zunächst nur im Experiment.

Anmerkung 2.1:   *Vorteil dimensionsloser Darstellung*

Wollte man die sechs beteiligten Einflussgrößen direkt in ähnlichen Diagrammen darstellen, also immer zwei Größen mit einer weiteren Größe als Parameter, so würde jedes dieser Diagramme für konstante Werte der drei restlichen Einflussgrößen gelten. Sollten diese restlichen Einflussgrößen einzeln in nur jeweils 10 verschiedenen Werten vorkommen, so wären 1 000 solcher Diagramme erforderlich, die insgesamt aber nur die Information des

einen in Bild B2.3 gezeigten Diagramms enthalten! Dies veranschaulicht die Aussage: Die Dimensionsanalyse verdichtet vorhandene Information.

2.3.4 Kennzahlen und Modell-Theorie

Unter einem Modell wird jetzt die geometrisch ähnliche, verkleinerte oder vergrößerte Ausführung eines eigentlich interessierenden Prototyps verstanden. Das Ziel ist, durch Untersuchungen am Modell Aussagen über den Prototyp zu gewinnen. Ist neben der geometrischen Ähnlichkeit die Gleichheit aller gemeinsamen Kennzahlen gegeben, so sind beide Fälle durch eine gemeinsame Lösung beschrieben. Alle aus der Lösung gewonnenen Aussagen gelten sowohl für das Modell als auch für den Prototyp.

Diese Überlegung geht aber davon aus, dass das physikalische Geschehen durch die gemeinsame Lösung vollständig beschrieben ist, d.h., dass es neben den betrachteten Einflussgrößen a_i^* keine anderen Einflussgrößen gibt. Dies ist ein wichtiger Punkt, der durch die umgekehrte Formulierung noch verdeutlicht werden kann: Es wird unterstellt, dass Modell und Prototyp denselben Gesetzmäßigkeiten unterliegen, also durch die Einflussgrößen a_i^* (und nur durch diese) beeinflusst werden. Im Sinne von Abschn. 2.3.3 findet damit eine physikalisch/mathematische Modellbildung statt, die gleichermaßen für Modell und Prototyp gelten soll. Es ist hierbei wichtig, den doppelten Aspekt von Modellbildung gedanklich klar zu trennen: zum einen das (geometrisch ähnliche) Modell des Prototyps, zum anderen das beiden gemeinsame physikalisch/mathematische Modell. Für die praktische Anwendung können sich zwei Schwierigkeiten ergeben.

1. PARTIELLE ÄHNLICHKEIT

   Weil nicht alle Einflussgrößen frei variiert werden können, ist es nicht immer möglich, für das Modell und für den Prototyp alle gemeinsamen Kennzahlen gleichzeitig einzuhalten. Besitzt nur ein Teil der gemeinsamen Kennzahlen denselben Zahlenwert, spricht man von partieller Ähnlichkeit. Welche Kennzahlen dann als wichtigste Kennzahlen eingehalten werden sollten, kann nur aus der Kenntnis der physikalischen Vorgänge heraus entschieden werden.

2. SKALIERUNGSEFFEKTE

   Es stellt sich heraus, dass das gemeinsame physikalisch/mathematische Modell für den Prototyp oder das Modell unzureichend ist, d.h. die tatsächlichen Verhältnisse nicht befriedigend genau beschreiben kann. Beim Übergang vom Modell auf den Prototyp oder umgekehrt treten Effekte hinzu, die im jeweils anderen Fall vernachlässigt werden konnten. Diese werden Skalierungseffekte genannt.

Beispiele für beide Effekte sind z.B. in Gersten, Herwig (1992) oder Herwig (2017) zu finden.

2.3.5   Systematische Einordnung dimensionsanalytischer Aspekte

Die Ausführungen zur Dimensionsanalyse im bisherigen Kap. 2.3 entsprechen weitgehend den allgemein üblichen Darstellungen obwohl auch hier schon der Bezug zur Modellbildung deutlicher hervorgehoben wurde, als dies in den „Standardwerken" zur Dimensionsanalyse (s. die Literatur am Ende von Kap. 2) üblich ist.

Im Folgenden wird die Vorgehensweise bei der Dimensionsanalyse weiter systematisiert, indem einige neue Begriffe eingeführt werden, um die unterschiedlichen Situationen gegeneinander abzugrenzen, s. dazu auch Herwig (2017). Der zentrale Ausgangspunkt ist dabei die bereits als wichtiger Aspekt betonte Verbindung der Dimensionsanalyse zur Modellbildung.

Hierbei steht „Modell" für sehr unterschiedliche Kategorien bei der Problemanalyse. Zunächst ist dabei nach mathematisch/physikalischen Modellen zur Beschreibung eines Problems und konkreten „handfesten" Modellen eines Versuchsobjektes meist als geometrisch ähnliche Verkleinerung oder Vergrößerung eines zu untersuchenden Prototyps zu unterscheiden. Die erste Modell-Variante wird *Software*-Modell genannt, die zweite folgerichtig dann als *Hardware*-Modell bezeichnet, so dass zwei verschiedene Model-Formen existieren.

Der Begriff des *Hardware*-Modells sollte unmittelbar einsichtig sein: Es existiert konkret und man kann „es anfassen". Das „Software"-Modell besitzt diese Eigenschaft nicht, ist aber etwas weiter gefasst, als der Name zunächst vermuten lässt: Gemeint sind Modellvorstellungen, die mehr oder weniger konkret auf Gleichungen basieren und somit „von gedanklicher Natur" sind. Diese Gleichungen können u.U. unter Einsatz einer Numerik-Software gelöst werden, was den Namen rechtfertigen mag.

Bild 2.2 soll eine Orientierung geben, welche Modell-Form jeweils gemeint ist und welche Verbindungen zum Experiment bzw. zu anderen Modell-Formen bestehen.

Im Zentrum stehen die anschließend genauer erläuterten „Software"-Modelle als *Fein*- bzw. als *Grobmodell*. Aus deren Analyse folgen die dimensionslosen Kennzahlen, die für Experimente mit „Hardware"-Modellen von Bedeutung sind.

Software-Modelle

Mit Software-Modellen ist hier gemeint, dass eine theoretische Beschreibung eines Problems vorliegt, die als physikalisch/mathematisches Modell (s. Bild 2.2)

❏ ein Gleichungssystem umfasst, mit dem das Problem beschrieben und gelöst werden kann (Feinmodell), oder

❏ eine sog. Relevanzliste besitzt, in der diejenigen physikalischen Größen

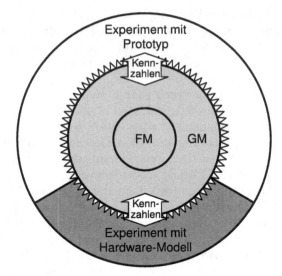

FM:	Feinmodell (Gleichungen bekannt)
GM:	Grobmodell (Gleichungen unbekannt)
hellgrau unterlegt:	Software-Modelle
dunkelgrau unterlegt:	Hardware-Modelle
weiß:	zu untersuchender Prototyp

Bild 2.2: Zusammenhang von Modell und Experiment

enthalten sind, die für eine weitergehende Modellierung berücksichtigt werden müssen (Grobmodell).

Software-Feinmodell Soll ein bestimmtes Problem der Strömungsmechanik oder Wärmeübertragung theoretisch beschrieben und gelöst werden, so ist dafür ein adäquates Gleichungssystem einschließlich der zugehörigen Anfangs- und Randbedingungen erforderlich. In den meisten Fällen wird dies eine reduzierte Variante des umfassenden *Grundmodells der Strömungsmechanik und Wärmeübertragung* sein. Dieses Grundmodell umfasst (für Newtonsche Fluide)

❒ die vollständigen Navier-Stokes-Gleichungen, s. Kap. 4.7

❒ den ersten und zweiten Hauptsatz der Thermodynamik, s. Kap. 13

❒ Material- und konstitutive Gleichungen, s. Kap. 4.6.

Reduzierte Modelle entstehen durch die Berücksichtigung von speziellen Annahmen. Solche Annahmen können z. B. sein: zweidimensionale Strömung,

konstante Stoffwerte, stationäres Problem, Vernachlässigung der Wärmestrahlung, ... Die Gleichungen des speziellen mathematisch/physikalischen Modells, das auf diese Weise entsteht, werden häufig algebraische oder Differentialgleichungen sein. Sie liegen zunächst aber in dimensionsbehafteter Form vor.

Man könnte eine Entdimensionierung ganz formal durchführen, indem z. B. alle Längen auf eine „Standardlänge" $L_s^* = 1$ m und alle Geschwindigkeiten auf eine „Standardgeschwindigkeit" $u_s^* = 1$ m/s bezogen werden. Dann wäre aber etwa in Beispiel 2.7 das dimensionslose Geschwindigkeitsprofil nicht mehr unabhängig vom Volumenstrom bzw. der mittleren Geschwindigkeit und könnte nicht als allgemeine Lösung ermittelt werden.

Die „richtige" Wahl der Bezugsgrößen erfolgt stattdessen so, dass „charakteristische Längen, Geschwindigkeiten, ... " zur Entdimensionierung herangezogen werden, weil damit bestimmte Abhängigkeiten der zu entdimensionierenden Größen in ihren Bezugsgrößen auftreten und sich so kompensieren. Die Forderung nach „charakteristischen" Bezugsgrößen heißt, dass diese sich möglichst weitgehend so verhalten, wie die zu entdimensionierenden Größen. Zwei sehr einsichtige Beispiele sind der Rohrradius R^* (oder Durchmesser) als charakteristische Länge für eine ausgebildete Rohrströmung und deren mittlere Geschwindigkeit.

Beide Größen verhalten sich wie die zu entdimensionierenden Größen: Z.B. liegt der Wert für den Radius für die verschiedensten Rohre stets zwischen $r^* = 0$ und $r^* = R^*$. Nur bei einer solchen Wahl der Bezugsgrößen sind die Lösungen allgemein gültig und nicht nur Lösungen für einen konkreten Fall.

Diese Überlegungen zeigen, dass die Entdimenisionierung bei der Dimensionsanalyse eines Problems kein formaler Schritt ist, sondern nur unter Kenntnis bestimmter physikalischer Aspekte des Problems adäquat erfolgen kann. Etwas schärfer gefasst heißt dies: Die „richtigen", weil charakteristischen Bezugsgrößen eines Problems können nur aus dem prinzipiellen physikalischen Verständnis des Problems gewonnen werden. Die Auswahl der *charakteristischen Bezugsgrößen* erfolgt so, dass nach der Entdimensionierung nur noch Abhängigkeiten zwischen den dimensionslosen Größen vorliegen und diese Größen einen festen Wertebereich besitzen (im „Idealfall" zwischen 0 und 1).

Software-Grobmodell   Bei Software-Feinmodellen, die zuvor behandelt worden waren, sind die Bestimmungsgleichungen eines zu lösenden Problems bekannt. Ein Software-Grobmodell legt dagegen zunächst einmal „nur" fest, welche Größen in der Problembeschreibung und der angestrebten Lösung auftreten (und genauso wichtig: welche nicht!). Daraus entsteht die Relevanzliste als Zusammenstellung aller relevanten physikalischen Größen eines Problems. Diese Größen würden in einem Software-Feinmodell direkt oder indirekt auftreten, so dass ein Software-Grobmodell auch als (stark) reduziertes Feinmodell angesehen werden kann. In Kap. 2.3.3 war beschrieben worden, wie die Relevanzliste mit Hilfe des „Fünf-Punkte-Plans" aufgestellt werden kann.

Hardware-Modelle

Modellflugzeuge sind Beispiele für Hardware-Modelle im hier verstandenen Sinne: Es handelt sich um geometrisch weitgehend ähnliche „Nachbildungen" von Prototypen in einem verkleinerten Maßstab. Generell können Hardware-Modelle auch in einem vergrößerten Maßstab auftreten. In beiden Fällen dienen sie dazu, an ihnen Untersuchungen vorzunehmen, deren Ergebnisse anschließend auf den Prototyp übertragen werden können. Die Frage ist nur: Wie kann und muss diese Übertragung erfolgen?

Bild 2.2 zeigt, wie Experimente mit Hardware-Modellen einzuordnen sind. Sie sind eng mit den Software-Grobmodellen „verzahnt" und erhalten aus diesen über die Angabe von Kennzahlen offenbar die zunächst unbekannte Information über die adäquate Skalierung. Dies ist möglich, weil der Prototyp und das Hardware-Modell (verkleinert oder vergrößert) mit demselben Software-Grobmodell korrespondieren, was in Bild 2.2 durch die angedeutete Verzahnung zum Ausdruck kommt.

Es gilt also, zunächst das Software-Grobmodell bzgl. der jeweiligen Fragestellung zu ermitteln und dieses dann zu nutzen, um Hardware-Modell und Prototyp so aufeinander abzustimmen, dass alle Kennzahlen des Software-Grobmodells für das Hardware-Modell und den Prototyp jeweils dieselben Zahlenwerte besitzen.

Aus physikalischer Sicht handelt es sich dann um einen und denselben physikalischen Fall in zwei verschiedenen Ausführungen (einmal als Problem am Prototyp und einmal am Hardware-Modell). Die eingangs gestellte Frage nach der Prozessführung beantwortet sich also so, dass der Prozess am Hardware-Modell so eingestellt werden muss, dass dabei dieselben Zahlenwerte für alle auftretenden Kennzahlen entstehen, wie sie am Prototyp (in der interessierenden Situation) vorliegen.

Am Ende von Kap. 2.3.4 ist beschrieben, welche Probleme hierbei im Sinne einer nur *partiellen Ähnlichkeit* und als *Skalierungseffekte* auftreten können.

Beispiel 2.4:   *Dimensionsanalyse und Mikrosystemtechnik: Ist alles ganz anders, oder nur kleiner?*

Um die Jahrtausendwende wurde die sog. Mikrosystemtechnik fast schlagartig zu einem neuen Feld für Forschung und Entwicklung, weil die Miniaturisierung von Apparaten und Prozessen große Vorteile versprach. So entstanden miniaturisierte Hochleistungs-Wärmeübertrager mit extrem hohen Wandwärmestromdichten und Strömungen durch Kanäle, deren Durchmesser etwa der Dicke eines menschlichen Haares entsprechen.

Insbesondere die Strömungen wurden in diesem Zusammenhang als etwas „völlig Neues" angesehen, das es gründlich zu erforschen galt. Hunderte von Veröffentlichungen befassten sich mit diesen neuen Fragestellungen. Aber: Was war daran neu? Ein durchströmtes Rohr (besser: Röhrchen) mit einem Durchmesser von $D^* = 100\,\mu m$ (=0,1 mm) besitzt in dimensionsloser Formulierung mit $r = 2r^*/D^*$ eine Radialkoordina-

te $0 \leq r \leq 1$ wie jede Rohrströmung. In der dimensionslosen Formulierung gibt es kein „klein" oder „groß" bzw. „mikro" oder „makro". Als dies in die Debatte eingebracht wurde, z.B. durch Herwig (2002), gab es zunächst Unverständnis und Ablehnung. Allmählich setzte sich aber die Erkenntnis durch, dass die Dimensionsanalyse geeignet ist, Klarheit in der weitgehend verworrenen Situation zu schaffen.

Bezüglich der Rohrströmung eines Newtonschen Fluides gilt im Sinne des Software-Grobmodells in Beispiel 2.3 die Beziehung $\lambda_R = \lambda_R(\mathrm{Re})$.

Die Dimensionsanalyse gibt jetzt klar vor, wie die „neuen" Strömungen beurteilt werden müssen. Dabei geht es um die beiden Fragen:

❒ Welche Reynolds Zahlen liegen bei Mikroströmungen typischerweise vor?

❒ Treten Skalierungseffekte auf?

Bezüglich der ersten Frage zeigt sich, dass Reynolds Zahlen wegen der Mikro-Abmessungen klein sind, häufig treten Werte in der Nähe von $\mathrm{Re} = 1$ auf. Damit sind solche Strömungen stets laminar (turbulente Strömungen liegen erst bei $\mathrm{Re} > 2300$ vor) und oftmals vom Typ „schleichende Strömungen", d.h. ohne Trägheitseffekte. Solche Strömungen sind hinlänglich bekannt und stellen keine neue Herausforderung dar.

Das kann anders sein, wenn in nennenswertem Maße Skalierungseffekte auftreten, was bei extremer Maßstabverkleinerung durchaus zu erwarten ist. In der Tat zeigt sich, dass $\lambda_R(\mathrm{Re})$ in bestimmten Fällen kein brauchbares Software-Grobmodell ist, sondern erweiterte Modelle erforderlich sind. Einer der dabei am häufigsten auftretenden neuen physikalischen Effekte ist die Abweichung vom Kontinuumsverhalten des Fluides, weil die freien Weglängen λ_f^* von (Gas-) Molekülen nicht mehr hinreichend kleiner als die Abmessungen des Strömungsgebietes sind. Nimmt man deshalb λ_f^* in die Relevanzliste auf, entsteht ein erweitertes Software-Grobmodell mit der sog. Knudsen-Zahl

$$\mathrm{Kn} = \frac{\lambda_f^*}{L_c^*}$$

als zusätzlicher dimensionsloser Kennzahl. Physikalisch äußert sich dieser Effekt durch eine nicht mehr unverändert gültige Haftbedingung des Fluides an der Wand. Diese muss stattdessen durch eine modifizierte Bedingung (eng. slip boundary condition) ersetzt werden.

Literatur

Buckingham, E. (1914): On physically similar systems; Illustrations of the use of dimensional equations. Phys. Rev., 2. Ser., Vol. 4, 345–376

Gersten, K.; Herwig, H. (1992): Strömungsmechanik/Grundlagen der Impuls-, Wärme- und Stoffübertragung aus asymptotischer Sicht. Vieweg-Verlag, Braunschweig

Gibbings, J.C. (2011): Dimensional Analysis. Springer, London

Herwig, H. (2002): Flow and Heat Transfer in Micro Systems: Is Everything Different or Just Smaller?, ZAMM, Vol. 82, 579-586

Herwig, H. (2017): Dimensionsanalyse von Strömungen/Der elegante Weg zu allgemeinen Lösungen. Essentials, Springer-Vieweg, Wiesbaden

Isaacson, E. de St. Q.; lsaacson M. de St. Q. (1975): Dimensional Methods in Engineering and Physics. Edward Arnold, London

Kline, S.J. (1986): Similitude and Approximation Theory. Springer-Verlag, Berlin

Lemons, D.S. (2017): A Student's Guide to Dimensional Analysis. University Press, Cambridge

Zierep, J. (1972): Ähnlichkeitsgesetze und Modellregeln der Strömungslehre. Braun-Verlag, Karlsruhe

3 Spezielle Phänomene

3.1 Haftbedingung/Grenzschichten

Die Fluidmoleküle, die durch ihre mikroskopische Bewegung insgesamt die makroskopisch zu beobachtende Strömung ausmachen, stehen untereinander und mit den Molekülen der begrenzenden Wände in Wechselwirkung. Bei Gasen, deren Moleküle frei beweglich sind, besteht diese Wechselwirkung aus Stößen untereinander oder mit den Wandmolekülen. Bei Flüssigkeiten, deren Moleküle in einem (nicht starren) Gitterverband eingebunden sind, besteht die Wechselwirkung aus einer gegenseitigen Beeinflussung benachbarter Flüssigkeits- bzw. Wandmoleküle in diesem Gitterverband. In beiden Fällen kommt es somit zu einer Impulsübertragung zwischen Molekülen, wobei in Wandnähe auch Wandmoleküle beteiligt sind.

Makroskopisch führt dies zu stetigen, d.h. Sprünge ausschließenden, Verteilungen aller Strömungsgrößen, so auch der Strömungsgeschwindigkeit. An den Rändern von Strömungsgebieten, die durch feste Wände begrenzt sind, führt die Wechselwirkung mit den Wandmolekülen somit zu einem Verlauf der makroskopisch zu beobachtenden Geschwindigkeitsverteilung vom Wert Null an der Wand (bzw. relativ zur Wand, wenn diese sich selbst bewegt) auf von Null verschiedene, aber mit steigendem Wandabstand stetig veränderliche Werte. Diesen speziellen Aspekt des Strömungsverhaltens an der Wand nennt man *Haftbedingung*.

Aus den vorhergehenden Überlegungen folgt unmittelbar, wann Abweichungen von dieser Haftbedingung zu erwarten sind. Immer dann, wenn über „nennenswerte" Strecken eines betrachteten Strömungsgebietes hinweg keine Wechselwirkung zwischen Fluid- und Wandmolekülen auftritt, wird es aus makroskopischer Sicht zu Abweichungen vom stetigen Geschwindigkeitsprofil an der Wand kommen. Dies kann in zwei Situationen der Fall sein:

1. Bei „normalen" geometrischen Verhältnissen bezüglich des Strömungsgebietes dann, wenn eine Gasströmung mit extrem kleiner Dichte vorliegt, so dass die mittleren Molekülabstände in die Nähe der geometrischen Abmessungen des betrachteten Strömungsfeldes kommen. Man spricht dann von Strömungen hoch verdünnter Gase.

2. Bei „normalen" Dichten, wenn die geometrischen Abmessungen des betrachteten Strömungsgebietes so klein sind, dass sie wiederum in die Nähe der mittleren Molekülabstände kommen. Dies kann z.B. bei der Durchströmung von Bauelementen der Mikrosystemtechnik auftreten.

© Springer-Verlag Berlin Heidelberg 2018
H. Herwig und B. Schmandt, *Strömungsmechanik*,
https://doi.org/10.1007/978-3-662-57773-8_3

Beide Situationen können einheitlich mit Hilfe der in Abschn. 1.1 eingeführten Knudsen-Zahl $\mathrm{Kn} = \lambda^*/L_c^*$ beschrieben werden. Mit λ^* als mittlerer freier Weglänge der Moleküle und L_c^* als einer charakteristischen Abmessung des Strömungsgebietes können Abweichungen von der Haftbedingung somit für große Werte der Knudsen-Zahl auftreten.

Makroskopisch kann diese besondere Situation als ein gewisser „Geschwindigkeits-Schlupf" (*engl: slip velocity*) an der Wand beschrieben werden. Damit wird nicht die völlige Wechselwirkungsfreiheit unterstellt, sondern einer reduzierten Wechselwirkung Rechnung getragen. In Beskok und Karniadakis (1999) wird eine Schlupf-Wandgeschwindigkeit proportional zu $\mathrm{Kn}/(1 + c\,\mathrm{Kn})$ vorgeschlagen. Dieser Faktor geht für kleine Knudsen-Zahlen gegen Null (kein Schlupf; Haftbedingung) und für große Knudsen-Zahlen gegen eine Konstante $1/c$, wobei c der jeweiligen Strömungssituation angepasst werden muss.

Die Tatsache, dass mit Ausnahme der zuvor beschriebenen besonderen Situationen stets die Haftbedingung gilt, führt zu folgender für die Strömungsmechanik weitreichenden Überlegung.

Über den Mechanismus der Haftbedingung wird zwischen der Wand und der angrenzenden Strömung eine Schubspannung, die sog. *Wandschubspannung* übertragen, die letztendlich zum sog. *Reibungswiderstand* an umströmten Körpern führt. Diese Wandschubspannung ist mit dem Geschwindigkeitsprofil unmittelbar an der Wand auf eine einfache Weise verbunden. Es gilt für Newtonsche Fluide (wie später gezeigt wird, Kap. 4):

$$\tau_w^* = \eta^* \left.\frac{\partial u^*}{\partial n^*}\right|_W \tag{3.1}$$

wobei τ_w^* die Wandschubspannung, $(\partial u^*/\partial n^*)_W$ der Geschwindigkeitsgradient senkrecht zur Wand und η^* die sog. *(dynamische) Viskosität* des Fluides ist. Diese Größe ist ein Stoffwert und beschreibt die Fähigkeit des Fluides zur Impulsübertragung in einer Scherströmung. Die Zahlenwerte von η^* sind häufig sehr klein, so dass $(\partial u^*/\partial n^*)_W$ sehr große Werte annimmt, wenn τ_w^* von „normaler" Größe ist. Damit liegt in Wandnähe ein steiler Geschwindigkeitsanstieg vor. Dieser kann sich aber nur bis zur Geschwindigkeit außerhalb des wandnahen Bereiches fortsetzen, so dass qualitativ Geschwindigkeitsprofile wie in Bild 3.1 skizziert zu erwarten sind.

Wegen des steilen Geschwindigkeitsanstieges in Wandnähe liegt in diesem Bereich offensichtlich eine besondere Situation vor. Man bezeichnet diese wandnahe Schicht als „Grenzschicht". Dieser Grenzschichtcharakter der Strömung wird um so ausgeprägter, d.h. der Wandabstand in dem die Geschwindigkeit der Außenströmung erreicht wird, wird um so kleiner, je größer die Außengeschwindigkeit u_∞^* wird. Im gedachten Grenzfall einer unendlich großen Geschwindigkeit u_∞^*, also für $u_\infty^* \to \infty$, wird die Grenzschicht tatsächlich „unendlich dünn". Die Haftbedingung ($u^* = 0$ an der Wand) bleibt aber stets erhalten. Man nennt dies einen „singulären Grenzübergang". Mit diesem befasst sich die sog. Grenzschichttheorie, s. dazu Kap. 9.

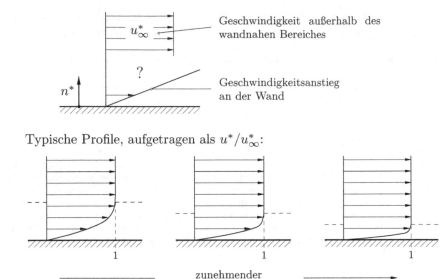

Typische Profile, aufgetragen als u^*/u_∞^*:

zunehmender
Grenzschichtcharakter

Bild 3.1: Wandnahes Geschwindigkeitsverhalten aufgrund der Haftbedingung; zunehmender Grenzschichtcharakter für steigende Werte von u_∞^*.

Häufig wird bzgl. des Grenzfalles einer unendlich dünnen Grenzschicht so argumentiert, dass er bei festem, endlichen Wert der Außengeschwindigkeit u_∞^* auch dadurch erreicht werden könnte, dass die Viskosität η^* stets kleiner wird. Aus (3.1) folgt formal $(\partial u^*/\partial n^*)_W \to \infty$ für $\eta^* \to 0$, wenn τ_w^* seine „normale" Größe beibehält. Diese Argumentation, obwohl weitverbreitet, hat aber eine Reihe von Schwächen:

☐ technisch interessante Fluide sind zwar durch kleine Zahlenwerte der Viskosität ausgezeichnet, diese Werte unterscheiden sich aber nicht nennenswert voneinander. Ein Grenzübergang $\eta^* \to 0$ ist damit schwer interpretierbar.

☐ Die Argumentation mit $\eta^* \to 0$ würde die Grenzschichtausbildung zu einer Fluideigenschaft machen, tatsächlich handelt es sich aber um eine Strömungseigenschaft ($u_\infty^* \to \infty$!).

☐ $\eta^* \to 0$ suggeriert als Grenzfall $\eta^* = 0$. Dies würde man, da ein nichtviskoses Fluid beteiligt ist, als „reibungsfreie Strömung" interpretieren. Eine solche Strömung kann die Haftbedingung nicht erfüllen. Grenzschichten kommen aber gerade wegen der Wirkung der Haftbedingung (auch im Grenzfall) zustande.

Eine genauere Analyse (Kap. 9) wird zeigen, dass der Grenzfall verschwindender Grenzschichtdicke für die Kombination $\mathrm{Re} = \varrho^* u_\infty^* L_B^* / \eta^* \to \infty$ vorliegt.

Dies ist formal zwar auch durch $\eta^* \to 0$ zu erreichen, aus den genannten Gründen ist jedoch der Interpretation mit $u_\infty^* \to \infty$ der Vorzug zu geben.

Anmerkung 3.1: *Physikalisch/mathematische Modelle ohne Haftbedingung*

In einer Reihe von Modellierungsansätzen, wie z.B. bei der Potentialtheorie (Kap. 8) wird die Haftbedingung nicht erfüllt, d.h. nach diesen Vorstellungen existiert an der Wand ein Sprung im Wert der Geschwindigkeit (von Null auf einen endlichen Wert). Nach den bisherigen Überlegungen bedeutet dies, dass solche physikalisch/mathematischen Modelle u.U. brauchbar sind, um die Effekte im Zusammenhang mit der Gesamtverteilung der Geschwindigkeit im Strömungsfeld zu erfassen (z.B. daraus abzuleiten, welche Druckverteilung sich an der Körperoberfläche einstellt), nicht aber die Effekte, die durch die Haftbedingung bewirkt werden. Ohne Haftbedingung kann keine Schubspannung an die Wand übertragen werden. Deshalb ergibt die erwähnte Potentialtheorie als Wert für den Reibungswiderstand eines umströmten Körpers zwangsläufig den Wert Null.

Es handelt sich dann um sog. „reibungsfreie" Strömungen, d.h. Strömungen, bei denen die Reibungseffekte vernachlässigbar klein sind. Mit solchen Strömungs-Modellen können bestimmte Aspekte realer Strömungen in guter Näherung beschrieben werden, andere aber wiederum nicht.

3.2   Strömungsablösung

3.2.1   Stromlinien

Betrachtet man die Umströmung oder Durchströmung eines Körpers von einer Position aus, die sich relativ zum Körper nicht bewegt, so „sieht" man das Fluid um oder durch den Körper strömen.

Durch die „Konstruktion" von sog. *Stromlinien* entsteht in der Strömung ein Bild des momentanen Geschwindigkeitsfeldes. Stromlinien sind stetige Linien, die an jeder Stelle tangential zum örtlichen und momentanen Geschwindigkeitsvektor verlaufen. Bei stationären Strömungen bleibt das Stromlinienbild zeitlich unverändert, so dass Fluidteilchen, die sich auf einer bestimmten Stromlinie befinden auch stets darauf bleiben. Damit sind für diesen Fall die sog. *Bahnlinien*, d.h. die Linien, auf denen sich die Fluidpartikel durch das Strömungsfeld bewegen, identisch mit den (zeitlich unveränderlichen) Stromlinien. Bei instationären Strömungen verändert sich das Stromlinienbild mit der Zeit, und Bahnlinien und Stromlinien sind nicht mehr identisch.

Bild 3.2 zeigt das Stromlinienbild einer stationären Strömung um einen schlanken Tragflügel. Da in diesem Fall Stromlinien gleichzeitig auch Bahnlinien sind, folgt unmittelbar, dass ein bestimmter Teil-Volumenstrom stets zwischen den ihn begrenzenden Stromlinien verbleibt. Deshalb ist es sinnvoll, eine sog. *Wandstromlinie* einzuführen, die mit der Wand identisch ist, obwohl an der Wand aufgrund der Haftbedingung keine Geschwindigkeitsvektoren existieren, zu denen die Stromlinie tangential verlaufen könnte. Als *Staupunkt* bezeichnet man dann die Stelle der Wandstromlinie, an der eine „ankommende" Stromlinie auf die Wand trifft, weil dort die Fluidteilchen auf die Geschwindigkeit Null abgebremst werden, d.h. das Fluid „aufgestaut" wird.

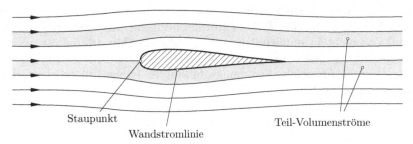

Staupunkt   Teil-Volumenströme

Wandstromlinie

Bild 3.2:   Stromlinien einer stationären Tragflügel-Umströmung

beachte, dass hier gilt: Stromlinien $\widehat{=}$ Bahnlinien

grau markiert: Teilvolumenströme

Hieran wird deutlich, dass eine widerspruchsfreie Interpretation von Stromlinien in der *Begrenzung gedachter Teilvolumenströme* liegt und nicht darin,
dass Teilchen „auf diesen Linien strömen". Sonst würde ein Teilchen, das
sich „auf der Staupunktstromlinie (= Stromlinie, die im Staupunkt endet)
bewegt", auf die Geschwindigkeit Null abgebremst, ohne diese Stromlinie
verlassen zu können! Dieser scheinbare Widerspruch löst sich auf, wenn man
Stromlinien als Begrenzungen für u.U. beliebig (d.h. infinitesimal) kleine Volumenströme interpretiert. In diesem Sinne geht es also nicht darum, dass sich
Fluidpartikel „auf" Stromlinien bewegen, sondern dass Fluidpartikel nicht
über Stromlinien hinweg strömen können.

3.2.2 Stromlinienverlauf bei Strömungsablösung

Eine Strömung, wie sie z.B. in Bild 3.2 skizziert ist, bezeichnet man als
anliegende Strömung. Die Oberfläche kommt an keiner Stelle mit Fluid in
Berührung, das nicht in unmittelbarer Wandnähe dorthin gelangt ist.

Im Gegensatz dazu spricht man von *abgelösten Strömungen* bzw. dem
Phänomen der *Strömungsablösung*, wenn Situationen wie in Bild 3.3 auftre-

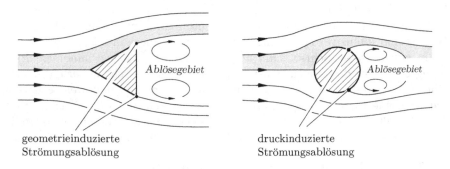

geometrieinduzierte   druckinduzierte
Strömungsablösung   Strömungsablösung

Bild 3.3:   Stromlinienbild bei Strömungsablösung
grau markiert: Teilvolumenströme

ten. An sog. *stumpfen Körpern* verlassen wandnahe Fluidschichten „vorzeitig" die Wand, so dass ein Teil der Körperoberfläche mit Fluid in Berührung kommt, das nicht in unmittelbarer Wandnähe dorthin gelangt ist, sondern aus dem Ablösegebiet stammt.

Die Ursache für solche Strömungsablösungen können plötzliche Geometrieänderungen wie Ecken, Kanten oder Stufen sein (sog. *geometrieinduzierte Ablösung*) oder an glatten Wänden aufgrund eines lokalen Druckanstieges auftreten, gegen den die wandnahe Strömung nicht mehr anströmen kann (sog. *druckinduzierte Ablösung*).

3.3 Turbulenz

Die Tatsache, dass Strömungen in sehr vielen Fällen turbulent sind, stellt bis heute die große und entscheidende Herausforderung bei dem Versuch dar, Strömungen zu modellieren, zu berechnen oder experimentell zu erfassen. In Herwig (2017) findet man eine zusammenfassende Darstellung der wesentlichen Aspekte dieses für die Strömungsmechanik entscheidenden Phänomens.

3.3.1 Entstehung turbulenter Strömungen (Transition)

Turbulente Strömungen gehen aus wohlgeordneten laminaren Strömungen hervor, wenn stets vorhandene kleine Störungen in der ursprünglich laminaren Strömung von dieser nicht mehr gedämpft werden, sondern in Raum und Zeit anwachsen. Dieses Anwachsen von Störungen in einer Strömung ist möglich, weil Strömungen „schwingungsfähige Systeme" darstellen, die unter bestimmten Bedingungen einen „Verstärkungsmechanismus" bezüglich kleiner Störungen besitzen, s. dazu auch Anmerkung 5.11 /S. 125. Der Gesamtvorgang des Überganges von einer laminaren in eine turbulente Strömung wird als *Transition* bezeichnet. Der Transitionsvorgang kann in mehrere Phasen aufgeteilt werden, findet aber je nach konkreter Situation nicht immer auf genau demselben Wege statt. Er ist insgesamt äußerst kompliziert und bis heute noch nicht vollständig verstanden. Deshalb kann es auch nicht verwundern, wenn sein Endstadium, die turbulente Strömung, ebenfalls bis heute Gegenstand intensiver Forschung in der Strömungmechanik ist.

In einem ersten Schritt kann und sollte man sich dem Phänomen Strömungsturbulenz deshalb zunächst rein „phänomenologisch" nähern, d.h. erst einmal beschreiben, wie sich Turbulenz konkret äußert und welche Eigenschaften eine turbulente gegenüber einer laminaren Strömung besitzt. Erst danach sollte gefragt werden, wie die turbulente Fluidbewegung vollständig oder näherungsweise beschrieben, erklärt und ggf. beeinflusst werden kann.

3.3.2 Erscheinungsbild turbulenter Strömungen

Das wesentliche Merkmal einer turbulenten Strömung sind stark und weit-

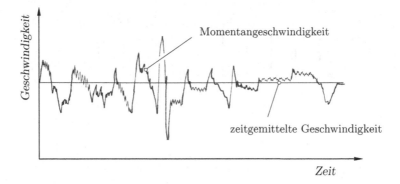

Bild 3.4: Hitzdrahtsignal einer Geschwindigkeitsmessung an einem festen Ort in einer turbulenten Strömung

gehend unregelmäßig schwankende Strömungsgeschwindigkeiten, Drücke und im nicht-isothermen Fall auch Temperaturen. Bild 3.4 zeigt den typischen Zeit-Verlauf der Geschwindigkeit in einer im Mittel stationären Strömung (aufgenommen mit einem sog. Hitzdraht, der die lokale Geschwindigkeit über die strömungsbedingte Abkühlung eines elektrisch beheizten Drahtes misst). Nach einer Zeitmittelung ergibt sich ein definitionsgemäß zeitunabhängiger Mittelwert und eine Schwankungsgröße als Differenz zum wahren Momentanwert. Steht a^* für alle turbulent schwankenden Größen, so spaltet man diese deshalb wie folgt auf:

$$a^*(x^*, y^*, z^*, t^*) = \overline{a^*}(x^*, y^*, z^*) + a^{*\prime}(x^*, y^*, z^*, t^*) \tag{3.2}$$

mit
$$\overline{a^*} = \frac{1}{\Delta t^*} \int\limits_{t_1^*}^{t_1^* + \Delta t^*} a^* \, dt^* \tag{3.3}$$

Die schwankende Größe wird also über eine Zeitspanne Δt^* gemittelt. Diese wird so groß wie nötig aber so klein wie möglich gewählt. Sie muss mindestens so groß sein, dass der Zahlenwert $\overline{a^*}$ unabhängig von Δt^* ist, sollte aber klein genug sein, damit ggf. zeitliche Änderungen von $\overline{a^*}$, die „langsam" erfolgen, noch erfasst werden können. In solchen Fällen spricht man dann von einer im *zeitlichen Mittel instationären Strömung* und kann dies so interpretieren, dass die Zeit ein Parameter bzgl. der Größe $\overline{a^*}$ ist und deshalb auch in diesen Fällen nicht in der Auflistung der unabhängigen Variablen auftaucht. Typische Werte von Δt^* liegen im Bereich von einigen Sekunden, können in Sonderfällen aber auch erheblich größer sein. Schwankungsgrößen $a^{*\prime}$ erreichen häufig Werte von etwa 10 % der gemittelten Größe $\overline{a^*}$.

Ein Blick auf Bild 3.4 legt die Frage nahe: Was schwankt eigentlich in der Strömung? Sind es einzelne Moleküle oder sind es mehrere Moleküle „im Verbund", die gemeinsam diese Schwankungsbewegung vollziehen? Dass Bild

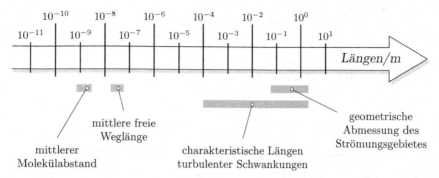

Bild 3.5:   Typische Längen bei Gasströmungen unter Normbedingungen

3.4 nicht durch die Schwankungsbewegung einzelner Moleküle entstanden sein kann, liegt auf der Hand: Dazu hätte man einen Messfühler benötigt, der etwa die Abmessung von Molekülabständen aufweist (also z.B. in Gasen unter Normbedingungen ca. $2 \cdot 10^{-9}$m $= 0,000\,002$ mm!) und: Schwankende Signale würde man z.B. bei der Strömung von Gasen aufgrund der Brownschen unregelmäßigen Molekülbewegung dann stets messen, auch bei Strömungen, die wir makroskopisch als laminar, also nicht schwankend und geordnet wahrnehmen. Offensichtlich findet die turbulente Schwankungsbewegung im Bereich ganz anderer Größenordnung von Längenskalen ($=$ typischen Abmessungen) statt.

Bild 3.5 veranschaulicht die deutlich unterschiedlichen Größenordnungen der charakteristischen Längen molekularer Prozesse und turbulenter Schwankungen. Turbulente Schwankungsbewegungen werden von einem mehr oder weniger festen „Verbund" aus einer sehr großen Anzahl von Molekülen ausgeführt und sind nicht die Schwankungen einzelner Moleküle. Der große Bereich von etwa 10^{-4} m bis 10^0 m für die Größenordnung charakteristischer Längen der turbulenten Schwankungsbewegung gilt dabei durchaus innerhalb ein- und derselben Strömung! Daraus folgt, dass bei einer genaueren Analyse in einer turbulenten Strömung gleichzeitig und örtlich ineinander verschränkt „zusammengehörende" Fluidbereiche identifiziert werden können, denen jeweils charakteristische Längen aus dem besagten Bereich zuzuordnen sind.

Man bezeichnet diese zusammengehörigen Fluidbereiche als *Fluidballen* oder im Englischen als *eddies*. Die direkte Übersetzung von "eddy" ist „Wirbel", was dem optischen Eindruck solcher Turbulenzstrukturen gerecht wird. Die anschauliche Vorstellung solcher Strukturen wird jedoch dadurch erschwert, dass man die gleichzeitige Anwesenheit von Wirbeln sehr unterschiedlicher Abmessungen beachten muss, die darüber hinaus nicht als einzelne Wirbel mit diskreten charakteristischen Längen identifizierbar sind, sondern in einer Strömung ein kontinuierliches „Spektrum" von Längenskalen aufweisen.

In Bild 3.6 sind solche Turbulenzstrukturen als Ausschnitt aus einer wand-

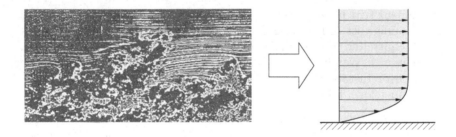

Bild 3.6:   Typische Turbulenzstrukturen in Wandnähe; qualitativer Verlauf des daraus durch Zeitmittelung entstehenden Geschwindigkeitsprofiles (Aufnahme aus Panton (1996))

nahen Strömung gezeigt, die durch Zugabe von Rauch sichtbar gemacht worden ist. Die Zeitmittelung gemäß (3.2) ergibt qualitativ das gezeigte Geschwindigkeitsprofil.

Anmerkung 3.2:   *Charakteristische Zeiten turbulenter Strömungen*

Die Interpretation von Turbulenzstrukturen als Turbulenzballen mit Wirbelcharakter zeigt, dass diese Strukturen auch durch charakteristische Zeiten gekennzeichnet sind, die z.B. aus zugehörigen Wirbelfrequenzen abgeleitet werden können. Wie bei den charakteristischen Längen liegen auch bei den Zeiten wiederum mehrere Größenordnungen zwischen den molekular und den turbulent bestimmten Vorgängen. Während z.B. die mittlere Zeit zwischen zwei Molekülstößen in einer Gasströmung in der Größenordnung von 10^{-9} Sekunden liegt, sind kleinste charakteristische Zeiten turbulenter Schwankungen typischerweise von der Größenordnung 10^{-4} Sekunden.

3.3.3   Eigenschaften turbulenter Strömungen

Sehr viele technisch relevante Strömungen sind turbulent, so dass der Turbulenz als einem die Strömungseigenschaften sehr stark beeinflussendem Phänomen naturgemäß eine große Bedeutung zukommt. Im Rahmen dieses Lehrbuches wird an verschiedenen Stellen sehr ausführlich auf die theoretische Behandlung des Phänomens Turbulenz eingegangen, u.a. in Kap. 5 (Das Turbulenzproblem).

An dieser Stelle sollen zunächst wiederum rein phänomenologisch eine Reihe wichtiger Aspekte der Turbulenz aufgelistet werden:

❐ Turbulente Strömungen liegen jeweils oberhalb sog. *kritischer Reynolds-Zahlen* vor. Diese kritischen Reynolds-Zahlen weisen für unterschiedliche Strömungssituationen verschiedene Zahlenwerte auf, die jeweils für den konkreten Fall ermittelt werden müssen. Beispielsweise ist eine ausgebildete Rohrströmung normalerweise dann turbulent, wenn ihre Reynoldszahl $\mathrm{Re} = \varrho^* u_m^* D^* / \eta^*$ einen Zahlenwert größer als $2\,300$ besitzt (ϱ^*: Dichte; u_m^*: mittlere Geschwindigkeit; D^*: Durchmesser; η^*: Viskosität).

◻ Turbulenz tritt in der Regel nicht gleich stark im gesamten Strömungsfeld auf, sondern ist in Bereichen konzentriert, in denen hohe Gradienten der (zeitgemittelten) Geschwindigkeiten vorliegen, wie dies z.b. in den Grenzschichten in Wandnähe der Fall ist. Häufig liegen laminare Strömungen vor, bevor Instabilitäten zur Transition und anschließenden turbulenten Strömungsform führen.

◻ Turbulenz ist generell mit einem erhöhten Impulsaustausch senkrecht zur Hauptströmungsrichtung verbunden, was sich in erhöhten Reibungswiderständen äußert.

◻ Unterliegt die Strömung längs einer Wand der Gefahr abzulösen, so führt der erhöhte Impulsaustausch der wandnahen Turbulenz häufig zu einer deutlichen Verschiebung des Ablösepunktes in stromabwärtige Richtung und verkleinert damit das Ablösegebiet.

◻ Turbulenz führt generell zu einer sehr starken Vermischung, was insbesondere bei Mehrkomponenten-Strömungen für den sog. Stoffaustausch von großer Bedeutung sein kann.

3.4 Drehung und Zirkulation

3.4.1 Vorbemerkung

Der Ausgangspunkt für die nachfolgenden Überlegungen soll die Frage sein: Warum strömt ein Fluid überhaupt? Die Antwort ist: Wenn es zu irgend einem Zeitpunkt in Ruhe war, so strömt es dann und nur dann, wenn auf die einzelnen Fluidelemente (infinitesimal kleine Teilbereiche des Strömungsfeldes) Kräfte wirken. Wenn ein Fluidteilchen zu einem bestimmten Zeitpunkt eine bestimmte Geschwindigkeit besitzt, so ändert es diese nur, wenn wiederum Kräfte auf dieses Teilchen wirken. Beides ist Ausdruck des Newtonschen Axioms der Mechanik, auch bekannt als „Trägheitsprinzip", das besagt: Ein Körper (hier das Fluidteilchen) verharrt in Ruhe oder einer gleichförmigen Bewegung, solange auf diesen Körper keine Kräfte wirken.

Diese Kräfte können nun Volumen- oder Oberflächenkräfte sein, wobei die Oberflächenkräfte naturgemäß eine große Rolle spielen, weil jedes wie auch immer gedachte Fluidelement stets mit den umgebenden Fluidelementen im direkten Kontakt steht. Die Übertragung von Oberflächenkräften entspricht nach dem Schnittprinzip der Mechanik dem Angreifen von Normal- und Schubkräften an einem isoliert gedachten Fluidelement, wie z.B. an einem infinitesimalen Würfelelement mit den Kantenlängen dx^*, dy^* und dz^*.

Es ist nun unmittelbar einsichtig, dass Druckkräfte die Fluidelemente lediglich in Richtung der Kräfte verschieben (und dabei eventuell verformen), während Schubkräfte zusätzlich zu Drehmomenten und damit zu zusätzlichen Drehbewegungen der Teilchen führen. Das Adjektiv „zusätzlich" ist wichtig,

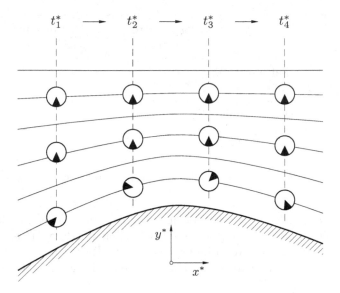

Bild 3.7:   Ausschnitt aus einer Strömung in Wandnähe; Sichtbarmachung der Drehung durch Markierungen an mitbewegten Fluidbereichen

weil Teilchen bereits vor der Wirkung der angreifenden Schubspannung eine Drehbewegung ausgeführt haben könnten und diese dann entsprechend verändert würde. Wenn in einem Fluid keine Schubspannungen wirken, so werden also auch die Drehbewegungen der Fluidteilchen nicht verändert.

Mit dieser dynamischen (d.h. auf die Wirkung von Kräften abhebenden) Interpretation „im Hinterkopf" kann man sich nun rein phänomenologisch die Kinematik (d.h. die reine Bewegungsbeschreibung) des Strömungsfeldes in Bezug auf die Drehbewegung der Fluidteilchen ansehen.

3.4.2 Drehung

Bild 3.7 zeigt ein Stromlinienfeld in der Umgebung einer (zweidimensional) überströmten Wand. Die markierten Kreise sollen (infinitesimal) kleine Fluidbereiche darstellen, deren mögliche Drehbewegungen durch die Markierungen sichtbar werden. Die jeweils vier auf einer Stromlinie liegenden Kreise charakterisieren ein Fluidteilchen zu vier aufeinanderfolgenden Zeitpunkten t_1^* bis t_4^*.

Offensichtlich liegen in unmittelbarer Wandnähe besondere Verhältnisse vor, da dort eine ständige Veränderung der Drehbewegung auftritt. Nach den Überlegungen des vorigen Abschnittes müssen also in unmittelbarer Wandnähe Schubspannungen in der Strömung auftreten, in größerem Wandabstand hingegen nicht.

Eine veränderte Orientierung von Fluidteilchen in einem Strömungsfeld kann mit einfachen kinematischen Überlegungen an einem infinitesimalen Vo-

	reibungsbehaftete Strömung	reibungsfreie Strömung
drehungsbehaftete Zuströmung	$\omega^* \neq 0$	$\omega^* \neq 0$
drehungsfreie Zuströmung	$\omega^* \neq 0$	$\omega^* = 0$

Tab. 3.1:   Zusammenhang zwischen Reibungsfreiheit und Drehungsfreiheit

lumenelement mit den Ortsableitungen der beteiligten Geschwindigkeitskomponenten verknüpft werden (dies führt auf einen mittleren Drehwinkel eines bewegten und verformten Fluidelementes; zur Herleitung s. z.B. Gersten (1991)). In diesem Sinne definiert man für eine zweidimensionale Strömung

$$\omega^* = \frac{\partial v^*}{\partial x^*} - \frac{\partial u^*}{\partial y^*} \qquad (3.4)$$

als sog. *Drehung*, die ein Maß für die mittlere Drehgeschwindigkeit der Fluidteilchen darstellt. Sie entspricht der doppelten Winkelgeschwindigkeit der Teilchen, weshalb manchmal auch ein Faktor 1/2 in die Definition der Drehung aufgenommen wird.

Eine Strömung, in der überall $\omega^* = 0$ gilt, heißt konsequenterweise *drehungsfrei*. Sie muss notwendigerweise auch reibungsfrei sein, da in reibungsbehafteten Strömungen stets Schubspannungen auftreten, die wiederum Drehung erzeugen würden. Die Reibungsfreiheit einer Strömung ist aber kein hinreichendes Kriterium für die Drehungsfreiheit eines endlichen Strömungsgebietes, weil die Zuströmung bereits drehungsbehaftet sein kann, s. dazu Tab. 3.1.

Wenn gelegentlich Reibungsfreiheit und Drehungsfreiheit synonym verwendet werden, wird von der Vorstellung ausgegangen, dass eine drehungsbehaftete Zuströmung letztlich nur durch Reibungseffekte entstanden sein kann. Eine zu allen Zeiten und an allen Orten der Entstehung reibungsfreie Strömung ist dann stets auch drehungsfrei. Es hat allerdings Vorteile, in endlichen Strömungsgebieten zu denken, in denen Reibungsfreiheit herrscht, deren Anströmung aber drehungsbehaftet sein kann.

Aus den bisherigen Überlegungen folgt unmittelbar, dass die Drehung längs einer Stromlinie in reibungsfreien stationären Strömungen konstant ist (2. Helmholtzscher Wirbelsatz, s. auch die nachfolgende Anmerkung 3.3). Mit (3.4) steht somit eine mathematische Verknüpfung von zwei Geschwindigkeitskomponenten zur Verfügung, was z.B. bei drehungsfreien Strömungen ($\omega^* = 0$) unmittelbar von Nutzen sein kann.

Anmerkung 3.3: *Definition der Drehung in einer allgemeinen dreidimensionalen Strömung*

Bisher war von einer zweidimensionalen Strömung ausgegangen worden. Gleichung (3.4) stellt im allgemeinen Fall nur eine Komponente des Vektors $\vec{\omega}^* = \text{rot } \vec{v}^*$ mit $\vec{v}^* = (u^*, v^*, w^*)$ als Geschwindigkeitsvektor dar. Im kartesischen Koordinatensystem ist ω^* nach (3.4) die Komponente ω_z^* des Vektors $\vec{\omega}^* = (\omega_x^*, \omega_y^*, \omega_z^*)$, die beiden anderen Komponenten lauten

$$\omega_x^* = \frac{\partial w^*}{\partial y^*} - \frac{\partial v^*}{\partial z^*}$$

und

$$\omega_y^* = \frac{\partial u^*}{\partial z^*} - \frac{\partial w^*}{\partial x^*}.$$

Im allgemeinen dreidimensionalen Fall besagt der 2. Helmholtzsche Wirbelsatz für reibungsfreie Strömungen, in denen Wirbellinien identifiziert werden können, die sich mit der Strömungsgeschwindigkeit bewegen: Alle Elemente, die zu einer bestimmten Zeit zu einer Wirbellinie gehören, bleiben auch zu allen späteren Zeiten Elemente der Wirbellinie.

3.4.3 Zirkulation

Die Drehung ω^* nach (3.4) ist eine Charakterisierung des lokalen Strömungsverhaltens an einer bestimmten Stelle im Strömungsfeld. Integriert man dies über eine endliche Fläche A^*, bildet also das Integral $\iint_{A^*} \omega^* dA^*$, so erhält man eine Aussage über die Drehung der Strömung im Bereich A^*, der von einer Kurve C^* umschlossen wird. Dieses Flächenintegral über A^* lässt sich einfach bestimmen, indem es auf ein Linienintegral über C^* zurückgeführt wird. Dies ist im vorliegenden Fall gemäß eines allgemeinen mathematischen Satzes (Satz von Stokes) möglich. Es gilt

$$\Gamma^* = \oint \vec{v}^* d\vec{s}^* = \iint\limits_{A^*} \omega^* dA^*. \tag{3.5}$$

mit $\vec{v}^*$ als Geschwindigkeitsvektor und $\vec{s}^*$ als Ortsvektor auf der Umschließungskurve C^*. Die Größe Γ^* heißt *Zirkulation* und charakterisiert ein Strömungsfeld bezüglich der darin enthaltenen Drehung. Diese Größe ist bei später zu behandelnden reibungsfreien Strömungen von besonderer Bedeutung.

Wie dann gezeigt wird (Kap. 8, Beispiel 8.3) ist der aerodynamische Auftrieb eines ebenen Körpers direkt proportional zur Zirkulation Γ^* des ihn umgebenden und den Körper einschließenden Strömungsfeldes.

3.5 Kompressibilität und Druckwellen

3.5.1 Vorbemerkungen

In Abschn. 1.2.1 war die Unterscheidung nach kompressiblen und inkompressiblen Strömungen bereits als wesentliches Charakterisierungsmerkmal

	$K_{\varrho p}$	$K_{\varrho T}$
Luft	1,0	$-1,0$
Wasser	0,00005	$-0,06$

Tab. 3.2: K-Werte für Luft und Wasser (bei $p^* = 1\,\mathrm{bar}$, $T^* = 293\,\mathrm{K}$)

eingeführt worden. Es wurde auch schon darauf hingewiesen, dass sorgfältig nach den Aspekten einer Fluideigenschaft „Kompressibilität" und einer entsprechenden Eigenschaft der Strömung unterschieden werden muss. Um zu einer klaren Definition einer kompressiblen Strömung zu gelangen, sollte man deshalb folgende Überlegungen anstellen:

Die Dichte als thermodynamische Zustandsgröße ist eine Funktion von Druck und Temperatur, geschrieben als $\varrho^* = \varrho^*(p^*, T^*)$. Ihr totales Differential lautet

$$d\varrho^* = \frac{\partial \varrho^*}{\partial p^*} dp^* + \frac{\partial \varrho^*}{\partial T^*} dT^* \tag{3.6}$$

bzw. nach einer formalen Entdimensionierung:

$$\frac{d\varrho^*}{\varrho^*} = K_{\varrho p} \frac{dp^*}{p^*} + K_{\varrho T} \frac{dT^*}{T^*} \tag{3.7}$$

mit

$$K_{\varrho p} = \left[\frac{\partial \varrho^*}{\partial p^*} \frac{p^*}{\varrho^*}\right]_B \quad ; \quad K_{\varrho T} = \left[\frac{\partial \varrho^*}{\partial T^*} \frac{T^*}{\varrho^*}\right]_B \tag{3.8}$$

Dabei charakterisieren die dimensionslosen $K_{\varrho p}$- bzw. $K_{\varrho T}$-Werte das Fluidverhalten in einem Bezugszustand B. Zahlenwerte für $K_{\varrho p}$ und $K_{\varrho T}$ können entsprechenden Tabellen entnommen werden. Als Beispiel zeigt Tab. 3.2 die Werte für Luft (typisch für Gase) und Wasser (typisch für Flüssigkeiten).

Die Größen dp^*/p^* und dT^*/T^* stellen die infinitesimalen Zuwachsraten des Druckes bzw. der Temperatur dar. Je nach konkreter Strömungssituation können diese (nach der Integration) zu bedeutenden Druck- bzw. Temperaturänderungen im Strömungsfeld führen.

Als *kompressibel* werden nun Strömungen bezeichnet, bei denen es zu nennenswerten Dichteänderungen aufgrund von Druckänderungen kommt. Gleichung (3.7) zeigt, dass dazu $K_{\varrho p}$ deutlich von Null verschieden sein muss *und* deutliche Druckänderungen $\int p^{*-1} dp^*$ im Feld vorhanden sein müssen. Da $K_{\varrho p}$ für Flüssigkeiten extrem klein ist (vgl. Tab. 3.2) sind nur Strömungen von Gasen u.U. als kompressible Strömungen zu behandeln, nämlich dann, wenn im Strömungsfeld erhebliche Druckänderungen auftreten.

Kommt es durch Temperaturänderungen zu deutlichen Dichteänderungen, z.B. wegen hoher Wärmeübertragungsraten, so spricht man von *temperaturexpansiven* Strömungen.

Ein entscheidender Aspekt bei der Berücksichtigung des Zusammenhanges zwischen der Dichte und dem Druck ist die Tatsache, dass sich Druckänderungen in einem Strömungsfeld mit einer endlichen Geschwindigkeit fortpflanzen. Dies kann für eine Strömung erhebliche Konsequenzen haben, wenn so hohe Geschwindigkeiten in der Strömung vorkommen, dass diese in die Nähe der Ausbreitungsgeschwindigkeit von Druckwellen kommen oder sie gar noch übertreffen.

3.5.2 Ausbreitung von schwachen Druckwellen, Schallgeschwindigkeit

Folgende einfache Bilanzen, die im Vorgriff auf die ausführliche Herleitung und Erläuterung der allgemeinen Bilanzgleichungen (in Kapitel 4) schon hier angewandt werden sollen, führen zu der gesuchten Ausbreitungsgeschwindigkeit von schwachen Druckwellen.

Dazu stellt man sich ein zunächst ruhendes Fluid zwischen zwei begrenzenden Wänden vor, wie dies in Bild 3.8a skizziert ist. Zum Beispiel durch die Bewegung eines Kolbens vor dem Querschnitt ⒠ wird eine Drucksteigerung im Fluid erreicht, die der Kolben „vor sich herschiebt". Diese ist zu den Zeiten t_1^* und t_2^* soweit in das betrachtete Gebiet eingedrungen, wie dies in den Teilbildern 3.8b und 3.8c skizziert ist. Es wird dabei zunächst unterstellt, dass die Wände außer der Begrenzung des Fluidraumes keinen Einfluss ausüben, und dass die Form der Druckerhöhung im Wellenfrontbereich stets dieselbe ist, sich diese Druckwelle also unter Beibehaltung ihrer Breite B^* lediglich mit der gesuchten Geschwindigkeit c^* in das ruhende Fluid hineinbewegt.

Die Druckverteilung längs des Strömungsgebietes zu den drei Zeitpunkten t_0^*, t_1^* und t_2^* ist unter den drei Teilbildern aufgetragen. Hinter der Druckwelle herrscht jeweils der erhöhte Druck p_1^*, was zu einer entsprechend erhöhten Dichte ϱ_1^* führt.

Dies erfordert aber ein kontinuierliches Nachströmen von Fluid durch den Querschnitt ⒠, die entsprechende über den Querschnitt konstante Geschwindigkeit sei u^*. Zwischen u^* und c^* gilt nun folgender Zusammenhang:

1. Die Massenzunahme pro Zeiteinheit im Fluidraum ist $A^* c^* (\varrho_1^* - \varrho_0^*)$, mit A^* als durchströmter Querschnittsfläche. Das Produkt $A^* c^*$ ist das pro Zeiteinheit neu auf die erhöhte Dichte gebrachte Volumen, so dass der Massenzuwachs das Produkt aus diesem Volumen pro Zeit und der Dichteänderung ist. Aus Kontinuitätsgründen muss dieser Massenzuwachs aber gerade als $\varrho_1^* u^* A^*$ über den Eintrittsquerschnitt nachströmen. Es gilt also (ohne A^* auf beiden Seiten der Gleichung):

$$c^* (\varrho_1^* - \varrho_0^*) = \varrho_1^* u^* \qquad (3.9)$$

2. Durch den erhöhten Druck im Eintrittsquerschnitt wirkt auf das Fluidvolumen insgesamt eine (Druck-)Kraft $(p_1^* - p_0^*) A^*$. Nach dem Newtonschen Axiom der Mechanik ist eine Kraft gleich der zeitlichen Änderung des Impulses des Körpers, auf den diese Kraft wirkt. Wenn auf ein Fluidvolumen

(a) $t^* = t_0^*$:

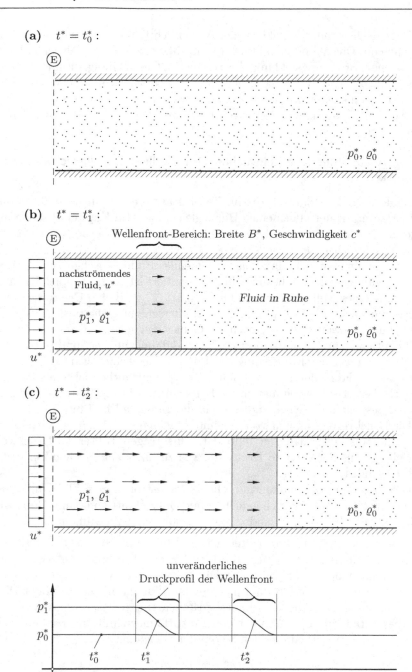

Bild 3.8:   Strömungsgebiet mit einlaufender schwacher Druckwelle;
Darstellung zu drei verschiedenen Zeiten t_i^*;
Gleichbleibende Wellenfronten zu allen Zeiten

in einem Kontrollraum also eine Kraft wirkt, so muss sich der Impuls der Fluidteilchen auf dem Weg durch den Kontrollraum entsprechend ändern.

Im vorliegenden Beispiel werden diese Überlegungen aber dadurch erschwert, dass im Kontrollraum zu verschiedenen Zeiten unterschiedliche bewegte Fluidmassen sind. Dies kann man elegant dadurch umgehen, dass man den Kontrollraum (in Gedanken) mit der konstanten Geschwindigkeit c^* nach rechts bewegt. Ein Beobachter muss jetzt die Kräfte/Impulsbilanz nur in Bezug auf dieses gleichmäßig bewegte System aufstellen, in dem sich die Druckwelle nicht mehr bewegt. Dafür „sieht" dieser Beobachter aber von rechts Fluid mit der Dichte ϱ_0^* und der Geschwindigkeit c^* einströmen und auf der linken Seite Fluid der Dichte ϱ_1^* mit der Geschwindigkeit $c^* - u^*$ ausströmen. Die Impulsbilanz „Kraft = Änderung des Impulses" ergibt (ohne A^* auf beiden Seiten der Gleichung) unter Verwendung von (3.9):

$$p_1^* - p_0^* = \varrho_0^* c^{*2} - \varrho_1^* (c^* - u^*)^2 = \varrho_0^* u^* c^* \tag{3.10}$$

Eliminiert man u^* in (3.9), (3.10) so folgt:

$$c^{*2} = \frac{\varrho_1^*}{\varrho_0^*} \frac{(p_1^* - p_0^*)}{(\varrho_1^* - \varrho_0^*)} \tag{3.11}$$

Für kleine Störungen (schwache Druckwellen) gilt $\varrho_1^*/\varrho_0^* \approx 1$ und der Differenzenquotient $(p_1^* - p_0^*)/(\varrho_1^* - \varrho_0^*)$ kann durch den Differentialquotienten $dp^*/d\varrho^*$ ersetzt werden.

Aus mathematischer Sicht bedeuten schwache Druckwellen infinitesimal kleine Änderungen der Größen ϱ^* und p^* sowie einen infinitesimalen Wert du^*. Die konsequente Schreibweise der beiden Bilanzgleichungen (3.9) und (3.11) lautet deshalb:

$$(3.9): \quad c^*(\varrho_1^* - \varrho_0^*) = \varrho_1^* u^* \quad \longrightarrow \quad \boxed{c^* d\varrho^* = \varrho^* du^*} \tag{3.12a}$$

$$(3.11): \quad c^{*2} = \frac{\varrho_1^*}{\varrho_0^*} \frac{(p_1^* - p_0^*)}{(\varrho_1^* - \varrho_0^*)} \quad \longrightarrow \quad \boxed{c^{*2} = \frac{dp^*}{d\varrho^*}} \tag{3.12b}$$

Kleine Störungen verlaufen isentrop (keine Entropieerhöhung), so dass aufgrund der Isentropenbeziehung für ideale Gase, d.h. also mit $p^* \varrho^{*-\kappa} = \text{const}$ (κ: Isentropenexponent) aus (3.12b) folgt:

$$c^{*2} = \kappa \frac{p^*}{\varrho^*} \tag{3.13}$$

Für ideale Gase mit der thermischen Zustandsgleichung $p^*/\varrho^* = R^* T^*$ (R^*: spezielle Gaskonstante, T^*: thermodynamische Temperatur) folgt aus (3.13) dann endgültig:

$$\boxed{c^* = \sqrt{\kappa R^* T^*}} \tag{3.14}$$

als sog. *Schallgeschwindigkeit*, da die Schallausbreitung genau den getroffenen Annahmen gehorcht (isentrope Ausbreitung kleiner Druckstörungen). Ebene, schwache Druckwellen breiten sich also in einem ruhenden Fluid mit der Schallgeschwindigkeit c^* aus.

Ist dieser Schallausbreitung eine Strömung überlagert, d.h. entstehen diese Störungen z.B. dadurch, dass eine homogene „gleichmäßige" Strömung der Geschwindigkeit u_∞^* ein Hindernis umströmt und deshalb von diesem Hindernis ständig Druckstörungen ausgehen, so pflanzen sich diese gegen die Strömungsrichtung mit $(c^* - u_\infty^*)$ und in Strömungsrichtung mit $(c^* + u_\infty^*)$ fort.

Offensichtlich liegt bei $u_\infty^* = c^*$ eine besondere Situation vor, weil Störungen dann gerade nicht mehr stromaufwärts gelangen können. Strömungen mit $u_\infty^* > c^*$ nennt man *Überschallströmungen*. Mit der dimensionslosen Kennzahl

$$\text{Ma} = \frac{u_\infty^*}{c^*} \qquad \text{(Mach-Zahl)} \qquad (3.15)$$

sind dies Strömungen mit einer Mach-Zahl $\text{Ma} > 1$. Schon aus diesen einfachen Überlegungen folgt, dass deren Strömungsfelder (Druck- und Geschwindigkeitsverteilung) fundamental anders geartet sein werden, als diejenigen von Unterschallströmungen bei $\text{Ma} < 1$.

Beispiel 3.1:   *Ausbreitung von Störungen in einer Überschallströmung*

Eine momentane punktförmige Störung breitet sich in einer homogenen Gasströmung (konstante Geschwindigkeit u_∞^*) in Form einer Kugelwelle aus, deren Mittelpunkt sich mit der Strömungsgeschwindigkeit u_∞^* bewegt. Wenn diese Störung ständig wirkt (weil sie z.B. durch ein Hindernis ausgelöst wird, das mit u_∞^* überströmt wird), werden also ständig neue Kugelwellen ausgesandt. Ist u_∞^* kleiner als die Schallgeschwindigkeit c^*, so können die Druckstörungen jeden Punkt des Strömungsfeldes erreichen, insbesondere auch alle stromaufwärts gelegenen Punkte.

Ist aber $u_\infty^* > c^*$, so entsteht die in Bild B3.1 skizzierte Situation. Da die Kugelwelle als Ganzes schneller stromabwärts bewegt wird, als sich (kleine) Druckstörungen von ihrem Mittelpunkt ausgehend ausbreiten, können die Druckstörungen nur diejenigen Punkte im Strömungsfeld erreichen, die innerhalb des umhüllenden Kegels mit dem halben Öffnungswinkel $\bar{\alpha}$ liegen. Aus den geometrischen Verhältnissen ergibt sich $\bar{\alpha}$ zu

$$\sin \bar{\alpha} = \frac{c^* \Delta t^*}{u_\infty^* \Delta t^*} \quad \longrightarrow \quad \bar{\alpha} = \arcsin \frac{c^*}{u_\infty^*} = \arcsin \text{Ma}^{-1}$$

d.h. mit wachsender Mach-Zahl entsteht ein immer spitzerer Kegel als Einflussgebiet für die Druckstörungen.

3.5.3 Ausbreitung von starken Druckwellen, Verdichtungsstöße, Verdünnungswellen

Schwache Druckwellen sind mathematisch durch die infinitesimal kleinen Änderungen $d\varrho^*$, dp^* und du^* gekennzeichnet und werden durch die im vorigen Abschnitt bereitgestellten Beziehungen beschrieben. Real vorkommende Druckwellen gehorchen diesen Beziehungen in guter Näherung, wenn die

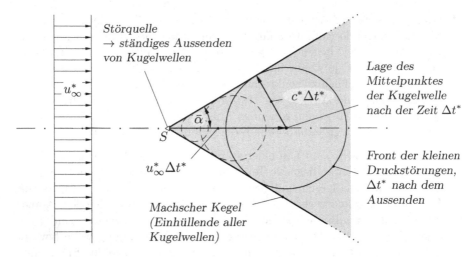

Bild B3.1: Front der bei S (Störquelle) ausgehenden Druckstörungen nach der Zeit Δt^* und Machscher Kegel hinter der Störquelle S

Änderungen in ϱ^*, p^* und u^* als endliche aber kleine Größen $\Delta \varrho^*$, Δp^* und Δu^* vorkommen.

Treten jedoch erhebliche Änderungen dieser Größen auf (starke Druckwellen), so können diese über die Druckwelle hinweg nicht mehr einfach als $d\varrho^* = \Delta \varrho^*$, $dp^* = \Delta p^*$ und $du^* = \Delta u^*$ angesetzt werden, sondern die infinitesimalen Größen $d\varrho^*$, dp^* und du^* müssen durch Integration über die Druckwelle hinweg zu den endlichen Werten $\Delta \varrho^*$, Δp^* und Δu^* führen. In diesem Sinne kann man sich eine starke Druckwelle als eine Abfolge unmittelbar hintereinander folgender schwacher Druckwellen vorstellen. Dabei ergibt sich nun folgende neue Situation:

Während sich die vorderste der hintereinander laufenden schwachen Druckwellen in ein noch ungestörtes Gebiet ausbreitet, sind alle nachfolgenden Druckwellen von den vorauslaufenden beeinflusst. Die Dichteänderung $d\varrho^*$, die von einer zur „nächsten" Druckwelle auftritt, führt

1. zu einer veränderten Strömungsgeschwindigkeit, da aus (3.12a) unmittelbar folgt:

$$du^* = \frac{c^*}{\varrho^*} d\varrho^* \tag{3.16}$$

2. zu einer veränderten Schallgeschwindigkeit (Ausbreitungsgeschwindigkeit der infinitesimalen Druckwelle), da aus (3.12b) zusammen mit der Isentropbeziehung $p^* \varrho^{*-\kappa} = \text{const}$ folgt:

$$dc^* = \frac{c^*}{\varrho^*} \frac{(\kappa - 1)}{2} d\varrho^* \tag{3.17}$$

Beide Effekte zusammen führen bei

◨ DRUCKANSTIEG $(d\varrho^* > 0)$ zu einer ständig steileren Front der Druckwelle, weil nachfolgende (infinitesimale) Teilwellen in einer ständig schnelleren „Grundströmung" liegen $(du^* > 0)$ und ihre Ausbreitungsgeschwindigkeit um so größer ist, je weiter hinten sie in der Druckwelle liegen $(dc^* > 0)$. Dies führt schließlich zu senkrechten Wellenfronten mit endlichen Werten von $\Delta\varrho^*$, Δp^* und Δu^*, zu sog. *Verdichtungsstößen*. Ihre Fortpflanzungsgeschwindigkeit (in einem ruhenden Fluid oder relativ zu einer überlagerten Strömung) liegt stets oberhalb der Schallgeschwindigkeit.

◨ DRUCKABFALL $(d\varrho^* < 0)$ zu einer ständig flacher werdenden Druckwelle, weil für weiter hinten liegende Teilwellen jetzt sowohl die Grundströmung als auch die Schallgeschwindigkeit abnehmen $(du^* < 0,\ dc^* < 0)$. Solche *Verdünnungswellen* verflachen also mit der Zeit in zunehmendem Maße. Ihnen kann deshalb auch keine einheitliche Ausbreitungsgeschwindigkeit zugeordnet werden. Die vorderste Front einer Verdünnungswelle bewegt sich mit der örtlichen Schallgeschwindigkeit in ein ruhendes Fluid oder relativ zur überlagerten Strömungsgeschwindigkeit.

Literatur

Beskok, A.; Karmiadakis, G.E. (1999): A Model for Flows in Channels, Pipes and Ducts at Micro- and Nano-Scales. Microscale Thermophysical Engineering, Vol. 3, 43–77

Gersten, K. (1991): Einführung in die Strömungsmechanik. Vieweg-Verlag, Braunschweig

Herwig, H. (2017): Turbulente Strömungen/Einführung in die Physik eines Jahrtausendproblems. essentials, Springer-Vieweg, Wiesbaden

4 Grundgleichungen der Strömungsmechanik

4.1 Erhaltungsgrößen, Bilanzgleichungen

Unter den *Grundgleichungen der Strömungsmechanik* versteht man die mathematischen Formulierungen des Erhaltungsprinzips für Masse, Impuls und Energie. Diese drei Größen werden in Bezug auf einen in der Regel ortsfesten (endlichen oder infinitesimal kleinen) Kontrollraum einzeln bilanziert. Sie können über die Kontrollraumgrenzen ein- und austreten, im Kontrollraum aber weder vernichtet noch erzeugt werden.

Bei der Masse und der Energie gilt dies jedoch nur für die *Gesamt*masse bzw. für die *Gesamt*energie. Spaltet man die Gesamtmasse in Teilmassen auf, zwischen denen chemische Reaktionen stattfinden, so gilt die Massenerhaltung nur bezüglich der Summe aller Teilmassen, nicht aber für die einzelnen Teilmassen. In diesem Sinne können z.B. in der Reaktion $C + O_2 \rightarrow CO_2$ Kohlenstoff und Sauerstoff als Reinstoffe vernichtet und CO_2 erzeugt werden.

Ähnliches gilt für die Aufspaltung der Energie in mechanische (kinetische) und thermische (innere) Energie. Durch einen Dissipationsprozess wird mechanische Energie vernichtet und thermische Energie erzeugt, die Gesamtenergie als Summe aus beiden Anteilen bleibt jedoch erhalten.

In diesem Zusammenhang tritt eine wichtige physikalische Größe auf, die keine Erhaltungsgröße ist: die Entropie. Sie kann gemäß dem zweiten Hauptsatz der Thermodynamik zwar nicht vernichtet, wohl aber (wie z.B. in einem Dissipationsprozess) erzeugt werden. Die Entropie kann genauso wie die Masse, der Impuls und die Energie bezüglich eines Kontrollraumes bilanziert werden, dabei tritt aber ein sog. *Quellterm* auf, der die Erzeugung dieser Größe beschreibt. Im Teil C dieses Buches werden diese Überlegungen herangezogen, um konkrete Verlustbeiwerte zu bestimmen. Erhaltungsgrößen sind dadurch gekennzeichnet, dass ihre jeweilige Bilanz keine Quellterme aufweist.

Mit der Aufstellung der Bilanzen für die einzelnen physikalischen Größen entstehen mathematische Gleichungen, die zur Bestimmung gesuchter Größen verwendet werden können. Prinzipiell kann mit jeder neuen Gleichung eine weitere unbekannte Größe bestimmt werden. Die Bilanzen können dabei vielfach so interpretiert werden, dass die ein- und austretenden Größen an der „ortsfesten" Kontrollraumgrenze „registriert" werden.

Werden solche Bilanzen für endlich große Kontrollräume aufgestellt, so kann man daraus unmittelbar keine Aussagen über das genaue Verhalten im Inneren dieses Kontrollraumes gewinnen. Dies gelingt jedoch, wenn der

© Springer-Verlag Berlin Heidelberg 2018
H. Herwig und B. Schmandt, *Strömungsmechanik*,
https://doi.org/10.1007/978-3-662-57773-8_4

endlich große Kontrollraum in Gedanken in infinitesimal kleine Teilbereiche unterteilt wird, für die dann die jeweiligen Bilanzen gelten.

Auf diesem Weg können die anfangs erwähnten Grundgleichungen der Strömungsmechanik unmittelbar in Form von Differentialgleichungen hergeleitet werden. Dazu werden also die Bilanzen bezüglich der Masse, des Impulses und der Energie an einem infinitesimalen Fluidelement formuliert. Die dabei entstehenden Gleichungen ermöglichen eine Bestimmung der gesuchten Größen im gesamten betrachteten Strömungsfeld als sog. *Feldgrößen*. Die Integration der Differentialgleichungen ist im allgemeinen Fall sehr aufwendig, kann in Sonderfällen aber auch sehr einfach sein.

Anmerkung 4.1: *Bilanzen in Bezug auf endliche Kontrollräume*

Da Bilanzen, die nicht über infinitesimale Fluidelemente, sondern über endlich große Kontrollräume aufgestellt werden, keine unmittelbare Aussage über die Details des Strömungsfeldes im Inneren zulassen, wird häufig auch die detaillierte Verteilung der Ströme über die Kontrollraumgrenzen nicht berücksichtigt. Wenn z.B. ein Massenstrom mit einem bestimmten Geschwindigkeitsprofil $u^*(y^*)$, das die Haftbedingung an festen Wänden erfüllt, über die Kontrollraumgrenze tritt, so wird bei der Globalbilanz häufig ersatzweise von einem homogenen Geschwindigkeitsprofil $\bar{u}^*$ ausgegangen, das zu demselben Massenstrom führt. Dies ist erfüllt, wenn bei konstanter Dichte $\varrho^* \bar{u}^* A^* = \varrho^* \int u^* dA^*$ gilt. Dabei ist zu beachten, dass zwar der Massenstrom „richtig" bilanziert wird, aber z.B. der ebenfalls mit einfließende Impulsstrom für die Geschwindigkeitsprofile $\varrho^* \bar{u}^* A^*$ und $\varrho^* \int u^* dA^*$ verschieden ist.

In diesem Sinne ist mit der Bilanz über endliche Kontrollräume häufig eine Modellbildung verbunden (z.B. die Modellannahme einer eindimensionalen Strömung), die von einer realen Strömung nur näherungsweise erfüllt wird. Die vollständige und korrekte Bilanz für einen endlichen Kontrollraum ergibt sich aus der Integration der Differentialgleichungen für das betrachtete Kontrollvolumen, s. dazu die Anmerkung 4.11/S. 82.

Anmerkung 4.2: *Relativistische Mechanik*

Die Masse und die Energie sind nur im Rahmen der sog. klassischen Mechanik physikalische Größen, die unabhängig voneinander bilanziert werden können. Die Einsteinsche Relativitätstheorie postuliert den Zusammenhang $E^* = m^* \hat{c}^{*2}$ zwischen der Energie E^* und der Masse m^*, die somit nicht mehr unabhängig voneinander betrachtet werden können. Effekte dieser Energie/Masse-Äquivalenz treten aber erst bei Geschwindigkeiten in der Nähe der Lichtgeschwindigkeit $\hat{c}^*$ in nennenswertem Maße auf. Mit Werten von $\hat{c}^* = 3 \cdot 10^9$ m/s liegt diese um viele Größenordnungen über der Schallgeschwindigkeit von etwa $3 \cdot 10^2$ m/s, die als charakteristischer Wert für Strömungen mit hohen Geschwindigkeiten gelten kann.

4.2   Teilchenfeste/ortsfeste Betrachtungsweise

In der Festkörpermechanik werden Bilanzen, z.B. Impuls- oder Energiebilanzen, in der Regel für Körper aufgestellt, die entweder in Ruhe sind und bleiben (Statik) oder in ihrer Bewegung verfolgt werden (Dynamik). Stets sind es aber einzelne Körper, die eindeutig identifiziert werden können, bzw. idealisierte Massepunkte, die in Raum und Zeit verfolgt werden (Punktmechanik).

In der Strömungsmechanik ist die Situation anders. Betrachtet man etwa die Umströmung eines Tragflügels, so soll die Wirkung der Strömung auf diesen Tragflügel z.B. in Form eines Auftriebes und eines Widerstandes ermittelt werden. Dafür sind die entsprechenden Strömungsgrößen in der Umgebung des Tragflügels von Interesse. Das „Schicksal" eines Fluidteilchens, das zu einer bestimmten Zeit weit vor dem Tragflügel ist, diesen dann überströmt und danach hinter dem Tragflügel „verschwindet" ist dagegen weniger interessant. Zusätzlich tritt die Frage auf, wie denn ein „Fluidteilchen" identifiziert werden kann. Im Rahmen der sog. *Kontinuumstheorie* (s. Abschn. 1.1.2) kann es kein identifizierbares Molekül sein, da mit der Kontinuums-Annahme der diskrete, molekulare Fluidcharakter ignoriert wird. Stattdessen muss man eine bestimmte Teilmenge (z.B. ein infinitesimales Würfelelement $dx^* dy^* dz^*$ im Sinne der Punktmechanik) in Gedanken zu einem bestimmten Zeitpunkt zum Fluidteilchen erklären. Dieses kann anschließend in seinem zeitlichen Verlauf in der Strömung verfolgt werden. Dabei können Bilanzen wie in der Festkörpermechanik für bewegte Massepunkte aufgestellt werden. Diese Betrachtungsweise ist in der Strömungsmechanik mit dem Namen *Lagrange* verbunden und wird als *Lagrangesche* bzw. *teilchenfeste Betrachtungsweise* bezeichnet. Diese Vorgehensweise ist aber in vielen Fällen nicht der Fragestellung angepasst und wird deshalb selten benutzt.

Alternativ bietet es sich an, feste Punkte im Strömungsfeld zu betrachten und an diesen die Strömungsgeschwindigkeit, den Druck und alle anderen interessierenden Größen zu bestimmen. Diese sog. *ortsfeste Betrachtungsweise* ist mit dem Namen *Euler* verbunden und wird deshalb auch als *Eulersche Betrachtungsweise* bezeichnet. Man löst sich also von der Vorstellung, einzelne Teilchen in der Strömung zu verfolgen und betrachtet stattdessen feste Orte, an denen sich mit fortschreitender Zeit stets andere Teilchen befinden.

Damit wird es möglich, die gesamte betrachtete Strömung in einem einzigen Koordinatensystem zu beschreiben. Wenn die Umströmung oder Durchströmung eines festen Körpers betrachtet wird, so wird man das Koordinatensystem an diesen Körper koppeln (körperfestes Koordinatensystem). In Bezug auf das Koordinatensystem befindet sich der Körper dann in Ruhe. Dies bedeutet z.B. für die Tragflügelumströmung, dass sich das Koordinatensystem mit dem Tragflügel bewegt, was bei der Aufstellung der Bilanzen in diesem Koordinatensystem ggf. berücksichtigt werden muss, wie folgende Überlegungen zeigen.

Solange sich das Koordinatensystem in einer gleichförmigen (nicht beschleunigten) Bewegung befindet (wie im Falle eines Tragflügels nach Erreichen der „Reisegeschwindigkeit") unterscheidet sich die Situation nicht von einem ruhenden Koordinatensystem (wie im Falle eines Tragflügels im Windkanal). Wenn das körperfeste Koordinatensystem aber Beschleunigungen unterliegt (wie im Falle der Schaufel eines Laufrades, die in einer Strömungsmaschine ständigen Normalbeschleunigungen ausgesetzt ist), so muss dies bei der Aufstellung der Bilanzen in diesem Koordinatensystem entsprechend berücksichtigt werden.

4.3 Übergang von der teilchenfesten auf die ortsfeste Betrachtungsweise

Der Ausgangspunkt für die nachfolgende Aufstellung der Bilanzen sind physikalische Aussagen in Bezug auf ein infinitesimales Massenelement Δm^*, das aufgrund seiner Dichte ϱ^* ein Volumenelement ΔV^* ausfüllt. In kartesischen Koordinaten wird dieses als Quader mit den Kantenlängen Δx^*, Δy^* und Δz^* angenommen, so dass gilt

$$\Delta m^* = \varrho^* \Delta V^* = \varrho^* \Delta x^* \Delta y^* \Delta z^*. \tag{4.1}$$

Die physikalischen Aussagen zur Masse, zum Impuls und zur Energie, die in Form von Bilanzen bezüglich Δm^* formuliert werden, sind somit zunächst von *Lagrangescher Natur*, d.h. sie beziehen sich im Sinne der *teilchenfesten Betrachtungsweise* auf ein Fluidteilchen mit der Masse Δm^*.

Wie im vorigen Abschnitt ausgeführt, ist diese Betrachtungsweise in der Strömungsmechanik häufig nicht der Fragestellung angepasst, so dass deshalb nach Aufstellung der *Lagrangeschen Bilanz* ein Übergang auf eine *ortsfeste Eulersche Betrachtungsweise* erfolgt. Der entscheidende Schritt bei diesem Übergang ist die Formulierung einer Lagrangeschen Zeitableitung in Eulerschen, ortsfesten Koordinaten.

Für die Zeitabhängigkeit einer beliebigen physikalischen Größe G^* in der Lagrangeschen Betrachtungsweise gibt es zwei Ursachen:

1. An einem bestimmten Ort, an dem sich das betrachtete Teilchen zum Zeitpunkt t^* befindet, verändert sich die physikalische Situation mit der Zeit. Wenn das Teilchen an diesem Ort bliebe, würde sich also auch G^* ständig verändern.

2. Mit der Strömung wird das Teilchen an andere Orte bewegt, an denen die physikalische Situation anders als am Ausgangsort ist, so dass sich G^* aufgrund dieser Ortsveränderung ebenfalls mit der Zeit verändert. Über den Zusammenhang zum Strömungsfeld kann also die Ortsveränderung des betrachteten Teilchens wiederum als zeitabhängiges Verhalten von G^* interpretiert werden.

Soll die insgesamt auftretende Zeitabhängigkeit durch die Zeitableitung beschrieben werden, so gilt es, die Größe DG^*/Dt^* zu bestimmen. Mit der Schreibweise D/Dt^* wird die Lagrangesche (teilchenfestes Koordinatensystem) Zeitableitung gekennzeichnet. Wie sieht diese nun beim Übergang auf die Eulersche Betrachtungsweise (ortsfestes Koordinatensystem) aus? Eine Zeitableitung im Eulerschen System, formal geschrieben als $\partial/\partial t^*$ erfasst nur die Veränderungen der physikalischen Situation an einem festen Ort und entspricht damit nur der oben aufgeführten Ursache 1.

Zusätzlich ändert sich G^* mit der Zeit, weil beispielsweise die Ortsableitung $\partial G^*/\partial x^*$ von Null verschieden ist und das Teilchen in der Zeit ∂t^*

den Weg ∂x^* zurückgelegt hat. Diese Änderung $\partial G^* = (\partial G^*/\partial x^*)\partial x^*$ pro Zeiteinheit ist also,

$$\frac{\partial G^*}{\partial x^*}\partial x^* \frac{1}{\partial t^*} = \frac{\partial G^*}{\partial x^*}\frac{\partial x^*}{\partial t^*} = \frac{\partial G^*}{\partial x^*}u^* \tag{4.2}$$

d.h., wie anschaulich zu erwarten, unmittelbar mit der Strömungsgeschwindigkeit in x-Richtung $u^* = \partial x^*/\partial t^*$ verbunden.

Berücksichtigt man auf gleiche Weise die möglichen Änderungen von G^* durch Strömungen in die anderen beiden Koordinatenrichtungen, so ergibt sich insgesamt:

$$
\underbrace{\frac{\mathrm{D}G^*}{\mathrm{D}t^*}}_{\substack{\text{Lagrangesche}\\\text{Betrachtungsweise}\\\text{(teilchenfest)}}} = \underbrace{\overbrace{\frac{\partial G^*}{\partial t^*}}^{\substack{\text{Ursache 1:}\\\text{lokale}\\\text{Ableitung}}} + \overbrace{u^*\frac{\partial G^*}{\partial x^*} + v^*\frac{\partial G^*}{\partial y^*} + w^*\frac{\partial G^*}{\partial z^*}}^{\substack{\text{Ursache 2:}\\\text{konvektive}\\\text{Ableitung}}}}_{\substack{\text{Eulersche Betrachtungsweise}\\\text{(ortsfest)}}} \tag{4.3}
$$

In der Eulerschen Betrachtungsweise sind beide Ursachen für eine Veränderung der Größe G^* mit der Zeit getrennt zu erkennen. Man nennt die mit diesen Ursachen verbundenen Ableitungen *lokale* bzw. *konvektive* Ableitungen.

Im folgenden werden die Bilanzen zunächst als Lagrangesche Bilanzen formuliert, anschließend erfolgt der Übergang auf das Eulersche System unter Zuhilfenahme von (4.3). Im Eulerschen, ortsfesten System können die mit den konvektiven Ableitungen verbundenen Terme dann anschließend als Differenz der ein- und ausströmenden Größen interpretiert werden, die an den ortsfesten Kontrollraumgrenzen vorliegen. Diese Vorgehensweise mag umständlich erscheinen, sie erlaubt aber eine anschauliche physikalische Interpretation der einzelnen Teilschritte.

4.4 Allgemeine Bilanzgleichungen, dimensionsbehaftet

Die Bilanzen für Masse, Impuls und Energie werden jetzt wie folgt aufgestellt:

1. Schritt: Formulierung der Lagrangeschen Bilanz, d.h. der Bilanz in Bezug auf ein Fluidteilchen der Masse Δm^*, das sich zur Zeit t^* im Volumen $\Delta V^* = \Delta x^* \Delta y^* \Delta z^*$ befindet, dieses aber wieder verlässt

2. Schritt: Übergang auf die ortsfeste Eulersche Betrachtungsweise

3. Schritt: Ggf. Interpretation der Terme im Zusammenhang mit den konvektiven Ableitungen als Differenz der ein- und ausströmenden Größen in Bezug auf den ortsfesten Kontrollraum ΔV^*

Diese Vorgehensweise ergibt die Bilanzgleichungen, die in Tab. 4.1 zusammengestellt sind und die im nachfolgenden Abschn. 4.5 näher erläutert werden. Diese Gleichungen sind zur Kennzeichnung nicht mit den üblichen Gleichungsnummern versehen, sondern erhalten sinnvoll gewählte Kennbuchstaben. In Tab. 4.1 weist der Stern an diesen Kennbuchstaben darauf hin, dass es sich um dimensionsbehaftete Gleichungen handelt.

Diese Bilanzgleichungen sind allgemein gültig, d.h. sie gelten für beliebige Fluide. Das konkrete Fluidverhalten äußert sich erst nach Einführung von sog. *Materialgleichungen*. Dies sind:

1. *konstitutive Gleichungen*, die einen fluidspezifischen Zusammenhang zwischen dem sog. Spannungstensor in den Impulsgleichungen (Komponenten: τ_{xx}^*, τ_{yx}^*, ...) und dem Geschwindigkeitsfeld, sowie dem Wärmestromvektor in den Energiegleichungen (Komponenten: q_x^*, q_y^*, ...) und dem Temperaturfeld herstellen.

2. *Stoffwertabhängigkeiten*, d.h. Abhängigkeiten der Dichte ϱ^* sowie weiterer, mit Einführung der konstitutiven Gleichungen auftretender Stoffwerte von Druck und Temperatur.

Erst nach Einführung dieser Materialgleichungen können die Bilanzgleichungen für ein konkretes Fluid gelöst werden, um die interessierenden Feldgrößen Geschwindigkeit, Druck und Temperatur zu bestimmen.

In Abschn. 4.6 werden konstitutive Gleichungen für eine bestimmte Fluidklasse eingeführt, die, eingesetzt in die allgemeinen Bilanzgleichungen, dann zu konkret anwendbaren Gleichungen führen (Navier-Stokes-Gleichungen, s. Abschn. 4.7).

4.5   Erläuterungen zu den allgemeinen Bilanzgleichungen

Im folgenden wird die Entstehung der Gleichungen in Tab. 4.1 erläutert, wobei der physikalische Hintergrund sowie die Bedeutung der einzelnen Terme deutlich werden sollen, nicht jedoch der Anspruch erhoben wird, jede formale Umformung im Detail aufzuführen. Für solche Details der Herleitung sei verwiesen auf Oswatitsch (1959); Bird, Stewart and Lightfood (2002) oder Whitaker (1977).

4.5.1   Erläuterungen zur Kontinuitätsgleichung (K*)

Die Grundaussage zur Massenerhaltung ist, dass ein Fluidelement der Masse Δm^* erhalten bleibt. Für seine Lagrangesche (teilchenfeste) Zeitableitung gilt

$$\frac{\mathrm{D}}{\mathrm{D}t^*} = \frac{\partial}{\partial t^*} + u^*\frac{\partial}{\partial x^*} + v^*\frac{\partial}{\partial y^*} + w^*\frac{\partial}{\partial z^*}$$

KONTINUITÄTSGLEICHUNG

$$\frac{\mathrm{D}\varrho^*}{\mathrm{D}t^*} + \varrho^*\left[\frac{\partial u^*}{\partial x^*} + \frac{\partial v^*}{\partial y^*} + \frac{\partial w^*}{\partial z^*}\right] = 0 \tag{K*}$$

x-IMPULSGLEICHUNG

$$\varrho^*\frac{\mathrm{D}u^*}{\mathrm{D}t^*} = f_x^* - \frac{\partial p^*}{\partial x^*} + \left(\frac{\partial \tau_{xx}^*}{\partial x^*} + \frac{\partial \tau_{yx}^*}{\partial y^*} + \frac{\partial \tau_{zx}^*}{\partial z^*}\right) \tag{XI*}$$

y-IMPULSGLEICHUNG

$$\varrho^*\frac{\mathrm{D}v^*}{\mathrm{D}t^*} = f_y^* - \frac{\partial p^*}{\partial y^*} + \left(\frac{\partial \tau_{xy}^*}{\partial x^*} + \frac{\partial \tau_{yy}^*}{\partial y^*} + \frac{\partial \tau_{zy}^*}{\partial z^*}\right) \tag{YI*}$$

z-IMPULSGLEICHUNG

$$\varrho^*\frac{\mathrm{D}w^*}{\mathrm{D}t^*} = f_z^* - \frac{\partial p^*}{\partial z^*} + \left(\frac{\partial \tau_{xz}^*}{\partial x^*} + \frac{\partial \tau_{yz}^*}{\partial y^*} + \frac{\partial \tau_{zz}^*}{\partial z^*}\right) \tag{ZI*}$$

ENERGIEGLEICHUNG

$$\varrho^*\frac{\mathrm{D}H^*}{\mathrm{D}t^*} = -\left(\frac{\partial q_x^*}{\partial x^*} + \frac{\partial q_y^*}{\partial y^*} + \frac{\partial q_z^*}{\partial z^*}\right)$$
$$+ (u^*f_x^* + v^*f_y^* + w^*f_z^*) + \frac{\partial p^*}{\partial t^*} + \mathcal{D}^* \tag{E*}$$

TEIL-ENERGIEGLEICHUNG (MECHANISCHE ENERGIE)

$$\frac{\varrho^*}{2}\frac{\mathrm{D}}{\mathrm{D}t^*}[u^{*2} + v^{*2} + w^{*2}] = \left(\frac{\partial p^*}{\partial t^*} - \frac{\mathrm{D}p^*}{\mathrm{D}t^*}\right) + \mathcal{D}^* - \Phi^*$$
$$+ (u^*f_x^* + v^*f_y^* + w^*f_z^*) \tag{ME*}$$

TEIL-ENERGIEGLEICHUNG (THERMISCHE ENERGIE)

$$\varrho^*\frac{\mathrm{D}h^*}{\mathrm{D}t^*} = -\left(\frac{\partial q_x^*}{\partial x^*} + \frac{\partial q_y^*}{\partial y^*} + \frac{\partial q_z^*}{\partial z^*}\right) + \frac{\mathrm{D}p^*}{\mathrm{D}t^*} + \Phi^* \tag{TE*}$$

Hilfsfunktionen in den Energiegleichungen:

$$\mathcal{D}^* = \frac{\partial}{\partial x^*}\left[u^*\tau_{xx}^* + v^*\tau_{yx}^* + w^*\tau_{zx}^*\right] + \frac{\partial}{\partial y^*}\left[u^*\tau_{xy}^* + v^*\tau_{yy}^* + w^*\tau_{zy}^*\right]$$
$$+ \frac{\partial}{\partial z^*}\left[u^*\tau_{xz}^* + v^*\tau_{yz}^* + w^*\tau_{zz}^*\right]$$

DIFFUSION

$$\Phi^* = \left(\tau_{xx}^*\frac{\partial u^*}{\partial x^*} + \tau_{yx}^*\frac{\partial v^*}{\partial x^*} + \tau_{zx}^*\frac{\partial w^*}{\partial x^*}\right) + \left(\tau_{xy}^*\frac{\partial u^*}{\partial y^*} + \tau_{yy}^*\frac{\partial v^*}{\partial y^*} + \tau_{zy}^*\frac{\partial w^*}{\partial y^*}\right)$$
$$+ \left(\tau_{xz}^*\frac{\partial u^*}{\partial z^*} + \tau_{yz}^*\frac{\partial v^*}{\partial z^*} + \tau_{zz}^*\frac{\partial w^*}{\partial z^*}\right)$$

DISSIPATION

Tab. 4.1:   Dimensionsbehaftete allgemeine Bilanzgleichungen in einem ortsfesten Koordinatensystem. D/Dt* steht abkürzend für die Summe aus lokaler und konvektiver Ableitung. Dimensionslose Version: s. Tab. 4.5

also (1. Schritt):

$$\frac{\mathrm{D}\Delta m^*}{\mathrm{D}t^*} = 0 \tag{4.4}$$

Mit $\Delta m^* = \varrho^* \Delta V^*$ lässt sich dies (Differentiation eines Produktes) so schreiben, dass die Effekte der Dichteänderung und die damit verbundene Volumenänderung in getrennten Termen auftreten:

$$\underbrace{\Delta V^* \frac{\mathrm{D}\varrho^*}{\mathrm{D}t^*}}_{\text{Dichteänderung}} + \underbrace{\varrho^* \frac{\mathrm{D}\Delta V^*}{\mathrm{D}t^*}}_{\text{Volumenänderung}} = 0 \tag{4.5}$$

Der Übergang auf das Eulersche, ortsfeste System (2. Schritt) ergibt mit (4.3), angewandt zunächst nur auf die Volumenänderung:

$$\Delta V^* \frac{\mathrm{D}\varrho^*}{\mathrm{D}t^*} + \varrho^* \left[\frac{\partial \Delta V^*}{\partial t^*} + u^* \frac{\partial \Delta V^*}{\partial x^*} + v^* \frac{\partial \Delta V^*}{\partial y^*} + w^* \frac{\partial \Delta V^*}{\partial z^*} \right] = 0 \tag{4.6}$$

Der erste Term in (4.6) wird zunächst nicht mit (4.3) umgeschrieben. Da aber der Wechsel in das Eulersche, ortsfeste System erfolgt ist, steht $\mathrm{D}\varrho^*/\mathrm{D}t^*$ jetzt als formale Abkürzung für $\partial \varrho^*/\partial t^* + u^*(\partial \varrho^*/\partial x^*) + v^*(\partial \varrho^*/\partial y^*) + w^*(\partial \varrho^*/\partial z^*)$ gemäß (4.3).

Zur Volumenänderung der Masse Δm^* kommt es, weil sich das zur Zeit t^* vorhandene Volumen $\Delta V^* = \Delta x^* \Delta y^* \Delta z^*$ im allgemeinen Fall in einem Geschwindigkeitsfeld bewegt, das sich mit dem Ort verändert. So wird z.B. die Kantenlänge Δx^* des Volumens auf der Strecke ∂x^* um $\partial \Delta x^*$ verändert (s. Bild 4.1), weil der linke und rechte Endpunkt von Δx^* mit einer um Δu^* verschiedenen Geschwindigkeit für die Dauer ∂t^* in x^*-Richtung bewegt worden sind. Somit gilt unmittelbar:

$$\partial \Delta x^* = \underbrace{\left(\frac{\partial u^*}{\partial x^*} \Delta x^* \right)}_{\Delta u^*} \partial t^*. \tag{4.7}$$

Am Beispiel des in (4.6) durch Unterstreichung markierten Terms gilt also mit $\Delta V^* = \Delta x^* \Delta y^* \Delta z^*$, $\partial x^* = u^* \partial t^*$ und $\partial \Delta x^*$ nach (4.7):

$$\begin{aligned}
\varrho^* u^* \frac{\partial \Delta V^*}{\partial x^*} &= \varrho^* u^* \Delta y^* \Delta z^* \frac{\partial \Delta x^*}{\partial x^*} \\
&= \varrho^* u^* \Delta y^* \Delta z^* \frac{(\partial u^*/\partial x^*)\Delta x^* \partial t^*}{u^* \partial t^*} = \varrho^* \frac{\partial u^*}{\partial x^*} \Delta V^*
\end{aligned} \tag{4.8}$$

Werden diese Überlegungen gleichermaßen auf die y- und z-Komponente angewandt und wird die gesamte Gleichung durch ΔV^* dividiert, so ergibt sich unmittelbar die Kontinuitätsgleichung (K*) in Tab. 4.1, wenn zusätzlich $\partial \Delta V^*/\partial t^* = 0$ gesetzt wird, wie dies in der ortsfesten Eulerschen Betrachtungsweise gilt.

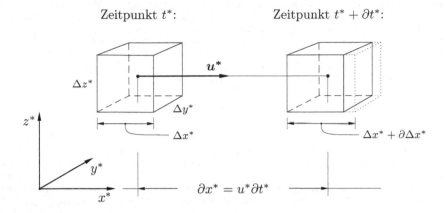

Bild 4.1:   Bewegung des Massenelementes Δm^* in x-Richtung

Anmerkung 4.3:   *Bilanzgleichungen in konservativer Form; Interpretation der Kontinuitätsgleichung in der Eulerschen (ortsfesten) Betrachtungsweise*

Die linken Seiten der Bilanzgleichungen in Tab. 4.1 sind (bis auf die Kontinuitätsgleichung) einheitlich von der Form $\varrho^*(DG^*/Dt^*)$, wenn G^* wiederum eine allgemeine physikalische Größe darstellt. Ausgehend von (4.3) und unter Verwendung der Kontinuitätsgleichung (K^*) kann dafür ganz allgemein geschrieben werden

$$\varrho^* \frac{DG^*}{Dt^*} = \frac{\partial(\varrho^* G^*)}{\partial t^*} + \frac{\partial(\varrho^* u^* G^*)}{\partial x^*} + \frac{\partial(\varrho^* v^* G^*)}{\partial y^*} + \frac{\partial(\varrho^* w^* G^*)}{\partial z^*}. \tag{4.9}$$

Diese Form bietet Vorteile bei der Integration der Gleichungen und wird *konservative Form der Bilanzgleichungen* genannt.

Die Kontinuitätsgleichung selbst kann ausgehend von (K^*) in Tab. 4.1 auf ähnliche Weise in die folgende Form gebracht und danach sehr anschaulich interpretiert werden.

$$\boxed{\frac{\partial \varrho^*}{\partial t^*} + \frac{\partial(\varrho^* u^*)}{\partial x^*} + \frac{\partial(\varrho^* v^*)}{\partial y^*} + \frac{\partial(\varrho^* w^*)}{\partial z^*} = 0} \tag{4.10}$$

Werden alle Terme mit dem konstanten Volumen $\Delta V^* = \Delta x^* \, \Delta y^* \, \Delta z^*$, dem Bilanzvolumen der Eulerschen Betrachtungsweise multipliziert, so folgt mit $\varrho^* \Delta V^* = \Delta m^*$:

$$\underbrace{\frac{\partial \Delta m^*}{\partial t^*}}_{\substack{\text{zeitliche} \\ \text{Änderung von} \\ \Delta m^* \text{ in } \Delta V^*}} + \underbrace{\frac{\partial(\varrho^* u^* \Delta y^* \Delta z^*)}{\partial x^*}}_{\substack{\text{Gradient des} \\ \text{Massenstromes in} \\ x\text{-Richtung}}} \Delta x^*$$

$$+ \underbrace{\frac{\partial(\varrho^* v^* \Delta x^* \Delta z^*)}{\partial y^*}}_{\substack{\text{Gradient des} \\ \text{Massenstromes in} \\ y\text{-Richtung}}} \Delta y^* + \underbrace{\frac{\partial(\varrho^* w^* \Delta x^* \Delta y^*)}{\partial z^*}}_{\substack{\text{Gradient des} \\ \text{Massenstromes in} \\ z\text{-Richtung}}} \Delta z^* = 0$$

$$\tag{4.11}$$

Es ist jetzt unmittelbar erkennbar, dass die zeitliche Änderung der Masse Δm^* im ortsfesten und unveränderlichen Bilanzvolumen ΔV^* durch die Differenzen der ein- und ausströmenden Massen in x-, y- und z-Richtung zustande kommen und nicht etwa durch Erzeugung oder Vernichtung von Masse. Diese Differenzen sind jeweils das Produkt aus den Massenstromgradienten und der Länge des Weges durch das Bilanzvolumen.

Für eine ähnliche Interpretation der anderen Bilanzgleichungen empfiehlt es sich, diese zunächst in die konservative Form (4.9) umzuschreiben.

Anmerkung 4.4: *Spezialfälle der allgemeinen Kontinuitätsgleichung*

In Abschn. 3.5.1 waren diejenigen Strömungen als *kompressibel* eingeführt worden, bei denen erhebliche Dichteänderungen aufgrund von Druckänderungen in der Strömung auftreten. In diesen Fällen muss die vollständige Form der Kontinuitätsgleichung (K*) verwendet werden.

Als *inkompressibel* werden folgerichtig diejenigen Strömungen bezeichnet, bei denen $D\varrho^*/Dt^* = 0$ gilt. Für diese Strömungen reduziert sich die Kontinuitätsgleichung auf

$$\frac{\partial u^*}{\partial x^*} + \frac{\partial v^*}{\partial y^*} + \frac{\partial w^*}{\partial z^*} = 0 \tag{4.12}$$

Dabei wird in diesem Zusammenhang stillschweigend unterstellt, dass keine nennenswerten Dichteänderungen aufgrund von Temperatureffekten auftreten, weil dann natürlich wieder die vollständige Form der Kontinuitätsgleichung erforderlich wäre.

Der Vergleich mit der vollständigen Kontinuitätsgleichung (4.5) zeigt, dass bei inkompressiblen Strömungen, für die (4.12) gilt, die Fluidteilchen auf ihrem Weg durch das Strömungsfeld keine Volumenänderung erfahren. Dies kann in speziellen Strömungssituationen durchaus in einem Feld mit variabler, ortsabhängiger Dichte der Fall sein. Insofern ist die oftmals unterstellte Bedingung einer konstanten Dichte im gesamten Feld hinreichend (da dann $D\varrho^*/Dt^* = 0$ gilt) aber nicht notwendig. Ein Beispiel für die besondere Situation von inkompressiblen Strömungen in einem dichtevariablen Feld sind sog. innere Schwerewellen (s. dazu Lighthill (1978)).

4.5.2   Erläuterungen zu den Impulsgleichungen (XI*), (YI*) und (ZI*)

Die Grundaussage zur Impulsbilanz ist das Newtonsche Axiom der Mechanik („Trägheitsprinzip") nach dem die zeitliche Änderung des Impulses eines Körpers gleich der Summe aller an ihm angreifenden Kräfte ist. Bezogen auf ein Fluidelement der Masse Δm^* mit dem Impuls $\Delta m^* \vec{v}^*$ heißt dies im Lagrangeschen, teilchenfesten System:

$$\frac{D}{Dt^*}(\Delta m^* \vec{v}^*) = \sum_i \vec{F}_i^*$$

bzw.

$$\boxed{\Delta m^* \frac{D\vec{v}^*}{Dt^*} = \sum_i \vec{F}_i^* \, ,} \tag{4.13}$$

da $D(\Delta m^* \vec{v}^*)/Dt^* = \Delta m^*(D\vec{v}^*/Dt^*) + \vec{v}^*(D\Delta m^*/Dt^*)$ und $D\Delta m^*/Dt^* = 0$ aufgrund der Kontinuitätsgleichung (4.4) gilt. Als Kräfte $\vec{F}_i^*$ treten auf:

1. Kräfte, die als sog. *Volumenkräfte* am gesamten Volumen ΔV^* angreifen. Beispiele hierfür sind die Schwerkraft, Zentrifugalkräfte oder sog. Lorentz-Kräfte (Kräfte auf bewegte elektrische Ladungen in einem Magnetfeld). Bezieht man solche Kräfte $\vec{F}_i^*$ auf das Volumen ΔV^*, so soll gelten

$$\vec{f}_i^* = \vec{F}_i^* / \Delta V^* \tag{4.14}$$

2. Kräfte, die als sog. *Oberflächenkräfte* gemäß dem Schnittprinzip der Mechanik an den Oberflächen des herausgeschnittenen Fluidelementes ΔV^* angreifen. An einem würfelförmigen Fluidelement greifen Normal- und Tangentialkräfte an den sechs Oberflächen an. Diese Kräfte können formal durch einen Spannungstensor mit neun Komponenten (von denen aus Symmetriegründen jedoch nur sechs verschieden sind) ausgedrückt werden, wie dies in Bild 4.2 am Beispiel von zwei der neun Komponenten gezeigt ist.

   Die Kräfte ergeben sich als Produkt der Spannungen mit den zugehörigen Flächen. Die Doppelindizierung an den Spannungen wird so gewählt, dass der erste Index die Flächen-Normalenrichtung angibt, der zweite Index die Richtung der zugehörigen Kraft-Wirkungslinie. Die Kräfte an gegenüberliegenden Flächen kompensieren sich weitgehend. Nur die Zuwächse über die Längen Δx^*, Δy^* bzw. Δz^* hinweg führen zu effektiven Kräften auf das Fluidelement. Am Beispiel der in Bild 4.2 gezeigten zwei Komponenten sind dies die beiden Kräfte

$$\left(\frac{\partial \hat{\tau}_{xx}^*}{\partial x^*} \Delta x^*\right) \Delta y^* \Delta z^* \qquad \text{und} \qquad \left(\frac{\partial \tau_{zx}^*}{\partial z^*} \Delta z^*\right) \Delta x^* \Delta y^*. \tag{4.15}$$

Da also sowohl bei den Oberflächenkräften als auch bei den Volumenkräften $\Delta V^* = \Delta x^* \Delta y^* \Delta z^*$ auftritt, s. (4.14), (4.15), kann die Impulsgleichung (4.13) mit $\Delta m^* = \varrho^* \Delta V^*$ insgesamt durch ΔV^* dividiert werden. Auf diese Weise entsteht die Form der drei Komponentengleichungen (XI*), (YI*) und (ZI*) in Tab. 4.1, wenn noch eine Besonderheit im Zusammenhang mit dem Druck berücksichtigt wird.

Während im Grenzfall eines ruhenden Fluidteilchens ($\vec{v}^* = \vec{0}$) alle Schubspannungen sowie die zugehörigen Kräfte verschwinden, bleiben für die Normalspannungen endliche Werte. Die Normalspannungen entsprechen dann dem thermodynamischen Druck im Fluid, wie er für ideale Gase z.B. in der thermischen Zustandsgleichung $p^*/\varrho^* = R^* T^*$ auftritt. Aus diesem Grund spaltet man den (negativen) Druck vom Spannungstensor ab und schreibt für die drei Normalspannungskomponenten

$$\hat{\tau}_{xx}^* = \tau_{xx}^* - p^* \quad ; \qquad \hat{\tau}_{yy}^* = \tau_{yy}^* - p^* \quad ; \qquad \hat{\tau}_{zz}^* = \tau_{zz}^* - p^*. \tag{4.16}$$

Da τ_{xx}^*, τ_{yy}^* und τ_{zz}^* jetzt die Abweichungen vom statischen Druckzustand beschreiben, spricht man von *deviatorischen Spannungen* bzw. vom *Devia-*

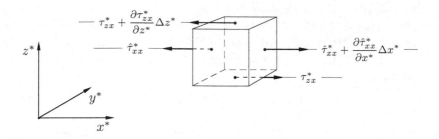

Bild 4.2:   Normal- und Schubspannungen an einem Fluidelement am Beispiel der Normalspannung $\hat{\tau}_{xx}^*$ und der Schubspannung τ_{zx}^*

torischen Spannungstensor. Zum Beispiel treten dann anstelle von $\partial\hat{\tau}_{xx}^*/\partial x^*$ die beiden Terme $-\partial p^*/\partial x^*$ und $\partial\tau_{xx}^*/\partial x^*$ in der Impulsgleichung (XI*) auf.

Die bisherigen Erläuterungen waren von der Lagrangeschen, teilchenfesten Betrachtung des Impulses der Masse Δm^* ausgegangen. Für den Übergang auf die ortsfeste, Eulersche Betrachtungsweise, wäre nun die Zeitableitung $\mathrm{D}/\mathrm{D}t^*$ gemäß (4.3) umzuschreiben. Die Beibehaltung der Schreibweise $\mathrm{D}/\mathrm{D}t^*$ bedeutet dann die formale Abkürzung für die tatsächlich vorliegende Kombination der zeitlichen und konvektiven Ableitungen. In der ortsfesten Betrachtung können diese Terme wieder als Differenz der ein- und ausfließenden Impulsströme in Bezug auf ein unveränderliches Volumenelement ΔV^* interpretiert werden.

Anmerkung 4.5:   *Druck in strömenden Fluiden, Stokessche Hypothese, mechanischer Druck, modifizierter Druck*

In ruhenden Fluiden herrscht der thermodynamische Druck p^*. Es ist nun keineswegs selbstverständlich, dass auch in strömenden Fluiden Messungen der Normalspannungen den thermodynamischen Druck p^* ergeben. Definiert man einen mechanischen Druck p_{mech}^* als erste Invariante des Spannungstensors (Summation längs der Hauptdiagonalen), also als:

$$p_{mech}^* = -\frac{1}{3}\left(\hat{\tau}_{xx}^* + \hat{\tau}_{yy}^* + \hat{\tau}_{zz}^*\right) = p^* - \frac{1}{3}\left(\tau_{xx}^* + \tau_{yy}^* + \tau_{zz}^*\right), \qquad (4.17)$$

so entsteht die Frage nach der Beziehung zwischen dem thermodynamischen und dem mechanischen Druck. Aufgrund von Überlegungen zur Energiedissipation bei Kompression und Expansion gelangt man zu dem Ansatz

$$p_{mech}^* - p^* = -\frac{\mu^{*\prime}}{\varrho^*}\frac{\mathrm{D}\varrho^*}{\mathrm{D}t^*}$$

wobei $\mu^{*\prime}$ die sog. *Volumenviskosität* ist. Die Differenz beider Drücke wird also proportional zur Dichteänderung $\mathrm{D}\varrho^*/\mathrm{D}t^*$ gesetzt.

Damit sind beide Drücke in inkompressiblen Strömungen gleich ($\mathrm{D}\varrho^*/\mathrm{D}t^* = 0$). Auch für kompressible Strömungen wird in den meisten Fällen $p_{mech}^* = p^*$ gesetzt, was $\mu^{*\prime} = 0$ unterstellt und als *Stokessche Hypothese* bezeichnet wird. Nennenswerte Abweichungen zwischen p_{mech}^* und p^* treten nur in Extremsituationen, wie z.B. bei Verdichtungsstößen auf.

Im folgenden wird der Druck stets im Sinne des thermodynamischen Druckes p^* benutzt. Dieser ist selbst in einem ruhenden Fluid aber keineswegs konstant, sondern aufgrund der sog. hydrostatischen Druckverteilung eine Funktion der Höhe, wie in der späteren Anmerkung 6.1/S. 137/ gezeigt wird. Für diesen Druck im statischen Feld gilt

$$\text{grad } p_{st}^* = \varrho^* \vec{g}^*.$$

Da eigentlich nur interessiert, welcher zusätzliche Druck durch die Strömung entsteht, wird häufig der sog. *modifizierte Druck*

$$p_{mod}^* = p^* - p_{st}^* \tag{4.18}$$

eingeführt (aber leider nicht immer durch einen entsprechenden Index gekennzeichnet). Bei konstanter Dichte vereinfacht dies die Gleichungen (s. Tab. 4.3a, Tab. 4.7a); bei Strömungen mit Auftrieb entstehen unter Verwendung von (4.18) die Auftriebsterme in den Gleichungen (s. Anmerkung 4.13/S. 84).

4.5.3 Erläuterungen zu den Energiegleichungen (E*), (ME*) und (TE*)

Die Grundaussage zur Energiebilanz ist der erste Hauptsatz der Thermodynamik, nach dem die zeitliche Änderung der Energie eines geschlossenen Systems (Körper) gleich der Summe aus der an ihm geleisteten (mechanischen) Arbeit sowie der in Form von Wärme übertragenen Energie ist. In Bezug auf ein Fluidelement der Masse Δm^* mit der spezifischen Energie als Summe aus spezifischer innerer (e^*) und spezifischer kinetischer Energie ($\frac{1}{2}\vec{v}^{*2}$) gilt damit zunächst als Lagrangesche, teilchenfeste Aussage

$$\underbrace{\frac{D}{Dt^*}\left(\Delta m^*\left\{e^* + \frac{1}{2}\vec{v}^{*2}\right\}\right)}_{\text{zeitl. Energieänderung}} = \underbrace{P^*}_{\substack{\text{mechanische}\\\text{Leistung}}} + \underbrace{Q^*}_{\text{Wärmestrom}} \tag{4.19}$$

bzw.

$$\boxed{\Delta m^* \frac{D}{Dt^*}\left(e^* + \frac{1}{2}\vec{v}^{*2}\right) = P^* + Q^*} \tag{4.20}$$

da wiederum $D\Delta m^*/Dt^* = 0$ aufgrund der Kontinuitätsgleichung (4.4) gilt.

Die Form der Energiegleichung (E*) in Tab. 4.1 entsteht nun unter Berücksichtigung folgender Umformungen:

1. Einführung der spez. Gesamtenthalpie H^* als

$$H^* = h^* + \frac{1}{2}\vec{v}^{*2} \qquad \text{mit} \qquad h^* = e^* + \frac{p^*}{\varrho^*}, \tag{4.21}$$

wobei h^* die spezifische Enthalpie ist, die in der Thermodynamik vorwiegend für offene, durchströmte Systeme eingeführt wird. Damit wird auf der linken Seite von (4.20) der Term $\Delta m^* D(p^*/\varrho^*)/Dt^*$ addiert, was entsprechend auf der rechten Seite berücksichtigt werden muss, s. dazu den nachfolgenden Punkt 2.

2. Bestimmung der mechanischen Leistung P^* als Arbeit der angreifenden Kräfte pro Zeiteinheit. Diese Kräfte waren im Zusammenhang mit der Impulsbilanz bereits identifiziert worden. Die Volumenkraft (f_x^*, f_y^*, f_z^*) führt skalar mit dem Geschwindigkeitsvektor multipliziert auf einen Term $(u^* f_x^* + v^* f_y^* + w^* f_z^*) \Delta V^*$, der bis auf ΔV^* so auch auf der rechten Seite von (E^*) auftritt.

   Die Oberflächenkräfte aufgrund der Schubspannungen leisten die Arbeiten, die im Term $\mathcal{D}^*$ zusammengefasst sind. Aufgrund ihrer mathematischen Struktur kann die Wirkung als „Diffusion" interpretiert werden. In $\mathcal{D}^*$ nach Tab. 4.1 sind allerdings nur die deviatorischen Anteile τ_{xx}^*, τ_{yy}^* und τ_{zz}^* der Normspannungen enthalten, so dass die „restlichen" Anteile $(-p^*, \text{ s. } (4.16))$ der eigentlich wirksamen vollen Normalspannungen $\hat{\tau}_{xx}^*$, $\hat{\tau}_{yy}^*$ und $\hat{\tau}_{zz}^*$ noch explizit außerhalb von $\mathcal{D}^*$ vorhanden sind. Diese können mit den Drucktermen zusammengefasst werden, die beim Übergang auf die Gesamtenthalpie auf der rechten Seite entstehen und ergeben insgesamt einen Term $(\partial p^*/\partial t^*) \Delta V^*$, der bis auf ΔV^* auf der rechten Seite von (E^*) auftritt.

3. Bestimmung des Wärmestromes Q^*, d.h. der pro Zeiteinheit effektiv in das Fluidteilchen Δm^* in Form von Wärme übertragenen Energie. Als Differenz der ein- und ausfließenden Wärmeströme in den drei Raumrichtungen gilt dafür

$$Q^* = -\left(\frac{\partial q_x^*}{\partial x^*} + \frac{\partial q_y^*}{\partial y^*} + \frac{\partial q_z^*}{\partial z^*} \right) \Delta V^* \qquad (4.22)$$

   wobei q_x^*, q_y^*, q_z^* die Wärmestromdichten, d.h. die Wärmeströme pro Fläche, in der jeweiligen Koordinatenrichtung sind.

4. Division der ganzen Gleichung durch ΔV^*. Dieses Fluidteilchen-Volumen tritt implizit auf der linken Seite von (4.20) in $\Delta m^* = \varrho^* \Delta V^*$ auf, sowie explizit in den Formulierungen für P^* und Q^*.

Die danach zunächst in der Lagrangeschen (teilchenfesten) Betrachtungsweise entstandene Energiegleichung (E^*) kann nun wieder als Bilanzgleichung für ein ortsfestes Kontrollvolumen (Eulersche Betrachtungsweise) interpretiert werden. Dabei steht dann $\mathrm{D}/\mathrm{D}t^*$ als formale Abkürzung für die Summe aus lokaler und konvektiver Ableitung gemäß (4.3). Im Rahmen dieser Betrachtungsweise können die konvektiven Terme wiederum als Differenz der ein- und ausfließenden Energieströme interpretiert werden.

Tab. 4.1 enthält neben der eigentlichen Energiegleichung (E^*) noch die beiden Teil-Energiegleichungen (ME^*) und (TE^*). Diese sind in der Summe exakt die Energiegleichung (E^*), d.h. sie stellen eine Aufspaltung von (E^*) in einen „mechanischen" Anteil und einen „thermischen" Anteil dar. Diese Aufspaltung wird möglich, weil die Gleichung für die mechanische Energie auf einem eigenen Weg gewonnen werden kann und die Gleichung für die thermische Energie dann als Differenz zwischen (E^*) und (ME^*) entsteht.

Die Gleichung für die mechanische Energie (ME*) entsteht, indem die Impulsgleichung mit der Geschwindigkeit multipliziert wird. Da die Impulsgleichung eine vektorielle Gleichung mit den drei Komponenten (XI*), (YI*) und (ZI*) ist, entsteht (ME*) als das Skalarprodukt $(XI^*) \cdot u^* + (YI^*) \cdot v^* + (ZI^*) \cdot w^*$.

Neben der Termgruppe $\mathcal{D}^*$, die, wie schon zuvor erwähnt, als „Diffusion" interpretiert werden kann, entsteht dabei eine Termkombination Φ^*, die einen Dissipationsprozess beschreibt. Diese Größe tritt in der Gesamtenergiegleichung (E*) nicht explizit auf, so dass Φ^* mit umgekehrtem Vorzeichen in der zweiten Teil- Energiegleichung (TE*) auftreten muss. Dies entspricht genau dem physikalischen Charakter des Dissipationsprozesses: ein gewisser Anteil der mechanischen Energie wird in innere (thermische) Energie umgewandelt, geht also der mechanischen, nicht aber der Gesamtenergie verloren.

Tab. 4.1 zeigt, dass eine Aufspaltung der Energiegleichung in die beiden Teil-Energiegleichungen offensichtlich ganz allgemein möglich ist. Dies ist allerdings nur dann wirklich von Nutzen, wenn diese Teil-Energiegleichungen auch unabhängig voneinander ausgewertet werden können. Das ist jedoch nur bei konstanter Dichte ϱ^* der Fall, also für inkompressible Strömungen. Bei kompressiblen Strömungen liegt eine Kopplung beider Gleichungen vor, weil die Dichte dann temperaturabhängig ist und durch die thermische Energiegleichung mitbestimmt wird. Darüber hinaus erkennt man, dass dann nicht nur die Gesamt-Energiegleichung benötigt wird, sondern auch das Strömungsfeld nicht unabhängig vom Temperaturfeld bestimmt werden kann, weil die Dichte auch in den Impulsgleichungen auftritt. Kompressible Strömungen erfordern also stets die gemeinsame Betrachtung der Impuls- und Energiegleichung, während bei inkompressiblen Strömungen zunächst die Strömung auf der Basis der Impulsgleichungen berechnet werden kann. Bei Bedarf kann danach die Energiegleichung als Ganzes oder in zwei Teilen (mechanische, thermische Energie) berechnet werden.

Anmerkung 4.6: *Potentielle Energie als Teil der Gesamtenergie bzw. -enthalpie*

Bisweilen wird die Gesamtenergie bzw. die Gesamtenthalpie (d.h. die Gesamtenergie ergänzt um den Term p^*/ϱ^*) abweichend von (4.21) als $H^* = h^* + \frac{1}{2}\vec{v}^{*2} + \psi^*_{pot}$ eingeführt. Gegenüber (4.21) wird also die potentielle Energie ψ^*_{pot} hinzugenommen, die in dem Volumenkraftterm $\vec{v}^* \cdot \vec{f}^*$ enthalten ist. Der Kraftvektor in einem solchen Potentialfeld ist $\vec{f}^*_\psi = -\varrho^* \mathrm{grad}\, \psi^*_{pot}$. Mit dem zusätzlichen Term ψ^*_{pot} in der Gesamtenthalpie, also dem zusätzlichen Term $\varrho^* \mathrm{D}\psi^*_{pot}/\mathrm{D}t^*$ auf der linken Seite der Energiegleichung (E*) tritt dann formal auf der rechten Seite $\varrho^* \mathrm{D}\psi^*_{pot}/\mathrm{D}t^* = \varrho^* \partial\psi^*_{pot}/\partial t^* - \vec{v}^* \cdot \vec{f}^*_\psi$ auf.

Wenn $\vec{f}^*_\psi$ die einzige Volumenkraft $\vec{f}^*$ in der Energiegleichung (E*) ist, heben sich $-\vec{v}^* \cdot \vec{f}^*_\psi$ und $\vec{v}^* \cdot \vec{f}^*$ auf. Für ein stationäres, d.h. zeitunabhängiges Potential ψ^*_{pot} ist darüber hinaus der neue zusätzliche Term $\varrho^* \partial\psi^*_{pot}/\partial t^*$ null.

4.6 Spezielle konstitutive Gleichungen, dimensionsbehaftet

Wie in Abschn. 4.4 bereits erläutert, sind die allgemeinen Bilanzgleichungen für ein konkretes Fluid erst dann einsetzbar, wenn dessen Materialverhal-

ten in den Bilanzgleichungen berücksichtigt wird. Neben der Konkretisierung der möglichen Druck- und Temperaturabhängigkeit vorkommender Stoffwerte (in Tab. 4.1 zunächst nur die Dichte) betrifft dies die Impuls- und die Energiegleichungen.

4.6.1 Konstitutive Gleichungen für τ_{ij}^* in den Impulsgleichungen / Newtonsche Fluide

Die auf den rechten Seiten der Impulsgleichungen auftretenden Komponenten des (deviatorischen) Spannungstensors, τ_{xx}^*, τ_{yx}^*, ... entstehen physikalisch durch die Wirkung des Geschwindigkeitsfeldes. Für jedes interessierende Fluid müsste also die Frage beantwortet werden, welche lokalen Spannungskomponenten (als Ursache für die Oberflächenkräfte an den infinitesimalen Fluidelementen) aufgrund einer lokalen Geschwindigkeitsverteilung auftreten. Um nun nicht jedes neue Fluid auf diese Frage hin untersuchen zu müssen, geht man den umgekehrten Weg:

Es werden sinnvolle mathematische Ansätze für den gesuchten Zusammenhang aufgestellt, die insbesondere alle physikalisch begründbaren Bedingungen erfüllen, und es wird dann überprüft, welche Fluide in hinreichender Genauigkeit das so beschriebene Verhalten zeigen. Dabei ist es naheliegend, zunächst die einfachst möglichen Ansätze daraufhin zu überprüfen, ob sie als konstitutive Gleichung für interessierende Fluide in Frage kommen.

In diesem Sinne wurde bereits von I. Newton (1643–1727) der lineare Ansatz:

$$\tau_{ij}^* = (B_{ij}^*)_{kl}\,\frac{\partial v_k^*}{\partial x_l^*} \tag{4.23}$$

für die neun Komponenten des deviatorischen Spannungstensors gewählt. Die Indexschreibweise bedeutet in diesem Zusammenhang, dass i, j, k und l jeweils die Werte 1, 2 oder 3 annehmen können und bezogen auf kartesische Koordinaten den x-, y- oder z-Koordinaten entsprechen. Damit steht also z.B. x_1^* für die x-Koordinate und v_1^* für die Geschwindigkeitskomponente in x-Richtung, also für u^* nach der bisher verwendeten Bezeichnung. Zusätzlich gilt, dass bei doppelt auftretenden Indizes in einem Term die Summe der entsprechenden Terme über alle vorgesehenen Indexwerte hinweg zu bilden ist (Summationskonvention bei Indexschreibweise). Da auf der rechten Seite von (4.23) sowohl k als auch l doppelt auftreten, entspricht dieser Term für jede der neun möglichen Kombinationen ij der Summe aus wiederum neun einzelnen Termen, die jeweils bis auf eine thermodynamische „Konstante" alle neun möglichen Geschwindigkeitsgradienten ($\partial u^*/\partial x^*, \partial u^*/\partial y^*, \ldots$) darstellen. Die „Konstanten" können bei Reinstoffen noch von zwei thermodynamischen Größen, z.B. vom Druck und von der Temperatur, abhängen.

Da die $(B_{ij}^*)_{kl}$ unabhängig vom Geschwindigkeitsfeld sind, stellt (4.23) also einen linearen Zusammenhang zwischen den Spannungen und den Geschwindigkeitsgradienten her. Jede der neun Spannungskomponenten τ_{ij}^* wird

durch (4.23) mit den neun möglichen Geschwindigkeitsgradienten linear ver-knüpft. Dabei treten also zunächst 81 Konstanten $(B^*_{ij})_{kl}$ auf. Die Geschwin-digkeit selbst spielt keine Rolle, da Spannungen als Ursache von Oberflächen-kräften am infinitesimalen Fluidelement nur auftreten, wenn das Element in einem sich verändernden Geschwindigkeitsfeld deformiert wird, nicht aber, wenn es mit konstanter Geschwindigkeit lediglich eine translatorische Be-wegung erfährt. Zweite und höhere Ableitungen der Geschwindigkeit sowie Produkte von Ableitungen wären als Ansatz denkbar, werden aber in dem einfachst möglichen Ansatz (4.23) zunächst nicht berücksichtigt.

In diesen mathematischen Ansatz (4.23) fließen nun folgende physikalische Überlegungen ein:

1. Der Spannungstensor ist symmetrisch, d.h. es gilt $\tau^*_{ij} = \tau^*_{ji}$. Dies ist eine direkte Folge der Annahme, dass sich die Drehmomente aller Moleküle, die ein Fluidelement bilden, im Mittel aufheben, weil die Moleküle einer zufälligen Orientierung unterliegen. Damit entfallen prinzipiell mögliche Oberflächenmomente an den Fluidelementen.

2. Das Fluid besitzt keine bevorzugte Orientierung. Man nennt dies *isotrop*.

3. Schubspannungs- und Normalspannungskomponenten des Spannungsten-sors weisen unterschiedliche Abhängigkeiten von den Geschwindigkeits-gradienten auf und werden deshalb getrennt formuliert.

4. Die sog. Volumenviskosität kann vernachlässigt werden, s. dazu Anmer-kung 4.5/S. 64.

Unter Berücksichtigung dieser vier Punkte kann (4.23) so präzisiert werden, dass daraus die in Tab. 4.2 enthaltenen Spannungskomponenten entstehen. Anstelle der ursprünglich 81 Stoffwerte $(B^*_{ij})_{kl}$ tritt nur ein einziger (!) ska-larer Stoffwert η^* auf.

In den (deviatorischen) Normalspannungen ist durch die Subtraktion von $\frac{2}{3}$ div $\vec{v}^*$ sichergestellt, dass $\tau^*_{xx} + \tau^*_{yy} + \tau^*_{zz} = 0$ gilt, da unterstellt wird, dass der thermodynamische Druck p^* auch in strömenden Fluiden den Druck darstellt, s. Punkt 4 der obigen Annahmen.

Es zeigt sich nun, dass eine ganze Reihe gerade auch technisch wichtiger Fluide, wie Luft und Wasser, in sehr guter Näherung durch die Form der Ma-terialgleichung nach Tab. 4.2 beschrieben werden. Als stoffspezifische Größe verbleibt nur die sog. *dynamische Viskosität*, die gemäß dem ursprünglichen Ansatz (4.23) eine thermodynamische „Konstante" darstellt, die bei Rein-stoffen von zwei Größen (z.B. Druck und Temperatur) abhängt. In vielen Fällen wird diese Abhängigkeit in erster Näherung vernachlässigt und η^* als „echte" stoffspezifische Konstante behandelt.

Stoffe mit einem τ^*_{ij}-Materialverhalten gemäß Tab. 4.2 werden als *Newton-sche Fluide* bezeichnet, alle anderen folgerichtig als *Nicht-Newtonsche Fluide* (vgl. dazu auch Abschnitt 1.2.2). Ist z.B. die zuvor unterstellte Isotropie nicht erfüllt, weil Fluide mit langkettigen Molekülen dazu neigen, diese unter der Wirkung von Scherbewegungen in einer bestimmten Richtung auszurichten,

τ_{ij}^* *für ein Newtonsches Fluid*:

$$\text{div } \vec{v}^* = \frac{\partial u^*}{\partial x^*} + \frac{\partial v^*}{\partial y^*} + \frac{\partial w^*}{\partial z^*}$$

TANGENTIALSPANNUNGEN

$$\tau_{xy}^* = \tau_{yx}^* = \eta^* \left[\frac{\partial v^*}{\partial x^*} + \frac{\partial u^*}{\partial y^*} \right] ; \qquad \tau_{yz}^* = \tau_{zy}^* = \eta^* \left[\frac{\partial w^*}{\partial y^*} + \frac{\partial v^*}{\partial z^*} \right] ;$$

$$\tau_{zx}^* = \tau_{xz}^* = \eta^* \left[\frac{\partial u^*}{\partial z^*} + \frac{\partial w^*}{\partial x^*} \right]$$

(DEVIATORISCHE) NORMALSPANNUNGEN

$$\tau_{xx}^* = \eta^* \left[2 \frac{\partial u^*}{\partial x^*} - \frac{2}{3} \text{div } \vec{v}^* \right] ; \qquad \tau_{yy}^* = \eta^* \left[2 \frac{\partial v^*}{\partial y^*} - \frac{2}{3} \text{div } \vec{v}^* \right] ;$$

$$\tau_{zz}^* = \eta^* \left[2 \frac{\partial w^*}{\partial z^*} - \frac{2}{3} \text{div } \vec{v}^* \right]$$

q_i^* *für Fouriersche Wärmeleitung*:

WÄRMESTROMDICHTE

$$q_x^* = -\lambda^* \frac{\partial T^*}{\partial x^*} ; \quad q_y^* = -\lambda^* \frac{\partial T^*}{\partial y^*} ; \quad q_z^* = -\lambda^* \frac{\partial T^*}{\partial z^*}$$

Tab. 4.2:   Spezielle konstitutive Gleichungen, dimensionsbehaftet; Newtonsche Fluide/Fouriersches Wärmeleitungsverhalten; Dimensionslose Version: s. Tab. 4.6
Beachte: die Terme $-\frac{2}{3} \text{div } \vec{v}^*$ in τ_{xx}^*, τ_{yy}^* und τ_{zz}^* stellen sicher, dass $\tau_{xx}^* + \tau_{yy}^* + \tau_{zz}^* = 0$ gilt, s. dazu Anmerkung 4.5/S. 64/ (Druck in strömenden Fluiden, Stokessche Hypothese)

so können erhebliche Abweichungen von einem Newtonschen Fluidverhalten auftreten.

Ein weiter Zweig der Strömungsmechanik, die *Rheologie*, befasst sich speziell mit dem Strömungsverhalten Nicht-Newtonscher Fluide, s. dazu z.B. Böhme (2000).

4.6.2 Konstitutive Gleichungen für q_i^* in den Energiegleichungen / Fouriersches Wärmeleitungsverhalten

In der allgemeinen Energiebilanzgleichung treten die drei Komponenten q_x^*, q_y^* und q_z^* des Wärmestromdichtevektors auf. Da Wärmeströme fließen, wenn Temperaturgradienten auftreten, besteht der einfachste lineare Ansatz für den Wärmestrom aus der direkten Proportionalität zwischen dem Wärmestrom(vektor) und dem Temperaturgradienten(vektor).

Unterstellt man darüber hinaus die Isotropie der Wärmeleitung (Richtungsunabhängigkeit), so kann mit einer einzigen stoffspezifischen Konstan-

ten λ^* angesetzt werden

$$\vec{q}^* = -\lambda^* \mathrm{grad}\ T^*$$

$$\implies \quad q_x^* = -\lambda^* \frac{\partial T^*}{\partial x^*}; \quad q_y^* = -\lambda^* \frac{\partial T^*}{\partial y^*}; \quad q_z^* = -\lambda^* \frac{\partial T^*}{\partial z^*}, \tag{4.24}$$

wie dies in Tab. 4.2 aufgenommen worden ist.

Die Konstante λ^* ist die sog. *Wärmeleitfähigkeit* des Fluides. Das Minuszeichen berücksichtigt, dass ein Wärmestrom stets in Richtung abnehmender Temperatur fließt, so dass λ^* in (4.24) dann stets ein positiver Zahlenwert ist.

Der Ansatz (4.24) geht auf J. Fourier (französischer Mathematiker und Physiker, 1768–1830) zurück, und wird gelegentlich als Fouriersches Wärmeleitungsgesetz bezeichnet. Die fälschliche Bezeichnung „Gesetz", obwohl es lediglich ein Ansatz für eine konstitutive Gleichung ist, rührt offensichtlich daher, dass mit (4.24) das Wärmeleitungsverhalten fast aller Stoffe mit hoher Genauigkeit wiedergegeben wird.

4.7 Navier-Stokes-Gleichungen, dimensionsbehaftet

Die mathematische Grundlage für die Berechnung sehr vieler Strömungen sind die sog. Navier-Stokes-Gleichungen, die auf M. Navier (veröffentlicht 1827) und G. G. Stokes (veröffentlicht 1849) zurückgehen. Sie entstehen aus den allgemeinen Bilanzgleichungen des Abschn. 4.4 durch folgende Zusatzannahmen, gelten also gemäß diesen Einschränkungen:

1. Als konstitutive Gleichungen für τ_{ij}^* gelten die Newtonschen Ansätze gemäß Tab. 4.2

2. Die einzig vorkommende Volumenkraft ist die Schwerkraft mit $\vec{f}^* = \varrho^* \vec{g}^*$. (Gelegentlich wird auch die allgemeine Volumenkraft $\vec{f}^*$ beibehalten).

In Tab. 4.3a sind die Navier-Stokes-Gleichungen für den Spezialfall konstanter Stoffwerte aufgeführt.

Ergänzend dazu enthält Tab. 4.3b die zugehörigen Energiegleichungen, die jetzt ebenfalls für konstante Stoffwerte formuliert sind und in die neben den Newtonschen Ansätzen für τ_{ij}^* auch die Fourierschen Ansätze für q_i^* eingesetzt worden sind.

Die Teil-Energiegleichungen (TE_{cp}^*) für die thermische Energie ist in die sog. *Temperaturform* umgeschrieben worden, die häufig für die Anwendung geeigneter ist als die Enthalpieform. Dazu wird zunächst das vollständige Differential der Funktion $h^*(T^*, p^*)$ gebildet, also

$$\mathrm{D}h^* = \left(\frac{\partial h^*}{\partial T^*}\right)_p \mathrm{D}T^* + \left(\frac{\partial h^*}{\partial p^*}\right)_T \mathrm{D}p^*.$$

KONTINUITÄTSGLEICHUNG $$\frac{\partial u^*}{\partial x^*} + \frac{\partial v^*}{\partial y^*} + \frac{\partial w^*}{\partial z^*} = 0$$	$$\boxed{\frac{\mathrm{D}}{\mathrm{D}t^*} = \frac{\partial}{\partial t^*} + u^* \frac{\partial}{\partial x^*} + v^* \frac{\partial}{\partial y^*} + w^* \frac{\partial}{\partial z^*}}$$ (K^*_{cp})
x-IMPULSGLEICHUNG $$\varrho^* \frac{\mathrm{D}u^*}{\mathrm{D}t^*} = \varrho^* g_x^* - \frac{\partial p^*}{\partial x^*} + \eta^* \left[\frac{\partial^2 u^*}{\partial x^{*2}} + \frac{\partial^2 u^*}{\partial y^{*2}} + \frac{\partial^2 u^*}{\partial z^{*2}} \right]$$	(XI^*_{cp})
y-IMPULSGLEICHUNG $$\varrho^* \frac{\mathrm{D}v^*}{\mathrm{D}t^*} = \varrho^* g_y^* - \frac{\partial p^*}{\partial y^*} + \eta^* \left[\frac{\partial^2 v^*}{\partial x^{*2}} + \frac{\partial^2 v^*}{\partial y^{*2}} + \frac{\partial^2 v^*}{\partial z^{*2}} \right]$$	(YI^*_{cp})
z-IMPULSGLEICHUNG $$\varrho^* \frac{\mathrm{D}w^*}{\mathrm{D}t^*} = \varrho^* g_z^* - \frac{\partial p^*}{\partial z^*} + \eta^* \left[\frac{\partial^2 w^*}{\partial x^{*2}} + \frac{\partial^2 w^*}{\partial y^{*2}} + \frac{\partial^2 w^*}{\partial z^{*2}} \right]$$	(ZI^*_{cp})

Tab. 4.3a: Navier-Stokes-Gleichungen, dimensionsbehaftet, konstante Stoffwerte; (Newtonsches Fluidverhalten)

Beachte: Mit dem modifizierten Druck $p^*_{mod} = p^* - p^*_{st}$ gilt

$$\varrho^* g_x^* - \frac{\partial p^*}{\partial x^*} = -\frac{\partial p^*_{mod}}{\partial x^*}; \quad \varrho^* g_y^* - \frac{\partial p^*}{\partial y^*} = -\frac{\partial p^*_{mod}}{\partial y^*}; \quad \varrho^* g_z^* - \frac{\partial p^*}{\partial z^*} = -\frac{\partial p^*_{mod}}{\partial z^*}$$

Dimensionslose Version: s. Tab. 4.7a

Dann wird $c_p^* = (\partial h^*/\partial T^*)_p$ als spez. Wärmekapazität bei konstantem Druck eingeführt und berücksichtigt, dass für $(\partial h^*/\partial p^*)_T$ gilt

$$\left(\frac{\partial h^*}{\partial p^*} \right)_T = \frac{1}{\varrho^*}(1 - \beta^* T^*) \quad ; \qquad \beta^* = -\frac{1}{\varrho^*} \left(\frac{\partial \varrho^*}{\partial T^*} \right)_p .$$

Dies folgt aus der Existenz der thermodynamischen Fundamentalgleichung $g^* = h^* - T^* s^*$ und der daraus ableitbaren Maxwell-Beziehung $(\partial s^*/\partial p^*)_T = -(\partial(1/\varrho^*)/\partial T^*)_p$, mit s^* als spezifischer Entropie.

Für konstante Stoffwerte ist der sog. Wärmeausdehnungskoeffizient β^* gleich Null, so dass insgesamt die linke Seite von Gleichung (TE*) in Tab. 4.1 wie folgt ersetzt wird und damit zur Temperaturform der thermischen Energiegleichung (TE*$_{cp}$) in Tab. 4.3b führt:

$$\varrho^* \frac{\mathrm{D}h^*}{\mathrm{D}t^*} = \varrho^* c_p^* \frac{\mathrm{D}T^*}{\mathrm{D}t^*} + \frac{\mathrm{D}p^*}{\mathrm{D}t^*}$$

Die Bezeichnung der Gleichungen erfolgt analog zu Tab. 4.1. Durch den Zusatz cp ist gekennzeichnet, dass jetzt konstante Stoffwerte (*engl.* für: constant properties) angenommen worden sind.

Für die Lösung der Gleichungen aus Tab. 4.3 müssen die dem jeweiligen Problem angepassten Rand- und Anfangsbedingungen gegeben sein. Neben

ENERGIEGLEICHUNG

$$\varrho^* \frac{\mathrm{D}H^*}{\mathrm{D}\,t^*} = \lambda^* \left[\frac{\partial^2 T^*}{\partial x^{*2}} + \frac{\partial^2 T^*}{\partial y^{*2}} + \frac{\partial^2 T^*}{\partial z^{*2}} \right]$$

$$+ \varrho^* [u^* g_x^* + v^* g_y^* + w^* g_z^*] + \frac{\partial p^*}{\partial t^*} + \mathcal{D}^*$$

(E_{cp}^*)

TEIL-ENERGIEGLEICHUNG (MECHANISCHE ENERGIE)

$$\frac{\varrho^*}{2} \frac{\mathrm{D}}{\mathrm{D}t^*} [u^{*2} + v^{*2} + w^{*2}] = \left(\frac{\partial p^*}{\partial t^*} - \frac{\mathrm{D}p^*}{\mathrm{D}t^*} \right) + \mathcal{D}^* - \Phi^*$$

$$+ \varrho^* [u^* g_x^* + v^* g_y^* + w^* g_z^*]$$

(ME_{cp}^*)

TEIL-ENERGIEGLEICHUNG
(THERMISCHE ENERGIE; TEMPERATURFORM)

$$\varrho^* c_p^* \frac{\mathrm{D}T^*}{\mathrm{D}t^*} = \lambda^* \left[\frac{\partial^2 T^*}{\partial x^{*2}} + \frac{\partial^2 T^*}{\partial y^{*2}} + \frac{\partial^2 T^*}{\partial z^{*2}} \right] + \Phi^*$$

(TE_{cp}^*)

Hilfsfunktionen in den Energiegleichungen:

$$\mathcal{D}^* = \eta^* \left[\frac{\partial}{\partial x^*} \left[\frac{\partial u^{*2}}{\partial x^*} + v^* \left[\frac{\partial u^*}{\partial y^*} + \frac{\partial v^*}{\partial x^*} \right] + w^* \left[\frac{\partial w^*}{\partial x^*} + \frac{\partial u^*}{\partial z^*} \right] \right] \right.$$

$$+ \frac{\partial}{\partial y^*} \left[\frac{\partial v^{*2}}{\partial y^*} + u^* \left[\frac{\partial v^*}{\partial x^*} + \frac{\partial u^*}{\partial y^*} \right] + w^* \left[\frac{\partial v^*}{\partial z^*} + \frac{\partial w^*}{\partial y^*} \right] \right]$$

$$\left. + \frac{\partial}{\partial z^*} \left[\frac{\partial w^{*2}}{\partial z^*} + u^* \left[\frac{\partial w^*}{\partial x^*} + \frac{\partial u^*}{\partial z^*} \right] + v^* \left[\frac{\partial v^*}{\partial z^*} + \frac{\partial w^*}{\partial y^*} \right] \right] \right]$$

DIFFUSION

$$\Phi^* = 2\eta^* \left[\left[\frac{\partial u^*}{\partial x^*} \right]^2 + \left[\frac{\partial v^*}{\partial y^*} \right]^2 + \left[\frac{\partial w^*}{\partial z^*} \right]^2 \right]$$

$$+ \eta^* \left[\left[\frac{\partial v^*}{\partial x^*} + \frac{\partial u^*}{\partial y^*} \right]^2 + \left[\frac{\partial w^*}{\partial y^*} + \frac{\partial v^*}{\partial z^*} \right]^2 + \left[\frac{\partial w^*}{\partial x^*} + \frac{\partial u^*}{\partial z^*} \right]^2 \right]$$

DISSIPATION

Tab. 4.3b: Energiegleichungen, dimensionsbehaftet, konstante Stoffwerte;
(Fouriersche Wärmeleitung)
Dimensionslose Version: s. Tab. 4.7b.

den Anfangswerten bezüglich der Zeit müssen bestimmte Bedingungen am Rand des Lösungsgebietes eingehalten werden. Bei der Bestimmung dieser Randbedingungen sollte man unterscheiden, ob der Rand des Lösungsgebietes mit einer Fluidgrenze (feste Wand, freie Flüssigkeitsoberfläche) zusammenfällt, oder ob er „willkürlich" im Fluidgebiet gesetzt wird, um das Lösungsgebiet zu begrenzen. Im letzteren Fall setzt eine physikalisch sinn-

volle Formulierung der Randbedingungen eigentlich die Kenntnis der Lösung am Rand voraus. Deshalb wird man versuchen, solche „willkürlichen" Begrenzungen nur dort zu legen, wo aus physikalischen Überlegungen auf die Eigenschaften der Lösung geschlossen werden kann. Ein Beispiel hierfür ist eine Begrenzung des Lösungsgebietes weit stromabwärts, wo häufig ein ausgebildeter (in Strömungsrichtung unveränderlicher) Zustand erwartet werden kann.

Als Randbedingung an einer festen Wand gilt in der Regel die schon im Abschn. 3.1 erwähnte Haftbedingung, die besagt, dass die Fluidteilchen mit unmittelbarer Wandberührung keine tangentiale Relativgeschwindigkeit gegenüber der Wand aufweisen. Eine Ausnahme hiervon kann nur bei Strömungen in Mikrokanälen oder bei Strömungen von stark verdünnten Gasen auftreten (Abweichungen vom Kontinuum). Letztere spielen nur in Extremfällen eine Rolle, wie z.B. bei der Vorderkantenumströmung im Hyperschallbereich. Im Rahmen diese Buches gilt stets die Haftbedingung an der Wand, also

$$u^*_{tangential,\ Fluid} = u^*_{tangential,\ Wand}. \tag{4.25}$$

Die Haftbedingung gilt unabhängig von der Normalgeschwindigkeit v^*_{normal}, obwohl bei einer porösen Wand der Ersatz vieler kleiner Einzelstrahlen durch eine kontinuierliche Ausblaseverteilung bezüglich der Haftbedingung nicht unproblematisch ist. Die Differenz der Normalgeschwindigkeiten zwischen Fluid und Wand $v^*_{rel,\ Fluid}$ ist aus kinematischen Gründen bei einer undurchlässigen Wand null. Sie ist von Null verschieden, wenn über eine poröse Wand Fluid abgesaugt oder ausgeblasen wird, d.h. im Fall einer porösen Wand gilt

$$v^*_{normal,\ Fluid} = v^*_{normal,\ Wand} + v^*_{rel,\ Fluid}\ . \tag{4.26}$$

Für die Temperatur als skalare Größe wird analog zur Haftbedingung angenommen, dass es keinen Temperatursprung zwischen Wand und angrenzendem Fluid gibt, lokal also thermisches Gleichgewicht herrscht. Somit gilt

$$T^*_{Fluid} = T^*_{Wand} \tag{4.27}$$

Gleichung (4.27) ist maßgebend für den Fall einer vorgegebenen Wandtemperatur. Wird ein bestimmter Wärmestrom an der Wand als Randbedingung aufgeprägt, so führt dies zur Festlegung des Temperatur*gradienten* an der Wand, da für Fouriersche Wärmeleitung gilt

$$q^*_w = -\lambda^* \left(\frac{\partial T^*}{\partial n^*} \right)_W, \tag{4.28}$$

wenn n^* senkrecht zur Wand verläuft.

4.8 Entdimensionierung der Grundgleichungen

Wie in Abschn. 2.3 ausführlich erläutert worden war, bietet es große Vorteile, ein Problem in dimensionslosen Größen zu beschreiben. Deshalb sollen die in den Tab. 4.1–4.3 aufgeführten Gleichungen jetzt konsequent entdimensioniert werden. Dies geschieht, indem zunächst formal die Bezugsgrößen (Index B)

$$L_B^*; \ U_B^*; \ T_B^*; \ \Delta T_B^*; \ \varrho_B^*; \ \eta_B^*; \ \lambda_B^*; \ c_{pB}^*$$

eingeführt werden. Die ersten vier Größen werden im Anwendungsfall mit bestimmten problemrelevanten Größen identifiziert (z.B. L_B^* mit dem Rohrdurchmesser bei der Rohrströmung), die letzten vier Größen sind die vorkommenden Stoffwerte in einem jeweils problemspezifisch festzulegenden Bezugszustand. Der Druck p_B^* gilt ebenfalls im Bezugszustand.

Mit diesen Bezugsgrößen werden alle Variablen der Grundgleichungen gemäß Tab. 4.4 entdimensioniert. Dabei treten in den Gleichungen folgende dimensionslose Kombinationen von Bezugsgrößen auf, die dimensionslose Kennzahlen im Sinne der Dimensionsanalyse (s. Abschn. 2.3) darstellen:

$$\frac{\varrho_B^* U_B^* L_B^*}{\eta_B^*} \ = \ \text{Re} \qquad \text{(Reynolds-Zahl)} \qquad (4.29)$$

$$\frac{\varrho_B^* U_B^* L_B^* c_{pB}^*}{\lambda_B^*} \ = \ \text{Pe} \qquad \text{(Peclet-Zahl)} \qquad (4.30)$$

$$\frac{U_B^{*2}}{c_{pB}^* \Delta T_B^*} \ = \ \text{Ec} \qquad \text{(Eckert-Zahl)} \qquad (4.31)$$

Wenn die allgemeine Volumenkraft $\vec{f}^*$ mit der Schwerkraft als $\vec{f}^* = \varrho^* \vec{g}^*$ identifiziert wird, wie dies für die Navier-Stokes-Gleichungen der Fall ist, sollte $\vec{g}_E = (g_{E_x}, g_{E_y}, g_{E_z})$ als Einheitsvektor in Richtung von $\vec{g}^*$ einführen werden (d.h. es gilt $\vec{g}^* = g^* \vec{g}_E$ und $|\vec{g}_E| = 1$) und g^* zur Entdimensionierung dienen. Dabei entsteht dann als weitere dimensionslose Kennzahl:

$$\frac{U_B^*}{\sqrt{g^* L_B^*}} \ = \ \text{Fr} \qquad \text{(Froude-Zahl)} \qquad (4.32)$$

Bei der Entdimensionierung des Druckes wird die Differenz zu einem Bezugswert p_B^* eingeführt, was in den Gleichungen keinen Unterschied macht, solange nur Ableitungen des Druckes, nicht aber der Druck selber vorkommen.

Bezüglich der Enthalpien ist zu beachten, dass der Zusammenhang $H^* = h^* + \frac{1}{2}\vec{v}^{*2}$ gemäß (4.21) in dimensionsloser Form lautet:

$$H = h + \frac{1}{2}\text{Ec}\,\vec{v}^{\,2} \qquad (4.33)$$

t	x,y,z	u,v,w	p	f_x, f_y, f_z
$\dfrac{t^*}{L_B^*/U_B^*}$	$\dfrac{x^*}{L_B^*}, \cdots$	$\dfrac{u^*}{U_B^*}, \cdots$	$\dfrac{p^* - p_B^*}{\varrho_B^* U_B^{*2}}$	$\dfrac{f_x^*}{\varrho_B^* U_B^{*2}/L_B^*}, \cdots$

τ_{ij}	H, h	T	q_i	$\Phi, \mathcal{D}$
$\dfrac{\tau_{ij}^*}{\varrho_B^* U_B^{*2}}$	$\dfrac{H^*}{c_{pB}^* \Delta T_B^*}, \cdots$	$\dfrac{T^* - T_B^*}{\Delta T_B^*}$	$\dfrac{q_i^*}{\varrho_B^* U_B^* c_{pB}^* \Delta T_B^*}$	$\dfrac{\Phi^*}{\varrho_B^* U_B^{*3}/L_B^*}, \cdots$

ϱ	η	λ	c_p	β
$\dfrac{\varrho^*}{\varrho_B^*}$	$\dfrac{\eta^*}{\eta_B^*}$	$\dfrac{\lambda^*}{\lambda_B^*}$	$\dfrac{c_p^*}{c_{pB}^*}$	$\beta^* T_B^*$

Tab. 4.4:   Entdimensionierung der Variablen in den Grundgleichungen

In den Tab. 4.5–4.7 sind alle Gleichungen aus den Tab. 4.1–4.3 in dimensionsloser Form enthalten. Der Aufbau der Tabellen ist streng beibehalten worden, so dass die Zuordnung einzelner Terme unmittelbar erkennbar ist. Konsequenterweise ist in den Gleichungsbezeichnungen jetzt die Kennung * entfallen, da es sich um dimensionslose Gleichungen handelt.

Anmerkung 4.7:   *Index-Schreibweise der Grundgleichungen, hier:*
Navier-Stokes-Gleichungen

In einem kartesischen Koordinatensystem können die Grundgleichungen sehr kompakt und konsequent in der sog. *Index-Schreibweise* formuliert werden, die bereits im Abschn. 4.6.1 im Zusammenhang mit τ_{ij}^* verwendet worden ist. Unter Beachtung der Summationskonvention (bei doppelt auftretenden Indizes in einem Term ist die Summe über alle vorgesehenen Indexwerte zu bilden) gilt dann z.B. für die Navier-Stokes-Gleichungen, jetzt aber anders als in Tab. 4.3a allgemein, d.h. nicht unter der zusätzlichen Einschränkung konstanter Stoffwerte, mit $i = 1,2,3$; $j = 1,2,3$ und

$$x_i^* : x^*, y^*, z^* ; \quad u_i^* : u^*, v^*, w^* ; \quad \frac{\mathrm{D}}{\mathrm{D}t^*} = \frac{\partial}{\partial t^*} + u_i^* \frac{\partial}{\partial x_i^*}$$

$$\frac{\mathrm{D}\varrho^*}{\mathrm{D}t^*} + \varrho^* \frac{\partial u_i^*}{\partial x_i^*} = 0 \tag{4.34}$$

$$\varrho^* \frac{\mathrm{D}u_i^*}{\mathrm{D}t^*} = \varrho^* g_i^* - \frac{\partial p^*}{\partial x_i^*} + \frac{\partial}{\partial x_j^*} \underbrace{\left[\eta^* \left(\frac{\partial u_i^*}{\partial x_j^*} + \frac{\partial u_j^*}{\partial x_i^*} - \frac{2}{3} \delta_{ij} \operatorname{div} \vec{v}^* \right) \right]}_{\tau_{ij}^*} \tag{4.35}$$

$$\frac{D}{Dt} = \frac{\partial}{\partial t} + u\frac{\partial}{\partial x} + v\frac{\partial}{\partial y} + w\frac{\partial}{\partial z}$$

KONTINUITÄTSGLEICHUNG

$$\frac{D\varrho}{Dt} + \varrho\left[\frac{\partial u}{\partial x} + \frac{\partial v}{\partial y} + \frac{\partial w}{\partial z}\right] = 0 \tag{K}$$

x-IMPULSGLEICHUNG

$$\varrho\frac{Du}{Dt} = f_x - \frac{\partial p}{\partial x} + \left(\frac{\partial \tau_{xx}}{\partial x} + \frac{\partial \tau_{yx}}{\partial y} + \frac{\partial \tau_{zx}}{\partial z}\right) \tag{XI}$$

y-IMPULSGLEICHUNG

$$\varrho\frac{Dv}{Dt} = f_y - \frac{\partial p}{\partial y} + \left(\frac{\partial \tau_{xy}}{\partial x} + \frac{\partial \tau_{yy}}{\partial y} + \frac{\partial \tau_{zy}}{\partial z}\right) \tag{YI}$$

z-IMPULSGLEICHUNG

$$\varrho\frac{Dw}{Dt} = f_z - \frac{\partial p}{\partial z} + \left(\frac{\partial \tau_{xz}}{\partial x} + \frac{\partial \tau_{yz}}{\partial y} + \frac{\partial \tau_{zz}}{\partial z}\right) \tag{ZI}$$

ENERGIEGLEICHUNG

$$\varrho\frac{DH}{Dt} = -\left(\frac{\partial q_x}{\partial x} + \frac{\partial q_y}{\partial y} + \frac{\partial q_z}{\partial z}\right) \tag{E}$$
$$+ \mathrm{Ec}\left[(uf_x + vf_y + wf_z) + \frac{\partial p}{\partial t} + \mathcal{D}\right]$$

TEIL-ENERGIEGLEICHUNG (MECHANISCHE ENERGIE)

$$\frac{\varrho}{2}\frac{D}{Dt}[u^2 + v^2 + w^2] = \left(\frac{\partial p}{\partial t} - \frac{Dp}{Dt}\right) + \mathcal{D} - \Phi \tag{ME}$$
$$+ (uf_x + vf_y + wf_z)$$

TEIL-ENERGIEGLEICHUNG (THERMISCHE ENERGIE)

$$\varrho\frac{Dh}{Dt} = -\left(\frac{\partial q_x}{\partial x} + \frac{\partial q_y}{\partial y} + \frac{\partial q_z}{\partial z}\right) + \mathrm{Ec}\left[\frac{Dp}{Dt} + \Phi\right] \tag{TE}$$

Hilfsfunktionen in den Energiegleichungen:

$$\mathcal{D} = \frac{\partial}{\partial x}\left[u\tau_{xx} + v\tau_{yx} + w\tau_{zx}\right] + \frac{\partial}{\partial y}\left[u\tau_{xy} + v\tau_{yy} + w\tau_{zy}\right]$$
$$+ \frac{\partial}{\partial z}\left[u\tau_{xz} + v\tau_{yz} + w\tau_{zz}\right]$$

DIFFUSION

$$\Phi = \left(\tau_{xx}\frac{\partial u}{\partial x} + \tau_{yx}\frac{\partial v}{\partial x} + \tau_{zx}\frac{\partial w}{\partial x}\right) + \left(\tau_{xy}\frac{\partial u}{\partial y} + \tau_{yy}\frac{\partial v}{\partial y} + \tau_{zy}\frac{\partial w}{\partial y}\right)$$
$$+ \left(\tau_{xz}\frac{\partial u}{\partial z} + \tau_{yz}\frac{\partial v}{\partial z} + \tau_{zz}\frac{\partial w}{\partial z}\right)$$

DISSIPATION

Tab. 4.5: Dimensionslose (s. Tab. 4.4) allgemeine Bilanzgleichungen in einem ortsfesten Koordinatensystem. D/Dt steht abkürzend für die Summe aus lokaler und konvektiver Ableitung
Dimensionsbehaftete Version: s. Tab. 4.1

τ_{ij} *für ein Newtonsches Fluid:*

$$\mathrm{div}\ \vec{v} = \frac{\partial u}{\partial x} + \frac{\partial v}{\partial y} + \frac{\partial w}{\partial z}$$

TANGENTIALSPANNUNGEN

$$\tau_{xy} = \tau_{yx} = \frac{\eta}{\mathrm{Re}}\left[\frac{\partial v}{\partial x} + \frac{\partial u}{\partial y}\right] ; \quad \tau_{yz} = \tau_{zy} = \frac{\eta}{\mathrm{Re}}\left[\frac{\partial w}{\partial y} + \frac{\partial v}{\partial z}\right] ;$$

$$\tau_{zx} = \tau_{xz} = \frac{\eta}{\mathrm{Re}}\left[\frac{\partial u}{\partial z} + \frac{\partial w}{\partial x}\right]$$

(DEVIATORISCHE) NORMALSPANNUNGEN

$$\tau_{xx} = \frac{\eta}{\mathrm{Re}}\left[2\frac{\partial u}{\partial x} - \frac{2}{3}\mathrm{div}\ \vec{v}\right] ; \quad \tau_{yy} = \frac{\eta}{\mathrm{Re}}\left[2\frac{\partial v}{\partial y} - \frac{2}{3}\mathrm{div}\ \vec{v}\right] ;$$

$$\tau_{zz} = \frac{\eta}{\mathrm{Re}}\left[2\frac{\partial w}{\partial z} - \frac{2}{3}\mathrm{div}\ \vec{v}\right]$$

q_i *für Fouriersche Wärmeleitung:*

WÄRMESTROMDICHTE

$$q_x = -\frac{\lambda}{\mathrm{Pe}}\frac{\partial T}{\partial x}; \quad q_y = -\frac{\lambda}{\mathrm{Pe}}\frac{\partial T}{\partial y}; \quad q_z = -\frac{\lambda}{\mathrm{Pe}}\frac{\partial T}{\partial z}$$

Tab. 4.6:   Spezielle konstitutive Gleichungen, dimensionslos (s. Tab. 4.4);
Newtonsche Fluide/Fouriersches Wärmeleitungsverhalten
Dimensionsbehaftete Version: s. Tab. 4.2

In (4.35) ist δ_{ij} das sog. *Kronecker-Symbol* mit $\delta_{ij} = 1$ für $i = j$ und $\delta_{ij} = 0$ für $i \neq j$. Für div $\vec{v}^*$ könnte auch $\partial u_l^*/\partial x_l^*$ geschrieben werden (Summationskonvention).

In einer entsprechenden Erweiterung kann die Index-Schreibweise auf alle rechtwinkligen (also auch nicht-kartesischen) Koordinatensysteme angewandt werden (Verwendung von Christoffel-Symbolen).

Anmerkung 4.8:   *Vektor-Schreibweise der Grundgleichungen, hier:*
Navier-Stokes-Gleichungen

Eine einheitliche Darstellung der Grundgleichungen, unabhängig vom Koordinatensystem ist durch die Verwendung der sog. *Vektor-Schreibweise* (symbolische Schreibweise) möglich. Diese symbolische Schreibweise kann dann jeweils Koordinaten-spezifisch in ein bestimmtes Koordinatensystem „übersetzt" werden, wenn die Bedeutung der Vektor- und Tensoroperatoren in dem betreffenden Koordinatensystem bekannt ist.

Die Navier-Stokes-Gleichungen, nicht unter der zusätzlichen Einschränkung konstanter Stoffwerte (vgl. Tab. 4.3a) lauten in dieser Form mit $\mathrm{D}/\mathrm{D}t^* = \partial/\partial t^* + \vec{v}^* \cdot \mathrm{grad}$ und $\cdot\mathrm{grad}$ als dem Vektorprodukt mit dem Gradientenvektor grad

$$\frac{\mathrm{D}\varrho^*}{\mathrm{D}t^*} + \varrho^*\mathrm{div}\ \vec{v}^* = 0 \tag{4.36}$$

$$\varrho^* \frac{\mathrm{D}\vec{v}^*}{\mathrm{D}t^*} = \varrho^* \vec{g}^* - \mathrm{grad}\ p^* + \mathrm{Div}\left[\eta^*\left(2\boldsymbol{E}^* - \frac{2}{3}\vec{\delta}\ \mathrm{div}\ \vec{v}^*\right)\right] \tag{4.37}$$

Dabei ist $\boldsymbol{E}^*$ der sog. *Verzerrungstensor* (auch: *Dehnungs-* oder *Deformationsgeschwin-digkeitstensor*), $\vec{\delta}$ der Kronecker-Einheitsvektor. Als Vektor- bzw. Tensoroperatoren treten auf: div, grad und Div, deren Bedeutungen in Bezug auf ein kartesisches Koordinatensystem durch den Vergleich von (4.36) und (4.37) mit den entsprechenden Gleichungen aus Tab. 4.1 zusammen mit Tab. 4.2 deutlich werden.

Häufig werden die Vektoroperatoren div und grad auch durch die sog. Nabla-Operatoren $\nabla\cdot$ und ∇ ausgedrückt, die auf einen Vektor angewandt dann div und auf einen Skalar angewandt dem Operator grad entsprechen. In diesem Sinne gelten also z.B.: $\nabla\cdot\vec{v}^* = \mathrm{div}\ \vec{v}^*$; $\nabla p^* = \mathrm{grad}\ p^*$, s. auch Anhang A1.

Anmerkung 4.9:   *Wirbeltransportgleichung als spezielle Form der Navier-Stokes-Gleichungen*

In Abschn. 3.4.2 war der Begriff der Drehung in einem zweidimensionalen Strömungsfeld eingeführt worden. In Anmerkung 3.3/S. 44/ erfolgte die Erweiterung dieses Begriffes durch die Einführung des Drehungsvektors als $\vec{\omega}^* = \mathrm{rot}\ \vec{v}^*$.

Ähnlich wie der Geschwindigkeitsvektor $\vec{v}^*$ beschreibt auch der Drehungsvektor $\vec{\omega}^*$ die Kinematik eines Strömungsfeldes. Ausgehend von der vektoriellen Formulierung der Navier-Stokes-Gleichungen (4.37) jetzt aber für konstante Stoffwerte, also für eine inkompressible Strömung, kann diese Gleichung formal umgeschrieben werden zu (Einzelheiten z.B. in Panton (1996)):

KONTINUITÄTSGLEICHUNG $$\frac{\partial u}{\partial x} + \frac{\partial v}{\partial y} + \frac{\partial w}{\partial z} = 0$$	$\dfrac{\mathrm{D}}{\mathrm{D}t} = \dfrac{\partial}{\partial t} + u\dfrac{\partial}{\partial x} + v\dfrac{\partial}{\partial y} + w\dfrac{\partial}{\partial z}$
	(K_{cp})
x-IMPULSGLEICHUNG $$\frac{\mathrm{D}u}{\mathrm{D}t} = \frac{1}{\mathrm{Fr}^2}g_{E_x} - \frac{\partial p}{\partial x} + \frac{1}{\mathrm{Re}}\left[\frac{\partial^2 u}{\partial x^2} + \frac{\partial^2 u}{\partial y^2} + \frac{\partial^2 u}{\partial z^2}\right]$$	(XI_{cp})
y-IMPULSGLEICHUNG $$\frac{\mathrm{D}v}{\mathrm{D}t} = \frac{1}{\mathrm{Fr}^2}g_{E_y} - \frac{\partial p}{\partial y} + \frac{1}{\mathrm{Re}}\left[\frac{\partial^2 v}{\partial x^2} + \frac{\partial^2 v}{\partial y^2} + \frac{\partial^2 v}{\partial z^2}\right]$$	(YI_{cp})
z-IMPULSGLEICHUNG $$\frac{\mathrm{D}w}{\mathrm{D}t} = \frac{1}{\mathrm{Fr}^2}g_{E_z} - \frac{\partial p}{\partial z} + \frac{1}{\mathrm{Re}}\left[\frac{\partial^2 w}{\partial x^2} + \frac{\partial^2 w}{\partial y^2} + \frac{\partial^2 w}{\partial z^2}\right]$$	(ZI_{cp})

Tab. 4.7a: Navier-Stokes-Gleichungen, dimensionslos (s. Tab. 4.4); konstante Stoffwerte (Newtonsches Fluidverhalten)

    $g_{E_x}, g_{E_y}, g_{E_z}$:   Komponenten des Einheitsvektors in Richtung der Fallbeschleunigung $\vec{g}^*$

Beachte: mit dem modifizierten Druck $p_{mod} = p - p_{st}$ gilt,

$$\frac{1}{\mathrm{Fr}^2}g_{E_x} - \frac{\partial p}{\partial x} = -\frac{\partial p_{mod}}{\partial x}; \quad \frac{1}{\mathrm{Fr}^2}g_{E_y} - \frac{\partial p}{\partial y} = -\frac{\partial p_{mod}}{\partial y}; \frac{1}{\mathrm{Fr}^2}g_{E_z} - \frac{\partial p}{\partial z} = -\frac{\partial p_{mod}}{\partial z}$$

Dimensionsbehaftete Version: s. Tab. 4.3a

ENERGIEGLEICHUNG

$$\varrho\frac{\mathrm{D}H}{\mathrm{D}t} = \frac{1}{\mathrm{Pe}}\left[\frac{\partial^2 T}{\partial x^2} + \frac{\partial^2 T}{\partial y^2} + \frac{\partial^2 T}{\partial z^2}\right]$$

$$+\mathrm{Ec}\left[\frac{1}{\mathrm{Fr}^2}[ug_{E_x} + vg_{E_y} + wg_{E_z}] + \frac{\partial p}{\partial t} + \mathcal{D}\right]$$

(E$_{cp}$)

TEIL-ENERGIEGLEICHUNG (MECHANISCHE ENERGIE)

$$\frac{1}{2}\frac{\mathrm{D}}{\mathrm{D}t}[u^2 + v^2 + w^2] = \left(\frac{\partial p}{\partial t} - \frac{\mathrm{D}p}{\mathrm{D}t}\right) + \mathcal{D} - \Phi$$

$$+\frac{1}{\mathrm{Fr}^2}[ug_{E_x} + vg_{E_y} + wg_{E_z}]$$

(ME$_{cp}$)

TEIL-ENERGIEGLEICHUNG
(THERMISCHE ENERGIE; TEMPERATURFORM)

$$\frac{\mathrm{D}T}{\mathrm{D}t} = \frac{1}{\mathrm{Pe}}\left[\frac{\partial^2 T}{\partial x^2} + \frac{\partial^2 T}{\partial y^2} + \frac{\partial^2 T}{\partial z^2}\right] + \mathrm{Ec}\,\Phi$$

(TE$_{cp}$)

Hilfsfunktionen in den Energiegleichungen:

$$\mathcal{D} = \frac{1}{\mathrm{Re}}\left[\frac{\partial}{\partial x}\left[\frac{\partial u^2}{\partial x} + v\left[\frac{\partial u}{\partial y} + \frac{\partial v}{\partial x}\right] + w\left[\frac{\partial w}{\partial x} + \frac{\partial u}{\partial z}\right]\right]\right.$$

$$+ \frac{\partial}{\partial y}\left[\frac{\partial v^2}{\partial y} + u\left[\frac{\partial v}{\partial x} + \frac{\partial u}{\partial y}\right] + w\left[\frac{\partial v}{\partial z} + \frac{\partial w}{\partial y}\right]\right]$$

$$\left.+ \frac{\partial}{\partial z}\left[\frac{\partial w^2}{\partial z} + u\left[\frac{\partial w}{\partial x} + \frac{\partial u}{\partial z}\right] + v\left[\frac{\partial v}{\partial z} + \frac{\partial w}{\partial y}\right]\right]\right]$$

DIFFUSION

$$\Phi = \frac{2}{\mathrm{Re}}\left[\left[\frac{\partial u}{\partial x}\right]^2 + \left[\frac{\partial v}{\partial y}\right]^2 + \left[\frac{\partial w}{\partial z}\right]^2\right]$$

$$+ \frac{1}{\mathrm{Re}}\left[\left[\frac{\partial v}{\partial x} + \frac{\partial u}{\partial y}\right]^2 + \left[\frac{\partial w}{\partial y} + \frac{\partial v}{\partial z}\right]^2 + \left[\frac{\partial w}{\partial x} + \frac{\partial u}{\partial z}\right]^2\right]$$

DISSIPATION

Tab. 4.7b: Energiegleichungen, dimensionslos (s. Tab. 4.4); Fouriersche Wärmeleitung; konstante Stoffwerte
Dimensionsbehaftete Version: s. Tab. 4.3b

$$\underbrace{\frac{\mathrm{D}\vec{\omega}^*}{\mathrm{D}t^*}}_{\substack{\text{zeitliche Änderung der}\\\text{Drehung}}} = \underbrace{\vec{\omega}^* \cdot \mathrm{grad}\,\vec{v}^*}_{\substack{\text{Wirbelstreckungen,}\\\sim\text{Umlenkungen}}} + \underbrace{\frac{\eta^*}{\varrho^*}\Delta\vec{\omega}^*}_{\substack{\text{viskose „Diffusion"}\\\text{von Drehung}}}$$

(4.38)

Da (4.38) die Drehung in Form des Drehungsvektors $\vec{\omega}^*$ bilanziert, kann damit das Strömungsfeld bezüglich seiner Wirkung auf sog. *Wirbellinien* interpretiert werden, die stets

parallel zum Drehungsvektor verlaufen. Danach kann die Wirbelstärke auf den Wirbellinien (d.h. von gedachten langgestreckten, längs einer Linie angeordneten Wirbeln) durch zwei Effekte verändert werden:

1. durch Streckung bzw. Stauchung sowie eine Umlenkung dieser Wirbellinien

2. durch eine viskose „Diffusion" der Wirbelstärke mit demselben Diffusionskoeffizienten η^*, der auch im Fließgesetz Newtonscher Fluide auftritt und dort als Koeffizient für die „Diffusion" von Impuls interpretiert werden kann.

Bemerkenswert an (4.38) ist, dass der Druck p^* nicht mehr vorkommt, da der Druck den Normalspannungen an einem Fluidteilchen entspricht, diese aber die Teilchendrehung nicht verändern können.

Für eine Reihe von Strömungen vereinfacht sich (4.38) erheblich, weil der Mechanismus der Wirbel-Streckung bzw. Umlenkung entfällt. Dies gilt u.a. für alle ebenen (zweidimensionalen) Strömungen, da für diese der Vektor $\vec{\omega}^* = (0, 0, \omega_z^*)$ stets senkrecht auf dem Geschwindigkeitsvektor $\vec{v}^* = (u^*, v^*, 0)$ steht und somit das Produkt $\vec{\omega}^* \cdot \text{grad } \vec{v}^* = \vec{0}$ gilt. Für zweidimensionale Strömungen gilt also mit $\omega_z^* = \omega^* = \partial v^*/\partial x^* - \partial u^*/\partial y^*$ als einziger Komponente des Wirbelvektors:

$$\frac{\partial \omega^*}{\partial t^*} + u^* \frac{\partial \omega^*}{\partial x^*} + v^* \frac{\partial \omega^*}{\partial y^*} = \frac{\eta^*}{\varrho^*} \left(\frac{\partial^2 \omega^*}{\partial x^{*2}} + \frac{\partial^2 \omega^*}{\partial y^{*2}} \right) \tag{4.39}$$

Ein Vergleich mit der thermischen Energiegleichung (s. Tab. 4.3b) für zweidimensionale Strömungen bei Vernachlässigung der Dissipation Φ^*, also

$$\frac{\partial T^*}{\partial t^*} + u^* \frac{\partial T^*}{\partial x^*} + v^* \frac{\partial T^*}{\partial y^*} = \frac{\lambda^*}{\varrho^* c_p^*} \left(\frac{\partial^2 T^*}{\partial x^{*2}} + \frac{\partial^2 T^*}{\partial y^{*2}} \right) \tag{4.40}$$

zeigt, dass eine weitgehende Analogie zwischen den jeweiligen Transportvorgängen für innere Energie und Drehung besteht.

Im Sonderfall $\text{Pr} = \eta^* c_p^*/\lambda^* = 1$ sind beide Gleichungen sogar identisch, so dass unter Berücksichtigung der Anfangs- und Randbedingungen von einer Lösung auf die andere geschlossen werden kann. Die Stoffwerte-Kombination Pr spielt als sog. Prandtl-Zahl bei der Wärmeübertragung eine wichtige Rolle.

Anmerkung 4.10: *Einführung einer Stromfunktion*

Wie bereits in Abschn. 3.2.1 ausgeführt worden war, sind sog. Stromlinien in einem Strömungsfeld definiert als die Linien, die zu einem bestimmten Zeitpunkt an jedem Ort tangential zu den Geschwindigkeitsvektoren verlaufen. In stationären Strömungen bleibt dieses Stromlinienfeld zeitunabhängig erhalten und stellt zugleich das Feld der Bahnlinien dar (also derjenigen Linien, längs derer sich die Fluidteilchen bewegen). Bei instationären Strömungen verändert sich das Stromlinienbild mit der zeitlichen Veränderung des Geschwindigkeitsfeldes. Bahnlinien und Stromlinien sind dann nicht mehr identisch.

Mit der Stromfunktion Ψ^* soll nun eine Funktion eingeführt werden, die für $\Psi^* = \text{const}$ die Stromlinien beschreibt und mit dem jeweiligen Zahlenwert die einzelnen Stromlinien kennzeichnet. In zwei Dimensionen beschreibt eine Funktion $\Psi^*(x^*, y^*) = \text{const}$ eine Linie und kann offensichtlich die gewünschte Aufgabe erfüllen. In drei Dimensionen beschreibt eine Funktion $\Psi^*(x^*, y^*, z^*) = \text{const}$ aber eine Fläche, so dass zwei solche Funktionen $\Psi_1^* = \text{const}$ und $\Psi_2^* = \text{const}$ erforderlich sind, deren Flächen sich in einer Linie schneiden und dann wiederum die gewünschte Aufgabe erfüllen können. Im allgemeinen Fall empfiehlt es sich jedoch, dann eine sog. Vektorstromfunktion einzuführen, s. dazu auch (11.3) im späteren Kap. 11.

Für eine zweidimensionale inkompressible Strömung (konstante Stoffwerte) muss für die Stromfunktion Ψ^* folgendes gelten:

Auf einer Linie $\Psi^*(x^*,y^*) = \text{const}$ gilt für das vollständige Differential

$$d\Psi^* = \frac{\partial\Psi^*}{\partial x^*}dx^* + \frac{\partial\Psi^*}{\partial y^*}dy^* = 0. \qquad (4.41)$$

Wenn diese Linie tangential zum Geschwindigkeitsvektor $\vec{v}^* = (u^*, v^*)$ verlaufen soll, muss gelten

$$\frac{dy^*}{dx^*} = \frac{v^*}{u^*} \qquad (4.42)$$

so dass aus (4.41) und (4.42) folgt

$$\frac{\partial\Psi^*/\partial y^*}{\partial\Psi^*/\partial x^*} = -\frac{u^*}{v^*}. \qquad (4.43)$$

Legt man $\partial\Psi^*/\partial y^* = u^*$ fest, so folgt daraus $\partial\Psi^*/\partial x^* = -v^*$.

Es gilt also für eine zweidimensionale Strömung:

$$\boxed{u^* = \frac{\partial\Psi^*}{\partial y^*}, \quad v^* = -\frac{\partial\Psi^*}{\partial x^*}.} \qquad (4.44)$$

Es ist sofort zu erkennen, dass die Kontinuitätsgleichung $\partial u^*/\partial x^* + \partial v^*/\partial y^* = 0$ mit diesem Ansatz identisch erfüllt ist, also mit Einführung einer Stromfunktion nicht weiter betrachtet werden muss.

Um eine Gleichung für die Stromfunktion Ψ^* herzuleiten, kann man den Zusammenhang

$$\omega^* = \frac{\partial v^*}{\partial x^*} - \frac{\partial u^*}{\partial y^*} = -\underbrace{\left(\frac{\partial^2\Psi^*}{\partial x^{*2}} + \frac{\partial^2\Psi^*}{\partial y^{*2}}\right)}_{\Delta\Psi^*}. \qquad (4.45)$$

zwischen der Drehung ω^* und der Stromfunktion Ψ^* ausnutzen, der sich unmittelbar aus den jeweiligen Definitionen ergibt.

Die formale Umschreibung der Wirbeltransportgleichung (4.39) ergibt dann als Gleichung für Ψ^*:

$$\boxed{\frac{\partial(\Delta\Psi^*)}{\partial t^*} + \frac{\partial\Psi^*}{\partial y^*}\frac{\partial(\Delta\Psi^*)}{\partial x^*} - \frac{\partial\Psi^*}{\partial x^*}\frac{\partial(\Delta\Psi^*)}{\partial y^*} = \frac{\eta^*}{\varrho^*}\Delta\Delta\Psi^*} \qquad (4.46)$$

Es handelt sich dabei um eine (nichtlineare) Differentialgleichung vierter Ordnung, deren Lösung das zweidimensionale Stromlinienfeld beschreibt.

Stromlinien in zwei Dimensionen bzw. Stromflächen in drei Dimensionen können zur Veranschaulichung einer Strömung sehr hilfreich sein. Da kein Fluid über eine Stromlinie bzw. ~fläche tritt, ist der Massenstrom zwischen ihnen konstant und wird somit im stationären Fall „wie durch feste Wände (in Form der Stromlinien bzw. ~flächen) begrenzt".

Anmerkung 4.11: *Bilanzen in endlichen Kontrollräumen*

Die bisher behandelten Differentialgleichungen sind als Bilanzgleichungen an einem infinitesimalen Fluidvolumen ΔV^* eingeführt worden. Im Zuge der Herleitung wurde stets die gesamte Gleichung formal durch ΔV^* dividiert, so dass das Bilanzvolumen nicht mehr explizit auftritt.

Eine Bilanz über ein endliches Volumen entsteht durch Integration dieser Differentialgleichungen, also durch den Übergang von dV^* auf V^* als

$$V^* = \int\int\int dV^* \qquad (4.47)$$

Dabei treten die einzelnen Summanden der Differentialgleichungen als Integranden der Volumenintegrale auf. Am Beispiel der Kontinuitätsgleichung (K*), also

$$\iiint \underbrace{\left\{ \frac{D\varrho^*}{Dt^*} + \varrho^* \left[\frac{\partial u^*}{\partial x^*} + \frac{\partial v^*}{\partial y^*} + \frac{\partial w^*}{\partial z^*} \right] \right\}}_{=0 \text{ (differentielle Kontinuitätsgl., s. Tab. 4.1)}} dV^* = 0 \qquad (4.48)$$

Das Integral über die Summe der einzelnen Terme kann im nächsten Schritt als Summe von Integralen geschrieben werden. Diese Integrale lassen sich einzeln auswerten (berechnen), wenn der Verlauf des Integranden im Gebiet V^* bekannt ist.

Unabhängig davon bzw. vor Ausführung einer möglichen Integration kann man aber noch folgende Eigenschaften dieser Volumenintegrale ausnutzen (wiederum am Beispiel der Kontinuitätsgleichung erläutert):

1. Bei zeitlich unveränderlichen Integrationsbereichen kann die Zeitableitung des Integranden „vor das Integral gezogen werden". Für $V^* \neq V^*(t^*)$ gilt also in Zusammenhang mit $\partial \varrho^*/\partial t^*$ als dem zeitabhängigen Anteil von $D\varrho^*/Dt^*$ bei der Eulerschen Betrachtungsweise (vgl. dazu (4.3))

$$\iiint \frac{\partial \varrho^*}{\partial t^*} dV^* = \frac{\partial}{\partial t^*} \iiint \varrho^* \, dV^* = \frac{\partial m^*}{\partial t^*} \qquad (4.49)$$

(Für $V^*(t^*)$ müsste das Integral nach dem sog. Leibnizschen Theorem ausgewertet werden, das explizit die Geschwindigkeit berücksichtigt, mit der sich die Integrationsgrenze bewegt.)

2. Wenn der Integrand als Ganzes die Form einer Ableitung nach x_i^*, also nach x^*, y^* oder z^*, aufweist, gilt aufgrund des sog. *Gaußschen Theorems* für diesen Fall

$$\iiint \frac{\partial(\ldots)}{\partial x_i^*} dV^* = \iint (\ldots) n_i \, dA^* = \iint (\ldots) \, dA_i^* \qquad (4.50)$$

Dies ist die Verallgemeinerung der bekannten Linien-Integralbeziehung (wenn $f = d\Phi/dx$ gilt)

$$\int\limits_{x=a}^{x=b} f \, dx = \int\limits_{x=a}^{x=b} \frac{d\Phi}{dx} \, dx = \Phi(b) - \Phi(a)$$

auf ein Volumenintegral. Dabei bedeutet $n_i dA^*$ die Projektion des Flächenelementes dA^* auf eine Ebene senkrecht zu x_i^* was auch als $n_i dA^* = dA_i^*$ geschrieben werden kann. Mit (4.50) wird also ein Volumenintegral auf ein Oberflächenintegral zurückgeführt, wenn der Integrand des Volumenintegrals die spezielle Form von (4.50) aufweist, die auch als „verallgemeinerte Divergenzform" bezeichnet wird.

Ist $(\ldots)$ in (4.50) eine skalare Größe, beschreibt (4.50) drei Gleichungen für die Koordinaten x_i^* : x^*, y^*, z^*; ist $(\ldots)$ ein Vektor u_i^* : u^*, v^*, w^*, so gilt die Summationskonvention und (4.50) beschreibt eine Gleichung, in der jeder Integrand drei Terme aufweist (s. dazu auch Anmerkung 4.7/S. 76). Der Integrand $\partial u_i^*/\partial x_i^*$ entspricht in diesem Fall dem Vektor-Operator „Divergenz", also $\partial u^*/\partial x^* + \partial v^*/\partial y^* + \partial w^*/\partial z^*$.

Die Umformung eines Volumen- in ein Oberflächenintegral ist auf der Basis von (4.48) nicht unmittelbar möglich, da die Integranden der einzelnen Integrale, die aus (4.48) entstehen, noch nicht alle in der dazu nötigen Divergenzform auftreten.

Wenn aber statt (4.48) die gleichwertige Gleichung (4.10) verwendet wird, so liegt diese Divergenzform vor und es gilt z.B. für die Integration des Termes $\partial(\varrho^* u^*)/\partial x^*$:

$$\iiint \frac{\partial(\varrho^* u^*)}{\partial x^*} dV^* = \iint \varrho^* u^* \, dA_x^* \qquad (4.51)$$

Die rechte Seite kann jetzt unmittelbar als Differenz der in x-Richtung ein- und austretenden Massenströme interpretiert werden.

Die konsequente Anwendung von (4.48) und (4.50) auf die Volumenintegration der differentiellen Kontinuitätsgleichung in der Form (4.10) ergibt damit

$$
\frac{\partial m^*}{\partial t^*} = - \left[\iint \varrho^* u^* \, dA_x^* + \iint \varrho^* v^* \, dA_y^* \right.
$$
$$
\left. + \iint \varrho^* w^* \, dA_z^* \right] = - \iint \varrho^* \vec{v}^* \, d\vec{A}^*
\tag{4.52}
$$

wobei die Flächennormale des Vektors $d\vec{A}^*$ stets nach außen zeigt. Diese Gleichung für ein endliches (ortsfestes) Kontrollvolumen entspricht der infinitesimalen Bilanzgleichung (4.11) in Anmerkung 4.3/S. 60.

So wie hier am Beispiel der Kontinuitätsgleichung demonstriert, können alle Bilanzgleichungen für endliche Kontrollräume formuliert werden. Zur Auswertung der dabei auftretenden Volumenintegrale sollten die o.g. Punkte 1 und 2 konsequent bedacht werden. Häufig wird die Auswertung auch dadurch vereinfacht, dass für Sonderfälle bestimmte Faktoren als Konstanten vor das Integral gezogen werden können.

Anmerkung 4.12: *Impulsmomentengleichungen als weitere Bilanzgleichungen*

In bestimmten Anwendungen (besonders bei Turbomaschinen) nutzt man die Tatsache, dass Fluidteilchen nicht nur Träger von Impuls sind, sondern auch einen Drall (Impulsmoment) besitzen, um diesen entsprechend zu bilanzieren. Dabei stellt sich heraus, dass die Impulsmomentengleichung für ein infinitesimales Volumen ΔV^* die mit einem Abstandsvektor $\vec{r}^*$ vektoriell multiplizierte Momentengleichung (z.B. (4.37)) ist, wenn folgende Voraussetzung erfüllt ist.

Bereits im Zusammenhang mit dem Spannungstensor τ_{ij}^* in Abschn. 4.6.1 war erwähnt worden, dass sich die Drehmomente aller Moleküle, die ein Fluidteilchen bilden, im Mittel aufheben müssen. Dies ist der Fall, wenn die Moleküle einer zufälligen Orientierung unterliegen. Unter dieser Bedingung ist der Spannungstensor τ_{ij}^* symmetrisch $\tau_{ij}^* = \tau_{ji}^*$, wie dies z.B. in der Kontinuumsmechanik stets der Fall ist, und die Prinzipien der Impuls- und der Impulsmomentenerhaltung sind keine voneinander unabhängigen Erhaltungsprinzipien. In diesem Sinne können die Impuls- und die Impulsmontengleichungen (jeweils als Komponentengleichungen) gleichwertig Anwendung finden.

Für die konkreten Formen der Impulsmomentengleichungen sei z.B. auf Panton (1996) verwiesen.

Anmerkung 4.13: *Natürliche Konvektionsströmungen*

Wenn Strömungen zustande kommen, weil „äußere Ursachen" dafür verantwortlich sind, spricht man üblicherweise von *erzwungener Konvektion*. Diese äußeren Ursachen können verschiedener Art sein; die drei wesentlichen sind:

1. Ein aufgeprägter Druckgradient wie z.B. bei der Rohrströmung, erzwungen durch eine Pumpe (bei Flüssigkeiten) oder ein Gebläse (bei Gasen),

2. Eine vorgegebene Anströmung, wie zum Beispiel bei der Körperumströmung in einem Windkanal, erzwungen durch das Gebläse des Windkanals,

3. Eine erzwungene Bewegung der Wand, wie z.B. bei zwei parallel zueinander bewegten Wänden, die zu einer Strömung zwischen den Wänden führt (der sog. Couette-Strömung)

Neben der Wirkung dieser „äußeren Ursachen" können auch „innere Kräfte" im Fluidfeld zu Strömungen führen. Wenn die Kräfte Auftriebskräfte aufgrund von Dichteunterschieden sind, spricht man von *natürlicher Konvektion*. Diese Dichteunterschiede kommen in einem homogenen Fluid (bestehend aus einer Komponente) zustande, wenn die Dichte des Fluides temperaturabhängig ist und im Fluid Temperaturunterschiede entstehen. Ein

typisches Beispiel ist die Auftriebsströmung über einem Heizkörper. Diese Strömungen sind wie die erzwungenen Konvektionsströmungen durch die allgemeinen Bilanzgleichungen nach Tab. 4.1 beschrieben. Die Ursache der Strömung sind dann die Volumenkräfte (f_x^*, f_y^*, f_z^*). Beim Übergang auf eine dimensionslose Formulierung sind diese Strömungen aber anders zu behandeln als bisher, wobei besonders der genauen Bedeutung des Druckes Aufmerksamkeit geschenkt werden muss.

Im folgenden soll eine Strömung im kartesischen Koordinatensystem betrachtet werden, bei dem die x-Koordinate entgegen der Richtung des Fallbeschleunigungsvektors $\vec{g}^*$ weist. In der Darstellung $\vec{g}^* = g^* \vec{g}_E$ gilt dann für den Einheitsvektor in Richtung von $\vec{g}^*$: $\vec{g}_E = (g_{E_x}, g_{E_y}, g_{E_z}) = (-1, 0, 0)$. Der Übergang auf die dimensionslose Form wird am Beispiel der x-Komponente der Navier-Stokes-Gleichungen erläutert.

Mit der Volumenkraft als Schwerkraft, $\vec{f}^* = \varrho^* \vec{g}^*$, gilt $f_x^* = \varrho^* g^* g_{E_x} = -\varrho^* g^*$. Der Druck p^* wird aufgespalten in einen Anteil p_{st}^*, der im ruhenden Feld mit der einheitlichen Dichte ϱ_B^* gilt, und den Abweichungen aufgrund der Strömung, geschrieben als p_{mod}^*, dem sog. modifizierten Druck, s. dazu auch Anmerkung 4.5/S. 64. Für den Druck im ruhenden Feld gilt $p_{st}^* = p_{stB}^* - \varrho_B^* g^* x^*$ und $p_{stB}^* = p_{st}^*(x^* = 0)$, wie später gezeigt wird (Anmerkung 6.1/S. 137).

In der Gleichung (XI*) in Tab. 4.1 gilt damit:

$$f_x^* - \frac{\partial p^*}{\partial x^*} = -\varrho^* g^* - \frac{\partial (p_{st}^* + p_{mod}^*)}{\partial x^*} = (\varrho_B^* - \varrho^*)g^* - \frac{\partial p_{mod}^*}{\partial x^*} \qquad (4.53)$$

Die Entdimensionierung der Gleichung (XI*) erfolgt formal mit den Bezugsgrößen L_B^* und U_B^*. Wird unterstellt, dass die übrigen Stoffwerte (außer der Dichte) konstant sind, kann auf die Einführung von Bezugsstoffwerten (vgl. Tab. 4.4) verzichtet werden. Die Bezugsgeschwindigkeit U_B^* hat die Bedeutung einer charakteristischen Geschwindigkeit, mit ihr muss also sichergestellt sein, dass die dimensionslosen Geschwindigkeiten nicht entarten. Deshalb muss in U_B^* eine typische Temperaturdifferenz vorkommen, da Temperaturunterschiede die „treibende Kraft" dieser Strömung darstellen.

Eine in diesem Sinne geeignete Bezugsgeschwindigkeit ist

$$U_B^* = \sqrt{g^* L_B^* \beta_B^* \Delta T_B^*} \qquad (4.54)$$

wobei $\beta_B^* = -(\partial \varrho^* / \partial T^*)_B / \varrho_B^*$ der sog. isobare thermische Ausdehnungskoeffizient ist und ΔT_B^* eine charakteristische Temperaturdifferenz des Problems darstellt. Bei der Entdimensionierung von (XI*) entsteht die Kennzahl $U_B^* L_B^* / \nu^*$. Dies war bei der erzwungenen Konvektion mit $U_B^* = u_\infty^*$ die Reynolds-Zahl $u_\infty^* L_B^* / \nu^*$. Mit der Bezugsgeschwindigkeit (4.54) entsteht

$$\frac{U_B^* L_B^*}{\nu^*} = \frac{\sqrt{g^* L_B^* \beta_B \Delta T_B^*} L_B^*}{\nu^*} = \sqrt{\frac{g^* \beta_B^* \Delta T_B^* L_B^{*3}}{\nu^{*2}}} = \sqrt{\mathrm{Gr}} \qquad (4.55)$$

mit Gr als der sog. Grashof-Zahl.

Die dimensionslose Form von (XI*) lautet demnach:

$$\frac{\mathrm{D}u}{\mathrm{D}t} = \frac{(1 - \varrho)}{\beta_B^* \Delta T_B^*} - \frac{\partial p_{mod}}{\partial x} + \frac{1}{\sqrt{\mathrm{Gr}}} \left[\frac{\partial^2 u}{\partial x^2} + \frac{\partial^2 u}{\partial y^2} + \frac{\partial^2 u}{\partial z^2} \right] \qquad (4.56)$$

mit den dimensionslosen Größen nach Tab. 4.4. Dabei ist ϱ_B^* die Dichte im Bezugspunkt des Strömungsfeldes. Dieser Punkt legt auch den Bezugsdruck p_{StB}^* fest, so dass der dimensionslose modifizierte Druck $p_{mod} = (p^* - p_{stB}^*)/(\varrho_B^* U_B^{*2})$ ist.

Der erste Term auf der rechten Seite von (4.56) stellt die „treibende Kraft" der Strömung dar und wird als *Auftriebsterm* bezeichnet. Mit der Taylor- Reihenentwicklung

$$\varrho^* = \varrho_B^* + \left(\frac{\partial \varrho^*}{\partial T^*} \right)_B (T^* - T_B^*) + \dots$$

gilt

$$\varrho = \frac{\varrho^*}{\varrho_B^*} = 1 - \beta_B^* (T^* - T_B^*) + \dots$$

Eingesetzt in den Auftriebsterm ergibt dies

$$\frac{1 - \varrho}{\beta_B^* \Delta T_B^*} = \frac{T^* - T_B^*}{\Delta T_B^*} = T \tag{4.57}$$

Diese Form der Beschreibung von Auftriebsströmungen, d.h. in den Grundgleichungen eine variable Dichte nur im Zusammenhang mit dem Auftriebsterm zu berücksichtigen und diese durch eine Taylor-Reihe, abgebrochen nach dem linearen Term, zu beschreiben, bezeichnet man als *Boussinesq-Approximation*. Sie wird sehr häufig bei der Berechnung von Auftriebsströmungen eingesetzt.

Da mit (4.57) die Temperatur T in der Impulsgleichung auftritt, müssen das Strömungs- und das Temperaturfeld simultan gelöst werden. Dies ist ein entscheidender Unterschied zu erzwungenen Konvektionsströmungen, bei denen das Strömungsfeld unabhängig vom Temperaturfeld ist, solange konstante Stoffwerte unterstellt werden können.

Eine ausführliche Erläuterung zum physikalischen Hintergrund der Boussinesq-Approximation findet sich in Kis,Herwig(2010).

Literatur

Bird, R.B.; Stewart, W.E.; Lightfood, E.N. (2002): Transport Phenomena. 2. Aufl., John Wiley, New York

Böhme G. (2000): Strömungsmechanik nichtnewtonscher Fluide. Teubner Studienbücher der Mechanik, Stuttgart

Kis, P.; Herwig, H. (2010): A systematic derivation of a constistent set of „Boussinesq-equations". Heat and Mass Transfer, Vol. 46, 1111-1119

Lighthill, J. (1978): Waves in Fluids. Cambridge University Press, Cambridge

Oswatitsch, K. (1959): Physikalische Grundlagen der Strömungslehre. in: Handbuch der Physik, Bd. VIII/l, Flügge, S. (Hrsg.), Springer-Verlag, Berlin, 1–124

Whitaker, S. (1977): Fundamental Principles of Heat Transfer. Pergamon Press, New York

5 Das Turbulenzproblem

Bereits in Abschn. 3.3 waren einige charakteristische Merkmale turbulenter Strömungen aufgeführt worden und erste Ansätze zur theoretischen Beschreibung in Form von Zeitmittelungen eingeführt worden (vgl. (3.2)). In diesem Kapitel soll die Physik turbulenter Strömungen genauer beschrieben werden. Darüber hinaus werden die Grundgleichungen für die zeitlich gemittelten Strömungen in einer weitgehend allgemeinen Form angegeben, die sich wieder streng an dem formalen Aufbau der Grundgleichungs-Tabellen (Tab. 4.1 bis 4.3) des vorherigen Kapitels orientiert, um die Zuordnung sich entsprechender Terme in den jeweiligen Gleichungen zu ermöglichen.

Einen anschaulichen Einstieg in das Turbulenzproblem bietet die kompakte Einführung Herwig(2017).

5.1 Der Energiehaushalt turbulenter Strömungen

Die zeitlich stark schwankenden Geschwindigkeiten einer turbulenten Strömung können als die Summe aus einer mittleren Bewegung und einer überlagerten Schwankungsbewegung dargestellt werden. Eine solche Aufspaltung ist dann auch bezüglich der kinetischen Energie möglich, d.h. die kinetische Energie setzt sich aus den beiden Anteilen zusammen, die mit der mittleren Bewegung bzw. mit der Schwankungsbewegung verbunden sind.

Für das Verständnis der physikalischen Vorgänge in einer turbulenten Strömung ist die genauere Analyse der Energieanteile sowie ihrer Umwandlungen sehr hilfreich. Man sollte bei solchen Überlegungen aber stets beachten, dass die Aufteilung in mittlere und Schwankungsgrößen eine in gewisser Weise willkürliche mathematische Operation, angewandt auf ein zeitabhängiges Signal, darstellt. Ein zeitgemitteltes Geschwindigkeitsprofil liegt in einer turbulenten Strömung nie als eine reale Geschwindigkeitsverteilung vor, sondern charakterisiert die konkrete Strömung als Profil, das durch eine Zeitintegration entsteht.

Wie bereits in Abschn. 3.3 erläutert, können die Schwankungsbewegungen durch charakteristische Längen und Zeiten beschrieben werden, die als Abmessungen bzw. Frequenzen einer wirbelbehafteten Fluidbewegung interpretiert werden. Damit werden Fluidballen (*engl.:* eddies) charakterisiert, die eine mehr oder weniger zusammenhängende (kohärente) Strömungsstruktur darstellen. Dies ist eine zunächst noch wenig präzise und kaum „greifbare" Beschreibung turbulenter Bewegungsformen. Darüber hinaus werden mit Wirbeln häufig diskrete Einzelstrukturen assoziiert. Die Fluidballen-Bewegung ist

© Springer-Verlag Berlin Heidelberg 2018
H. Herwig und B. Schmandt, *Strömungsmechanik*,
https://doi.org/10.1007/978-3-662-57773-8_5

aber nicht die „Summe" aus diskreten Einzelwirbeln, sondern das „Integral" über eine kontinuierlich verteilte Wirbelbewegung, die nur durch kontinuierliche Verteilungsfunktionen beschrieben werden kann.

So ist z.B. die kinetische Energie der Schwankungsbewegung typischerweise, wie in Bild 5.1 gezeigt, in Form von Spektralfunktionen F_x^*, F_y^* und F_z^* über der Schwankungsfrequenz ν_e^* verteilt (Index e für "eddy"). Die Spektralfunktionen sind Energiedichtefunktionen, die angeben, welcher Anteil der kinetischen Energien $\overline{u^{*\prime 2}}/2$, $\overline{v^{*\prime 2}}/2$ und $\overline{w^{*\prime 2}}/2$ pro infinitesimalem Frequenzanteil $d\nu_e^*$ gespeichert ist. Die Auftragung wird üblicherweise nicht direkt über ν_e^* vorgenommen, sondern über der sog. *Wellenzahl*

$$k_e^* = \frac{2\pi}{\lambda_e^*} \qquad \text{mit} \qquad \lambda_e^* = \frac{c_e^*}{\nu_e^*}, \qquad (5.1)$$

die noch die Wellenlänge λ_e^* (charakteristisches Längenmaß für den Wirbel) bzw. die Phasengeschwindigkeit c_e^* berücksichtigt, also die „Transport"-

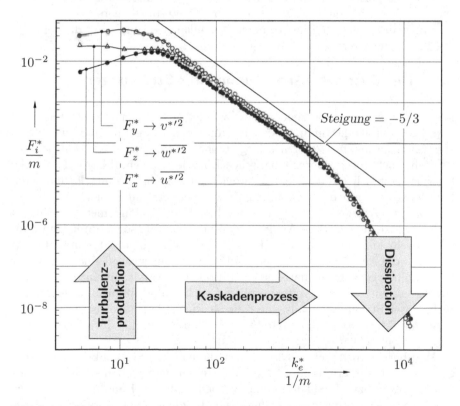

Bild 5.1:   Typische spektrale Verteilung der kinetischen Energie, gespeichert in den drei Geschwindigkeitskomponenten $u^{*\prime}$, $v^{*\prime}$, $w^{*\prime}$ (Hier: turbulenter Freistrahl, Daten aus Champagne (1978)). Eine genauere Analyse der Vorgänge ergibt z.B. für den mittleren Wellenzahlbereich eine Abhängigkeit $\sim 1/k_e^{*5/3}$, was in der doppeltlogarithmischen Auftragung zur Steigung $-5/3$ führt.

Geschwindigkeit der Wirbel. Die Spektralfunktionen F_i^* in Bild 5.1 sind so normiert, dass $\int_0^\infty F_i^* \, dk^* = 1$ gilt, weil hier die Verteilung der Energie über k_e^* bzw. ν_e^* die entscheidende Aussage ist und nicht der Absolutwert. In diesem Sinne bleibt auch der Faktor $1/2$ unberücksichtigt, der z.B. in $\overline{u^{*\prime 2}}/2$ als spezifischer kinetischer Energie vorkommt. Aus der (typischen) Verteilung der kinetischen Energie in Bild 5.1 können folgende physikalische Aussagen gewonnen werden:

1. Die kinetische Energie ist sehr ungleichmäßig auf die insgesamt vorkommenden Frequenzen bzw. Wellenzahlen verteilt, sie konzentriert sich bei den kleinen Wellenzahlen, d.h. bei niedrigen Frequenzen bzw. großen Wirbeln. Sie nimmt mit steigenden Wellenzahlen stark ab (beachte: doppeltlogarithmische Auftragung).

2. Ein nennenswerter Unterschied der kinetischen Energien zwischen den $u^{*\prime}$, $v^{*\prime}$ und $w^{*\prime}$-Komponenten liegt nur bei kleinen Wellenzahlen vor. Für große Wellenzahlen (kleine Wirbelabmessungen) liegt keine Richtungsabhängigkeit mehr vor, die Turbulenz ist in diesem Spektralbereich *isotrop* (s. dazu auch die spätere Anmerkung 5.8/S. 123).

3. Das Wellenzahl-Spektrum ist in Richtung großer Wellenzahlen begrenzt, d.h. die Wirbelabmessungen werden nicht beliebig klein. Der Grund dafür ist die zunehmende Wirkung der molekularen Viskosität. Die immer kleinräumigere Schwankungsbewegung bei kleiner werdenden Wirbelabmessungen führt zu stets größeren lokalen Geschwindigkeitsgradienten und damit zu verstärkter (turbulenter) Dissipation. Diese kleinsten Wirbelabmessungen können in Form einer charakteristischen Länge abgeschätzt werden, die als *Kolmogorov-Länge* Eingang in die strömungsmechanische Literatur gefunden hat. Diese Länge ist abhängig von der kinematischen Viskosität ν^* des beteiligten Fluides sowie von der spezifischen turbulenten Dissipation ε^*, die für große Reynolds-Zahlen einen endlichen Grenzwert annimmt. Aus dimensionsanalytischen Überlegungen ergibt sich mit diesen Abhängigkeiten der Zusammenhang

$$l_k^* = \left[\frac{\nu^{*3}}{\varepsilon^*} \right]^{1/4} \tag{5.2}$$

wobei eine mögliche freie Konstante willkürlich zu Eins gesetzt worden ist, da l_k^* nur als charakteristische Länge dient, also die „richtigen" Abhängigkeiten aufweisen sollte, aber zahlenmäßig nicht exakt den Verhältnissen angepasst sein muss.

Eine Abschätzung für Zahlenwerte von l_k^* erhält man aus dem Verhältnis der charakteristischen Längen von den größten Wirbelstrukturen (charakteristische Länge L^*) zu den kleinsten Wirbelstrukturen (charakteristische Länge l_k^*), für das gilt (s. Panton (1996)):

$$\frac{L^*}{l_k^*} = \mathrm{Re}^{3/4} \tag{5.3}$$

Wenn die größten Wirbel charakteristische Längen $L^* = 0{,}1\,$m besitzen (weil sie etwa einer typischen Abmessung des Strömungsgebietes entsprechen), so gilt z.B. für Re $= 10^4$: $l_k^* = 10^{-4}\,$m $= 0{,}1\,$mm, für Re $= 10^6$ gilt $l_k^* = 3{,}2 \cdot 10^{-6}\,$m $= 0{,}0032\,$mm.

4. Der zuvor beschriebene Dissipationsprozess entzieht der Strömung ständig mechanische Energie und wandelt diese in innere Energie um (die Gesamtenergie bleibt also erhalten). Um die Turbulenz in einer Strömung aufrechtzuerhalten, muss also (u.U. an einer anderen Stelle) diese mechanische Energie wieder in die Turbulenzbewegung eingebracht werden. Dies geschieht bei kleinen Wellenzahlen, indem großräumige Wirbelbewegungen durch die mittlere Bewegung in Gang gesetzt werden, was als *Turbulenzproduktion* bezeichnet wird. Diese großräumigen Wirbelbewegungen geben in einem (nichtlinearen) Energietransfer mechanische Energie an immer kleinere Wirbel weiter, was man insgesamt als *Kaskadenprozess* bezeichnet.

Die Turbulenzproduktion im Wellenzahlbereich großräumiger Wirbel wird aus der mittleren Bewegung gespeist und führt zu einem entsprechend hohen Druckverlust bei Durchströmungen bzw. Widerstand bei Umströmungen. Zur Aufrechterhaltung der Strömung müssen also „von außen" entsprechende mechanische Leistungen (Energien pro Zeit) aufgebracht werden, um den Druckverlust bzw. den Widerstand zu überwinden. Der Energietransfer von der aufgebrachten mechanischen Leistung zur Aufrechterhaltung der Strömung über die turbulente Dissipation bis zur Erwärmung der Umgebung ist in Bild 5.2 noch einmal dargestellt.

Anmerkung 5.1: *Kaskadenprozess in „Gedichtform"*

Eine anschauliche Beschreibung des Kaskadenprozesses gibt ein Vierzeiler, der auf L.F. Richardson zurückgeht (veröffentlicht 1926):

Big whirls have little whirls,
Which feed on their velocity,
And little whirls have lesser whirls,
And so on to viscosity.

Anmerkung 5.2: *Korrelationen zwischen zwei turbulenten Schwankungsgrößen*

Da turbulente Strömungen dadurch charakterisiert sind, dass in ihnen „mehr oder weniger zusammenhängende Strömungsstrukturen" identifiziert werden können, die als *Fluidballen* bzw. *Wirbelstrukturen* (engl.: *eddies*) bezeichnet werden, sind zwei räumlich oder zeitlich benachbarte Turbulenzgrößen nicht völlig unabhängig voneinander, sondern werden eine gewisse *Korrelation* aufweisen. Es ist zu erwarten, dass diese Korrelationen um so „enger" sind, je näher die zwei aufeinander bezogenen Turbulenzgrößen räumlich oder zeitlich zueinander angeordnet sind. Dies kann mathematisch wie folgt erfasst werden:
Bezieht man die allgemeinen Schwankungsgrößen $a^{*\prime}(\vec{x}_a^*, t_a^*)$ und $b^{*\prime}(\vec{x}_b^*, t_b^*)$ aufeinander, wobei $\vec{x}_a^*$, $\vec{x}_b^*$ die Ortsvektoren und t_a^*, t_b^* die Zeiten sind, an bzw. zu denen $a^{*\prime}$ und $b^{*\prime}$ betrachtet werden, so kann man ganz allgemein $a^{*\prime}(\vec{x}^*, t^*)$ und $b^{*\prime}(\vec{x}^* + \vec{r}_{ab}^*, t^* + \tau_{ab}^*)$ schreiben, führt also mit $\vec{r}_{ab}^*$ einen Abstandvektor und mit τ_{ab}^* eine Zeitdifferenz ein.

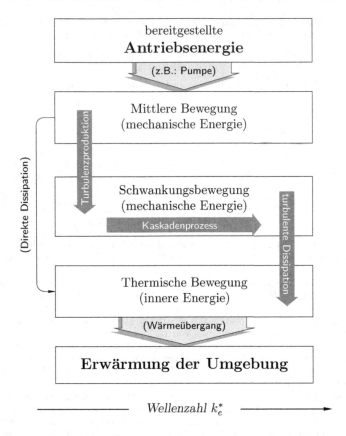

Bild 5.2:   „Energiepfad" einer stationären turbulenten Strömung von der bereitgestellten mechanischen Energie bis zur Erwärmung der Umgebung durch die innere Energie, die von der Strömung abgegeben wird. Ein geringer Anteil wird von der mittleren Bewegung direkt in innere Energie umgewandelt (direkte Dissipation).

Damit kann folgende *allgemeine Korrelationsfunktion* definiert werden:

$$R^*_{ab}(\vec{x}^*, \vec{r}^*_{ab}, \tau^*_{ab}) = \overline{a^{*\prime}(\vec{x}^*, t^*)\, b^{*\prime}(\vec{x}^* + \vec{r}^*_{ab}, t^* + \tau^*_{ab})}\,, \qquad (5.4)$$

die aus mathematischer Sicht sog. *zentrale Momente zweiter Ordnung* (Integration des Produktes aus zwei Abweichungen vom Mittelwert) darstellen und sehr anschaulich interpretiert werden können. Sinnvollerweise entdimensioniert man R^*_{ab}, indem als Bezugsgröße die jeweils mittleren Schwankungsgrößen $\sqrt{\overline{a^{*\prime 2}}}$ bzw. $\sqrt{\overline{b^{*\prime 2}}}$ eingeführt werden, die auch als sog. *rms-Werte* bezeichnet werden (*engl.:* root mean square). Man schreibt also:

$$R_{ab} = \frac{\overline{a^{*\prime} b^{*\prime}}}{\sqrt{\overline{a^{*\prime 2}}\ \overline{b^{*\prime 2}}}} \qquad (5.5)$$

mit den Abhängigkeiten von den Größen $\vec{x}^*$, $\vec{r}^*_{ab}$ und τ^*_{ab} wie in (5.4).

Die (dimensionslose) Korrelationsfunktion R_{ab} ist also ein quantitatives Maß für die zeitgemittelte Korrelation von zwei Schwankungsgrößen, die um $\vec{r}^*_{ab}$ räumlich auseinander

liegen und zusätzlich eine Zeitspanne τ_{ab}^* getrennt sind. Spezialfälle dieser allgemeinen Korrelation sind bezüglich dreier Aspekte möglich, die auch gemeinsam zutreffen können:

1. $a^{*\prime}$ und $b^{*\prime}$ beschreiben dieselbe Schwankungsgröße, z.B. die Geschwindigkeitsschwankung $u^{*\prime}$; dies sind dann sog. *Autokorrelationen*.

2. $\tau_{ab}^* = 0$, d.h. es werden räumliche Korrelationen (Schwankungsgrößen, die $\vec{r}_{ab}^*$ auseinander liegen) beschrieben, wobei die Größen $a^{*\prime}$ und $b^{*\prime}$ jeweils gleichzeitig erfasst werden.

3. $\vec{r}_{ab}^* = 0$, d.h. an einem festen Ort $\vec{x}^*$ werden zeitliche Korrelationen (Schwankungsgrößen, die um τ_{ab}^* auseinander liegen) beschrieben.

Werden die Bedingungen 1 und 2 kombiniert, so erhält man *räumliche Autokorrelationsfunktionen*. Zum Beispiel gilt in Bezug auf die Schwankungsgeschwindigkeit $u^{*\prime}$

$$R_{uu}(\vec{x}^*,\vec{r}_{uu}^*) = \frac{\overline{u^{*\prime}(\vec{x}^*)\,u^{*\prime}(\vec{x}^* + \vec{r}_{uu}^*)}}{\left(\overline{[u^{*\prime}(\vec{x}^*)]^2}\;\overline{[u^{*\prime}(\vec{x}^* + \vec{r}_{uu}^*)]^2} \right)^{1/2}} \qquad (5.6)$$

Diese Funktion R_{uu} lässt sich experimentell relativ leicht ermitteln, indem an zwei um $\vec{r}_{uu}^*$ auseinanderliegenden Orten z.B. mit zwei Hitzdrahtsonden die beiden Schwankungsgeschwindigkeiten $u^{*\prime}$ gleichzeitig aufgenommen und gemäß (5.6) ausgewertet werden. Dabei ist zu erwarten, dass alle Wirbelstruktur-Anteile mit charakteristischen Abmessungen $> \vec{r}_{uu}^*$ einen Beitrag zu $R_{uu}(\vec{x}^*,\vec{r}_{uu}^*)$ liefern, alle Anteile mit Abmessungen $< \vec{r}_{uu}^*$ jedoch nicht.

Wenn $\vec{r}_{uu}^*$ größer als die größten Wirbelstrukturabmessungen wird, muss R_{uu} demnach zu Null werden. Aus der Verteilung von R_{uu} kann deshalb „im Umkehrschluss" ein *Integral-Längenmaß* L_i^* gewonnen werden, wie dies in Bild 5.3 gezeigt ist. Für eine einfache geometrische Deutung über die schraffierten Flächen wird allerdings vorausgesetzt, dass die Turbulenz in dem Bereich, in dem $R_{uu} > 0$ gilt, homogen, d.h. ortsunabhängig ist (s. dazu auch die spätere Anmerkung 5.7/S. 123).

Aufgrund der Definition (5.6) gilt $R_{uu}(\vec{x}^*,\vec{0}) = 1$. Das Krümmungsverhalten der Kurve R_{uu} im Ursprung der Funktion ist durch die kleinsten Wirbelstrukturen beeinflusst. Je kleiner diese sind, um so größer ist die Krümmung der Kurve (2. Ableitung der Funktion). Solche Überlegungen führen zur Definition eines *Mikro-Längenmaßes* λ_m^*, das ebenfalls in Bild 5.3 eingezeichnet ist.

Diese von G.I. Taylor 1921 eingeführte Größe beschreibt, wie die in (5.2) eingeführte Kolmogorov-Länge l_k^*, die kleinsten Wirbelstrukturen, ist aber nicht mit dieser identisch (z.B. gilt $L^*/\lambda_m^* \sim \mathrm{Re}^{1/2}$ anstelle von $L^*/l_k^* \sim \mathrm{Re}^{3/4}$, s. (5.3)). Dies macht noch einmal deutlich, dass die Vorstellung von Wirbelstrukturen zur Beschreibung der turbulenten Bewegung eine Modellvorstellung ist, die eine gewisse Anschaulichkeit vermitteln kann, die aber keine konkrete Beschreibung im Sinne von identifizierbaren Einzelwirbeln darstellt. Je nachdem, welcher physikalische Aspekt der durch Wirbelstrukturen grob beschriebenen Verhältnisse betrachtet wird, kommt es deshalb zu leicht verschiedenen charakteristischen Längen zur Beschreibung der „kleinsten Wirbelstrukturen".

5.2 Direkte numerische Simulation (DNS)

Die allgemeinen Bilanzgleichungen im Abschn. 4.4, besonders auch Tab. 4.1, waren für ein infinitesimales Fluidelement aufgestellt worden und gelten uneingeschränkt auch für turbulente Strömungen. Unterstellt man ein Newtonsches Fluid, also ein bestimmtes einfaches Materialverhalten (s. Tab. 4.2) so gelten die Navier-Stokes-Gleichungen gemäß Tab. 4.3a zur Beschreibung der Strömung.

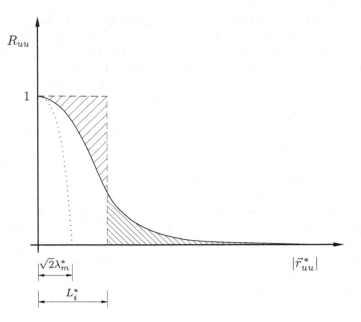

Bild 5.3: Räumliche Autokorrelationsfunktion der Geschwindigkeitsschwankung $u^{*\prime}$ (prinzipieller Verlauf)

L_i^* : Integral-Längenmaß (festgelegt durch die Gleichheit der schraffierten Flächen, wenn die Turbulenz homogen ist)

λ_m^* : Mikro-Längenmaß; $\lambda_m^* = 1/\sqrt{-\partial^2 R_{uu}/\partial |\vec{r}_{uu}^*|^2}$

Diese Gleichungen zusammen mit den zugehörigen Anfangs- und Randbedingungen können aufgrund ihrer Komplexität nur numerisch gelöst werden. Dazu wird das Strömungsgebiet mit einem sog. numerischen Gitter überzogen. Die physikalischen Größen an den Gitterpunkten dienen dann dazu, die Differentialgleichungen im Zuge der sog. *Diskretisierung* durch entsprechende algebraische Differenzen-Gleichungssysteme zu approximieren.

Das verwendete räumliche Gitter sowie die Zeitschritte bei einer instationären Formulierung müssen dem Problem angepasst sein, d.h. fein genug sein, um alle räumlichen Strukturen bzw. zeitlichen Veränderungen erfassen zu können. Bezogen auf turbulente Strömungen bedeutet dies, dass die im vorigen Abschnitt beschriebenen Wirbelstrukturen bis hin zu den kleinsten Abmessungen (charakterisiert durch die Kolmogorov-Länge l_k^*) erfasst werden müssen, da diese für die Turbulenz und damit für die Strömung insgesamt von großer Bedeutung sind. Aufgrund dieser Überlegungen folgt also, dass eine Gitterauflösung von der Größenordnung der Kolmogorov-Länge und eine entsprechend feine Zeitauflösung erforderlich sind. Diese Zeitauflösung ergibt sich aus der Bedingung, dass ein Fluidelement der charakteristischen Länge l_k^* während eines Zeitschrittes nicht mehr als einen Gitterabstand zurücklegen darf.

Eine numerische Strömungsberechnung auf der Basis der vollständigen Navier-Stokes-Gleichungen unter Berücksichtigung der soeben angestellten Überlegungen zur Gitter- und Zeitauflösung wird *Direkte Numerische Simulation (engl.: direct numerical simulation)*, abgekürzt DNS genannt. Für reale, technisch interessierende Strömungen sind solche Simulationen allerdings weder (mit vertretbarem Aufwand) möglich noch sinnvoll. Der numerische Aufwand wäre schier unvorstellbar groß (s. das nachfolgende Beispiel) und das Ergebnis der Fragestellung völlig unangepasst. In konkreten Strömungssituationen interessieren „Globalwerte" wie z.B. der Strömungswiderstand, der aerodynamische Auftrieb oder ein Massenstrom, nicht aber die räumliche und zeitliche Verteilung der turbulenten Schwankungsbewegungen.

Direkte numerische Simulationen, die erst in den letzten Jahren durch die rasante Entwicklung leistungsstarker Computer möglich geworden sind, haben ihre Berechtigung und sind von großem Wert für ein vertieftes Verständnis der Turbulenz, sie stellen aber kein „Werkzeug" dar, um technisch relevante Probleme im Zusammenhang mit turbulenten Strömungen zu lösen.

Dazu bedarf es einer vorherigen Zeitmittelung der Grundgleichungen, die dann allerdings das Problem der *Turbulenzmodellierung* nach sich zieht, wie im folgenden Abschnitt gezeigt wird.

Beispiel 5.1:   *Direkte numerische Simulation einer ebenen Kanalströmung*

Um die Turbulenzstrukturen im Detail untersuchen zu können, soll die turbulente Strömung in einem ebenen Kanal mit Hilfe der DNS bei einer Reynolds-Zahl von etwa Re=5500 berechnet werden. Dazu muss ein Rechengebiet ausgewählt werden, das mindestens genauso groß wie die zu erwartenden größten Turbulenzstrukturen ist. Die zuvor kurz angedeuteten Überlegungen zu den kohärenten Wirbelstrukturen (eddies) ergeben hier ein Gebiet der Größe $6H^* \times 2H^* \times 3H^*$, s. Bild B5.1-1. Um die kleinsten zu erwartenden Turbulenzstrukturen darin auflösen zu können, müssen bei der vorgegebenen Reynolds-Zahl etwa 36 Millionen numerische Kontrollvolumen vorgegeben werden. Für eine sinnvolle Auswertung der Ergebnisse sind etwa 10^4 Zeitschritte erforderlich. Solche Berechnungen können nur auf Hochleistungsrechnern durchgeführt werden. In Jin et al.(2014) ist gezeigt, dass für eine solche Berechnung mit Hilfe von 256 parallel genutzten Prozessoren etwa 24 Stunden reine Rechenzeit erforderlich sind. Wollte man die Rechnung auf einem einzigen (Hochleistungs-)Prozessor durchführen, wäre damit eine reine Rechenzeit von 8,5 Monaten anzusetzen.

Bild B5.1-2 zeigt, wie komplex die Strömung im Detail ist. Ein interessanter Aspekt ist z.B. das Auftreten von sog. Haarnadel-Wirbeln (engl. hairpin vortices) in Wandnähe, wie dies im vergrößerten Ausschnitt von Bild B5.1-2 gut zu sehen ist. In dem zitierten Artikel werden zusätzlich turbulente Strömungen in ebenen Kanälen mit rauhen Wänden berechnet. Dabei steigt die erforderliche Anzahl numerischer Gitterpunkte aber von 36 Millionen auf etwas 300 Millionen an.

Weitere Studien, die den Aufwand, aber auch die Aussagekraft von DNS-Berechnungen zeigen, sind Kis,Herwig(2010), Jin et al.(2015) und Uth et al. (2016).

5.3   Grundgleichungen für zeitgemittelte Größen

Wie im vorigen Abschnitt deutlich werden sollte, stellt die direkte numerische

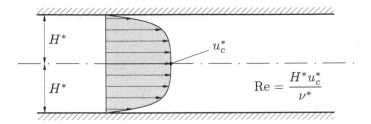

Bild B5.1-1: Ebene Kanalströmung; Längserstreckung des Rechengebietes $6H^*$, Quererstreckung $3H^*$

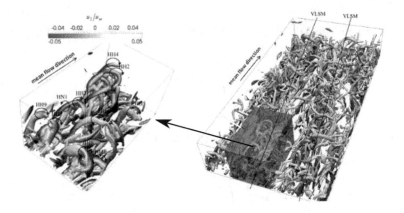

Bild B5.1-2: Detaillierte Turbulenzstruktur in einer ausgebildeten ebenen Kanalströmung, aus Jin et al. (2014)

Simulation von turbulenten Strömungsproblemen keinen gangbaren Weg dar, technisch interessierende Größen in turbulenten Strömungen zu bestimmen.

In aller Regel interessieren die Details der turbulenten Schwankungsbewegung auch nicht, sondern allenfalls sind „mittlere" Werte des Strömungsfeldes gesucht. Häufig interessieren nicht einmal diese mittleren Werte im Strömungsfeld, sondern nur deren Auswirkung auf um- oder durchströmte Körper z.B. in Form von Druckverlusten bzw. Widerständen. Es ist deshalb naheliegend, aus den allgemeinen Grundgleichungen für turbulente Strömungen ganz allgemein zunächst diejenigen Gleichungen abzuleiten, deren Lösung dann unmittelbar die „mittleren" Strömungsgrößen ergeben.

Dazu muss und soll zunächst definiert werden, was genau unter „mittleren" Strömungsgrößen zu verstehen ist.

5.3.1 Zeitmittelung der Strömungsgrößen

Bereits in Abschn. 3.3.2 war die formale Aufspaltung einer allgemeinen Strö-

mungsgröße a^* in einen zeitunabhängigen Mittelwert $\overline{a^*}$, der eine geordnete Grundströmung repräsentiert, und in einen verbleibenden Schwankungswert $a^{*\prime}$ eingeführt worden.

Mit Blick auf die allgemeinen Grundgleichungen wird sinnvollerweise berücksichtigt, dass eine etwas andere Mittelung eingeführt werden sollte, wenn die Dichte im Strömungsfeld variabel ist. Wie anschließend gezeigt wird (s. Anmerkung 5.3/S. 101), hat es deutliche Vorteile, dann die Geschwindigkeiten und die Enthalpie einer sog. *massengewichteten Mittelung* zu unterziehen, die sich von der bereits in Abschn. 3.3.2 verwendeten *konventionellen Mittelung* durch das Einbeziehen der variablen Dichte unterscheidet.

Wiederum für eine allgemeine Strömungsgröße a^* wird deshalb folgendes definiert:

◻ Konventionelle Mittelung einer Größe $a^* = \overline{a^*} + a^{*\prime}$, vgl. (3.2),

$$\overline{a^*} = \frac{1}{\Delta t^*} \int_{t_1^*}^{t_1^* + \Delta t^*} a^* \, dt^* \quad ; \quad \overline{a^{*\prime}} = 0 \tag{5.7}$$

◻ Massengewichtete Mittelung einer Größe $a^* = \overset{.....}{a^*} + a^{*\prime\prime}$

$$\overset{.....}{a^*} = \frac{1}{\overline{\varrho^*}\Delta t^*} \int_{t_1^*}^{t_1^* + \Delta t^*} \varrho^* a^* \, dt^* \quad ; \quad \overline{\varrho^* a^{*\prime\prime}} = 0 \tag{5.8}$$

Es ist leicht zu erkennen, dass im Spezialfall $\varrho^* =$ const beide Mittelungen identisch sind (dann gilt $\overline{a^*} = \overset{.....}{a^*}$ und $a^{*\prime} = a^{*\prime\prime}$), üblicherweise wird in diesen Fällen die Schreibweise $a^* = \overline{a^*} + a^{*\prime}$ verwendet.

Da im allgemeinen Fall die Geschwindigkeiten, die spezifische Enthalpie und die spezifische Gesamtenthalpie einer massengewichteten Mittelung unterworfen werden sollen, treten im weiteren die in Tab. 5.1 zusammengestellten Größen mit ihren dort allgemein angegebenen Abhängigkeiten auf. Wenn nicht zwischen beiden Mittelungen unterschieden werden muss (weil $\varrho^* =$ const gilt), wird im folgenden stets die formale Schreibweise $a^* = \overline{a^*} + a^{*\prime}$ gewählt.

5.3.2 Zeitmittelung der Grundgleichungen (RANS)

Um die Bestimmungsgleichungen für die zeitgemittelten Größen herzuleiten, müssen die allgemeinen Grundgleichungen (für die zeitabhängigen Momentanwerte) in folgenden zwei Schritten umgeformt werden:

(S1) Ersetzen der Momentangröße (allgemein: a^*) durch die Summen $\overline{a^*} + a^{*\prime}$ bzw. $\overset{.....}{a^*} + a^{*\prime\prime}$ gemäß Tab. 5.1.

KONVENTIONELLE MITTELUNG

ϱ^*	$\overline{\varrho^*}(x^*,y^*,z^*) + \varrho^{*\prime}(x^*,y^*,z^*,t^*)$	$\overline{\varrho^{*\prime}} = 0$
p^*	$\overline{p^*}(x^*,y^*,z^*) + p^{*\prime}(x^*,y^*,z^*,t^*)$	$\overline{p^{*\prime}} = 0$
T^*	$\overline{T^*}(x^*,y^*,z^*) + T^{*\prime}(x^*,y^*,z^*,t^*)$	$\overline{T^{*\prime}} = 0$

MASSENGEWICHTETE MITTELUNG

u^*	$\overset{.....}{u^*}(x^*,y^*,z^*) + u^{*\prime\prime}(x^*,y^*,z^*,t^*)$	$\overline{\varrho^* u^{*\prime\prime}} = 0$;	$\overline{u^{*\prime\prime}} = -\dfrac{\overline{\varrho^{*\prime} u^{*\prime\prime}}}{\overline{\varrho^*}}$
v^*	$\overset{.....}{v^*}(x^*,y^*,z^*) + v^{*\prime\prime}(x^*,y^*,z^*,t^*)$	$\overline{\varrho^* v^{*\prime\prime}} = 0$;	$\overline{v^{*\prime\prime}} = -\dfrac{\overline{\varrho^{*\prime} v^{*\prime\prime}}}{\overline{\varrho^*}}$
w^*	$\overset{......}{w^*}(x^*,y^*,z^*) + w^{*\prime\prime}(x^*,y^*,z^*,t^*)$	$\overline{\varrho^* w^{*\prime\prime}} = 0$;	$\overline{w^{*\prime\prime}} = -\dfrac{\overline{\varrho^{*\prime} w^{*\prime\prime}}}{\overline{\varrho^*}}$
h^*	$\overset{.....}{h^*}(x^*,y^*,z^*) + h^{*\prime\prime}(x^*,y^*,z^*,t^*)$	$\overline{\varrho^* h^{*\prime\prime}} = 0$;	$\overline{h^{*\prime\prime}} = -\dfrac{\overline{\varrho^{*\prime} h^{*\prime\prime}}}{\overline{\varrho^*}}$
H^*	$\overset{......}{H^*}(x^*,y^*,z^*) + H^{*\prime\prime}(x^*,y^*,z^*,t^*)$	$\overline{\varrho^* H^{*\prime\prime}} = 0$;	$\overline{H^{*\prime\prime}} = -\dfrac{\overline{\varrho^{*\prime} H^{*\prime\prime}}}{\overline{\varrho^*}}$

Tab. 5.1: Zeitmittelung der einzelnen Strömungsgrößen.

Die Mittelungssymbole bedeuten:

$$\overline{(\ldots)}: \quad \frac{1}{\Delta t^*} \int\limits_{t_1^*}^{t_1^*+\Delta t^*} (\ldots)\, dt^* \quad ; \quad \overset{.......}{(\ldots)}: \quad \frac{1}{\overline{\varrho^*}\Delta t^*} \int\limits_{t_1^*}^{t_1^*+\Delta t^*} \varrho^*(\ldots)\, dt^*$$

Beachte: Beide Mittelungen sind für $\varrho^* = $ const identisch; in diesen Fällen wird der Mittelwert stets durch das Symbol $\overline{(\ldots)}$ und der Schwankungswert durch das Symbol $(\ldots)^\prime$ gekennzeichnet.

(S2) (Konventionelle) Zeitmittelung der gesamten Gleichungen. Da die Zeit-mittelung eine Integration darstellt, ist das Integral über die Summe der einzelnen Gleichungsterme gleich der Summe der Integrale über die einzelnen Terme. Für die Terme gelten die allgemeinen Regeln aus Tab. 5.2, die unmittelbar aus den Definitionen für die Mittelwertbil-dung folgen.

Die so entstehenden Gleichungen werden häufig als RANS bezeichnet. Diese Buchstabenfolge entstammt der englischen Bezeichnung *Reynolds Averaged Navier-Stokes*.

$\overline{\overline{a^*}} = \overline{a^*}$	$\overline{\widetilde{a^*}} = \widetilde{a^*}$
$\overline{a^* + b^*} = \overline{a^*} + \overline{b^*}$	$\widetilde{a^* + b^*} = \widetilde{a^*} + \widetilde{b^*}$
$\overline{\overline{a^*} b^*} = \overline{a^*}\,\overline{b^*}$	$\widetilde{\widetilde{a^*} b^*} = \widetilde{a^*}\,\widetilde{b^*}$
$\overline{\dfrac{\partial a^*}{\partial s^*}} = \dfrac{\partial \overline{a^*}}{\partial s^*}$	—

Tab. 5.2: Rechenregeln für die Mittelwertbildung bezüglich zweier abhängiger Variablen a^* und b^*:

$\quad$ s^*: $\quad$ x^*, y^*, z^* oder t^*

$\quad$ $\overline{(\ldots)}$: $\quad$ konventionelle Mittelung; (5.7)

$\quad$ $\widetilde{(\ldots)}$: $\quad$ massengewichtete Mittelung; (5.8)

$\quad$ (Die Regeln folgen unmittelbar aus den Definitionen der mathematischen

$\quad$ Operationen $\overline{(\ldots)}$ und $\widetilde{(\ldots)}$.)

Beispiel 5.2: $\quad$ *Herleitung der Kontinuitätsgleichung für die gemittelten*
$\qquad\qquad\qquad$ *Strömungsgrößen*

Am Beispiel der Kontinuitätsgleichung (K*) aus Tab. 4.1, hier jedoch in der gleichwertigen, aber besser geeigneten Form (4.9) aus Anmerkung 4.3/S. 60, also

$$\frac{\partial \varrho^*}{\partial t^*} + \frac{\partial(\varrho^* u^*)}{\partial x^*} + \frac{\partial(\varrho^* v^*)}{\partial y^*} + \frac{\partial(\varrho^* w^*)}{\partial z^*} = 0 \qquad (B5.2\text{-}1)$$

ergeben die beiden Schritte (S1) und (S2) folgendes:

(S1) Einsetzen:

$$\frac{\partial(\overline{\varrho^*} + \varrho^{*\prime})}{\partial t^*} + \frac{\partial(\varrho^*(\widetilde{u^*} + u^{*\prime\prime}))}{\partial x^*} + \frac{\partial(\varrho^*(\widetilde{v^*} + v^{*\prime\prime}))}{\partial y^*}$$

$$+\frac{\partial(\varrho^*(\widetilde{w^*} + w^{*\prime\prime}))}{\partial z^*} = 0 \qquad (B5.2\text{-}2)$$

(S2) Zeitmittelung und Anwendung der Rechenregeln für die Mittelwertbildung aus
Tab. 5.2 (Mittelwertbildung durch Überstreichung gekennzeichnet) sowie von
$\overline{\varrho^{*\prime}} = \overline{\varrho^* u^{*\prime\prime}} = \overline{\varrho^* v^{*\prime\prime}} = \overline{\varrho^* w^{*\prime\prime}} = 0$, s. Tab. 5.1:

$$\frac{\partial \overline{\varrho^*}}{\partial t^*} + \underbrace{\frac{\partial \overline{\varrho^{*\prime}}}{\partial t^*}}_{=0} + \frac{\partial(\overline{\varrho^* \widetilde{u^*}})}{\partial x^*} + \underbrace{\frac{\partial(\overline{\varrho^* u^{*\prime\prime}})}{\partial x^*}}_{=0} + \frac{\partial(\overline{\varrho^* \widetilde{v^*}})}{\partial y^*} + \underbrace{\frac{\partial(\overline{\varrho^* v^{*\prime\prime}})}{\partial y^*}}_{=0}$$

$$+ \frac{\partial(\overline{\varrho^* \widetilde{w^*}})}{\partial z^*} + \underbrace{\frac{\partial(\overline{\varrho^* w^{*\prime\prime}})}{\partial z^*}}_{=0} = 0$$

woraus unmittelbar folgt:

$$\frac{\partial \overline{\varrho^*}}{\partial t^*} + \frac{\partial(\overline{\varrho^* \widetilde{u^*}})}{\partial x^*} + \frac{\partial(\overline{\varrho^* \widetilde{v^*}})}{\partial y^*} + \frac{\partial(\overline{\varrho^* \widetilde{w^*}})}{\partial z^*} = 0 \qquad (B5.2\text{-}3)$$

Der Vergleich mit der Ausgangsgleichung (B5.2-1) zeigt, dass lediglich die Momentanwerte von ϱ^*, u^*, v^* und w^* durch die entsprechenden Mittelwerte $\overline{\varrho^*}$, $\overline{\overline{u^*}}$, $\overline{\overline{v^*}}$ und $\overline{\overline{w^*}}$ ersetzt worden sind!

Die zunächst naheliegende Erwartung, dass wie in Beispiel 5.2 auch in allen anderen Gleichungen der Tab. 4.1 nur die Momentanwerte durch die zeitgemittelten Größen ersetzt würden, erfüllt sich jedoch nicht! Immer dann, wenn nichtlineare Terme oder Produkte von Strömungsgrößen auftreten, liegt eine (zunächst formal) andere Situation vor: Diese Terme können mit den Schritten (S1) und (S2) nicht einfach zu Termen umgeformt werden, in denen nur die Momentanwerte durch gemittelte Größen ersetzt werden. Im Zuge der Umformungen (S1) und (S2) entstehen zusätzliche Terme. Dass dies in der Kontinuitätsgleichung nicht auch schon bei den Produkten $\partial(\varrho^* u^*)/\partial x^*$, $\partial(\varrho^* v^*)/\partial y^*$ und $\partial(\varrho^* w^*)/\partial z^*$ geschehen ist, liegt an der speziell auf diese Terme zugeschnittenen massengewichteten Mittelung (s. dazu Anmerkung 5.3/S. 101). Die Entstehung zusätzlich auftretender Terme wird im Beispiel 5.3 für die Impulsgleichungen erläutert.

Beispiel 5.3:   *Zeitmittelung der Impulsgleichungen und Entstehung zusätzlicher Terme*

Bei der Herleitung der Gleichungen für die zeitgemittelten Strömungsgrößen treten zusätzliche Terme auf, wenn die Ausgangsgleichungen Produkte bzw. nichtlineare Terme aufweisen. Dies ist bei den drei Impulsgleichungen auf den jeweils linken Seiten der Fall, wie Tab. 4.1 zeigt. Stellvertretend für die drei Gleichungen soll hier die x-Impulsgleichung behandelt werden, deren linke Seite unter Berücksichtigung des Differentialoperators D/Dt^* gemäß (4.3) wie folgt lautet:

$$\varrho^* \frac{\mathrm{D}u^*}{\mathrm{D}t^*} = \varrho^* \left[\frac{\partial u^*}{\partial t^*} + u^* \frac{\partial u^*}{\partial x^*} + v^* \frac{\partial u^*}{\partial y^*} + w^* \frac{\partial u^*}{\partial z^*} \right] = \dots \qquad \text{(B5.3-1)}$$

Für die weitere Behandlung ist es hilfreich, diese linke Seite formal dadurch umzuformen, dass die mit u^* multiplizierte Kontinuitätsgleichung (4.10), also

$$u^* \frac{\partial \varrho^*}{\partial t^*} + u^* \frac{\partial(\varrho^* u^*)}{\partial x^*} + u^* \frac{\partial(\varrho^* v^*)}{\partial y^*} + u^* \frac{\partial(\varrho^* w^*)}{\partial z^*} = 0$$

addiert (und damit (B5.3-1) nicht verändert) wird. Dadurch kann die gesamte linke Seite formal in die folgende *konservative Form* (s. Anmerkung 4.3/S. 60) gebracht werden:

$$\varrho^* \frac{\mathrm{D}u^*}{\mathrm{D}t^*} = \frac{\partial(\varrho^* u^*)}{\partial t^*} + \frac{\partial(\varrho^* u^* u^*)}{\partial x^*} + \frac{\partial(\varrho^* u^* v^*)}{\partial y^*} + \frac{\partial(\varrho^* u^* w^*)}{\partial z^*} = \dots \qquad \text{(B5.3-2)}$$

Die Ausführung der Schritte (S1) und (S2) ergibt nun:

(S1) Einsetzen:

$$\frac{\partial(\varrho^*(\overline{\overline{u^*}} + u^{*\prime\prime}))}{\partial t^*} + \frac{\partial(\varrho^*(\overline{\overline{u^*}} + u^{*\prime\prime})(\overline{\overline{u^*}} + u^{*\prime\prime}))}{\partial x^*}$$

$$+ \frac{\partial(\varrho^*(\overline{\overline{u^*}} + u^{*\prime\prime})(\overline{\overline{v^*}} + v^{*\prime\prime}))}{\partial y^*} + \frac{\partial(\varrho^*(\overline{\overline{u^*}} + u^{*\prime\prime})(\overline{\overline{w^*}} + w^{*\prime\prime}))}{\partial z^*} = \dots$$

(S2) Zeitmittelung (durch Überstreichen gekennzeichnet):

$$\overline{\frac{\partial(\varrho^* u^*)}{\partial t^*}} + \overline{\frac{\partial(\varrho^* u^{*\prime\prime})}{\partial t^*}}$$

$$+\overline{\frac{\partial(\varrho^* u^* u^*)}{\partial x^*}} + \overline{\frac{\partial(\varrho^* u^* u^{*\prime\prime})}{\partial x^*}} + \overline{\frac{\partial(\varrho^* u^{*\prime\prime} u^*)}{\partial x^*}} + \overline{\frac{\partial(\varrho^* u^{*\prime\prime} u^{*\prime\prime})}{\partial x^*}}$$

$$+\overline{\frac{\partial(\varrho^* u^* v^*)}{\partial y^*}} + \overline{\frac{\partial(\varrho^* u^* v^{*\prime\prime})}{\partial y^*}} + \overline{\frac{\partial(\varrho^* u^{*\prime\prime} v^*)}{\partial y^*}} + \overline{\frac{\partial(\varrho^* u^{*\prime\prime} v^{*\prime\prime})}{\partial y^*}}$$

$$+\overline{\frac{\partial(\varrho^* u^* w^*)}{\partial z^*}} + \overline{\frac{\partial(\varrho^* u^* w^{*\prime\prime})}{\partial z^*}} + \overline{\frac{\partial(\varrho^* u^{*\prime\prime} w^*)}{\partial z^*}} + \overline{\frac{\partial(\varrho^* u^{*\prime\prime} w^{*\prime\prime})}{\partial z^*}} = \ldots$$

$$\underbrace{\qquad\qquad}_{=0} \quad \underbrace{\qquad\qquad}_{=0}$$

Unter Berücksichtigung der Rechenregeln für die Mittelwertbildung (Tab. 5.2) sowie von $\overline{\varrho^* u^{*\prime\prime}} = \overline{\varrho^* v^{*\prime\prime}} = \overline{\varrho^* w^{*\prime\prime}} = 0$ folgt

$$\frac{\partial(\overline{\varrho^*}\,\overline{u^*})}{\partial t^*} + \frac{\partial(\overline{\varrho^*}\,\overline{u^*}\,\overline{u^*})}{\partial x^*} + \frac{\partial(\overline{\varrho^*}\,\overline{u^*}\,\overline{v^*})}{\partial y^*} + \frac{\partial(\overline{\varrho^*}\,\overline{u^*}\,\overline{w^*})}{\partial z^*}$$

$$+ \frac{\partial(\overline{\varrho^* u^{*\prime\prime} u^{*\prime\prime}})}{\partial x^*} + \frac{\partial(\overline{\varrho^* u^{*\prime\prime} v^{*\prime\prime}})}{\partial y^*} + \frac{\partial(\overline{\varrho^* u^{*\prime\prime} w^{*\prime\prime}})}{\partial z^*} = \ldots \qquad \text{(B5.3-3)}$$

Der Vergleich zwischen (B5.3-3) und (B5.3-2) zeigt, dass im Zuge der Herleitung der Gleichungen für die zeitgemittelten Größen (auf der linken Gleichungsseite) alle Momentanwerte durch die entsprechenden zeitgemittelten Werte ersetzt werden, aber auch zusätzliche neue Terme entstehen, die offenbar die physikalische Wirkung der turbulenten Schwankungsbewegung auf die mittleren Größen beinhalten. Diese Terme sind in (B5.3-3) grau unterlegt.

Eine genauere Analyse der physikalischen Vorgänge ergibt, dass die zusätzlichen Terme in den Impulsgleichungen (s. Beispiel 5.3) als zusätzliche Spannungen interpretiert werden können. Neben den viskosen Spannungen, die in der üblichen Schreibweise als Komponenten des viskosen Spannungstensors auf den rechten Seiten der Impulsgleichungen stehen, treten genau neun zusätzliche Terme auf (in jeder der drei Impulsgleichungen drei Terme, wie in (B5.3-3)), die als die neun Komponenten eines *turbulenten Spannungstensors* interpretiert werden können. Um diese Interpretation zu verdeutlichen, werden diese Terme auf die rechte Seite übernommen und treten deshalb stets mit einem Minuszeichen auf. Sie werden zunächst formal durch die Symbole $\tau_{ij}^{*\prime}$ dargestellt, um den engen Zusammenhang zu den viskosen Spannungen $\overline{\tau_{ij}^*}$ zu verdeutlichen. Ebenso treten in der Energiegleichung mit $q_i^{*\prime}$ turbulente Wärmestromdichten analog zu den molekularen Wärmestromdichten $\overline{q_i^*}$ auf. Der turbulente Spannungstensor wird üblicherweise als *Reynoldsscher Spannungstensor* bezeichnet, der turbulente Wärmestromdichtevektor entsprechend als *Reynoldsscher Wärmestromdichtevektor*.

Wie in Beispiel 5.3 für die Impulsgleichung gezeigt wurde, ergeben sich in den Grundgleichungen turbulente Zusatzterme, wenn die Ausgangsgleichungen Produkte oder nichtlineare Terme enthalten. Diese Zusatzterme sind auf die Schwankungsbewegungen bei turbulenten Strömungen zurückzuführen und können jeweils physikalisch interpretiert werden.

Im folgenden werden die allgemeinen Bilanzgleichungen aus Kap. 4, dort Tab. 4.1, der Mittelungsprozedur (S1), (S2) unterworfen. Dabei wird wiederum der Aufbau der Tabellen streng beibehalten, so dass die Zuordnung der einzelnen Terme unmittelbar erkennbar ist. Konsequenterweise werden die Gleichungsbezeichnungen jetzt mit einem Querstrich versehen, da es sich um Gleichungen für die zeitlich gemittelten Größen handelt.

Anmerkung 5.3: *Die Kontinuitätsgleichung bei konventioneller Mittelung*

Wird die Kontinuitätsgleichung für die Momentanwerte (in der Form (4.10)) der konventionellen Mittelung (5.7) anstelle der massengewichteten Mittelung (5.8) unterzogen, so ergibt sich mit den Schritten (S1) und (S2):

$$\frac{\partial \overline{\varrho^*}}{\partial t^*} + \frac{\partial (\overline{\varrho^* \, u^*})}{\partial x^*} + \frac{\partial (\overline{\varrho^* \, v^*})}{\partial y^*} + \frac{\partial (\overline{\varrho^* \, w^*})}{\partial z^*} + \underbrace{\frac{\partial (\overline{\varrho^{*\prime} u^{*\prime}})}{\partial x^*} + \frac{\partial (\overline{\varrho^{*\prime} v^{*\prime}})}{\partial y^*} + \frac{\partial (\overline{\varrho^{*\prime} w^{*\prime}})}{\partial z^*}}_{\text{turbulente Zusatzterme}} = 0 \quad (5.9)$$

Anders als in der durch massengewichtete Mittelung entstandenen Gleichung (B5.2-3) entstehen jetzt auch in der Kontinuitätsgleichung turbulente Zusatzterme, die als sog. *Quellterme* interpretiert werden müssen. Für eine ebene (zweidimensionale) stationäre Strömung kann dies wie folgt anschaulich interpretiert werden: Definiert man, wie üblich, die Stromlinien als diejenigen Linien, bei denen die Geschwindigkeits-Vektoren $(\overline{u^*}, \overline{v^*})$ Tangenten sind, dann ist der Massenstrom zwischen zwei solchen Stromlinien *nicht* mehr konstant, sondern verändert sich durch *Quellen* bzw. *Senken* im Feld. Daher lässt sich so keine Stromfunktion der mittleren Strömung bilden, die wie in Anmerkung 4.10/S. 81/ interpretiert werden könnte. Dies erfordert vielmehr Stromlinien als Tangenten an den Stromdichte-Vektor $(\overline{\varrho^* u^*}, \overline{\varrho^* v^*})$, wie (B5.2-3) zeigt.

5.3.3 Allgemeine Grundgleichungen für die zeitgemittelten Strömungsgrößen/spezielle konstitutive Gleichungen

Tab. 5.3a enthält die allgemeinen Bilanzgleichungen für zeitgemittelte Strömungen vollkommen analog zu Tab. 4.1 (Momentanwerte). Die turbulenten Zusatzterme sind in Tabelle 5.3b zusammengefasst.

Neben der kinetischen Energie der mittleren Bewegung kann für turbulente Strömungen auch die kinetische Energie der Schwankungsbewegungen bilanziert werden, so dass jetzt drei (statt zwei) Teil-Energiegleichungen auftreten.

Mit der abkürzenden Schreibweise

$$q^{*2} = u^{*\prime\prime2} + v^{*\prime\prime2} + w^{*\prime\prime2} \quad (5.10)$$

gilt für die (auf die Masse bezogene) mittlere kinetische Energie der turbulenten Schwankungsbewegung

$$k^* = \frac{\overline{\varrho^* q^{*2}}}{2\overline{\varrho^*}} \approx \frac{1}{2}\overline{q^{*2}}. \quad (5.11)$$

Diese Größe ist unmittelbar mit dem sog. *Turbulenzgrad* Tu, definiert als

$$\mathrm{Tu} = \sqrt{\frac{2}{3}\left(\frac{k^*}{U_B^{*2}}\right)} \tag{5.12}$$

verknüpft, der damit ein Maß für eine mittlere dimensionslose Schwankungs-geschwindigkeit darstellt (U_B^*: Bezugsgeschwindigkeit).

Gemäß der Definition für die spez. Gesamtenthalpie H^*, s. (4.21), gilt für turbulente Strömungen jetzt:

$$H^* = h^* + \frac{1}{2}\vec{v}^{*2} \quad \longrightarrow \quad \overline{\overline{H^*}} = \overline{\overline{h^*}} + \frac{1}{2}(\overline{\vec{v}^*})^2 + k^* \tag{5.13}$$

Die allgemeinen Bilanzgleichungen in Tab. 5.3 stellen in zweierlei Hinsicht noch kein geschlossenes, lösbares Gleichungssystem dar:

1. Durch konstitutive Gleichungen muss das Materialverhalten festgelegt werden. Damit werden die zunächst unbekannten viskosen Spannungen ($\overline{\tau_{xx}^*}, \overline{\tau_{xy}^*}, \ldots$) bzw. molekularen Wärmestromdichten ($\overline{q_x^*}, \overline{q_y^*}, \ldots$) mit den (zeitgemittelten) Geschwindigkeits- bzw. Temperaturfeldern verknüpft und damit das Gleichungssystem in dieser Hinsicht geschlossen.

2. Durch eine Turbulenzmodellierung müssen die turbulenten Zusatzter-me beschrieben werden. Dies geschieht in der Regel dadurch, dass die zunächst unbekannten Reynoldsschen Spannungen ($\tau_{xx}^{*}{}', \tau_{xy}^{*}{}', \ldots$) bzw. Reynoldsschen Wärmestromdichten ($q_x^{*}{}', q_y^{*}{}', \ldots$) durch entsprechende Turbulenz-Modellgleichungen mit den (zeitgemittelten) Geschwindigkeits- bzw. Temperaturfeldern verknüpft werden. Damit wird dann das Glei-chungssystem in dieser Hinsicht geschlossen.

Ein spezieller Satz von konstitutiven Gleichungen (Newtonsche Fluide) ist in Tab. 5.4 enthalten. Turbulenz-Modellgleichungen sind Gegenstand der beiden nachfolgenden Abschnitte.

Zunächst sollen aber die Navier-Stokes-Gleichungen für turbulente Strö-mungen mit konstanten Stoffwerten bereitgestellt werden. Dies geschieht wie-derum in Analogie zu Tab. 4.3 für die Momentanwerte. Tab. 5.5a enthält diese Gleichungen, zusammen mit den zugehörigen Energiegleichungen. Tab. 5.5b enthält die turbulenten Zusatzterme. Wiederum erlaubt der formal gleiche Aufbau eine Zuordnung der einzelnen Terme zwischen den verschiedenen Ta-bellen. Der Index *cp* bei den Gleichungsbezeichnungen verweist, wie schon früher, auf die Konstanz der Stoffwerte (*cp*: constant properties). Da bei konstanten Stoffwerten insbesondere auch die Dichte ϱ^* konstant ist, entfällt die Unterscheidung nach massengewichteter und konventioneller Mittelung. Wie schon zuvor erwähnt, wird dann einheitlich das Symbol $\overline{(\ldots)}$ für die gemittelten und das Symbol $(\ldots)'$ für die Schwankungsgrößen verwendet.

Alle turbulenten Gleichungen sind bisher in dimensionsbehafteter Form geschrieben worden. Anders als bei den Grundgleichungen für die Momen-tanwerte in Kap. 4 ist es auch nicht üblich, die allgemeinen Gleichungen

$$\frac{D}{Dt^*} = \frac{\partial}{\partial t^*} + \overset{\dots}{u^*}\frac{\partial}{\partial x^*} + \overset{\dots}{v^*}\frac{\partial}{\partial y^*} + \overset{\dots}{w^*}\frac{\partial}{\partial z^*}$$

KONTINUITÄTSGLEICHUNG

$$\frac{D\overline{\varrho^*}}{Dt^*} + \overline{\varrho^*}\left[\frac{\partial\overset{\dots}{u^*}}{\partial x^*} + \frac{\partial\overset{\dots}{v^*}}{\partial y^*} + \frac{\partial\overset{\dots}{w^*}}{\partial z^*}\right] = 0 \tag{$\overline{K^*}$}$$

x-IMPULSGLEICHUNG

$$\overline{\varrho^*}\frac{D\overset{\dots}{u^*}}{Dt^*} = \overline{f_x^*} - \frac{\partial\overline{p^*}}{\partial x^*} + \left(\frac{\partial\overline{\tau_{xx}^*}}{\partial x^*} + \frac{\partial\overline{\tau_{yx}^*}}{\partial y^*} + \frac{\partial\overline{\tau_{zx}^*}}{\partial z^*}\right)$$
$$+ \left(\frac{\partial\tau_{xx}^*{}'}{\partial x^*} + \frac{\partial\tau_{yx}^*{}'}{\partial y^*} + \frac{\partial\tau_{zx}^*{}'}{\partial z^*}\right) \tag{$\overline{XI^*}$}$$

y-IMPULSGLEICHUNG

$$\overline{\varrho^*}\frac{D\overset{\dots}{v^*}}{Dt^*} = \overline{f_y^*} - \frac{\partial\overline{p^*}}{\partial y^*} + \left(\frac{\partial\overline{\tau_{xy}^*}}{\partial x^*} + \frac{\partial\overline{\tau_{yy}^*}}{\partial y^*} + \frac{\partial\overline{\tau_{zy}^*}}{\partial z^*}\right)$$
$$+ \left(\frac{\partial\tau_{xy}^*{}'}{\partial x^*} + \frac{\partial\tau_{yy}^*{}'}{\partial y^*} + \frac{\partial\tau_{zy}^*{}'}{\partial z^*}\right) \tag{$\overline{YI^*}$}$$

z-IMPULSGLEICHUNG

$$\overline{\varrho^*}\frac{D\overset{\dots}{w^*}}{Dt^*} = \overline{f_z^*} - \frac{\partial\overline{p^*}}{\partial z^*} + \left(\frac{\partial\overline{\tau_{xz}^*}}{\partial x^*} + \frac{\partial\overline{\tau_{yz}^*}}{\partial y^*} + \frac{\partial\overline{\tau_{zz}^*}}{\partial z^*}\right)$$
$$+ \left(\frac{\partial\tau_{xz}^*{}'}{\partial x^*} + \frac{\partial\tau_{yz}^*{}'}{\partial y^*} + \frac{\partial\tau_{zz}^*{}'}{\partial z^*}\right) \tag{$\overline{ZI^*}$}$$

ENERGIEGLEICHUNG

$$\overline{\varrho^*}\frac{D\overset{\dots}{H^*}}{Dt^*} = -\left(\frac{\partial\overline{q_x^*}}{\partial x^*} + \frac{\partial\overline{q_y^*}}{\partial y^*} + \frac{\partial\overline{q_z^*}}{\partial z^*}\right)$$
$$+ \left(\overset{\dots}{u^*}\,\overline{f_x^*} + \overset{\dots}{v^*}\,\overline{f_y^*} + \overset{\dots}{w^*}\,\overline{f_z^*}\right) + \frac{\partial\overline{p^*}}{\partial t^*} + \overline{\mathcal{D}^*}$$
$$- \left(\frac{\partial q_x^*{}'}{\partial x^*} + \frac{\partial q_y^*{}'}{\partial y^*} + \frac{\partial q_z^*{}'}{\partial z^*}\right)$$
$$- T_{TD1}^* - T_{TD2}^* + T_{VD}^* + T_{DG1}^* + T_{DG3}^* \tag{$\overline{E^*}$}$$

TEIL-ENERGIEGLEICHUNG (MECHANISCHE ENERGIE DER MITTLEREN BEWEGUNG)

$$\frac{\overline{\varrho^*}}{2}\frac{D}{Dt^*}\left[\overset{\dots}{u^{*2}} + \overset{\dots}{v^{*2}} + \overset{\dots}{w^{*2}}\right] = \left(\frac{\partial\overline{p^*}}{\partial t^*} - \frac{D\overline{p^*}}{Dt^*}\right) + \overline{\mathcal{D}^*} - \overline{\Phi^*}$$
$$+ \left(\overset{\dots}{u^*}\,\overline{f_x^*} + \overset{\dots}{v^*}\,\overline{f_y^*} + \overset{\dots}{w^*}\,\overline{f_z^*}\right)$$
$$- T_{TD2}^* - T_{PRO}^* \tag{$\overline{ME^*}$}$$

Fortsetzung der Tabelle auf der folgenden Seite

——————————— *Fortsetzung der Tabelle von der vorigen Seite* ———————————

<table>
<tr><td>

TEIL-ENERGIEGLEICHUNG (THERMISCHE ENERGIE)

$$\overline{\varrho^*}\frac{D\overline{\dot{h}^*}}{Dt^*} = -\left(\frac{\partial \overline{q_x^*}}{\partial x^*} + \frac{\partial \overline{q_y^*}}{\partial y^*} + \frac{\partial \overline{q_z^*}}{\partial z^*}\right) + \frac{D\overline{p^*}}{Dt^*} + \overline{\Phi^*}$$

$$-\left(\frac{\partial \overline{q_x^{*\prime}}}{\partial x^*} + \frac{\partial \overline{q_y^{*\prime}}}{\partial y^*} + \frac{\partial \overline{q_z^{*\prime}}}{\partial z^*}\right) + T_{DG2}^* + T_{DG3}^* + T_\Phi^*$$

</td><td>(TE*)</td></tr>
<tr><td>

TEIL-ENERGIEGLEICHUNG
(MECHANISCHE ENERGIE DER SCHWANKUNGSBEWEGUNG)

$$\overline{\varrho^*}\frac{Dk^*}{Dt^*} = T_{DG1}^* - T_{DG2}^* - T_{TD1}^* + T_{PRO}^* + T_{VD}^* - T_\Phi^*$$

</td><td>$(\overline{\text{MES}^*})$</td></tr>
</table>

Hilfsfunktionen in den Energiegleichungen:

<table>
<tr><td>

$$\overline{\mathcal{D}^*} = \frac{\partial}{\partial x^*}\left[\overline{\dddot{u}^* \tau_{xx}^*} + \overline{\dddot{v}^* \tau_{yx}^*} + \overline{\dddot{w}^* \tau_{zx}^*}\right] + \frac{\partial}{\partial y^*}\left[\overline{\dddot{u}^* \tau_{xy}^*} + \overline{\dddot{v}^* \tau_{yy}^*} + \overline{\dddot{w}^* \tau_{zy}^*}\right]$$

$$+ \frac{\partial}{\partial z^*}\left[\overline{\dddot{u}^* \tau_{xz}^*} + \overline{\dddot{v}^* \tau_{yz}^*} + \overline{\dddot{w}^* \tau_{zz}^*}\right]$$

DIFFUSION

</td></tr>
<tr><td>

$$\overline{\Phi^*} = \left(\overline{\tau_{xx}^* \frac{\partial \dddot{u}^*}{\partial x^*}} + \overline{\tau_{xy}^* \frac{\partial \dddot{v}^*}{\partial x^*}} + \overline{\tau_{xz}^* \frac{\partial \dddot{w}^*}{\partial x^*}}\right) + \left(\overline{\tau_{yx}^* \frac{\partial \dddot{u}^*}{\partial y^*}} + \overline{\tau_{yy}^* \frac{\partial \dddot{v}^*}{\partial y^*}} + \overline{\tau_{yz}^* \frac{\partial \dddot{w}^*}{\partial y^*}}\right)$$

$$+ \left(\overline{\tau_{zx}^* \frac{\partial \dddot{u}^*}{\partial z^*}} + \overline{\tau_{zy}^* \frac{\partial \dddot{v}^*}{\partial z^*}} + \overline{\tau_{zz}^* \frac{\partial \dddot{w}^*}{\partial z^*}}\right)$$

DISSIPATION

</td></tr>
</table>

Tab. 5.3a: Allgemeine Bilanzgleichungen für zeitgemittelte turbulente Strömungsgrößen (entstanden aus den Gleichungen in Tab. 4.1)

frühzeitig zu entdimensionieren. Wie später gezeigt wird, treten in turbulenten Strömungen häufig Schichtenstrukturen auf, wobei in jeder einzelnen Schicht spezifische physikalische Bedingungen herrschen. Diese führen zu jeweils unterschiedlichen charakteristischen Längen und Geschwindigkeiten, die sinnvollerweise zur Entdimensionierung eingesetzt werden sollten. Es ist deshalb nicht sinnvoll, vorab eine (einheitliche) Entdimensionierung der Gesamtgleichungen vorzunehmen, die die spezielle physikalische Situation in den einzelnen Schichten dann nicht berücksichtigen kann.

Ein typisches Beispiel einer speziellen, der Physik einer begrenzten Schicht angepassten Entdimensionierung, ist die dimensionslose Darstellung wandnaher Strömungsbereiche (s. dazu das spätere Kap. 9).

5.4 Turbulenzmodellierung

Im Zuge der Herleitung von Gleichungen für die zeitgemittelten Strömungs-größen aus den entsprechenden Gleichungen für die Momentangrößen entste-hen *turbulente Zusatzterme*. Diese sind als zusätzliche Unbekannte des Glei-

---

REYNOLDSSCHE NORMALSPANNUNGEN

$$\tau_{xx}^{*}{}' = -\overline{\varrho^* u^{*\prime\prime 2}} \quad ; \quad \tau_{yy}^{*}{}' = -\overline{\varrho^* v^{*\prime\prime 2}} \quad ; \quad \tau_{zz}^{*}{}' = -\overline{\varrho^* w^{*\prime\prime 2}}$$

REYNOLDSSCHE TANGENTIALSPANNUNGEN

$$\tau_{xy}^{*}{}' = \tau_{yx}^{*}{}' = -\overline{\varrho^* u^{*\prime\prime} v^{*\prime\prime}} \quad ; \quad \tau_{yz}^{*}{}' = \tau_{zy}^{*}{}' = -\overline{\varrho^* v^{*\prime\prime} w^{*\prime\prime}}$$

$$\tau_{zx}^{*}{}' = \tau_{xz}^{*}{}' = -\overline{\varrho^* w^{*\prime\prime} u^{*\prime\prime}}$$

REYNOLDSSCHE WÄRMESTROMDICHTE

$$q_x^{*}{}' = \overline{\varrho^* u^{*\prime\prime} h^{*\prime\prime}} \quad ; \quad q_y^{*}{}' = \overline{\varrho^* v^{*\prime\prime} h^{*\prime\prime}} \quad ; \quad q_z^{*}{}' = \overline{\varrho^* w^{*\prime\prime} h^{*\prime\prime}}$$

TURBULENTE DIFFUSION/1

$$q^{*2} = u^{*\prime\prime 2} + v^{*\prime\prime 2} + w^{*\prime\prime 2}$$

$$T_{TD1}^* = \frac{\partial}{\partial x^*}\left[\overline{u^{*\prime\prime}\left[p^{*\prime} + \frac{\varrho^*}{2}q^{*2}\right]}\right] + \frac{\partial}{\partial y^*}\left[\overline{v^{*\prime\prime}\left[p^{*\prime} + \frac{\varrho^*}{2}q^{*2}\right]}\right]$$

$$+ \frac{\partial}{\partial z^*}\left[\overline{w^{*\prime\prime}\left[p^{*\prime} + \frac{\varrho^*}{2}q^{*2}\right]}\right]$$

TURBULENTE DIFFUSION/2

$$T_{TD2}^* = \frac{\partial}{\partial x^*}\left[\overset{....}{u^*}\,\overline{\varrho^* u^{*\prime\prime 2}} + \overset{....}{v^*}\,\overline{\varrho^* u^{*\prime\prime} v^{*\prime\prime}} + \overset{.....}{w^*}\,\overline{\varrho^* u^{*\prime\prime} w^{*\prime\prime}}\right]$$

$$+ \frac{\partial}{\partial y^*}\left[\overset{....}{u^*}\,\overline{\varrho^* u^{*\prime\prime} v^{*\prime\prime}} + \overset{....}{v^*}\,\overline{\varrho^* v^{*\prime\prime 2}} + \overset{.....}{w^*}\,\overline{\varrho^* v^{*\prime\prime} w^{*\prime\prime}}\right]$$

$$+ \frac{\partial}{\partial z^*}\left[\overset{....}{u^*}\,\overline{\varrho^* u^{*\prime\prime} w^{*\prime\prime}} + \overset{....}{v^*}\,\overline{\varrho^* v^{*\prime\prime} w^{*\prime\prime}} + \overset{.....}{w^*}\,\overline{\varrho^* w^{*\prime\prime 2}}\right]$$

TURBULENZPRODUKTION

$$T_{PRO}^* = -\left(\overline{\varrho^* u^{*\prime\prime 2}}\,\frac{\partial \overset{....}{u^*}}{\partial x^*} + \overline{\varrho^* u^{*\prime\prime} v^{*\prime\prime}}\,\frac{\partial \overset{....}{v^*}}{\partial x^*} + \overline{\varrho^* u^{*\prime\prime} w^{*\prime\prime}}\,\frac{\partial \overset{....}{w^*}}{\partial x^*}\right)$$

$$-\left(\overline{\varrho^* u^{*\prime\prime} v^{*\prime\prime}}\,\frac{\partial \overset{....}{u^*}}{\partial y^*} + \overline{\varrho^* v^{*\prime\prime 2}}\,\frac{\partial \overset{....}{v^*}}{\partial y^*} + \overline{\varrho^* v^{*\prime\prime} w^{*\prime\prime}}\,\frac{\partial \overset{....}{w^*}}{\partial y^*}\right)$$

$$-\left(\overline{\varrho^* u^{*\prime\prime} w^{*\prime\prime}}\,\frac{\partial \overset{....}{u^*}}{\partial z^*} + \overline{\varrho^* v^{*\prime\prime} w^{*\prime\prime}}\,\frac{\partial \overset{....}{v^*}}{\partial z^*} + \overline{\varrho^* w^{*\prime\prime 2}}\,\frac{\partial \overset{....}{w^*}}{\partial z^*}\right)$$

Fortsetzung der Tabelle auf der folgenden Seite

—————————— *Fortsetzung der Tabelle von der vorigen Seite* ——————————

TURBULENTE (INDIREKTE) DISSIPATION

$$T_{\Phi}^* = \left(\overline{\tau_{xx}^* \frac{\partial u^{*\prime\prime}}{\partial x^*}} + \overline{\tau_{xy}^* \frac{\partial v^{*\prime\prime}}{\partial x^*}} + \overline{\tau_{xz}^* \frac{\partial w^{*\prime\prime}}{\partial x^*}} \right)$$

$$+ \left(\overline{\tau_{yx}^* \frac{\partial u^{*\prime\prime}}{\partial y^*}} + \overline{\tau_{yy}^* \frac{\partial v^{*\prime\prime}}{\partial y^*}} + \overline{\tau_{yz}^* \frac{\partial w^{*\prime\prime}}{\partial y^*}} \right)$$

$$+ \left(\overline{\tau_{zx}^* \frac{\partial u^{*\prime\prime}}{\partial z^*}} + \overline{\tau_{zy}^* \frac{\partial v^{*\prime\prime}}{\partial z^*}} + \overline{\tau_{zz}^* \frac{\partial w^{*\prime\prime}}{\partial z^*}} \right)$$

VISKOSE DIFFUSION

$$T_{VD}^* = \frac{\partial}{\partial x^*} \left[\overline{u^{*\prime\prime} \tau_{xx}^*} + \overline{v^{*\prime\prime} \tau_{xy}^*} + \overline{w^{*\prime\prime} \tau_{xz}^*} \right]$$

$$+ \frac{\partial}{\partial y^*} \left[\overline{u^{*\prime\prime} \tau_{yx}^*} + \overline{v^{*\prime\prime} \tau_{yy}^*} + \overline{w^{*\prime\prime} \tau_{yz}^*} \right]$$

$$+ \frac{\partial}{\partial z^*} \left[\overline{u^{*\prime\prime} \tau_{zx}^*} + \overline{v^{*\prime\prime} \tau_{zy}^*} + \overline{w^{*\prime\prime} \tau_{zz}^*} \right]$$

DRUCK-GESCHWINDIGKEITS-KORRELATION/1/2/3

$$T_{DG1}^* = \overline{p^{*\prime} \left(\frac{\partial u^{*\prime\prime}}{\partial x^*} + \frac{\partial v^{*\prime\prime}}{\partial y^*} + \frac{\partial w^{*\prime\prime}}{\partial z^*} \right)}$$

$$T_{DG2}^* = \overline{u^{*\prime\prime}} \frac{\partial \overline{p^*}}{\partial x^*} + \overline{v^{*\prime\prime}} \frac{\partial \overline{p^*}}{\partial y^*} + \overline{w^{*\prime\prime}} \frac{\partial \overline{p^*}}{\partial z^*}$$

$$T_{DG3}^* = \overline{u^{*\prime\prime} \frac{\partial p^{*\prime}}{\partial x^*}} + \overline{v^{*\prime\prime} \frac{\partial p^{*\prime}}{\partial y^*}} + \overline{w^{*\prime\prime} \frac{\partial p^{*\prime}}{\partial z^*}}$$

Tab. 5.3b: Turbulente Zusatzterme in den allgemeinen Bilanzgleichungen (Tab. 5.3a)

chungssystems anzusehen, so dass insgesamt mehr Unbekannte als Gleichungen vorhanden sind, was in diesem Zusammenhang als *Schließungsproblem* bei der Berechnung von turbulenten Strömungen bezeichnet wird.

Für jede neue unbekannte Turbulenzgröße ist somit eine zusätzliche Gleichung für diese Größe erforderlich, um das gesamte Gleichungssystem „zu schließen" (Anzahl der Gleichungen = Anzahl der Unbekannten). Da diese Zusatzgleichungen prinzipiell nicht vollständig aus den allgemeinen Grundgleichungen abgeleitet werden können (s. dazu Anmerkung 5.6/S. 122), sondern zumindest in Teilaspekten eine Zusatzinformation aufgrund von Modell-

$\overline{\tau_{ij}^*}$ *für ein Newtonsches Fluid:*

$$\operatorname{div} \vec{v}^* = \frac{\partial u^*}{\partial x^*} + \frac{\partial v^*}{\partial y^*} + \frac{\partial w^*}{\partial z^*}$$

NORMALSPANNUNGEN

$$\overline{\tau_{xx}^*} = \overline{\eta^* \left[2\frac{\partial u^*}{\partial x^*} - \frac{2}{3}\operatorname{div} \vec{v}^* \right]} \;; \qquad \overline{\tau_{yy}^*} = \overline{\eta^* \left[2\frac{\partial v^*}{\partial y^*} - \frac{2}{3}\operatorname{div} \vec{v}^* \right]}$$

$$\overline{\tau_{zz}^*} = \overline{\eta^* \left[2\frac{\partial w^*}{\partial z^*} - \frac{2}{3}\operatorname{div} \vec{v}^* \right]}$$

TANGENTIALSPANNUNGEN

$$\overline{\tau_{xy}^*} = \overline{\tau_{yx}^*} = \overline{\eta^* \left[\frac{\partial v^*}{\partial x^*} + \frac{\partial u^*}{\partial y^*} \right]} \;; \qquad \overline{\tau_{yz}^*} = \overline{\tau_{zy}^*} = \overline{\eta^* \left[\frac{\partial w^*}{\partial y^*} + \frac{\partial v^*}{\partial z^*} \right]}$$

$$\overline{\tau_{zx}^*} = \overline{\tau_{xz}^*} = \overline{\eta^* \left[\frac{\partial u^*}{\partial z^*} + \frac{\partial w^*}{\partial x^*} \right]}$$

$\overline{q_i^*}$ *für Fouriersche Wärmeleitung:*

WÄRMESTROMDICHTE

$$\overline{q_x^*} = -\overline{\lambda^* \frac{\partial T^*}{\partial x^*}} \;; \qquad \overline{q_y^*} = -\overline{\lambda^* \frac{\partial T^*}{\partial y^*}} \;; \qquad \overline{q_z^*} = -\overline{\lambda^* \frac{\partial T^*}{\partial z^*}}$$

Tab. 5.4: Spezielle zeitgemittelte konstitutive Gleichungen
Newtonsche Fluide/Fouriersches Wärmeleitungsverhalten (entstanden aus
den Gleichungen in Tab. 4.2)

vorstellungen bezüglich der Turbulenz und ihrer Wirkung auf die mittleren
Strömungsgrößen enthalten, nennt man sie *Turbulenzmodelle* (genau wäre:
Turbulenzmodellgleichungen) und bezeichnet ihre Aufstellung als *Turbulenzmodellierung.*
Wenn z.B. in den Navier-Stokes-Gleichungen nach Tab. 5.5a neun zusätzliche
Turbulenzgrößen auftreten (die neun Komponenten des Reynoldschen Spannungstensors), so sind prinzipiell neun zusätzliche Modellgleichungen erforderlich. Selbst im allgemeinen Fall reduziert sich die Anzahl aus Symmetrie-
gründen allerdings auf sechs, in vielen speziellen Anwendungsfällen zeigt sich,
dass nur eine Komponente dominiert und damit dann „nur" eine Modellglei-
chung (als Turbulenzmodell) erforderlich ist. Dies ist z.B. bei sog. *einfachen
Scherströmungen* der Fall, bei denen ein Geschwindigkeitsgradient dominiert,
wie dies z.B. in einer ausgebildeten Rohrströmung der Fall ist.
    Historisch gesehen sind Turbulenzmodelle zunächst für diese einfachen
Scherströmungen entwickelt worden. Als entscheidender Aspekt für die Ent-

stehung von Turbulenz und für ihre Aufrechterhaltung stellt sich dabei die Scherung in der Strömung heraus, d.h. die Existenz von *Gradienten* der (mittleren) Strömungsgeschwindigkeit. Die Instabilität solcher gescherter Strömungen ist sehr häufig die Ursache für die Entstehung von Turbulenz. Einfa-

KONTINUITÄTSGLEICHUNG	$\dfrac{\mathrm{D}}{\mathrm{D}t^*} = \dfrac{\partial}{\partial t^*} + \overline{u^*}\dfrac{\partial}{\partial x^*} + \overline{v^*}\dfrac{\partial}{\partial y^*} + \overline{w^*}\dfrac{\partial}{\partial z^*}$	

$$\frac{\partial \overline{u^*}}{\partial x^*} + \frac{\partial \overline{v^*}}{\partial y^*} + \frac{\partial \overline{w^*}}{\partial z^*} = 0 \quad ; \quad \left(\frac{\partial u^{*\prime}}{\partial x^*} + \frac{\partial v^{*\prime}}{\partial y^*} + \frac{\partial w^{*\prime}}{\partial z^*} = 0\right) \qquad (\overline{\mathrm{K}^*_{cp}})$$

x-IMPULSGLEICHUNG

$$\varrho^* \frac{\mathrm{D}\overline{u^*}}{\mathrm{D}t^*} = \varrho^* g_x^* - \frac{\partial \overline{p^*}}{\partial x^*} + \eta^* \left[\frac{\partial^2 \overline{u^*}}{\partial x^{*2}} + \frac{\partial^2 \overline{u^*}}{\partial y^{*2}} + \frac{\partial^2 \overline{u^*}}{\partial z^{*2}}\right]$$

$$-\varrho^* \left[\frac{\partial \overline{u^{*\prime 2}}}{\partial x^*} + \frac{\partial \overline{u^{*\prime}v^{*\prime}}}{\partial y^*} + \frac{\partial \overline{u^{*\prime}w^{*\prime}}}{\partial z^*}\right] \qquad (\overline{\mathrm{XI}^*_{cp}})$$

y-IMPULSGLEICHUNG

$$\varrho^* \frac{\mathrm{D}\overline{v^*}}{\mathrm{D}t^*} = \varrho^* g_y^* - \frac{\partial \overline{p^*}}{\partial y^*} + \eta^* \left[\frac{\partial^2 \overline{v^*}}{\partial x^{*2}} + \frac{\partial^2 \overline{v^*}}{\partial y^{*2}} + \frac{\partial^2 \overline{v^*}}{\partial z^{*2}}\right]$$

$$-\varrho^* \left[\frac{\partial \overline{v^{*\prime}u^{*\prime}}}{\partial x^*} + \frac{\partial \overline{v^{*\prime 2}}}{\partial y^*} + \frac{\partial \overline{v^{*\prime}w^{*\prime}}}{\partial z^*}\right] \qquad (\overline{\mathrm{YI}^*_{cp}})$$

z-IMPULSGLEICHUNG

$$\varrho^* \frac{\mathrm{D}\overline{w^*}}{\mathrm{D}t^*} = \varrho^* g_z^* - \frac{\partial \overline{p^*}}{\partial z^*} + \eta^* \left[\frac{\partial^2 \overline{w^*}}{\partial x^{*2}} + \frac{\partial^2 \overline{w^*}}{\partial y^{*2}} + \frac{\partial^2 \overline{w^*}}{\partial z^{*2}}\right]$$

$$-\varrho^* \left[\frac{\partial \overline{w^{*\prime}u^{*\prime}}}{\partial x^*} + \frac{\partial \overline{w^{*\prime}v^{*\prime}}}{\partial y^*} + \frac{\partial \overline{w^{*\prime 2}}}{\partial z^*}\right] \qquad (\overline{\mathrm{ZI}^*_{cp}})$$

ENERGIEGLEICHUNG

$$\varrho^* \frac{\mathrm{D}\overline{H^*}}{\mathrm{D}t^*} = \lambda^* \left[\frac{\partial^2 \overline{T^*}}{\partial x^{*2}} + \frac{\partial^2 \overline{T^*}}{\partial y^{*2}} + \frac{\partial^2 \overline{T^*}}{\partial z^{*2}}\right]$$

$$+\varrho^* [\overline{u^*}g_x^* + \overline{v^*}g_y^* + \overline{w^*}g_z^*] + \frac{\partial \overline{p^*}}{\partial t^*} + \overline{\mathcal{D}^*} \qquad (\overline{\mathrm{E}^*_{cp}})$$

$$-\varrho^* \left[\frac{\partial \overline{u^{*\prime}h^{*\prime}}}{\partial x^*} + \frac{\partial \overline{v^{*\prime}h^{*\prime}}}{\partial y^*} + \frac{\partial \overline{w^{*\prime}h^{*\prime}}}{\partial z^*}\right]$$

$$-T^*_{TD1} - T^*_{TD2} + T^*_{VD} + T^*_{DG1} + T^*_{DG3}$$

Fortsetzung der Tabelle auf der folgenden Seite

TEIL-ENERGIEGLEICHUNG
(MECHANISCHE ENERGIE DER MITTLEREN BEWEGUNG)

$$\frac{\varrho^*}{2}\frac{D}{Dt^*}\left[\overline{u^{*\,2}}-\overline{v^{*\,2}}+\overline{w^{*\,2}}\right]=\left(\frac{\partial\overline{p^*}}{\partial t^*}-\frac{D\overline{p^*}}{Dt^*}\right)+\overline{\mathcal{D}^*}-\overline{\Phi^*}\qquad(\overline{ME_{cp}^*})$$

$$+\varrho^*\left[\overline{u^*}g_x^*+\overline{v^*}g_y^*+\overline{w^*}g_z^*\right]$$

$$-T_{TD2}^*+T_{PRO}^*$$

TEIL-ENERGIEGLEICHUNG
(THERMISCHE ENERGIE; TEMPERATURFORM)

$$\varrho^*c_p^*\frac{D\overline{T^*}}{Dt^*}=\lambda^*\left[\frac{\partial^2\overline{T^*}}{\partial x^{*2}}+\frac{\partial^2\overline{T^*}}{\partial y^{*2}}+\frac{\partial^2\overline{T^*}}{\partial z^{*2}}\right]+\frac{D\overline{p^*}}{Dt^*}+\overline{\Phi^*}\qquad(\overline{TE_{cp}^*})$$

$$-\varrho^*c_p^*\left[\frac{\partial\,\overline{u^{*\prime}T^{*\prime}}}{\partial x^*}+\frac{\partial\,\overline{v^{*\prime}T^{*\prime}}}{\partial y^*}+\frac{\partial\,\overline{w^{*\prime}T^{*\prime}}}{\partial z^*}\right]$$

$$+T_{DG2}^*+T_{DG3}^*+T_{\Phi}^*$$

TEIL-ENERGIEGLEICHUNG
(MECHANISCHE ENERGIE DER SCHWANKUNGSBEWEGUNG)

$$\overline{\varrho^*}\frac{D^*k^*}{Dt^*}=T_{DG1}^*-T_{DG2}^*-T_{TD1}^*-T_{PRO}^*+T_{VD}^*-T_{\Phi}^*\qquad(\overline{MES_{cp}^*})$$

Hilfsfunktionen in den Energiegleichungen:

$$\overline{\mathcal{D}^*}=\eta^*\left[\frac{\partial}{\partial x^*}\left[\frac{\partial\overline{u^{*\,2}}}{\partial x^*}+\overline{v^*}\left[\frac{\partial\overline{u^*}}{\partial y^*}+\frac{\partial\overline{v^*}}{\partial x^*}\right]+\overline{w^*}\left[\frac{\partial\overline{w^*}}{\partial x^*}+\frac{\partial\overline{u^*}}{\partial z^*}\right]\right]\right.$$

$$+\frac{\partial}{\partial y^*}\left[\frac{\partial\overline{v^{*\,2}}}{\partial y^*}+\overline{u^*}\left[\frac{\partial\overline{v^*}}{\partial x^*}+\frac{\partial\overline{u^*}}{\partial y^*}\right]+\overline{w^*}\left[\frac{\partial\overline{v^*}}{\partial z^*}+\frac{\partial\overline{w^*}}{\partial y^*}\right]\right]$$

$$+\frac{\partial}{\partial z^*}\left[\frac{\partial\overline{w^{*\,2}}}{\partial z^*}+\overline{u^*}\left[\frac{\partial\overline{w^*}}{\partial x^*}+\frac{\partial\overline{u^*}}{\partial z^*}\right]+\overline{v^*}\left[\frac{\partial\overline{v^*}}{\partial z^*}+\frac{\partial\overline{w^*}}{\partial y^*}\right]\right]\right]$$

DIFFUSION

$$\overline{\Phi^*}=2\eta^*\left[\left[\frac{\partial\overline{u^*}}{\partial x^*}\right]^2+\left[\frac{\partial\overline{v^*}}{\partial y^*}\right]^2+\left[\frac{\partial\overline{w^*}}{\partial z^*}\right]^2\right]$$

$$+\eta^*\left[\left[\frac{\partial\overline{v^*}}{\partial x^*}+\frac{\partial\overline{u^*}}{\partial y^*}\right]^2+\left[\frac{\partial\overline{w^*}}{\partial y^*}+\frac{\partial\overline{v^*}}{\partial z^*}\right]^2+\left[\frac{\partial\overline{w^*}}{\partial x^*}+\frac{\partial\overline{u^*}}{\partial z^*}\right]^2\right]$$

DISSIPATION

Tab. 5.5a: Navier-Stokes-Gleichungen und Energiegleichungen; konstante Stoffwerte

Fortsetzung der Tabellenunterschrift auf der folgenden Seite

——————— *Fortsetzung der Tabellenunterschrift von der vorigen Seite* ———————

(Newtonsches Fluidverhalten; Fouriersche Wärmeleitung)
(entstanden aus den Gleichungen in Tab. 4.3)
Beachte: Mit dem modifizierten Druck $\overline{p^*_{mod}} = \overline{p^*} - p^*_{st}$ gilt

$$\varrho^* g^*_x - \frac{\partial \overline{p^*}}{\partial x^*} = -\frac{\partial \overline{p^*_{mod}}}{\partial x^*} \; ; \varrho^* g^*_y - \frac{\partial \overline{p^*}}{\partial y^*} = -\frac{\partial \overline{p^*_{mod}}}{\partial y^*} \; ; \varrho^* g^*_z - \frac{\partial \overline{p^*}}{\partial z^*} = -\frac{\partial \overline{p^*_{mod}}}{\partial z^*}$$

che Turbulenzmodelle werden deshalb stets einen Zusammenhang zu diesen (die Turbulenz erzeugenden) Geschwindigkeitsgradienten herstellen. Um den Aspekt der Scherung zu betonen, spricht man in diesem Zusammenhang auch von der sog. *Scherströmungsturbulenz.*

Zu Beginn der Turbulenzforschung bzw. im Zusammenhang mit den ersten Turbulenzmodellen (zeitlich etwa zu Beginn des 20. Jahrhunderts) war man stets bemüht, turbulente Strömungen wie „modifizierte laminare Strömungen" zu behandeln. Diese Vorgehensweise bietet sich scheinbar geradezu an, da die Gleichungen der laminaren und der turbulenten Strömungen „bis auf einige Terme" (die zusätzlichen Turbulenzterme) gleich sind. Dieser Grundgedanke ist „verlockend" und hat zu einer Reihe von relativ einfachen, physikalisch interpretierbaren und durchaus erfolgreichen Ansätzen geführt. Er suggeriert allerdings auch die falsche Vorstellung, turbulente Strömungen könnten als modifizierte laminare Strömungen aufgefasst werden, oder die Ergebnisse für laminare Strömungen könnten bezüglich des Turbulenzeinflusses korrigiert werden. Dies wäre in der Tat eine irreführende Vorstellung und verstellt den Blick für die Tatsache, dass turbulente Strömungen einer grundsätzlich anderen „Physik" folgen als laminare Strömungen. Diesem Aspekt trägt z.B. die warnende Aussage Rechnung: "Never study turbulent flows with a laminar mind" (frei übersetzt als: Turbulente Strömungen vertragen sich nicht mit laminarem Denken.)
Ein bis heute bei Turbulenzmodellen für Scherströmungen tragendes Konzept ist der Ansatz der sog. *Wirbelviskosität* (auch: scheinbare Viskosität; *engl.:* eddy viscosity). Dieser Ansatz geht auf J. Boussinesq zurück (veröffentlicht 1872) und ist ein typische Beispiel eines „laminar inspirierten" Modellierungsansatzes.

Analog zur viskosen Schubspannung bei Newtonschen Fluiden, s. (1.3),

$$\tau^* = \eta^* \frac{du^*}{dy^*} \tag{5.14}$$

wird für die zusätzliche turbulente Schubspannung $\tau^{*\prime} = -\varrho^* \overline{u^{*\prime} v^{*\prime}}$ (eine Komponente des Reynoldsschen Spannungstensors, Annahme: konstante Stoffwerte) angesetzt:

$$\boxed{\tau^{*\prime} = \eta^*_t \frac{d\overline{u^*}}{dy^*}} \tag{5.15}$$

mit η^*_t als Wirbelviskosität. Dieser Ansatz ist für eine einfache Scherströmung

$$q^{*2} = u^{*\prime 2} + v^{*\prime 2} + w^{*\prime 2}$$

TURBULENTE DIFFUSION/1

$$T_{TD1}^* = \frac{\partial}{\partial x^*}\left[\overline{u^{*\prime}\left[p^{*\prime} + \frac{\varrho^*}{2}q^{*2}\right]}\right] + \frac{\partial}{\partial y^*}\left[\overline{v^{*\prime}\left[p^{*\prime} + \frac{\varrho^*}{2}q^{*2}\right]}\right]$$

$$+ \frac{\partial}{\partial z^*}\left[\overline{w^{*\prime}\left[p^{*\prime} + \frac{\varrho^*}{2}q^{*2}\right]}\right]$$

TURBULENTE DIFFUSION/2

$$T_{TD2}^* = \varrho^*\left[\frac{\partial}{\partial x^*}\left[\overline{u^*}\;\overline{u^{*\prime 2}} + \overline{v^*}\;\overline{u^{*\prime}v^{*\prime}} + \overline{w^*}\;\overline{u^{*\prime}w^{*\prime}}\right]\right.$$

$$+ \frac{\partial}{\partial y^*}\left[\overline{u^*}\;\overline{u^{*\prime}v^{*\prime}} + \overline{v^*}\;\overline{v^{*\prime 2}} + \overline{w^*}\;\overline{v^{*\prime}w^{*\prime}}\right]$$

$$\left.+ \frac{\partial}{\partial z^*}\left[\overline{u^*}\;\overline{u^{*\prime}w^{*\prime}} + \overline{v^*}\;\overline{v^{*\prime}w^{*\prime}} + \overline{w^*}\;\overline{w^{*\prime 2}}\right]\right]$$

TURBULENZPRODUKTION

$$T_{PRO}^* = -\varrho^*\left[\left(\overline{u^{*\prime 2}}\,\frac{\partial \overline{u^*}}{\partial x^*} + \overline{u^{*\prime}v^{*\prime}}\,\frac{\partial \overline{v^*}}{\partial x^*} + \overline{u^{*\prime}w^{*\prime}}\,\frac{\partial \overline{w^*}}{\partial x^*}\right)\right.$$

$$+ \left(\overline{u^{*\prime}v^{*\prime}}\,\frac{\partial \overline{u^*}}{\partial y^*} + \overline{v^{*\prime 2}}\,\frac{\partial \overline{v^*}}{\partial y^*} + \overline{v^{*\prime}w^{*\prime}}\,\frac{\partial \overline{w^*}}{\partial y^*}\right)$$

$$\left.+ \left(\overline{u^{*\prime}w^{*\prime}}\,\frac{\partial \overline{u^*}}{\partial z^*} + \overline{v^{*\prime}w^{*\prime}}\,\frac{\partial \overline{v^*}}{\partial z^*} + \overline{w^{*\prime 2}}\,\frac{\partial \overline{w^*}}{\partial z^*}\right)\right]$$

TURBULENTE (INDIREKTE) DISSIPATION

$$T_\Phi^* = \eta^*\left[2\overline{\left[\frac{\partial u^{*\prime}}{\partial x^*}\right]^2} + 2\overline{\left[\frac{\partial v^{*\prime}}{\partial y^*}\right]^2} + 2\overline{\left[\frac{\partial w^{*\prime}}{\partial z^*}\right]^2}\right.$$

$$\left.+ \overline{\left[\frac{\partial u^{*\prime}}{\partial y^*} + \frac{\partial v^{*\prime}}{\partial x^*}\right]^2} + \overline{\left[\frac{\partial u^{*\prime}}{\partial z^*} + \frac{\partial w^{*\prime}}{\partial x^*}\right]^2} + \overline{\left[\frac{\partial v^{*\prime}}{\partial z^*} + \frac{\partial w^{*\prime}}{\partial y^*}\right]^2}\right]$$

VISKOSE DIFFUSION

$$T_{VD}^* = \eta^*\left[\frac{\partial^2}{\partial x^{*2}}\left[k^* + \overline{u^{*\prime 2}}\right] + \frac{\partial^2}{\partial y^{*2}}\left[k^* + \overline{v^{*\prime 2}}\right] + \frac{\partial^2}{\partial z^{*2}}\left[k^* + \overline{w^{*\prime 2}}\right]\right.$$

$$\left.+ 2\left[\frac{\partial^2 \overline{u^{*\prime}v^{*\prime}}}{\partial x^*\partial y^*} + \frac{\partial^2 \overline{v^{*\prime}w^{*\prime}}}{\partial y^*\partial z^*} + \frac{\partial^2 \overline{w^{*\prime}u^{*\prime}}}{\partial z^*\partial x^*}\right]\right]$$

DRUCK-GESCHWINDIGKEITS-KORRELATION/1/2/3

$$T_{DG1}^* = T_{DG2}^* = 0 \quad ; \qquad T_{DG3}^* = \overline{u^{*\prime}\,\frac{\partial p^{*\prime}}{\partial x^*}} + \overline{v^{*\prime}\,\frac{\partial p^{*\prime}}{\partial y^*}} + \overline{w^{*\prime}\,\frac{\partial p^{*\prime}}{\partial z^*}}$$

Tab. 5.5b: Turbulente Zusatzterme in den Energiegleichungen (Tab. 5.5a)
Beachte: Die turbulenten Zusatzterme der Navier-Stokes-Gleichungen sind
bereits in diese eingesetzt worden.

formuliert, in der eine Komponente des allgemeinen Reynoldsschen Spannungstensors dominiert und in der die (mittlere) Geschwindigkeit $\overline{u}^*$ nur eine Funktion der (Quer-)Koordinate y^* ist, die z.B. von der Wand ausgehend quer zur Strömung zeigt.

Der entscheidende Unterschied zwischen η^* und η_t^* ist allerdings, dass η^* ein *Stoffwert* ist, der abgesehen von einer möglichen Temperatur- und Druckabhängigkeit eine konstante Größe darstellt, die Wirbelviskosität η_t^* aber eine *Strömungsgröße*. Als solche beschreibt η_t^* Turbulenzeigenschaften von Strömungen und nimmt deshalb innerhalb ein und derselben Strömung sehr unterschiedliche Werte an, die jeweils ein „integraler" Ausdruck der Turbulenzwirkung an der betrachteten Stelle im Strömungsfeld sind. Wie später gezeigt wird, ist eine wichtige Besonderheit der Größe η_t^*, dass diese an einer festen Wand den Wert Null annimmt, da aufgrund der Haftbedingung dort die Strömungsgeschwindigkeit und damit auch deren Schwankungen verschwinden.

Der Ansatz (5.15) unterstellt im allgemeinen, dass die turbulente Schubspannung mit dem Geschwindigkeitsgradienten das Vorzeichen wechselt und insbesondere, dass $\tau^{*\prime} = 0$ gilt, wenn der Geschwindigkeitsgradient den Wert Null annimmt. Obwohl reale Strömungen in vielen Fällen nicht diese Eigenschaften aufweisen, ist (5.15) ein sehr weit verbreiteter Ansatz. Verschiedene Turbulenzmodelle unterscheiden sich auf der Basis dieses Ansatzes danach, wie die Strömungsgröße η_t^* modelliert, d.h. mit der mittleren Strömung in Zusammenhang gebracht wird, s. dazu den nachfolgenden Abschn. 5.4.1.

Für turbulente Strömungen, die nicht den Charakter einfacher Scherströmungen aufweisen, in denen also mehr als eine Komponente des turbulenten Spannungstensors berücksichtigt werden muss, wird (5.15) auf einen Ansatz für den gesamten turbulenten Spannungstensor erweitert. Mit der Indexschreibweise (s. dazu Anmerkung 4.7/S. 76) gilt für die Komponenten $\tau_{ij}^{*\prime} = -\overline{\varrho^* u_i^{*\prime\prime} u_j^{*\prime\prime}}$ dann allgemein:

$$\tau_{ij}^{*\prime} = \eta_t^* \left(\frac{\partial \overline{u_i^*}}{\partial x_j^*} + \frac{\partial \overline{u_j^*}}{\partial x_i^*} - \frac{2}{3} \delta_{ij} \mathrm{div}\, \overline{\vec{v}^*} \right) - \frac{2}{3} \delta_{ij} \overline{\varrho^* k^*} \qquad (5.16)$$

mit $k^* = (\overline{u^{*\prime\prime 2}} + \overline{v^{*\prime\prime 2}} + \overline{w^{*\prime\prime 2}})/2$ als kinetischer Energie der Schwankungsbewegung gemäß (5.11). Der Vergleich mit (4.35) zeigt den weitgehend analogen Aufbau der Beziehungen für τ_{ij}^* und $\tau_{ij}^{*\prime}$. Gleichung (5.16) wirkt nur wegen der besonderen Bedingungen auf der Hauptdiagonalen von $\tau_{ij}^{*\prime}$, ausgedrückt durch δ_{ij} (mit $\delta_{ij} = 1$ für $i = j$, $\delta_{ij} = 0$ für $i \neq j$) kompliziert. Es wird damit sichergestellt, dass bei der Aufsummierung über die Hauptdiagonale durch die Ausdrücke in runden Klammern kein zusätzlicher Term entsteht, weil der (mittlere) Druck bereits alle Effekte der Normalspannungen enthalten soll.

Der Term $-2/3\,\delta_{ij}\overline{\varrho^* k^*}$ führt bei der Aufsummierung über die Hauptdiagonale des turbulenten Spannungstensors auf $3 \cdot (-2/3\,\overline{\varrho^* k^*}) = -\overline{\varrho^*(u^{*\prime\prime 2}} +$

$\overline{v^{*\prime\prime2}} + \overline{w^{*\prime\prime2}}$). Dies kann dem gemittelten Druck „zugeschlagen" werden und muss deshalb nicht extra modelliert werden, bedeutet aber, dass in turbulenten Strömungen der Druck dann nicht mehr dem thermodynamischen Druck entspricht (s. dazu auch Anmerkung 4.5/S. 64).

Da η_t^* in (5.16) ein skalarer Wert ist, der keinerlei Richtungsabhängigkeit berücksichtigen kann, spricht man auch von einem *isotropen Wirbelviskositäts-Modell* (*engl.: isotropic eddy viscosity model*). Der Boussinesq-Ansatz (5.15) bzw. seine erweiterte Form (5.16) stellt den Ausgangspunkt für sehr viele Turbulenz-Modellierungen dar. Das eigentliche Modellierungsziel wird dabei von den zusätzlichen turbulenten Spannungen in Form des Reynoldsschen Spannungstensors auf die Modellierung nur noch einer skalaren Größe η_t^*, der Wirbelviskosität, verlagert. Solche Modelle werden als *Wirbelviskositäts-Modelle* bezeichnet (*engl.: eddy viscosity models*).

Ein grundsätzlich anderes Vorgehen, das in jüngster Zeit an Bedeutung gewinnt, besteht darin, die einzelnen Komponenten des Reynoldsschen Spannungstensors direkt, also nicht über den Ansatz einer Wirbelviskosität, zu modellieren. Solche Modelle werden als *Reynolds-Spannungs-Modelle* bezeichnet (*engl.: Reynolds-stress models*).

Bei dieser Aufzählung verwundert vielleicht, wieso überhaupt mehrere (und in der Tat sehr viele) Turbulenzmodelle entwickelt worden sind, weil doch ein universelles Modell, das ganz allgemein die Wirkung der Turbulenz beschreiben könnte, ausreichen würde. Weit über einhundert Jahre Turbulenzforschung haben bis heute leider nicht zu einem solchen universellen Modell geführt, und es gibt gute Gründe für die Annahme, dass ein solches Modell auch in Zukunft nicht verfügbar sein wird.

Da Turbulenzmodelle grundsätzlich nicht als mathematische Modelle vollständig aus den allgemeinen Grundgleichungen ableitbar sind (Schließungsproblem, s. auch Anmerkung 5.6/S. 122) müssen sie notwendigerweise empirische Informationen enthalten. Diese werden meist dadurch in die Modelle eingebracht, dass Modellkonstanten durch den Vergleich mit bestimmten experimentellen Ergebnissen ermittelt werden. Streng genommen ist das Turbulenzmodell dann ein Modell zur Beschreibung dieser bestimmten Strömung. Ob es auch darüber hinaus angewandt werden kann, muss im Einzelfall überprüft werden. Leider zeigt sich dabei sehr häufig, dass bestimmte Turbulenzmodelle nur eine beschränkt verallgemeinerte Anwendung zulassen.

Wie gut oder schlecht Turbulenzmodelle für die numerische Berechnung bestimmter Strömungen sind, kann im Vergleich zu Berechnungen dieser Strömungen auf der Basis der DNS (direkte numerische Simulation, s. Kap. 5.2), also ohne Einsatz von Turbulenzmodellen ermittelt werden. Für turbulente Kanalströmungen (mit rauhen Wänden) ist dies in Jin, Herwig (2015) für sieben verschiedene Turbulenzmodelle ausführlich beschrieben.

Anmerkung 5.4: *Modellierung weiterer turbulenter Zusatzterme*

Die Ausführungen des vorherigen Abschnittes zur Turbulenzmodellierung waren jeweils am Beispiel des Reynoldsschen Spannungstensors erläutert worden. Neben diesen turbulenten

Zusatztermen in den Impulsgleichungen treten in den zeitgemittelten Grundgleichungen aber eine Reihe weiterer Terme auf, wie Tab. 5.3b für die allgemeinen Bilanzgleichungen zeigt.

Wenn neben den Impulsgleichungen für die zeitgemittelte Strömung (in denen als turbulente Zusatzterme nur die Komponenten des Reynoldsschen Spannungstensors vorkommen) auch die anderen Gleichungen, wie z.B. die Teil-Energiegleichung für die kinetische Energie der Schwankungsbewegung k^* gelöst werden sollen, so müssen zuvor alle turbulenten Zusatzterme durch entsprechende Ansätze modelliert werden, um die Gleichungen lösen zu können. Dabei wird man stets versuchen, wie bei der Modellierung des Reynoldsschen Spannungstensors, einfache Ansätze zu finden, die möglichst an physikalischen Vorstellungen bezüglich der Wirkung dieser Terme orientiert sind. Insbesondere zur Modellierung der k-Gleichung s. den folgenden Abschnitt 5.4.1 (k-ε-Modell).

Speziell in der Teil-Energiegleichung für die thermische Energie gilt es, den Vektor $\vec{q}^{*\prime} = (q_x^{*\prime}, q_y^{*\prime}, q_z^{*\prime})$ der zusätzlichen turbulenten Wärmestromdichte (auch *Reynoldssche Wärmestromdichte* genannt) zu modellieren, der die Komponenten $q_i^{*\prime} = \overline{\varrho^* u_i^{*\prime\prime} h^{*\prime\prime}}$ besitzt, s. Tab. 5.3b. Ähnlich wie mit der Wirbelviskosität η_t^* wird dabei zunächst ein skalarer Koeffizient, diesmal in Anlehnung an die molekulare Wärmestromdichte

$$\vec{q}^* = -\lambda^* \mathrm{grad}\, T^* \quad \text{(Fourierscher Wärmeleitungsansatz)} \tag{5.17}$$

als λ_t^* in

$$\vec{q}^{*\prime} = -\lambda_t^* \mathrm{grad}\, \overline{T^*} \tag{5.18}$$

eingeführt. Auch hierbei ist λ^* als molekulare Wärmeleitfähigkeit eine Stoffgröße, während λ_t^* als zusätzliche *turbulente Wärmeleitfähigkeit* eine Strömungsgröße darstellt, die ein integraler Ausdruck der Turbulenzwirkung auf die Wärmestromdichte ist. Zur konkreten Modellierung der skalaren Größe λ_t^* s. Anmerkung 5.9/S. 124.

5.4.1 Turbulenzmodelle I: Wirbelviskositäts-Modelle

Mit dem Wirbelviskositätsansatz (5.15) bzw. (5.16) wird die gesamte Information über die Wirkung der Turbulenz in einem Strömungsfeld auf diese (Strömungs-)Größe η_t^* verlagert. Solange noch keine weiteren Aussagen bezüglich η_t^* gemacht werden, besteht die einzige einschränkende Annahme darin, zu unterstellen, dass ein und dieselbe skalare Größe alle Komponenten des Reynoldsschen Spannungstensors mit dem Strömungsfeld verbinden kann (isotropes Wirbelviskositäts-Modell). Diese skalare Größe η_t^* mit der prinzipiellen Abhängigkeit $\eta_t^*(x^*, y^*, z^*, t^*)$ kann dabei noch auf fast beliebig komplizierte Weise mit dem Strömungsfeld verbunden sein.

In diesem Sinne werden Wirbelviskositäts-Turbulenzmodelle nach der Anzahl partieller Differentialgleichungen, die diese Modelle beinhalten, geordnet und wie folgt kategorisiert:

❑ NULL-GLEICHUNGSMODELLE
   Diese enthalten nur algebraische Gleichungen und werden deshalb bisweilen auch als *algebraische Turbulenzmodelle* bezeichnet.

❑ EIN-GLEICHUNGSMODELLE
   Die Wirbelviskosität wird mit Hilfe einer partiellen Differentialgleichung mit dem Strömungsfeld in Verbindung gebracht.

❏ ZWEI-GLEICHUNGSMODELLE
Zwei partielle Differentialgleichungen werden eingesetzt, um η_t^* zu bestimmen.

Mehr als zwei Differentialgleichungen werden nicht eingesetzt, um η_t^* zu bestimmen. Einen Hinweis darauf, dass dies auch nicht sinnvoll wäre, geben die nachfolgenden dimensionsanalytische Überlegungen zu η_t^*, die gleichzeitig auch die verschiedenen möglichen Modellierungsansätze verdeutlichen.

Da η_t^* in Analogie zur molekularen Viskosität η^* eingeführt worden ist, hat η_t^* wie diese die Dimension MASSE/(LÄNGE·ZEIT). Wenn man berücksichtigt, dass die Dimension MASSE ausschließlich über die Dichte ϱ^* Eingang in ein Strömungsproblem findet, kann von vornherein eine rein kinematische Größe gebildet werden. Für die molekulare Viskosität η^* ist dies

$$\nu^* = \frac{\eta^*}{\varrho^*} \quad \text{mit} \quad [\nu^*] = \frac{\text{m}^2}{\text{s}} \tag{5.19}$$

die sog. *kinematische Viskosität*. Analog dazu wird

$$\nu_t^* = \frac{\eta_t^*}{\varrho^*} \quad \text{mit} \quad [\nu_t^*] = \frac{\text{m}^2}{\text{s}} \tag{5.20}$$

als *kinematische Wirbelviskosität* eingeführt.

Die modellmäßige Beschreibung von ν_t^* muss nun durch Größen erfolgen, die rein kinematischer Natur sind, in denen also nur die Dimensionen LÄNGE und ZEIT vorkommen. Als Vorüberlegung können deshalb zunächst alle physikalisch für die Turbulenz in einer Strömung offensichtlich relevanten Größen „gesammelt"werden, die diese Eigenschaft besitzen. Nach den bisherigen Ausführungen zur Physik der Turbulenz gehören folgende Größen in diese Liste:

❏ Gradienten der mittleren Geschwindigkeiten $\partial \overline{u_i^*}/\partial x_j^*$ ($\rightarrow$ Turbulenzerzeugung); Dimension: ZEIT^{-1}

❏ Turbulenz-Längenmaß L_t^* ($\rightarrow$ charakteristische Abmessung von Wirbelstrukturen); Dimension: LÄNGE

❏ (Spezifische) kinetische Energie der Schwankungsbewegungen k^* ($\rightarrow$ Energiehaushalt turbulenter Strömungen); Dimension: LÄNGE^2/ZEIT^2

❏ (Spezifische) turbulente Dissipationsrate ε^* ($\rightarrow$ Energiehaushalt turbulenter Strömungen); Dimension: LÄNGE^2/ZEIT^3

❏ ...

Mit den aufgeführten Größen, unterstellt, man könnte sie in einem Strömungsfeld durch entsprechende Modellgleichungen bestimmen, könnte aufgrund der

Dimensionsbedingung (ν_t^* muss die Dimension LÄNGE^2/ZEIT besitzen) ν_t^* bzw. $\eta_t^* = \varrho^* \nu_t^*$ auf folgende Weise bestimmt werden:

$$\nu_t^* = C_1 L_t^{*2} \frac{\partial \overline{u_i^*}}{\partial x_j^*} = C_2 L_t^* \sqrt{k^*} = C_3 \frac{k^{*2}}{\varepsilon^*} = \ldots \tag{5.21}$$

Wenn die Größen L_t^*, k^*, ε^*, ... in einem Strömungsfeld ermittelt werden können, ergibt (5.21), wie daraus die gesuchte Größe ν_t^* zu bestimmen ist. Die Konstanten C_1, C_2, C_3, ... sind reine Zahlenwerte, die als Modellkonstanten dann ebenfalls empirisch zu ermitteln sind.

Im folgenden werden zwei Turbulenzmodelle vorgestellt, die auf unterschiedlich aufwendige Art eine bzw. zwei dieser Größen bestimmen und damit gemäß (5.21) auf eine Formulierung für ν_t^* bzw. $\eta_t^* = \varrho^* \nu_t^*$ führen.

Prandtlscher Mischungsweg (Null-Gleichungsmodell)

Dieses algebraische Turbulenzmodell geht auf Ludwig Prandtl zurück (veröffentlicht 1925) und ist ein gutes Beispiel dafür, wie auch mit einfachen aber zutreffenden physikalischen Vorstellungen der komplizierte Turbulenzmechanismus näherungsweise beschrieben werden kann. Mit der im folgenden erläuterten Überlegung gelang es Prandtl, ein physikalisch interpretierbares Turbulenz-Längenmaß L_t^* in Form einer algebraischen Beziehung herzuleiten.

Ausgangspunkt ist dabei das (gedachte) Verhalten eines kleinen aber zusammenhängenden Fluidbereiches in einer gescherten Strömung. In Bild 5.4 ist diese in Form von $\overline{u^*}(y^*)$ dargestellt. Die Vorstellung ist nun, dass der Fluidbereich (graues Quadrat in Bild 5.4) unter Beibehaltung seines Impulses (bei fester Masse also unter Beibehaltung seiner horizontalen Geschwindigkeit) nach oben oder unten ausgelenkt wird, also „schwankt". Bewegt sich der Fluidbereich nach oben, so weist er dort eine kleinere Geschwindigkeit als das umgebende Fluid auf. Diese Differenz wird als $u^{*\prime}$ interpretiert, weil sie wie der Schwankungswert der Geschwindigkeit u^* an dieser Stelle wirkt. Die Geschwindigkeit, die den zusammenhängenden Fluidbereich dorthin gebracht hat, wird als Querschwankungsgeschwindigkeit $v^{*\prime}$ interpretiert. Bei einer Schwankung nach unten liegen dieselben Verhältnisse, jetzt aber mit anderen Vorzeichen vor. Bild 5.4 ist zu entnehmen, dass sowohl bei einer Schwankung nach oben als auch bei einer Schwankung nach unten das Produkt $u^{*\prime} v^{*\prime}$ dasselbe (negative) Vorzeichen besitzt, dieses Produkt also nicht etwa im statistischen Mittel verschwindet.

Das Turbulenz-Längenmaß L_t^* ist nun gerade diejenige Länge, um die der Fluidbereich ausgelenkt werden muss, damit in der zuvor geschilderten Interpretation eine Schwankungsgeschwindigkeit entsteht, die aufgrund von $-\varrho^* \overline{u^{*\prime} v^{*\prime}} = \tau^{*\prime}$ zur turbulenten Schubspannung $\tau^{*\prime}$ führt. Diese Größe nannte Prandtl einen *Mischungsweg*, sie ist seitdem als *Prandtlscher Mischungsweg*

eingeführt. Entwickelt man die Geschwindigkeit $\overline{u^*}(y^*)$ in eine Taylor-Reihe

$$\overline{u^*}(y^*) = \overline{u^*}(y_0^*) + \frac{d\overline{u^*}}{dy^*}\bigg|_0 (y^* - y_0^*) + \dots,$$

so ergibt der lineare Term dieser Entwicklung mit $(y^* - y_0^*) = L_t^*$ und $(\overline{u^*}(y^*) - \overline{u^*}(y_0^*)) = -u^{*\prime}$

$$-u^{*\prime} = L_t^* \frac{d\overline{u^*}}{dy^*}. \tag{5.22}$$

Ferner wird unterstellt, dass $u^{*\prime}$ und $v^{*\prime}$ betragsmäßig etwa gleich groß sind, so dass in guter Näherung gilt

$$\left(\frac{\tau^{*\prime}}{\varrho^*} = \right) - \overline{u^{*\prime}v^{*\prime}} = L_t^{*2} \frac{d\overline{u^*}}{dy^*} \left|\frac{d\overline{u^*}}{dy^*}\right|. \tag{5.23}$$

Dabei stellen die Betragstriche sicher, dass $\tau^{*\prime}$ mit einem Vorzeichenwechsel von $d\overline{u^*}/dy^*$ ebenfalls das Vorzeichen wechselt.

Ein Vergleich mit dem allgemeinen Wirbelviskositätsansatz (5.15) zeigt, dass im Rahmen dieser Vorstellung gilt

$$\eta_t^* = \varrho^* \nu_t^* = \varrho^* \underbrace{L_t^{*2} \left|\frac{d\overline{u^*}}{dy^*}\right|}_{\nu_t^*}. \tag{5.24}$$

Dies entspricht genau einer der Formen, die in (5.21) aus Dimensionsüberlegungen für ν_t^* abgeleitet worden waren. Solange über L_t^* noch keine weiteren Aussagen getroffen werden können, ist gegenüber (5.21) „lediglich" die

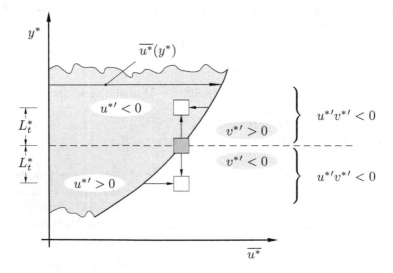

Bild 5.4: Physikalische Interpretation des Turbulenz-Längenmaßes L_t^*, in diesem Zusammenhang auch als *Mischungsweglänge* bezeichnet

Interpretation von L_t^* als Mischungsweg gewonnen. Dies bietet allerdings auch einen unmittelbaren Ansatz für die Bestimmung von L_t^*, zumindest in Wandnähe, wie die folgende Überlegung zeigt.

An der Wand selbst sind die Geschwindigkeit und insbesondere die Geschwindigkeitsschwankungen null (Haftbedingung), so dass dort auch $L_t^* = 0$ gelten muss. Die Frage ist nun, wie verläuft die Funktion $L_t^*(y^*)$ ausgehend vom Wert $L_t^* = 0$ an der Wand? Prandtl nahm einen linearen Verlauf $L_t^* \sim y^*$ in Wandnähe an. Dies könnte als „erster Versuch" interpretiert werden. Später, als man wandnahe Strömungen mit einer bestimmten Methodik genauer untersuchen und verstehen konnte (Asymptotik bei großen Reynolds-Zahlen, s. dazu Kap. 9), stellte sich jedoch heraus, dass der Verlauf $L_t^*(y^*)$ für $y^* \to 0$ notwendigerweise linear sein muss.

Aus Messungen sehr vieler wandnaher Strömungen ergibt sich für L_t^* in Wandnähe

$$L_t^* = \kappa y^* \quad \text{für } y^* \to 0 \tag{5.25}$$

mit einer Konstanten $\kappa = 0{,}41$, die bei turbulenten Strömungen vielfach auftritt und den Namen *Karman-Konstante* (bisweilen auch: von Karmansche Konstante) trägt. In größerer Entfernung von der Wand müssen zusätzliche physikalische Überlegungen zur Festlegung von $L_t^*(y^*)$ führen, die dann allerdings häufig problemspezifisch anzustellen sind.

k-ε-Modell (Zwei-Gleichungsmodell)

Dieses weitverbreitete Turbulenzmodell verwendet zwei partielle Differentialgleichungen für die kinetische Energie der Schwankungsbewegung k^* und für eine turbulente Dissipationsrate ε^*. Gemäß (5.21) wird daraus die kinematische Wirbelviskosität

$$\boxed{\nu_t^* = C_\mu \frac{k^{*2}}{\varepsilon^*}} \tag{5.26}$$

gebildet, in der die Konstante C_3, wie im k-ε-Modell üblich, als C_μ geschrieben wird (Zahlenwert in Tab. 5.6).

Die Differentialgleichung für $k^* = (\overline{u^{*\prime 2}} + \overline{v^{*\prime 2}} + \overline{w^{*\prime 2}})/2$ entsteht wie folgt (Annahme: konstante Stoffwerte, d.h., $u^{*\prime}$ statt $u^{*\prime\prime}$, ...):

1. Herleitung von je einer Bilanzgleichung für $u^{*\prime}$, $v^{*\prime}$ und $w^{*\prime}$, indem von den entsprechenden Impulsgleichungen für die Momentanwerte (s. Tab. 4.3a) die zeitlich gemittelten Gleichungen (s. Tab. 5.5a) subtrahiert werden. Dabei sind die Momentanwerte als Summe aus Mittelwerten und zugehörigen Schwankungswerten zu schreiben.

2. Multiplikation der drei unter 1. gewonnenen Bilanzgleichungen mit $u^{*\prime}$, $v^{*\prime}$ bzw. $w^{*\prime}$ und anschließende Zeitmittelung. Damit entstehen Bilanzgleichungen für (die turbulenten Normalspannungen) $\overline{u^{*\prime 2}}$, $\overline{v^{*\prime 2}}$ und $\overline{w^{*\prime 2}}$.

3. Addition der drei Gleichungen und formale Ersetzung von $(\overline{u^{*\prime 2}} + \overline{v^{*\prime 2}} + \overline{w^{*\prime 2}})/2$ durch k^*. Dies ist die *vollständige k-Gleichung*, in der allerdings eine Reihe von Turbulenztermen auftreten, die wiederum modelliert werden müssen, um insgesamt ein geschlossenes Gleichungssystem zu erhalten. Sie entspricht der Gleichung $(\overline{MES^*_{cp}})$ in Tab. 5.5a.

4. Modellierung der vollständigen k-Gleichung, indem für die Terme, in denen unbekannte Turbulenzgrößen auftreten, wie z.B. die Korrelation $\overline{u^{*\prime}p^{*\prime}}$ oder $(\partial \overline{u^{*\prime}}/\partial x^*)^2$ physikalisch motivierte Ansätze eingeführt werden. Dabei tritt in der Regel pro modelliertem Term eine neue Modellkonstante auf. Insgesamt entsteht auf diese Weise eine *k-Modellgleichung* (modellierte Transportgleichung für k^*), die im k-ε-Modell verwendet wird und nachfolgend als Gleichung (5.28) aufgeführt ist.

Die Differentialgleichung für die Dissipationsrate ε^* mit der Definition von ε^* als (Verwendung von T^*_Φ aus Tab. 5.5b)

$$\varepsilon^* = \frac{T^*_\Phi}{\varrho^*} - \frac{\eta^*}{\varrho^*}\left[2\left(\overline{\frac{\partial u^{*\prime}}{\partial y^*}\frac{\partial v^{*\prime}}{\partial x^*}} + \overline{\frac{\partial v^{*\prime}}{\partial z^*}\frac{\partial w^{*\prime}}{\partial y^*}} + \overline{\frac{\partial w^{*\prime}}{\partial x^*}\frac{\partial u^{*\prime}}{\partial z^*}} \right) \right. \tag{5.27}$$
$$\left. + \overline{\left(\frac{\partial u^{*\prime}}{\partial x^*}\right)^2} + \overline{\left(\frac{\partial v^{*\prime}}{\partial y^*}\right)^2} + \overline{\left(\frac{\partial w^{*\prime}}{\partial z^*}\right)^2} \right]$$

entsteht wiederum aus den Bilanzgleichungen für die Schwankungsgrößen $u^{*\prime}$, $v^{*\prime}$ und $w^{*\prime}$, diesmal aber als (zeitgemittelte) Kombination von Ortsableitungen dieser Gleichungen mit Gradienten von Schwankungsgrößen. Die Grundidee bei der Herleitung dieser Gleichung besteht darin, Bilanzgleichungen für die Schwankungsgrößen so miteinander zu kombinieren, dass daraus eine neue Gleichung entsteht, in der die Termkombination ε^* gemäß (5.27) identifiziert werden kann und die deshalb dann als Bilanzgleichung für ε^* interpretiert wird. Dabei ist zu beachten, dass ε^* nur eine sog. „Pseudo-Dissipation" darstellt, weil die wahre indirekte turbulente Dissipation durch T^*_Φ/ϱ^* gegeben ist.

Auch bei der Herleitung der ε-Gleichung treten eine Reihe von unbekannten turbulenten Termen auf, so dass eine Modellierung dieser Terme erforderlich ist. Auf diese Weise gelangt man auch hier von der zunächst *vollständigen ε-Gleichung* zu einer *ε-Modellgleichung* (modellierte Transportgleichung für ε^*), die im k-ε-Modell verwendet wird.

Details zur Herleitung der k- und ε−Modellgleichungen finden sich z.B. in Speziale und So (1998). Die Modellgleichungen lauten mit

$$\frac{\mathrm{D}}{\mathrm{D}t^*} = \frac{\partial}{\partial t^*} + \overline{u^*}\frac{\partial}{\partial x^*} + \overline{v^*}\frac{\partial}{\partial y^*} + \overline{w^*}\frac{\partial}{\partial z^*}$$

wie folgt:

$$\frac{\mathrm{D}k^*}{\mathrm{D}t^*} = P^* - \varepsilon^* + \frac{\partial}{\partial x^*}\left(\frac{\nu_t^*}{\sigma_k}\frac{\partial k^*}{\partial x^*}\right) + \frac{\partial}{\partial y^*}\left(\frac{\nu_t^*}{\sigma_k}\frac{\partial k^*}{\partial y^*}\right) + \frac{\partial}{\partial z^*}\left(\frac{\nu_t^*}{\sigma_k}\frac{\partial k^*}{\partial z^*}\right)$$

(5.28)

$$\begin{aligned}\frac{\mathrm{D}\varepsilon^*}{\mathrm{D}t^*} =\ & C_{\varepsilon 1}\frac{\varepsilon^*}{k^*}P^* - C_{\varepsilon 2}\frac{\varepsilon^{*2}}{k^*} \\ & + \frac{\partial}{\partial x^*}\left(\frac{\nu_t^*}{\sigma_\varepsilon}\frac{\partial\varepsilon^*}{\partial x^*}\right) + \frac{\partial}{\partial y^*}\left(\frac{\nu_t^*}{\sigma_\varepsilon}\frac{\partial\varepsilon^*}{\partial y^*}\right) + \frac{\partial}{\partial z^*}\left(\frac{\nu_t^*}{\sigma_\varepsilon}\frac{\partial\varepsilon^*}{\partial z^*}\right)\end{aligned}$$

(5.29)

mit $P^* = -T_{PRO}^*/\varrho^*$ (T_{PRO}^* in Tab. 5.5b) als Turbulenzproduktion.

Die fünf Modellkonstanten des k-ε-Modells mit den entsprechenden Zahlenwerten sind in Tab. 5.6 zusammengestellt. Ein entscheidender Punkt für die Anwendung des k-ε-Modells sind die Randbedingungen für k^* und ε^*, s. dazu Abschn. 12.2.

5.4.2 Turbulenzmodelle II: Reynolds-Spannungs-Modelle

Bei diesen Turbulenzmodellen werden die einzelnen Komponenten des Reynoldsschen Spannungstensors direkt modelliert, ohne auf den Ansatz (5.16) für die Wirbelviskosität zurückzugreifen. Es wird jetzt also nicht mehr unterstellt, dass eine einzige skalare Größe (die Wirbelviskosität) als „Bindeglied" zwischen dem Geschwindigkeitsfeld und dem Spannungstensor wirkt.

Im vorigen Abschnitt war die Herleitung der vollständigen k-Gleichung aus den Bilanzgleichungen für die Schwankungsgrößen $u^{*\prime}$, $v^{*\prime}$ und $w^{*\prime}$ erläutert worden. Auf ganz ähnliche Weise können die Bilanzgleichungen für die Komponenten des Reynoldsschen Spannungstensors $\tau_{ij}^{*\prime}$ hergeleitet werden. Diese Gleichungen sind exakt aus den Navier-Stokes-Gleichungen ableitbar, enthalten aber leider wiederum unbekannte Turbulenzterme, die entsprechend modelliert werden müssen.

In Index-Schreibweise (s. dazu Anmerkung 4.7/S. 76) lauten die (exakten, vollständigen) Bilanzgleichungen für die Reynolds-Spannungs-Komponenten

C_μ	σ_k	σ_ϵ	$C_{\epsilon 1}$	$C_{\epsilon 2}$
0,09	1,0	1,3	1,44	1,92

Tab. 5.6:   Modellkonstanten im k-ε-Modell (Bestimmung der Zahlenwerte durch Vergleich mit Messungen)

(Details zur Herleitung z.B. in Speziale, So (1998)):

$$\frac{\mathrm{D}\tau_{ij}^{*}{}'}{\mathrm{D}t^{*}} = -\tau_{ik}^{*}{}'\frac{\partial \overline{u_j^*}}{\partial x_k^*} - \tau_{jk}^{*}{}'\frac{\partial \overline{u_i^*}}{\partial x_k^*} + \underbrace{\pi_{ij}^{*}}_{(1)} - \underbrace{\varepsilon_{ij}^{*}}_{(2)} - \underbrace{\frac{\partial C_{ijk}^{*}}{\partial x_k^*}}_{(3)} + \nu^* \nabla^2 \tau_{ij}^{*}{}' \qquad (5.30)$$

Dabei gilt für kartesische Koordinaten wieder

$$\frac{\mathrm{D}}{\mathrm{D}t^*} = \frac{\partial}{\partial t^*} + \overline{u^*}\frac{\partial}{\partial x^*} + \overline{v^*}\frac{\partial}{\partial y^*} + \overline{w^*}\frac{\partial}{\partial z^*} \quad , \quad \nabla^2 = \frac{\partial^2}{\partial x^{*2}} + \frac{\partial^2}{\partial y^{*2}} + \frac{\partial^2}{\partial z^{*2}}$$

In (5.30) sind die zu modellierenden Terme numeriert. Erst nach deren Modellierung, bei der dann die τ_{ij}'-*Modellgleichungen* entstehen, ist das Gleichungssystem, bestehend aus den Bilanzgleichungen für die Impuls- und Massenerhaltung, ergänzt um die τ_{ij}'-Modellgleichungen, geschlossen und damit prinzipiell einer numerischen Lösung zugänglich.

Die Modellierung der in (5.30) unterstrichenen Turbulenzterme ist Gegenstand intensiver Forschung, für die auf die Spezialliteratur verwiesen sei (einen sehr guten Überblick findet man z.B. in Speziale, So (1998), speziell für Strömungen bei großen Reynolds-Zahlen s. Gersten, Herwig (1992)). Im folgenden sollen nur einige Bemerkungen, speziell zur Physik, die sich hinter diesen Termen „verbirgt", gemacht werden.

1. $\pi_{ij}^* = \overline{p^*\left(\frac{\partial u_i^{*}{}'}{\partial x_j^*} + \frac{\partial u_j^{*}{}'}{\partial x_i^*}\right)}$: Druck-Scher-Korrelations-Tensor

   Die Terme beschreiben den Transfer von kinetischer Energie der Schwankungsbewegung zwischen den einzelnen Komponenten und führen in der Tendenz zu einem Ausgleich bezüglich dieser Energie zwischen den drei Komponenten. Eine systematische Analyse dieser Vorgänge führt zu einer sehr aufwendigen Modellierung.

2. $\varepsilon_{ij}^* = 2\nu^*\overline{\frac{\partial u_i^{*}{}'}{\partial x_k^*}\frac{\partial u_j^{*}{}'}{\partial x_k^*}}$: („Pseudo"-)Dissipationsraten-Tensor

   Dieser Tensor berücksichtigt, dass die Dissipation im allgemeinen Fall richtungsabhängig ist. Häufig wird jedoch eine lokale Isotropie (Richtungsunabhängigkeit) angenommen, bei der dann ε_{ij}^* unmittelbar mit der früher eingeführten skalaren Dissipationsrate ε^*, s. (5.27), zusammenhängt. Mit

$$\varepsilon_{ij}^* = \frac{1}{3}\delta_{ij}2\varepsilon^* \qquad (\delta_{ij} = 1 \text{ für } i = j; \ \delta_{ij} = 0 \text{ für } i \neq j) \qquad (5.31)$$

wird die skalare Dissipationsrate ε^* zu jeweils 1/3 auf die drei Normalkomponenten ($\tau_{xx}^{*}{}', \tau_{yy}^{*}{}', \tau_{zz}^{*}{}'$) des Reynoldsschen Spannungstensors auf-

geteilt. Der Faktor 2 in (5.31) entsteht, weil ε^* im Zusammenhang mit der Gleichung für die kinetische Energie k^*, (5.28), so definiert worden war, dass der Faktor $1/2$ in k^* berücksichtigt worden ist.

3. $C_{ijk}^* = \overline{u_i^{*\prime} u_j^{*\prime} u_k^{*\prime}} + \overline{p^* u_i^{*\prime}} \delta_{jk} + \overline{p^* u_j^{*\prime}} \delta_{ik}$:   Turbulente Diffusion

Die Terme treten auf, wenn der „Normalfall" einer sog. *inhomogenen Turbulenz* vorliegt, bei der die Komponenten des Reynoldsschen Spannungstensors ortsabhängig sind. (Nur im Spezialfall einer homogenen Turbulenz entfällt diese Ortsabhängigkeit; s. dazu auch Anmerkung 5.7/S. 123). Für die Modellierung werden üblicherweise die Druckterme $\overline{p^* u_i^{*\prime}}$ und $\overline{p^* u_j^{*\prime}}$ vollständig vernachlässigt. Die übrigen Tripel-Korrelationsterme $\overline{u_i^{*\prime} u_j^{*\prime} u_k^{*\prime}}$ werden häufig mit einem sog. Gradientenansatz als proportional zu Ortsgradienten von Spannungskomponenten angesetzt.

Mit den Modellierungsansätzen 1.–3. in (5.30) entsteht die Reynolds-Spannungs-Modellgleichung in Form von *Differentialgleichungen* für die einzelnen Komponenten von $\tau_{ij}^{*\prime}$.

Wenn die Differentialausdrücke in (5.30) durch algebraische Ansätze approximiert werden, wird das dann entstehende Modell als *algebraisches Reynolds-Spannungs-Modell* (*engl.*: algebraic stress mode, ASM) bezeichnet. Der Vergleich mit algebraischen Wirbelviskositäts-Modellen zeigt den entscheidenden Unterschied: Interpretiert man das algebraische Reynolds-Spannungs-Modell im Sinne einer Wirbelviskosität (indem Vorfaktoren vor Gradienten der mittleren Geschwindigkeit mit dieser identifiziert werden), so liegt kein skalarer Wert der Wirbelviskosität vor (wie bei den sog. isotropen Wirbelviskositäts-Modellen), sondern eine richtungsabhängige Wirbelviskosität. Im Zusammenhang mit diesen sog. *anisotropen Wirbelviskositäts-Modellen* sollte deren Entstehung aus der Modellierung des vollständigen Reynoldsschen Spannungstensors aber stets präsent sein.

Anmerkung 5.5:   *„Zweite Momente"*

In Anlehnung an die Bezeichnung „n-tes Moment" für die Operation $\int x^n f(x)\, dx$ nennt man die Multiplikation von Bilanzgleichungen für $u^{*\prime}$, $v^{*\prime}$ und $w^{*\prime}$ mit Schwankungsgrößen und anschließende Zeitmittelung „Bildung von Momenten dieser Gleichungen". Entstehen auf diese Weise Bilanzgleichungen für Zweier-Korrelationen wie $\overline{u^{*\prime 2}}$ oder $\overline{u^{*\prime} v^{*\prime}}$, so sind dies sog. *zweite Momente*, die darauf aufbauenden Modelle *Schließungs-Modelle mit zweiten Momenten* (*engl.*: second-moment closure models). Diese Bezeichnung wird für Modelle verwendet, die diese zweiten Momente direkt modellieren, also für die Reynolds-Spannungs-Modelle.

Anmerkung 5.6:   *Schließung durch zusätzliche Gleichungen*

Das Schließungsproblem der Turbulenz entsteht, weil nach der Zeitmittelung der Grundgleichungen in diesen turbulente Zusatzterme entstehen. In den Impulsgleichungen sind dies die Komponenten des (turbulenten) Reynoldsschen Spannungstensors. Da für diese

Komponenten $\tau_{ij}^{*\prime}$ aus den Grundgleichungen exakte Bilanzgleichungen abgeleitet werden können, scheint zunächst auf diesem Weg eine Schließung des Gleichungssystems möglich. Die entsprechenden Bilanzgleichungen (5.30) zeigen allerdings, dass jetzt weitere unbekannte Terme auftreten, in denen Tripelkorrelationen vorkommen.

Eine genauere Analyse ergibt, dass in allen prinzipiell ableitbaren n-ten Momentengleichungen stets Terme höherer Momente vorkommen, so dass auf diesem Wege eine Schließung des Gleichungssystems prinzipiell nicht möglich ist. Auf einem bestimmten „Momenten-Niveau" muss die Turbulenzmodellierung einsetzen. Bei den Wirbelviskositätsmodellen geschieht dies auf dem Niveau der Grundgleichungen selbst, bei den Reynolds-Spannungs-Modellen auf dem Niveau zweier Momente. Schließungen auf höheren Momenten-Niveaus sind prinzipiell möglich aber nicht üblich.

Anmerkung 5.7: *Homogene Turbulenz*

Für das Studium der Turbulenz ganz allgemein ist es hilfreich, spezielle Fälle zu betrachten, selbst wenn diese keine unmittelbare praktische Bedeutung haben. Einen solchen Spezialfall stellt die sog. *homogene Turbulenz* dar. Sie ist definiert als Turbulenz in einem Strömungsfeld, in dem *alle* (zeitgemittelten) Strömungsgrößen vom Ort unabhängig sind. Dies erfordert u.a. eine konstante mittlere Geschwindigkeit, die darüber hinaus notwendigerweise stationär sein muss. Ohne Einschränkung kann man deshalb den Fall $\overline{v^*} = 0$ betrachten, also ein „Strömungsfeld", das im zeitlichen Mittel in Ruhe ist. Es verbleiben die turbulenten Schwankungsgrößen, deren Dynamik auf diese Weise untersucht werden kann. Zum Beispiel reduziert sich die k-Gleichung (5.28) auf die Aussage

$$\frac{\partial k^*}{\partial t^*} = -T_\Phi^*/\varrho^* \tag{5.32}$$

aus der ein Zusammenhang zwischen der zeitlichen Änderung der kinetischen Energie der Schwankungsbewegung und der Dissipationsrate T_Φ^*, s. Tab. 5.5b, folgt.

Solche Strömungssituationen werden näherungsweise in der Abklingphase einer irgendwie in Gang gesetzten, dann aber wieder gestoppten Bewegung vorliegen. Auch die sog. *Gitterturbulenz*, bei der ein gleichförmiger Luftstrom konstanter Geschwindigkeit beim Durchströmen eines feinmaschigen Gitters in turbulente Bewegung versetzt wird, ist in Ebenen senkrecht zur Hauptströmung hinter dem Gitter in guter Näherung homogen.

Über die näherungsweise Realisierung hinaus ist das Konzept der homogenen Turbulenz im Sinne einer sog. *lokalhomogenen Turbulenz* in begrenzter Umgebung betrachteter Orte von Bedeutung. In diesem Sinne sind viele insgesamt inhomogene turbulente Strömungen lokalhomogen, was dann für die Turbulenzmodellierung entsprechend genutzt werden kann.

Bisweilen wird der Begriff *homogene* Turbulenz auch nur auf die gemittelten Turbulenzgrößen bezogen. Danach müssen diese ortsunabhängig sein, es werden aber ortsabhängige Werte der mittleren Geschwindigkeit zugelassen. Ein solcher Fall liegt bei einer homogenen Scherströmung vor.

Anmerkung 5.8: *Isotrope Turbulenz*

Ein weiterer Spezialfall turbulenter Strömungen ist die sog. *isotrope Turbulenz*. Diese liegt vor, wenn die (gemittelten) Turbulenzgrößen, gebildet aus den Geschwindigkeitskomponenten in einem bestimmten Koordinatensystem, von der Orientierung dieses Koordinatensystems unabhängig sind. Die betrachteten Turbulenzgrößen müssen also unverändert erhalten bleiben, wenn das Koordinatensystem in beliebiger Weise gedreht oder gespiegelt wird. Als unmittelbare Konsequenz aus dieser Bedingung folgt, dass gelten muss:

$$\overline{u^{*\prime 2}} = \overline{v^{*\prime 2}} = \overline{w^{*\prime 2}} \tag{5.33}$$

$$\overline{u^{*\prime}v^{*\prime}} = \overline{u^{*\prime}w^{*\prime}} = \overline{v^{*\prime}w^{*\prime}} = 0 \tag{5.34}$$

Es treten also keine turbulenten Schubspannungen auf, sondern nur Normalspannungen, die darüber hinaus in allen drei Koordinatenrichtungen gleich groß sind. Eine insgesamt isotrope Strömung liegt in guter Näherung wiederum hinter einem gleichmäßig durchströmten engmaschigen Netz vor (Gitterturbulenz).

Die eigentliche Bedeutung dieses Konzeptes liegt aber darin, dass insgesamt anisotrope Strömungen in begrenzten Teilgebieten *lokalisotrop* sein können. Tatsächlich findet man lokale Isotropie in beliebigen turbulenten Strömungen, wenn die Reynolds-Zahl hinreichend groß ist. Eine genauere Analyse zeigt, dass kleine Gebiete des Strömungsfeldes, die dann als kleine Wirbelabmessungen (große Wellenzahlen) interpretiert werden können, die Eigenschaft der Isotropie besitzen, s. dazu auch die Ausführungen im Zusammenhang mit Bild 5.1 (Spektrale Verteilung der kinetischen Energie).

Anmerkung 5.9:   *Modellierung der Reynoldsschen Wärmestromdichte* λ_t^*

In Anmerkung 5.4/S. 113/ (Modellierung weiterer turbulenter Zusatzterme) war mit (5.18) die turbulente Wärmeleitfähigkeit λ_t^* eingeführt worden. Wie die Wirbelviskosität im Reynoldsschen Spannungstensor die Spannungen mit den Geschwindigkeitsgradienten verbindet, wird durch λ_t^* der Zusammenhang zwischen den Wärmestromdichten und den Temperaturgradienten im Reynoldsschen Wärmestromdichte-Vektor hergestellt.

So wie statt η_t^* in der Regel $\nu_t^* = \eta_t^*/\varrho^*$ modelliert wird, kann anstelle von λ_t^* die Größe

$$a_t^* = \frac{\lambda_t^*}{\varrho^* c_p^*} \tag{5.35}$$

als sog. *turbulente Temperaturleitfähigkeit* eingeführt werden, die dann anstelle von λ_t^* modelliert wird.

In vielen Fällen kann man sich dabei den „passiven Charakter" des Temperaturfeldes zunutze machen. Damit ist gemeint, dass die turbulente Wärmeübertragung weitgehend durch das turbulente Strömungsgeschehen bestimmt wird. Dies äußert sich u.a. darin, dass für inkompressible Strömungen ohne thermische Auftriebseffekte das Strömungsfeld vollkommen unabhängig vom Temperaturfeld ist und deshalb unabhängig von diesem bestimmt werden kann. Mit dem bekannten Strömungsfeld kann dann das zugehörige Temperaturfeld ermittelt werden, das auf diese Weise „passiv" dem Strömungsgeschehen „folgt". Dieser passive Charakter äußert sich bezüglich der Turbulenz darin, dass a_t^* weitgehend dem Verhalten von ν_t^* folgt. Beide Größen besitzen die Dimension LÄNGE²/ZEIT, so dass ihr Quotient

$$\mathrm{Pr}_t = \frac{\nu_t^*}{a_t^*} \tag{5.36}$$

eine dimensionslose Zahl darstellt, die analog zur molekularen Prandtl-Zahl $\mathrm{Pr} = \nu^*/a^*$ als sog. *turbulente Prandtl-Zahl* eingeführt wird. Sie stellt wie ν_t^* und a_t^* eine Strömungsgröße und keinen Stoffwert dar. Als eine in sehr vielen Fällen brauchbare Turbulenzmodellierung ergibt sich

$$\mathrm{Pr}_t = \mathrm{const} \tag{5.37}$$

wobei die Konstante häufig zu 0,9 gewählt wird. Dies unterstreicht den passiven Charakter des thermischen Turbulenzfeldes, da dann im ganzen betrachteten Feld $a_t^* = \nu_t^*/0,9$ bzw. $\lambda_t^* = \eta_t^* c_p^*/0,9$ gilt.

Für eine genauere Turbulenzmodellierung des Temperaturfeldes könnte wiederum über Ansätze analog zu (5.21) eine direkte Modellierung von λ_t^* erfolgen. Ein ZWEI-GLEICHUNGS-MODELL analog zum k-ε-Modell für ν_t^* mit zwei Differentialgleichungen für die sog. *Varianz der Temperaturschwankungen* $k_\Theta^* = \overline{T^{*\prime 2}}/2$ und die *Dissipation bezüglich der Varianz der Temperaturschwankungen* ε_Θ^* liefert die erforderliche Information zur Bestimmung von a_t^*. Alternativ kann die turbulente Prandtl-Zahl wie folgt modelliert werden:

$$\mathrm{Pr}_t = \sqrt{\frac{k_\Theta^*/\varepsilon_\Theta^*}{k^*/\varepsilon^*}} \tag{5.38}$$

Der Ausdruck unter dem Wurzelzeichen wird dann als das Verhältnis zweier Zeiten interpretiert, die für die Turbulenz im Temperatur- bzw. Strömungsfeld charakteristisch sind. (5.38) stellt damit ein VIER-GLEICHUNGSMODELL dar. Für Einzelheiten s. Speziale, So (1998).

Anmerkung 5.10: *Grobstruktur-Simulation (LES)*

Bisher waren die *Simulation* (Direkte numerische Simulation (DNS), s. Abschn. 5.2) und die *Modellierung* (Turbulenzmodellierung (RANS), s. Abschn. 5.3.2) als grundsätzlich alternative Vorgehensweisen zur theoretischen Beschreibung turbulenter Strömungen behandelt worden.

Als deutlich wurde, dass auch bei weiterhin schneller Entwicklung der Computer in Richtung kürzerer Rechenzeiten und steigender Speicherkapazität die direkte numerische Simulation in überschaubarer Zukunft keine Alternative bei der Berechnung technisch relevanter Probleme sein kann, hat man begonnen, Simulation und Modellierung sinnvoll miteinander zu kombinieren. Diese Vorgehensweise wird *Grobstruktur-Simulation* (engl.: large eddy simulation, LES) genannt.

Wie bei der direkten numerischen Simulation werden auch bei der Grobstruktur-Simulation die zeitabhängigen Grundgleichungen numerisch gelöst, jedoch erfolgt dabei eine sog. *Filterung* der Gleichungen. Diese Filterung kann beispielsweise dadurch erreicht werden, dass die Grundgleichungen über ein Maschenvolumen (eines relativ groben Gitters) integriert werden. Diese integrierten sog. *Grobstrukturgrößen* (bei einem reinen Strömungsproblem die drei Geschwindigkeitskomponenten und der Druck), sind dann in einem Volumen konstant, ändern sich jedoch von Maschenvolumen zu Maschenvolumen und mit der Zeit, sind also „grob" ortsabhängige Momentanwerte.

Bei der Integration über die Maschenvolumen entsteht ein ähnliches Schließungsproblem wie bei der bisher behandelten Turbulenzmodellierung, so dass der Einfluss der turbulenten Feinstruktur auf die Grobstruktur modelliert werden muss. Diese Feinstruktur-Turbulenzmodelle ähneln dabei in ihren Modellierungsansätzen sehr stark den bisher behandelten Wirbelviskositäts-Modellen. Ungenauigkeiten bei der Feinstruktur-Modellierung sind jedoch relativ unkritisch, da die Feinstruktur-Turbulenz nur einen geringen Beitrag zur gesamten turbulenten kinetischen Energie und zum Impulsstrom liefert. Darüber hinaus vereinfachen gewisse universelle Eigenschaften der Feinstruktur, wie z.B. die Isotropie, die Modellierung.

Obwohl auch bei der Grobstruktur-Modellierung hohe Rechenleistungen erforderlich sind, besteht der große Vorteil dieses Ansatzes darin, dass die Grenze zwischen Simulation (der Grobstuktur) und Modellierung (der Feinstruktur) in dem Maße in Richtung zur Simulation hin verschoben werden kann, wie es die Entwicklung leistungsstarker Rechentechnik zulässt. Eine zusammenfassende Darstellung der Grobstruktur-Simulation findet sich z.B. in Schumann & Friedrich (1986) und Fröhlich (2006).

Anmerkung 5.11: *Entstehung der Turbulenz/Strömungsstabilität bzw. -instabilität*

Betrachtet man die unterschiedlichsten Strömungen bei jeweils unterschiedlichen Werten der zugehörigen Reynolds-Zahlen, so ergibt sich einheitlich folgendes Bild: Bei sehr kleinen Reynolds-Zahlen sind die Strömungen stets laminar, bei sehr großen Reynolds-Zahlen liegen stets turbulente Strömungen vor. Die Reynolds-Zahl $Re = U_B^* L_B^* / \nu^*$ enthält neben der kinematischen Viskosität, die bei der Strömung eines bestimmten Fluides unverändert bleibt, eine charakteristische Bezugsgeschwindigkeit U_B^* und eine charakteristische Bezugslänge L_B^*. Steigende Reynolds-Zahlen können also so interpretiert werden, dass die „Strömungswege" der Fluidteilchen an der betrachteten Geometrie zunehmen (größere Werte von L_B^*) oder dass die Strömungsgeschwindigkeiten steigen (größere Werte von U_B^*). Beides führt offensichtlich bei hinreichend starker Ausprägung zu einer grundsätzlichen Veränderung des Strömungsverhaltens von der gleichmäßigen laminaren zur starken Schwankungen unterworfenen turbulenten Strömung.

Als Ursache dieses Überganges kann das unterschiedliche Verhalten der Strömung gegenüber Störungen angesehen werden. Störungen können dabei auf ganz unterschiedliche

Weise entstehen, wie z.B. durch Wandrauheiten oder kurzfristige Druckschwankungen. Interpretiert man Strömungen als „schwingungsfähige Systeme" (mit unendlich vielen Freiheitsgraden), so können diese sehr unterschiedlich auf Störungen reagieren. Ähnlich wie eine angeregte Feder/Masse-Anordnung gedämpft oder im Resonanzfall angefacht reagieren kann, können Störungen in Strömungen (mit der Zeit) abklingen oder aber auch anwachsen. Offensichtlich verändern Strömungen abhängig von der Reynolds-Zahl ihr Verhalten gegenüber Störungen. Wenn dies prinzipiell den Unterschied zwischen laminaren (Störungen werden gedämpft) und turbulenten (Störungen wurden nicht mehr gedämpft) Strömungen beschreibt, so muss eine Analyse des Verhaltens der Strömung gegenüber eingebrachten Störungen Aufschluss darüber geben können „ab wann" Strömungen nicht mehr laminar bleiben können und auch, auf welchem Wege Strömungen turbulent werden.

Dies ist in der Tat ein sinnvolles Konzept, nur sind diese Vorgänge wie auch die auf diesem Wege entstandenen turbulenten Strömungen leider äußerst komplex und weit schwerer zu analysieren als eine einfache schwingende Feder-Masse-Anordnung.

Im folgenden soll kurz skizziert werden, wie (über viele Jahrzehnte hinweg) versucht worden ist, den Übergang vom laminaren zum turbulenten Strömungsverhalten auf diese Weise zu analysieren. Ganz allgemein wird der Übergang als *Transitionsprozess*, meist nur *Transition* genannt, beschrieben. Dieser Prozess beginnt in vielen Fällen mit kleinen, zunächst zweidimensionalen Störungen, die anwachsen, zusätzliche dreidimensionale Wirbelstrukturen entwickeln, als solche zerfallen und letztendlich zur ausgebildeten Turbulenz führen. Bei (zeitgemittelt) stationären Strömungen finden diese Vorgänge längs eines endlichen Strömungsweges statt, dessen Beginn und Ende jeweils durch eine mit der Lauflänge gebildete Reynolds-Zahl gekennzeichnet werden kann. Der Beginn des Transitionsprozesses wird durch die sog. *Indifferenz-Reynolds-Zahl* Re_{ind} gekennzeichnet, der voll turbulente Bereich beginnt weiter stromabwärts bei der sog. *kritischen Reynolds-Zahl* Re_{krit}. Diese wird häufig als Reynolds-Zahl des „Umschlages von laminar zu turbulent" eingeführt, wenn der Transitions*prozess* ignoriert wird und der Vorgang in grober Näherung als „Umschlag" behandelt wird.

Die Anfangsphase dieses insgesamt sehr komplizierten Prozesses ist einer theoretischen Behandlung noch am ehesten zugänglich. Damit gelingt es, im konkreten Fall die Indifferenz-Reynolds-Zahl zu bestimmen. Diese Anfangsphase ist insofern von großer Bedeutung, als alle Versuche, die Transition zu beeinflussen, sinnvollerweise dort ansetzen, wo der Prozess beginnt.

Historisch gesehen hat es zwei Wege gegeben, die Störungsentwicklung in einer Strömung zu analysieren. Es ist zunächst versucht worden, die zeitliche Änderung der Energie der Störungsbewegung zu bestimmen, was aber nicht zum Erfolg geführt hat, u.a. deshalb, weil beliebige Störungen zugelassen worden sind, auch solche, die nicht mit den Grundgleichungen für die Strömung verträglich sind. Erst als die Störbewegung selbst (auf der Basis der strömungsmechanischen Grundgleichungen) untersucht worden ist, konnten Ergebnisse gefunden werde, die anschließend eindrucksvoll durch (sehr sorgfältige) Experimente bestätigt wurden. Die wesentlichen Schritte dieser Analyse sind:

1. Die gestörte Strömung wird bezüglich aller abhängigen Variablen in einen Grundströmungs- und einen Störanteil aufgespalten. Somit gilt für die Geschwindigkeitskomponenten und den Druck

$$u^* = U^* + u^{*\prime} \; ; \; v^* = V^* + v^{*\prime} \; ; \; w^* = W^* + w^{*\prime} \; ; \; p^* = P^* + p^{*\prime} \; . \qquad (5.39)$$

Dies ist formal dieselbe Aufspaltung wie bei der konventionellen Zeitmittelung turbulenter Größen, vgl. (5.7), es besteht aber insofern ein konzeptioneller Unterschied, als z.B. $\overline{u^*}$ in (5.7) durch die Zeitmittelung der turbulenten Größe u^* entsteht, während U^* in (5.39) die laminare ungestörte Strömung darstellt.

2. Aus den Navier-Stokes-Gleichungen und der Kontinuitätsgleichung werden Bestimmungsgleichungen für $u^{*\prime}$, $v^{*\prime}$, $w^{*\prime}$ und $p^{*\prime}$ hergeleitet. Wenn darin alle nichtlinearen Terme wie z.B. $u^{*\prime 2}$ und $u^{*\prime} v^{*\prime}$ vernachlässigt werden, entstehen die sog. *linearisierten Störungsdifferentialgleichungen*, aus deren Lösung prinzipiell die zeitliche und räumliche Entwicklung von Störungen in ihrer Anfangsphase ermittelt werden kann.

Im Rahmen dieser Näherung gibt es keine Rückwirkung der Störung auf die Grundströmung.

3. Häufig werden zweidimensionale Strömungen untersucht, bei denen dann die Grundströmung die Komponenten $U^*(x^*, y^*)$ und $V^*(x^*, y^*)$ besitzt. Wenn eine Hauptströmung in x-Richtung existiert, wird die Grundströmung anschließend durch $U^*(y^*)$, $V^* = 0$ approximiert, was als *Parallelströmungsannahme* bezeichnet wird, weil dies einer Strömung entspricht, deren Stromlinien stets parallel zur x-Richtung verlaufen.

4. Statt willkürliche und beliebige Störungen als Rand- und/oder Anfangswerte vorzugeben, interpretiert man eine beliebige Störung im Sinne einer Fourier-Reihe zusammengesetzt aus unendlich vielen Elementarstörungen und untersucht diese Einzelstörungen.

5. Die Elementarstörungen werden als zweidimensionale Störungen durch folgenden sog. *Wellenansatz* beschrieben (die Summanden der unendlichen Fourierschen Reihe einer beliebigen Funktion können als „Elementarwellen" interpretiert werden), der hier für die Störung $u^{*\prime}$ gezeigt ist:

$$u^{*\prime}(x^*, y^*, t^*) = \hat{u}^*(y^*) \exp[i\alpha^*(x^* - \hat{c}^* t^*)] + cc \qquad (5.40)$$

Es handelt sich dabei um eine Störwelle der Wellenlänge $2\pi/\alpha^*$. Der Ansatz (5.40) ist nicht sehr anschaulich, da es sich bei den mit ^ markierten Größen um mathematisch komplexe Größen handelt, bei denen meist nur der Realteil physikalisch anschaulich interpretiert werden kann. Der Zusatz $+cc$ bedeutet, dass die konjugiert komplexe Funktion zu addieren ist, damit $u^{*\prime}$ als mathematisch reelle Größe entsteht. Die entscheidende Größe in diesem Ansatz ist $\hat{c}^* = c_r^* + ic_i^*$, wobei der Realteil c_r^* der Wellenfortpflanzungsgeschwindigkeit in x-Richtung entspricht und der Imaginärteil c_i^* über die Anfachung bzw. Dämpfung entscheidet. Das Ziel der recht aufwendigen Analyse besteht deshalb hauptsächlich darin, herauszufinden, ob die Größe c_i^* in der betrachteten Strömung positiv, null oder negativ ist, weil dies darüber entscheidet, wie sich die Elementarstörung mit der Wellenlänge $2\pi/\alpha^*$ in der Strömung verhält. Es gilt (beachte: $\exp[-i^2\alpha^* c_i^*] = \exp[\alpha^* c_i^*]$)

$c_i^* > 0$: die Störung wird angefacht

$c_i^* = 0$: die Störung bleibt unverändert erhalten

$c_i^* < 0$: die Störung wird gedämpft

In Anmerkung 9.7/S. 256/ wird am konkreten Beispiel der Strömungsgrenzschicht gezeigt, welche Aussagen aus einer solchen Analyse folgen.

Weiterführende Informationen zur Entstehung der Turbulenz und zur Stabilitätstheorie sind z.B. in Schlichting, Gersten (1997) zu finden bzw. in der umfangreichen Spezialliteratur zu diesem Gebiet, wie etwa in Oertel, Delfs (1996) oder Drazin, Reid (1981).

Literatur

Champagne, F.H. (1978): The fine-scale structure of the turbulent velocity field. JFM, Vol. 86, 67–108

Drazin, P.G.; Reid, W.H. (1981): Hydrodynamic stability. Cambridge University Press, Cambridge

Fröhlich, J. (2006): Large Eddy Simulation turbulenter Strömungen. Teubner Verlag, Wiesbaden

Gersten, K.; Herwig, H. (1992): Strömungsmechanik/Grundlagen der Impuls-, Wärme- und Stoffübertragung aus asymptotischer Sicht. Vieweg-Verlag, Braunschweig

Herwig, H. (2017): Turbulente Strömungen/Einführung in die Physik eines Jahrhundertproblems. essentials, Springer-Vieweg, Wiesbaden

Jin, Y.; Uth, M.F.; Herwig, H. (2014): Structure of a turbulent flow through plane channels with smooth and rough walls: An analysis based on high resolution DNS results. Computer and Fluids, Vol. 107, 77-88

Jin, Y.; Uth, M.F.; Kuznetsov, A.; Herwig, H. (2015): Numerical investigation of the possibility of macroscopic turbulence in porous media: A direct numerical simulation study. J. Fluid Mech., Vol. 766, 76-103

Jin, Y.; Herwig, H. (2015): Turbulent flow in rough wall channels: Validation of RANS models. Computers and Fluids, Vol. 122, 34-46

Kis, P.; Herwig, H. (2014): Natural convection in a vertical plane channel: DNS results for high Grashof numbers. Heat and Mass Transfer, Vol. 50, 957-972

Kim, J.; Moin P.; Moser, R.D. (1987): Turbulence statistics in fully-developed channel flow at low Reynolds number. J. Fluid Mech., Vol. 177, 133–166

Oertel Jr. H.; Delfs, J. (1996): Strömungsmechanische Instabilitäten. Springer-Verlag, Berlin, Heidelberg, New York

Panton, R. (1996): Incompressible Flow. John Wiley & Sons, New York

Reynolds, W.C. (1990): The Potential and Limitations of Direct and Large Eddy Simulations. in: Lecture Notes in Physics 357 (ed.; J.L. Lumley), 313–343

Schlichting, H.; Gersten, K. (1997): Grenzschicht-Theorie. Springer-Verlag, Berlin, Heidelberg, New York

Schumann, U.; Friedrich, R. (Eds) (1986): Direct and Large Eddy Simulation of Turbulence. Notes on Numerical Fluid Mechanics, Vol. 15, Vieweg-Verlag, Braunschweig

Speziale, C.G.; So, R.M.C. (1998): Turbulence Modelling and Simulation. in: The Handbook of Fluid Dynamics (Johnson, R.W. ed.), CRC Press, Boca Raton, 14.1–14.111

Uth, M.F.; Jin, Y.; Kuznetsov, A.; Herwig, H. (2016): A direct numerical simulation study on the possibility of macroscopic turbulence in porous media: Effects of different matrix geometries, solid boundaries, and two porosity scales. Physics of Fluids, Vol. 28, 065101-1-23

Teil B

Die physikalisch/mathematische Modellierung spezieller Strömungen

---

Im Teil B des Buches wird ausführlich behandelt, wie verschiedene Strömungen durch eine adäquate Modellbildung in jeweils guter Näherung beschrieben werden können. Diese Modellbildung geht von der physikalischen Vorstellung aus, bestimmte Effekte als vernachlässigbar anzusehen und dies dann in ein vereinfachtes mathematisches Modell umzusetzen.

Auf diese Weise entstehen unterschiedlich komplexe physikalisch/mathematische Modelle. Durch welches dieser Modelle eine bestimmte Strömung in guter Näherung beschrieben werden kann, muss jeweils im Einzelfall überprüft werden. Dies wird in der Regel dadurch geschehen, dass die einschränkenden Voraussetzungen der unterschiedlichen Modelle mit der physikalischen Situation bei der zu beschreibenden Strömung verglichen werden und damit dann die adäquate Modellvorstellung ausgewählt wird. Dabei ist der bereits in Abschnitt 2.1 hervorgehobene Aspekt der *Brauchbarkeit* einer Modellvorstellung wichtig und nicht etwa, dass Modelle in sich *falsch* oder *richtig* wären.

Die grobe Gliederung der nachfolgenden Kapitel ergibt sich daraus, dass zunächst die Modellannahme einer eindimensionalen Strömung getroffen wird. Danach werden zweidimensionale bzw. rotationssymmetrische und schließlich allgemein dreidimensionale Modellvorstellungen behandelt.

In allen Fällen soll deutlich werden, welche Näherungsannahmen gegenüber der vollständigen Beschreibung auf der Basis der allgemeinen Bilanzgleichungen getroffen werden. Dazu werden die Modellgleichungen jeweils als Spezialfälle in den allgemeinen Gleichungen gekennzeichnet.

B1: Eindimensionale Näherung

Die allgemeinen Bilanzgleichungen in Form der in Teil A eingeführten Differentialgleichungen müssen integriert werden, um zu den gewünschten Ergebnissen in endlichen Strömungsgebieten zu gelangen. Eine eindimensionale Näherung liegt vor, wenn diese Integration nur in einer Raumrichtung erfolgt und die Änderungen in den zwei dazu senkrechten Richtungen vernachlässigt werden. Eine solche Näherung ist naturgemäß nur in Strömungen sinnvoll, in denen eine Hauptströmungsrichtung identifiziert werden kann, wie dies z.B. bei der Strömung durch ein Rohr, einen Kanal oder in einem ins Freie austretenden Strahl (dem sog. Freistrahl) der Fall ist. Die Integration sollte dann in Richtung dieser Hauptströmung erfolgen, die nicht notwendigerweise mit der x-, y- oder z-Richtung zusammenfällt und wie bei einem gekrümmten Rohr auch von einer geraden Linie abweichen kann.

Die in diesem Sinne gewünschte Richtung ist unmittelbar durch die Stromlinien einer Strömung vorgegeben, die im stationären Fall, der hier vorausgesetzt werden soll, mit den Bahnlinien zusammenfallen (s. dazu Abschn. 3.2.1).

6 Stromfadentheorie bei endlichen Querschnitten für inkompressible Strömungen

6.1 Stromfaden, Stromröhre

Es wird ein infinitesimales Flächenelement dA^* senkrecht zu einer Stromlinie betrachtet und ein sog. *Stromfaden* definiert, wie dies in Bild 6.1 gezeigt ist. Über den Querschnitt dA^* hinweg werden alle Größen als konstant unterstellt. Änderungen können nur in Richtung des Stromfadens erfolgen. Dies stellt auch für einen infinitesimal kleinen Querschnitt dA^* noch eine Näherung dar, weil alle vorhandenen Gradienten quer zur „umhüllten" Stromlinie vernachlässigt werden. Damit kann dann eine gewöhnliche (nicht partielle) Integration längs der Stromlinie vorgenommen werden. Dies nennt man *Stromfadentheorie*.

Wird diese Vorstellung auf eine endlich Fläche A^* ausgeweitet, so soll eine sog. *Stromröhre* dadurch definiert sein, dass sie durch alle Stromlinien begrenzt ist, die durch den Rand von A^* verlaufen. Diese Stromröhre besitzt die anschauliche Eigenschaft, dass sie einen durch A^* eintretenden Fluidstrom gegenüber der Umgebung abgrenzt, weil über die Seitenflächen der Stromröhre kein Fluid ein- oder austreten kann. Diese Eigenschaft gilt auch, wenn die Strömungsgrößen über den Querschnitt variabel sind. Wird jedoch zusätzlich die eindimensionale Näherung getroffen (alle Strömungsgrößen sind über A^* konstant) spricht man von der *Stromfadentheorie bei endlichen Querschnitten*.

6.2 Mechanische Energiegleichung

6.2.1 Bernoulli-Gleichung

Da bei inkompressiblen Strömungen die Teil-Energiegleichung für die mechanische Energie vollständig von derjenigen für die thermische Energie entkoppelt ist, (s. dazu Abschn. 4.5.3 vor Anmerkung 4.6/S. 67) genügt es, die Teil-Energiegleichung (ME*) aus Tab. 4.1 zu betrachten.

Mit der eindimensionalen Näherung werden alle Geschwindigkeitsgradienten quer zur Hauptströmungsrichtung vernachlässigt. Diese können jedoch als Ursache für die Entstehung der Turbulenz angesehen werden und bilden den Ansatzpunkt für eine Turbulenzmodellierung in den turbulenten Bilanzgleichungen, wie der zentrale Boussinesq-Ansatz (5.15) bzw. (5.16) zeigt. Ohne diese Geschwindigkeitsgradienten in den Gleichungen entfällt also die

© Springer-Verlag Berlin Heidelberg 2018
H. Herwig und B. Schmandt, *Strömungsmechanik*,
https://doi.org/10.1007/978-3-662-57773-8_6

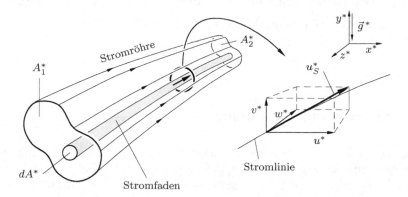

Bild 6.1:   Stromfaden und Stromröhre

u_S^*:   Geschwindigkeit in Stromlinienrichtung; $u_S^* = |\vec{v}^*|$
u^*, v^*, w^*:   kartesische Geschwindigkeitskomponenten des Vektors $\vec{v}^*$
dA^*:   infinitesimal kleiner Querschnitt des Stromfadens
A_1^*, A_2^*:   endliche Querschnitte der Stromröhre an den Stellen ① und ②
$\vec{g}^*$:   Fallbeschleunigungsvektor; Verlauf entgegen der y^*-Koordinate

Möglichkeit, Turbulenzmodelle mit einzubeziehen. Es wird also zunächst vernachlässigt, dass die näherungsweise zu beschreibenden Strömungen in aller Regel turbulent sind. Da in der eindimensionalen Stromfaden-Näherung die Turbulenz nicht erfasst, sondern allenfalls mit Hilfe eines zusätzlichen Korrekturtermes nachträglich berücksichtigt werden kann, wird von den allgemeinen Bilanzgleichungen der Tab. 4.1 ausgegangen und nicht von den zeitgemittelten Bilanzgleichungen in Tab. 5.3a. Tab. 6.1 enthält diese Gleichung sowie die darin vorkommenden Hilfsfunktionen.

Im Sinne der Stromfadentheorie sind die Bilanzgleichungen in Richtung der Stromlinien zu integrieren, die im allgemeinen Fall aber nicht parallel zu einer der kartesischen Koodinatenrichtungen verlaufen und darüber hinaus auch gekrümmt sein können. Diesem speziellen Integrationsweg trägt die folgende Überlegung Rechnung, die „leider" auf eine vektorielle Darstellung zurückgreifen muss.

Bezeichnet man den Betrag der Geschwindigkeit $\vec{v}^*$ längs einer Stromlinie mit u_S^*, s. Bild 6.1, so gilt

$$u_S^* = \sqrt{u^{*2} + v^{*2} + w^{*2}} \tag{6.1}$$

als Zusammenhang mit den kartesischen Geschwindigkeitskomponenten des Vektors $\vec{v}^*$.

Wie in Anmerkung 4.8/S. 78/ erläutert, kann für

$$\frac{\mathrm{D}}{\mathrm{D}t^*} = \frac{\partial}{\partial t^*} + u^* \frac{\partial}{\partial x^*} + v^* \frac{\partial}{\partial y^*} + w^* \frac{\partial}{\partial z^*}$$

$$\frac{D}{Dt^*} = \frac{\partial}{\partial t^*} + u^* \frac{\partial}{\partial x^*} + v^* \frac{\partial}{\partial y^*} + w^* \frac{\partial}{\partial z^*}$$

TEIL-ENERGIEGLEICHUNG (MECHANISCHE ENERGIE)

$$\frac{\varrho^*}{2} \frac{D}{Dt^*}[u^{*2} + v^{*2} + w^{*2}] = \left(\frac{\partial p^*}{\partial t^*} - \frac{Dp^*}{Dt^*}\right) + \mathcal{D}^* - \Phi^* \qquad (\text{ME}^*)$$

$$+ (u^* f_x^* + v^* f_y^* + w^* f_z^*)$$

Hilfsfunktionen in der Energiegleichung:

$$\mathcal{D}^* = \frac{\partial}{\partial x^*}[u^* \tau_{xx}^* + v^* \tau_{yx}^* + w^* \tau_{zx}^*] + \frac{\partial}{\partial y^*}[u^* \tau_{xy}^* + v^* \tau_{yy}^* + w^* \tau_{zy}^*]$$

$$+ \frac{\partial}{\partial z^*}[u^* \tau_{xz}^* + v^* \tau_{yz}^* + w^* \tau_{zz}^*]$$

DIFFUSION

$$\Phi^* = \left(\tau_{xx}^* \frac{\partial u^*}{\partial x^*} + \tau_{yx}^* \frac{\partial v^*}{\partial x^*} + \tau_{zx}^* \frac{\partial w^*}{\partial x^*}\right) + \left(\tau_{xy}^* \frac{\partial u^*}{\partial y^*} + \tau_{yy}^* \frac{\partial v^*}{\partial y^*} + \tau_{zy}^* \frac{\partial w^*}{\partial y^*}\right)$$

$$+ \left(\tau_{xz}^* \frac{\partial u^*}{\partial z^*} + \tau_{yz}^* \frac{\partial v^*}{\partial z^*} + \tau_{zz}^* \frac{\partial w^*}{\partial z^*}\right)$$

DISSIPATION

Tab. 6.1:   Mechanische Energiegleichung

Stromfadentheorie bei endlichen Querschnitten für inkompressible Strömungen als Spezialfall der allgemeinen Bilanzgleichungen aus Tab. 4.1

grau unterlegt: berücksichtigte Terme

grau schraffiert: indirekt berücksichtigte Terme, s. Abschnitt 6.2.2

(Die neue Gleichung entsteht, wenn rechts und links des Gleichheitszeichens die markierten Terme übernommen werden.)

formal auch

$$\frac{\partial}{\partial t^*} + \vec{v}^* \cdot \text{grad}$$

geschrieben werden. Damit lautet die Gleichung (ME*) aus Tab. 6.1, reduziert auf die grau unterlegten Terme (deren Auswahl anschließend erläutert wird), geschrieben mit Skalarprodukten je zweier Vektoren:

$$\frac{\varrho^*}{2}\vec{v}^* \cdot \text{grad } u_S^{*2} = -\vec{v}^* \cdot \text{grad } p^* + \vec{v}^* \cdot \vec{f}^* \qquad (6.2)$$

Wird unterstellt, dass die Volumenkraft $\vec{f}^*$ die Schwerkraft $\vec{f}^* = \varrho^* \vec{g}^*$ ist und berücksichtigt, dass $\vec{f}^*$ im Schwere-Potentialfeld $\psi_{pot}^* = -\vec{g}^* \cdot \vec{x}^* + \psi_{pot,B}^*$ als $\vec{f}^* = -\varrho^* \text{grad } \psi_{pot}^*$ entsteht, so kann (6.2) umgeschrieben werden zu:

$$\varrho^* \vec{v}^* \cdot \text{grad} \left[\frac{u_S^{*2}}{2} + \frac{p^*}{\varrho^*} + \psi_{pot}^* \right] = 0 \qquad (6.3)$$

Es ist unmittelbar zu erkennen, dass diese Gleichung erfüllt ist, wenn der Ausdruck in eckigen Klammern eine Konstante C^* ist, weil grad C^* gleich dem Null-Vektor ist. Bei Potentialen von Kraftfeldern interessiert häufig nicht der absolute Wert, weil dieser von einem willkürlich wählbaren Bezugszustand (hier: $\psi_{pot,B}^*$) abhängt. Interessant sind dagegen Potentialdifferenzen, bei denen dieser Bezugszustand „herausfällt".

Setzt man, wie im Zusammenhang mit (4.32), $\vec{g}^* = g^* \vec{g}_E$ mit $\vec{g}_E$ als Einheitsvektor in Richtung von $\vec{g}^*$, so wird das Skalarprodukt $\vec{g}^* \cdot \vec{x}^*$ im Koordinatensystem nach Bild 6.1 zu $g^* \vec{g}_E \cdot \vec{x}^* = g^*(-y^*)$, wobei $(-y^*)$ eine „Höhenposition" auf der Wirkungslinie des Vektors $\vec{g}^*$ beschreibt.

Zwischen zwei Positionen ① und ② entlang des Stromfadens gilt damit

$$\boxed{\frac{u_{S2}^{*2}}{2} + \frac{p_2^*}{\varrho^*} + g^* y_2^* = \frac{u_{S1}^{*2}}{2} + \frac{p_1^*}{\varrho^*} + g^* y_1^*} \qquad (6.4)$$

Diese Gleichung stellt eine Form der berühmten sog. *Bernoulli-Gleichung* dar, die Daniel Bernoulli (1700–1782) bereits im Jahre 1738 in einer äquivalenten Form in seinem Werk „Hydrodynamik" veröffentlicht hat.

Gleichung (6.4) besagt, dass unter den getroffenen Voraussetzungen die Summe $u_S^{*2}/2 + p^*/\varrho^* + g^* y^*$ stets eine Konstante darstellt, die häufig als *Bernoulli-Konstante* bezeichnet wird. Die Dimension der drei Terme ist $(\text{LÄNGE})^2/(\text{ZEIT})^2$. Diese können deshalb als spezifische Energien, d.h. Energien pro Masse mit der Einheit J/kg $= \text{m}^2/\text{s}^2$ interpretiert werden. Eine anschaulichere Interpretation ergibt sich aber, wenn diese Größen als Leistungen pro Massenstrom (Leistung: ENERGIE/ZEIT, Massenstrom: MASSE/ZEIT) angesehen werden. Durch einen festen Querschnitt (z.B. A_1^* oder A_2^* in Bild 6.1) strömt dann mit dem Massenstrom $\dot{m}^*$ eine bestimmte Leistung.

Die drei beteiligten Energien (die auf die Zeit bezogen Leistungen darstellen) sind:

❐ $\dfrac{u_S^{*2}}{2}$: spezifische kinetische Energie

❐ $\dfrac{p^*}{\varrho^*}$: spezifische Verschiebearbeit

❐ $g^* y^*$: spezifische potentielle Energie

Die bisweilen benutzte Bezeichnung „Druckenergie" für den Term p^*/ϱ^* ist unsinnig, da es aus thermodynamischer Sicht keinen solchen Energieanteil gibt. Wird der Term p^*/ϱ^* mit dem Massenstrom $\dot{m}^* = \varrho^* u_S^* A^*$ multipliziert, so entsteht mit $(p^* A^*) u_S$ das Produkt aus der *Kraft* $(p^* A^*)$ und dem *Weg pro Zeit* u_S^*, also der geleisteten *Arbeit = Kraft · Weg* pro *Zeit*, also die Verschiebeleistung.

In Tab. 6.1 sind diejenigen Terme der allgemeinen Teil-Energiegleichung grau markiert, die in der Bernoulli-Gleichung (6.4) berücksichtigt sind. Damit wird deutlich, dass folgende Effekte (zunächst) vernachlässigt worden sind:

1. *Turbulenzeinflüsse*; wie schon erwähnt, ist von vorne herein darauf verzichtet worden, die Energiegleichung für die zeitgemittelten Größen als Ausgangspunkt zu nehmen, weil mit der eindimensionalen Näherung die Grundlage für eine Turbulenzmodellierung entfällt.

2. *Instationaritäten*; es war eine stationäre Strömung vorausgesetzt worden. Für instationäre Strömungen s. Anmerkung 6.4/S. 142.

3. *Diffusionseffekte*; die in der Hilfsfunktion $\mathcal{D}^*$ zusammengefassten Terme beschreiben physikalisch die Wirkung mechanischer Kräfte auf die Energie in einem Volumenelement (s. dazu die Erläuterungen im Zusammenhang mit (4.20), besonders Punkt 2). Nur bei detaillierter Kenntnis des Strömungsfeldes und der Festlegung einer konstitutiven Gleichung könnte dieser Term ausgewertet und über ein endliches Gebiet integriert werden. Seine vollständige Vernachlässigung bedeutet, dass zwischen den Querschnitten ① und ② keine mechanische Energie über die Systemgrenze hinweg mit der Umgebung ausgetauscht wird.

4. *Dissipationseffekte*; auch dieser Term könnte nur bei detaillierter Kenntnis des Strömungsfeldes ausgewertet werden. Die vollständige Vernachlässigung dieser Effekte bedeutet, dass eine reibungsfreie, dissipationslose Strömung angenommen wird.

Diese Aufzählung macht deutlich, dass mit (6.4) vermutlich nur sehr wenige Strömungen in guter Näherung beschrieben werden können. Um einen weitergehenden Einsatz der eindimensionalen Betrachtung zu ermöglichen, kann (6.4) um zwei Terme erweitert werden, die den Austausch mechanischer Energie mit der Umgebung und Dissipationseffekte in ihrer globalen Wirkung zwischen den Bilanzquerschnitten ① und ② erfassen. Dies ist dann allerdings keine Ableitung aus den allgemeinen Bilanzgleichungen, sondern eine nachträgliche „pauschale" Erweiterung der Gleichung, die im folgenden Abschnitt näher erläutert wird.

Anmerkung 6.1:   *Hydrostatisches Grundgesetz als Grenzfall der*
Bernoulli-Gleichung für $u_{Si}^* = 0$ / Kräfte auf feste Wände

Obwohl die Bernoulli-Gleichung als mechanische Energiegleichung für eine *Strömung* hergeleitet worden ist, muss sie auch im Grenzfall beliebig kleiner Strömungsgeschwindigkeiten und damit letztlich auch für ein ruhendes Fluid ihre Gültigkeit bewahren. Nach (6.4) gilt für diesen Grenzfall

$$\frac{p_2^*}{\varrho^*} + g^* y_2^* = \frac{p_1^*}{\varrho^*} + g^* y_1^* \tag{6.5}$$

was formal umgeschrieben werden kann zu

$$p_2^* = p_1^* + \varrho^* g^* (y_1^* - y_2^*) \tag{6.6}$$

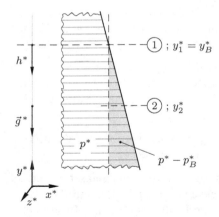

Bild 6.2:   Hydrostatische Druckverteilung
Einführung der Höhenkoordinate
$h^* = y_B^* - y^*$, hier: $y_B^* = y_1^*$

Führt man speziell in diesem Zusammenhang ein Bezugsniveau y_B^* ein, s. Bild 6.2, und definiert $h^* = y_B^* - y^*$, so lautet das *hydrostatische Grundgesetz*

$$p^* = p_B^* + \varrho^* g^* h^*$$

(6.7)

Ausgehend von einem Bezugsniveau mit dem Bezugsdruck p_B^* steigt in einem ruhenden Fluid der Druck also in Richtung von h^*, d.h. in Richtung der Fallbeschleunigung, linear an. Der Proportionalitätsfaktor ist $\varrho^* g^*$ mit ϱ^* als der Dichte des Fluides. Diese Druckzunahme kann sehr anschaulich als die Gewichtszunahme der Fluidsäule interpretiert werden, die sich oberhalb des jeweils betrachteten Höhenniveaus befindet.

Der Druckgradient in der mit (6.7) beschriebenen Situation ist $dp^*/dy^* = -\varrho^* g^*$. Für eine beliebige Lage des Koordinatensystems lautet er

$$\text{grad } p^* = \varrho^* \vec{g}^*,$$

wobei sich die Vorzeichen der Komponenten von $\vec{g}^* = (g_x^*, g_y^*, g_z^*)$ aus der Lage des kartesischen Koordinatensystems ergibt. So gilt in der Situation, die in Bild 6.2 skizziert ist: $\vec{g}^* = (0, -g^*, 0)$.

Die Druckverteilung (6.7) in einem ruhenden Fluid führt zu Kräften auf teilweise oder vollständig benetzte Flächen, die über eine Integration bestimmt werden können. Eine gleichwertige aber anschaulichere Möglichkeit ergibt sich, wenn die resultierende Gesamtkraft in eine Horizontal- und eine Vertikalkomponente zerlegt wird. Beide Kraftkomponenten können dann sehr einfach ermittelt werden.

Bild 6.3 erläutert die Entstehung der Druckkraft auf eine beliebig gekrümmte, von einem Fluid der Dichte ϱ^* benetzte Fläche. Die Fläche wird als zylindrisch verformt angenommen (Breite senkrecht zur Zeichenebene: B^*). Eine Erweiterung auf beliebige dreidimensionale Flächen ist ohne Schwierigkeiten möglich. Die flächenmäßig verteilte Druckkraft des Fluides auf die benetzte Fläche A^* entspricht dem Kraftvektor $\vec{R}^* = (R_x^*, R_y^*)$. Mit $\vec{R}^*$ ist deshalb die Gesamtbelastung der Fläche durch das Fluid sowohl dem Betrag nach als

$$R^* = \sqrt{R_x^{*2} + R_y^{*2}}$$

(6.8)

als auch nach der Richtung als

$$\alpha_R = \arctan \frac{R_y^*}{R_x^*}$$

(6.9)

bekannt. Wäre die Fläche A^* z.B. eine in den Behälter eingesetzte Klappe, die sich öffnen und schließen ließe, so liegt mit $\vec{R}^*$ die Information vor, welche Kräfte in Halterungen oder Scharnieren (zusätzlich zur Gewichtskraft der Klappe) aufgenommen werden müssen, damit die Klappe verschlossen bleibt.

Die Kraftkomponenten R_x^* und R_y^* können nun wie folgt bestimmt werden.

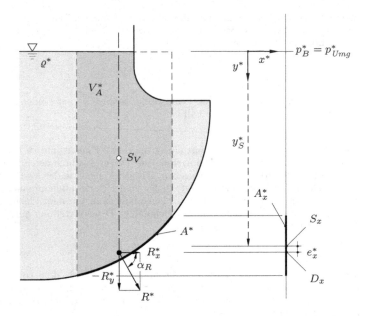

Bild 6.3:   Kraftwirkung auf eine zylindrisch gekrümmte Fläche A^* durch ein Fluid der Dichte ϱ^*

S_V: Schwerpunkt des realen und/oder fiktiven Volumens über A^*
S_x: Flächenschwerpunkt der Projektionsfläche
D_x: Druckmittelpunkt der Projektionsfläche

▢ Vertikalkomponente R_y^*:

Die Kraftkomponente R_y^* entspricht der Gewichtskraft der auf der Fläche A^* real oder fiktiv lastenden Fluidsäule mit dem Volumen V_A^* und dem Volumenschwerpunkt S_V. Das Volumen V_A^* über der Fläche A^* bis zur Fluidoberfläche muss dabei nicht tatsächlich mit Fluid gefüllt sein, weil sich die Druckverhältnisse auf A^* nicht ändern, auch wenn ein Teil des Volumens V_A^* von Wänden geschnitten wird, wie dies in Bild 6.3 angedeutet ist. Entscheidend ist die Lage der Fläche A^* in Bezug auf die Fluidoberfläche, weil nur der vertikale Abstand eines Punktes zur Oberfläche gemäß des hydrostatischen Grundgesetzes (6.7) über den Druck in diesem Punkt entscheidet.

Für R_y^* gilt demnach

$$R_y^* = \varrho^* g^* V_A^* \qquad (6.10)$$

Diese Kraftkomponente berücksichtigt die Wirkung des Fluides. Der Umgebungsdruck spielt keine Rolle, weil unterstellt wird, dass dieser auf beiden Seiten der Fläche A^* gleichermaßen wirkt und deshalb keine Kraft auf A^* bewirkt. Die Kraftkomponente ist positiv, wenn die Fläche (wie in Bild 6.3) von oben benetzt ist, sie wäre negativ, wenn das Fluid die Fläche von unten benetzen würde.

▢ Horizontalkomponente R_x^*:

Durch eine horizontale Projektion der Fläche A^* entsteht die Projektionsfläche A_x^*. Die Kraftwirkung des Fluides auf diese Projektionsfläche entspricht der Horizontal-

komponente R_x^* (wie durch Integration über alle infinitesimalen Flächenelemente dA^* leicht zu zeigen ist). Diese wiederum entspricht dem Druck im Flächenschwerpunkt S_x multipliziert mit der Projektionsfläche A_x^*, also

$$\boxed{R_x^* = (p_{S_x}^* - p_{Umg}^*)A_x^*}$$

(6.11)

Wiederum spielt der Umgebungsdruck keine Rolle, solange er auf beiden Seiten der Fläche wirkt, wie dies in Bild 6.3 der Fall ist.

Um neben der Richtung von R^* auch die genaue Lage der Wirkungslinie zu bestimmen, reicht die Kenntnis eines Punktes der Wirkungslinie aus. Dieser ist durch den Schnittpunkt der Wirkungslinien der Kraftkomponente gegeben. Die Wirkungslinie der Vertikalkomponente verläuft durch S_V (Volumenschwerpunkt) diejenige der Horizontalkomponente durch D_x. Dieser sog. *Druckmittelpunkt* einer ebenen Fläche fällt nicht mit dem Flächenschwerpunkt zusammen, solange eine Fläche eine ungleichmäßige Druckverteilung aufweist. Der Abstand e_x^* beider Punkte ist

$$e_x^* = \frac{I_S^*}{y_S^* A_x^*}$$

(6.12)

mit y_S^* als der y-Koordinate des Flächenschwerpunktes und I_S^* als dem sog. *Flächenträgheitsmoment* um eine horizontale Achse durch S_x. Das Flächenträgheitsmoment ist als $\iint (y^* - y_S^*)^2 dA^*$ eine rein geometrische Größe und für Standardflächen vertafelt zu finden, s. z.B. Dubbel (2001).

Beispiel 6.1:   *Kraft auf eine eingetauchte Kugel; Hydrostatischer Auftrieb*

Eine Kugel mit dem Radius R^* und der Dichte ϱ_K^* befindet sich wie in Bild B6.1 skizziert um den Betrag h^* in ein Fluid der Dichte ϱ_F^* eingetaucht. Mit welcher Kraft F_K^* wird die Wand im Punkt B durch die Kugel belastet?
Das Kräftegleichgewicht bzgl. der Kugel in y-Richtung lautet:

$$F_G^* + F_{Fo}^* + F_{Fu}^* + F_B^* = 0$$

(B6.1-1)

mit folgenden Größen (V_K^*: Kugelvolumen $\frac{4}{3}\pi R^{*3}$)

F_G^*:   Gewichtskraft; $F_G^* = \varrho_K^* V_K^* g^*$

F_{Fo}^*:   Gewichtskraft der (z.T. fiktiven) Fluidsäule auf die obere Kugelhälfte;
$F_{Fo}^* = \varrho_F^* [\pi R^{*2}(h^* + R^*) - V_k^*/2]g^*$

F_{Fu}^*:   Gewichtskraft der (z.T. fiktiven) Fluidsäule auf die untere Kugelhälfte;
$F_{Fu}^* = -\varrho_F^* [\pi R^{*2}(h^* + R^*) + V_k^*/2]g^*$

F_B^*:   Haltekraft der Wand auf die Kugel im Punkt B. Gesucht ist die Reaktionskraft $F_K^* = -F_B^*$ als Kraft der Kugel auf die Wand!

Aufgelöst nach $-F_B^*$ ergibt sich nach Einsetzen der obigen Größen in (B6.1-1):

$$F_K^* = -F_B^* = (\varrho_K^* - \varrho_F^*)V_K^* g^*$$

(B6.1-2)

Mit $\varrho_K^* < \varrho_F^*$ ergibt sich für die Kraft auf die Wand ein negativer Zahlenwert: die Kugel drückt mit dieser nach oben (entgegen der positiven y-Richtung).
Für $\varrho_K^* > \varrho_F^*$ ergibt sich formal ein positiver Wert: die Kugel würde nicht in der gezeigten Position verharren, sondern nach unten sinken (und dann den Boden mit einer entsprechenden Kraft belasten).
Die Wirkung der Fluidkräfte $F_{Fo}^* + F_{Fu}^*$ allein ergibt eine Kraft

$$F_{Fo}^* + F_{Fu}^* = \varrho_F^* V_K^* g^*$$

also die Gewichtskraft des verdrängten Fluidvolumens. Diese Kraft entsteht stets bei vollständig benetzten Körpern und wird *hydrostatischer Auftrieb* genannt.

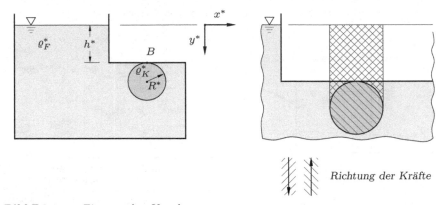

Bild B6.1:   Eingetauchte Kugel
rechts: relevante Volumen (z.T. fiktiv)

Anmerkung 6.2:   *Druckverteilung in gleichförmig rotierenden Fluiden*

Die vorhergehende Anmerkung 6.1/S. 137/ hat ein ruhendes Fluid in einem ruhenden Koordinatensystem behandelt. Eine Verallgemeinerung ergibt sich, wenn ein gleichförmig rotierendes Fluid in einem „mitgedrehten" Koordinatensystem betrachtet wird. Bezüglich dieses Koordinatensystems ist das Fluid weiterhin in Ruhe, es muss jetzt aber beachtet werden, dass in dem gleichmäßig beschleunigten Koordinatensystem (konstante Winkelgeschwindigkeit → konstante Winkelbeschleunigung) zusätzlich Zentrifugalkräfte auftreten. Liegt die Drehachse parallel zum Erdbeschleunigungsvektor, so wirken diese Kräfte in horizontaler Richtung und müssen durch entsprechende Druckkräfte kompensiert werden. Damit kann der Druck in einer bestimmten horizontalen Ebene nicht mehr konstant sein. In Erweiterung des hydrostatischen Grundgesetzes (6.7) gilt deshalb

$$\boxed{p^* = p_B^* + \varrho^* g^* h^* + \tfrac{1}{2}\varrho^*\hat{\omega}^{*2} r^{*2}}$$
(6.13)

wobei r^* von der Drehachse aus zählt und $\hat{\omega}^*$ die konstante Winkelgeschwindigkeit der gleichförmigen Rotation darstellt. Bild 6.4 erläutert das Kräftegleichgewicht an einem Fluidelement in horizontaler Richtung, aus dem unmittelbar der zusätzliche Term in (6.13) folgt.

Da die Dichte ϱ^* in (6.13) stets die Fluiddichte sein soll, muss das Bezugsniveau ($h^* = 0$) im rotierenden Fluid liegen. Deshalb zählt h^* vorteilhaft stets von der Oberfläche aus, wie dies in Bild 6.4 eingezeichnet ist. Bei einer freien Oberfläche ist der Bezugsdruck p_B^* dann der Umgebungsdruck p_{Umg}^*.

Aus der Bedingung, dass $p^* = p_{Umg}^*$ für die gesamte Oberfläche gilt, folgt unmittelbar

$$h^* = -\frac{\hat{\omega}^{*2}}{2g^*} r^{*2}$$
(6.14)

für die Form der freien Oberfläche, also ein parabolischer Verlauf, wie ebenfalls in Bild 6.4 angedeutet.

Anmerkung 6.3:   *Auswertung der Bernoulli-Gleichung bei endlichen Querschnitten*

Wird (6.4) auf einen Stromfaden mit infinitesimalem Querschnitt dA^* angewandt, so läßt sich daraus selbst bei Kenntnis der Lage des Stromfadens, also bei Kenntnis von y_1^* und y_2^* noch nicht ermitteln, wie sich die Energien bzw. Leistungen auf die Terme $u_S^{*2}/2$ und p^*/ϱ^* verteilen.

Kräftegleichgewicht:

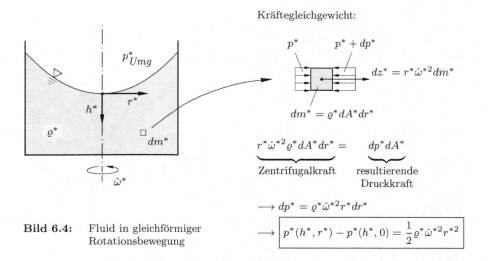

Bild 6.4:   Fluid in gleichförmiger
Rotationsbewegung

$$r^* \hat{\omega}^{*2} \varrho^* dA^* dr^* = \underbrace{\phantom{r^* \hat{\omega}^{*2} \varrho^* dA^* dr^*}}_{\text{Zentrifugalkraft}} \quad \underbrace{dp^* dA^*}_{\substack{\text{resultierende} \\ \text{Druckkraft}}}$$

$$\longrightarrow dp^* = \varrho^* \hat{\omega}^{*2} r^* dr^*$$

$$\longrightarrow \boxed{p^*(h^*, r^*) - p^*(h^*, 0) = \frac{1}{2} \varrho^* \hat{\omega}^{*2} r^{*2}}$$

Im Rahmen der Stromfadentheorie bei endlichen Querschnitten steht jedoch zusätzlich die Aussage über die Massenerhaltung bei der Strömung durch die Stromröhre in Form von

$$\dot{m}^* = \varrho^* u_S^* A^* = \text{const} \implies \varrho^* u_{S1}^* A_1^* = \varrho^* u_{S2}^* A_2^* \tag{6.15}$$

zur Verfügung. Eingesetzt in (6.4) folgt wegen $u_{S2}^* = u_{S1}^* A_1^*/A_2^*$ nach einer sinnvollen Umformung:

$$\frac{p_1^* - p_2^*}{\varrho^*} + \underbrace{\frac{u_{S1}^{*2}}{2} \left[1 - \left(\frac{A_1^*}{A_2^*} \right)^2 \right] + g^* (y_1^* - y_2^*)}_{\text{Geometrie + Zuströmung}} = 0 \tag{6.16}$$

Ist die Geometrie $(y_1^*, A_1^*, y_2^*, A_2^*)$ bekannt und liegt die Zuströmung in Form von u_{S1}^* vor, so ergibt sich unmittelbar die Druckdifferenz zwischen den Querschnitten ① und ②.

Anmerkung 6.4:   *Instationäre Bernoulli-Gleichung*

Für zeitabhängige Strömungen tritt gegenüber den bisher in Tab. 6.1 berücksichtigten Termen nur der Term

$$\frac{\varrho^*}{2} \frac{\partial (u^{*2} + v^{*2} + w^{*2})}{\partial t^*}$$

auf der linken Seite der Gleichung (ME*) hinzu. Der Druckterm auf der rechten Seite enthält keine Zeitabhängigkeit, da diese in der Kombination $(\partial p^*/\partial t^* - Dp^*/Dt^*)$ herausfällt.

Der zusätzlich auftretende Term kann formal wie folgt umgeformt werden, wenn beachtet wird, dass u_S^* der Betrag des Geschwindigkeitsvektors $\vec{v}^*$ ist und deshalb u_S^{*2} das Skalarprodukt $\vec{v}^* \cdot \vec{v}^*$:

$$\frac{\varrho^*}{2} \frac{\partial (u^{*2} + v^{*2} + w^{*2})}{\partial t^*} = \frac{\varrho^*}{2} \frac{\partial (\vec{v}^* \cdot \vec{v}^*)}{\partial t^*} = \varrho^* \vec{v}^* \frac{\partial \vec{v}^*}{\partial t^*} = \varrho^* \vec{v}^* \text{grad} \frac{\partial \Phi^*}{\partial t^*} \tag{6.17}$$

Dabei ist im Vorgriff auf die ausführliche Behandlung von *reibungsfreien Strömungen* in Kap. 8 ausgenutzt worden, dass diese ein sog. *Geschwindigkeitspotential* Φ^* besitzen, wenn die Zuströmung drehungsfrei ist (s. dazu auch Abschn. 3.4.2). Dann entsteht das

Geschwindigkeitsfeld durch Ortsableitungen einer skalaren Potentialfunktion, so dass für diese Strömungen $\vec{v}^* = \mathrm{grad}\ \Phi^*$ mit $\Phi^*(x^*, y^*, z^*, t^*)$ als Geschwindigkeitspotential gilt.

Damit läßt sich (6.3) erweitern zu

$$\varrho^* \vec{v}^* \cdot \mathrm{grad}\ \left[\frac{u_S^{*2}}{2} + \frac{p^*}{\varrho^*} + \psi_{pot}^* + \frac{\partial \Phi^*}{\partial t^*}\right] = 0 \, , \tag{6.18}$$

so dass wiederum mit der Bedingung $[\ldots] = \mathrm{const} = C^*$, diesmal noch mit $C^* = C^*(t^*)$, die instationäre Bernoulli-Gleichung zwischen zwei Querschnitten ① und ② der Stromröhre lautet

$$\frac{u_{S2}^{*2}}{2} + \frac{p_2^*}{\varrho^*} + g^* y_2^* + \left(\frac{\partial \Phi^*}{\partial t^*}\right)_2 = \frac{u_{S1}^{*2}}{2} + \frac{p_1^*}{\varrho^*} + g^* y_1^* + \left(\frac{\partial \Phi^*}{\partial t^*}\right)_1 \tag{6.19}$$

6.2.2   Erweiterte Bernoulli-Gleichung

Wenn zwischen den Querschnitten ① und ② einer Stromröhre (die weiterhin mit der Stromfadentheorie, also eindimensional beschrieben werden soll) technische Vorkehrungen getroffen werden, die einen Austausch mechanischer Energie (sog. *technische Arbeit*) mit der Umgebung zulassen, so wird die spezifische Energie (= Bernoulli-Konstante)

$$\frac{u_S^{*2}}{2} + \frac{p^*}{\varrho^*} + g^* y^*$$

auf dem Weg von ① nach ② dadurch verändert. Zum Beispiel wird sie mit einer Pumpe, die eine spezifische Energie w_{t12}^* in das Fluid einbringt, um diesen Betrag vergrößert, mit einer Turbine, die dem Fluid die spezifische Energie w_{t12}^* entzieht, entsprechend verringert.

Eine Verringerung der Bernoulli-Konstante, findet ebenfalls statt, wenn das Fluid auf dem Weg von ① nach ② nicht reibungsfrei strömt, sondern durch irreversible Dissipationseffekte einen Anteil φ_{12}^* an mechanischer Energie verliert. Dieser Anteil geht in innere Energie über (er geht damit der mechanischen Energie verloren) und wird in der Regel in Form von Wärme an die Umgebung abgegeben. Diese Größe φ_{12}^* ist stets positiv, weil sie aus thermodynamischer Sicht einer Entropieerzeugung entspricht, die nicht negativ sein kann (2. Hauptsatz der Thermodynamik). Genauere Ausführungen dazu finden sich im Teil C dieses Buches.

Beide Effekte können in Erweiterung von (6.4) in die Energiebilanz für die Stromröhre aufgenommen werden. Es gilt damit also

$$\frac{u_{S2}^{*2}}{2} + \frac{p_2^*}{\varrho^*} + g^* y_2^* = \frac{u_{S1}^{*2}}{2} + \frac{p_1^*}{\varrho^*} + g^* y_1^* + \underbrace{w_{t12}^*}_{\substack{\text{techn. Arbeit} \\ \text{Pumpe: } w_{t12}^* > 0 \\ \text{Turbine: } w_{t12}^* < 0}} - \underbrace{\varphi_{12}^*}_{\substack{\text{Dissipation} \\ \varphi_{12}^* \geq 0}} \tag{6.20}$$

Die getroffene Vorzeichenregelung für w_{t12}^* und φ_{12}^* gilt für eine Strömungsrichtung von ① nach ②.

Obwohl es sich bei w_{t12}^* und φ_{12}^* um Globalwerte zwischen den Querschnitten ① und ② handelt, ist in Tab. 6.1 zu erkennen, dass diese aus den Größen $\mathcal{D}^*$ und Φ^* hervorgehen würden, wenn diese Feldgrößen entsprechend ausgewertet werden könnten. Die Größen $\mathcal{D}^*$ und Φ^* sind deshalb in Tab. 6.1 als „indirekt berücksichtigte Terme" gekennzeichnet worden. Die neu eingeführten Globalwerte haben dabei folgende Bedeutung:

◻ SPEZIFISCHE TECHNISCHE ARBEIT w_{t12}^*:

Es handelt sich hierbei um den Austausch mechanischer Leistung zwischen dem Fluid in der Stromröhre und einem technischen Apparat. Dabei ist zu beachten, dass technische Apparate wie Pumpen und Turbinen Wirkungsgrade $\eta_i < 1$ besitzen. Diese Wirkungsgrade berücksichtigen den Unterschied zwischen der mit dem Fluid ausgetauschten mechanischen Leistung $\dot{m}^* w_{t12}^*$ und der mechanischen Leistung P^*, mit der der Apparat dazu angetrieben werden muss (im Fall der Pumpe) bzw. die dem Apparat entnommen werden kann (im Fall der Turbine). In beiden Fällen heißt P^* aus naheliegenden Gründen *Wellenleistung*. In diesem Sinne wird definiert; wenn P^* stets positiv zählt:

$$\eta_P \;=\; \frac{\dot{m}^* w_{t12}^*}{P^*} \qquad \text{(Pumpenwirkungsgrad)} \qquad (6.21)$$

$$\eta_T \;=\; \frac{P^*}{\dot{m}^*(-w_{t12}^*)} \qquad \text{(Turbinenwirkungsgrad)} \qquad (6.22)$$

Gut ausgeführte Apparate erreichen Wirkungsgrade von etwa 0,9. Das bedeutet z.B. für eine Pumpe, dass 10% der zum Betreiben der Pumpe eingesetzten mechanischen Leistung durch Dissipation verlorengeht und danach als innere Energie zum Teil im Fluid vorhanden ist (erhöhte Fluidtemperatur) und zum Teil in Form von Wärme direkt an die Umgebung abgegeben wird. Beide Anteile treten in der mechanischen Energiegleichung nicht auf, diese berücksichtigt nur den Anteil $\eta_P P^*$.

Der Dissipationseffekt im Zusammenhang mit der technischen Arbeit w_{t12}^* ist somit durch die Berücksichtigung des jeweiligen Wirkungsgrades erfasst und muss nicht in den expliziten Dissipationsterm φ_{12}^* aufgenommen werden. Dieser ist für die Berücksichtigung von Dissipationseffekten in den restlichen Bauteilen der Stromröhre vorgesehen.

◻ SPEZIFISCHE DISSIPATION φ_{12}^* :

Dieser Globalwert für die durch Dissipation zwischen den Querschnitten ① und ② verlorene mechanische Energie kann in entsprechenden Experimenten ermittelt werden. Solche Experimente sind für eine Vielzahl von verschiedenen Bauteilen durchgeführt worden. Eine relativ große Allgemeingültigkeit der experimentellen Ergebnisse ergibt sich aus der Beobachtung, dass bei sehr vielen (turbulenten) Strömungen die spezifische dissipierte Energie φ_{12}^* direkt proportional zur kinetischen Energie $u_S^{*2}/2$ in einem ausgewählten Bezugsquerschnitt eines betrachteten Bauteiles ist.

In dem Ansatz

$$\varphi_{12}^* = \zeta \frac{u_S^{*2}}{2}$$ (6.23)

ist deshalb die sog. *Widerstandszahl* ζ eine Konstante. Dabei ist zu beachten, dass zwischen den Querschnitten ① und ② Dissipation nur aufgrund des betrachteten Bauteiles vorliegen soll und dass der Zahlenwert von ζ an die Auswahl des Bezugsquerschnittes gebunden ist (in dem u_S^* auftritt). Diese Auswahl ist willkürlich, auch wenn sich in vielen Fällen bestimmte Querschnitte, wie etwa der Eintrittsquerschnitt in ein Bauteil anbieten. Daraus folgt, dass stets bekannt sein muss, welcher Bezugsquerschnitt zu dem ζ-Wert eines bestimmten Bauteils gehört. Widerstandszahlen verschiedener Bauteile sind in umfangreichen Tabellen vertafelt, s. z.B. VDI-Wärmeatlas (1997), einige Beispiele sind in Tabelle 6.2 enthalten.

Mit der Einführung der Widerstandszahl ζ gemäß (6.23) verbindet sich jedoch auch eine nicht zu unterschätzende Problematik, die am Beispiel eines Rohrkrümmers erläutert werden soll.

Bild 6.5 zeigt die prinzipielle Form der Strömungsprofile und den Verlauf der Druckverteilung. Durch die Wirkung des 90°-Krümmers mit der Widerstandszahl ζ entsteht ein *zusätzlicher* Druckverlust

$$\Delta p_\zeta^* = \zeta \, \varrho^* \frac{u_S^{*2}}{2}$$ (6.24)

der in Bild 6.5 abzulesen ist. Es ist zu erkennen, dass dieser nicht nur im Bereich des Krümmers entsteht, sondern auch vor und nach dem Krümmer, also in den Bereichen L_V^* und L_N^*, weil dort die Strömung durch den Krümmer schon bzw. noch beeinflusst wird. Dort sind die Strömungsprofile nicht mehr bzw. noch nicht wieder ausgebildet, was generell zu erhöhten Druckgradienten führt.

Für eine experimentelle Bestimmung von ζ muss also eine Vorlauflänge L_V^* und eine Nachlauflänge L_N^* vorgesehen werden, um zu definierten Zuständen in der Zu- und Abströmung zu gelangen. Ein typischer Wert im Fall des 90°-Krümmers ist etwa $L_N^*/D^* \geq 10$; $L_V^*/D^* \geq 5$. Damit beschreibt der ζ-Wert, der dem Krümmer als Bauteil zugeordnet ist, also nicht nur die Dissipationseffekte im Bauteil selbst, sondern auch die zusätzlichen Dissipationseffekte außerhalb des Bauteils in einer Situation, in der hinreichend lange Zu- und Abströmlängen vorhanden sind.

In der praktischen Anwendung treten einzelne Bauteile (mit ihren individuellen ζ-Werten) aber häufig so dicht hintereinander auf, dass die Zu- und Abströmbereiche nicht vorhanden sind, so dass eine einfache Addition der Verluste als

$$\Delta p_{gesamt}^* = \varrho^* \sum_i \zeta_i \frac{u_{Si}^{*2}}{2}$$ (6.25)

über alle Bauteile nicht zulässig ist.

Bauteil	Skizze – – – : Bezugsquerschnitt	Widerstandszahl
gerades Rohrstück		$\zeta = \lambda_R \dfrac{L^*}{D_h^*}$ λ_R aus Bild B2.3 oder B10.2 (Rohrreibungszahl)
90°-Rohr-krümmer, hydraulisch glatt, Re $> 10^5$		$R^*/D_h^* = 2:\ \ \zeta = 0,14$ $R^*/D_h^* = 4:\ \ \zeta = 0,11$ $R^*/D_h^* = 6:\ \ \zeta = 0,09$
Rohr-erweiterung $\dfrac{D_{h2}^*}{D_{h1}^*} = 2$		$\alpha = 20°:\ \ \zeta = 0,23$ $\alpha = 40°:\ \ \zeta = 0,48$ $\alpha = 60°:\ \ \zeta = 0,62$
Rohreinlauf		scharfkantig: $\zeta = 0,6$ gut abgerundet: $\zeta = 0,05$
Rohraustritt		$\zeta = 1$ (Verlust der gesamten kinetischen Energie)

Tab. 6.2: Widerstandszahlen einiger Bauteile mit kreisförmigen Strömungsquerschnitten. Bei nicht-Kreisquerschnitten können diese Werte näherungsweise verwendet werden, dann gilt für D_h^* als sog. *hydraulischen Durchmesser*: $D_h^* = 4A^*/U^*$ (A^*: durchströmter Querschnitt; U^*: benetzter Umfang), s. auch Abschn. 10.1.1

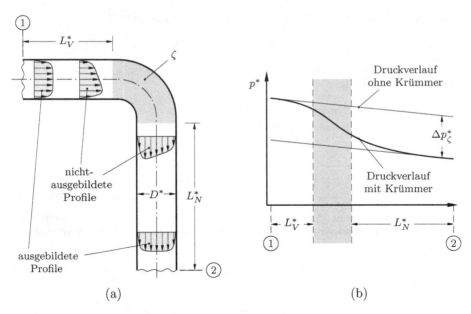

(a)   (b)

Bild 6.5:   (a) Strömungsprofile vor und nach dem 90°-Krümmer
                (b) Prinzipieller Druckverlauf vor, im und nach dem Krümmer längs des
                    Strömungsweges

L_V^*: Vorlauflänge, L_N^*: Nachlauflänge

Häufig wird bei der Hintereinanderschaltung einzelner Bauteile trotzdem (6.25) verwendet, es muss aber der systematische Fehler beachtet werden, der dabei entsteht. Bei einer räumlich engen Anordnung der Bauteile sollte man versuchen, Angaben über die ζ-Werte ganzer Bauteilgruppen zu finden, die z.B. für hintereinandergeschaltete Rohrkrümmer vielfältig vertafelt sind.

Generell ist anzumerken, dass Widerstandszahlen ζ häufig nur eine sehr grobe Angabe über die tatsächlich im konkreten Fall auftretenden Verluste zulassen, da es vielfältige Zusatzeffekte gibt (wie z.B. aufgrund von Wandrauheiten und Fertigungsungenauigkeiten), die nicht systematisch erfasst werden, aber einen erheblichen Einfluss haben können. So finden sich z.B. für den Fall des Rohrkrümmers mit $R^*/D^* = 4$ (in Tab. 6.2 vertafelt mit $\zeta = 0{,}11$) in der Literatur Zahlenwerte von 0,08 bis 0,3 !

Im Teil C dieses Buches wird eine alternative Definition von Widerstandszahlen vorgestellt, die auf thermodynamischen Überlegungen zum Dissipationsprozess beruht. Mit der Definition (14.4) einer solchen alternativen Widerstandszahl werden die Verluste aufgrund eines bestimmten Bauteils mit den durch das Bauteil verursachten (zusätzlichen) Entropieproduktionsraten verknüpft.

Anmerkung 6.5:   *Andere Formen der (erweiterten) Bernoulli-Gleichung*

Je nach Fragestellung kann es sinnvoll sein, die Bernoulli-Gleichung formal umzuformen, weil dann die einzelnen Terme, die bisher als spezifische Energien auftreten, als Drücke oder Höhen interpretiert werden können. In diesem Sinne sind folgende alternative Formen zu (6.4) bzw. (6.20) üblich:

◻ DRUCKFORM DER BERNOULLI-GLEICHUNG:

Diese entsteht nach einer Multiplikation der ursprünglichen Gleichung mit der Dichte ϱ^* und lautet:

$$\boxed{\frac{\varrho^*}{2}u_{S2}^{*2} + p_2^* + \varrho^* g^* y_2^* = \frac{\varrho^*}{2}u_{S1}^{*2} + p_1^* + \varrho^* g^* y_1^* + \varrho^* w_{t12}^* - \varrho^* \varphi_{12}^*} \qquad (6.26)$$

Dabei sind die Terme $\varrho^* \varphi_{12}^*$ als Druckverlust aufgrund von Dissipationseffekten und $\varrho^* w_{t12}^*$ als Druckänderung in technischen Apparaten (Pumpe, Turbine) interpretierbar.

◻ HÖHENFORM DER BERNOULLI-GLEICHUNG:

Diese entsteht nach einer Division der ursprünglichen Gleichung durch den Betrag der Fallbeschleunigung, g^*, und lautet:

$$\boxed{\frac{u_{S2}^{*2}}{2g^*} + \frac{p_2^*}{\varrho^* g^*} + y_2^* = \frac{u_{S1}^{*2}}{2g^*} + \frac{p_1^*}{\varrho^* g^*} + y_1^* + \frac{w_{t12}^*}{g^*} - \frac{\varphi_{12}^*}{g^*}} \qquad (6.27)$$

Der Term φ_{12}^*/g^* als sog. *Verlusthöhe* ist im Zusammenhang mit Pumpen und Turbinen anschaulich interpretierbar und beschreibt, um wieviel die sog. *Förderhöhe* w_{t12}^*/g^* einer Pumpe durch Dissipationseffekte verringert wird, bzw. wieviel weniger in einer Turbine als nutzbare Höhendifferenz zur Verfügung steht.

Anmerkung 6.6:   *Dynamischer Druck, Gesamtdruck*

Die Druckform (6.26) ergibt für den Fall $\varphi_{12}^* = 0$ (keine Dissipationseffekte), $w_{t12}^* = 0$ (keine technische Arbeit) und $y_2^* = y_1^*$ (horizontale Stromröhre) die einfache Beziehung:

$$p_2^* + \frac{\varrho^*}{2}u_{S2}^{*2} = p_1^* + \frac{\varrho^*}{2}u_{S1}^{*2} \qquad (6.28)$$

Danach kommt es zu einer Druckerhöhung, wenn die Geschwindigkeit entlang einer Stromröhre abnimmt. Der maximal mögliche Druck liegt vor, wenn die Geschwindigkeit bis auf den Wert Null sinkt.

Um die Wirkung des Termes $\varrho^* u_S^{*2}/2$ auf den Druck zu kennzeichnen, wird dafür der Name *dynamischer Druck* eingeführt, also definiert:

$$p_{dyn}^* = \frac{\varrho^*}{2} u_S^{*2} \qquad \text{(dynamischer Druck)} \qquad (6.29)$$

Diese Größe selbst ist kein „Druck" (obwohl sie die Dimension eines Druckes besitzt), sondern eine physikalische Größe, deren Veränderung unter den genannten Voraussetzungen unmittelbar zu einer betragsmäßig gleich großen Veränderung des Druckes führt.

Die Summe aus dem „echten" Druck p^* und dem dynamischen Druck p_{dyn}^* heißt *Gesamtdruck*, ist also definiert als:

$$p_{ges}^* = p^* + \frac{\varrho^*}{2} u_S^{*2} \qquad \text{(Gesamtdruck)} \qquad (6.30)$$

Auch diese Größe ist kein „Druck", obwohl es eine Situation gibt, in welcher der Druck in einer Strömung gleich dem Gesamtdruck p^*_{ges} ist. Dies ist genau dann der Fall, wenn in einer horizontalen, reibungsfreien Strömung die Geschwindigkeit in einem sog. *Staupunkt* bis auf den Wert Null sinkt, wie dies im Zusammenhang mit der Einführung von Stromlinien in Abschn. 3.2.2, Bild 3.2 gezeigt worden ist.

Leider wird häufig in diesem Zusammenhang der Druck selbst dann als „statischer Druck" p^*_{st} bezeichnet, was äußert irreführend ist. Weder gibt es die Notwendigkeit, den Druck durch einen besonderen Zusatz zu kennzeichnen, da es nur *einen* Druck gibt, noch ist der Zusatz „statisch" sinnvoll, da meist keine statische, also strömungsfreie Situation vorliegt. Gleichwohl kann es sinnvoll sein, von dem Druck in einem statischen (ruhenden) Feld zu sprechen, verkürzt häufig auch als dem „statischen Druckfeld", wie es bei der Bestimmung der sog. hydrostatischen Druckverteilung vorliegt, s. dazu Anmerkung 6.1/S. 137.

Bei der Einführung des modifizierten Druckes spielt das statische Druckfeld ebenfalls eine Rolle, s. Anmerkung 4.5/S. 64.

Beispiel 6.2:   *Wirkungsweise von Druck-Meßsonden (Pitot-, Prandtl-Sonde)*

In Anmerkung 6.6/S. 148/ war mit (6.30) der Gesamtdruck eingeführt worden. Dieser kann in einer Strömung mit Hilfe einer sog. *Gesamtdrucksonde*, auch *Pitot-Sonde* genannt, gemessen werden. Dazu muss in der Strömung ein Staupunkt erzeugt werden, weil dort dann der aktuelle Druck gleich dem Gesamtdruck ist (Geschwindigkeit $u^*_S = 0$). In Bild B6.2a ist die prinzipielle Anordnung einer solchen Gesamtdrucksonde gezeigt. Der nach außen geleitete Druck wird als Differenzdruck gegenüber dem Umgebungsdruck durch Bestimmung der Manometerhöhe Δh^* ermittelt (s. dazu auch (6.7)

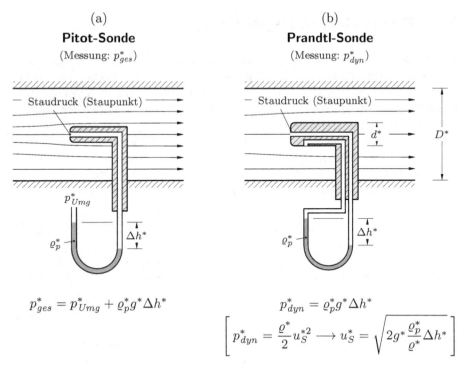

(a)

Pitot-Sonde

(Messung: p^*_{ges})

(b)

Prandtl-Sonde

(Messung: p^*_{dyn})

$$p^*_{ges} = p^*_{Umg} + \varrho^*_p g^* \Delta h^*$$

$$p^*_{dyn} = \varrho^*_p g^* \Delta h^*$$

$$\left[p^*_{dyn} = \frac{\varrho^*}{2} u^{*2}_S \longrightarrow u^*_S = \sqrt{2g^* \frac{\varrho^*_p}{\varrho^*} \Delta h^*} \right]$$

Bild B6.2:   Druck-Meßsonden, prinzipieller Aufbau

in Anmerkung 6.1/S. 137).

Mit der sog. *Prandtl-Sonde* wird zusätzlich zum Staudruck auch noch der Druck der ungestörten Strömung in einer seitlich angebrachten Öffnung gemessen. Dies ist allerdings nur näherungsweise möglich, weil in der Anordnung nach Bild B6.2b eine (wenn auch geringe) Beeinflussung der Strömung durch die Sonde vorliegt und der Druck nicht an genau derselben Stelle wie der Staudruck gemessen wird. Schaltet man beide Drücke gegeneinander, so ergibt diese Druckdifferenz unmittelbar den dynamischen Druck p^*_{dyn} und damit auch die Strömungsgeschwindigkeit u^*_S, wie in Bild B6.2b erläutert wird.

Solche Prandtl-Sonden sind im Bugbereich von Flugzeugen zu sehen. Leider ist die Bezeichnung der Sonden (besonders im englischsprachigen Raum) nicht immer einheitlich, so dass die Prandtl-Sonden gelegentlich auch „Pitot-Tube" genannt werden.

Wird die Prandtl-Sonde in einer Rohrleitung eingesetzt, so besteht die hauptsächliche Beeinflussung der Strömung durch die Sonde in einer Beschleunigung der Strömung aufgrund der Querschnittsverengung.

Mit D^* als Rohr- und d^* als Sondendurchmesser verengt sich der freie Strömungsquerschnitt von $\pi D^{*2}/4$ vor der Sonde auf $\pi(D^{*2} - d^{*2})/4$ im Sondenbereich. Die aus $p^*_{dyn} = \varrho^*_p g^* \Delta h^*$ ermittelte Geschwindigkeit u^*_S ist deshalb größer als die Geschwindigkeit u^*_{S0} der ungestörten (und eigentlich interessierenden) Strömung. Wegen der Konstanz des Massenstromes gilt

$$\varrho^* u^*_{S0} \frac{\pi}{4} D^{*2} = \varrho^* u^*_S \frac{\pi}{4}(D^{*2} - d^{*2}) \longrightarrow u^*_{S0} = u^*_S \left[1 - \left(\frac{d^*}{D^*}\right)^2\right]$$

als Korrektur dieses systematischen Fehlers.

6.3   Thermische Energiegleichung

Es sei noch einmal darauf hingewiesen, dass die Bernoulli-Gleichung als Energiegleichung für inkompressible Fluide lediglich die mechanische Energie bilanziert, die wegen der Bedingung $\varrho^* =$ const unabhängig von der thermischen Energie ist. Der prinzipiell mögliche Austausch von thermischer Energie mit der Umgebung in Form einer spezifischen Wärme q^*_{12} zwischen den Querschnitten ① und ② beeinflusst diese Bilanz nicht. Die getrennt aufzustellende thermische Energiebilanz aus Tab. 4.1 lautet in einer Vorgehensweise analog zu derjenigen bei der Herleitung der Bernoulli-Gleichung zunächst für ein nichtleitendes Fluid ($q^*_x = q^*_y = q^*_z = 0$) ohne Dissipationseffekte, ($\Phi^* = 0$)

$$\varrho^* \vec{v}^* \cdot \text{grad} \left[h^* - \frac{p^*}{\varrho^*}\right] = 0 \tag{6.31}$$

Daraus folgt mit $h^* = e^* + \dfrac{p^*}{\varrho^*}$ aus $[\ldots] =$ const:

$$e^*_2 = e^*_1 \tag{6.32}$$

also die Konstanz der inneren Energie zwischen den Querschnitten ① und ②. In einer Erweiterung um den Austausch thermischer Energie mit der Umgebung (q^*_{12}) und dem Zuwachs an thermischer Energie durch Dissipation

(φ_{12}^*) wird daraus

$$
\boxed{
\begin{array}{c}
e_2^* = e_1^* + \underbrace{q_{12}^*}_{} \quad + \underbrace{\varphi_{12}^*}_{} \\[4pt]
\text{übertr. Wärme} \qquad \text{Dissipation} \\[4pt]
\begin{array}{ll}
\text{Zufuhr:} & q_{12}^* > 0 \qquad \varphi_{12}^* \geq 0 \\
\text{Abgabe:} & q_{12}^* < 0
\end{array}
\end{array}
}
\tag{6.33}
$$

als thermische Energiegleichung der Stromfadentheorie für inkompressible Strömungen.

Die Verbindung zum Temperaturfeld ergibt sich durch den thermodynamischen Zusammenhang für Stoffe mit konstanter Dichte $(d\varrho^* = 0)$:

$$
de^* = c^* dT^*
$$

mit c^* als spezifischer Wärmekapazität. Bei Stoffen mit konstanter Dichte muss nicht (wie z.B. bei Gasen) nach c_p^* (spez. Wärmekapazität bei konstantem Druck) und c_v^* (spez. Wärmekapazität bei konstantem Volumen) unterschieden werden, da für diese $c_p^* = c_v^* = c^*$ gilt.

Damit wird (6.33) zu

$$
c^* T_2^* = c^* T_1^* + q_{12}^* + \varphi_{12}^*.
\tag{6.34}
$$

Hier tritt nun eine konzeptionelle Schwierigkeit auf, die mit der Modellbildung der „inkompressiblen Strömung eines kompressiblen Fluides" zu tun hat, s. dazu Abschnitt 1.2.1 (Kompressible/inkompressible Strömungen). Gleichung (6.34) erfordert eine Wärmekapazität c^*, für Gase existieren aber Zahlenwerte für c_p^* und c_v^*, die deutlich voneinander verschieden sind. Die Frage ist nun: Welcher Zahlenwert soll in (6.34) verwendet werden, wenn materiell kompressible Fluide unter der Annahme $\varrho^* = $ const berechnet werden sollen?

Dies ist letzlich die Frage nach dem korrekten Grenzübergang zu einer inkompressiblen Strömung, wenn das Fluid kompressibel ist. Die Antwort ist nicht trivial. In diesem Zusammenhang auftretende naheliegende aber irreführende „ad hoc-Annahmen" führen dazu, dieses Problem gelegentlich als *Energie-Gleichungs-Paradoxon* zu bezeichnen, weil anscheinend sowohl die Wahl von c_p^* als auch die von c_v^* „richtig" ist.

Die ausführliche Begründung, warum nur die Wahl von c_p^* den korrekten Grenzfall darstellt, findet sich in Kapitel 10.9 in Panton (1996).

Anmerkung 6.7: *Gesamt-Energiegleichung der Stromfadentheorie*

Nachdem die mechanische und die thermische Energie für inkompressible Strömungen getrennt bilanziert worden sind, können beide Teilgleichungen addiert werden und ergeben dann die Gesamt-Energiegleichung der stationären Stromfadentheorie. Die Summe der (jeweils erweiterten) Teil-Energiegleichungen (6.20) und (6.33) lautet mit der Gesamtenthalpie $H^* = e^* + p^*/\varrho^* + u_S^{*2}/2$, s. (4.21):

$$
H_2^* + g^* y_2^* = H_1^* + g^* y_1^* + w_{t12}^* + q_{12}^*
\tag{6.35}
$$

Diese Gleichung hätte durch Überlegungen analog zu denjenigen bei der Herleitung der Teil-Energiegleichungen auch unmittelbar aus der Gesamt-Energiegleichung (E*) in Tabelle 4.1 gewonnen werden können. Die Tatsache, dass φ_{12}^* in (6.35) nicht mehr auftritt, entspricht dem bereits erwähnten Prozeß der Umverteilung von mechanischer in thermische Energie durch den Dissipationsprozeß, ohne dass davon die Gesamtenergie betroffen wäre.

6.4   Impulsgleichungen

In den beiden vorhergehenden Abschnitten sind die Teil-Energiegleichungen für die mechanische und für die thermische Energie herangezogen worden, um daraus Bestimmungsgleichungen für eine eindimensionale inkompressible Strömung abzuleiten. Dies sind die Gleichungen (6.20) und (6.33). Die Teil-Energiegleichung für die mechanische Energie entsteht aus den drei Komponenten der (Vektor-)Impulsgleichung (s. dazu Abschnitt 4.5.3), nutzt die darin enthaltene Information aber noch nicht vollständig aus.

Die drei Komponenten der Impulsgleichung stellen physikalisch das Kräftegleichgewicht in einer Strömung bezüglich der drei kartesischen Koordinaten dar. Die integrale Form dieser Gleichungen erlaubt es deshalb, Kräfte in endlichen Integrationsgebieten (= physikalischen Kontrollräumen) zu ermitteln. Wie im folgenden gezeigt wird, können damit Gleichungen zur Bestimmung von Kräften gewonnen werden, die strömende Fluide auf die begrenzenden Wände ausüben. Unter den einschränkenden Annahmen einer eindimensionalen, inkompressiblen Strömung nehmen diese Gleichungen eine sehr einfache Gestalt an.

Ausgangspunkt sind die drei Impulsgleichungs-Komponenten, wiederum aus Tabelle 4.1 (allgemeine Bilanzgleichungen), aus denen Bestimmungsgleichungen für die drei Komponenten des Kraftvektors $\vec{R}^*$ hergeleitet werden sollen. Die Kraft $\vec{R}^*$ beschreibt die Kraftwirkung *des Fluides auf die festen Wände* im Lösungsgebiet (Kontrollraum). Sie stellt die Reaktionskraft $\vec{R}^* = -\vec{F}_{FW}^*$ dar, wobei $\vec{F}_{FW}^*$ die Kraft *der festen Wände auf das Fluid* ist. Die (sorgfältige) Unterscheidung nach diesen beiden Kräften ist nötig, da $\vec{R}^*$ in der Regel gesucht ist, $\vec{F}_{FW}^*$ jedoch in der ursprünglichen Kräftebilanz (4.13) als Kraft *auf ein Fluidelement* auftritt.

Tab. 6.3 enthält die drei Impulsgleichungen aus Tab. 4.1, bei denen die linken Seiten aber formal in die sog. konservative Form (s. dazu Anmerkung 4.3/S. 60) umgeschrieben worden sind, weil dies für die anschließende Integration von Vorteil ist. Das weitere Vorgehen soll am Beispiel der x-Impulsgleichung erläutert werden, die beiden anderen Komponenten können ganz analog behandelt werden.

Da die relevanten Terme in Tab. 6.3 bereits in der sog. „Divergenzform", d.h. als Ableitungen nach Ortsvariablen vorliegen, kann auf diese unmittelbar das *Gaußsche Theorem* angewandt werden (s. dazu Anmerkung 4.11/S. 82). In der x-Impulsgleichung betrifft dies auf der linken Seite alle drei Ortsableitungen sowie den Druckgradienten $-\partial p^*/\partial x^*$ auf der rechten Seite. Auf der

x-IMPULSGLEICHUNG

$$\frac{\partial(\varrho^* u^*)}{\partial t^*} + \frac{\partial(\varrho^* u^{*2})}{\partial x^*} + \frac{\partial(\varrho^* u^* v^*)}{\partial y^*} + \frac{\partial(\varrho^* u^* w^*)}{\partial z^*}$$

$$= f_x^* - \frac{\partial p^*}{\partial x^*} + \left(\frac{\partial \tau_{xx}^*}{\partial x^*} + \frac{\partial \tau_{yx}^*}{\partial y^*} + \frac{\partial \tau_{zx}^*}{\partial z^*} \right)$$

(XI*)

y-IMPULSGLEICHUNG

$$\frac{\partial(\varrho^* v^*)}{\partial t^*} + \frac{\partial(\varrho^* u^* v^*)}{\partial x^*} + \frac{\partial(\varrho^* v^{*2})}{\partial y^*} + \frac{\partial(\varrho^* v^* w^*)}{\partial z^*}$$

$$= f_y^* - \frac{\partial p^*}{\partial y^*} + \left(\frac{\partial \tau_{xy}^*}{\partial x^*} + \frac{\partial \tau_{yy}^*}{\partial y^*} + \frac{\partial \tau_{zy}^*}{\partial z^*} \right)$$

(YI*)

z-IMPULSGLEICHUNG

$$\frac{\partial(\varrho^* w^*)}{\partial t^*} + \frac{\partial(\varrho^* u^* w^*)}{\partial x^*} + \frac{\partial(\varrho^* v^* w^*)}{\partial y^*} + \frac{\partial(\varrho^* w^{*2})}{\partial z^*}$$

$$= f_z^* - \frac{\partial p^*}{\partial z^*} + \left(\frac{\partial \tau_{xz}^*}{\partial x^*} + \frac{\partial \tau_{yz}^*}{\partial y^*} + \frac{\partial \tau_{zz}^*}{\partial z^*} \right)$$

(ZI*)

Tab. 6.3: Impulsgleichungen; konservative Form der linken Seiten
Stromfadentheorie bei endlichen Querschnitten für inkompressible Strömungen als Spezialfall der allgemeinen Bilanzgleichungen aus Tab. 4.1

grau unterlegt: berücksichtigte Terme

grau schraffiert: indirekt berücksichtigte Terme

(Die neuen Gleichungen entstehen, wenn rechts und links des Gleichheitszeichens die markierten Terme übernommen werden. Tritt auf einer Seite kein markierter Term auf, so steht dort die Null.)

linken Seite bleibt der Term $\partial(\varrho^* u^*)/\partial t^*$ wegen der angenommenen Stationarität unberücksichtigt. Die Volumenkraft f_x^* auf der rechten Seite wird an dieser Stelle vernachlässigt, was für viele Strömungen (besonders Strömungen von Gasen) eine gute Näherung darstellt.

Die in Tab. 6.3 „indirekt berücksichtigte" Termgruppe der Oberflächenkräfte in Bezug auf ein infinitesimales Kontrollvolumen kann nicht direkt ausgewertet werden, da aufgrund der Annahme einer eindimensionalen Strömung die Schubspannungen nicht sinnvoll (über eine konstitutive Gleichung) mit

dem Geschwindigkeitsfeld verknüpft werden können. Die Wirkung dieser Terme wird deshalb global als eine Gesamtkraft interpretiert, die auf das Fluid im Lösungsfeld (=Kontrollraum) wirkt. Diese wirkt nach der Integration über das endliche Volumen V^* an der Oberfläche dieses (Kontroll-)Volumens, ist also offensichtlich eng mit der gesuchten Kraftkomponente F^*_{FWx} bzw. R^*_x verbunden.

Die formale Integration über ein Volumen V^* ergibt also

$$\iiint\limits_{V^*} \left(\frac{\partial(\varrho^* u^{*2})}{\partial x^*} + \frac{\partial(\varrho^* u^* v^*)}{\partial y^*} + \frac{\partial(\varrho^* u^* w^*)}{\partial z^*} \right) dV^* =$$

$$- \iiint\limits_{V^*} \frac{\partial p^*}{\partial x^*} \, dV^* + \iiint\limits_{V^*} (\dots \text{Oberflächenkräfte} \dots) \, dV^* \qquad (6.36)$$

bzw. nach Anwendung des Gaußschen Theorems (4.50):

$$\iint\limits_{A^*} \varrho^* u^{*2} \, dA^*_x + \iint\limits_{A^*} \varrho^* u^* v^* \, dA^*_y + \iint\limits_{A^*} \varrho^* u^* w^* \, dA^*_z =$$

$$- \iint\limits_{A^*} p^* \, dA^*_x + \iiint\limits_{V^*} (\dots \text{Oberflächenkräfte} \dots) \, dV^* \qquad (6.37)$$

Das Volumenintegral der Oberflächenkräfte ist nicht weiter präzisiert worden, da es nicht auswertbar ist (und im Detail auch bei einer turbulenten Strömung die turbulenten Zusatzspannungen enthalten müßte). Seine Gesamtwirkung ist in der Kraft F^*_{FWx} enthalten, so dass die Bilanz endgültig lautet (die Erläuterung zu $\hat{A}^*_i$ anstelle von A^*_i folgt):

$$\iint\limits_{\hat{A}^*} \varrho^* u^{*2} \, d\hat{A}^*_x + \iint\limits_{\hat{A}^*} \varrho^* u^* v^* \, d\hat{A}^*_y + \iint\limits_{\hat{A}^*} \varrho^* u^* w^* \, d\hat{A}^*_z =$$

$$- \iint\limits_{\hat{A}^*} p^* \, d\hat{A}^*_x + F^*_{FWx} \qquad (6.38)$$

Um F^*_{FWx} als x-Komponente der Gesamtkraft zu erhalten, die von allen Wänden in einem Strömungsgebiet auf die Strömung ausgeübt wird, müssen darin sowohl die Tangentialkräfte (bei Wänden parallel zur x-Richtung) als auch die Normalkräfte (bei Wänden senkrecht zur x-Richtung) enthalten sein. Diese Normalkräfte sind aber Druckkräfte, die in (6.37) noch in dem Term $- \iint p^* \, dA^*_x$ enthalten sind. Deshalb wird dieses Integral in der Beziehung (6.38) nur über den sog. *freien Teil der Kontrollraumgrenze*, gekennzeichnet durch $\hat{A}^*$ ausgeführt und der Anteil des Integrals, der über den Rest der Kontrollraumgrenze, den sog. *gebundenen, wandbegrenzten Teil der Kontrollraumgrenze* anfällt, der Kraft F^*_{FWx} „zugeschlagen". Da die Integrale auf der linken Seite nur im Bereich der freien Kontrollraumgrenze von Null verschiedene Werte aufweisen können, ist in (6.38) einheitlich $\hat{A}^*$ anstelle von A^*

geschrieben worden. Der Zusatz x, z.B. also $d\hat{A}_x^*$, kennzeichnet die Projektion des Flächenelementes $d\hat{A}^*$ auf eine Fläche senkrecht zur x-Achse, wie sie im *Gaußschen Theorem* (4.50) allgemein als dA_i^* vorkommt. Bild 6.6 verdeutlicht die Verhältnisse am Beispiel einer schräg angeströmten Wand.

Für die endgültige Formulierung können die drei einzelnen Integrale auf der linken Seite von (6.38) noch wie folgt zusammengefasst werden. Die drei Produkte $(u^* d\hat{A}_x^*)$, $(v^* d\hat{A}_y^*)$ und $(w^* d\hat{A}_z^*)$ beschreiben alle die jeweiligen Volumenstromanteile dQ_i^*, die über die entsprechenden Flächen der Kontrollraumgrenze treten, so dass für die linke Seite von (6.38) insgesamt vereinfachend geschrieben werden kann:

$$\iint_{\hat{A}^*} \varrho^* u^* (u^* d\hat{A}_x^*) + \iint_{\hat{A}^*} \varrho^* u^* (v^* d\hat{A}_y^*) + \iint_{\hat{A}^*} \varrho^* u^* (w^* d\hat{A}_z^*) = \iint_{\hat{A}^*} \varrho^* u^* \, dQ^*$$

$$(6.39)$$

Dabei ist nur zu beachten, dass die Größe dQ^* das Skalarprodukt $\vec{v}^* \cdot d\vec{A}^*$ darstellt, wobei $d\vec{A}^*$ definitionsgemäß stets ein bezüglich des Kontrollraumes *nach außen gerichteter Vektor* ist. Als Folge davon zählen einfließende Volumenströme (gegen den Vektor $d\vec{A}^*$ strömend) negativ, ausfließende Volumenströme positiv, s. auch Bild 6.6 für drei Beispiele.

Damit ergibt sich folgende endgültige Form der drei Komponenten-Gleichungen (y-, z-Komponente analog zur x-Komponente) zur Bestimmung der Kraftkomponenten auf die festen Wände, R_x^*, R_y^* und R_z^*:

$$\boxed{\iint_{\hat{A}^*} \varrho^* u^* \, dQ^* = - \iint_{\hat{A}^*} p^* \, d\hat{A}_x^* - R_x^*}$$

$$(6.40)$$

$$\boxed{\iint_{\hat{A}^*} \varrho^* v^* \, dQ^* = - \iint_{\hat{A}^*} p^* \, d\hat{A}_y^* - R_y^*}$$

$$(6.41)$$

$$\boxed{\iint_{\hat{A}^*} \varrho^* w^* \, dQ^* = - \iint_{\hat{A}^*} p^* \, d\hat{A}_z^* - R_z^*}$$

$$(6.42)$$

Bei der Herleitung der Gleichungen (6.40)–(6.42) ist bisher weder von der Bedingung $\varrho^* = \text{const}$ noch von der Annahme einer eindimensionalen Strömung Gebrauch gemacht worden, so dass diese Gleichungen bezüglich dieser Aspekte ganz allgemein gelten. Für den Spezialfall $\varrho^* = \text{const}$ und eindimensionale Strömung (der in diesem Kapitel behandelt werden soll) ist die Auswertung der Integrale in den Gleichungen jedoch besonders einfach, da ihre Werte abschnittsweise unmittelbar bestimmt werden können, wie die Beispiele 6.3 und 6.4 zeigen.

Bei der Anwendung der Gleichungen (6.40)–(6.42) ist auf folgende Punkte sorgfältig zu achten:

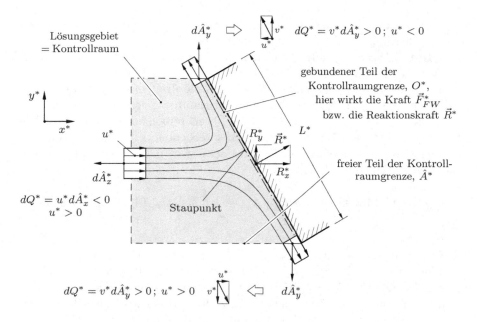

Bild 6.6:   Zweidimensionaler Strahl an einer schrägen Wand; Prinzipbild
Beachte: Beim schrägen Auftreffen des Strahls sind die beiden abströmenden
Teilmasen nicht mehr gleich groß, s. dazu Beispiel 6.3.

☐ Die Lage des Kontrollraumes muss der Fragestellung angepasst sein. Dies
gilt besonders bezüglich des gebundenen Teiles der Kontrollraumgrenze,
da dieser darüber entscheidet, welche Wandkräfte in der Bilanz auftreten. Der Kontrollraum enthält nur Fluid, alle festen Bauteile sind über
Kontrollraumgrenzen aus diesem auszuschließen.

☐ Es muss ein Koodinatensystem festgelegt werden, da sich die Vorzeichen
der Geschwindigkeitskomponenten, der Flächenelemente $d\hat{A}_x^*$, $d\hat{A}_y^*$, $d\hat{A}_z^*$
und der Kräfte an diesem orientieren. Häufig gelingt mit einer „geschick-
ten" Wahl des Koordinatensystems eine besonders einfache Auswertung.

☐ Einfließende Volumenströme zählen negativ, ausfließende positiv, wie dies
zuvor bereits erläutert worden ist.

Beispiel 6.3:   *Kraft auf eine schräg angeströmte Wand bei reibungsfreier Strömung
ohne Schwerkrafteinfluss*

Die prinzipielle Anordnung aus Bild 6.6 soll im folgenden quantitativ berechnet werden.
Dazu wird angenommen:

☐ Ebene Zuströmung mit der homogenen Geschwindigkeit u_{S0}^*, Strahlbreite h_0^*,
d.h.: Massenstrom $\dot{m}_0^* = \varrho^* u_{S0}^* h_0^* B^*$ (B^*: Abmessung senkrecht zur Zeichenebene)

☐ Neigungswinkel der Platte α

☐ reibungsfreie Strömung; Vernachlässigung der Schwerkräfte

Für eine konkrete Berechnung ist es äußerst hilfreich, sich zunächst die physikalische Situation vor Augen zu führen, auf der die mathematische, modellmäßige Beschreibung basiert. In diesem Sinne sollte man zunächst verstehen, wie die Kraft $\vec{R}^*$ zustande kommt.

Da eine reibungsfreie Strömung vorausgesetzt ist, können an der Wand keine Tangential-, sondern nur Normal-, d.h. Druckkräfte auftreten. Die resultierende Kraft $\vec{R}^*$ muss deshalb senkrecht zur überströmten Wand gerichtet sein. Gegenüber dem Umgebungsdruck p_{Umg}^* erhöhte Druckwerte treten in den Wandbereichen auf, über denen die Stromlinien gekrümmt sind, also in der Umgebung des Staupunktes. Weiter entfernt vom Staupunkt verlaufen die Stromlinien parallel zur Wand und der Druck an der Wand ist gleich dem Druck am Strahlrand, also gleich dem Umgebungsdruck p_{Umg}^*.

Da die gesuchte Kraft $\vec{R}^* = (R_x^*, R_y^*)$ senkrecht auf der Wand steht, bietet es sich an, das Koordinatensystem anders als in Bild 6.6 zu wählen, weil dann vermieden werden kann, $\vec{R}^*$ aus den zwei Komponenten R_x^* und R_y^* zusammensetzen zu müssen. Bild B6.3 zeigt die „geschicktere" Wahl des Koordinatensystems zusammen mit dem dann gegenüber Bild 6.6 leicht modifizierten Kontrollraum, der aber weiterhin der Fragestellung korrekt angepasst ist.

Für die konkrete Bestimmung von $\vec{R}^*$ muss zunächst geklärt werden, mit welchen Geschwindigkeiten u_{S1}^* bzw. u_{S2}^* die Abströmung erfolgt. Dazu kann die Bernoulli-Gleichung (6.4) mit der sinngemäßen Indizierung zwischen den Querschnitten ⓪ und ① bzw. ⓪ und ② herangezogen werden. Da in beiden Fällen die auftretenden Drücke jeweils gleich dem Umgebungsdruck sind und Höhenunterschiede aufgrund der vernachlässigten Schwerkräfte keine Rolle spielen, ergibt sich unmittelbar:

$$u_{S1}^* = u_{S2}^* = u_{S0}^* \qquad \text{(B6.3-1)}$$

Mit der Aussage zur Massenerhaltung $\dot{m}_0^* = \dot{m}_1^* + \dot{m}_2^*$ folgt wegen $\dot{m}_i^* = \varrho^* u_{Si}^* h_i^* B^*$ daraus unmittelbar:

$$h_0^* = h_1^* + h_2^* \qquad \text{(B6.3-2)}$$

Damit können die beiden Impulsgleichungen (6.40) und (6.41) wie folgt ausgewertet werden:

$$(6.40): \quad \varrho^*(u_{S0}^* \sin\alpha)(-u_{S0}^* h_0^* B^*) = p_{Umg}^* L^* B^* - R_x^* \qquad \text{(B6.3-3)}$$

$$\longrightarrow \quad \underline{\frac{R_x^*}{B^*} = p_{Umg}^* L^* + \varrho^* u_{S0}^{*2} h_0^* \sin\alpha} \qquad \text{(B6.3-4)}$$

$$(6.41): \quad \varrho^*(-u_{S0}^* \cos\alpha)(-u_{S0}^* h_0^* B^*)$$
$$+\varrho^* u_{S1}^*(u_{S1}^* h_1^* B^*) + \varrho^*(-u_{S2}^*)(u_{S2}^* h_2^* B^*) = 0 \qquad \text{(B6.3-5)}$$

$$\longrightarrow \quad \underline{h_1^* = \frac{1}{2} h_0^*(1 - cos\alpha)} \qquad \text{(B6.3-6)}$$

$$\longrightarrow \quad \underline{h_2^* = \frac{1}{2} h_0^*(1 + cos\alpha)} \qquad \text{(B6.3-7)}$$

wenn jeweils (B6.3-1) und (B6.3-2) berücksichtigt werden.

Wie zu erwarten war, folgt die Kraft $\vec{R}^* = (R_x^*, 0)$ bereits aus der x-Impulsgleichung allein, da $\vec{R}^*$ nur die Komponente $R_x^* \neq 0$ besitzt. Die y-Impulsgleichung dient dann zur Bestimmung der Massenstromaufteilung.

Für die anschauliche Interpretation der Ergebnisse ist es hilfreich, in Gedanken den Winkel α zu variieren. Als Grenzfälle treten dabei auf:

$\alpha = 90°$: Senkrecht auftreffender Strahl, maximale Kraft (pro Breite B^*) auf die Wand; $h_1^* = h_2^*$

$\alpha = 0°$: Strahl parallel zur Wand, keine zusätzliche Kraft auf die Wand; $h_1^* = 0$, $h_2^* = h_0^*$

Bei der Auswertung der Integrale ist sorgfältig auf die Vorzeichen zu achten. Die Orientierung von u^*, v^*, w^* und $d\hat{A}_x^*$, $d\hat{A}_y^*$, $d\hat{A}_z^*$ in Bezug auf die Koordinatenrichtung x^*, y^*, z^* entscheidet über deren Vorzeichen. So entsteht z.B. in (B6.3-3) aus dem allgemeinen Integral $-\iint p^* d\hat{A}_x^*$ der Term $p_{Umg}^* L^* B^*$, weil $d\hat{A}_x^*$ auf der linken Kontrollraumgrenze (stets nach außen weisend) ein negatives Vorzeichen erhält, da es entgegen der Koordinatenrichtung x^* zeigt. Es ist eine gute Übung, dasselbe Problem in einem um 180° gedrehten Koordinatensystem zu lösen!

Die Kraft $\vec{R}^* = (R_x^*, 0)$ wirkt einseitig auf die Wandfläche $B^* L^*$ und enthält deshalb den Einfluss des Umgebungsdruckes p_{Umg}^*. Wenn die Wand auf der Rückseite ebenfalls dem Umgebungsdruck ausgesetzt ist, kompensiert sich der Umgebungsdruck-Einfluss. Dies folgt unmittelbar aus der konsequenten Anwendung der x-Impulsgleichung, dann aber in einem vergrößerten Kontrollraum, der die rechte Wandfläche als gebundene Oberfläche enthält und so die Kraftwirkung auf diese Fläche ebenfalls berücksichtigt.

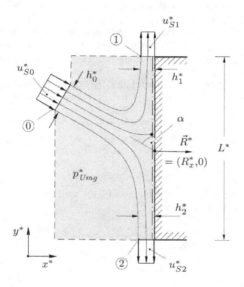

Bild B6.3:   Bestimmung der Kraft auf eine schräg angeströmte Wand

Im Beispiel 6.3 war eine reibungsfreie Strömung unterstellt worden, so dass an den Wänden keine Tangentialkräfte auftreten können. Solche Tangentialkräfte entstehen aus Wandschubspannungen $\tau_w^* = \eta^* \frac{\partial u^*}{\partial y^*}\big|_w$, wenn y^* senkrecht zur Wand verläuft, s. (3.1), sind also unmittelbar mit der Wirkung der Haftbedingung verknüpft. Dies alles wird vernachlässigt, wenn ein eindimensionales Geschwindigkeitsprofil unterstellt wird. Aber: Mit dieser Annahme ist nicht notwendigerweise eine reibungsfreie Strömung zu unterstellen. In der Impulsbilanz können auch bei einer eindimensionalen Strömung Reibungseffekte berücksichtigt werden. Diese können nur nicht mit der Geschwindigkeitsverteilung in Zusammenhang gebracht werden, sondern äußern sich „global" als zusätzliche Kräfte oder (speziell bei Innenströmungen) in den entsprechenden Druckwerten, wie dies im nachfolgenden Beispiel der Fall ist.

In Tab. 6.3 war dies durch die Bezeichnung „indirekt berücksichtigte Terme" gekennzeichnet worden.

Solche scheinbaren Widersprüche treten immer wieder auf, wenn bestimmte Modellannahmen einzelne Teilaspekte der realen Strömung vernachlässigen. In diesem Sinne „ist" eine Strömung nicht eindimensional, sondern für die Auswertung der Integrale in (6.40)–(6.42) wird das reale Profil durch eine eindimensionale Näherung approximiert.

Beispiel 6.4: *Strömung durch einen 90°-Krümmer; eindimensionale Näherung, ohne Schwerkrafteinfluss*

Für den nachfolgend gezeigten 90°-Krümmer wird gesucht:

(a) die Kraft auf die Innenwand des Krümmers als R_{xI}^*, R_{yI}^*

(b) die Kraft auf den gesamten Krümmer als R_{xG}^*, R_{yG}^*

Die Größen A^*, u_S^* und p^* sind im Ein- und im Austrittsquerschnitt bekannt.

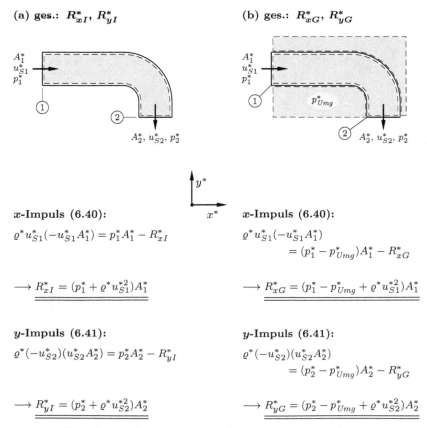

(a) ges.: R_{xI}^*, R_{yI}^*

(b) ges.: R_{xG}^*, R_{yG}^*

x-Impuls (6.40):

$$\varrho^* u_{S1}^*(-u_{S1}^* A_1^*) = p_1^* A_1^* - R_{xI}^*$$

$$\longrightarrow R_{xI}^* = (p_1^* + \varrho^* u_{S1}^{*2})A_1^*$$

x-Impuls (6.40):

$$\varrho^* u_{S1}^*(-u_{S1}^* A_1^*)$$
$$= (p_1^* - p_{Umg}^*)A_1^* - R_{xG}^*$$

$$\longrightarrow R_{xG}^* = (p_1^* - p_{Umg}^* + \varrho^* u_{S1}^{*2})A_1^*$$

y-Impuls (6.41):

$$\varrho^*(-u_{S2}^*)(u_{S2}^* A_2^*) = p_2^* A_2^* - R_{yI}^*$$

$$\longrightarrow R_{yI}^* = (p_2^* + \varrho^* u_{S2}^{*2})A_2^*$$

y-Impuls (6.41):

$$\varrho^*(-u_{S2}^*)(u_{S2}^* A_2^*)$$
$$= (p_2^* - p_{Umg}^*)A_2^* - R_{yG}^*$$

$$\longrightarrow R_{yG}^* = (p_2^* - p_{Umg}^* + \varrho^* u_{S2}^{*2})A_2^*$$

Die beiden Fälle (a) und (b) unterscheiden sich also in der Berücksichtigung des Umgebungsdruck-Einflusses. Dies verdeutlicht noch einmal, dass die Wahl des Kontrollraumes jeweils sorgfältig der Fragestellung angepasst sein muss.

Literatur

Dubbel (2001): Taschenbuch für den Maschinenbau. 20. Aufl., Springer-Verlag, Berlin, Heidelberg, New York

Panton, R. (1996): Incompressible Flow. John Wiley & Sons, New York

VDI-Wärmeatlas, (1997): Berechnungsblätter für den Wärmeübergang. 8. Aufl., La–Lc, VDI-Verlag, Düsseldorf

7 Stromfadentheorie bei endlichen Querschnitten für kompressible Strömungen

7.1 Vorbemerkung

Der entscheidende Unterschied zum vorigen Kapitel über inkompressible Strömungen besteht darin, dass jetzt bei kompressiblen Strömungen die Teil-Energiegleichung für die mechanische Energie nicht mehr isoliert für sich betrachtet werden kann. Die Dichte ϱ^* ist nicht mehr konstant, sondern vom Druck und insbesondere auch von der Temperatur abhängig. Damit entsteht eine Kopplung zwischen der Teil-Energiegleichung für die mechanische Energie und derjenigen für die thermische Energie. Da also beide Teil-Energiegleichungen benötigt werden, ist es üblich, direkt die (Gesamt-)Energiegleichung zu verwenden. Dies ist Gleichung (E*) der allgemeinen Bilanzgleichungen nach Tabelle 4.1.

Diese Gleichung soll im folgenden unter einer Reihe von speziellen Annahmen integriert werden. Damit sind dennoch einige allgemeine Aussagen zu kompressiblen Strömungen möglich.

7.2 Grundgleichungen für isentrope Strömungen

Im folgenden werden eine Reihe spezieller Strömungseigenschaften unterstellt, die in Tab. 7.1 zu den entsprechend numerierten Vernachlässigungen einzelner Terme in der vollständigen (Gesamt-)Energiegleichung (E*) führen. Die Strömung sei:

1. stationär

2. adiabat

3. reibungsfrei, nicht turbulent

4. ohne Schwerkrafteinfluss

Da die Strömung als nicht-turbulent angenommen wird, basiert Tab. 7.1 auf der Energiegleichung für die nicht zeitgemittelten Strömungen (Tab. 4.1). Mit den getroffenen Annahmen verbleibt aus der (Gesamt-)Energiegleichung gemäß Tab. 7.1 also

$$\frac{\mathrm{D}H^*}{\mathrm{D}t^*} = 0 \quad \longrightarrow \quad H^* = h^* + \frac{1}{2}u_S^{*2} = \text{const} \tag{7.1}$$

© Springer-Verlag Berlin Heidelberg 2018
H. Herwig und B. Schmandt, *Strömungsmechanik*,
https://doi.org/10.1007/978-3-662-57773-8_7

$$\frac{\mathrm{D}}{\mathrm{D}t^*} = \underbrace{\frac{\partial}{\partial t^*}}_{1.} + u^*\frac{\partial}{\partial x^*} + v^*\frac{\partial}{\partial y^*} + w^*\frac{\partial}{\partial z^*}$$

ENERGIEGLEICHUNG

$$\varrho^*\frac{\mathrm{D}H^*}{\mathrm{D}\,t^*} = -\overbrace{\left(\frac{\partial q_x^*}{\partial x^*} + \frac{\partial q_y^*}{\partial y^*} + \frac{\partial q_z^*}{\partial z^*}\right)}^{2.}$$

$$\underbrace{+(u^*f_x^* + v^*f_y^* + w^*f_z^*)}_{4.} + \underbrace{\frac{\partial p^*}{\partial t^*}}_{1.} + \underbrace{\mathcal{D}^*}_{3.} \qquad (\mathrm{E}^*)$$

Hilfsfunktion in der Energiegleichung:

$$\mathcal{D}^* = \frac{\partial}{\partial x^*}[u^*\tau_{xx}^* + v^*\tau_{yx}^* + w^*\tau_{zx}^*] + \frac{\partial}{\partial y^*}[u^*\tau_{xy}^* + v^*\tau_{yy}^* + w^*\tau_{zy}^*]$$

$$+ \frac{\partial}{\partial z^*}[u^*\tau_{xz}^* + v^*\tau_{yz}^* + w^*\tau_{zz}^*]$$

DIFFUSION

Tab. 7.1:   (Gesamt-)Energiegleichung
Stromfadentheorie bei endlichen Querschnitten für spezielle kompressible Strömungen als Spezialfall der allgemeinen Bilanzgleichungen aus Tab. 4.1

grau unterlegt: berücksichtige Terme
(Die neue Gleichung entsteht, wenn rechts und links des Gleichheitszeichens die markierten Terme übernommen werden. Tritt auf einer Seite kein markierter Term auf, so steht dort die Null)

1.–4.: vernachlässigte Terme

Dabei wurde gegenüber der Definition von H^* in (4.21) für das Skalarprodukt $\vec{v}^{*2}$ (unter Annahme einer eindimensionalen Geschwindigkeit u_S^* in Stromlinien-Richtung) u_S^{*2} geschrieben.

Neben den oben getroffenen Annahmen über die Strömung, wird für das Fluid ein ideales Gasverhalten unterstellt. Da nennenswerte Kompressibilitätseffekte nur bei Gasen auftreten, und diese sich bei moderaten Drücken (< 10 bar) und moderaten Temperaturen ($\approx 300\,\mathrm{K}$) in sehr guter Näherung wie ideale Gase verhalten, ist dies keine sehr starke Einschränkung, erleichtert aber die Berechnung erheblich. Im Sinne des idealen Gasverhaltens gilt insbesondere:

$$\frac{p^*}{\varrho^*} = R^*T^* \qquad (7.2)$$

als thermische Zustandsgleichung des idealen Gases mit der speziellen Gaskonstante R^* und der thermodynamischen (absoluten) Temperatur T^*.

Für ideale Gase ist die spezifische Enthalpie h^* nur von der Temperatur, nicht aber vom Druck abhängig (weil in dieser Modellvorstellung keine Wech-

selwirkungen zwischen den einzelnen Molekülen auftreten und somit unterschiedliche Drücke keinen Einfluss auf das Verhalten der einzelnen Moleküle haben). Wird zusätzlich unterstellt, dass die spezifische Wärmekapazität bei konstantem Druck $c_p^* = (\partial h^*/\partial T^*)_p$ konstant ist (ein sog. *perfektes* Gas), so gilt

$$h^* = c_p^*(T^* - T_B^*) + h_B^* \tag{7.3}$$

mit der Bezugsenthalpie h_B^*, die im folgenden aber keine Rolle spielt, da nur Enthalpiedifferenzen interessieren und h_B^* sich dann heraushebt.

Da die Strömung adiabat und reibungsfrei verlaufen soll, ändert sich aus thermodynamischer Sicht die spezifische Entropie s^* nicht, es handelt sich also um eine sog. *isentrope Strömung*. Für ein ideales Gas konstanter Wärmekapazität (perfektes Gas) gilt für die mit dieser Strömung verbundenen Zustandsänderungen die sog. Isentropenbeziehung

$$\frac{p^*}{\varrho^{*\kappa}} = \text{const}. \tag{7.4}$$

Die Konstante κ ist der sog. *Isentropenexponent*, der für ein perfektes Gas als $\kappa = c_p^*/c_v^*$ das Verhältnis der beiden als konstant unterstellten Wärmekapazitäten $c_p^* = (\partial h^*/\partial T^*)_p$ und $c_v^* = (\partial e^*/\partial T^*)_v$ darstellt.

Da im folgenden nur Strömungen durch veränderliche Querschnitte $A^*(x^*)$ längs der Koordiante x^* betrachtet werden, könnte u^* anstelle von u_S^* geschrieben werden. Der Index wird jedoch beibehalten und erinnert daran, dass es sich um die eindimensionale Geschwindigkeit der Stromfadentheorie handelt. Im Rahmen dieser eindimensionalen Näherung lautet die Kontinuitätsgleichung

$$\dot{m}^* = \varrho^* u_S^* A^* = \text{const} \tag{7.5}$$

Die Zusammenstellung der bisher aufgeführten Gleichungen ergibt damit

$$(7.3) \quad \text{in} \quad (7.1) \quad : \quad c_p^* T^* + u_S^{*2}/2 = \text{const} \tag{7.6a}$$

$$(7.2) \quad : \quad p^*/\varrho^* = R^* T^* \tag{7.6b}$$

$$(7.4) \quad : \quad p^*/\varrho^{*\kappa} = \text{const} \tag{7.6c}$$

$$(7.5) \quad : \quad \varrho^* u_S^* A^* = \dot{m}^* = \text{const} \tag{7.6d}$$

Dies ist ein System aus 4 Gleichungen für die vier Unbekannten $u_S^*(x^*)$, $p^*(x^*)$, $\varrho^*(x^*)$ und $T^*(x^*)$ längs einer bekannten Stromröhre $A^*(x^*)$, mit dem diese vier Größen an einer beliebigen Stelle x^* bestimmt werden können, wenn sie in einem Querschnitt x_1^* bekannt sind.

Im folgenden Abschnitt wird gezeigt, wie die Gleichungen für die hier vorliegende spezielle Strömungssituation so entdimensioniert werden können, dass daraus eine weitgehend allgemeine Lösung gewonnen werden kann.

7.3   Besondere Entdimensionierung des Gleichungssystems; Erzeugung von Überschallströmungen in einer Stromröhre

Als naheliegende Entdimensionierung für das Gleichungssystem (7.6) würde sich anbieten, alle Größen auf diejenigen im (als bekannt unterstellten) Querschnitt $A^*(x_1^*)$ zu beziehen. Dies wäre allerdings eine willkürliche, problemspezifische Art der Entdimensionierung, da die Größen in einem beliebigen Querschnitt (hier $A^*(x_1^*)$) für das betrachtete Problem keinerlei Besonderheiten aufweisen, und somit keine charakteristischen Größen darstellen.

Solche charakteristische Größen, die dann sinnvollerweise zur Entdimensionierung herangezogen werden sollten, ergeben sich in der vorliegenden Strömungssituation aus folgender Überlegung. Da die Strömung als isentrop unterstellt wird (konstante Entropie, da reibungsfrei und adiabat) ist sie aus thermodynamischer Sicht reversibel, d.h., die Zustandsgrößen in allen Querschnitten sind so miteinander verknüpft, dass prinzipiell jeder Zustand durch die unterstellte Strömungsform aus jedem anderen Zustand hervorgehen könnte.

Die Frage ist nun: Gibt es vor dem Hintergrund dieser Überlegung einen „ausgezeichneten Zustand", der dann das Gesamtproblem charakterisiert und zur Entdimensionierung dienen kann? Gleichung (7.6a) zeigt, dass $u_S^* = 0$ einen Grenzfall darstellt, in dem die Temperatur T^* einen endlichen Maximalwert erreicht. Die Kontinuitätsgleichung (7.6d) fordert dann zwar $A^* = \infty$, es handelt sich aber trotzdem nicht um einen „entarteten" Fall. Im Sinne eines gedachten Grenzprozesses $u_S^* \to 0$ und $A^* \to \infty$, der die Stromröhre $A^*(x^*)$ in Gedanken zu einem beliebig großen Querschnitt erweitert, kann $A^* \to \infty$ als sog. „Kessel" interpretiert werden, aus dem heraus die Strömung durch den endlichen Querschnitt gespeist wird. Der Zustand im gedachten Kessel, der sog. „Kesselzustand", im folgenden mit dem Index 0 versehen, ist also durch die im Problem maximal möglichen Werte von T^*, ϱ^* und p^* sowie durch den minimal möglichen Wert von u_S^*, nämlich $u_{S0}^* = 0$ gekennzeichnet. Bild 7.1 veranschaulicht diese Überlegungen. Da sich $u_{S0}^* = 0$ naturgemäß nicht als Bezugsgeschwindigkeit eignet, kann statt dessen vom Kesselzustand ausgehend die maximal mögliche Geschwindigkeit u_{Smax}^* gewählt werden, weil diese dann wiederum für den Kesselzustand und damit für die gesamte Strömung charakteristisch ist. Gleichung (7.6a) zeigt, dass u_{Smax}^* bei $T^* = 0$ vorliegt, also bei Ausströmen in einen Vakuum-Umgebungszustand. Aus $c_p^* T_0^* = u_{Smax}^{*2}/2 = \text{const}$ folgt unmittelbar

$$u_{Smax}^* = \sqrt{2c_p^* T_0^*} \tag{7.7}$$

als maximale Geschwindigkeit, die beim Ausströmen aus einem Kessel der Temperatur T_0^* erreicht werden kann.

Als charakteristischer Wert für die Entdimensionierung der Querschnittsfläche $A^*(x^*)$ bietet sich der engste Querschnitt A_{min}^* an, so dass insgesamt

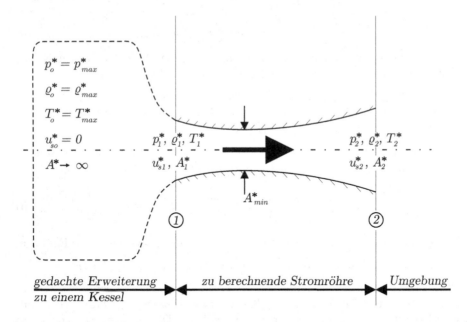

Bild 7.1: Erweiterung der realen Stromröhre durch einen gedachten Kessel ($A^* \to \infty$)

p	ϱ	T	u_S	A	$\dot{m}$
$\dfrac{p^*}{p_0^*}$	$\dfrac{\varrho^*}{\varrho_0^*}$	$\dfrac{T^*}{T_0^*}$	$\dfrac{u_S^*}{\sqrt{2c_p^*T_0^*}}$	$\dfrac{A^*}{A_{min}^*}$	$\dfrac{\dot{m}^*}{\varrho_0^*\sqrt{2c_p^*T_0^*}\,A_{min}^*}$

Tab. 7.2:   Entdimensionierung bei der kompressiblen Strömung durch Stromröhren
p_0^*, ϱ_0^*, T_0^*: Kesselgrößen; A_{min}^*: minimaler Stromröhrenquerschnitt

die Entdimensionierung nach Tab. 7.2 eingeführt wird. Mit diesen dimensionslosen Größen lässt sich das Gleichungssystem (7.6) durch elementare Umformungen auf folgende Form bringen, in der das Druckverhältnis $p = p^*/p_0^*$ formal als Parameter auftritt:

$$\boxed{\varrho = p^{\frac{1}{\kappa}}} \tag{7.8a}$$

$$\boxed{T = p^{\frac{\kappa-1}{\kappa}}} \tag{7.8b}$$

$$\boxed{u_S = \sqrt{1 - p^{\frac{\kappa-1}{\kappa}}}} \tag{7.8c}$$

$$\dot{m} = \varrho\, u_S A = p^{\frac{1}{\kappa}} \sqrt{1 - p^{\frac{\kappa-1}{\kappa}}}\, A \qquad\qquad (7.8\text{d})$$

Aus der zunächst seltsam erscheinenden Form der dimensionslosen Kontinuitätsgleichung (7.8d) lassen sich zwei wichtige Schlüsse ziehen:

1. In jeder gegebenen Stromröhre A liegt der Maximalwert der sog. *Stromdichte* $\varrho\, u_S$ im Querschnitt $A = 1$, also im engsten Querschnitt A^*_{min} (beachte: $A \geq 1$ in dimensionsloser Darstellung).

2. Dieser Maximalwert innerhalb einer Stromröhre wird zu einem *absoluten Maximalwert der Stromröhre*, wenn für p bei $A = 1$ gilt

$$p = \left(\frac{2}{1+\kappa}\right)^{\frac{\kappa}{\kappa-1}} = p_{krit} \qquad\qquad (7.9)$$

Diese Bedingung folgt aus der Bestimmung des Maximums der Funktion $\varrho\, u_S = p^{\frac{1}{\kappa}} \sqrt{1 - p^{\frac{\kappa-1}{\kappa}}}$ bzgl. des Druckverhältnisses p, s. (7.8d).

Physikalisch bedeutet dies, dass der Massenstrom durch eine gegebene Stromröhre $A^*(x^*)$ bei einem gegebenen Kesselzustand $(\varrho_0^*, p_0^*, T_0^*)$ einen Maximalwert besitzt, der nicht überschritten werden kann. Dieser liegt dann vor, wenn im engsten Querschnitt einer Stromröhre das sog. *kritische Druckverhältnis* p_{krit} gemäß (7.9) vorliegt.

Wird zunächst unterstellt, dass der engste Querschnitt den Austrittsquerschnitt in die Umgebung darstellt, dass es sich also um eine in Strömungsrichtung kontinuierlich enger werdende Stromröhre handelt, sind die Verhältnisse unmittelbar einsichtig: Der dimensionslose Druck p_{Umg} entspricht dann dem Verhältnis des Umgebungsdruckes p_{Umg}^* zum Kesseldruck p_0^*. Verstärkt man in Gedanken das Ausströmen aus dem Kessel ausgehend von $p_{Umg} = 1$, d.h. Umgebungsdruck $p_{Umg}^* = $ Kesseldruck p_0^*, durch Absenken des Umgebungsdruckes, so nimmt der ausströmende Massenstrom kontinuierlich zu, bis sein Maximalwert bei dem Druckverhältnis p_{krit} erreicht ist. Auch ein weiteres Absenken des Druckes p_{Umg}^* kann daran nichts ändern. Dies führt lediglich dazu, dass es nach Austritt des Strahles in die Umgebung zu sog. *Nachexpansionen* im Freistrahl kommt, ändert aber nicht den Massenstrom im engsten Querschnitt (bzw. in der gesamten Stromröhre).

Offensichtlich liegt bei Erreichen des maximalen Massenstromes eine besondere Situation im engsten Querschnitt der Stromröhre vor. Eine genauere Analyse der Verhältnisse ergibt, dass dann die Geschwindigkeit u_S^* im engsten Querschnitt gerade der Schallgeschwindigkeit c^* entspricht, die in Abschn. 3.5.2 (s. (3.14)) bereits eingeführt worden war.

Dies folgt unmittelbar aus der allgemeinen Beziehung für die Mach-Zahl, vgl. (3.15), mit Ma als

$$\text{Ma} = \frac{u_S^*}{c^*}, \qquad\qquad (7.10)$$

für die mit $u_{Smax}^* = \sqrt{2c_p^* T_0^*}$, $c^* = \sqrt{\kappa R^* T^*}$, $\kappa = c_p^*/c_v^*$ und $R^* = c_p^* - c_v^*$

gilt:

$$\boxed{\mathrm{Ma} = u_S \frac{u^*_{Smax}}{c^*} = \sqrt{\frac{2}{\kappa - 1}\left(p^{\frac{1-\kappa}{\kappa}} - 1\right)}} \qquad (7.11)$$

Setzt man in (7.11) $p = p_{krit} = \left(\frac{2}{1+\kappa}\right)^{\frac{\kappa}{\kappa-1}}$ gemäß (7.9) ein, so ergibt sich $\mathrm{Ma} = 1$.

Mit einer sich stetig verengenden Stromröhre kann als Ausströmgeschwindigkeit in die Umgebung also maximal die Schallgeschwindigkeit erreicht werden. Andererseits zeigt die Beziehung für die Mach-Zahl, (7.11), dass Ma-Zahlen $\mathrm{Ma} > 1$ möglich sind, wenn p unter den kritischen Wert p_{krit} in der Stromröhre sinkt. Entscheidend ist, dass dieses niedrige Druckverhältnis *in der Stromröhre* erreicht werden muss und nicht beim Austritt in die Umgebung. Da die Stromdichte $\varrho\,u_S$ bei p_{krit} einen Maximalwert besitzt, fällt sie für $p < p_{krit}$ gegenüber diesem Maximalwert wieder ab. Die Kontinuitätsgleichung (7.8d) fordert dann $A > 1$, so dass sich der Strömungsquerschnitt nach dem engsten Querschnitt wieder erweitern muss, um $p < p_{krit}$ in der Stromröhre zu ermöglichen. In Bild 7.2 sind die prinzipiellen Druckverläufe in einer so gearteten Stromröhre gezeigt. Nach dem schwedischen Ingenieur de Laval wird diese Anordnung *Laval-Düse* genannt.

Die Strömungszustände im engsten Querschnitt werden als *kritische Zustände* bezeichnet, wenn die Gesamtanordnung zur Mach-Zahl $\mathrm{Ma} = 1$ in diesem Querschnitt führt. Der Querschnitt selbst heißt dann *kritischer Querschnitt* A^*_{krit}, die Größe c^*_0 ist die Schallgeschwindigkeit bei der Kesseltemperatur T^*_0. Die kritischen Größen

$$
\begin{aligned}
p^*_{krit} &= \left(\frac{2}{1+\kappa}\right)^{\frac{\kappa}{\kappa-1}} p^*_0 \quad ; \quad \varrho^*_{krit} = \left(\frac{2}{1+\kappa}\right)^{\frac{1}{\kappa-1}} \varrho^*_0 \\[2ex]
T^*_{krit} &= \left(\frac{2}{1+\kappa}\right) T^*_0 \quad\;\; ; \quad c^*_{krit} = \left(\frac{2}{1+\kappa}\right)^{\frac{1}{2}} c^*_0
\end{aligned}
\qquad (7.12)
$$

stellen wie die Kesselgrößen charakteristische Werte der betrachteten Strömung dar, die prinzipiell zur dimensionslosen Darstellung der Strömungsgrößen geeignet sind. In diesem Sinne wird jetzt die dimensionslose Fläche $\hat{A} = A^*/A^*_{krit}$ eingeführt, die nur für Überschallströmungen in der Stromröhre mit der bisher verwendeten Größe A nach Tab. 7.2 übereinstimmt. Bild 7.2 verdeutlicht die verschiedenen Strömungsformen, die in einer konvergent-divergenten Stromröhre abhängig vom Druckverhältnis $p_{Umg} = p^*_{Umg}/p^*_0$ auftreten können.

Ausgehend vom Wert $p_{Umg} = 1$, bei dem keine Strömung vorliegt, da der Umgebungsdruck gleich dem Kesseldruck ist, soll in Gedanken der Umgebungsdruck wieder auf Werte $p_{Umg} < 1$ abgesenkt werden. Es können dann vier prinzipiell verschiedene Situationen unterschieden werden.

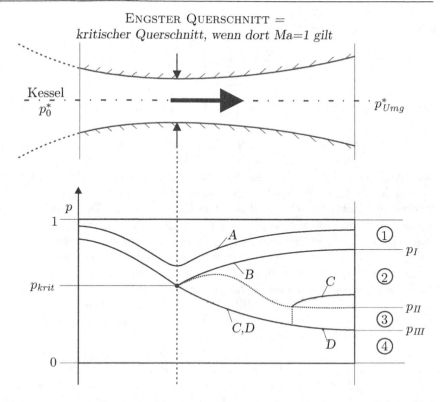

Bild 7.2: Prinzipielle Druckverläufe in einer konvergent-divergenten Stromröhre

A: Reine Unterschallströmung;

B: Unterschallströmung, bei der $Ma = 1$ im engsten Querschnitt erreicht wird

C: Überschallströmung mit nicht-isentropem Verdichtungsstoß in der Stromröhre, anschließend Unterschallströmung

D: Überschallströmung bis zum Austritt

1. $1 > p_{Umg} > p_I$: Es liegt eine reine Unterschallströmung vor; die Geschwindigkeit u_S^* ist im engsten Querschnitt am größten, erreicht aber noch nicht die Schallgeschwindigkeit. Erst für $p_{Umg} = p_I$ wird im engsten Querschnitt gerade Schallgeschwindigkeit erreicht.

2. $p_I > p_{Umg} > p_{II}$: Im engsten Querschnitt wird Schallgeschwindigkeit erreicht, dahinter herrscht Überschallströmung mit einem Druck unterhalb des kritischen Druckes. Die Überschallströmung kann jedoch nicht bis zum Austritt in die Umgebung aufrechterhalten werden, weil der Umgebungsdruck dafür zu groß ist. Deshalb erfolgt zwischen dem engsten Querschnitt und dem Austrittsquerschnitt der „schlagartige" Übergang auf eine Unterschallströmung in einem sog. *senkrechten Verdichtungsstoß*. Die Lage des Verdichtungsstoßes stellt sich dabei so ein, dass der Druck am Austritt der Stromröhre mit dem Umgebungsdruck übereinstimmt.

Die Strömungsverhältnisse über den Verdichtungsstoß hinweg sind nicht mehr isentrop, können also nicht auf der Basis von (7.6) bzw. (7.8) berechnet werden. Für $p_{Umg} = p_{II}$ befindet sich der senkrechte Verdichtungsstoß gerade im Austrittsquerschnitt.

3. $p_{II} > p_{Umg} > p_{III}$: Bei diesem sog. *überexpandierten Strahl* bleibt die Strömung in der Stromröhre unverändert wie im Fall $p_{Umg} = p_{II}$, außerhalb der Stromröhre ist sie aber nicht mehr eindimensional und auch nicht mehr isentrop. Durch schräge Verdichtungsstöße und anschließende Expansionswellen erfolgt der Übergang auf eine Unterschallströmung in einem typischen Rombenmuster des Strahles. Bei $p_{Umg} = p_{III}$ liegt gerade ein angepasstes Druckverhältnis vor, bei dem der Strahl nach dem Austritt (im Rahmen der getroffenen Annahmen) unverändert erhalten bleibt.

4. $p_{III} > p_{Umg}$: Bei diesem sog. *unterexpandierten Strahl* bleibt die Strömung in der Stromröhre ebenfalls unverändert wie im Fall $p_{Umg} = p_{III}$, außerhalb der Stromröhre entsteht jetzt aber ein (nicht mehr zweidimensionales) Rombenmuster aus Expansions- und anschließenden Kompressionswellen.

Die Anordnung in Bild 7.2 zeigt, dass die Zahlenwerte für p_I, p_{II} und p_{III} keinen universellen Charakter besitzen (wie etwa derjenige für p_{krit}), sondern davon abhängen, bis zu welchen Werten $A > 1$ sich die Stromröhre erweitert.

Die Berechnung der kompressiblen Strömung erfolgt auf der Basis des Gleichungssystems (7.8) und wird im folgenden Abschnitt erläutert.

7.4 Berechnung der kompressiblen isentropen Strömung durch eine Stromröhre

Im folgenden soll zunächst von einer Überschallströmung ausgegangen werden. Wie die Ergebnisse auch auf Unterschallströmungen angewandt werden können, wird dann anschließend erläutert.

Für die Berechnung der Strömung wird unterstellt, dass die Geometrie der Stromröhre als $A^*(x^*)$ bekannt ist, so dass die dimensionslose Geometriefunktion $\hat{A} = A^*/A^*_{krit} = A^*/A^*_{min}$ vorliegt. Da in (7.8) alle dimensionslosen Größen als Funktion des Druckes $p = p^*/p_0^*$ formuliert sind, soll zunächst der Zusammenhang zwischen $\hat{A}$ und p hergestellt werden, weil dann für einen bestimmten Wert von $\hat{A}$ alle anderen Größen unmittelbar angegeben werden können. Dieser gesuchte Zusammenhang folgt mit $\hat{A} = A$ direkt aus der Kontinuitätsgleichung (7.8d), wenn in dieser Gleichung der Zahlenwert für den dimensionslosen Massenstrom $\dot{m} = \dot{m}^*/(\varrho_0^*\sqrt{2c_p^*T_0^*}A^*_{min})$, vgl. Tab. 7.2, bekannt ist.

Der dimensionsbehaftete Massenstrom kann bei Überschallströmung mit den kritischen Werten als $\dot{m}^*_{krit} = \varrho^*_{krit}c^*_{krit}A^*_{krit}$ formuliert werden, so dass für $\dot{m}_{krit}$ gilt:

$$\dot{m}_{krit} = \frac{\varrho^*_{krit}\, c^*_{krit}\, A^*_{krit}}{\varrho^*_0 \sqrt{2c^*_p T^*_0}\, A^*_{min}} = \left(\frac{2}{\kappa+1}\right)^{\frac{1}{\kappa-1}} \sqrt{\frac{\kappa-1}{\kappa+1}} \qquad (7.13)$$

Dabei wurde $A^*_{krit} = A^*_{min}$ gesetzt, und es wurden die Beziehungen (7.12) sowie $\kappa = c^*_p/c^*_v$ und $R^* = c^*_p - c^*_v$ in (7.13) verwendet. Zusammen mit (7.8d) gilt also für Überschallströmungen die gesuchte Beziehung $\hat{A} = \hat{A}(p)$ als:

$$\hat{A} = \left(\frac{2}{\kappa+1}\right)^{\frac{1}{\kappa-1}} \sqrt{\frac{\kappa-1}{\kappa+1}}\; p^{-\frac{1}{\kappa}} \left(1 - p^{\frac{\kappa-1}{\kappa}}\right)^{-\frac{1}{2}} \qquad (7.14)$$

Bild 7.3 zeigt die Verläufe der Strömungsgrößen abhängig vom dimensionslosen Druck p für den Fall $\kappa = 1{,}4$. Dieser Zahlenwert ist typisch für zweiatomige Gase und gilt damit in sehr guter Näherung für Luft. Aus diesem Bild können die Strömungsgrößen einer realen Düse graphisch abgelesen werden; genauere Ergebnisse folgen aus der direkten Verwendung der zugrundeliegenden Gleichungen. Da eine eindimensionale Strömung unterstellt wird, spielt die genaue Form des Strömungsquerschnittes keine Rolle, da Reibungsfreiheit gelten soll, zählt nur die Querschnittsfläche, aber nicht an welcher Stelle x^* (gezählt in Strömungsrichtung) diese erreicht wird. Deshalb ergibt sich die Lösung in einer realen Düse sehr einfach dadurch, dass an einer interessierenden Stelle x^* der dimensionslose Querschnitt $\hat{A}$ bestimmt wird, mit dem dann aus Bild 7.3 alle anderen Größen abgelesen werden können.

Für andere Zahlenwerte von κ, z.B. $\kappa = 1{,}33$, in guter Näherung gültig für dreiatomige Gase wie etwa CO_2, ergibt sich gegenüber Bild 7.3 ein leicht veränderter Kurvenverlauf. Tabelle 7.3 enthält einige Zahlenwerte für die kritischen Größen, sowie den dimensionslosen kritischen Massenstrom bei Überschallströmung, s. (7.13).

Wenn in der Stromröhre eine reine Unterschallströmung vorliegt (s. Fall „A" in Bild 7.2) sind die Strömungsverhältnisse nicht mehr durch die Strom-

κ	$\dfrac{p^*_{krit}}{p^*_0}$	$\dfrac{\varrho^*_{krit}}{\varrho^*_0}$	$\dfrac{T^*_{krit}}{T^*_0}$	$\dfrac{c^*_{krit}}{c^*_0}$	$\dfrac{c^*_{krit}}{u^*_{Smax}}$	$\dot{m}_{krit}$
1,4	0,528	0,634	0,833	0,913	0,408	0,259
1,33	0,540	0,629	0,858	0,926	0,376	0,237

Tab. 7.3:   Kritische Werte und dimensionsloser Massenstrom bei Überschallströmung für $\kappa = 1{,}4$ (zweiatomige Gase) und $\kappa = 1{,}33$ (dreiatomige Gase)
Beachte: $u^*_{Smax}/c^*_0 = \sqrt{2/(\kappa-1)}$; $c^*_0 = \sqrt{\kappa R^* T^*_0}$

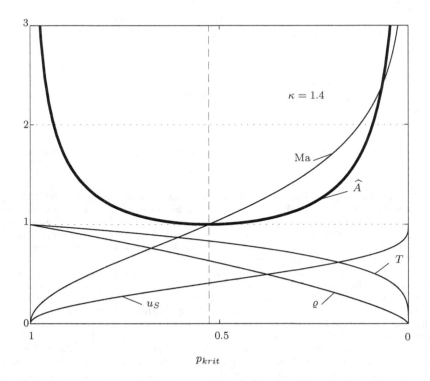

Bild 7.3:   Auswertung der Gleichungen (7.8a–c), (7.11) und (7.14) für $\kappa = 1{,}4$ (Luft).
Für $p_{Umg} < p_I$ in Bild 7.2 liegt im engsten Querschnitt Ma $= 1$ vor und $\hat{A}$ entspricht der tatsächlichen Stromröhren-Geometrie.
Für $p_{Umg} > p_I$ in Bild 7.2 liegt in der gesamten Stromröhre Unterschallströmung vor und $\hat{A}$ entspricht nur bis auf einen Zahlenfaktor A_{min}^*/A_{krit}^* der Stromröhren-Geometrie A, s. (7.16).

röhren-Geometrie und den Kesselzustand alleine bereits festgelegt. Während bei einer Überschallströmung der Massenstrom von vorne herein als der kritische Massenstrom festliegt, ist er bei Unterschallströmungen noch abhängig vom Umgebungsdruck und damit ein Parameter des Problems.

Mit Hilfe der Kontinuitätsgleichung (7.5) kann der Massenstrom $\dot{m}^*$ am Austrittsquerschnitt ermittelt werden, indem die Dichte $\varrho^* = \varrho\varrho_0^*$ und die Geschwindigkeit $u_S^* = u_S\sqrt{2c_p^* T_0^*}$ mit $p = p_{Umg}$ aus (7.8a) und (7.8c) bestimmt werden. Dieser Massenstrom $\dot{m}^*$ bzw. $\dot{m}$ gemäß Tab. 7.2 ist der kritische Massenstrom für eine fiktive Stromröhre mit der (minimalen) Querschnittsfläche $A_{krit,fiktiv}^*$, so dass mit $\dot{m}_{krit}$ nach (7.13) gilt:

$$\frac{A_{krit,fiktiv}^*}{A_{min}^*} = \frac{\dot{m}}{\dot{m}_{krit}} \leq 1 \tag{7.15}$$

Bild 7.3 kann auch für eine reine Unterschallströmung verwendet werden,

wenn $\hat{A}$ über

$$\hat{A} = \frac{A^*}{A^*_{krit,fiktiv}} = A\frac{A^*_{min}}{A^*_{krit,\ fiktiv}} = A\frac{\dot{m}_{krit}}{\dot{m}} \tag{7.16}$$

zuvor aus $A = A^*/A^*_{min}$ ermittelt wird. In Bild 7.3 bleiben dann alle Zustände stets bei Werten $p > p_{krit}$ (reine Unterschallströmung, beachte die Auftragung des Druckes von rechts nach links in Bild 7.3).

Anmerkung 7.1:   *Die inkompressible Strömung als Grenzfall der kompressiblen Strömung*

Die bisher verwendeten Gleichungen für kompressible Strömungen gelten auch für reine Unterschallströmungen bei beliebig kleinen Geschwindigkeiten. Dann spielen aber Kompressibilitätseffekte eine immer geringere Rolle, so dass sich die Strömungen immer mehr wie inkompressible Strömungen verhalten. Es werden deshalb die Ergebnisse sehr gut mit denjenigen übereinstimmen, die ausgehend von der Modellvorstellung einer inkompressiblen Strömung gewonnen werden können.

Es ist allerdings nicht zu erwarten, dass die Gleichungen für kompressible Strömungen durch den formalen Grenzübergang zu $\varrho^* = $ const in diejenigen für inkompressible Strömungen übergehen. Ein solcher (unzulässiger) formaler Übergang würde mit $\varrho^* = $ const, also $\varrho = 1$ nach (7.8a) auf $p = 1$, also einen konstanten Druck führen. In Wirklichkeit ist die Dichte bei einer entsprechenden Strömung von Gasen nicht konstant, ihre Änderungen spielen aber keine Rolle, so dass alternativ eine theoretische Beschreibung angemessen ist, die Dichtevariationen von vornherein vernachlässigt (und dann (7.8a) gar nicht enthält). Eine solche Modellvorstellung hat im Kap. 6 auf die Bernoulli-Gleichung (6.4) geführt. Angewandt auf eine horizontale Stromröhre mit dem Querschnitt ① im Kessel und dem Querschnitt ② an beliebiger Stelle in der Stromröhre gilt mit $\varrho^* = $ const $= \varrho_0^*$:

$$\frac{p^*}{\varrho_0^*} + \frac{u_S^{*2}}{2} = \frac{p_0^*}{\varrho_0^*} \tag{7.17}$$

Unter Verwendung der idealen Gasgleichung $p_0^*/\varrho_0^* = R^*T_0^*$ und $c_p^*/R^* = \kappa/(\kappa-1)$ folgt daraus

$$p = 1 - \frac{\kappa}{\kappa-1}u_S^2 \tag{7.18}$$

Löst man (7.8c) nach p auf und entwickelt die dann entstehende Gleichung für $u_S \to 0$, so folgt

$$p = (1 - u_S^2)^{\frac{\kappa}{\kappa-1}} = \underbrace{1 - \frac{\kappa}{\kappa-1}u_S^2}_{(7.18)} + \frac{\kappa}{2(\kappa-1)^2}u_S^4 + O(u_S^6) \tag{7.19}$$

d.h., (7.18) für inkompressible Strömungen ist der führende Term der allgemeinen Gleichung (7.19) für kompressible Strömungen. Bild 7.4 zeigt den zunehmenden Einfluß der Kompressibilitätseffekte für ansteigende Werte der Geschwindigkeit u_S. Vernachlässigt man (tatsächlich auftretende) Dichteänderung von bis zu 5%, so zeigt Bild 7.4, dass Strömungen bis zu einer Mach-Zahl von etwa $\mathrm{Ma} = 0,3$ als inkompressible Strömungen berechnet werden können. Dies entspricht bei einer Schallgeschwindigkeit von $c^* = 340\,\mathrm{m/s}$ (Luft unter Normbedingungen) Strömungsgeschwindigkeiten von bis zu etwa $100\,\mathrm{m/s}$. Bild 7.4 zeigt, dass dann die berechneten Druckwerte für den kompressiblen und den inkompressiblen Fall noch sehr gut übereinstimmen.

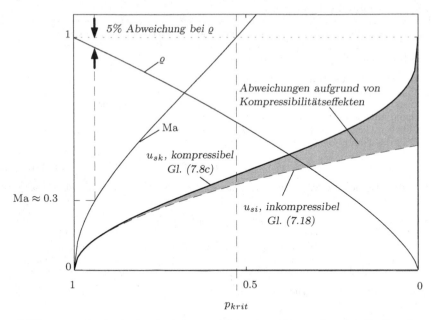

Bild 7.4: Vergleich der Funktion $u_S(p)$ in einer Stromröhre für die Berechnung der Strömung als kompressible und als inkompressible Strömung; $\kappa = 1{,}4$; vgl. Bild 7.3

Beispiel 7.1: *Steigerung des Massenstromes bei überkritischer Strömung*
(Ma = 1 im engsten Querschnitt)

Wenn im engsten Querschnitt einer Stromröhre der kritische Zustand erreicht ist, kann der dort herrschende Massenstrom

$$\dot{m}^*_{krit} = \varrho^*_{krit} c^*_{krit} A^*_{krit} \tag{B7.1-1}$$

durch ein weiteres Absenken des Umgebungsdruckes nicht mehr erhöht werden. Welche Möglichkeiten stehen zur Verfügung, um $\dot{m}^*$ dennoch zu steigern?

Gleichung (7.20), die bei überkritischer Strömung stets gilt, zeigt unmittelbar, dass $\dot{m}^*$ direkt proportional zu einer Erweiterung des Querschnittes A^* ansteigt, solange der engste Querschnitt auch der kritische Querschnitt bleibt (also dort weiterhin Ma = 1 gilt).

Eine zweite Möglichkeit besteht darin, den Kesselzustand so zu verändern, dass die kritische Stromdichte $\varrho^*_{krit} c^*_{krit}$ ansteigt. Diese ist mit dem Kesselzustand über (7.12) verbunden als

$$\varrho^*_{krit} c^*_{krit} = \left(\frac{2}{\kappa + 1} \right)^{\frac{\kappa+1}{2(\kappa-1)}} \varrho^*_0 c^*_0 \tag{B7.1-2}$$

Mit $c^*_0 = \sqrt{\kappa R^* T^*_0}$ und $p^*_0 / \varrho^*_0 = R^* T^*_0$ folgt daraus:

$$\varrho^*_{krit} c^*_{krit} = \left(\frac{2}{\kappa + 1} \right)^{\frac{\kappa+1}{2(\kappa-1)}} \left(\frac{\kappa}{R^*} \right)^{\frac{1}{2}} \frac{p^*_0}{\sqrt{T^*_0}} \tag{B7.1-3}$$

Danach kann $\dot{m}^*$ also durch Erhöhung des Kesseldruckes und/oder durch Absenkung der Kesseltemperatur erhöht werden.

Bei einer konkreten Ausführung solcher Maßnahmen ist aber zu beachten, dass p_0^* und T_0^* im allgemeinen nicht unabhängig voneinander variiert werden können. Wie p_0^* und T_0^* ggf. gekoppelt sind, hängt von der Art der Prozessführung bei der Veränderung des Kesselzustandes ab, wie folgende Beispiele zeigen:

1. Wärmeübergang bei konstantem Kesselvolumen
   Geht man von einem realen, großen aber endlichen Kessel aus, so kann der Kesselzustand durch Heizen oder Kühlen verändert werden. Da die Dichte bei diesem Vorgang unverändert bleibt (konstantes Volumen und konstante Masse), folgt aus der idealen Gasgleichung $p_0^*/\varrho_0^* = R^* T_0^*$ die Proportionalität $p_0^* \sim T_0^*$. Dies ergibt in (7.22) den funktionalen Zusammenhang

$$\varrho_{krit}^* c_{krit}^* = \text{const} \sqrt{T_0^*}, \tag{B7.1-4}$$

   d.h., die Stromdichte und damit der Massenstrom erhöht sich, wenn der Kessel geheizt wird.

2. Adiabate, isentrope Verdichtung durch Veränderung des Kesselvolumens
   Wenn ähnlich wie bei einer Zylinder/Kolben-Anordnung die Volumenänderung sehr langsam (reversibel) und adiabat (ohne Wärmeübergang an die Umgebung) erfolgt, so ist dieser Prozess isentrop. Es gilt also neben der idealen Gasgleichung $p_0^*/\varrho_0^* = R^* T_0^*$ die Isentropenbeziehung $p_0^*/\varrho_0^{*\kappa} = \text{const}$. Daraus folgt für den Zusammenhang zwischen Druck und Temperatur $T_0^* \sim p_0^{*\frac{\kappa-1}{\kappa}}$, so dass mit (7.22) jetzt gilt:

$$\varrho_{krit}^* c_{krit}^* = \text{const}\, p_0^{*\frac{1+\kappa}{2\kappa}} \tag{B7.1-5}$$
$$(= \text{const}\, p_0^{*0,86} \quad \text{für} \quad \kappa = 1,4)$$

   d.h. die Stromdichte und damit der Massenstrom erhöht sich, wenn das Kesselvolumen isentrop verdichtet wird.

7.5   Senkrechter Verdichtungsstoß

Bild 7.2 im vorhergehenden Abschnitt enthält als Fall C eine Überschallströmung in einer Stromröhre, die als solche aufgrund des Druckverhältnisses $p_{Umg} = p_{Umg}^*/p_0^*$ nicht bis zum Austrittsquerschnitt erhalten bleibt, sondern vorher über einen sog. *Verdichtungsstoß* schlagartig in eine Unterschallströmung übergeht. Diese Verdichtungstöße werden im folgenden als Ebenen betrachtet, über die hinweg eine sprungartige Veränderung der Strömungsgrößen erfolgt. Dies ist eine vereinfachte Modellvorstellung, die alle Details der tatsächlich auftretenden extrem hohen Gradienten über einen sehr schmalen aber endlichen Bereich vernachlässigt. Der physikalische Hintergrund für das Auftreten solcher steiler Gradienten, die dann als schlagartige Stöße interpretiert werden, ist bereits in Abschn. 3.5.3 erläutert worden.

Im Rahmen der eindimensionalen Modellvorstellung (Stromfadentheorie für endliche Querschnitte) können die Verhältnisse über den Verdichtungsstoß hinweg aus der Bilanz über einen Kontrollraum ermittelt werden, der

eine infinitesimal kleine Erstreckung dx^* in Strömungsrichtung aufweist und den Verdichtungsstoß einschließt, wie dies in Bild 7.5 dargestellt ist. Da die durchströmte Querschnittsfläche A^* vor und nach dem Stoß gleich ist, lautet die Kontinuitätsgleichung über den Stoß hinweg (vgl. (7.5))

$$\varrho_1^* u_{S1}^* = \varrho_2^* u_{S2}^* \tag{7.20}$$

Über den Stoß kann die integrale Impulsgleichung (6.40) mit $R_x^* = 0$ angesetzt werden, da auf der infinitesimalen kurzen Strecke dx^* keine endlichen Kraftkomponenten auf die Wand übertragen werden können. Mit $dQ^* = u_S^* d\hat{A}_x^*$ wird (6.40) dann zu

$$\iint\limits_{A^*} (\varrho^* u_S^{*2} + p^*)\, d\hat{A}_x^* = 0 \tag{7.21}$$

Im Zusammenhang mit (6.40) war bereits darauf hingewiesen worden, dass diese Bilanzgleichung allgemein, also auch für $\varrho^* \neq$ const gilt. Mit den Größen vor und nach dem Stoß folgt aus (7.21) unmittelbar die Impulsbilanz

$$\varrho_1^* u_{S1}^{*2} + p_1^* = \varrho_2^* u_{S2}^{*2} + p_2^* . \tag{7.22}$$

Für die Energiegleichung gelten dieselben Voraussetzungen, die in (7.1) auf $H^* =$ const geführt haben, so dass für ein perfektes Gas (vgl. (7.3)) gilt:

$$c_p^* T_1^* + \frac{1}{2} u_{S1}^{*2} = c_p^* T_2^* + \frac{1}{2} u_{S2}^{*2} \tag{7.23}$$

Zusammen mit der idealen Gasgleichung, umgeschrieben zu

$$\frac{p_1^*}{\varrho_1^* T_1^*} = \frac{p_2^*}{\varrho_2^* T_2^*} \tag{7.24}$$

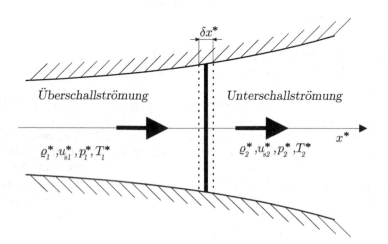

Bild 7.5: Strömungsgrößen vor und nach dem senkrechten Verdichtungsstoß

liegt mit (7.20), (7.22), (7.23) und (7.24) ein Gleichungssystem aus vier Gleichungen für die vier unbekannten Größen ϱ_2^*, u_{S2}^*, p_2^* und T_2^* vor, die sich hinter einem Verdichtungsstoß ergeben, vor dem die als bekannt unterstellten Größen ϱ_1^*, u_{S1}^*, p_1^* und T_1^* auftreten.

Da es sich um ein nichtlineares gekoppeltes Gleichungssystem handelt, gibt es mehr als eine Lösung, so dass neben der trivialen Lösung $\varrho_2^* = \varrho_1^*$, $u_{S2}^* = u_{S1}^*$, $p_2^* = p_1^*$ und $T_2^* = T_1^*$, eine weitere Lösung existiert. Durch elementare Umformungen gelangt man zu einer Darstellung, bei der die Verhältnisse der Größen nach und vor dem Verdichtungsstoß als Funktion der Mach-Zahl $\mathrm{Ma}_1 = u_{S1}^*/c_1^* = u_{S1}^*/\sqrt{\kappa R^* T_1^*}$ auftreten. Das Verhältnis u_{S2}^*/u_{S1}^* wird sinnvollerweise mit der Mach-Zahl nach dem Stoß, $\mathrm{Ma}_2 = u_{S2}^*/\sqrt{\kappa R^* T_2^*}$ als $u_{S2}^*/u_{S1}^* = \mathrm{Ma}_2 \sqrt{T_2^*/T_1^*}/\mathrm{Ma}_1$ formuliert, so dass insgesamt folgende Lösung gilt:

$$
\boxed{\frac{\varrho_2^*}{\varrho_1^*} = \frac{(\kappa+1)\,\mathrm{Ma}_1^2}{2 + (\kappa-1)\,\mathrm{Ma}_1^2}}
\tag{7.25}
$$

$$
\boxed{\mathrm{Ma}_2 = \sqrt{\frac{(\kappa+1) + (\kappa-1)(\mathrm{Ma}_1^2 - 1)}{(\kappa+1) + 2\kappa(\mathrm{Ma}_1^2 - 1)}}}
\tag{7.26}
$$

$$
\boxed{\frac{p_2^*}{p_1^*} = 1 + \frac{2\kappa}{\kappa+1}(\mathrm{Ma}_1^2 - 1)}
\tag{7.27}
$$

$$
\boxed{\frac{T_2^*}{T_1^*} = \frac{[2\kappa\,\mathrm{Ma}_1^2 - (\kappa-1)][2 + (\kappa-1)\,\mathrm{Ma}_1^2]}{(\kappa+1)^2\,\mathrm{Ma}_1^2}}
\tag{7.28}
$$

In Bild 7.6 sind diese Ergebnisse für $\kappa = 1{,}4$ (zweiatomiges Gas) graphisch dargestellt. Im (theoretischen) Grenzfall $\mathrm{Ma}_1 \to \infty$ erreicht das Dichteverhältnis den Maximalwert $(\kappa+1)(\kappa-1)$, während die Druck- und Temperaturverhältnisse über alle Grenzen anwachsen. Für die Mach-Zahl hinter dem Stoß gilt in diesen Grenzfall $\mathrm{Ma}_2 = \sqrt{(\kappa-1)/2\kappa}$.

Hinter dem Verdichtungsstoß kann die Strömung in der Stromröhre wieder in sehr guter Näherung als isentrope Strömung behandelt werden, so dass die Berechnungsmöglichkeiten aus dem vorhergehenden Abschnitt zur Verfügung stehen. Es ist aber unbedingt zu beachten, dass sich die Kesselgrößen über den Stoß hinweg ändern, die Strömung nach dem Stoß also aus einem anderen Kesselzustand hervorgeht, als die Strömung vor dem Stoß. Beiden Zuständen gemeinsam ist die spezifische Gesamtenergie, die sich über den Stoß hinweg nicht verändert (s. (7.23)), so dass mit $u_{S01}^* = u_{S02}^* = 0$ (Kesselzustand) unmittelbar die Gleichheit der Kesseltemperaturen für den Zustand ① vor

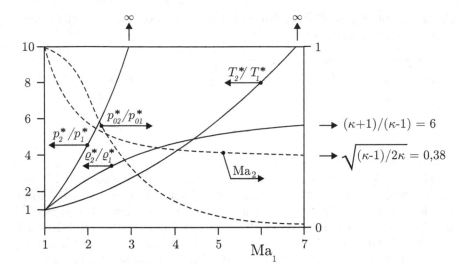

Bild 7.6: Perfektes Gas ($c_p^* = \text{const}$) mit $\kappa = 1{,}4$
Dichte-, Druck- und Temperaturverhältnisse über den senkrechten Verdichtungsstoß hinweg (linke Skala); Ma-Zahl Ma_2 hinter dem Stoß (rechte Skala)
p_{02}^*/p_{01}^*: Veränderung des Kesseldruckes über den Stoß hinweg, s. (7.32)
Die Pfeile an den Kurven beziehen sich auf die linke bzw. rechte Skala.

dem Verdichtungsstoß und den Zustand ② nach dem Verdichtungsstoß folgt:

$$T_{01}^* = T_{02}^* \tag{7.29}$$

Das Verhältnis der Kesseldrücke p_{02}^*/p_{01}^* ergibt sich nach der formalen Umformung

$$\frac{p_{02}^*}{p_{01}^*} = \underbrace{\frac{p_{02}^*}{p_2^*}}_{(7.11)} \cdot \underbrace{\frac{p_2^*}{p_1^*}}_{(7.27)} \cdot \underbrace{\frac{p_1^*}{p_{01}^*}}_{(7.11)} \tag{7.30}$$

wobei Gleichung (7.11) zu

$$p = \frac{p^*}{p_0^*} = \left[1 + \frac{\kappa - 1}{2} \text{Ma}^2\right]^{\frac{\kappa}{1-\kappa}} \tag{7.31}$$

umgeformt worden ist. Für p_1^*/p_{01}^* in (7.30) kann (7.31) unmittelbar mit $\text{Ma} = \text{Ma}_1$ verwendet werden, im Zusammenhang mit p_2^*/p_{02}^* und $\text{Ma} = \text{Ma}_2$ wird anschließend noch (7.26) eingesetzt, um einheitlich Ma_1 als unabhängige Variable zu erhalten. Damit ergibt sich für $p_{02}^*/p_{01}^* = \varrho_{02}^*/\varrho_{01}^*$ (ideale Gas-

gleichung mit $T_{02}^* = T_{01}^*$), endgültig folgende Funktion, die in Bild 7.6 für $\kappa = 1{,}4$ eingezeichnet ist:

$$\frac{p_{02}^*}{p_{01}^*} = \frac{\varrho_{02}^*}{\varrho_{01}^*} = \left[1 + \frac{2\kappa}{\kappa+1}(\mathrm{Ma}_1^2 - 1)\right]^{\frac{1}{1-\kappa}} \left[1 - \frac{2}{\kappa+1}\left(\frac{\mathrm{Ma}_1^2 - 1}{\mathrm{Ma}_1^2}\right)\right]^{\frac{\kappa}{1-\kappa}}$$

$$(7.32)$$

Die Auswertung von (7.32) ergibt, dass p_{02}^* und ϱ_{02}^* stets kleiner als p_{01}^* bzw. ϱ_{01}^* sind, dass also sowohl der Kesseldruck als auch die Kesseldichte über den Stoß hinweg abnehmen. Der physikalische Hintergrund ist, dass über den Stoß hinweg zwar die (Gesamt-)Energie erhalten bleibt, aufgrund von Dissipationseffekten aber die Entropie zunimmt. Nach dem Stoß muss also (gegenüber den Zuständen vor dem Stoß) ein Kesselzustand mit erhöhter Entropie gelten. Für die Differenz der Entropien beider Kesselzustände (ideales Gas bei gleicher Temperatur) gilt mit R^* als spezieller Gaskonstante, s. dazu z.B. Baehr (2000):

$$s_{02}^* - s_{01}^* = -R^* \ln(p_{02}^*/p_{01}^*) \qquad (7.33)$$

so dass $p_{02}^*/p_{01}^* < 1$ gelten muss, damit $(s_{02}^* - s_{01}^*) > 0$ ist.

Beispiel 7.2:   *Festlegung der Stoßlage in einer Laval-Düse durch die Wahl des Umgebungsdruckes ($\kappa = 1{,}4$)*

Für eine Düse mit kreisförmigen Querschnitten ($A^* = \pi r^{*2}$) und dem Querschnittsverlauf $A^* = 0{,}1\,\mathrm{m}^2 + x^{*2}$ für $-0{,}5\,\mathrm{m} \leq x^* \leq 0{,}5\,\mathrm{m}$, also der Wandgeometrie

$$r^* = \left(\frac{0{,}1\,\mathrm{m}^2 + x^{*2}}{\pi}\right)^{\frac{1}{2}} \qquad (\text{B7.2-1})$$

soll der Umgebungsdruck p_{Umg}^*/p_{01}^* so gewählt werden, dass ein senkrechter Verdichtungsstoß bei $x^* = 0{,}3\,\mathrm{m}$ auftritt. Der Druck p_{01}^* ist dabei der Kesseldruck mit dem die Strömung erzeugt wird, s. Bild B7.2.

Da es sich um eine Überschallströmung handelt, ist der engste Querschnitt bei $x^* = 0$ der kritische Querschnitt und für $\hat{A} = A^*/A_{krit}^*$ bei $x^* = 0{,}3\,\mathrm{m}$ gilt $\hat{A} = 1{,}9$. Aus Bild 7.3 kann damit die Mach-Zahl $\mathrm{Ma}_1 = 2{,}15$ abgelesen werden. Gemäß Bild 7.6 liegt dann eine Mach-Zahl $\mathrm{Ma}_2 = 0{,}56$ hinter dem Stoß vor.

Für die Unterschallströmung nach dem Stoß muss nun der kritische Querschnitt A_{krit}^* neu bestimmt werden. Wiederum aus Bild 7.3 folgt für $\mathrm{Ma}_2 = 0{,}56$ der Zahlenwert $\hat{A} = A^*/A_{krit}^* = 1{,}24$, wobei jetzt A_{krit}^* nicht mehr der engste Querschnitt der Stromröhre ist, sondern eine fiktive Bezugsgröße. Im vorliegenden Fall gilt $A_{min}^*/A_{krit}^* = 1{,}24/1{,}9 = 0{,}65$. Nach (7.16) errechnet sich die Größe $\hat{A}_{Umg}$ des Austrittsquerschnitts bei $x^* = 0{,}5\,\mathrm{m}$ zu $\hat{A}_{Umg} = (A_{min}^*/A_{krit}^*)A_{Umg} = 0{,}65 \cdot 3{,}5 = 2{,}28$. Im Austrittsquerschnitt, also mit $\hat{A}_{Umg} = 2{,}28$ kann aus Bild 7.3 (im Unterschallbereich) abgelesen werden:

$$\mathrm{Ma}_{Umg} = 0{,}26 \quad ; \quad \frac{p_{Umg}^*}{p_{02}^*} = \frac{p_{Umg}^*}{p_{01}^*} \cdot \frac{p_{01}^*}{p_{02}^*} = 0{,}95 \qquad (\text{B7.2-2})$$

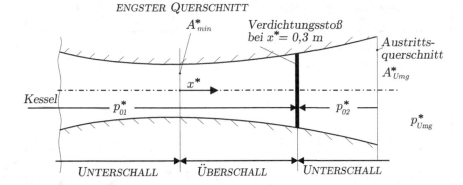

Bild B7.2:   Überschallströmung mit senkrechtem Verdichtungsstoß

p_{01}^*: Kesseldruck für die Strömung vor dem Stoß (real vorhanden, wenn die Strömung aus einem Kessel gespeist wird)

p_{02}^*: Kesseldruck für die Strömung nach dem Stoß (fiktiver Wert, d.h. ein solcher Kesseldruck wäre notwendig, wenn die Strömung *isentrop*, also ohne Verdichtungsstoß, aus einem Kessel gespeist zustande käme)

Für das gesuchte Druckverhältnis $p_{Umg}^* = p_{01}^*$ folgt deshalb

$$\frac{p_{Umg}^*}{p_{01}^*} = \frac{p_{Umg}^*}{p_{02}^*} \cdot \frac{p_{02}^*}{p_{01}^*} = 0,95 \cdot 0,66 = \underline{0,63} \qquad \text{(B7.2-3)}$$

wobei die Veränderung des Kesseldruckes über den Stoß hinweg, p_{02}^*/p_{01}^*, aus Bild 7.6 bei $Ma_1 = 2{,}15$ zu 0,66 abgelesen worden ist.

Ein Umgebungsdruck $p_{Umg}^* = 0{,}63\,p_{01}^*$ führt also zur gewünschten Lage des senkrechten Verdichtungsstoßes bei $x^* = 0{,}3$ m. Ein Absenken dieses Wertes führt zu einer Verschiebung der Stoßlage in Richtung des Austrittsquerschnittes, bis nach Bild 7.2 der für diese Geometrie gültige Wert p_{II} erreicht ist, bei dem der Stoß gerade im Austrittsquerschnitt steht.

Ein Anheben des Druckes lässt den Stoß in Richtung des engsten Querschnittes wandern, bis wiederum nach Bild 7.2 der charakteristische Wert p_I erreicht ist, bei dem im engsten Querschnitt gerade $Ma = 1$ herrscht, sonst aber überall Unterschallströmung vorliegt. Der Verdichtungsstoß ist dann so schwach geworden, dass er im Grenzfall verschwindet.

Anmerkung 7.2:   *Schiefer Verdichtungsstoß*

Obwohl in diesem Teil B1 des Buches zunächst nur eindimensionale Strömungen behandelt werden, soll kurz die Situation erläutert werden, die entsteht, wenn Überschallströmungen durch Wände abgelenkt werden und dadurch die Strömungen nur noch bereichsweise als eindimensional beschrieben werden können. Dazu sollen zunächst die konkaven und konvexen Wandgeometrien (jeweils abgerundet und scharfkantig) in Bild 7.7 betrachtet werden. An den abgerundeten Wandgeometrien entsteht dort wo die Wände gekrümmt sind ein kontinuierliches Band von sog. *Machschen Linien*. Dieser Bereich ist grau unterlegt und einzelne Linien sind jeweils eingezeichnet. Sie entsprechen den Linien, die in Beispiel 3.1 in Kap. 3 den Machschen Kegel einer punktförmigen Einzelstörung ergeben. In diesem Sinne kann die gekrümmte Wand als kontinuierliche Störungsquelle interpretiert

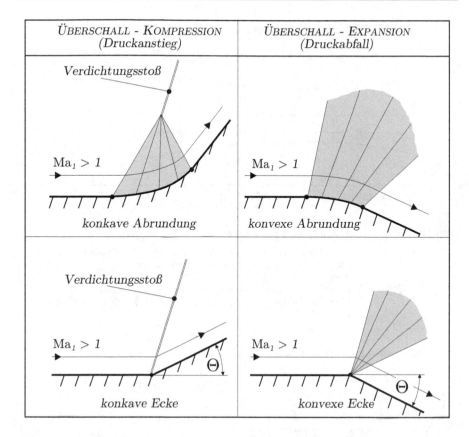

Bild 7.7:   Kompression und Expansion von Überschallströmungen durch Veränderung
der Wandgeometrie.
Wird der Bereich der Abrundung stets kleiner entstehen im Grenzfall jeweils
Ecken in der Wandgeometrie.

werden. Bezüglich dieser Störung verhalten sich konkave und konvexe Wände vollständig
verschieden. Während die Machschen Linien bei konkaven Wänden zusammenlaufen und in
größerer Entfernung einen diskontinuierlichen Verdichtungsstoß ausbilden, bleibt bei konvexen Wandgeometrien in einem aufgefächerten Bereich ein kontinuierlicher Verlauf der
Strömungsgrößen erhalten.

Die Strömung kann in guter Näherung als isentrop angesehen werden mit Ausnahme der Verdichtungsstöße, d.h. die Strömung erhöht über einen Verdichtungsstoß hinweg die Entropie. Eine Entwicklung der Gleichungen für $\Theta \to 0$ (verschwindend kleiner
Wandwinkel) ergibt einen Druckanstieg $\Delta p^* \sim \Theta$ über den Verdichtungsstoß hinweg, aber
$\Delta s^* \sim \Theta^3$, d.h. eine Entropieerhöhung, die mit steigendem Winkel stark ansteigt, bei kleinen Winkeln aber auch sehr klein ist (nahezu isentrope Strömung für $\Theta \to 0$). Dort wo
der Strömungsverlauf isentrop ist, können erhebliche Vereinfachungen in den Bilanzgleichungen vorgenommen werden, so wie dies für den eindimensionalen Fall im Abschn. 7.2
geschehen ist.

Aus diesen vereinfachten Gleichungen folgt insbesondere:

1.   Durch die Ablenkung um den Winkel Θ entsteht im Kompressionsfall ein schiefer
Verdichtungsstoß, der mit der Anströmung den Stoßwinkel β bildet, s. Bild 7.8. Der

Zusammenhang zwischen der Ablenkung Θ, dem Stoßwinkel β und der Anström-Mach-Zahl Ma_1 lautet:

$$\tan\Theta = 2\cot\beta\,\frac{\mathrm{Ma}_1^2\sin^2\beta - 1}{\mathrm{Ma}_1^2(\kappa + \cos 2\beta) + 2} \tag{7.34}$$

2. Über den Verdichtungsstoß hinweg wird die Strömung um den Winkel Θ umgelenkt. Dabei bleibt die Geschwindigkeitskomponente tangential zum Verdichtungsstoß erhalten. Die Normalkomponente verändert sich wie bei einer eindimensionalen Strömung und einem senkrechten Verdichtungsstoß. Bezüglich der Normalkomponente der Geschwindigkeit verhält sich demnach ein schiefer Verdichtungsstoß genauso wie ein senkrechter Verdichtungsstoß. Da für die Normalkomponente v_{1n}^* der Geschwindigkeit v_1^* gilt $v_{1n}^* = v_1^*\sin\beta$, s. Bild 7.8, können die Beziehungen (7.25)–(7.28) auch für den schiefen Verdichtungsstoß verwendet werden, wenn jeweils $\mathrm{Ma}_1 = v_1^*/c_1^*$ ersetzt wird durch $\mathrm{Ma}_1\sin\beta = v_{1n}^*/c_1^*$. Die Größe Ma_2 in (7.26) hat dann die Bedeutung von v_{2n}^*/c_2^*, so dass die Mach-Zahl hinter dem Verdichtungsstoß unter Berücksichtigung von $v_2^* = v_{2n}^*/\sin(\beta - \Theta)$ als $v_2^*/c_2^* = \mathrm{Ma}_2/\sin(\beta - \Theta)$ folgt. Diese Mach-Zahl kann größer als Eins sein, so dass die Strömung auch nach dem Stoß noch eine Überschallströmung sein kann (nur die Normalkomponente wechselt stets zum Unterschall).

3. Im Expansionsfall liegt eine vollständig isentrope Strömung vor. Eine Strömung mit $\mathrm{Ma}_1 = 1$ wird dabei um den Winkel

$$\Theta = \sqrt{\frac{\kappa+1}{\kappa-1}}\,\arctan\sqrt{\frac{\kappa-1}{\kappa+1}(\mathrm{Ma}_2^2 - 1)} - \arctan\sqrt{\mathrm{Ma}_2^2 - 1} \tag{7.35}$$

umgelenkt. Ist Θ vorgegeben, so folgt daraus die Mach-Zahl Ma_2. Für Anströmungen mit $\mathrm{Ma}_1 > 1$ ist der Winkel bei der Expansion von $\mathrm{Ma}_1 = 1$ auf $\mathrm{Ma}_2 > 1$ entsprechend zu berücksichtigen. Gleichung (7.35) wird *Prandtl-Meyer-Funktion* genannt, der Gesamtvorgang entsprechend *Prandtl-Meyer-Expansion*.

Da Überschallströmungen ein stromabwärtsgerichtetes Einflußgebiet besitzen, können komplexe Strömungsgebiete in Strömungsrichtung durch aufeinanderfolgende Teilgebiete „zusammengesetzt" werden. Bild 7.9 zeigt zwei solche Strömungen. Die Geometrie im Fall (a) entsteht aus konkaven und konvexen Ecken wie in Bild 7.7 gezeigt. Im Fall (b) entspricht der vordere Teil des Körpers einem sog. *stumpfen Körper*. Aus (7.34) folgt, dass es abhängig

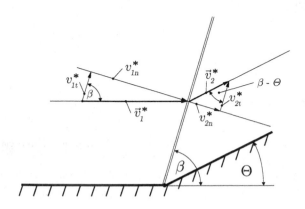

Bild 7.8:   Umlenkung der Strömung um den Winkel Θ

β: Stoßwinkel
$v_{1t}^* = v_{2t}^*$:   Tangentialkomponenten von $\vec{v}_i^*$
$v_{1n}^* \neq v_{2n}^*$:   Normalkomponenten von $\vec{v}_i^*$

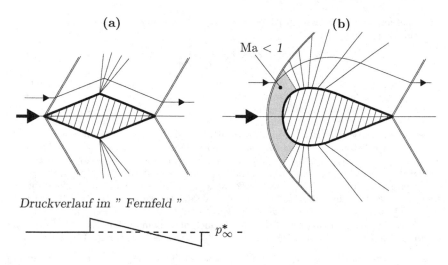

Bild 7.9:   Strömungsfelder bei Überschallanströmung
Unterschallströmung tritt nur im grau unterlegten Bereich auf.

von Ma_1 einen maximalen Umlenkwinkel Θ_{max} gibt, für den ein schiefer Verdichtungsstoß in der Ecke beginnen kann. Für größere Winkel bildet sich ein Stoß aus, der stromaufwärts der Ecke liegt. Für die in Bild 7.9 (b) gezeigte Geometrie führt dies zu einem abgelösten Stoß, einer sog. *Kopfwelle*, hinter der ein begrenztes Unterschallgebiet auftritt.

Weit entfernt vom Körper im sog. Fernfeld tritt eine Druckverteilung auf, deren prinzipieller Verlauf in Bild 7.9 (a) ebenfalls skizziert ist. Solche Druckverläufe werden z.B. am Boden als „Überschall-Knall" von Flugzeugen wahrgenommen, die mit Überschall fliegen. Das vorgeblich anschauliche Bild vom „Durchbrechen der Schallmauer" ist dabei eher irreführend!

Für eine vertiefende Behandlung kompressibler Strömungen sei auf die umfangreiche Literatur zu diesem Thema verwiesen, wie z.B. Zierep (1976), Liepman, Roshko (1957), Anderson (1982).

Literatur

Anderson, J. (1982): Modern Compressible Flow: With Historical Perspective. Mc Graw-Hill, New York

Baehr (2000): Thermodynamik. 10. Aufl., Springer-Verlag, Berlin, Heidelberg, New York

Liepmann, H.W.; Roshko, A. (1957): Elements of Gasdynamics. John Wiley, New York

Zierep, J. (1976): Theoretische Gasdynamik. Braun-Verlag, Karlsruhe

B2: Zweidimensionale Näherung

Bei zweidimensionalen Näherungen auf der Modellebene (s. Bild 2.1) entstehen sog. ebene oder rotationssymmetrische Modelle. Ebene Modelle werden dabei in kartesischen Koordinaten beschrieben, wobei bzgl. einer Koordinatenrichtung keine Änderung der am Problem beteiligten Größen auftreten. In der üblichen Darstellung ist dies die Richtung senkrecht zur Zeichenebene.

Auf der Realitätsebene (s. wiederum Bild 2.1) entsprechen diesen zweidimensionalen Modellen Strömungen, die näherungsweise die Eigenschaft besitzen, in bestimmten parallelen Schnittebenen dieselbe Verteilung der beteiligten Größen aufzuweisen. Solche Strömungen entstehen z.B. in Kanälen, deren Höhen/Seitenverhältnis sehr klein ist. Während die Modellvorstellung der ebenen Strömung für dieses Verhältnis den Zahlenwert Null unterstellt, ist es in der Realität u.U. zwar sehr klein, aber stets endlich. Mit der Modellvorstellung einer ebenen Strömung werden deshalb zwangsläufig alle sog. *Randeffekte* vernachlässigt, die aufgrund der endlichen Breite solcher Kanäle stets auftreten.

Rotationssymmetrische Modelle werden zweckmäßigerweise in Zylinderkoordinaten beschrieben. Der zweidimensionale Charakter kommt dabei durch die Unabhängigkeit aller beteiligten Größen von der Umfangskoordinate zum Ausdruck. Im Gegensatz zu ebenen Strömungen, bei denen durch die Vernachlässigung von Randeffekten diesbezüglich stets eine Näherung vorliegt, können reale Strömungen die Eigenschaft, eine Rotationssymmetrie aufzuweisen, beliebig genau erfüllen.

In den Kapiteln 8 bis 10 werden überwiegend ebenen Strömungen behandelt, an mehreren Stellen wird aber auf die entsprechenden Ergebnisse für rotationssymmetrische Strömungen hingewiesen.

8 Reibungsfreie Umströmungen

8.1 Euler-Gleichungen

Im folgenden soll die Modellierung einer Strömung mit diesen Eigenschaften betrachtet werden:

- ❏ eben $(\partial/\partial z^* = 0)$

- ❏ reibungsfrei $(\tau_{ij}^* = 0)$

- ❏ stationär $(\partial/\partial t^* = 0)$

- ❏ inkompressibel $(\varrho^* = \text{const})$

Die allgemeinen Bilanzgleichungen in Tab. 4.1 reduzieren sich damit auf die in Tab. 8.1 markierten Terme. Die so entstehenden Gleichungen werden als *2D-Euler-Gleichungen* bezeichnet.

Aus den beiden Impulsgleichungen kann eine einzige Gleichung gewonnen werden, wenn die x-Impulsgleichung nach y^* und die y-Impulsgleichung nach x^* abgeleitet werden und anschließend die Differenz gebildet wird. Dabei fallen die Druckterme heraus und unter Berücksichtigung der Kontinuitätsgleichung folgt:

$$u^* \frac{\partial}{\partial x^*} \left\{ \frac{\partial v^*}{\partial x^*} - \frac{\partial u^*}{\partial y^*} \right\} + v^* \frac{\partial}{\partial y^*} \left\{ \frac{\partial v^*}{\partial x^*} - \frac{\partial u^*}{\partial y^*} \right\} = \frac{1}{\varrho^*} \left(\frac{\partial f_y^*}{\partial x^*} - \frac{\partial f_x^*}{\partial y^*} \right) \quad (8.1)$$

Die Ausdrücke in geschweiften Klammern entsprechen der in Abschn. 3.4.2 eingeführten Drehung ω^*. Diese ist die ω_z^*-Komponente des allgemeinen Drehungs-Vektors $\vec{\omega}^*$, s. Anmerkung 3.3/S. 44.

Für Volumenkräfte, die ein (Kraft-)Potential ψ_K^* besitzen (konservative Kräfte, wie z.B. die Schwerkraft), gilt $\vec{f}^* = -\text{grad}\ \psi_K^*$, d.h. $f_x^* = -\partial \psi_K^*/\partial x^*$, $f_y^* = -\partial \psi_K^*/\partial y^*$, so dass für diese Kräfte die rechte Seite von (8.1) zu Null wird. Dieselbe Aussage folgt, wenn die Schwerkraft als einzige Volumenkraft unterstellt wird und der modifizierte Druck eingeführt wird, wie dies in der Unterschrift zu Tab. 4.3a erläutert ist. Unter diesen Umständen reduziert sich (8.1) auf:

$$\boxed{u^* \frac{\partial \omega^*}{\partial x^*} + v^* \frac{\partial \omega^*}{\partial y^*} = 0} \quad \text{mit} \quad \omega^* = \frac{\partial v^*}{\partial x^*} - \frac{\partial u^*}{\partial y^*} \quad (8.2)$$

Dies hätte sich auch unmittelbar aus (4.39) für die hier unterstellte stationäre $(\partial/\partial t^* = 0)$ und reibungsfreie $(\tau_{ij}^* = 0$, s. dazu Anmerkung 8.1/S. 190) Strömung ergeben.

© Springer-Verlag Berlin Heidelberg 2018
H. Herwig und B. Schmandt, *Strömungsmechanik*,
https://doi.org/10.1007/978-3-662-57773-8_8

KONTINUITÄTSGLEICHUNG	
$$\dfrac{\mathrm{D}}{\mathrm{D}t^*} = \dfrac{\partial}{\partial t^*} + u^*\dfrac{\partial}{\partial x^*} + v^*\dfrac{\partial}{\partial y^*} + w^*\dfrac{\partial}{\partial z^*}$$	
$$\dfrac{\mathrm{D}\varrho^*}{\mathrm{D}t^*} + \varrho^*\left[\dfrac{\partial u^*}{\partial x^*} + \dfrac{\partial v^*}{\partial y^*} + \dfrac{\partial w^*}{\partial z^*}\right] = 0$$	(K*)

x-IMPULSGLEICHUNG

$$\varrho^*\frac{\mathrm{D}u^*}{\mathrm{D}t^*} = f_x^* - \frac{\partial p^*}{\partial x^*} + \left(\frac{\partial \tau_{xx}^*}{\partial x^*} + \frac{\partial \tau_{yx}^*}{\partial y^*} + \frac{\partial \tau_{zx}^*}{\partial z^*}\right) \tag{XI*}$$

y-IMPULSGLEICHUNG

$$\varrho^*\frac{\mathrm{D}v^*}{\mathrm{D}t^*} = f_y^* - \frac{\partial p^*}{\partial y^*} + \left(\frac{\partial \tau_{xy}^*}{\partial x^*} + \frac{\partial \tau_{yy}^*}{\partial y^*} + \frac{\partial \tau_{zy}^*}{\partial z^*}\right) \tag{YI*}$$

z-IMPULSGLEICHUNG

$$\varrho^*\frac{\mathrm{D}w^*}{\mathrm{D}t^*} = f_z^* - \frac{\partial p^*}{\partial z^*} + \left(\frac{\partial \tau_{xz}^*}{\partial x^*} + \frac{\partial \tau_{yz}^*}{\partial y^*} + \frac{\partial \tau_{zz}^*}{\partial z^*}\right) \tag{ZI*}$$

ENERGIEGLEICHUNG

$$\varrho^*\frac{\mathrm{D}H^*}{\mathrm{D}t^*} = -\left(\frac{\partial q_x^*}{\partial x^*} + \frac{\partial q_y^*}{\partial y^*} + \frac{\partial q_z^*}{\partial z^*}\right)$$
$$+ (u^*f_x^* + v^*f_y^* + w^*f_z^*) + \frac{\partial p^*}{\partial t^*} + \mathcal{D}^* \tag{E*}$$

TEIL-ENERGIEGLEICHUNG (MECHANISCHE ENERGIE)

$$\frac{\varrho^*}{2}\frac{\mathrm{D}}{\mathrm{D}t^*}[u^{*2} + v^{*2} + w^{*2}] = \left(\frac{\partial p^*}{\partial t^*} - \frac{\mathrm{D}p^*}{\mathrm{D}t^*}\right) + \mathcal{D}^* - \Phi^*$$
$$+ (u^*f_x^* + v^*f_y^* + w^*f_z^*) \tag{ME*}$$

TEIL-ENERGIEGLEICHUNG (THERMISCHE ENERGIE)

$$\varrho^*\frac{\mathrm{D}h^*}{\mathrm{D}t^*} = -\left(\frac{\partial q_x^*}{\partial x^*} + \frac{\partial q_y^*}{\partial y^*} + \frac{\partial q_z^*}{\partial z^*}\right) + \frac{\mathrm{D}p^*}{\mathrm{D}t^*} + \Phi^* \tag{TE*}$$

Tab. 8.1:   2D-Euler-Gleichungen

Ebene, reibungsfreie Strömungen als Spezialfall der allgemeinen Bilanzgleichungen aus Tab. 4.1; zusätzliche Annahmen: stationär, inkompressibel

grau unterlegt: berücksichtigte Terme

(Die neuen Gleichungen entstehen, wenn rechts und links des Gleichheitszeichens die markierten Terme übernommen werden. Tritt auf einer Seite kein markierter Term auf, so steht dort die Null.)

Beachte: Mit $p_{mod}^* = p^* - p_{st}^*$ und $f_x^* = \varrho^*g_x^*$, $f_y^* = \varrho^*g_y^*$ gilt

$$\varrho^*g_x^* - \frac{\partial p^*}{\partial x^*} = -\frac{\partial p_{mod}^*}{\partial x^*} \; ; \quad \varrho^*g_y^* - \frac{\partial p^*}{\partial y^*} = -\frac{\partial p_{mod}^*}{\partial y^*}$$

Um den Druck zu berechnen, könnten nach der Lösung von (8.2) zusammen mit der Kontinuitätsgleichung (K*) in Tab. 8.1, also mit bekanntem Geschwindigkeitsfeld (u^*, v^*), die beiden Impulsgleichungen (XI*) und (YI*) in Tab. 8.1 integriert werden. Sehr viel einfacher ist es jedoch, den Druck mit der Teil-Energiegleichung für die mechanische Energie zu berechnen. Deren Integration längs einer Stromlinie ist besonders einfach und führte in Kap. 6 auf die Bernoulli-Gleichung (6.4). Mit u_S^* als Geschwindigkeitsbetrag längs einer Stromlinie, also $u_S^{*2} = u^{*2} + v^{*2}$, gilt für die betrachtete Strömung wegen der Vernachlässigung der potentiellen Energie

$$\frac{1}{2}\left(u^{*2} + v^{*2}\right) + \frac{p^*}{\varrho^*} = \text{const}, \qquad (8.3)$$

woraus unmittelbar der Druckbeiwert

$$\boxed{c_p = \frac{p^* - p_\infty^*}{\frac{\varrho^*}{2}u_\infty^{*2}} = 1 - \frac{u^{*2} + v^{*2}}{u_\infty^{*2}}} \qquad (8.4)$$

für eine homogene Anströmung mit der Geschwindigkeit u_∞^* und dem Druck p_∞^* gebildet werden kann. Da die Körperoberfläche eine Stromlinie ist, kann mit (8.4) die Druckverteilung auf der Körperoberfläche bestimmt werden, wenn dort die Geschwindigkeiten bekannt sind. Diese wiederum folgen aus der Lösung der Euler- Gleichungen bei Vorgabe entsprechender Randbedingungen (zu denen die Haftbedingung *nicht* gehört!).

Die Lösung der Euler-Gleichungen (in Form der in Tab. 8.1 verbleibenden Terme, oder in Form von (8.2)) kann im allgemeinen nur numerisch erfolgen. Bei dieser Lösung ist aber zu beachten, dass die Euler-Gleichungen gegenüber den allgemeinen Bilanzgleichungen von niedrigerer Ordnung sind, da die Terme $\partial\tau_{ij}^*/\partial x_j^*$ unberücksichtigt bleiben. Für Newtonsche Fluide enthalten diese Terme zweite Ableitungen nach den Ortskoordinaten, so dass die entsprechenden Differentialgleichungen von zweiter Ordnung sind. Die Euler-Gleichungen dagegen sind von erster Ordnung, da nur erste Ableitungen auftreten. Diese Erniedrigung der Ordnung hat zur Folge, dass mit den Euler-Gleichungen nicht mehr alle Randbedingungen des vollständigen Problems erfüllt werden können. Als physikalisch sinnvoll erweist sich die Vernachlässigung der Haftbedingung, so dass in dieser Modellvorstellung an den Wänden keine Schubspannung übertragen wird.

Ein reibungsfrei umströmter Körper kann damit keinen Widerstand (Kraft in Richtung der Anströmung) aufgrund von Schubspannungen aufweisen, d.h. sein *Reibungswiderstand* ist Null. Wenn es überhaupt zu einem Strömungswiderstand kommen soll, so müsste also die Druckverteilung, integriert über den gesamten Körper, eine Kraft in Richtung der Anströmung ergeben, was dann als *Druckwiderstand* bezeichnet würde. Aber auch dieser Druckwiderstand ist in reibungsfreier Strömung Null, so dass Körper in reibungsfreier Umströmung insgesamt keinen Widerstand besitzen! Dies bezeichnet man als *d'Alembertsches Paradoxon*, obwohl dieser Name etwas irreführend ist.

Schließlich ist es nicht paradox, sondern allenfalls unerwartet, dass reibungsfreie Umströmungen zu keinem Widerstand bei der Körperumströmung führen. Die Tatsache, dass alle real umströmten Körper einen endlichen Widerstand besitzen, besagt in diesem Zusammenhang lediglich, dass es in der Realität keine reibungsfreien Strömungen gibt und dass der gesamte Widerstand, also auch der Druckwiderstand, letztlich auf Reibungseffekte zurückgeführt werden kann.

Dass Körper bei reibungsfreier Umströmung keinen Widerstand aufweisen, korrespondiert damit, dass reibungsfreie Strömungen keine Dissipation (Entropieerzeugung) besitzen, dass also der Term Φ^* in Tab. 4.1 stets Null ist. Reibungsfreie Strömungen sind in diesem Sinne verlustfreie Strömungen.

Folgende Überlegung führt zu einer physikalischen Erklärung des „unerwarteten Sachverhalts d'Alembertsches Paradoxon": Würde ein endlicher Widerstand W^* auftreten, käme es im Strömungsfeld zu einer mechanischen Leistung $W^* u_\infty^*$, die das Feld in irgendeiner erkennbaren Weise verändern müsste. Daraus folgt, dass ein zeitlich unverändertes Strömungsfeld (Wie es bei einer stationären Potentialströmung vorliegt) nur mit $W^* = 0$ möglich ist. Daraus folgt aber auch, dass für instationäre Potentialströmungen $W^* \neq 0$ gilt.

Aus den Euler-Gleichungen, insbesondere in ihrer dreidimensionalen Version, können generelle Aussagen über das Verhalten von Wirbeln und sog. Wirbelröhren gewonnen werden (*Helmholtzsche Wirbelsätze*, s. z.B. Spurk (1989) für eine genauere Darstellung). Aus diesen wiederum können weitreichende Schlüsse über das Verhalten reibungsfreier Strömungen gezogen werden.

8.2 Potentialströmungen

8.2.1 Vorbemerkung

Die vollständige Wirbeltransportgleichung (4.38) in Anmerkung 4.9/S. 79/ zeigt, dass die Drehung $\vec{\omega}^*$ in einer Strömung konvektiv transportiert, durch Streckung und Umlenkung von Wirbeln anders angeordnet, durch Diffusion „breiter verteilt", aber im Strömungsfeld nicht erzeugt werden kann, weil (4.38) keinen Quellterm für $\vec{\omega}^*$ enthält. Damit stellt sich die Frage, wie Drehung überhaupt in ein Strömungsfeld gelangt. Dafür gibt es zwei Mechanismen:

1. Die Zuströmung eines betrachteten endlichen Strömungsfeldes ist bereits drehungsbehaftet.

2. Drehung entsteht an festen Wänden und wird anschließend durch die oben erwähnte Diffusion in das Strömungsfeld transportiert. Die Entstehung der Drehung an der Wand ist bereits im zweidimensionalen Fall

(Drehung $\omega^* = \partial v^*/\partial x^* - \partial u^*/\partial y^*$) zu erkennen. Verläuft die x-Koordinate längs der Wand und die y-Koordinate senkrecht dazu, so ist v^* entlang der (undurchlässigen) Wand stets Null, also gilt $(\partial v^*/\partial x^*)_w = 0$. An der Wand ist damit $\omega_w^* = -(\partial u^*/\partial y^*)_w$. Für ein Newtonsches Fluid mit $\tau_w^* = \eta^*(\partial u^*/\partial y^*)_w$ gilt dann $\omega_w^* = -\tau_w^*/\eta^*$.

Wenn nun aber die Zuströmung drehungsfrei ist und an der Wand keine Drehung entsteht, so ist das ganze betrachtete Strömungsfeld drehungsfrei, d.h. es gilt $\vec{\omega}^* = \vec{0}$. In diesem Fall wird die mathematische Beschreibung der Strömung besonders einfach, weil $\vec{\omega}^* = \vec{0}$ aus mathematischer Sicht gerade die Bedingung dafür ist, dass

$$d\Phi^* = u^* dx^* + v^* dy^* + w^* dz^*$$

das vollständige Differential einer Funktion $\Phi^*(x^*, y^*, z^*)$ darstellt. Dann kann das (allgemein dreidimensionale) Geschwindigkeitsfeld $\vec{v}^*$ als Gradient einer skalaren Funktion Φ^*, also als $\vec{v}^* = \text{grad } \Phi^*$, geschrieben werden, was im folgenden näher erläutert wird.

8.2.2 Drehungsfreie Strömungen (Potentialströmungen)

Mit $\omega^* = 0$ liegt eine drehungsfreie (ebene) Strömung vor. Die hinreichenden Bedingungen dafür sind, dass die Zuströmung drehungsfrei ist und dass an festen Wänden keine Drehung entsteht, was bei reibungsfreien Strömungen aufgrund der vernachlässigten Haftbedingung stets der Fall ist.

Das Geschwindigkeitsfeld dieser Strömung kann, wie bereits erwähnt, als Ableitung eines Geschwindigkeitspotentials Φ^*, also als $\vec{v}^* = \text{grad } \Phi^*$, dargestellt werden, so dass im zweidimensionalen Fall gilt

$$u^* = \frac{\partial \Phi^*}{\partial x^*} \quad ; \quad v^* = \frac{\partial \Phi^*}{\partial y^*} \tag{8.5}$$

Da mit $\omega^* = 0$ die Euler-Gleichungen in Form von (8.2) bereits erfüllt sind, verbleibt einzig die Kontinuitätsgleichung, zur Bestimmung der Potentialfunktion $\Phi^*(x^*, y^*)$. Setzt man (8.5) in die Kontinuitätsgleichung $\partial u^*/\partial x^* + \partial v^*/\partial y^* = 0$ ein, so folgt als Gleichung zur Bestimmung von $\Phi^*(x^*, y^*)$

$$\boxed{\frac{\partial^2 \Phi^*}{\partial x^{*2}} + \frac{\partial^2 \Phi^*}{\partial y^{*2}} = 0} \quad \text{auch geschrieben als:} \quad \boxed{\nabla^2 \Phi^* = \Delta \Phi^* = 0}. \tag{8.6}$$

Dies ist die Potentialgleichung in Form der sog. *Laplace-Gleichung*. Der Operator $\nabla^2 = \Delta = \partial^2/\partial x^{*2} + \partial^2/\partial y^{*2}$ wird *Laplace-Operator* genannt. Strömungen, die der Gleichung (8.6) gehorchen, heißen *Potentialströmungen*. Da die Haftbedingung an festen Wänden durch Potentialströmungen nicht erfüllt werden kann, können solche Lösungen eine reale Strömung also höchstens außerhalb des unmittelbaren Wandbereiches in guter Näherung beschreiben.

Interessanterweise (und erst verständlich nach Einführung der Grenz-schichttheorie im nachfolgenden Kapitel) wird aber die Druckverteilung auf den festen Wänden trotzdem durch diese Lösungen sehr gut beschrieben, solange es in der realen Strömung nicht zur Ablösung kommt. Dazu wird, wie ganz allgemein bei den Lösungen für reibungsfreie Strömungen, von der Bernoulli-Gleichung längs der Stromlinien Gebrauch gemacht, was zur Formulierung des Druckbeiwertes (8.4) führt.

Statt mit dem Ansatz (8.5), der die Drehungsfreiheit $\omega^* = 0$ erfüllt, aus der Kontinuitätsgleichung eine Bestimmungsgleichung für $\Phi^*(x^*, y^*)$ zu gewinnen, kann gleichwertig auch mit dem allgemeinen Ansatz der Stromfunktion (vgl. (4.44)) in Anmerkung 4.10/S. 81)

$$u^* = \frac{\partial \Psi^*}{\partial y^*} \quad ; \quad v^* = -\frac{\partial \Psi^*}{\partial x^*} \quad , \tag{8.7}$$

der die Kontinuitätsgleichung identisch erfüllt, aus der Bedingung der Drehungsfreiheit ($\omega^* = 0$), eine Bestimmungsgleichung für $\Psi^*(x^*, y^*)$, gewonnen werden. Einsetzen von (8.7) in $\omega^* = \partial v^*/\partial x^* - \partial u^*/\partial y^* = 0$ ergibt,

$$\boxed{\frac{\partial^2 \Psi^*}{\partial x^{*2}} + \frac{\partial^2 \Psi^*}{\partial y^{*2}} = 0} \quad \text{auch geschrieben als:} \quad \boxed{\nabla^2 \Psi^* = \Delta \Psi^* = 0} , \tag{8.8}$$

also eine Laplace-Gleichung für die Stromfunktion Ψ^* einer drehungsfreien Strömung. Dies folgt auch unmittelbar aus (4.45) in Anmerkung 4.10/S. 81/ zur Stromfunktion.

Der Vergleich zwischen (8.5) und (8.7) zeigt, dass $\partial \Phi^*/\partial x^* = \partial \Psi^*/\partial y^*$ und $\partial \Phi^*/\partial y^* = -\partial \Psi^*/\partial x^*$ gilt. Dies sind bzgl. der Funktionen Φ^* und Ψ^* die Cauchy-Riemannschen Differentialgleichungen der Funktionentheorie. Damit sind Φ^* und Ψ^* zueinander konjugierte Potentialfunktionen, d.h. Linien $\Phi^* = $ const und Linien $\Psi^* = $ const stehen senkrecht aufeinander. Daraus folgt ebenfalls, dass Φ^* und Ψ^* in ihrer Bedeutung vertauscht werden können. Ist also eine Lösung $\Phi_1^*(x^*, y^*)$ bekannt, so kann das zugehörige Stromlinienfeld $\Psi_1^*(x^*, y^*)$ zu einer neuen Lösung $\Phi_2^* = \Psi_1^*$ erklärt werden (mit dem zugehörigen Stromlinienfeld $\Psi_2^* = \Phi_1^*$).

Anmerkung 8.1: *Konstante Drehung bzw. Drehungsfreiheit als Bedingung für eine reibungsfreie Strömung*

Tab. 8.1 zeigt, dass reibungsfreie Strömungen dann vorliegen, wenn der Tensor der deviatorischen Spannungen (mit den Komponenten $\partial \tau_{xx}^*/\partial x^*$, $\partial \tau_{yx}^*/\partial y^*$, ...) Null ist. Für Newtonsche Fluide sind die Spannungskomponenten über die dynamische Viskosität η^* mit dem Strömungsfeld verbunden, wie Tab. 4.2 zeigt. Mit diesen speziellen konstitutiven Gleichungen entstehen aus den allgemeinen Bilanzgleichungen die Navier-Stokes-Gleichungen, s. Tab. 4.3a.

Man ist nun versucht, (vorschnell) eine reibungsfreie Strömung mit der Bedingung $\eta^* = 0$ zu identifizieren, weil dann die Reibungsterme in den Navier-Stokes-Gleichungen verschwinden. Dies führt aber auf folgenden Widerspruch: Eine Modellannahme im Sinne einer Vernachlässigung eines bestimmten Effektes beschreibt die Realität um so besser,

je kleiner dieser Effekt im realen Fall ist. Daraus würde im vorliegenden Fall folgen, dass die Bedingung der Reibungsfreiheit um so besser erfüllt wäre, je kleiner die Viskosität η^* des beteiligten Fluides ist, dass die Reibungsfreiheit einer Strömung also eine reine Fluideigenschaft wäre. In diesem Sinne müsste die Strömung von Luft, deren dynamische Viskosität η^* etwa 55 mal kleiner als diejenige von Wasser ist, sehr viel eher als reibungsfreie Strömung behandelt werden können als diejenige von Wasser.

Da Strömungen aber grundsätzlich in dimensionsloser Form beschrieben werden können (und sollten), spielt es keine Rolle, um *welches* Fluid es sich handelt (solange es ein Newtonsches Fluid ist, für das dann die Navier-Stokes-Gleichungen gelten). Die Reibungsfreiheit muss also eine *Strömungseigenschaft* sein. Unterschiedliche Fluide führen bei sonst gleichen Bedingungen lediglich zu anderen Zahlenwerten der dimensionslosen Kennzahlen. Zum Beispiel ist die Reynolds-Zahl $\mathrm{Re} = \varrho^* L_B^* U_B^* / \eta^*$ (bei sonst gleichen Bedingungen) für Luft um den Faktor 15 kleiner als diejenige für Wasser.

Welche Strömungseigenschaft ist dies aber, die für Reibungsfreiheit sorgt? Die Antwort ist: Konstante Drehung bzw. als Spezialfall die Drehungsfreiheit! Aus der Bedingung

$$\omega_x^* = \frac{\partial w^*}{\partial y^*} - \frac{\partial v^*}{\partial z^*} = \mathrm{const}\,, \quad \omega_y^* = \frac{\partial u^*}{\partial z^*} - \frac{\partial w^*}{\partial x^*} = \mathrm{const}\,, \quad \omega_z^* = \frac{\partial v^*}{\partial x^*} - \frac{\partial u^*}{\partial y^*} = \mathrm{const}$$

kann für den allgemeinen Fall der dreidimensionalen inkompressiblen Strömung mit der dann geltenden Kontinuitätsgleichung

$$\frac{\partial u^*}{\partial x^*} + \frac{\partial v^*}{\partial y^*} + \frac{\partial w^*}{\partial z^*} = 0$$

durch einfache Kreuzdifferentation und Addition bzw. Subtraktion der entstehenden Gleichungen abgeleitet werden, dass gilt:

$$\frac{\partial^2 u^*}{\partial x^{*2}} + \frac{\partial^2 u^*}{\partial y^{*2}} + \frac{\partial^2 u^*}{\partial z^{*2}} \;=\; 0 \tag{8.9}$$

$$\frac{\partial^2 v^*}{\partial x^{*2}} + \frac{\partial^2 v^*}{\partial y^{*2}} + \frac{\partial^2 v^*}{\partial z^{*2}} \;=\; 0 \tag{8.10}$$

$$\frac{\partial^2 w^*}{\partial x^{*2}} + \frac{\partial^2 w^*}{\partial y^{*2}} + \frac{\partial^2 w^*}{\partial z^{*2}} \;=\; 0 \tag{8.11}$$

Dies sind aber genau die Ausdrücke, die in den Navier-Stokes-Gleichungen (s. Tab. 4.3a) als Faktoren in den Reibungstermen auftreten. Damit entstehen aber reibungsfreie Strömungen, beschrieben durch die Euler-Gleichungen als Spezialfall der allgemeinen Navier-Stokes-Gleichungen, auch bei endlichen Werten der Viskosität η^* (bzw. der Reynolds-Zahl Re), und zwar genau dann, wenn die Strömung eine konstante oder keine Drehung besitzt. Ob solche Strömungen tatsächlich existieren, ist eine ganz andere Frage; zunächst einmal ist an dieser Stelle entscheidend, welche Art von Strömungen als „reibungsfreie Strömungen" bezeichnet werden können.

Reibungsfreie Strömungen liegen also dann vor, wenn die Strömungsbedingungen so sind, dass sich Strömungen mit konstanter oder ohne Drehung ausbilden. Dies beschreibt aber eine *Strömungseigenschaft* und nicht eine Fluideigenschaft. Allenfalls kann man sagen: Wenn es Fluide mit $\eta^* = 0$ gäbe, so wären Strömungen dieser Fluide stets reibungsfreie Strömungen. Solche Fluide gibt es aber nicht, so dass eine reibungsfreie Strömung sinnvollerweise nur als eine besondere *Strömung* charakterisiert werden sollte. Dabei kommt den Strömungen mit $\vec{\omega}^* = \vec{0}$ (drehungsfreie Strömungen) eine besondere Bedeutung zu. Strömungen mit konstanter, von Null verschiedener Drehung spielen z.B. bei der theoretischen Beschreibung von endlichen Ablösegebieten eine Rolle.

8.2.3 Direkte Lösungen für Potentialströmungen

Potentialströmungen gehorchen der Laplace-Gleichung (8.6), mit der die Geschwindigkeits-Potentialfunktion $\Phi^*(x^*, y^*)$ einer bestimmten zweidimensionalen, drehungsfreien Strömung bestimmt werden kann. Aus mathematischer Sicht ist (8.6) eine elliptische Differentialgleichung, die in einem Gebiet mit geschlossenen Rändern gelöst werden kann, auf denen entweder der Funktionswert selbst (Dirichletsche Randbedingung) oder seine Normalenableitung (Neumannsche Randbedingung) bekannt sein müssen. Reicht das geschlossene Gebiet bis ins Unendliche, so müssen dort entsprechende Randbedingungen formuliert werden.

Physikalisch entspricht das Einflussgebiet bei elliptischen Differentialgleichungen dem vollständigen Lösungsgebiet, so dass ein reibungsfrei umströmter Körper prinzipiell Auswirkungen im gesamten Strömungsgebiet hat. Besonders bei endlichen Strömungsgebieten ist deshalb die Formulierung der Randbedingungen häufig ein Problem, da die Lösung bereits bekannt sein müsste, damit die Randbedingungen korrekt formuliert werden können.

Direkte Lösungen, also Lösungen, die durch die Integration der Differentialgleichung (8.6) entstehen, können im allgemeinen nur durch den Einsatz numerischer Verfahren erhalten werden. Da (8.6) aber eine *lineare* Differentialgleichung ist, bietet sich eine alternative Vorgehensweise an, die als *indirekte Lösung* bezeichnet und im folgenden Abschnitt erläutert wird.

8.2.4 Indirekte Lösungen für Potentialströmungen

Wegen der Linearität der Laplace-Gleichung (8.6), ist die Summe aus zwei Einzellösungen wiederum eine Lösung. Allgemeiner formuliert gilt das sog. *Superpositionsprinzip*:

$$\Phi^* = a_1\Phi_1^* + a_2\Phi_2^* \quad \text{ist eine Lösung von } \Delta\Phi^* = 0, \text{ wenn dies auch für } \Phi_1^* \text{ und } \Phi_2^* \text{ gilt und } a_1, a_2 \text{ Konstanten sind.} \tag{8.12}$$

Unter Anwendung dieses Superpositionsprinzipes können komplexe Lösungen durch Überlagerung von einfachen *Elementarlösungen* aufgebaut werden. Es ist dabei allerdings zu beachten, dass eine so zusammengesetzte Lösung auch die Randbedingung des ursprünglichen Problems erfüllen muss.

Bei diesen Elementarlösungen kann nach sog. regulären und singulären Lösungen unterschieden werden. Singuläre Lösungen weisen in mindestens einem Punkt des Strömungsfeldes Unendlichkeitsstellen auf, die dann selbst nicht zum Lösungsgebiet gehören. Tab. 8.2 zeigt eine Reihe solcher Elementarlösungen; die nachfolgenden Beispiele demonstrieren die Anwendung des Superpositionsprinzipes.

Beispiel 8.1: *Überlagerung der Translationsströmung* $\Psi^* = u_\infty^* y^*$ *mit einer Quellströmung der Quellstärke* Q^*: *Strömung um einen halbunendlichen Körper*

Die entstehende Strömung kann unmittelbar und anschaulich interpretiert werden. Das Stromlinienbild der Quellströmung in Tab. 8.2 zeigt, dass bei einer ungestörten Strömung das im singulären Ursprung austretende Fluid gleichmäßig radial in alle Richtungen strömt. Es ist typisch für solche singulären Lösungen, dass im Singularitätspunkt die physikalischen Grundgleichungen nicht erfüllt sind, wohl aber außerhalb diese Punktes. Im Ursprung ist z.B. das Prinzip der Massenerhaltung verletzt, Masse „entsteht" hier, außerhalb dieses Punktes ist aber sichergestellt, dass z.B. durch konzentrische Kreise um den singulären Ursprung stets derselbe, im Ursprung „entstehende" Massenstrom fließt. Dieser entspricht im Fall der Einzelquelle mit der Quellstärke Q^* als dem Volumenstrom pro Länge z^* (senkrecht zur Zeichenebene) dem Produkt $\varrho^* Q^*$, also einem Massenstrom pro Länge z^*.

Dieser Massenstrom wird nun durch die überlagerte Translationsströmung stromabwärts transportiert, wobei ganz anschaulich eine Trennstromlinie entstehen muss, die das Fluid aus der Quelle von demjenigen trennt, das der Anströmung entstammt. Qualitativ entsteht dabei der in Bild B8.1 skizzierte Stromlinienverlauf.

Der Staupunkt entsteht an der Stelle, an der die x-Komponente der Quellgeschwindigkeit, $u^* = Q^*/2\pi x^*$ gemäß Tab. 8.2 (beachte: $y^* = 0$), gerade den Wert $-u_\infty^*$ annimmt. Es gilt also: $x^*_{Staupunkt} = -Q^*/2\pi u_\infty^*$. Für $x^* \to \infty$ ist der Abstand der Trennstromlinien dadurch festgelegt, dass zwischen ihnen der Volumenstrom (pro Länge z^*), der in der Quelle freigesetzt wird, hindurchströmen muss. Da weit stromabwärts wieder eine Parallelströmung vorliegt, bleibt nur noch die Frage zu klären, welche (konstante) Geschwindigkeit dort zwischen den Stromlinien herrscht. Da es sich um eine reibungsfreie Strömung handelt, herrscht innen und außen jeweils ein konstanter Gesamtdruck $p^* + \varrho^*(u^{*2} + v^{*2})/2$. Da beide Gebiete im Staupunkt denselben (Gesamt-)Druck besitzen, liegt also weit stromabwärts wegen Druckgleichheit auch dieselbe Geschwindigkeit u_∞^* vor. Deshalb beträgt der Stromlinienabstand Q^*/u_∞^*, wie dies in Bild B8.1 eingezeichnet ist.

Erklärt man in Gedanken die Trennstromlinie zur Körperkontur, so kann die äußere Strömung als reibungsfreie Umströmung eines so geformten Körpers interpretiert werden. Man kann dann z.B. den Druckverlauf auf dieser Körperkontur in Form des Druckbeiwertes c_p nach (8.4) bestimmen. Die innerhalb des Körpers vorliegende „Strömung" wird dann schlicht ignoriert. Sie wäre für sich genommen ebenfalls als eine reibungsfreie Strömung interpretierbar, entstanden aus der Quelle in dem entsprechenden Hohlkörper.

An diesem Beispiel wird die Zielrichtung bei der Überlagerung von Elementarlösungen deutlich: Man versucht eine Stromlinie zu erzeugen, die der Körperkontur bei einem zu berechnenden Umströmungsproblem entspricht und erhält dann (außen) das Strömungsfeld für die zugehörige reibungsfreie Körperumströmung.

Beispiel 8.2: *Überlagerung der Translationsströmung* $\Psi^* = u_\infty^* y^*$ *mit einer Dipolströmung mit dem Dipolmoment* M^*: *Strömung um einen Kreiszylinder*

Die in Tab. 8.2 als Elementarlösung aufgenommene Dipolströmung entsteht aus einer kombinierten Quell-, Senkenströmung mit einem Abstand h^* zwischen Quelle (Quellstärke Q^*) und Senke (Quellstärke $-Q^*$), im Grenzübergang $h^* \to 0$, $Q^* \to \infty$ aber $M^* = Q^* h^* = $ const.

Bild B8.2-1 zeigt das durch Überlagerung der Stromlinienbilder dieser Dipolströmung

	Strömung	Potentiallinien	Stromlinien
Reguläre Lösungen	Translationsströmung: $\Phi^* = u_\infty^* x^* + v_\infty^* y^*$ $\Psi^* = u_\infty^* y^* - v_\infty^* x^*$ $u^* = u_\infty^*$ $v^* = v_\infty^*$		
	Staupunktströmung: $\Phi^* = \dfrac{a^*}{2}(x^{*2} - y^{*2})$ $\Psi^* = a^* x^* y^*$ $u^* = a^* x^*$ $v^* = -a^* y^*$		
Singuläre Lösungen	Quellströmung: $\Phi^* = \dfrac{Q^*}{2\pi} \ln \sqrt{x^{*2} + y^{*2}}$ $\Psi^* = \dfrac{Q^*}{2\pi} \arctan \dfrac{y^*}{x^*}$ $u^* = \dfrac{Q^*}{2\pi} \dfrac{x^*}{x^{*2} + y^{*2}}$ $v^* = \dfrac{Q^*}{2\pi} \dfrac{y^*}{x^{*2} + y^{*2}}$	 Q^*: Quellstärke	
	Potentialwirbelströmung: $\Phi^* = \dfrac{\Gamma^*}{2\pi} \arctan \dfrac{y^*}{x^*}$ $\Psi^* = -\dfrac{\Gamma^*}{2\pi} \ln \sqrt{x^{*2} + y^{*2}}$ $u^* = -\dfrac{\Gamma^*}{2\pi} \dfrac{y^*}{x^{*2} + y^{*2}}$ $v^* = \dfrac{\Gamma^*}{2\pi} \dfrac{x^*}{x^{*2} + y^{*2}}$	 Γ^*: Zirkulation	
	Dipolströmung: $\Phi^* = \dfrac{M^*}{2\pi} \dfrac{x^*}{x^{*2} + y^{*2}}$ $\Psi^* = -\dfrac{M^*}{2\pi} \dfrac{y^*}{x^{*2} + y^{*2}}$ $u^* = \dfrac{M^*}{2\pi} \dfrac{y^{*2} - x^{*2}}{(x^{*2} + y^{*2})^2}$ $v^* = -\dfrac{M^*}{2\pi} \dfrac{2x^* y^*}{(x^{*2} + y^{*2})^2}$	 M^*: Dipolmoment	

Tab. 8.2:   Elementarlösungen der Potentialtheorie
Qualitativer Verlauf der Potential- und Stromlinien

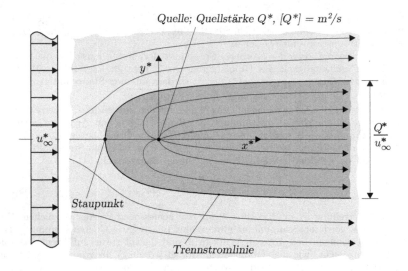

Bild B8.1: Prinzipieller Stromlinienverlauf bei der Überlagerung einer Translations-strömung mit einer Quellströmung

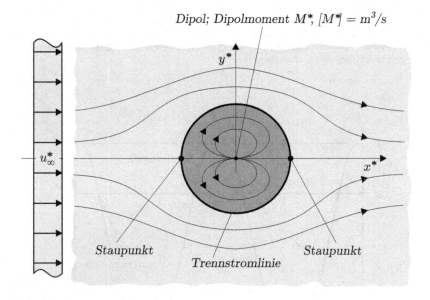

Bild B8.2-1: Prinzipieller Stromlinienverlauf bei der Überlagerung einer Translations-strömung mit einer Dipolströmung

und der Translationsströmung entstehende Stromlinienbild. Erstaunlicherweise entsteht dabei eine (kreisförmige) geschlossene Trennstromlinie. Dies verwundert aber dann nicht mehr, wenn man sich vergegenwärtigt, dass mit dem Dipol, entstanden aus einer Quelle mit $+Q^*$ und einer Senke mit $-Q^*$ effektiv kein Fluid in das Strömungsfeld eingebracht

wird, wie dies bei einer offenen Trennstromlinie der Fall sein müsste. Da Quelle und Senke darüber hinaus keine ausgezeichnete Richtung besitzen, kann folgerichtig nur eine kreisförmige Trennstromlinie entstehen.

Aus der Bedingung, dass der (vordere) Staupunkt dort liegen muss, wo die x-Komponente der Geschwindigkeit des Dipols gerade $-u_\infty^*$ beträgt, folgt ($y^* = 0$) gemäß Tab. 8.2 die Beziehung $-u_\infty^* = -M^*/2\pi x^{*2}$, so dass aus den Staupunktlagen $x^* = \pm\sqrt{M^*/2\pi u_\infty^*}$ für den Radius R^* folgt: $R^* = \sqrt{M^*/2\pi u_\infty^*}$.

Wiederum kann die Trennstromlinie zur Wand erklärt werden, die Außenströmung stellt dann die reibungsfreie Umströmung eines Kreiszylinders dar. Aus der Geschwindigkeitsverteilung längs der Kontur kann unmittelbar der Druckbeiwert c_p nach (8.4) berechnet werden. Führt man den Winkel ϑ mit $\vartheta = 0$ im vorderen Staupunkt ein, so ergibt sich für c_p, gebildet mit dem Druck p_∞^* in der Anströmung:

$$c_p(\vartheta) = \frac{p^* - p_\infty^*}{\frac{\varrho^*}{2}u_\infty^{*2}} = 1 - 4\sin^2\vartheta \qquad (B8.2\text{-}1)$$

Diese Druckverteilung ist in Bild B8.2-2 mit real gemessenen Werten verglichen. Nur im Bereich des vorderen Staupunktes gibt es eine relativ gute Übereinstimmung. Die starken Abweichungen bei größeren Winkeln ϑ sind darauf zurückzuführen, dass die reale Strömung nicht (wie die reibungsfreie Modellströmung) bis zum hinteren Staupunkt der Wandkontur folgt, sondern vorher ablöst. Die als unter- und überkritisch bezeichneten Fälle weisen unterschiedlich große Ablösegebiete auf. Der überkritische Fall entsteht dadurch, dass die Wandgrenzschicht (s. dazu das nachfolgende Kapitel 9) vor einer möglichen Ablösung vom laminaren in den turbulenten Strömungszustand wechselt und dann einen größeren Druckanstieg überwinden kann, bevor sie ablöst. Das dabei entstehende Ablösegebiet ist deutlich kleiner als dasjenige einer frühzeitigen laminaren Ablösung, s. dazu auch Beispiel 9.4 im nachfolgenden Kapitel.

Dieses Beispiel zeigt, dass reibungsfreie Körperumströmungen dann keine auch nur näherungsweise Beschreibung der Strömung mehr darstellen, wenn in der realen Strömung große Ablösegebiete entstehen.

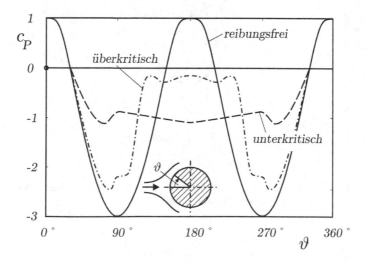

Bild B8.2-2: Verlauf des Druckbeiwertes bei der Kreiszylinder-Umströmung

Beispiel 8.3: *Überlagerung der Kreiszylinderumströmung (Beispiel 8.2) mit einer Potentialwirbelströmung der Zirkulation Γ^**

Wenn zusätzlich zu den überlagerten Elementarlösungen aus Beispiel 8.2 (Translationsströmung und Dipolströmung) eine Potentialwirbelströmung mit dem Ursprung im Kreismittelpunkt berücksichtigt wird, so entsteht das Stromlinienbild in Bild B8.3.

Aufgrund der Asymmetrie bezüglich der x-Achse führt die Druckverteilung auf der Körperkontur (Trennstromlinie) zu einer Kraft, die im Beispiel in Bild 8.3 nach oben gerichtet ist, da die erhöhten Druckwerte in Staupunktnähe im unteren Umfangsbereich konzentriert sind.

Eine solche, senkrecht zur Anströmung wirkende Kraft auf einen Körper nennt man (aerodynamischen) *Auftrieb*. Eine Kraft in Richtung der Anströmung heißt (aerodynamischer) *Widerstand*. Ein Widerstand liegt aufgrund der zur y-Achse symmetrischen Druckverteilung wie stets bei reibungsfreien Umströmungen nicht vor.

Eine Integration der Druckverteilung über die gesamte Körperoberfläche ergibt für den Auftrieb A^* (pro Länge z^*) mit $[A^*] = \mathrm{N/m}$ (Details dazu z.B. in Gersten (1991)):

$$A^* = -\varrho^* u_\infty^* \Gamma^* \qquad \text{(B8.3-1)}$$

Diese direkte Proportionalität zwischen dem Auftrieb und der Zirkulation Γ^* ist nicht ein Zufallsergebnis in diesem Beispiel, sondern gilt ganz allgemein für beliebige zweidimensionale Körper (sog. *Kutta-Joukowsky-Theorem*).

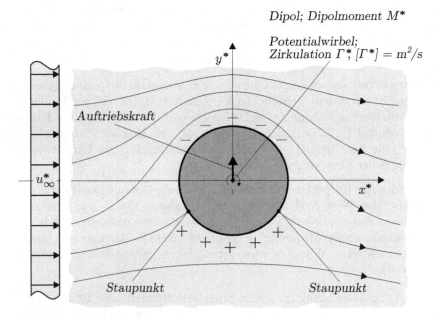

Bild B8.3: Prinzipieller Stromlinienverlauf (außerhalb der Trennstromlinie) bei der Überlagerung einer Translationsströmung, einer Dipolströmung und einer Potentialwirbelströmung
Beachte: Γ^* zählt positiv gegen den Uhrzeigersinn, d.h. hier gilt $\Gamma^* < 0$

8.2.5 Singularitätenmethoden

Im vorigen Abschnitt war gezeigt worden, wie mit Hilfe des Superpositionsprinzipes durch Überlagerung von einzelnen Elementarlösungen neue Lösungen entstehen. In diesen kann jede vorkommende Stromlinie „zur Wand erklärt" werden. Meist werden Körper jedoch durch eine Trennstromlinie zwischen zwei Teilgebieten „gebildet". Die Druckverteilung längs dieser Trennstromlinie kann dann unmittelbar als Druckverteilung auf dem reibungsfrei
umströmten Körper interpretiert werden.

Nun möchte man allerdings nicht mehr oder weniger zufällig entstehende
Stromlinien zu Körpern erklären, sondern umgekehrt beliebige Körperformen
bezüglich ihrer reibungsfreien Umströmung berechnen können. Dies ist durch
endlich viele Elementarlösungen nicht zu erreichen, nur in Ausnahmefällen
ist eine vorgegebene Körperform so zu berechnen. Der Ausweg liegt auf der
Hand: Unendlich viele Elementarlösungen können im Prinzip jede beliebige
Körperform als eine durchgehende Stromlinie erzeugen! Dies führt unmittelbar auf die Überlegung, anstelle von einzelnen diskreten Elementarlösungen
kontinuierliche Verteilungen von Quellen, Senken und Wirbeln zu verwenden,
die einer unendlichen Anzahl von infinitesimal schwachen Elementarlösungen
entsprechen. Dies ist der Grundgedanke der Singularitätenmethoden zur Berechnung reibungsfreier Umströmungen vorgegebener Körperkonturen.

Aus den bisherigen Ausführungen, besonders auch aus den Beispielen 8.1
bis 8.3 kann für dieses Vorgehen schon folgendes abgeleitet werden:

❐ Auftriebslose Körper können durch eine kontinuierliche Quell-, Senkenverteilung q^* dargestellt werden. Bei Körpern mit Auftrieb ist zusätzlich eine
Potentialwirbelverteilung γ^* erforderlich, weil der Auftrieb eines Körpers
proportional zur Zirkulation $\Gamma^* = \int \gamma^* ds^*$ ist. Hierbei sind $q^*(s^*)$ und
$\gamma^*(s^*)$ die jeweiligen Quell- bzw. Zirkulationsstärken pro Längenelement
s^*, längs der diese verteilt sind.

❐ Geschlossene Körperformen entstehen, wenn die Gesamt-Quellstärke $Q^* =
\int q^* ds^*$ den Wert Null aufweist, d.h. es müssen Quell- und Senkenver-
teilungen mit demselben Betrag der Gesamtstärke auftreten. „Aus Sicht
der ankommenden Strömung" müssen zunächst Quellen und anschließend
Senken auftreten, d.h. $q^*(s^*)$ muss zunächst positiv und anschließend negativ sein.

Eine typische Anwendung für solche Singularitätenmethoden ist die Bestimmung der reibungsfreien Strömung um Tragflügelprofile. Durch eine Quell-,
Senkenverteilung wird dabei der sog. *Dickeneffekt* beschrieben, während für
Anstellung und *Wölbung* Wirbelbelegungen verwendet werden. Handelt es
sich um schlanke Profile, so kann in guter Näherung die Randbedingung,
dass v^*/u^* an der Wand der Steigung der Körperkontur entsprechen muss
(weil diese eine Stromlinie ist), statt auf der Körperkontur auf der Profilsehne
erfüllt werden. Dies erleichtert die Bestimmung der Singularitätenverteilung

erheblich.

Für Details dieser Methode sei auf die Spezialliteratur verwiesen, s. z.B. Truckenbrodt (1999).

Literatur

Gersten, K. (1991): Einführung in die Strömungsmechanik. Vieweg-Verlag, Braunschweig

Truckenbrodt, E. (1999): Fluidmechanik, Band 2, Elementare Strömungsvorgänge dichteveränderlicher Fluide sowie Potential- und Grenzschichtströmungen. Springer-Verlag, Berlin, Heidelberg, New York

Spurk, J.H. (1989): Strömungslehre. Springer-Verlag, Berlin, Heidelberg, New York

9 Reibungsbehaftete Umströmungen

9.1 Vorbemerkung

Reale Strömungen sind stets reibungsbehaftet, da die beteiligten Fluide eine endliche Viskosität besitzen. Im vorigen Kapitel war gezeigt worden, dass es deshalb überhaupt nur sinnvoll ist, Strömungen als reibungsfrei zu berechnen, wenn reale Strömungen unter gewissen Umständen so geartet sind, dass in ihnen die Reibungseffekte in guter Näherung vernachlässigt werden können. Es handelt sich in diesem Sinne also um eine Eigenschaft der Strömung und nicht des Fluides.

Wenn also z.B. bei der Umströmung eines Körpers mit Luft gelegentlich gesagt wird, diese Strömung könne als weitgehend reibungsfrei angesehen werden, weil die Viskosität von Luft so klein sei, dass dies auf große Reynolds-Zahlen führe, und damit die Reibungsterme in den Navier-Stokes-Gleichungen (s. Tab. 4.7a) wegen des Vorfaktors Re^{-1} vernachlässigt werden könnten, so ist dies in zweierlei Hinsicht irreführend:

1. Es erweckt den Eindruck, Luft sei ein „typischer Kandidat" für reibungsfreie Strömungen. Die Strömungsmechanik auf der Basis der Navier-Stokes-Gleichungen ist aber ganz allgemein für Newtonsche Fluide formuliert und unterscheidet nicht nach Luft, Wasser, Öl, ... Dass bei sonst gleichen Bedingungen eine große Reynolds-Zahl für ein Fluid A eher erreicht wird als für ein Fluid B mag sein, ändert aber nichts an der Tatsache, dass die Reibungsfreiheit eine Strömungs- und keine Fluideigenschaft ist. (Übrigens: Bei $20\,^{\circ}\mathrm{C}$ und insgesamt gleichen Bedingungen ist die Reynolds-Zahl für Luft um den Faktor 15 kleiner als diejenige für Wasser und nur etwa doppelt so groß wie diejenige für Öl!)

2. Es erweckt den Eindruck, große Reynolds-Zahlen seien per se ein Garant für Reibungsfreiheit. Die Navier-Stokes-Gleichungen in Tab. 4.7a zeigen aber, dass dabei vorausgesetzt werden muss, dass z.B. $\left[\frac{\partial^2 u}{\partial x^2} + \frac{\partial^2 u}{\partial y^2} + \frac{\partial^2 u}{\partial z^2}\right]$ in der x-Impulsgleichung nicht so groß ist, dass das Produkt dieser Terme mit Re^{-1} doch berücksichtigt werden müsste. An genau dieser Stelle setzt die nachfolgend beschriebene Grenzschichttheorie an.

Die korrekte und nicht irreführende Aussage zur Körperumströmung mit Luft müsste also lauten: Diese Strömung kann dann als weitgehend reibungsfrei angesehen werden, wenn die für die Strömung von Luft auftretenden Reynolds-Zahlen sehr groß sind und die Strömung deshalb die Eigenschaft besitzt, dass

© Springer-Verlag Berlin Heidelberg 2018
H. Herwig und B. Schmandt, *Strömungsmechanik*,
https://doi.org/10.1007/978-3-662-57773-8_9

in großen Teilen des Strömungsfeldes Reibungseffekte in guter Näherung vernachlässigt werden können.

Dies macht deutlich, dass es sich um eine Strömungseigenschaft handelt und führt unmittelbar auf die Frage, warum ein Strömungsfeld für große Reynolds-Zahlen diese Eigenschaft besitzt.

9.2   Die Entstehung und Physik von Strömungsgrenzschichten

Strömungsgrenzschichten sind dünne, an Grenzflächen eines Strömungsfeldes auftretende Schichten, in denen hohe Geschwindigkeitsgradienten vorliegen und Reibungseffekte von entscheidender Bedeutung sind. In diesen Grenzschichten erfolgt der Übergang der Geschwindigkeit vom Wert an der Grenzfläche (z.B. null wegen der Haftbedingung) auf den Wert am Rand der Grenzschicht. Außerhalb dieser dünnen Grenzschichten kann die Strömung in guter Näherung als reibungsfrei angesehen werden. Grenzflächen sind häufig, aber nicht notwendigerweise feste Wände. Sie sind dadurch gekennzeichnet, dass an ihnen ein singulärer, sprunghafter Geschwindigkeitsverlauf vorliegen würde, wenn die Strömung vollständig reibungsfrei wäre und damit z.B. die Haftbedingung nicht mehr erfüllt werden könnte. In diesem Sinne liegt eine Grenzfläche also z.B. auch dort vor, wo zwei reibungsfreie Strömungen unterschiedlicher Geschwindigkeit aneinander grenzen.

Es gibt nun verschiedene Möglichkeiten zu veranschaulichen, wann und warum Strömungsgrenzschichten an Grenzflächen entstehen. Eine vielleicht zunächst etwas abstrakt erscheinende Erklärung, die aber sehr nahe an den entscheidenden physikalischen Vorgängen bleibt, beschreibt in diesem Zusammenhang die Entstehung und Ausbreitung von Drehung (einer lokalen Eigenschaft von Strömungen) in einem Strömungsfeld, s. dazu Abschn. 3.4.2, besonders Tab. 3.1. Da drehungsfreie Strömungen stets auch reibungsfrei sind, andererseits reibungsbehaftete Strömungen notwendigerweise auch drehungsbehaftet sind, ist die Drehung offensichtlich eine in diesem Zusammenhang aussagekräftige Eigenschaft, und: sie ist eine Eigenschaft der Strömung und nicht des Fluides!

Die allgemeine Bilanzgleichung für den Drehungsvektor $\vec{\omega}^* = (\omega_x^*, \omega_y^*, \omega_z^*)$ war in Anmerkung 4.9 /S. 79/ als sog. Wirbeltransportgleichung angegeben worden, s. (4.38).

Für ebene, zweidimensionale Strömungen vereinfacht sie sich erheblich und stellt dann eine Gleichung für die Komponente

$$\omega_z^* = \frac{\partial v^*}{\partial x^*} - \frac{\partial u^*}{\partial y^*} \tag{9.1}$$

dar, die hier noch einmal angegeben wird, jetzt aber mit ω^* anstelle von ω_z^*:

$$\frac{\partial \omega^*}{\partial t^*} + u^* \frac{\partial \omega^*}{\partial x^*} + v^* \frac{\partial \omega^*}{\partial y^*} = \nu^* \left(\frac{\partial^2 \omega^*}{\partial x^{*2}} + \frac{\partial^2 \omega^*}{\partial y^{*2}} \right) \tag{9.2}$$

In dimensionsloser Form mit den Variablen gemäß Tab. 4.4, der Reynolds-Zahl $\text{Re} = U_B^* L_B^*/\nu_B^*$ und der dimensionslosen Drehung $\omega = \omega^*/(U_B^*/L_B^*)$ lautet (9.2)

$$
\underbrace{\frac{\partial \omega}{\partial t} + u\frac{\partial \omega}{\partial x} + v\frac{\partial \omega}{\partial y}}_{\substack{\text{konvektiver} \\ \text{Transport von } \omega}} = \underbrace{\text{Re}^{-1}\left(\frac{\partial^2 \omega}{\partial x^2} + \frac{\partial^2 \omega}{\partial y^2}\right)}_{\substack{\text{diffusiver} \\ \text{Transport von } \omega}}
\tag{9.3}
$$

Diese Gleichung ist (zusammen mit der Kontinuitätsgleichung) äquivalent zu den Navier-Stokes-Gleichungen für ebene Strömungen, beschreibt also die Geschwindigkeit eines (ebenen) Strömungsfeldes.

Im Zusammenhang mit den grundsätzlich drehungsfreien Potentialströmungen (s. Abschn. 8.2) war bereits darauf hingewiesen worden, dass die Wirbeltransportgleichung (9.3) als homogene Differentialgleichung keinen Quellterm besitzt. Man erkennt sofort, dass $\omega = 0$ eine Lösung der Gleichung (9.3) ist, wenn die Randbedingungen dies zulassen. Aus mathematischer Sicht bedeutet dies, dass eine von $\omega = 0$ verschiedene Lösung dann entsteht, wenn $\omega \neq 0$ auf dem Rand des Lösungsgebietes herrscht. Physikalisch bedeutet dies: Unterstellt man zunächst eine drehungsfreie Zuströmung (z.B. die homogene Anströmung eines Körpers), so wird eine reibungsbehaftete Strömung (für die $\omega \neq 0$ sein muss) entstehen, wenn an der Wand $\omega \neq 0$ herrscht, *an der Wand* also Drehung entsteht, da sie *in der Strömung* nicht entstehen kann. Die Wand, oder allgemeiner eine Grenzfläche, ist also eine „Drehungsquelle". Wie gelangt die an der Wand erzeugte Drehung aber in die Strömung?

In Anmerkung 4.9 /S. 79/, im Zusammenhang mit (4.39) war die Analogie zwischen dem Transport von innerer Energie und Drehung beschrieben worden. So wie sich die innere Energie durch Wärmeleitung in einem Feld ausbreiten kann (was Diffusion von innerer Energie genannt werden kann), kann Drehung durch einen vergleichbaren Prozess in das Innere des Strömungsfeldes gelangen. Die maßgeblichen Transportkoeffizienten sind die Temperaturleitfähigkeit a^* für die Diffusion innerer Energie und die kinematische Viskosität ν^* für die Diffusion von Drehung.

Vor diesem Hintergrund soll im folgenden erläutert werden, in welchem Sinne eine Strömungsgrenzschicht der grenzflächennahe Bereich ist, in dem Drehungsdiffusion stattfindet. Der anschließende Außenbereich ist drehungs- bzw. reibungsfrei. Dazu soll folgendes „3-Schritt-Gedankenexperiment" dienen:

(1) In einem ersten Schritt stellt man sich vor, eine zunächst ruhende, unendlich ausgedehnte Wand werde plötzlich in ihrer eigenen Ebene mit einer konstanten Geschwindigkeit u_∞^* nach links in Bewegung gesetzt, wie dies im Teilbild 9.1 (1) dargestellt ist. Aufgrund der Haftbedingung wird unmittelbar an die Wand angrenzendes Fluid mitbewegt, unter der Wirkung der Viskosität ν^* entsteht ein kontinuierlicher Abfall der Ge-

schwindigkeit bis auf den Wert Null des ruhenden Fluides in größerem Abstand von der Wand.

In einem fluidfesten Koordinatensystem ergeben sich zu drei Zeiten $t_3^* > t_2^* > t_1^*$ die skizzierten Geschwindigkeitsverläufe im Fluid. Die Profile „wachsen" mit der Zeit t^* „in das ruhende Fluid hinein", sind aber an jeder Stelle x^* zu gleichen Zeiten identisch. Die Bereiche, in denen die Drehung ω^* endliche, von Null verschiedene Werte besitzt, sind grau unterlegt. Es ist deutlich zu erkennen, wie Drehung mit der Zeit in das Fluid „hineindiffundiert". Dabei ist zu beachten, dass keine scharfe Grenze in y^* besteht, von der ab $\omega^* = 0$ gilt. Der Übergang zu $\omega^* = 0$ erfolgt vielmehr „asymptotisch", d.h. $\omega^* = 0$ wird endgültig erst im Unendlichen erreicht, ω^* ist aber außerhalb der grauen Bereiche bereits vernachlässigbar klein. Grenzschichtränder, im Bild mit $\delta^*(t^*)$ bezeichnet, können also nur die Bedeutung haben, dass dort die Drehung bis auf einen kleinen, vorgegebenen Wert abgeklungen ist.

(2) Im nächsten Schritt wechselt nur das Bezugssystem. Man betrachtet dieselbe Strömung jetzt in einem körperfesten Koordinatensystem. Die neu zu beobachtenden Geschwindigkeiten u_2^* sind damit $u_2^* = u_\infty^* - u_1^*$, wenn u_1^* die im Teilbild (1) dargestellten Strömungsgeschwindigkeiten sind.

(3) Im dritten Schritt erfolgt der gedankliche Übergang auf eine nur noch halbunendliche Platte, d.h., es soll eine Vorderkante existieren, die im Ursprung des Koordinatensystems liegt. Damit entsteht eine völlig neue Situation:

❐ Die Strömung für $x^* < 0$ ist aus Sicht des körperfesten Koordinatensystems für alle Werte von y^* die ungestörte Strömung u_∞^*.

❐ Für $x^* > 0$ liegt eine zeitunabhängige Grenze δ^* des Gebietes mit Drehung $\omega^* \neq 0$ vor (grau unterlegt). Diese ist jetzt aber eine Funktion der Koordinate x^*.

❐ Wenn Grenzschichten die wandnahen Gebiete sind, in denen Drehungsdiffusion stattfindet, so ist der in Teilbild 9.1(3) grau unterlegte Bereich die Strömungsgrenzschicht an der mit u_∞^* überströmten Wand.

Stationäre Grenzschichten entstehen offensichtlich an überströmten Grenzflächen, die im weitesten Sinne eine „Vorderkante" besitzen, was bei realen endlichen Körpern stets der Fall ist. Die häufig anzutreffende Erklärung, dass dies Gebiete seien, in denen Reibungseffekte eine Rolle spielen, ist zutreffend aber unpräzise, weil dies das Strömungsfeld noch nicht konkret charakterisiert. Die Aussage, dass es Gebiete sind, die aufgrund von Reibungseffekten endliche Werte der Drehung aufweisen, die durch einen Diffusionsprozess von der Grenzfläche dorthin gelangt ist, erklärt die besondere physikalische Situation in Grenzschichten sehr viel präziser.

(1) Koordinatensystem „fluidfest"
$$\omega^* = \frac{\partial v^*}{\partial x^*} - \underbrace{\frac{\partial u^*}{\partial y^*}}_{= 0}$$

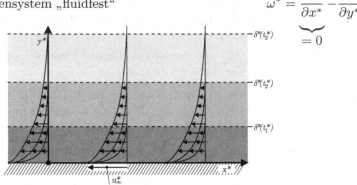

(2) Koordinatensystem „körperfest"
$$\omega^* = \frac{\partial v^*}{\partial x^*} - \underbrace{\frac{\partial u^*}{\partial y^*}}_{= 0}$$

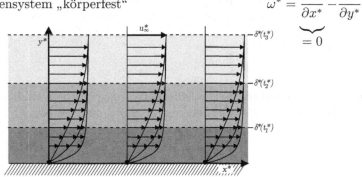

(3) Koordinatensystem „körperfest"
(+Vorderkante)
$$\omega^* = \frac{\partial v^*}{\partial x^*} - \underbrace{\frac{\partial u^*}{\partial y^*}}_{\to 0}$$
(für Re $\to \infty$)

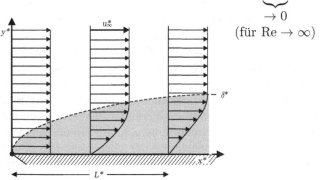

Bild 9.1:   3-Schritt-Gedankenexperiment zur „Erzeugung" von
Strömungsgrenzschichten

δ^*:   Grenzschichtrand; L^*:   willkürliche Bezugslänge

Aus dieser Vorstellung heraus lässt sich sehr einfach und anschaulich ableiten, von welcher Größenordnung $\delta^*(x^*)$ in Bild 9.1(3) ist. Dazu werden zwei Zeiten gleichgesetzt:

1. die Zeit $t_u^* = x^*/u_\infty^*$, die verstreicht, bis das Fluid wandparallel von der Vorderkante bis zur Stelle x^* geströmt ist

2. die Zeit $t_\delta^* = \delta^*/v_\omega^*$, die verstreicht, bis Fluidteilchen an der Stelle x^* am Außenrand der Grenzschicht von dem diffusivem Transport der Drehung, der von der Wand ausgeht, erfasst werden.

Teilchen „gehören" zur Grenzschicht, wenn sie während ihrer Verweilzeit über der Platte von der Drehungsdiffusion erreicht werden können. Es gilt also

$$t_u^* \sim t_\delta^* \quad\longrightarrow\quad \frac{x^*}{u_\infty^*} \sim \frac{\delta^*}{v_\omega^*} \tag{9.4}$$

Dabei ist v_ω^* eine charakteristische Geschwindigkeit senkrecht zur Wand, mit der Drehung diffusiv transportiert wird. Mit der Viskosität ν^* als der Ursache für diesen Transport und δ^* als der Strecke auf der dieser Transport stattfindet, ist

$$v_\omega^* = \frac{\nu^*}{\delta^*} \tag{9.5}$$

eine solche charakteristische Diffusions-Transportgeschwindigkeit.

Gleichung (9.5) in (9.4) eingesetzt ergibt unmittelbar

$$\delta^* \sim \sqrt{\frac{\nu^* x^*}{u_\infty^*}}$$

oder dimensionslos mit einer willkürlichen Bezugslänge L^* (s. Bild 9.1(3))

$$\boxed{\frac{\delta^*}{L^*} \sim \frac{1}{\sqrt{Re}}\sqrt{\frac{x^*}{L^*}}} \quad\text{mit}\quad Re = \frac{u_\infty^* L^*}{\nu^*} \tag{9.6}$$

Damit wird deutlich, dass Strömungsgrenzschichten als dünne, grenzflächennahe Schichten um so ausgeprägter (dünner) sind, je höher die Reynolds-Zahl ist. Dies bedeutet, dass mit steigender Reynolds-Zahl ein immer kleinerer Teil des Strömungsfeldes drehungsbehaftet im Sinne eindiffundierter Drehung ist. Dies gilt allerdings nur, wenn es nicht zur Strömungsablösung kommt (s. dazu auch die Erläuterungen im Zusammenhang mit Beispiel 8.2). Auf genau diesem sog. *asymptotischen Verhalten der Strömung für Re* → ∞ basiert die im nachfolgenden Abschnitt behandelte Grenzschichttheorie.

Eine sorgfältige Beachtung der Voraussetzungen, unter denen der Zusammenhang (9.6) abgeleitet worden ist, führt weiterhin zu folgenden Schlussfolgerungen:

❏ Die Proportionalität $\delta^*/L^* \sim Re^{-1/2}$ wird nur für laminare Grenzschichten gelten, da nur für diese der diffusive Drehungstransport ausschließlich

durch die molekulare Viskosität ν^* erfolgt. Bei turbulenten Strömungen tritt ein weiterer strömungsabhängiger Transportmechanismus hinzu (charakterisierbar durch die kinematische Wirbelviskosität ν_t^* (5.20)), so dass eine andere Abhängigkeit von der Reynolds-Zahl auftreten wird. Dabei ist zu beachten, dass die Reynolds-Zahl stets, also auch bei turbulenten Strömungen mit dem Stoffwert der molekularen Viskosität gebildet wird.

❐ Die Proportionalität von δ^* zu $\sqrt{x^*}$, also bei laminaren Grenzschichten diejenige von δ^*/L^* zu $\sqrt{x^*/L^*}$ gemäß (9.6), wird nur dann gelten, wenn die wandferne Strömung einheitlich u_∞^* beträgt. Dies ist aber nur bei der Strömung über einer ebenen Wand (wie in Bild 9.1) der Fall. Wenn die Strömung außerhalb der Grenzschicht x-abhängig ist, muss auch für δ^* eine andere x-Abhängigkeit als $\sqrt{x^*}$ erwartet werden.

Auf diese Details wird im Rahmen der Grenzschichttheorie näher eingegangen. Vorher soll aber der Grundgedanke, die Grenzschichttheorie als asymptotische Theorie für Re → ∞ zu formulieren, näher erläutert werden.

9.3 Die Grenzschichttheorie als asymptotische Theorie für Re → ∞

Bei der im vorigen Abschnitt beschriebenen Entstehung von Grenzschichten war ein entscheidender Aspekt, dass diese für steigende Reynolds-Zahlen (Re → ∞) immer deutlicher auftreten, weil der wandnahe Bereich, gekennzeichnet durch endliche Werte der Drehung, immer dünner wird.

Für das weitergehende Verständnis ist es nun sehr hilfreich die „Realitätsebene" und die „Modellebene" gedanklich deutlich zu trennen, wie dies in Kap. 2 (s. vor allem auch Bild 2.1) beschrieben worden ist.

Auf der Realitätsebene ist zu fragen, unter welchen Umständen große Reynolds-Zahlen entstehen und durch welche Maßnahmen Reynolds-Zahlen ansteigen. Auf der Modellebene gilt es zu klären, welchen Charakter die Lösung des physikalisch/mathematischen Modells annimmt, wenn der Parameter Reynolds-Zahl sehr groß wird. Handelt es sich um ein adäquates Modell, so liegen bezüglich der entscheidenden Eigenschaften die in Bild 2.1 angedeuteten Entsprechungen zwischen der Lösung des physikalisch/mathematischen Modells und der Realität vor.

Zunächst zur Realitätsebene: Gemäß der Definition Re $= U_B^* L_B^*/\nu_B^*$ mit $\nu_B^* = \eta_B^*/\varrho_B^*$, sind die Reynolds-Zahlen eines bestimmten Problems um so größer,

❐ je größer die charakteristische Geschwindigkeit U_B^* des Problems ist. Eine Erhöhung dieser Geschwindigkeit, z.B. der Anströmgeschwindigkeit bei einer Körperumströmung, führt unmittelbar zu einer Steigerung der Reynolds-Zahl innerhalb des Problems.

❐ je größer die charakteristische Länge L_B^* des Problems ist. Eine Erhöhung dieser Größe, z.B. des Durchmessers bei der Kreiszylinderumströmung,

führt ebenfalls unmittelbar zu einer Steigerung der Reynolds-Zahl innerhalb des Problems.

❏ je kleiner die kinematische Viskosität ν_B^* des beteiligten Fluides ist. Für technisch relevante Fluide sind ν_B^* jeweils sehr kleine Werte in der Größenordnung von etwa $10^{-5}\,\mathrm{m}^2/\mathrm{s}$. Deshalb sind Reynolds-Zahlen häufig sehr groß. Steigende Reynolds-Zahlen innerhalb eines Problems über $\nu_B^* \to 0$ realisieren zu wollen, ist aber kein sinnvolles Konzept, weil dafür das Fluid gewechselt werden müsste (und sich darüber hinaus ν_B^* zwischen verschiedenen Fluiden nicht extrem stark unterscheidet).

Durch die beschriebenen Möglichkeiten ist aufgezeigt, wann ein Strömungsproblem durch große bzw. steigende Reynolds-Zahlen gekennzeichnet ist und damit (zunehmenden) Grenzschichtcharakter besitzt. Die Reynolds-Zahlen können groß werden, bleiben aber natürlich stets endliche Werte.

Auf der Modellebene tritt die Frage auf, welche Besonderheit die Lösungen aufweisen, wenn große bzw. steigende Reynolds-Zahlen auftreten. Dazu bietet es sich an, die Lösung systematisch auf ihr Verhalten für $\mathrm{Re} \to \infty$ zu untersuchen.

Die mit (9.6) gefundene Abhängigkeit $\delta^*/L^* \sim \mathrm{Re}^{-1/2}$ bedeutet, dass auch im physikalisch/mathematischen Modell $\delta^*/L^* \to 0$ für $\mathrm{Re} \to \infty$ gelten muss, wenn dieses eine adäquate Beschreibung der Grenzschichtphysik darstellen soll. Für $\mathrm{Re} = \infty$ bzw. $\mathrm{Re}^{-1} = 0$ gilt damit $\delta^*/L^* = 0$, so dass die Grenzschicht scheinbar „verschwunden" ist. Andererseits muss auch die Lösung für $\mathrm{Re}^{-1} = 0$ die physikalisch bedingten Randbedingungen erfüllen, an der Wand also die Haftbedingung. Der Übergang vom Geschwindigkeitswert Null an der Wand (Haftbedingung) auf einen endlichen Wert am Rand der Grenzschicht erfolgt im Grenzfall $\mathrm{Re} = \infty$ also in einer Schicht mit der Dicke Null! Damit wird der Geschwindigkeitsgradient an der Wand unendlich groß. Eine solche Grenzlösung bezeichnet man als *singuläre Lösung*, da die allgemeine Lösung mit Re als Parameter im Grenzfall $\mathrm{Re} = \infty$ Werte aufweist, die nicht mehr endlich sind.

Bisher ist damit über die allgemeine Lösung eines Problems mit Grenzschichtcharakter, also für $\mathrm{Re} \to \infty$, folgendes bekannt:

❏ Die mathematische Beschreibung auf der Modellebene erfolgt durch die allgemeinen Grundgleichungen. Für Newtonsche Fluide sind dies die Navier-Stokes-Gleichungen; die Reynolds-Zahl Re ist ein Parameter in diesen Gleichungen.

❏ Für große Reynolds-Zahlen bildet sich eine wandnahe Schicht der Dicke δ^* aus, die durch endliche Werte der Drehung gekennzeichnet ist, während außerhalb dieser Schicht eine drehungsfreie Strömung vorliegt.

❏ Die Schichtdicke skaliert z.B. bei einer laminaren Strömung bzgl. der Reynolds-Zahl als $\delta^*/L^* \sim \mathrm{Re}^{-1/2}$.

❏ Im Grenzfall Re $= \infty$ „entartet" die Schichtdicke zu $\delta^*/L^* = 0$, die mathematische Lösung ist an der Wand singulär.

Strömungen mit Grenzschichtcharakter haben in der Realität stets große, aber endliche Reynolds-Zahlen. Lösungen des physikalisch/mathematischen Modells bei diesen endlichen Reynolds-Zahlen sind möglich aber u.U. schwierig, weil sie „in der Nähe" der singulären Grenzlösung (bei Re $= \infty$) gesucht werden.

Hier nun macht die Grenzschichttheorie „aus der Not eine Tugend": Sie nutzt den speziellen Charakter des Lösungsverhaltens für Re $\to \infty$ aus, um damit Reihenentwicklungen für große Reynolds-Zahlen in zwei getrennten Gebieten zu formulieren und diese Gebiete anschließend aneinander anzupassen. Wie sich herausstellt, ist bereits der jeweils führende Term dieser Reihenentwicklungen eine sehr gute Näherung der exakten Lösung. Darüber hinaus sind die Gleichungen zur Bestimmung dieser führenden Terme gegenüber den vollständigen Grundgleichungen erheblich vereinfacht.

Für laminare Grenzschichten ist der Weg für eine solche Behandlung des Problems klar vorgezeichnet und ohne prinzipielle Schwierigkeiten gangbar. Für turbulente Grenzschichten ist die systematische Behandlung auf der Basis einer Reihenentwicklung sehr viel schwieriger. Oftmals begnügt man sich dann deshalb damit, einen mehr oder weniger systematisch abgeleiteten „führenden Term" einer Reihenentwicklung für Re $\to \infty$ zu formulieren. Der wesentliche Grund für diesen Unterschied liegt in der unterschiedlichen Abhängigkeit der Grenzschichtdicke von der Reynolds-Zahl. Bei laminaren Grenzschichten gibt es eine einheitlich zu behandelnde Grenzschicht der Dicke $\delta^*/L^* \sim \mathrm{Re}^{-1/2}$. Bei turbulenten Grenzschichten dagegen muss die gesamte Grenzschicht noch einmal unterteilt werden, wobei beide Teilbereiche unterschiedliche Abhängigkeiten von der Reynolds-Zahl aufweisen, die darüber hinaus auch keine einfachen Potenzen Re^m sind.

Noch einmal zur notwendigen und sinnvollen Trennung von Realitäts- und Modellebene: In der Realität besitzen Strömungen u.U. *Grenzschichtcharakter*, d.h., in einem Teil des Strömungsfeldes können besondere Eigenschaften gefunden werden; das Strömungsfeld ist aber ein einziges Gebiet mit überall kontinuierlich verlaufenden Zustandsgrößen. Auf der Modellebene wird das Lösungsgebiet daraufhin in zwei Teilbereiche aufgespalten (die Außenströmung und die Grenzschicht). Beide Gebiete werden getrennt betrachtet und ihre Lösungen anschließend wieder zu einer Lösung zusammengesetzt. Eine Grenzschicht als isoliertes Strömungsgebiet „für sich" zu betrachten ist also ein typischer Aspekt der Behandlung einer Strömung auf der Modellebene.

9.4 Grenzschichttheorie für laminare Strömungen

Im Grenzfall Re $= \infty$ entarten die Lösungen der Navier-Stokes-Gleichungen zu sog. *singulären Lösungen*. Als physikalisch/mathematisches Modell rea-

ler Strömungen werden Lösungen für $Re \to \infty$, d.h. für große aber endliche Reynoldszahlen gesucht. Da diese Lösungen in der Nähe der singulären Lösung für $Re = \infty$ liegen, können sie durch eine sog. *Störungsrechnung* ermittelt werden, bei der Abweichungen von der (singulären) Grenzlösung durch eine systematische Reihenentwicklung bestimmt werden. Man nennt dies ein *singuläres Störungsproblem*.

Es gibt aus mathematischer Sicht verschiedene Methoden, singuläre Störungsprobleme zu behandeln. Die wichtigste Methode, die darüber hinaus unmittelbar an dem zuvor beschriebenen physikalischen Phänomen der Grenzschichtbildung in Wandnähe ansetzt, ist die *Methode der angepassten asymptotischen Entwicklungen* (engl.: method of matched asymptotic expansions). Diese Methode kann hier nicht in allen Einzelheiten dargestellt werden, dazu sei auf die Spezialliteratur verwiesen, wie z.B. Gersten, Herwig (1992, Kap. 11). Im folgenden soll jedoch der Grundgedanke erläutert werden, wie aus den Navier-Stokes-Gleichungen im Grenzübergang $Re \to \infty$ die Gleichungen zur Beschreibung laminarer Grenzschichten entstehen.

Der Ausgangspunkt ist die sog. *naive Näherung* des Gesamtproblems: Man setzt $Re = \infty$ und erhält aus den Navier-Stokes-Gleichungen (s. Tab. 4.7a) die 2D-Euler-Gleichungen (s. Tab 8.1, dort dimensionsbehaftet; hier dimensionslos und ohne Schwerkrafteinfluss oder mit $p = p_{mod}$):

$$\boxed{\frac{Du}{Dt} = -\frac{\partial p}{\partial x} \quad ; \quad \frac{Dv}{Dt} = -\frac{\partial p}{\partial y}} \tag{9.7}$$

Die Lösungen von (9.7), zusammen mit der Kontinuitätsgleichung $\partial u/\partial x + \partial v/\partial y = 0$, ergibt als Lösung die Verteilung von $u(x,y)$, $v(x,y)$ und $p(x,y)$ für den Außenbereich einer realen Strömung. Ein Beispiel ist die Strömung um einen schlanken Körper, wie in Bild 9.2 skizziert. Die Lösung bei $Re = \infty$ (bei der die Grenzschichten unendlich dünn werden) stellt eine Näherungslösung für endliche Reynolds-Zahlen dar. Der damit verbundene Fehler ist asymptotisch klein, d.h., er geht für $Re \to \infty$ gegen Null, wenn man sich nicht in unmittelbarer Wandnähe, d.h. in der Grenzschicht, befindet. Deshalb kann folgende Entwicklung außerhalb des wandnahen Bereiches, im sog. *Außenbereich*, angesetzt werden:

$$u_A(x,y,Re) = u_{A1}(x,y) + Re^{-n}u_{A2}(x,y) + \ldots$$
$$v_A(x,y,Re) = v_{A1}(x,y) + Re^{-n}v_{A2}(x,y) + \ldots \tag{9.8}$$
$$p_A(x,y,Re) = p_{A1}(x,y) + Re^{-n}p_{A2}(x,y) + \ldots$$

Die führenden Terme u_{A1}, v_{A1}, p_{A1} folgen als Lösung von (9.7), wobei jetzt $u = u_{A1}$, $v = v_{A1}$ und $p = p_{A1}$ gilt. Die weiteren Terme u_{A2}, v_{A2}, p_{A2}, ...können aus Gleichungen bestimmt werden, die ähnlich wie (9.7) aus den Navier-Stokes-Gleichungen abzuleiten sind, die hier aber nicht aufgeführt werden. Für das weitere Verständnis ist wichtig, dass (9.8) ein Strömungsfeld beschreibt, das bis an die Wand reicht, dort aber eine Lösung aufweist, deren

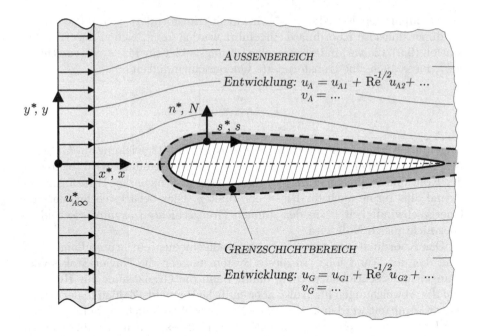

Bild 9.2: Körperumströmung ohne Ablösung

Außenbereichs-Koordinaten: $x = x^*/L^*$; $y = y^*/L^*$

Grenzschicht-Koordinaten: $s = s^*/L^*$; $N = (n^*/L^*)\sqrt{\text{Re}}$

Fehler nicht mehr asymptotisch klein ist. An der Wand besitzt die wand-parallele Geschwindigkeitskomponente für Re $\to \infty$ einen endlichen Wert, so dass der Fehler, d.h. die Abweichung zum tatsächlichen Wert Null (Haftbe-dingung), nicht asymptotisch klein ist.

Im wandnahen Bereich, d.h. in der Grenzschicht, versagt die bisherige Lösung, so dass sie durch eine andere Lösung ersetzt werden muss, die der be-sonderen physikalischen Situation in unmittelbarer Wandnähe gerecht wird. Der entscheidende Punkt ist nun, dass das Grenzschichtgebiet asymptotisch klein ist, d.h. dass seine Dicke für Re $\to \infty$ mit dem Faktor $\text{Re}^{-1/2}$ zu Null geht, wie in (9.6) gezeigt worden war. Um in diesem wandnahen Gebiet ebenfalls eine Lösung für Re $\to \infty$ zu finden, müssen die Grundgleichungen (Navier-Stokes Gleichungen) zunächst in ein Koordinatensystem umgeschrie-ben werden, in dem das Lösungsgebiet (die Grenzschicht) für Re $\to \infty$ als Gebiet endlicher Größe erhalten bleibt. Dies ist nur möglich, wenn eine wand-normale Koordinate

$$N = \frac{n^*}{L^*}\sqrt{\text{Re}} \tag{9.9}$$

als sog. *Grenzschichtkoordinate* eingeführt wird. Dabei verläuft ein (s^*,n^*)-Koordinatensystem entlang der Wand, wie dies in Bild 9.2 eingezeichnet ist.

Die wandparallele Koordinate s^* wird nicht transformiert, so dass $s = s^*/L^*$ als dimensionslose Koordinate eingeführt werden kann. Neben der Transformation (9.9), die verhindert, dass das Lösungsgebiet für Re $\to \infty$ „verschwindet", muss auch eine transformierte Quergeschwindigkeit

$$\boxed{V = \frac{v^*}{U_B^*}\sqrt{\text{Re}}} \qquad (9.10)$$

eingeführt werden, um ein Entarten der Kontinuitätsgleichung im Grenzfall Re $\to \infty$ zu vermeiden. Nur wenn V gemäß (9.10) eingeführt wird, bleiben in der Kontinuitätsgleichung $\partial u^*/\partial x^* + \partial v^*/\partial y^* = 0$ nach der Transformation formal alle Terme auch für Re $\to \infty$ erhalten. Dies berücksichtigt, dass die Quergeschwindigkeit v^* in den dünnen Grenzschichten asymptotisch klein, aber nicht gleich Null wird.

Das Koordinatensystem (s,N) ist im allgemeinen ein krummliniges System, das der Wand folgt. In dieses System müssen die Navier-Stokes-Gleichungen umgeschrieben werden, damit dann die Grenzlösung für Re $\to \infty$ und die Abweichungen für große, aber endliche Reynolds-Zahlen in der Grenzschicht ermittelt werden können. Die Navier-Stokes-Gleichungen in allgemeinen krummlinigen Koordinaten sollen hier nicht explizit aufgeführt werden. Gegenüber der Formulierung in kartesischen Koordinaten treten Terme hinzu, die explizit die Krümmung der Koordinatenlinien enthalten. Dies wirkt sich jedoch erst in den Gleichungen höherer Ordnung aus, wie noch erläutert werden wird.

Ähnlich wie im Außenbereich können jetzt für den Grenzschichtbereich Entwicklungen angesetzt werden, die Abweichungen von der Grenzlösung bei Re $= \infty$ systematisch erfassen:

$$
\begin{aligned}
u_G(s,N,\text{Re}) &= u_{G1}(s,N) + \text{Re}^{-m}u_{G2}(s,N) + \dots \\
V_G(s,N,\text{Re}) &= V_{G1}(s,N) + \text{Re}^{-m}V_{G2}(s,N) + \dots \\
p_G(s,N,\text{Re}) &= p_{G1}(s,N) + \text{Re}^{-m}p_{G2}(s,N) + \dots
\end{aligned}
\qquad (9.11)
$$

Die Gleichungen zur Bestimmung von u_{G1}, V_{G1}, p_{G1} sowie u_{G2}, V_{G2}, p_{G2} und allen nachfolgenden Termen folgen aus den Navier-Stokes-Gleichungen, wenn die Ansätze (9.11) dort eingesetzt werden. Im Zuge dieser systematischen Ableitung kann auch der zunächst unbekannte Exponent m festgelegt werden, für den sich wie auch für den Exponenten n in (9.8) der Zahlenwert $m = n = 1/2$ ergibt. Die besagten Gleichungssysteme entstehen, indem jeweils alle Terme derselben asymptotischen Größenordnung zusammengefasst werden, also alle Terme frei von der Reynolds-Zahl, alle Terme mit demselben Vorfaktor $\text{Re}^{-1/2}$, mit Re^{-1}, usw.. Das so abgeleitete Gleichungssystem für die führende, erste Ordnung, also die Grenzlösung bei Re $= \infty$, lautet:

$$\boxed{\frac{\partial u_{G1}}{\partial s} + \frac{\partial V_{G1}}{\partial N} = 0} \qquad (9.12)$$

$$\boxed{u_{G1}\frac{\partial u_{G1}}{\partial s} + V_{G1}\frac{\partial V_{G1}}{\partial N} = -\frac{\partial p_{G1}}{\partial s} + \frac{\partial^2 u_{G1}}{\partial N^2}}$$

(9.13)

$$\boxed{\frac{\partial p_{G1}}{\partial N} = 0}$$

(9.14)

mit den Randbedingungen:

$$N = 0 \;:\;\; u_{G1} = V_{G1} = 0$$
$$N \to \infty \;:\;\; u_{G1} = u_{A1}$$

Die Randbedingung an der Wand entspricht mit $u_{G1} = 0$ der Haftbedingung, $V_{G1} = 0$ bedeutet eine undurchlässige Wand. Die Randbedingung am Außenrand ($N \to \infty$) wird später als (9.16) näher erläutert.

Die Gleichungen (9.12)–(9.14) sind die sog. *Grenzschichtgleichungen 1. Ordnung*, die in mehrerlei Hinsicht bemerkenswert sind. Zunächst fällt auf, dass in diesen Gleichungen noch kein Krümmungseinfluss vorkommt. Dies war allerdings auch zu erwarten, da ein lokaler Krümmungsradius $R^*(s^*)$ im Vergleich zur asymptotisch kleinen Grenzschichtdicke $\delta^*(s^*)$ relativ gesehen sehr groß ist (Asymptotisch gilt $R^*/\delta^* \sim \sqrt{\mathrm{Re}}$, so dass ein Krümmungseinfluss erst in den Grenzschichtgleichungen 2. Ordnung auftritt). Da in den Grenzschichtgleichungen 1. Ordnung noch keine Krümmungseffekte vorkommen, können die Gleichungen formal auch in einem x-y-Koordinatensystem angegeben werden, wie dies in Tab. 9.1 geschieht. Es ist aber zu beachten, dass nur die Gleichungen 1. Ordnung im kartesischen x-y-System und dem körperangepassten s-N-System identisch sind und deshalb nur für diese Gleichungen das kartesische x-y-System als körperangepasstes Koordinatensystem interpretiert werden kann.

In der s-Impulsgleichung (9.13) ist ein Reibungsterm erhalten geblieben, dessen Ursprung leichter zu erkennen ist, wenn die Grenzschichtkoordinate N formal in $n\sqrt{\mathrm{Re}}$ umgeschrieben wird, so dass gilt

$$\frac{\partial^2 u_{G1}}{\partial N^2} = \frac{1}{\mathrm{Re}}\frac{\partial^2 u_{G1}}{\partial n^2}$$

Der Vergleich mit den dimensionslosen Navier-Stokes-Gleichungen in Tab. 4.7a zeigt (dort als Term $\mathrm{Re}^{-1}[\partial^2 u/\partial y^2]$), dass einer von drei Reibungstermen in der x- bzw. s-Impulsgleichung erhalten bleibt. Für $\mathrm{Re} \to \infty$ gilt also $\partial^2 u_{G1}/\partial n^2 \to \infty$, so dass der Reibungsterm insgesamt von der Größenordnung Eins bleibt.

Die N-Impulsgleichung (9.14) ist auf die Aussage $p_{G1} = p_{G1}(s)$ reduziert, d.h., der Druck ist in der Grenzschicht 1. Ordnung über die Grenzschicht hinweg konstant. Er kann aber längs der Wand, also mit s variieren, und zwar genau so, wie sich der Druck in der Außenströmung (am Grenzschichtrand) mit s verändert. Der Druck ist also durch die Außenströmung aufgeprägt, weshalb $p_{G1}(s)$ in (9.13) durch $p_{A1}(s)$, den Druck der Außenströmung am Grenzschichtrand, ersetzt werden kann.

Gemäß (8.3) gilt in der reibungsfreien Außenströmung längs einer Stromlinie $p^* + \varrho^* u_s^{*2}/2 = \text{const}$. Der Druckgradient der Außenströmung (am Grenzschichtrand), dp_{A1}^*/ds^*, kann deshalb mit Hilfe von

$$\frac{dp_{A1}^*}{ds^*} = -\varrho^* u_{sA1}^* \frac{du_{sA1}^*}{ds^*}$$

ersetzt werden. In dimensionsloser Form (vgl. Tab. 4.4) wird daraus

$$\frac{dp_{A1}}{ds} = -u_{sA1}\frac{du_{sA1}}{ds},$$

so dass endgültig der Term $-\partial p_{G1}/\partial s$ in (9.13) ersetzt werden kann durch

$$\boxed{-\frac{\partial p_{G1}}{\partial s} = u_{sA1}\frac{du_{sA1}}{ds}} \tag{9.15}$$

Dabei ist u_{sA1} die Geschwindigkeit der Außenströmung *an der Wand* und nicht am Grenzschichtrand, wie später erläutert wird.

Historisch gesehen sind die Grenzschichtgleichungen 1. Ordnung erstmals von L. Prandtl in einer 1904 veröffentlichten Abhandlung angegeben worden. Die Ableitung war von Prandtl jedoch nicht auf dem systematischen, zuvor kurz skizzierten Weg vorgenommen worden. Vielmehr hat er mit physikalischen Argumenten gefolgert, dass die Navier-Stokes-Gleichungen in den Grenzschichten auf die in (9.12)–(9.15) enthaltenen Terme reduziert werden können. Die von Prandtl durch eine Abschätzung der Größenordnung identifizierten „wichtigen" Terme, sind in Tab. 9.1 markiert. Sie entsprechen genau den mit Hilfe einer systematischen Reihenentwicklung bestimmten Termen (9.12)–(9.15). Die sog. *Prandtlschen Grenzschichtgleichungen* haben sich also im nachhinein als führende Terme einer Entwicklung der Navier-Stokes-Gleichungen für Re $\to \infty$ erwiesen. Die Entwicklung (9.11) zeigt, dass die Ergebnisse der Prandtlschen Grenzschichttheorie systematisch verbessert werden können, wenn höhere Ordnungen hinzugenommen werden, d.h. wenn neben u_{G1}, V_{G1}, p_{G1} auch die nachfolgenden Gleichungssysteme 2. und ggf. noch höherer Ordnung gelöst werden.

Für praktische Anwendungen werden aber stets nur die Prandtlschen Grenzschichtgleichungen gelöst (Grenzschichttheorie 1. Ordnung). Lösungen höherer Ordnung sind sehr aufwendig und bleiben deshalb auf systematische Grundsatzstudien beschränkt.

Neben den Gleichungen sind (wie fast immer) die Randbedingungen von entscheidender Bedeutung. Für die Strömung im Außenbereich gilt als entscheidende Randbedingung an der Wand die sog. *kinematische Strömungsbedingung*. Sie fordert, dass die Normalkomponente der Geschwindigkeit an der Wand Null sein muss, wenn die Wand undurchlässig ist. Bezüglich der Tangentialkomponente kann keine Vorgabe gemacht werden, sie ist Teil der Außenlösung (und verletzt mit einem von Null verschiedenen Wert die Haftbedingung).

KONTINUITÄTSGLEICHUNG	$\dfrac{\mathrm{D}}{\mathrm{D}t^*} = \dfrac{\partial}{\partial t^*} + u^*\dfrac{\partial}{\partial x^*} + v^*\dfrac{\partial}{\partial y^*} + w^*\dfrac{\partial}{\partial z^*}$	
$\dfrac{\partial u^*}{\partial x^*} + \dfrac{\partial v^*}{\partial y^*} + \dfrac{\partial w^*}{\partial z^*} = 0$		(K^*_{cp})

x-IMPULSGLEICHUNG

$$\varrho^*\frac{\mathrm{D}u^*}{\mathrm{D}t^*} = \varrho^* g_x^* - \frac{\partial p^*}{\partial x^*} + \eta^*\left[\frac{\partial^2 u^*}{\partial x^{*2}} + \frac{\partial^2 u^*}{\partial y^{*2}} + \frac{\partial^2 u^*}{\partial z^{*2}}\right] \qquad (\mathrm{XI}^*_{cp})$$

y-IMPULSGLEICHUNG

$$\varrho^*\frac{\mathrm{D}v^*}{\mathrm{D}t^*} = \varrho^* g_y^* - \frac{\partial p^*}{\partial y^*} + \eta^*\left[\frac{\partial^2 v^*}{\partial x^{*2}} + \frac{\partial^2 v^*}{\partial y^{*2}} + \frac{\partial^2 v^*}{\partial z^{*2}}\right] \qquad (\mathrm{YI}^*_{cp})$$

z-IMPULSGLEICHUNG

$$\varrho^*\frac{\mathrm{D}w^*}{\mathrm{D}t^*} = \varrho^* g_z^* - \frac{\partial p^*}{\partial z^*} + \eta^*\left[\frac{\partial^2 w^*}{\partial x^{*2}} + \frac{\partial^2 w^*}{\partial y^{*2}} + \frac{\partial^2 w^*}{\partial z^{*2}}\right] \qquad (\mathrm{ZI}^*_{cp})$$

Tab. 9.1:   2D-Prandtlsche Grenzschichtgleichungen (laminar)

Grenzschichtgleichungen für ebene, laminare Strömungen als Spezialfall der Navier-Stokes-Gleichungen aus Tab. 4.3a
Zusätzliche Annahme: stationär

grau unterlegt: berücksichtigte Terme

(Die neuen Gleichungen entstehen, wenn rechts und links des Gleichheitszeichens die markierten Terme, ggf. mit dem zugehörigen Vorfaktor η^*, übernommen werden. Tritt auf einer Seite kein markierter Term auf, so steht dort die Null.)

Beachte: mit dem modifizierten Druck $p^*_{mod} = p^* - p^*_{st}$ gilt

$$\varrho^* g_x^* - \frac{\partial p^*}{\partial x^*} = -\frac{\partial p^*_{mod}}{\partial x^*} \;;\quad \varrho^* g_y^* - \frac{\partial p^*}{\partial y^*} = -\frac{\partial p^*_{mod}}{\partial y^*}$$

Die Bestimmung der relevanten Terme erfolgt über eine Größenordnungs-Abschätzung aller Terme mit den beiden Bedingungen $v^* \ll u^*$ und $\partial/\partial x^* \ll \partial/\partial y^*$ und berücksichtigt, dass das Lösungsgebiet eine (asymptotisch) kleine Querabmessung besitzt.

Beachte: Da nur die Grenzschichtgleichungen 1. Ordnung identifiziert werden, für die noch keine Krümmungseinflüsse auftreten, können die kartesischen Koordinaten x-y-z beibehalten werden. Nur im Rahmen der Grenzschichtgleichungen 1. Ordnung können diese Koordinaten allgemein als körperangepasste Koordinaten interpretiert werden.

Für die Grenzschichtströmung hingegen wird an der Wand die Haftbedingung erfüllt. Am Außenrand der Grenzschicht gilt die Forderung, dass „die Grenzschicht in die Außenströmung übergehen muss". Diese Forderung ist am

Beispiel einer konstanten Außengeschwindigkeit u_∞^*, wie sie bei der Überströmung einer ebenen Platte vorliegt, unmittelbar einsichtig, s. Bild 9.3a. Der Übergang von der Grenzschicht in die Außenströmung erfolgt asymptotisch, also scheinbar „fließend", ohne dass eine feste Stelle erkennbar wäre, an der genau der Übergang vollzogen wird.

Dieser einfache Fall verschleiert aber, was „asymptotischer Übergang" wirklich meint, und was damit auch die genaue Außenrandbedingung für die Grenzschicht festlegt. Für den allgemeineren Fall einer nicht konstanten Außenströmung ist dies in Bild 9.3b gezeigt: Der Wandwert der Außenströmung legt den Geschwindigkeitswert am Außenrand der Grenzschicht fest, ohne dass dies zunächst zu einem insgesamt glatten und kontinuierlichen Verlauf des letztlich gesuchten Gesamt-Geschwindigkeitsprofiles führen würde! Die mathematische Bedingung lautet mit n^* als Normalkoordinate sowie $n = n^*/L^*$ und $N = (n^*/L^*)\sqrt{\mathrm{Re}}$:

$$\lim_{n \to 0} u_{A1} = \lim_{N \to \infty} u_{G1} \qquad (9.16)$$

und stellt die sog. asymptotische Anpassungsbedingung dar. Beide Gebiete werden also nicht an einem irgendwie gearteten Grenzschichtrand angepasst, sondern so aufeinander abgestimmt, dass sie bei endlichen Reynolds-Zahlen an verschiedenen Stellen einen gemeinsamen Geschwindigkeitswert erreichen. Diese Diskrepanz, dass die Grenzschicht am Grenzschichtrand den Geschwindigkeitswert erreicht, den die Außenströmung an der Wand besitzt, ist asymptotisch klein, d.h. sie verschwindet im Grenzfall $\mathrm{Re} = \infty$, weil dann die Grenzschichtdicke zu Null geworden ist.

Die Randbedingung (9.16) ist gleichzeitig Ausdruck des hierarchischen Aufbaus einer Grenzschichtrechnung: In einem ersten Schritt wird mit (9.7) die Außenströmung um den Körper berechnet. Ein Ergebnis dieser Rechnung ist die Geschwindigkeitsverteilung und über den Zusammenhang (8.4) auch die Druckverteilung auf der Körperoberfläche. In einem zweiten Schritt wird aus (9.12)–(9.15), jetzt mit der bekannten Außengeschwindigkeit u_{sA1}, die Grenzschicht längs der Wand berechnet, und zwar so, dass die Anpassungsbedingung (9.16) erfüllt ist. Diese Hierarchie kann systematisch fortgesetzt werden, indem in einem dritten Schritt die Außenströmung 2. Ordnung und in einem vierten Schritt die Grenzschicht 2. Ordnung berechnet wird. Dies ist jedoch nicht mehr Gegenstand dieses Buches.

Eine entscheidende Voraussetzung für einen hierarchischen Aufbau der Grenzschichttheorie ist jedoch, dass es nicht zur Strömungsablösung an dem betrachteten Körper kommt. Nur dann kann im ersten Schritt die Außenströmung über dem Körper selbst berechnet werden und muss nicht (ein prinzipiell auch durch die Grenzschicht beeinflusstes) zusätzliches Ablösegebiet berücksichtigen. Sobald es zu großen Ablösegebieten kommt, ist zumindest die Grenzschichthierarchie durchbrochen. Meist gelingt es auch nicht mehr, Grenzschicht und Außenströmung in einem dann erforderlichen iterativen Verfahren aufeinander abzustimmen. Häufig gibt man dann das Grenz-

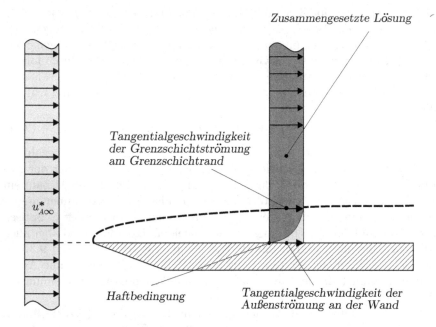

Bild 9.3a: Zusammengesetzte Lösung bei konstanter Außenströmung
(Theorie 1. Ordnung)

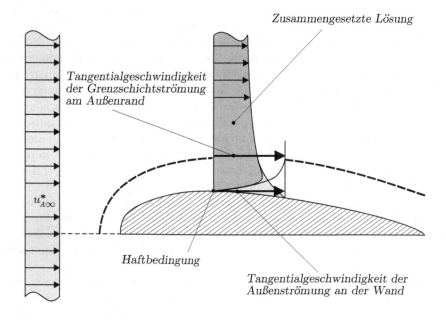

Bild 9.3b: Zusammengesetzte Lösung bei nicht konstanter Außenströmung
(Theorie 1. Ordnung)

schichtkonzept als Modellvorstellung ganz auf und berechnet die Strömung (numerisch) auf der Basis der vollständigen Navier-Stokes-Gleichungen.

Mit der Lösung u_{A1} und u_{G1}, die wie Bild 9.3b zeigt, im allgemeinen zunächst keinen glatten Geschwindigkeitsverlauf ergeben, kann durch folgende Vorschrift eine sog. *zusammengesetzte Lösung* (engl.: composite solution) erzeugt werden (Beachte: u_{A1} ist jetzt auch im Koordinatensystem (s,n) formuliert):

$$u(s,n) = u_{A1}(s,n) + u_{G1}(s,n\sqrt{\mathrm{Re}}) - u_g \qquad (9.17)$$

d.h.: beide Profile werden addiert und ihr gemeinsamer (doppelt gezählter) Anteil u_g wird anschließend wieder subtrahiert. Da das Profil über der Koordinate n aufgetragen wird, entsteht abhängig von der Reynolds-Zahl ein gemeinsames Profil, das mit steigender Reynolds-Zahl einen immer ausgeprägteren Grenzschichtcharakter besitzt. Im Grenzfall $\mathrm{Re} = \infty$ ist es optisch nicht vom Profil der Außenlösung zu unterscheiden, trotzdem wird aber auch in diesem (singulären) Grenzfall die Haftbedingung erfüllt. In Bild 9.3b ist eine solche zusammengesetzte Lösung eingezeichnet, der gemeinsame Anteil u_g ist in diesem Fall die Tangentialgeschwindigkeit der Außenströmung an der Wand.

Wenn die Lösung der Grenzschichtgleichungen 1. Ordnung ((9.12)–(9.15)), die zusammen mit der Lösung der Gleichungen (9.7) für den Außenbereich im Grenzfall $\mathrm{Re} = \infty$ eine exakte (singuläre) Lösung der Navier-Stokes-Gleichungen darstellen, als asymptotische Näherungslösung benutzt wird, so ist dabei folgendes zu beachten. Die Näherung ist umso besser, je höher die Reynolds-Zahl ist. Laminare Strömungen liegen aber nicht bei beliebig hohen Reynolds-Zahlen vor, weil oberhalb der sog. kritischen Reynolds-Zahlen Re_{krit} der Übergang in eine turbulente Strömungsform erfolgt. Im konkreten Fall wird die Grenzschichtlösung bei laminaren Strömungen stets einen gewissen Mindestfehler aufweisen, weil die Reynolds-Zahl zwangsläufig unterhalb der kritischen Reynolds-Zahl liegt. Dieser Fehler kann dadurch verkleinert werden, dass weitere Terme der systematischen Reihenentwicklung hinzugenommen werden (Grenzschichttheorie höherer Ordnung). Er kann auf diesem Wege bei endlichen Reynolds-Zahlen aber nicht beliebig verkleinert werden, weil asymptotische Reihen nicht notwendigerweise konvergent sind, d.h. der Fehler bei fester Reynolds-Zahl nicht notwendigerweise durch die Hinzunahme weiterer Terme kleiner wird. Wenn überhaupt, wird meist nur die erste Korrektur, d.h. die Grenzschichttheorie 2. Ordnung berechnet. Dies führt in der Regel zu einer deutlichen Verbesserung des Ergebnisses bei endlichen Reynolds-Zahlen, s. dazu Beispiel 9.1. Bild 9.4 soll die prinzipielle Fehlerproblematik verdeutlichen.

Für eine detaillierte Darstellung der Grenzschichttheorie muss auf die Spezialliteratur verwiesen werden (z.B. Schlichting, Gersten (2006); Gersten, Herwig (1992)). Hier sollen nur die beiden entscheidenden Effekte „Widerstand" und „Verdrängung" behandelt werden.

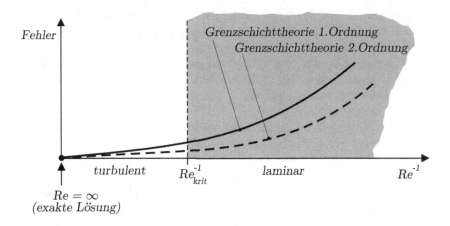

Bild 9.4:   Prinzipielle Abhängigkeit des Fehlers bei asymptotischen Näherungslösungen
grau unterlegt: Reynolds-Zahl-Bereich laminarer Grenzschicht-Strömungen

9.4.1   Grenzschicht-Effekt: Widerstand

Der Widerstand eines umströmten Körpers, d.h. die resultierende Kraft auf
den Körper in Richtung der Anströmung, setzt sich (bei Unterschallströmungen) aus den beiden Anteilen *Druckwiderstand* und *Reibungswiderstand* zusammen. Der Druckwiderstand ergibt sich aus einer Integration der Druckverteilung über die gesamte Körperoberfläche, der Reibungswiderstand aus
der entsprechenden Integration der Wandschubspannung. Im Rahmen der
Grenzschichttheorie 1. Ordnung könnte der Druckwiderstand prinzipiell aus
dem Ergebnis der Außenströmung u_{sA1} ermittelt werden, da diese den Druck
längs der Körperkontur ergibt. Ist dies eine Potentialströmung um den Körper
selbst, ist dieser Druckwiderstand allerdings Null (d'Alembertsches Paradoxon, s. die Diskussion am Ende von Abschn. 8.1). Der Reibungswiderstand
folgt aus der Lösung der Grenzschichtgleichungen, da diese an der Wand die
Haftbedingung erfüllen und dabei über den Zusammenhang (vgl. (3.1))

$$\tau_w^* = \eta^* \frac{\partial u^*}{\partial n^*}\bigg|_w \tag{9.18}$$

unmittelbar auf die Wandschubspannung führen. Bei diesem Vorgehen muss
allerdings vorausgesetzt werden, dass keine Strömungsablösung auftritt, da
nur dann die Hierarchie der Grenzschichttheorie eingehalten ist, bei der nacheinander zunächst die Außenströmung und dann die Grenzschicht berechnet
werden können. Diese Bedingung ist bei sog. *schlanken Körpern* ohne nennenswerte Anstellwinkel erfüllt, wie dies z.B. In Bild 9.2 skizziert ist.

Der Widerstand eines umströmten Körpers als Kraft auf den Körper erzeugt eine entsprechende Reaktionskraft, d.h. eine Kraft auf die Strömung.

Diese führt gemäß des „Trägheitsprinzipes" zu einer Impulsänderung (vgl. (4.13) in Kap. 4), die im vorliegenden Fall als *Impulsverlust* der Strömung interpretiert werden kann. Da ein Körper in reibungsfreier Strömung jedoch keinen Widerstand besitzt, muss dieser im realen Fall auf die Wirkung der Grenzschicht zurückgehen. Im Rahmen der Grenzschichttheorie 1. Ordnung muss er als Reibungswiderstand aus der Lösung der Grenzschichtgleichungen zu ermitteln sein.

Durch die verminderten Geschwindigkeiten in der Grenzschicht (gegenüber der reibungsfreien Strömung bis an die Wand heran) liegt dort auch ein verminderter Impuls vor. Die sog. *Impulsverlustdicke* δ_2^*, definiert als die Dicke einer Schicht mit der Geschwindigkeit u_{sA1}^*, die denselben Impuls besitzt, welcher der Grenzschicht insgesamt fehlt, folgt damit aus (B^*: Breite, senkrecht zur (s^*,n^*)-Ebene)

$$\underbrace{(\varrho^* B^* \delta_2^* u_{sA1}^*) u_{sA1}^*}_{\substack{\text{Impulsstrom} \\ \text{einer Schicht der} \\ \text{Dicke } \delta_2^*}} = \underbrace{\varrho^* B^* \int (u_{sA1}^* - u_{G1}^*) u_{G1}^* \, dn^*}_{\substack{\text{In der Grenzschicht} \\ \text{„fehlender" Impuls}}}$$

und lautet in dimensionslosen Grenzschichtkoordinaten:

$$\Delta_2 = \frac{\delta_2^*}{L^*} \sqrt{\text{Re}} = \int_0^\infty \left(1 - \frac{u_{G1}^*}{u_{sA1}^*}\right) \frac{u_{G1}^*}{u_{sA1}^*} \, dN \qquad (9.19)$$

Die Größe δ_2^* bzw. in Grenzschichtvariablen Δ_2 muss ein Maß für den Widerstand sein, da der Impulsverlust unmittelbar darauf zurückgeht, dass die Strömung den Widerstand als Reaktionskraft „spürt". Eine globale Impulsbilanz zeigt, dass die Größe δ_2^* allerdings hinter dem Körper bestimmt werden muss, wo die Grenzschichten als sog. Nachlaufströmung stromabwärts weitergeführt werden, wo aber bereits wieder der ungestörte Druck der Außenströmung vorliegt. Damit ist der im Strömungsprofil gefundene Impulsdefekt auch physikalisch ein Impuls*verlust*, weil keine Druckkräfte an der Kräftebilanz bei der Impulsbilanzierung beteiligt sind (vgl. (6.40)). Bild 9.5 skizziert diese Situation für einen allgemeinen umströmten Körper. Mit der Bedingung, dass stromabwärts bereits wieder der Druck der Anströmung herrscht, wird der dimensionslose Impulsverlust ganz analog zu (9.19) an einer Stelle x^* hinreichend weit hinter dem Körper als

$$\int_{y_u}^{y_o} \left(1 - \frac{u_{G1}^*}{u_\infty^*}\right) \frac{u_{G1}^*}{u_\infty^*} \, dy = \frac{1}{\sqrt{\text{Re}}} \int_{-\infty}^{+\infty} \left(1 - \frac{u_{G1}^*}{u_\infty^*}\right) \frac{u_{G1}^*}{u_\infty^*} \, dN \qquad (9.20)$$

bestimmt. Dabei ist u_{G1}^* jetzt das Nachlauf-Geschwindigkeitsprofil an der festen Stelle x^*. Die Integration erfolgt dabei in der Grenzschichtkoordinate

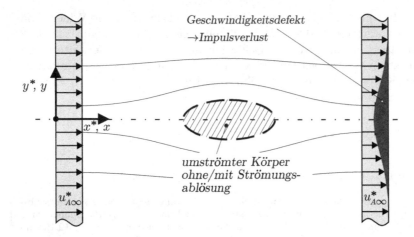

Bild 9.5:   Geschwindigkeitsdefekt hinter einem umströmten Körper
               Folge: Impulsverlust der Strömung

$N = n\sqrt{\mathrm{Re}}$ von $-\infty$ bis $+\infty$, in der nicht-transformierten Koordinate y von einer unteren Grenze y_u bis zu einer oberen Grenze y_o. In beiden Fällen werden alle Abweichungen vom Wert u_∞^*, der weit entfernt vorliegt, erfasst. Aus der globalen Impulsbilanz ergibt sich nun unmittelbar für den sog. *Widerstandsbeiwert* $c_W = W^*/(B^*L^*\varrho^*u_\infty^{*2}/2)$

$$c_W = \frac{2W^*}{\varrho^* B^* L^* u_\infty^{*2}} = 2 \int\limits_{y_u}^{y_o} \left(1 - \frac{u^*}{u_\infty^*}\right) \frac{u^*}{u_\infty^*}\, dy \qquad (9.21)$$

Dabei ist (9.21) zunächst bewusst nicht in der transformierten Koordinate für laminare Grenzschichten formuliert worden, weil das Ergebnis (9.21) nicht auf diese Situation beschränkt ist. Vielmehr findet sich der Widerstand jedes Körpers, ob laminar oder turbulent überströmt, ob ohne oder mit Strömungsablösung im Impulsverlust der Nachlaufströmung wieder, wenn dort der Druck der Anströmung vorliegt!

Dieses Ergebnis zeigt, dass für große Reynolds-Zahlen, bei denen eine Umströmung ohne Berücksichtigung der Grenzschichten zu keinem Widerstand führt, die Grenzschichten für den Strömungswiderstand „verantwortlich" sind. Erst die Berücksichtigung der Grenzschichten führt zu einem endlichen Strömungswiderstand; der Reibungswiderstand entsteht dabei direkt über die integrale Wirkung der Wandschubspannung, der Druckwiderstand als „Effekt höherer Ordnung" indirekt über die Beeinflussung der Außenströmung. Diese Beeinflussung ist besonders stark bei Ablösung der Strömungsgrenzschicht, die zu einer stark veränderten Außenströmung führt; s. dazu auch die nachfolgende Anmerkung 9.2/S. 227.

Im Teil C dieses Buches wird eine alternative Definition von Widerstands-beiwerten vorgestellt, die auf thermodynamischen Überlegungen zum Dissi-pationsprozess beruht. Mit der Definition (14.6) eines solchen alternativen Widerstandsbeiwertes werden die Verluste aufgrund eines bestimmten um-strömten Körpers mit den durch ihn verursachten (zusätzlichen) Entropie-produktionsraten verknüpft.

Beispiel 9.1:   *Widerstand einer laminar überströmten ebenen Platte*

Der Prototyp des schlanken Körpers ist eine ebene, parallel angeströmte Platte. Sie be-sitzt von vorne herein nur Reibungswiderstand, da es keine Druckkraftkomponenten in Anströmrichtung gibt. Aus der Lösung der Grenzschichtgleichungen (9.12)–(9.15) mit der Außenströmung an der Wand $u_{sA1} = u_{sA1}^*/u_\infty^* = 1$ folgt für den Geschwindigkeits-gradienten an der Wand (in Grenzschichtkoordinaten):

$$\frac{\partial u_{G1}}{\partial N} = \frac{0{,}4696}{\sqrt{2s}} \left(= \frac{0{,}664}{\sqrt{s}} \right) \tag{B9.1-1}$$

Der Zahlenwert 0,4696 ist das Ergebnis einer entsprechenden numerischen Lösung der Gleichungen (9.12)–(9.15).

Für den gesuchten Widerstand W_{zb}^* der zweiseitig benetzten Platte (oftmals wird auch nur die einseitig benetzte Platte betrachtet!) gilt zunächst mit B^* als Plattenbreite, senkrecht zur Zeichenebene, s. Bild B9.1-1:

$$W_{zb}^* = 2\,B^* \int_0^{L^*} \tau_w^*\, ds^* = 2\,B^*\eta^* \int_0^{L^*} \left.\frac{\partial u^*}{\partial n^*}\right|_w ds^* \tag{B9.1-2}$$

Umgeschrieben in die dimensionslosen Grenzschichtvariablen ergibt dies zusammen mit (B9.1-1):

$$c_W = \frac{2W_{zb}^*}{\varrho^* B^* L^* u_\infty^{*2}} = 2\cdot\frac{2}{\sqrt{\mathrm{Re}}} \int_0^1 \frac{\partial u_{G1}}{\partial N} ds = 2\cdot\frac{0{,}664}{\sqrt{\mathrm{Re}}} \int_0^1 \frac{ds}{\sqrt{s}} = 2\cdot\frac{1{,}328}{\sqrt{\mathrm{Re}}} \tag{B9.1-3}$$

Das Ergebnis (B9.1-3) in der Form $c_W\sqrt{\mathrm{Re}} = 2\cdot 1{,}328$ zeigt unter dimensionsanaly-tischen Gesichtspunkten, dass der Widerstandsbeiwert c_W und die Reynolds-Zahl Re bei laminaren Grenzschichten offenbar keine unabhängigen dimensionslosen Kennzah-len sind, die dann eine allgemeine Lösung $c_W = c_W(\mathrm{Re})$ implizieren würden. Vielmehr kann offensichtlich die Kombination $c_W\sqrt{\mathrm{Re}}$ als *eine* (neue) Kennzahl angesehen wer-den, so dass die gesuchte Lösung die allgemeine Form $c_W\sqrt{\mathrm{Re}} = \mathrm{const}$ besitzt.

Eine solche Reduktion in der Anzahl der zur Beschreibung erforderlichen dimensions-losen Kennzahlen hat stets einen physikalischen Hintergrund, der mit dimensionsana-lytischen Überlegungen aufgeklärt werden kann. Entweder besitzt eine ursprünglich als relevante Einflussgröße angesehene physikalische Größe gar nicht diese Funktion, oder es gibt neben dem eigentlich gesuchten funktionalen Zusammenhang zwischen den re-levanten Einflussgrößen eine weitere, davon zunächst unabhängige Kopplung zwischen den Einflussgrößen bzw. den daraus abgeleiteten dimensionslosen Kennzahlen (s. dazu das Pi-Theorem in Abschn. 2.3.2).

Im vorliegenden Fall gibt es eine feste Kopplung zwischen der Reynolds-Zahl Re und der Strömungsgeschwindigkeit $v = v^*/U_B^*$ gemäß (9.10) und über die Kontinuitäts-gleichung damit an das Strömungsfeld insgesamt, so dass die Zahl der unabhängigen Kennzahlen um Eins reduziert wird.

Dies gilt aber nur im Rahmen der Grenzschichttheorie 1. Ordnung. Berücksichtigt man Effekte höherer Ordnung, so ist die eindeutige Kopplung zwischen v und Re aufgehoben, weil der allgemeine Zusammenhang (9.11) gilt. Deshalb hat die Lösung jetzt die Form $c_W = c_W(\mathrm{Re})$. Eine (aufwendige) Analyse ergibt als Ergebnis im Sinne einer systematischen Erweiterung von (B9.1-3), für Einzelheiten s. Gersten, Herwig (1992):

$$c_W = 2 \cdot (1{,}328\,\mathrm{Re}^{-1/2} + 2{,}67\,\mathrm{Re}^{-7/8} + \ldots) \qquad \text{(B9.1-4)}$$

Bild B9.1-2 zeigt diesen Zusammenhang. Es wird deutlich, dass bei niedrigen Reynolds-Zahlen erst die Grenzschichttheorie höherer Ordnung eine befriedigende Übereinstimmung mit der Lösung der vollständigen Grundgleichungen bzw. mit dem Experiment ergibt (vgl. auch Bild 9.4 bezüglich der prinzipiellen Abhängigkeit des Fehlers bei asymptotischen Näherungslösungen).

Das Ergebnis (B9.1-3) für c_W der 1. Ordnung kann statt durch eine Integration über die Wandschubspannung auch aus dem Impulsverlust der Strömung gemäß (9.21) ermittelt werden. Da im vorliegenden Fall der Druck der Anströmung bereits direkt an der Hinterkante der überströmten Platte vorliegt, kann der Nachlauf-Impulsverlust (9.20) aus der Impulsverlustdicke der Grenzschichten (oben und unten) an der Hinterkante bestimmt werden. Aus der numerischen Lösung folgt für Δ_2 bei $s = 1$ (also an der Hinterkante) $\Delta_2 = 0{,}664$. Damit gilt für die zweiseitig benetzte Platte mit dem Nachlauf-Impulsverlust $\delta_2^*/L^* = 2 \cdot 0{,}664/\sqrt{\mathrm{Re}}$ für c_W gemäß (9.21):

$$c_W = 2 \cdot 2 \cdot 0{,}644/\sqrt{\mathrm{Re}} = 2 \cdot \frac{1{,}328}{\sqrt{\mathrm{Re}}} \qquad \text{(B9.1-5)}$$

in Übereinstimmung mit dem Ergebnis (B9.1-3).

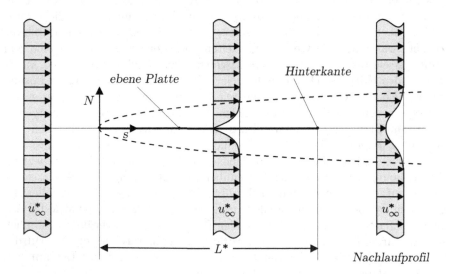

Bild B9.1-1: Laminare Grenzschichtströmung an der ebenen Platte der Länge L^*

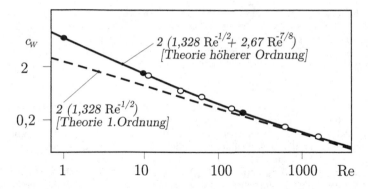

Bild B9.1-2:   Widerstandsbeiwert einer beidseitig benetzten Platte der Länge L^*;
$Re = u_\infty^* L^* / \nu^*$
• • • : Lösungen der Navier-Stokes-Gleichungen
∘ ∘ ∘ : Experimentelle Ergebnisse

9.4.2   Grenzschicht-Effekt: Verdrängung

Die Modellierung einer realen Strömung mit Grenzschichtcharakter durch die beiden Teillösungen „reibungsfreie Außenströmung" und „Grenzschicht" führt im Modell (d.h. auf der Modellebene) zu folgendem Effekt: Nach dem Zusammensetzen der Teillösungen ist die reibungsfreie Außenströmung gegenüber der ursprünglichen Lösung (bis zur Wand hin) durch die Grenzschicht nach außen verdrängt worden, weil in der Grenzschicht durchweg kleinere wandparallele Geschwindigkeiten vorliegen. In Bezug auf eine rein reibungsfreie Lösung wirkt die Grenzschicht also wie eine künstliche „Aufdickung" des Körpers. Der reibungsfreie Teil der zusammengesetzten Lösung könnte also auch durch die reibungsfreie Umströmung eines Ersatzkörpers ermittelt werden, der dem ursprünglichen Körper plus der sog. *Verdrängungsdicke* der Grenzschicht entspricht, s. Bild 9.6. Deshalb spricht man von dem *Verdrängungseffekt* von Grenzschichten, sollte aber beachten, dass dies zunächst ein Effekt auf der Modellebene ist. Er beschreibt einen Aspekt einer Strömung *mit* Grenzschicht gegenüber einer Strömung *ohne* Grenzschicht (die es auf der Realitätsebene nicht gibt). Trotzdem ist es ein sinnvoller Begriff, weil er übertragen auf reale Strömungen verdeutlicht, wie sich der Außenbereich der Strömung bei steigenden Reynolds-Zahlen verändert, nämlich so, als würde er weniger stark „verdrängt". Im hierarchischen Aufbau der Grenzschichttheorie wird diese Verdrängungswirkung bei der Bestimmung der Außenströmung 2. Ordnung berücksichtigt.

Als quantitatives Maß für die Verdrängungswirkung einer Grenzschicht wird die sog. *Verdrängungsdicke* eingeführt. Wie in Bild 9.7 veranschaulicht, kann δ_1^* aus dem Grenzschicht-Geschwindigkeitsprofil durch die Bedingung gewonnen werden, dass die beiden dunkel unterlegten Teilflächen gleich groß sind. Dies entspricht der Bestimmung des „Defekt-Volumenstromes"

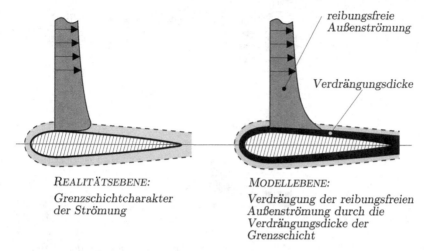

REALITÄTSEBENE:
Grenzschichtcharakter
der Strömung

MODELLEBENE:
Verdrängung der reibungsfreien
Außenströmung durch die
Verdrängungsdicke der
Grenzschicht

Bild 9.6:   Verdrängung der reibungsfreien Außenströmung (Modellvorstellung zur Wirkung von Grenzschichten)

$u^*_{sA1} \delta^*_1 B^*$ aus der Integration über das Grenzschichtprofil als

$$B^* \int_0^{n^*_0} (u^*_{sA1} - u^*_{G1})\, dn^*$$

so dass insgesamt in Grenzschichtkoordinaten gilt

$$\Delta_1 = \frac{\delta^*_1}{L^*}\sqrt{\mathrm{Re}} = \int_0^\infty \left(1 - \frac{u^*_{G1}}{u^*_{sA1}}\right) dN \qquad (9.22)$$

Diese Verdrängungsdicke ist ein sinnvolles Maß zur Charakterisierung der Grenzschicht insgesamt. Gelegentlich wird als Grenzschichtdicke eine Größe δ^*_i eingeführt, die angibt, in welchem Wandabstand $i\,\%$ des Geschwindigkeitswertes am Außenrand der Grenzschicht erreicht sind. Übliche Werte sind $i = 95$ oder $i = 99$. Wegen des „fließenden" Überganges am Grenzschichtrand, besonders aber auch wegen der Problematik, dass Grenzschicht und Außenströmung nicht kontinuierlich, sondern asymptotisch (im Sinne von Bild 9.3b) ineinander übergehen, ist δ^* kein sinnvolles Maß. Allenfalls im Spezialfall der ebenen Plattengrenzschicht (vgl. Bild 9.3a) kann dafür ein sinnvoller Wert angegeben werden, wie Tab. 9.2 zeigt.

Diese Tabelle enthält die Zahlenwerte $\Delta_{99} = (\delta^*_{99}/L^*)\sqrt{\mathrm{Re}}$, Δ_1 und Δ_2 für die Grenzschicht an der ebenen Platte sowie die daraus gewonnenen dimensionsbehafteten Werte für drei verschiedene Reynolds-Zahlen. Für konkrete Ergebnisse anderer Grenzschichtströmungen sei auf die Spezialliteratur verwiesen.

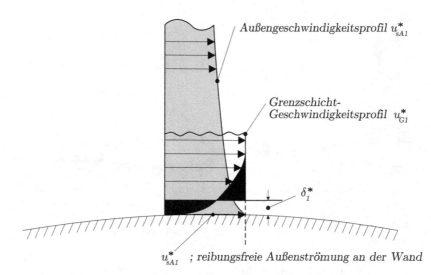

Bild 9.7:   Verdrängungswirkung der Grenzschicht auf die reibungsfreie Außenströmung
Darstellung für eine endliche Reynolds-Zahl, vgl. auch Bild 9.3b.

(a)   Allgemeine Ergebnisse:

$\Delta_{99} = \dfrac{\delta_{99}^*}{L^*}\sqrt{\mathrm{Re}}$	$\Delta_1 = \dfrac{\delta_1^*}{L^*}\sqrt{\mathrm{Re}}$	$\Delta_2 = \dfrac{\delta_2^*}{L^*}\sqrt{\mathrm{Re}}$	$c_f\sqrt{\mathrm{Re}} = \dfrac{2\tau_w^*}{\varrho^* u_\infty^{*2}}\sqrt{\mathrm{Re}}$
$\approx 5\sqrt{s}$	$1{,}721\sqrt{s}$	$0{,}664\sqrt{s}$	$0{,}664/\sqrt{s}$

(b) $s^* = L^* = 1\,\mathrm{m};\ \varrho^* = 1{,}2\,\mathrm{kg/m^3};\ \eta^* = 1{,}8\cdot 10^{-5}\,\mathrm{kg/ms}$ (Luft bei $20\,^{\circ}\mathrm{C}$)

u_∞^*	Re	δ_{99}^*	δ_1^*	δ_2^*	τ_w^*
$0{,}015\,\dfrac{\mathrm{m}}{\mathrm{s}}$	10^3	$158\,\mathrm{mm}$	$54{,}4\,\mathrm{mm}$	$21\,\mathrm{mm}$	$2{,}83\cdot 10^{-6}\,\dfrac{\mathrm{N}}{\mathrm{m^2}}$
$0{,}15\,\dfrac{\mathrm{m}}{\mathrm{s}}$	10^4	$50\,\mathrm{mm}$	$17{,}2\,\mathrm{mm}$	$6{,}6\,\mathrm{mm}$	$8{,}96\cdot 10^{-5}\,\dfrac{\mathrm{N}}{\mathrm{m^2}}$
$1{,}5\,\dfrac{\mathrm{m}}{\mathrm{s}}$	10^5	$15{,}8\,\mathrm{mm}$	$5{,}4\,\mathrm{mm}$	$2{,}1\,\mathrm{mm}$	$2{,}83\cdot 10^{-3}\,\dfrac{\mathrm{N}}{\mathrm{m^2}}$

Tab. 9.2:   (a) Zahlenwerte aus der numerischen Lösung der Grenzschichtgleichungen
für die Grenzschicht an einer ebenen Platte

$$\mathrm{Re} = \frac{\varrho^* u_\infty^* L^*}{\eta^*};\quad s = \frac{s^*}{L^*}$$

(b) Anwendung in einem speziellen Fall

Anmerkung 9.1:   *Selbstähnliche Grenzschichten (laminar)*

Die Lösung der Grenzschichtgleichungen (9.12)–(9.15) mit den zugehörigen Rand- und Anfangsbedingungen liegt eindeutig fest, sobald die Außengeschwindigkeit $u_{sA1}(s)$ vorgegeben ist. Diese wiederum ergibt sich als Lösung einer reibungsfreien Strömung um einen bestimmten Körper, so dass auf diesem indirekten Weg zu jeder Körperkontur eine bestimmte Grenzschichtentwicklung längs der Körperoberfläche gehört.

Handelt es sich nun um sog. *halbunendliche Körper* (die einen „Anfang", aber kein „Ende" besitzen), so muss für die Grenzschichtentwicklung längs dieser Körperkontur eine besondere Situation vorliegen. Der Prototyp eines solchen halbunendlichen Körpers ist die halbunendliche ebene Platte (s. Beispiel 9.1). Wegen des Fehlens einer charakteristischen Länge bei solchen Körpern hat die Grenzschicht an keiner Stelle einen bestimmten Prozentsatz ihrer insgesamt vorkommenden Entwicklung erreicht, d.h. aber, dass sie sich nur in einer gleichförmigen, nie endenen Entwicklung befinden kann. Diese Gleichförmigkeit der stromabwärtigen Entwicklung muss aber zu Geschwindigkeitsprofilen führen, die an keiner Stelle eine Besonderheit aufweisen können (weil dies umgekehrt eine charakteristische Länge des Problems festlegen würde), sie müssen also alle untereinander ähnlich sein.

Aus mathematischer Sicht ist es daher möglich, alle in der Grenzschichtentwicklung vorkommenden Geschwindigkeitsprofile einheitlich als Funktion einer unabhängigen sog. *Ähnlichkeitsvariablen* η darzustellen, die eine Kombination der beiden ursprünglichen Variablen s und N darstellt. Die zugrundeliegende Differentialgleichung ist dann nur noch eine gewöhnliche Differentialgleichung in η, d.h., es muss gelingen, die partiellen Differentialgleichungen (9.12)–(9.15) durch eine Ähnlichkeitstransformation auf eine gewöhnliche Differentialgleichung zu reduzieren.

Dies gelingt in der Tat z.B. immer dann, wenn die Außenströmung u_{sA1} von der Form $u_{sA1} = s^m$ ist. Unterschiedliche Exponenten „gehören" dabei zu unterschiedlichen halbunendlichen Körpern, die geometrisch Keile mit einem Keilwinkel $2m\pi/(1+m)$ darstellen. Die Grenzschichten entwickeln sich ausgehend von der Keilspitze entlang der Wand, wie dies in Bild 9.8 angedeutet ist. Für $m = 0$, d.h. $u_{sA1} = 1$, liegt der Spezialfall der ebenen Platte vor (mit dem Keilwinkel „0"). Für weitere Einzelheiten sei wiederum auf die Spezialliteratur verwiesen.

Die beschriebene besondere Situation bei diesen sog. *selbstähnlichen Grenzschichten* lässt sich auch aus dimensionsanalytischer Sicht beleuchten. Eine allgemeine, nichtselbstähnliche Grenzschicht besitzt im Rahmen der Grenzschichttheorie 1. Ordnung ein Geschwindigkeitsprofil der Form $u = u_{G1}(s,N)$, also einen Zusammenhang zwischen den drei dimensionslosen Größen u, s und N. Diese drei Größen folgen im Sinne der Dimensionsanalyse aus der Liste $(u^*, s^*, n^*, L^*, u_\infty^*, \nu^*)$ der relevanten Einflussgrößen. Formal ergeben sich daraus zunächst 4 dimensionslose Größen (6 Einflussgrößen; 2 Basisdimensionen). Im Beispiel 9.1 war aber schon erläutert worden, dass wegen der Kopplung zwischen der Reynolds-Zahl und dem Geschwindigkeitsfeld die Zahl der unabhängigen, dimensionslosen Größen in diesem Fall um eins, also auf 3, reduziert ist.

Im Sonderfall selbstähnlicher Grenzschichten ist darüber hinaus die Größe L^* keine relevante Einflussgröße (sondern wenn sie eingeführt wird eine rein formale Bezugsgröße), so dass die Anzahl der dimensionslosen Größen auf 2 reduziert wird. Damit kann die Geschwindigkeit u nur noch von einer weiteren Größe abhängen. Dies ist die Ähnlichkeitsvariable η, so dass für selbstähnliche Grenzschichten aus dimensionsanalytischen Überlegungen $u = u_{G1}(\eta)$ gelten muss.

Anmerkung 9.2:   *Grenzschichtablösung (laminar)*

Es war bereits mehrfach darauf hingewiesen worden, dass die Anwendung der Grenzschichttheorie eine ablösefreie Körperumströmung voraussetzt. Dies ist eine starke Einschränkung, weil Strömungsablösung eher der „Normalfall" ist. Nur extrem schlanke Körper ohne nennenswerten Anstellwinkel weisen keine Strömungsablösung auf.

Paradoxerweise ist die Strömungsablösung (bei hohen Reynolds-Zahlen) einerseits ein reines Grenzschichtphänomen, andererseits ist zumindest die klassische Grenzschichttheorie (Prandtlsche Grenzschichtgleichungen, Grenzschichttheorie 1. Ordnung) nicht in der

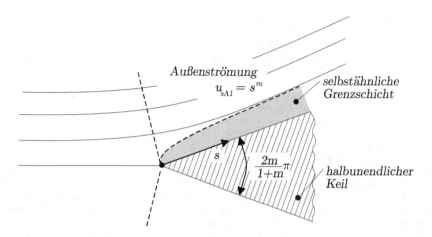

Bild 9.8: Selbstähnliche Grenzschichten bei sog. *Keilströmungen*

Lage, abgelöste Grenzschichten zu berechnen! Was tritt bei Grenzschichtablösung besonders auf?

Physikalisch liegt die in Bild 9.9 skizzierte Situation vor, die durch einen Druckanstieg in Strömungsrichtung charakterisiert ist. Im Bereich der Außenströmung dient die Abnahme der kinetischen Energie dazu, die Verschiebearbeit gegen den ansteigenden Druck zu leisten. In der Grenzschicht liegt zwar derselbe Druckanstieg vor, da der Druck von der Außenströmung „aufgeprägt" ist (vgl. (9.15)), die Geschwindigkeiten sind aber deutlich kleiner. Das heißt, dass selbst bei einer unterstellten idealen Umsetzung von kinetischer Energie in Verschiebearbeit diese nicht ausreichen würde, um denselben Druckanstieg zu überwinden, wie dies in der Außenströmung möglich ist.

Wenn die kinetische Energie im wandnächsten Bereich in diesem Sinne „aufgezehrt" ist, tritt in Wandnähe Rückströmung auf, wobei sich stromaufwärts strömendes Fluid zwischen

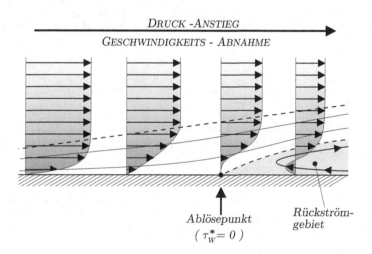

Bild 9.9: Prinzipielle physikalische Situation bei Grenzschichtablösung

die Wand und die ursprüngliche Grenzschicht schiebt, weshalb man dies als „Grenzschicht-ablösung" bezeichnet.

Da der Geschwindigkeitsgradient an der Wand über das Newtonsche Reibungsgesetz (1.2) als $\tau_w^* = \eta^*(\partial u^*/\partial n^*)_w$ unmittelbar mit der Wandschubspannung verbunden ist, folgt aus dem in Bild 9.9 skizzierten Vorgang, dass im Ablösepunkt $\tau_w^* = 0$ gilt. Anliegende Grenzschichten weisen also eine positive und abgelöste Grenzschichten eine negative Wandschubspannung auf.

Mathematisch liegt im Ablösepunkt leider nicht nur eine besondere, sondern eine die weitere Berechnung begrenzende *singuläre* Situation vor. Im Ablösepunkt gilt im Rahmen der Grenzschichttheorie 1. Ordnung wie erwartet $\tau_w^* = 0$, bzw. in dimensionsloser Form $c_f \sqrt{\text{Re}} = 0$ mit $c_f = 2\tau_w^*/\varrho^* u_\infty^{*2}$. Leider gilt aber für $s \to s_A$ mit s_A als Koordinate des Ablösepunktes:

$$c_f \sqrt{\text{Re}} \sim \sqrt{s_A - s} \quad ; \quad V_{G1} \sim \frac{1}{\sqrt{s_A - s}} \tag{9.23}$$

Damit gilt also $V_{G1} \to \infty$ für $s \to s_A$; die Quergeschwindigkeit wächst über alle Grenzen und lässt deshalb keine reguläre Lösung der Grenzschichtgleichungen bei $s = s_A$ mehr zu. Dieses Grenzschicht-Lösungsverhalten wurde erstmals von S. Goldstein im Jahr 1948 analysiert und heißt deshalb *Goldstein-Singularität*. Es hat seitdem viele Anstrengungen gegeben, dieses Problem in einer erweiterten Grenzschichttheorie zu lösen. Dabei werden aufwendige, iterativ angelegte Lösungsansätze für eine gekoppelte asymptotische Behandlung von Grenzschicht und Außenströmung eingeführt, s. dazu z.B. Gersten, Herwig (1992, Kap. 11.7).

Es ist außerdem zu beachten, dass mit dem Auftreten der Grenzschichtablösung nicht nur eine Grenzschichtrechnung über s_A hinaus unmöglich wird, sondern auch die Grenzschichtberechnung bis zum Ablösepunkt s_A nicht mehr möglich ist. Die Grenzschicht kann nicht mehr bis s_A berechnet werden, weil die dazu notwendige Außenströmung nicht mehr in einem vorhergehenden, von der Grenzschicht unbeeinflussten Schritt ermittelt werden kann.

9.5 Grenzschichttheorie für turbulente Strömungen

Wie schon im vorigen Abschnitt bei der Behandlung laminarer Strömungen beschrieben worden ist, entarten die Lösungen der Navier-Stokes-Gleichungen im Grenzfall $\text{Re} = \infty$ zu sog. singulären Lösungen. Mit der Methode der angepassten asymptotischen Entwicklungen gelingt es, eine systematisch verbesserbare Näherungslösung für $\text{Re} \to \infty$ zu formulieren. Dabei werden Reihenentwicklungen in der Außenströmung und in der Grenzschicht angesetzt, die mit Hilfe einer Anpassungsvorschrift zu einer gemeinsamen Näherungslösung für das gesamte Lösungsgebiet kombiniert werden können.

Prinzipiell könnten turbulente Strömungen im Grenzübergang $\text{Re} \to \infty$ ebenfalls ganz systematisch durch asymptotische Näherungslösungen der zugrundeliegenden Gleichungen beschrieben werden. Die asymptotisch zu entwickelnden Grundgleichungen wären dann die zeitgemittelten Navier-Stokes-Gleichungen, s. Tab. 5.5a. Die Formulierung „könnten ... beschrieben werden" weist schon darauf hin, dass dieser Weg offenbar bei turbulenten Strömungen so nicht gegangen wird.

Ein Vorgehen analog zu der asymptotischen Entwicklung der Lösung bei laminaren Strömungen ist nicht ohne weiteres möglich, weil turbulente Grenzschichten bei steigenden Reynolds-Zahlen ($\text{Re} \to \infty$) nicht dasselbe Verhalten

wie laminare Grenzschichten aufweisen. Während sich laminare Grenzschichten als Ganzes proportional zu $\sqrt{Re}$ entwickeln, so dass die Grenzschichtkoordinate N gemäß (9.9) eingeführt werden kann, müssen bei turbulenten Grenzschichten zwei Teilbereiche getrennt betrachtet werden: Ein wandnaher Grenzschichtbereich, dessen Verhalten von der molekularen Viskosität ν^* mitbestimmt wird und ein wandferner Grenzschichtbereich, in dem ausschließlich der turbulente Impulstransport, modellierbar durch Einführung der kinematischen Wirbelviskosität ν_t^*, s. (5.20), wirkt. Die turbulente Grenzschicht weist damit eine sog. *Zweischichtenstruktur* auf. Die wandnahe Schicht wird als *Wandschicht* bezeichnet. Der wandferne Grenzschichtbereich heißt *Defekt-Schicht*, weil dort nur geringe Abweichungen vom Wert am Grenzschichtrand auftreten und diese als Abweichungen vom Wert am Grenzschichtrand (also als Defekt) formuliert werden können.

Beide Teilschichten weisen unterschiedliche Abhängigkeiten von der Reynolds-Zahl auf, die darüber hinaus auch nicht einfache Potenzabhängigkeiten $\sim Re^m$ sind. Würde man eine systematische Vorgehensweise im Sinne einer Entwicklung für $Re \to \infty$ und anschließende Anpassung anstreben, so müssten drei Teilbereiche getrennt entwickelt werden (s. dazu z.B. Gersten, Herwig (1992, S. 668)), die Außenströmung, die Defekt-Schicht und die Wandschicht.

Üblicherweise wird darauf verzichtet und die turbulente Grenzschicht als Ganzes betrachtet. Die dabei entstehenden Grenzschichtgleichungen stellen dann aber nicht mehr den führenden Term einer systematischen Entwicklung für $Re \to \infty$ dar, sondern sind Gleichungen, die aufgrund physikalischer Überlegungen aus den Navier-Stokes-Gleichungen gewonnen werden. Eine weiterhin verwendete Anpassungsbedingung zwischen der Grenzschicht und der Außenströmung analog zu (9.15) bei laminaren Grenzschichten zeigt, dass der Modellierungsansatz der laminaren Grenzschichttheorie 1. Ordnung übernommen wird, „nur dass die Grenzschicht jetzt turbulent ist".

In diesem Sinne entstehen die Grenzschichtgleichungen für turbulente 2D-Grenzschichten in Tab. 9.3 analog zu den laminaren Grenzschichtgleichungen (dort 1. Ordnung, s. Tab. 9.1), als Spezialfall der allgemeinen zeitgemittelten Navier-Stokes-Gleichungen für turbulente Strömungen.

Das Grenzschicht-Gleichungssystem ist allerdings erst dann geschlossen und damit lösbar, wenn der turbulente Zusatzterm $-\varrho^* \partial \overline{u^{*\prime}v^{*\prime}}/\partial y^*$ durch ein Turbulenzmodell mit dem Feld der zeitgemittelten Geschwindigkeit verbunden wird.

Wie bei laminaren Grenzschichten ist der Druck quer zur Grenzschicht konstant $(\partial \overline{p^*}/\partial y^* = 0)$ so dass $\partial \overline{p^*}/\partial x^*$ zunächst durch $d\overline{p^*}/dx^*$ ersetzt wird und anschließend ganz analog zu (9.15) durch die Verteilung der Außenströmung $u_{sA}^*(x^*)$ an der Wand (bekannt aus der Lösung der reibungsfreien Strömung um den betrachteten Körper) ersetzt wird $(-d\overline{p^*}/dx^* = \varrho^* u_{sA}^* du_{sA}^*/dx^*)$.

Insgesamt liegt damit folgendes Gleichungssystem, wiederum formuliert in den wandangepassten Koordinaten (s^*, n^*) vor:

$$\frac{D}{Dt^*} = \frac{\partial}{\partial t^*} + \overline{u^*}\frac{\partial}{\partial x^*} + \overline{v^*}\frac{\partial}{\partial y^*} + \overline{w^*}\frac{\partial}{\partial z^*}$$

KONTINUITÄTSGLEICHUNG

$$\frac{\partial \overline{u^*}}{\partial x^*} + \frac{\partial \overline{v^*}}{\partial y^*} + \frac{\partial \overline{w^*}}{\partial z^*} = 0 \; ; \; \left(\frac{\partial u^{*\prime}}{\partial x^*} + \frac{\partial v^{*\prime}}{\partial y^*} + \frac{\partial w^{*\prime}}{\partial z^*} = 0\right) \qquad (\overline{K_{cp}^*})$$

x-IMPULSGLEICHUNG

$$\varrho^*\frac{D\overline{u^*}}{Dt^*} = \varrho^* g_x^* - \frac{\partial \overline{p^*}}{\partial x^*} + \eta^*\left[\frac{\partial^2 \overline{u^*}}{\partial x^{*2}} + \frac{\partial^2 \overline{u^*}}{\partial y^{*2}} + \frac{\partial^2 \overline{u^*}}{\partial z^{*2}}\right] \qquad (\overline{XI_{cp}^*})$$

$$-\varrho^*\left[\frac{\partial \overline{u^{*\prime 2}}}{\partial x^*} + \frac{\partial \overline{u^{*\prime}v^{*\prime}}}{\partial y^*} + \frac{\partial \overline{u^{*\prime}w^{*\prime}}}{\partial z^*}\right]$$

y-IMPULSGLEICHUNG

$$\varrho^*\frac{D\overline{v^*}}{Dt^*} = \varrho^* g_y^* - \frac{\partial \overline{p^*}}{\partial y^*} + \eta^*\left[\frac{\partial^2 \overline{v^*}}{\partial x^{*2}} + \frac{\partial^2 \overline{v^*}}{\partial y^{*2}} + \frac{\partial^2 \overline{v^*}}{\partial z^{*2}}\right] \qquad (\overline{YI_{cp}^*})$$

$$-\varrho^*\left[\frac{\partial \overline{v^{*\prime}u^{*\prime}}}{\partial x^*} + \frac{\partial \overline{v^{*\prime 2}}}{\partial y^*} + \frac{\partial \overline{v^{*\prime}w^{*\prime}}}{\partial z^*}\right]$$

z-IMPULSGLEICHUNG

$$\varrho^*\frac{D\overline{w^*}}{Dt^*} = \varrho^* g_z^* - \frac{\partial \overline{p^*}}{\partial z^*} + \eta^*\left[\frac{\partial^2 \overline{w^*}}{\partial x^{*2}} + \frac{\partial^2 \overline{w^*}}{\partial y^{*2}} + \frac{\partial^2 \overline{w^*}}{\partial z^{*2}}\right] \qquad (\overline{ZI_{cp}^*})$$

$$-\varrho^*\left[\frac{\partial \overline{w^{*\prime}u^{*\prime}}}{\partial x^*} + \frac{\partial \overline{w^{*\prime}v^{*\prime}}}{\partial y^*} + \frac{\partial \overline{w^{*\prime 2}}}{\partial z^*}\right]$$

Tab. 9.3: 2D-Prandtlsche Grenzschichtgleichungen (turbulent)

Grenzschichtgleichungen für ebene, inkompressible, turbulente Strömungen als Spezialfall der zeitgemittelten Navier-Stokes-Gleichungen aus Tab. 5.5a Zusätzliche Annahme: stationär

grau unterlegt: berücksichtigte Terme

(Die neuen Gleichungen entstehen, wenn rechts und links des Gleichheitszeichens die markierten Terme, ggf. mit den Vorfaktoren η^* und ϱ^*, übernommen werden. Tritt auf einer Seite kein markierter Term auf, so steht dort die Null.)

Beachte: Mit dem modifizierten Druck $\overline{p^*}_{mod} = \overline{p^*} - p_{st}^*$ gilt

$$\varrho^* g_x^* - \frac{\partial \overline{p^*}}{\partial x^*} = -\frac{\partial \overline{p^*}_{mod}}{\partial x^*} \; ; \quad \varrho^* g_y^* - \frac{\partial \overline{p^*}}{\partial y^*} = -\frac{\partial \overline{p^*}_{mod}}{\partial y^*}$$

Die Auswahl der Terme erfolgt in Analogie zu den Überlegungen bei laminaren Grenzschichten, s. Tab. 9.1

$$\boxed{\frac{\partial \overline{u^*}}{\partial s^*} + \frac{\partial \overline{v^*}}{\partial n^*} = 0} \tag{9.24}$$

$$\boxed{\overline{u^*}\frac{\partial \overline{u^*}}{\partial s^*} + \overline{v^*}\frac{\partial \overline{u^*}}{\partial n^*} = u_{sA}^*\frac{du_{sA}^*}{ds^*} + \nu^*\frac{\partial^2 \overline{u^*}}{\partial n^{*2}} - \frac{\partial(\overline{u^{*\prime}v^{*\prime}})}{\partial n^*}} \tag{9.25}$$

$$\boxed{\overline{u^{*\prime}v^{*\prime}} \rightarrow \text{Turbulenzmodell}} \tag{9.26}$$

mit den Randbedingungen

$$n^* = 0: \quad \overline{u^*} = 0 \qquad \text{(Haftbedingung)} \tag{9.27}$$

$$\overline{v^*} = 0 \qquad \text{(undurchlässige Wand)}$$

$$n^* \text{ groß}: \quad \overline{u^*} \rightarrow u_{sA}^*(s^*) \qquad \text{(Anpassung an die Außenströmung)} \tag{9.28}$$

Die Entdimensionierung der Gleichungen (9.24)–(9.26) wäre an dieser Stelle nicht sinnvoll, weil wegen des erwähnten Zweischichtencharakters kein einheitlicher Maßstab für die Querabmessung der Grenzschicht besteht (Im laminaren Fall ist dies $L^*/\sqrt{Re}$, s. (9.9)).

Eine (numerische) Lösung der Grenzschichtgleichungen ist prinzipiell möglich, aber nicht sinnvoll bevor nicht weitergehende Überlegungen zur erwarteten Struktur der Lösung angestellt werden. Der Zweischichtencharakter turbulenter Wandgrenzschichten kann weitgehend analysiert werden, ohne dass Details zur Turbulenz bekannt sein müssten. Diese Ergebnisse können dann sinnvoll bei der numerischen Lösung der Gleichungen verwendet werden. So stellt sich heraus, dass der wandnahe Teil der Grenzschicht für Re → ∞ einen universellen Charakter besitzt und deshalb bei numerischen Lösungen nicht stets aufs Neue berechnet werden muss. Bei Verwendung von sog. *Wandfunktionen* kann diesem universellen Charakter Rechnung getragen werden und die Lösung auf den Außenbereich der Grenzschicht beschränkt bleiben.

Vor einer numerischen Lösung der Grenzschichtgleichungen sollten deshalb zunächst alle allgemeingültigen Aspekte der zu erwartenden Lösung ermittelt werden. Dies geschieht in den folgenden Abschnitten, in denen der asymptotische Charakter turbulenter Grenzschichten analysiert wird.

Als Vorbereitung darauf ist in Bild 9.10 skizziert, wo im gesamten Strömungsfeld überhaupt deutliche Turbulenzeinflüsse auftreten. Bei einer insgesamt als turbulent bezeichneten Körperumströmung tritt nennenswerte Turbulenz nur in einem sehr kleinen Teil des gesamten Strömungsfeldes auf. Sie liegt hauptsächlich in der häufig sehr dünnen Grenzschicht sowie dem stromabwärtigen Nachlauf vor. Einer turbulenten Grenzschicht geht stets eine laminare Grenzschicht voraus, die im sog. Umschlag„punkt" in die turbulente Strömungsform wechselt. In Anmerkung 5.11/S. 125/ wurde erläutert, dass die Bezeichnung Umschlag*punkt* eine grobe Vereinfachung des eigentlich vorliegenden Transitionsprozesses ist.

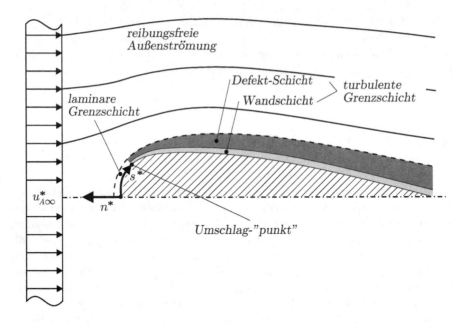

Bild 9.10: Teilbereiche des Strömungsfeldes bei einer turbulenten Körperumströmung

grau unterlegt: Bereiche mit nennenswerten turbulenten Schwankungsgeschwindigkeiten

9.5.1   Die Entstehung und Physik der Wandschicht

Der Schlüssel zum Verständnis turbulenter wandgebundener Strömungen ist
eine Erklärung für das Auftreten und die Auswirkungen der sog. *Wandschicht*. Dies ist eine durch die molekulare Viskosität beeinflusste relativ
dünne Schicht zwischen der Wand und dem angrenzenden, ausschließlich
durch turbulenten Impulsaustausch bestimmten Grenzschichtbereich, der Defekt-Schicht.

Bild 9.11 zeigt die Verhältnisse in unmittelbarer Wandnähe. An der Wand
gilt die Haftbedingung; die Geschwindigkeit und somit auch mögliche Schwankungsgeschwindigkeiten sind Null. Weil an der Wand die Wirbelviskosität
deshalb ebenfalls Null ist, gilt für die Wandschubspannung das Newtonsche
Reibungsgesetz, hier als $\tau_w^* = \eta^*(\partial u^*/\partial n^*)_w$ mit η^* als molekularer (dynamischer) Viskosität. Da die Wirbelviskosität η_t^* als Folge der mit dem Wandab-
stand zunehmenden Schwankungsgeschwindigkeiten ebenfalls mit dem Wandabstand (ausgehend von $\eta_t^* = 0$) anwächst, kommt es zu Abweichungen des
mittleren Geschwindigkeitsprofils $\overline{u^*}(s^*,n^*)$ vom linearen Anstieg als Fortsetzung des Wandgradienten $(\partial u^*/\partial n^*)_w = \tau_w^*/\eta^*$. Ein zweiter Grund, der
auch schon ohne Turbulenz zu Abweichungen vom linearen Geschwindigkeits-
verlauf führt, sind nicht mehr konstante Werte für die Schubspannung, also

$\tau^*(s^*,n^*) \neq \tau_w^*$, die mit zunehmendem Wandabstand auftreten (können).

Die Schubspannung τ^* in der Strömung ist die Summe aus der molekularen Schubspannung τ_m^* und der turbulenten Schubspannung $\tau^{*\prime}$. Deshalb gilt mit dem Konzept der Wirbelviskosität, s. (5.15),

$$\tau^* = \tau_m^* + \tau^{*\prime} = (\eta^* + \eta_t^*)\frac{\partial \overline{u^*}}{\partial n^*} \tag{9.29}$$

Dies ist in Bild 9.11 für den Fall eingezeichnet, dass sich die Schubspannung τ^* in unmittelbarer Wandnähe noch nicht erkennbar ändert, also dort den konstanten Wert $\tau^* = \tau_w^*$ besitzt.

Als Wandschicht wird ein Bereich mit der Dicke δ_w^* bezeichnet, in dem τ_m^* und $\tau^{*\prime}$ „von gleicher Größenordnung" sind, d.h. beide gleichermaßen zu der Gesamtschubspannung τ^* beitragen. Gleichbedeutend damit ist die Aussage, dass in diesem Bereich als Impulstransport-Mechanismus nicht ausschließlich die Turbulenz vorkommt, sondern der molekulare Impulstransport noch eine Rolle spielt. Mit den nachfolgenden Überlegungen soll die Größe von δ_w^* abgeschätzt werden. Dies ist unter Zuhilfenahme der Dimensionsanalyse möglich, ohne dass Detailkenntnisse zur Turbulenz vorliegen müssten.

Dazu soll von der sog. *Couette-Strömung* als der einfachst möglichen Strömung ausgegangen werden. An dieser kann die wandnahe turbulente

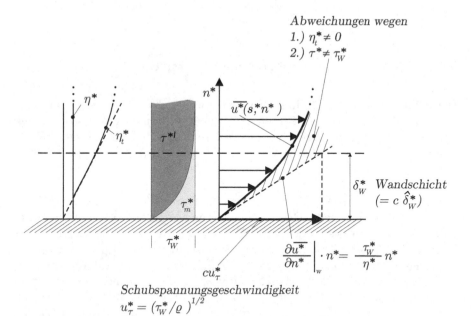

Bild 9.11: Viskositäts-, Schubspannungs- und Geschwindigkeitsverläufe in unmittelbarer Wandnähe

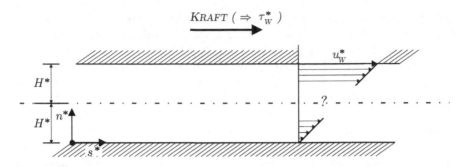

Bild 9.12: Ermittlung der dimensionslosen Form für die Geschwindigkeitsverteilung $u^*(n^*)$ bei der Couette-Strömung, s. dazu Abschnitt 2.3 (Dimensionsanalyse). Eine Kräftebilanz ergibt für diese Strömung $\tau^*(n^*) = \tau_w^*$ also eine konstante Schubspannung im gesamten Strömungsgebiet.

Strömung untersucht werden wie an jeder anderen Strömung auch, weil sich später herausstellt, dass alle Strömungen in Wandnähe ein gleiches Verhalten zeigen.

Die Couette-Strömung entsteht zwischen zwei ebenen Platten, die in ihrer eigenen Ebene relativ zueinander bewegt werden. Bild 9.12 zeigt eine solche Anordnung, in der die untere Platte ruht und die obere Platte (Abstand zwischen den Platten: $2H^*$) durch die Wirkung einer Kraft nach rechts bewegt wird. Die aufgrund der Kraft wirkende Schubspannung τ_w^* (Kraft pro Fläche) ist also die Ursache für die zu untersuchende Strömung. Zwischen den Platten bildet sich ein Geschwindigkeitsprofil $u^*(n^*)$ aus, das s-unabhängig dieselbe Form besitzt und an der unteren und oberen Wand jeweils die Haftbedingung erfüllt. Dieses Geschwindigkeitsprofil u^* soll auf seine allgemeine dimensionslose Form hin untersucht werden.

Für das Verständnis der Turbulenzwirkung ist es hilfreich, zunächst den laminaren Fall zu betrachten. Die relevanten Einflussgrößen bezüglich der Zielgröße u^* sind n^*, H^*, τ_w^* und η^*, die nach dem Schema in Abschnitt 2.3.3 ermittelt werden können. Wichtig ist, dass die Dichte ϱ^* im laminaren Fall als relevante Einflussgröße ausscheidet, weil keine Beschleunigungen und damit keine Trägheitskräfte vorkommen (s. dazu auch Beispiel 2.3). Nach Ermittlung der dimensionslosen Kennzahlen ergibt sich der allgemeine Zusammenhang

laminare
Couette-Strömung:
$$u = \frac{u^*}{u_c^*} = F\left(\frac{n^*}{H^*}\right) \quad \text{mit:} \quad u_c^* = \frac{\tau_w^* H^*}{\eta^*} \qquad (9.30)$$

In der dimensionslosen Geschwindigkeit u lässt sich $u_c^* = \tau_w^* H^* / \eta^*$ als charakteristische (Bezugs-)Geschwindigkeit interpretieren.

Im turbulenten Fall tritt ein neuer Mechanismus hinzu. Der Drehungsbzw. Impulstransport erfolgt jetzt nicht mehr ausschließlich auf molekularer Basis, sondern im größten Bereich des Strömungsfeldes (und damit fast

ausschließlich) durch die Wirkung turbulenter Schwankungsbewegungen. Dabei treten momentane und lokale Trägheitskräfte auf, so dass die Dichte ϱ^* jetzt eine zusätzliche relevante Einflussgröße ist (s. dazu ebenfalls Beispiel 2.3). Damit erhöht sich die Zahl der dimensionslosen Größen bzw. Kennzahlen um Eins. Zusätzlich, und das ist in diesem Zusammenhang ein wichtiger Punkt, sollten die dimensionslosen Größen so gebildet werden, dass jetzt der Stoffwert ϱ^* anstelle der Viskosität η^* in der Bezugsgeschwindigkeit auftritt. Damit erhält die Bezugsgeschwindigkeit im jetzt turbulenten Fall wieder die Bedeutung einer *charakteristischen* Geschwindigkeit. Jetzt ist der turbulente Austausch (charakterisiert durch ϱ^*) und nicht mehr der molekulare Austausch (charakterisiert durch η^*) maßgeblich.

Damit ergibt sich folgender allgemeiner Zusammenhang:

turbulente
Couette-Strömung:
$$u = \frac{\overline{u^*}}{u_c^*} = F\left(\frac{n^*}{H^*}, \frac{\varrho^* u_c^* H^*}{\eta^*}\right) \quad ; \quad u_c^* = \sqrt{\tau_w^*/\varrho^*} \quad (9.31)$$

Die als charakteristische (Bezugs-)Geschwindigkeit u_c^* auftretende Kombination $\sqrt{\tau_w^*/\varrho^*}$ wird in der Literatur *Schubspannungsgeschwindigkeit*

$$\boxed{u_\tau^* = \sqrt{\tau_w^*/\varrho^*}} \quad (9.32)$$

genannt. Diese Bezeichnung ist allerdings etwas irreführend, da es sich zwar um eine Größe mit der Dimension LÄNGE/ZEIT, physikalisch aber nicht um eine Geschwindigkeit handelt. Eine genauere Bezeichnung könnte lauten „mit der Wandschubspannung gebildete Bezugsgröße für die Geschwindigkeit", d.h. es handelt sich um eine fiktive „Geschwindigkeit".

Neben der geänderten Bezugsgeschwindigkeit tritt im turbulenten Fall (9.31) gegenüber dem laminaren Fall (9.30) ein weiterer dimensionsloser Parameter hinzu, der wegen des Auftretens von u_τ^* als *turbulente Reynolds-Zahl*

$$Re_\tau = \frac{\varrho^* u_\tau^* H^*}{\eta^*} \quad (9.33)$$

bezeichnet wird. Diese zusätzliche Kennzahl bestimmt die Dicke der Wandschicht, also δ_w^*/L_B^*.

Der formale Zusammenhang zur „konventionellen" Reynolds-Zahl, gebildet mit der Bezugsgeschwindigkeit U_B^* eines Problems als $Re = \varrho^* U_B^* L_B^*/\eta^*$ ist

$$Re_\tau = Re\, u_\tau \quad ; \quad u_\tau = u_\tau^*/U_B^* \quad (9.34)$$

Eine genauere Analyse des asymptotischen Verhaltens ergibt folgende Abhängigkeiten bzgl. u_τ, δ_w und der Grenzschichtdicke δ für $Re \to \infty$:

$$\boxed{u_\tau \sim \frac{1}{\ln Re}} \quad ; \quad \boxed{\delta_w = \frac{\delta_w^*}{L_B^*} \sim \frac{\ln Re}{Re}} \quad ; \quad \boxed{\delta = \frac{\delta^*}{L_B^*} \sim \frac{1}{\ln Re}} \quad , \quad (9.35)$$

woraus unmittelbar folgt:

$$\mathrm{Re}_\tau \sim \frac{\mathrm{Re}}{\ln \mathrm{Re}} \qquad (\to \infty \text{ für } \mathrm{Re} \to \infty) \;;$$

$$\frac{\delta_w^*}{\delta^*} \sim \frac{\ln^2 \mathrm{Re}}{\mathrm{Re}} \qquad (\to 0 \text{ für } \mathrm{Re} \to \infty) \tag{9.36}$$

Mit wachsender Reynolds-Zahl wird der Anteil der Wandschicht δ_w^* an der Grenzschicht δ^* also stets kleiner. Zusätzlich ist zu erkennen, dass die Schichtenskalierung bei turbulenten Strömungen nicht mehr mit Potenzen der Reynolds-Zahl erfolgt, wie dies bei laminaren Strömungen der Fall ist.

An dieser Stelle kann nun eine Abschätzung der Dicke δ_w^* der Wandschicht erfolgen. Wie in Bild 9.11 skizziert, ist „jenseits" der Wandschicht die Wirkung der turbulenten Schwankungsbewegungen (manifestiert in der Wirbelviskosität η_t^*) stark genug, den Drehungs- bzw. Impulstransport zu dominieren. Der Übergang in dieses voll turbulente Gebiet wird etwa dort erfolgen, wo die Geschwindigkeit $\overline{u^*}$ Werte angenommen hat, die einem festen Vielfachen c der durch den turbulenten Austausch bedingten charakteristischen Geschwindigkeit u_τ^* entsprechen. Da bei solchen Größenordnungsabschätzungen keine konkreten Zahlenwerte gesucht sind, sondern prinzipielle Abhängigkeiten bestimmt werden sollen, kann in diesem Fall die genannte Bedingung so formuliert werden, dass der Wandabstand $\hat{\delta}_w^* = \delta_w^*/c$ gesucht ist, für den $\overline{u^*} = u_\tau^*$ gilt. Approximiert man die Geschwindigkeit $\overline{u^*}(n^*)$ durch $\overline{u^*}(n^*) = \left.\frac{\partial \overline{u^*}}{\partial n^*}\right|_w n^* + \dots$, also eine Taylor-Reihenentwicklung, so gilt mit $(\partial \overline{u^*}/\partial n^*)_w = \tau_w^*/\eta^*$ deshalb als Bedingung für $\hat{\delta}_w^*$:

$$\overline{u^*}(\hat{\delta}_w^*) = u_\tau^* \;\longrightarrow\; \frac{\tau_w^*}{\eta^*}\hat{\delta}_w^* = \sqrt{\frac{\tau_w^*}{\varrho^*}} \;, \tag{9.37}$$

woraus mit $\nu^* = \eta^*/\varrho^*$ unmittelbar als „Maßstab" für die Wandschicht (mit $\delta_w^* = c\hat{\delta}_w^*$) folgt:

$$\hat{\delta}_w^* = \frac{\nu^*}{u_\tau^*} \tag{9.38}$$

Bild 9.11 zeigt diesen Zusammenhang, wobei die fiktive Geschwindigkeit cu_τ^* an der Wand aufgetragen worden ist. Wie (9.38) zeigt, wird die Wandschicht also um so dünner, je größer die Wandschubspannung (und damit u_τ^*) wird. Bei der Couette-Strömung bedeutet eine steigende Wandschubspannung unmittelbar eine steigende Geschwindigkeit der Plattenbewegung. Bildet man wie üblich die Reynolds-Zahl mit einer typischen Geschwindigkeit des Gesamtproblems, hier also etwa mit der Plattengeschwindigkeit, so steigt auch diese Reynolds-Zahl mit steigender Wandschubspannung. In diesem Sinne wird die Wandschicht also um so dünner, je größer die Reynolds-Zahl des Problems wird. Aus den Größenordnungsangaben (9.35) folgt für diesen Zusammenhang unmittelbar $\delta_w^*/L_B^* \sim (\ln \mathrm{Re})/\mathrm{Re} \sim 1/\mathrm{Re}_\tau$.

Die Interpretation einer abnehmenden Dicke δ_w^* bei abnehmender Viskosität in (9.38) ist nicht sinnvoll, da diese Modellvorstellung keine Entsprechung in der Realität hat, weil dafür eine Abfolge von Fluiden mit abnehmender Viskosität betrachtet werden müsste (s. dazu auch Abschn. 3.1).

Da die Wandschicht im Grenzfall Re = ∞ genauso entarten würde wie eine laminare Grenzschicht (vgl. dazu die Ausführungen in Abschnitt 9.4) kann eine nicht-entartete Lösung nur in einer transformierten Koordinate gefunden werden. Diese lautet analog zu (9.9) jetzt

$$\boxed{n^+ = \frac{n^*}{\hat{\delta}_w^*} = \frac{n^* u_\tau^*}{\nu^*}} \qquad (9.39)$$

Dies ist also die asymptotisch adäquate Koordinate für die Wandschicht. Die Kennzeichnung mit dem Symbol „+" ist allgemein üblich und wird auch auf die anderen dimensionslosen Größen in der Wandschicht übertragen (z.B. $u^+ = u^*/u_\tau^*$). Da mit $\hat{\delta}_w^*$ der asymptotisch „richtige" Maßstab für diese Schicht gefunden worden ist, liegen Zahlenwerte für y^+ in dieser Schicht, insbesondere auch für Re → ∞, stets in der Nähe von Eins, d.h. sie „entarten" nicht zu Zahlenwerten „0" oder „∞".

Bild 9.11 zeigt, dass der Geschwindigkeitsverlauf in der Wandschicht für $n^* \to 0$ dem linearen Verlauf $(\tau_w^*/\eta^*)n^*$ entspricht. In den transformierten Variablen ist dies der Verlauf

$$\boxed{u^+ = n^+ \quad \text{für } n^+ \to 0} \qquad (9.40)$$

Dies gilt für alle wandgebundenen turbulenten Strömungen, bei denen τ_w^* nicht null ist! Für $\tau_w^* = 0$ liegt der Sonderfall der Strömungsablösung vor, s. dazu Anmerkung 9.5/S. 255.

Die Aussagen zur Wandschicht sind zwar bisher am Beispiel der Couette-Strömung abgeleitet worden, sie gelten aber nicht nur für diese, wie folgende Überlegung zeigt:

Die Couette-Strömung entsteht unter der Wirkung der Schubspannung $\tau^*(n^*) = \tau_w^*$, die als konstante Schubspannung im ganzen Feld vorliegt. In diesem Sinne ist umgekehrt eine Strömung dann eine Couette-Strömung, wenn sie eine einheitliche, konstante Schubspannung aufweist. Alle wandgebundenen turbulenten Strömungen haben in Wandnähe einen Schubspannungsverlauf ($n^* = 0$ an der Wand/Taylor-Reihenentwicklung):

$$\tau^*(s^*,n^*) = \underbrace{\tau^*(s^*,0)}_{\tau_w^*(s^*)} + \underbrace{\frac{\partial \tau^*(s^*,n^*)}{\partial n^*}\bigg|_w n^* + \cdots}_{\substack{\text{Abweichungen vom} \\ \text{Couette-Fall}}} \qquad (9.41)$$

Da nun die Wandschicht im Grenzübergang Re → ∞ stets dünner wird, werden die Abweichungen vom Couette-Fall in der Wandschicht damit stets

kleiner. Jede wandgebundene turbulente Strömung verhält sich deshalb in unmittelbarer Wandnähe asymptotisch (d.h. für Re $\to \infty$) wie die zugehörige Couette-Strömung, d.h. die Couette-Strömung mit der „aktuellen" Schubspannung $\tau^* = \tau_w^*(s^*)$.

Der Vergleich mit Messungen ergibt, dass die Wandschicht etwa bis zu Werten $n^+ = 70$ reicht, dass also c in $\delta_w^* = c\,\hat{\delta}_w^*$ etwa $c = 70$ ist. Ab dort erfolgt der Übergang in den vollturbulenten Bereich. Für Werte $n^+ < 5$ sind die Einflüsse der turbulenten Schwankungen so schwach, dass die molekulare Viskosität dominiert. Man nennt diesen Bereich, in dem dann (9.40) gilt, *viskose Unterschicht* (gelegentlich fälschlicherweise auch „laminare Unterschicht", fälschlicherweise, weil sie ein Teil der insgesamt turbulenten Grenzschicht ist).

9.5.2 Der Übergang in den vollturbulenten Bereich

Zu Beginn von Abschn. 9.5 war beschrieben worden, dass die beiden Teilbereiche einer turbulenten Grenzschicht, die Wandschicht und die Defekt-Schicht aus asymptotischer Sicht (also im Rahmen einer systematischen Theorie für Re $\to \infty$) getrennt entwickelt werden müssten und dies dann auch in den jeweils unterschiedlich transformierten Koordinaten zu geschehen hätte.

Da man stattdessen die turbulente Grenzschicht als Ganzes und einheitlich, d.h. in einer einzigen (transformierten) Koordinate beschreiben möchte, behält man die Koordinate n^+ zunächst auch für die Beschreibung des Überganges in den vollturbulenten Bereichen und in diesem selber bei. Diese Koordinate ist dort dann aus asymptotischer Sicht aber nicht mehr korrekt an die Verhältnisse angepasst, bleibt also im Grenzübergang Re $\to \infty$ nicht mehr beschränkt. In der Koordinate n^+ liegt z.B. der Grenzschichtrand für wachsende Reynolds-Zahlen bei stets größeren Werten (und für Re $= \infty$ schließlich bei $n^+ = \infty$). Solange aber Ergebnisse für endliche Reynolds-Zahlen gesucht werden, ist dies jedoch kein ernsthaftes Problem.

Betrachtet man zunächst wieder den prinzipiellen Verlauf des Geschwindigkeitsprofiles für die Couette-Strömung, so folgt aus (9.29) mit $\tau^* = \tau_w^* = $ const, dass in dem Maße in dem neben der konstanten molekularen Viskosität η^* jetzt auch die (mit dem Wandabstand ansteigende) turbulente Viskosität η_t^* „ins Spiel kommt", Abweichungen von $\partial \overline{u^*}/\partial n^* = $ const auftreten müssen. Solange bei $\eta_t^*(s^*,n^*)$, dessen Taylor-Reihenentwicklung an der Wand lautet,

$$\eta_t^*(s^*,n^*) = \overbrace{\eta_t^*(s,0)}^{= 0} + \underbrace{\left.\frac{\partial \eta_t^*}{\partial n^*}\right|_w n^* + \underbrace{\frac{1}{2}\left.\frac{\partial^2 \eta_t^*}{\partial n^{*2}}\right|_w n^{*2}}_{\sim n^{*2}} + \dots}_{\sim n^*} \qquad (9.42)$$

der lineare Term dominiert (weil n^* noch so klein ist, dass die nachfolgenden Terme nicht ins Gewicht fallen), also $\eta_t^* \sim n^*$ und damit bei steigendem n^*

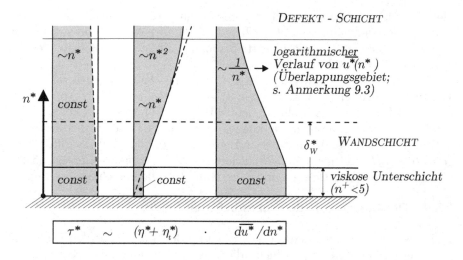

Bild 9.13: Entstehung des logarithmischen Geschwindigkeitsverlaufes beim Übergang der Wandschicht in die Außenschicht (Defekt-Schicht)

auch $(\eta^* + \eta_t^*) \sim n^*$ gilt, folgt aus (9.29) und $\tau^* = \tau_w^* = $ const unmittelbar

$$\frac{\partial \overline{u^*}}{\partial n^*} \sim \frac{1}{n^*} \tag{9.43}$$

In dimensionsloser Form und mit einer Proportionalitätskonstante versehen, die aus historischen Gründen als $1/\kappa$ geschrieben wird, entsteht daraus

$$\frac{\partial u^+}{\partial n^+} = \frac{1}{\kappa} \cdot \frac{1}{n^+} \tag{9.44}$$

Nach einer Integration wird daraus $u^+ = \kappa^{-1} \ln n^+ + C^+$ für die Geschwindigkeit u^+. Die Konstante κ war als *Karman-Konstante* mit dem üblichen Zahlenwert $\kappa = 0,41$ bereits im Zusammenhang mit dem Prandtlschen Mischungsweg (s. (5.25) in Kap. 5) eingeführt worden.

Der wandnahe lineare Verlauf von u^* (bzw. u^+) geht also für größere Werte von n^* (bzw. n^+) in einen logarithmischen Verlauf über, solange $\tau^* = $ const gilt. Aber selbst für $\tau^* \neq $ const ist dieser logarithmische Verlauf weiterhin zu erwarten, wie Bild 9.13 zeigt. Wiederum im Sinne einer Taylor-Reihenentwicklung wird $\tau^* \neq $ const zunächst (für steigende Werte n^*) als $\tau^* \sim n^*$ auftreten. Wenn dann, immer um eine Taylor-Reihenentwicklungs-Stufe versetzt (weil $\tau_w^* \neq 0$, aber $\eta_{tw}^* = 0$ gilt) für die Wirbelviskosität $\eta_t^* \sim n^{*2}$ gilt, s. (9.42), so ist wiederum (9.43) die Abhängigkeit des Geschwindigkeitsgradienten vom Wandabstand.

Wie prägnant diese prinzipiell zu erwartende Geschwindigkeitsverteilung tatsächlich auftritt, kann nur im Experiment ermittelt werden. Dabei zeigt

sich für die unterschiedlichsten wandgebundenen Strömungen immer wieder eine sehr deutliche Ausprägung des logarithmischen Verlaufes im Anschluss an die Wandschicht.

In diesem Sinne gibt es eine universelle Geschwindigkeitsverteilung in Wandnähe, häufig als *logarithmisches Wandgesetz* bezeichnet (obwohl es nicht bis an die Wand gilt!), der Form

$$\boxed{\lim_{n^+ \to \infty} u^+(n^+) = \frac{1}{\kappa} \ln n^+ + C^+} \tag{9.45}$$

Die Schreibweise $\lim_{n^+ \to \infty}$ deutet an, dass diese Verteilung außerhalb der eigentlichen Wandschicht gilt, in der die Koordinate n^+ bekanntlich von der „Größenordnung Eins" ist, also stets endliche Werte annimmt und für Re $\to \infty$ nicht entartet. Sie ist gleichzeitig aber auch der Hinweis darauf, dass (9.45) aus systematischen asymptotischen Überlegungen gewonnen werden kann, auf die bisher nicht näher eingegangen worden ist, s. dazu z.B. Gersten, Herwig (1992, Kap. 14.1), bzw. Anmerkung 9.3 am Ende diese Abschnittes.

Die Integrationskonstante C^+ in (9.45) ist noch von der Oberflächenbeschaffenheit der Wand, der sog. *Wandrauheit* (nicht: Wandrauhigkeit!), abhängig. Für glatte Wände haben zahlreiche Messungen den Wert

$$C^+ = 5 \quad \text{(glatte Wand)} \tag{9.46}$$

ergeben.

Bild 9.14 zeigt den Geschwindigkeitsverlauf in einer turbulenten Grenzschicht, sowohl in den Wandschichtvariablen $n^+ = n^* u_\tau^* / \nu^*$ und $u^+ = u^*/u_\tau^*$ als auch in den Grenzschicht-Variablen $n = n^*/\delta^*$ und $u = u^*/u_{sA}^*$, wobei δ^* die Grenzschichtdicke und u_{sA}^* die Geschwindigkeit am Außenrand der Grenzschicht sind. Eine konkrete Zuordnung beider Darstellungen, so wie sie in Bild 9.14 durch die schraffierten Bereiche angedeutet ist, gilt aber stets nur für eine bestimmte Reynolds-Zahl Re bzw. Re$_\tau$.

Die als schwarze Punkte eingezeichneten (typischen) Messwerte zeigen, dass für Werte oberhalb von $n^+ \approx 1\,000$ deutliche Abweichungen vom logarithmischen Verhalten auftreten. Dieser Wert entspricht im dargestellten (typischen) Fall erst etwa 20 % der gesamten Grenzschichtdicke. Es wird aber auch deutlich, dass wegen der sehr „völligen Profile" dort schon ein Geschwindigkeitswert erreicht ist, der relativ nahe am Wert der Geschwindigkeit am Außenrand liegt. Für eine vollständige Beschreibung des Geschwindigkeitsprofiles genügt es, die Abweichungen vom Wert am Grenzschichtrand als sog. *Defektprofil* zu formulieren, mit dem man eine besondere Eigenschaft der Geschwindigkeitsverteilung im Außenbereich der Grenzschicht erfassen kann. Dies wird im folgenden Abschnitt gezeigt.

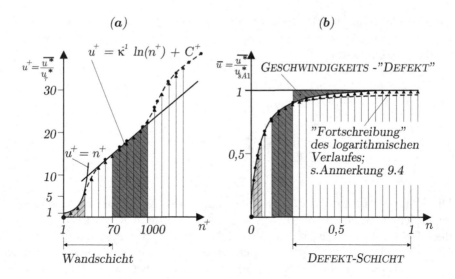

Bild 9.14:   Verschiedene Darstellungen des turbulenten Geschwindigkeitsprofiles

(a) In Wandschicht-Variablen $u^+(n^+)$; $n^+ = n^* u_\tau^*/\nu^*$

halblogarithmische Darstellung
Beachte: $n^+ = 0$ tritt in dieser Darstellung „im Unendlichen" auf, die lineare Kurve $u^+ = n^+$ ist verzerrt; die nichtlineare Kurve $u^+ \sim \ln n^+$ erscheint als Gerade

(b) In Grenzschicht-Variablen $\bar{u}(n)$; $n = n^*/\delta^*$

schraffiert: äquivalente Bereiche des Profils in beiden Darstellungen
schwarze Punkte: Messwerte für eine bestimmte Reynolds-Zahl

Anmerkung 9.3:   *Logarithmisches „Wand"gesetz als asymptotische Anpassungsbedingung*

Die Zweischichtenstruktur turbulenter Wandgrenzschichten hat einen asymptotischen Charakter, d.h. das Verhältnis der Schichtdicken δ_w^* und δ^* zeigt eine eindeutige Abhängigkeit von der Reynolds-Zahl, es wird mit steigender Reynolds-Zahl (Re $\rightarrow \infty$) stets kleiner, s. (9.36).

Ein entscheidender Aspekt der konsequent asymptotischen Beschreibung eines mehrschichtigen Gebietes sind Anpassungsbedingungen zwischen den einzelnen Schichten. Diese werden in einem asymptotischen Sinne in der Regel so formuliert, dass Verteilungen in beiden Gebieten in zugeordneten Grenzübergängen beider Koordinaten gleich sein müssen. Ein Beispiel dafür ist die Anpassung einer laminaren Grenzschicht an die Außenströmung mit der Bedingung (9.16) für die wandparallele Geschwindigkeitsverteilung u in den Grenzübergängen $n \rightarrow 0$ und $N \rightarrow \infty$. Eine genauere Analyse ergibt, dass dann im Übergang der anzupassenden Gebiete eine gemeinsame „Zwischenschicht" besteht, in der beide Lösungen gleichermaßen gültig sind. Bei der laminaren Grenzschicht ist die gemeinsam gültige Lösung u_g, s. (9.17).

Überträgt man diese Vorstellungen auf die beiden Schichten einer turbulenten Wandgrenzschicht, so sind diese wie folgt aneinander anzupassen. Es muss eine gemeinsame Zwischenschicht identifizierbar sein, in der die Lösung sowohl in der Koordinate n^+ als auch in der Koordinate n gilt, einmal für $n^+ \rightarrow \infty$ und das andere Mal für $n \rightarrow 0$. In

diesem Sinne muss z.B. für den Geschwindigkeitsgradienten bei $Re \to \infty$ gelten:

$$\frac{d\overline{u^*}(n^+)}{dn^*} = \frac{d\overline{u^*}(n)}{dn^*} \quad \text{für} \quad \begin{cases} n^+ \to \infty \\ n \to 0 \end{cases} \tag{9.47}$$

Für den Geschwindigkeitsgradienten $d\overline{u^*}/dn^*$ gilt in Wandschicht-Koordinaten ($n^+ = n^* u_\tau^* / \nu^*$)

$$\frac{d\overline{u^*}}{dn^*} = \frac{d\overline{u^*}}{dn^+}\frac{dn^+}{dn^*} = \frac{d\overline{u^*}}{dn^+}\frac{u_\tau^*}{\nu^*} = f^*(n^+)\frac{u_\tau^*}{\nu^*} \tag{9.48}$$

und in Grenzschicht-Koordinaten $n = n^*/\delta^*$

$$\frac{d\overline{u^*}}{dn^*} = \frac{d\overline{u^*}}{dn}\frac{dn}{dn^*} = \frac{d\overline{u^*}}{dn}\frac{1}{\delta^*} = g^*(n)\frac{1}{\delta^*} \tag{9.49}$$

Unterstellt man für $d\overline{u^*}/dn^*$ versuchsweise eine Potenzabhängigkeit in Form von $c^* n^{*\alpha}$ und schreibt diese sowohl in n^+ als auch in n, so lautet sie

$$\frac{d\overline{u^*}}{dn^*} = c^* n^{*\alpha} = c^* n^{+\alpha}\left(\frac{u_\tau^*}{\nu^*}\right)^{-\alpha} = c^* n^{\alpha}\left(\frac{1}{\delta^*}\right)^{-\alpha} \tag{9.50}$$

Der Vergleich von (9.50) mit (9.48) und (9.49) zeigt, dass die in (9.48) und (9.49) geforderte Form des Geschwindigkeitsgradienten gleichzeitig nur für $\alpha = -1$ vorliegt, und zwar mit $f^*(n^+) = c^*/n^+$ und $g^*(n) = c^*/n$ woraus z.B. (9.44) folgt. Integriert ergibt dies den logarithmischen Verlauf der Geschwindigkeit für $n^+ \to \infty$ bzw. $n \to 0$. Für $u^+ = \overline{u^*}/u_\tau^* = u^+(n^+)$ ergibt die Integration

$$u^+ = \int\limits_0^{n^+} \frac{du^+}{dn^+}\,dn^+ = \int\limits_0^1 \frac{du^+}{dn^+}\,dn^+ + \int\limits_1^{n^+} \frac{du^+}{dn^+}\,dn^+$$

$$= \underbrace{\int\limits_0^1 \frac{du^+}{dn^+}\,dn^+ \int\limits_1^{n^+}\left(\frac{du^+}{dn^+} - \frac{1}{\kappa n^+}\right)\,dn^+}_{C^+} + \frac{1}{\kappa}\int\limits_1^{n^+}\frac{1}{n^+}\,dn^+ \tag{9.51}$$

Integriert wird du^+/dn^+. Da du^+/dn^+ aber nur für große Werte von n^+ den Verlauf $1/(\kappa n^+)$ aufweist, wird das Integral von 0 bis n^+ in die drei gezeigten Anteile aufgespalten. Die Konstante C^+ enthält dann die Integration von du^+/dn^+ von 0 bis $n^+ = 1$, sowie zwischen 1 und n^+ die Integration der Abweichungen von du^+/dn^+ gegenüber dem Verlauf $1/(\kappa n^+)$, die für $n^+ \to \infty$ stets kleiner werden. Da $\ln 1 = 0$ ist, tritt durch die formale Umformung des Integrals kein weiterer Term hinzu.

Für $n^+ \to \infty$ wird der mit C^+ bezeichnete Teil der Integration konstant (unabhängig von n^+), so dass (im Grenzübergang $Re \to \infty$) gilt:

$$\boxed{u^+ = \frac{1}{\kappa}\ln n^+ + C^+ \qquad \text{für } n^+ \to \infty} \tag{9.52}$$

Der logarithmische Geschwindigkeitsverlauf ist also eine Folge der gemeinsamen Lösung in einem Überlappungsbereich beider Schichten.

9.5.3   Der vollturbulente Bereich (Defekt-Schicht)

Bild 9.14b zeigt den Geschwindigkeits-Defekt $D^* = u_{sA}^* - \overline{u^*}$ in dimensionsloser Form, jeweils bezogen auf $U_B^* = u_{sA}^*$, als $D = 1 - \overline{u}$. Da die Geschwindigkeitsprofile mit steigender Reynolds-Zahl insgesamt immer völliger werden

(weil die Wandschicht relativ zur gesamten Grenzschicht immer dünner wird), nimmt der Geschwindigkeits-Defekt D entsprechend ab. Eine asymptotische Analyse ergibt eine direkte Proportionalität von D zu $u_\tau = u_\tau^*/U_B^*$, so dass der bezogene Geschwindigkeits-Defekt

$$D^+ = \frac{D}{u_\tau} = \frac{u_{sA}^* - \overline{u^*}}{u_\tau^*} \tag{9.53}$$

eingeführt wird, der dann bezüglich seines Betrages Reynolds-Zahl unabhängig ist. Die eigentlich interessierende Geschwindigkeit $\overline{u}$ ist damit

$$\overline{u} = 1 - u_\tau D^+ \tag{9.54}$$

Es bleibt jetzt als Aufgabe, die Funktion D^+ zu ermitteln, die sinnvollerweise in der Grenzschicht-Koordinate $n = n^*/\delta^*$ formuliert wird. Der Übergang von n^+ (adäquate Koordinate in der Wandschicht) auf n trägt dem asymptotischen Zweischichten-Charakter der Grenzschicht Rechnung. Während n^+ für Re $\to \infty$ in der Defekt-Schicht beliebig große Werte annehmen würde, gilt für n der Bereich $0 < n \leq 1$. Es ist aber zu beachten, dass die „wahre" Skalierung der Grenzschicht (also die Abhängigkeit der in der Grenzschicht vorkommenden Werte n^* von der Reynolds-Zahl) solange unbekannt ist, solange die Abhängigkeit der Dicke δ^* von der Reynolds-Zahl nicht bekannt ist.

Für die Bestimmung der Funktion D^+ ist jetzt ein Turbulenz-Modell erforderlich, da D^+ prinzipiell aus dem Gleichungssystem (9.24), (9.25) bestimmt werden muss, das erst mit einem Turbulenzmodell (9.26) geschlossen ist. Um aber auszunutzen, dass nur noch der Außenbereich der Grenzschicht, die Defekt-Schicht, berechnet werden muss, leitet man sinnvollerweise aus (9.24)–(9.26) eine allgemeingültige Gleichung für D^+ her. Diese wird anschließend anstelle des zugrundeliegenden Systems (9.24)–(9.26) weiter betrachtet. Für Details muss wiederum auf die Spezialliteratur verwiesen werden, wie z.B. Schlichting, Gersten (1997) oder Gersten, Herwig (1992).

Wird stattdessen doch das Gleichungssystem (9.24)–(9.26) numerisch gelöst, sollte berücksichtigt werden, dass eigentlich nur noch der Defekt-Bereich der Grenzschicht berechnet werden muss, da der Geschwindigkeitsverlauf in Wandnähe, ausgehend von der Wand bis in die Überlappungsschicht hinein mit dem dort vorliegenden universellen logarithmischen Verlauf, bereits bekannt ist, sobald auch ein Zahlenwert für die Konstante C^+ (glatte Wand: $C^+ = 5$) vorliegt. Numerische Verfahren, die dies berücksichtigen, benutzen den universellen Verlauf in Wandnähe in Form von sog. *Wandfunktionen* (*engl.*: wall functions).

Für eine allgemeine und im Prinzip beliebige Geschwindigkeitsverteilung $u_{sA}(s) = u_{sA}^*/U_B^*$ der reibungsfreien Außenströmung ist D^+ eine Funktion von n und s, geschrieben als $D^+(n,s)$, da die zugrundeliegenden Gleichungen (9.24)–(9.26) partielle Differentialgleichungen in den zwei Koordinaten n^* und s^* sind.

Ähnlich wie bei laminaren Grenzschichten gibt es nun besondere Geschwindigkeitsverteilungen $u_{sA}(s)$, die zu sog. *selbstähnlichen Geschwindigkeitsprofilen* führen. Diese sind dadurch gekennzeichnet, dass sie aus einem gemeinsamen Grundprofil durch eine „Streckung" oder „Stauchung" hervorgehen, was mathematisch einer Koordinatentransformation entspricht. Während sich dies bei laminaren Grenzschichten auf das gesamte Profil bezieht, s. Anmerkung 9.1/S. 227, kann Selbstähnlichkeit bei turbulenten Grenzschichten (unter besonderen Umständen) nur bezüglich der Defekt-Geschwindigkeitsverteilung vorliegen.

Die Bedingung für die Selbstähnlichkeit des Defekt-Profiles lässt sich aus der allgemeinen partiellen Differentialgleichung für $D^+(s,n)$, die hier aber nicht gezeigt wird, ablesen und lautet:

$$\boxed{\beta = \frac{\delta_1^*}{\tau_w^*} \frac{dp^*}{ds^*} = \text{const}} \qquad \text{(Gleichgewichtsgrenzschichten)} \qquad (9.55)$$

Die Kombination β wird *Clauser-Parameter* genannt, Strömungen mit $\beta =$ const, also selbstähnlicher Defekt-Schicht, heißen *Gleichgewichtsgrenzschichten*. Die Größe δ_1^* in (9.55) ist die Verdrängungsdicke der Grenzschicht. Sie ist ganz analog zur entsprechenden Größe bei laminaren Grenzschichten, s. (9.22), definiert als (n_R^*: Grenzschichtrand):

$$\delta_1^* = \int\limits_0^{n_R^*} \left(1 - \frac{\overline{u^*}}{u_{sA}^*}\right) dn^* \qquad (9.56)$$

Gemäß (9.55) ist die Grenzschicht an der ebenen Platte ($dp^*/ds^* = 0$) offensichtlich eine Gleichgewichtsgrenzschicht. Welche anderen Außengeschwindigkeiten bzw. Druckverteilungen dp^*/ds^* zu Gleichgewichtsgrenzschichten führen, ist (9.55) nicht unmittelbar zu entnehmen, da auch δ_1^* und τ_w^* von s^* abhängen. Eine genauere Analyse ergibt, dass insbesondere alle Außengeschwindigkeiten mit Potenzgesetzen $u_{sA}^*(s^*) \sim s^{*m}$ dazu gehören, wobei dann $\beta = -m/(1 + 3m)$ gilt. Diese Geschwindigkeitsverteilungen entstehen an halbunendlichen Keilen, wie dies in Anmerkung 9.1/S. 227/ für laminare selbstähnliche Grenzschichten erläutert worden war.

Anmerkung 9.4: *Indirekte Turbulenzmodellierung zur Bestimmung des Geschwindigkeits-Defektes*

Bild 9.14 zeigt, dass der gesuchte Geschwindigkeitsverlauf durch die Rand- und Anpassungsbedingungen weitgehend festliegt, weil z.B. eine „Fortschreibung" des logarithmischen Verlaufes bis zum Grenzschichtrand das gesamte Profil schon „fast" beschreibt. Deshalb ist es naheliegend, nicht die Turbulenz zu modellieren und damit die (Defekt-)Geschwindigkeit zu ermitteln, sondern umgekehrt die Geschwindigkeit zu „modellieren" und damit indirekt ein bestimmtes Turbulenzmodell zu unterstellen. Dieses Vorgehen kann dann folgerichtig als *indirekte Turbulenzmodellierung* bezeichnet werden.

Unterstellt man zunächst, der logarithmische Verlauf $u^+ = \kappa^{-1} \ln n^+ + C^+$ würde bis zum Grenzschichtrand $n = n_R = 1$ gelten, so wäre das Defektprofil (beachte: $n^*/n_R^* =$

$n^*/\delta^* = n)$

$$D^+ = \frac{u^*_{sA} - \overline{u^*}}{u^*_\tau} = u^+_R - u^+ = \frac{1}{\kappa}(\ln n^+_R - \ln n^+) = -\frac{1}{\kappa}\ln n \qquad (9.57)$$

Die Geschwindigkeits-„Modellierung" besteht nun darin, die tatsächlich doch vorhandene Abweichung in Form einer Funktion $W(n)$ zu formulieren. Messungen an verschiedenen Grenzschichten zeigen, dass die Abweichungen qualitativ wie die (halbe) Nachlauf-Delle hinter einem Körper aussehen (vgl. Bild 9.5 für eine solche Nachlauf-Delle im Geschwindigkeitsprofil), so dass die Funktion W genannt wird (engl.: wake = Nachlauf) und aus Zweckmäßigkeitsgründen mit Vorfaktoren versehen wie folgt angesetzt wird:

$$W(n) = \frac{B}{\kappa}(1 + \cos\pi n), \qquad (9.58)$$

so dass $W(0) = 2B/\kappa$ und $W(1) = 0$ gilt. Mit $W(n)$ als Korrektur zu (9.57) ergibt sich somit endgültig

$$\boxed{D^+ = \frac{u^*_{sA} - \overline{u^*}}{u^*_\tau} = \frac{1}{\kappa}\left[B(1 + \cos\pi n) - \ln n\right]} \qquad (9.59)$$

Der Faktor B beschreibt die Stärke der Abweichung vom logarithmischen Verlauf bis hin zum Grenzschichtrand. Für die ebene Platte z.B. besitzt er den Zahlenwert $B = 0{,}55$. Als Näherung für Gleichgewichtsgrenzschichten mit $\beta > 0$ (Druckanstieg, s. (9.55)) kann $B = 0{,}55 + 0{,}47\beta$ verwendet werden, für solche mit $\beta < 0$ (Druckabfall) wird $B = 0{,}55 + 0{,}94\beta$ empfohlen, s. Rohsenow et al. (1998), sowie Tab. 9.5.

9.5.4   Ergebnisse für turbulente Grenzschichten

Nachdem in den letzten drei Abschnitten gezeigt worden ist, dass turbulente Grenzschichten vor dem Hintergrund ihrer asymptotischen Zweischichten-Struktur analysiert werden sollten, bevor die Lösung der Grenzschichtgleichungen (9.24)–(9.26) in Angriff genommen wird, sollen jetzt die wichtigsten Ergebnisse für turbulente Grenzschichten mitgeteilt werden.

Diese Ergebnisse entstehen nach konsequenter Anwendung der Erkenntnisse zur asymptotischen Struktur. In ihnen sind die Beiträge der prinzipiell erforderlichen Turbulenzmodellierung bei der Bestimmung verschiedener Konstanten eingeflossen (die alternativ auch aus experimentellen Ergebnissen gewonnen werden können). Einzelheiten der Herleitung sind der Spezialliteratur zu entnehmen.

Die Ergebnisse werden für Gleichgewichtsgrenzschichten angegeben, d.h., es werden Grenzschichten betrachtet, deren Außenströmung auf konstante Werte β gemäß (9.55) führen. Der ganz allgemeine Fall einer Außenströmung $u_{sA}(s)$, die nicht zu Gleichgewichtsgrenzschichten führt, kann in guter Näherung dadurch erfasst werden, dass ein lokaler Gleichgewichtsparameter $\beta(s)$ bestimmt wird. Die Grenzschichtentwicklung kann dann in guter Näherung als Abfolge verschiedener Gleichgewichtsgrenzschichten mit dem jeweiligen Parameter $\beta(s)$ approximiert werden.

Bestimmung der Wandschubspannung

Gesucht ist die Wandschubspannung $\tau^*_w(s^*)$ für eine Außengeschwindigkeit $u^*_{sA}(s^*)$ bei der Reynolds-Zahl $\mathrm{Re}_s = u^*_{sA}s^*/\nu^*$.

Mit dem *lokalen* Reibungsbeiwert (u_{sA}^* anstelle von U_B^*)

$$\hat{c}_f = \frac{2\tau_w^*}{\varrho^* u_{sA}^{*2}} = 2\left[\frac{u_\tau^*(s^*)}{u_{sA}^*(s^*)}\right]^2 = 2\hat{u}_\tau^2 \qquad (9.60)$$

bzw. der dimensionslosen lokalen Schubspannungsgeschwindigkeit

$$\hat{u}_\tau := \frac{u_\tau^*(s^*)}{u_{sA}^*(s^*)} = \frac{u_\tau}{u_{sA}} \quad ; \quad u_\tau = \frac{u_\tau^*(s^*)}{U_B^*} ; \quad u_{sA} = \frac{u_{sA}^*(s^*)}{U_B^*} \qquad (9.61)$$

folgt (durch asymptotische Anpassung der Wand- und Defekt-Schicht)

$$\sqrt{\frac{2}{\hat{c}_f}} = \frac{1}{\kappa} \ln\left[(1 + 3\beta)\left(\mathrm{Re}_s \frac{\hat{c}_f}{2}\right)\right] + C^+ + \overline{C}(\beta) \qquad (9.62)$$

Diese Form der Bestimmungsgleichung für $\hat{c}_f$ (und damit τ_w^*) ist leider implizit und daher etwas schwierig auszuwerten. Sie kann aber auch in expliziter Form angegeben werden, s. Gersten, Herwig (1992):

$$\hat{c}_f = 2\left[\frac{\kappa}{\ln \mathrm{Re}_s} G(\Lambda; A)\right]^2 \qquad (9.63)$$

mit
$$\Lambda = \ln \mathrm{Re}_s$$
$$A = 2\ln\kappa + \kappa(C^+ + \overline{C}) + \ln(1 + 3\beta)$$

und der Funktion $G(\Lambda; A)$ gemäß Tab. 9.4. Die Konstante $\overline{C}(\beta)$ kann Tab. 9.5 entnommen werden. Mit $\hat{c}_f = 2\hat{u}_\tau^2 \sim (1/\ln \mathrm{Re}_s)^2$ bestätigt sich die schon in (9.35) angegebene Re-Abhängigkeit $u_\tau \sim 1/\ln \mathrm{Re}$.

						A					
Re_s	Λ	−0,96	−0,46	−0,17	0,04	1,10	2,65	2,90	3,70	5,03	5,70	11,4
10^5	11,51	1,71	1,62	1,57	1,53	1,38	1,20	1,17	1,10	0,99	0,94	0,67
10^6	13,82	1,61	1,54	1,50	1,47	1,35	1,19	1,17	1,11	1,01	0,97	0,72
10^7	16,12	1,54	1,48	1,45	1,43	1,32	1,19	1,17	1,11	1,03	0,99	0,75
10^8	18,42	1,48	1,43	1,41	1,39	1,30	1,18	1,17	1,12	1,04	1,01	0,78
10^{10}	23,03	1,40	1,36	1,34	1,33	1,26	1,17	1,15	1,11	1,05	1,02	0,83
10^{12}	27,63	1,34	1,31	1,29	1,28	1,23	1,15	1,14	1,11	1,06	1,03	0,86
10^{14}	32,24	1,30	1,27	1,26	1,25	1,20	1,14	1,13	1,10	1,06	1,04	0,88
10^{16}	36,84	1,26	1,24	1,23	1,23	1,19	1,13	1,12	1,10	1,06	1,04	0,90
∞	∞	1	1	1	1	1	1	1	1	1	1	1

Tab. 9.4: Zahlenwerte der Funktion $G(\Lambda; A)$ in (9.63)

Bestimmung der Grenzschichtdicken

Bereits bei der Behandlung laminarer Grenzschichten war darauf hingewiesen worden, dass Grenzschichtdicken im Sinne von „Erreichen eines bestimmten Prozentsatzes der Außenströmungsgeschwindigkeit" sehr problematisch sind, s. die Ausführungen im Zusammenhang mit (9.22). Dies gilt insbesondere auch für turbulente Grenzschichten, die sehr völlige Geschwindigkeitsprofile besitzen und deshalb nur schwer auszumachende Ränder aufweisen.

Eine sinnvolle Charakterisierung kann jedoch über eine charakteristische Dicke Δ^* erfolgen, die über einen (physikalisch unbedeutenden) Faktor mit der bisher zur Bildung von n verwendeten „Grenzschichtdicke" δ^* verbunden ist, damit aber dann dieselbe Lauflängen- und Reynolds-Zahl-Abhängigkeit besitzt wie diese. Für diese Größe findet man aus asymptotischen Überlegungen:

$$\Delta^* = s^*(1 + 3\beta)\frac{u_\tau^*(s^*)}{u_{sA}^*(s^*)} \tag{9.64}$$

Dies ist für $\beta = 0$ (Plattengrenzschicht) ein fast lineares Anwachsen der Grenzschicht, da u_τ^* dann nur schwach von s^* abhängig ist und $u_{sA}^* = u_\infty^* =$ const gilt.

In (9.64) wird angenommen, dass die Grenzschicht bei $s^* = 0$ als turbulente Grenzschicht beginnt. Eine laminare Verlaufstrecke kann dadurch berücksichtigt werden, dass anstelle von s^* jetzt $(s^* - s_0^*)$ verwendet wird und s_0^* die Lage eines sog. *virtuellen Ursprunges* beschreibt.

Für die Verdrängungsdicke δ_1^* gemäß (9.56) und die zu (9.19) analog gebildete Impulsverlustdicke gilt

$$\delta_1^* = s^*(1 + 3\beta)\left[\frac{u_\tau^*(s^*)}{u_{sA}^*(s^*)}\right]^2 \tag{9.65}$$

$$\delta_2^* = \delta_1^*\left(1 - G(\beta)\frac{u_\tau^*(s^*)}{u_{sA}^*(s^*)}\right) \tag{9.66}$$

mit $G(\beta)$ aus Tab. 9.5.

Da das Verhältnis u_τ^*/u_{sA}^* sehr viel kleiner als Eins ist, sind δ_1^* und δ_2^* anders als bei laminaren Grenzschichten erheblich kleiner als die eigentliche Grenzschichtdicke (asymptotisch um „eine Größenordnung" kleiner).

Mit $\Delta^* \sim u_\tau^*$ und $u_\tau \sim 1/\ln \text{Re}$ bestätigt sich wiederum die bereits in (9.35) angegebene Re-Abhängigkeit $\delta \sim 1/\ln \text{Re}$. Aus Messungen an der ebenen Platte ergibt sich, dass für diesen Fall $\delta^* \approx 0{,}34\Delta^*$ gilt, wenn δ^* diejenige Dicke ist, bei der 99 % der Außengeschwindigkeit erreicht sind.

Einfluss von Wandrauheiten

Anders als bei laminaren Strömungen spielen Wandrauheiten bei turbulenten Strömungen u.U. eine entscheidende Rolle (s. dazu auch Beispiel 2.3 in

β	m	B	$\overline{C}$	G
$-0,5$	-1	0,08	$-2,66$	4,64
$-0,33$	∞	0,24	$-1,96$	5,33
0	0	0,55	$-0,56$	6,59
0,5	$-0,2$	0,79	1,34	8,17
1	$-0,25$	1,02	3,04	9,50
2	$-0,286$	1,49	6,87	11,7
10	$-0,323$	5,25	25,1	22,3

Tab. 9.5: Konstanten für Gleichgewichtsgrenzschichten

β: Gleichgewichtsparameter (9.55)
m: Exponent der zugehörigen Außenströmung $u_{sA}^* \sim s^{*m}$
B: Konstante im Defekt-Gesetz (9.59)
$\overline{C}$: Konstante in (9.62) und (9.63)
G: Konstante in (9.66)

Kap. 2). Dies ist nicht verwunderlich, wenn man bedenkt, welche entscheidende Rolle die (extrem dünne) Wandschicht für turbulente Grenzschichten spielt und dass Rauheiten, die deutlich in diese hineinragen oder sogar bis an ihren Rand und darüber hinaus reichen, die physikalischen Verhältnisse dort wesentlich beeinflussen können.

Um die Vielfalt von möglichen Oberflächenbeschaffenheiten berücksichtigen zu können, wird eine *Standard-Rauheit* eingeführt (Kugeln vom Durchmesser k^* in dichtester Packung, gut erfüllt bei Sandpapier), die als *äquivalente Sandrauheit* k_s^* dann durch vergleichende Messungen den technischen

WERKSTOFF	OBERFLÄCHENBESCHAFFENHEIT	$k_S^*/$mm
Messing, Kupfer, Glas, Aluminium, Kunststoff	glatt, ohne Ablagerungen	$< 0,03$
Stahl	neu verrostet verkrustet	$< 0,03$ $0,2 - 0,3$ $0,5 - 2,0$
Gußeisen	neu verrostet verkrustet	$0,25$ $1,0 - 1,5$ $> 1,5$

Tab. 9.6: Äquivalente Sandrauheiten k_s^* (aus: DIN 1952)

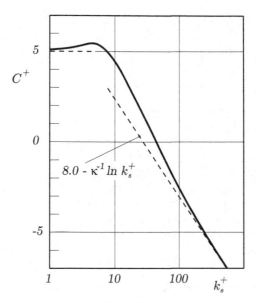

Bild 9.15: Zahlenwerte C^+ in (9.52), (9.62), (9.63) für verschiedene dimensionslose Rauheitshöhen k_s^+

Rauheiten zugeordnet wird. Tabelle 9.6 zeigt eine kleine Auswahl solcher Zuordnungen.

Aus den eingangs angestellten Überlegungen zur Wirkung der Rauheiten folgt bereits unmittelbar:

1. Entscheidend sind nicht die Absolutwerte k_s^* von Rauheitshöhen, sondern wieweit diese bei einer bestimmten Grenzschicht in die Wandschicht hineinragen. Dies kann beurteilt werden, wenn analog zur Wandschicht-Koordinate $n^+ = n^* u_\tau^* / \nu^*$ eine entsprechende dimensionslose Rauheitshöhe

$$k_s^+ = \frac{k_s^* u_\tau^*}{\nu^*} \qquad (9.67)$$

gebildet wird, mit der die Rauheit im „Wandschicht-Maßstab" gemessen werden kann, weil dann $k_s^+ = k_s^* / \hat{\delta}_w^*$ gilt.

2. Wandrauheiten beeinflussen die Geschwindigkeitsverteilung in der Wandschicht. Sie müssen deshalb die Konstante C^+ verändern, die durch eine Integration der Geschwindigkeit über die Wandschicht hinweg entsteht, s. (9.51).

3. Sehr große Rauheiten zerstören die Wandschicht vollständig. Da nur dort die molekulare Viskosität ν^* von Bedeutung ist, müssen diese Strömungen dann frei von Viskositätseinflüssen sein (und damit unabhängig von der Reynolds-Zahl $\text{Re}_s = U_B^* s^* / \nu^*$ werden). Diese Fälle heißen *vollrauh*.

Experimentelle Untersuchungen bestätigen alle drei Punkte. Danach können folgende Bereiche bzgl. k_s^+ unterschieden werden:

$$\text{Hydraulisch glatt:} \qquad k_s^+ \leq 5: \quad C^+ \approx 5{,}0$$

$$\text{rauh:} \quad 5 < k_s^+ \leq 70: \quad C^+(k_s^+) \quad \text{aus Bild 9.15}$$

$$\text{vollrauh:} \qquad 70 < k_s^+: \quad C^+(k_s^+) = 8{,}0 - \frac{1}{\kappa}\ln k_s^+$$

Eine detailliertere Analyse unter Einbeziehung thermodynamischer Überlegungen (Entropieproduktion, s. Teil C dieses Buches) findet man in Herwig et al. (2008).

Beispiel 9.2: *Turbulente Grenzschichtdicken am Ende einer hydraulisch glatten Platte der Länge L^**

Unterstellt man eine von der Vorderkante an turbulente Grenzschicht, so ergibt sich folgendes für die Dicken der Grenzschicht sowie der Wandschicht:

Wie im Zusammenhang mit (9.64) bereits erwähnt, ist die Grenzschichtdicke δ^* als δ_{99}^* (Dicke, bei der 99 % der Außengeschwindigkeit erreicht ist) etwa $0{,}34\Delta^*$. Für den Grenzschichtmaßstab Δ^* gilt nach (9.64) für die ebene Platte ($\beta = 0; u_{sA}^*(s^*) = u_\infty^*$) bei $s^* = L^*$:

$$\Delta^* = L^* u_\tau \qquad (B9.2\text{-}1)$$

Mit (9.60) und (9.63) folgt $u_\tau = \hat{u}_\tau = \sqrt{\hat{c}_f/2} = \kappa G(\Lambda; A)/\ln\mathrm{Re}$, wobei $\mathrm{Re} = u_\infty^* L^*/\nu^*$ gilt. Die Konstante A ist für die ebene hydraulisch glatte Platte ($\beta = 0; \overline{C} = -0{,}56; C^+ = 5{,}0$) $A \approx 0{,}04$, so dass im folgenden $G \approx 1{,}45$ gesetzt wird (s. Tab. 9.4). Damit gilt insgesamt:

$$\boxed{\frac{\delta^*}{L^*} = \frac{0{,}34\,\kappa\,G}{\ln\mathrm{Re}} = \frac{0{,}202}{\ln\mathrm{Re}}} \qquad (B9.2\text{-}2)$$

Für die Wandschichtdicke δ_w^* folgt mit $n^+ = n^* u_\tau^*/\nu^* = 70$ am Rand der Wandschicht

$$\frac{\delta_w^* u_\tau^*}{\nu^*} = 70 \longrightarrow \frac{\delta_w^*}{L^*} = \frac{70}{\mathrm{Re}\,u_\tau} \qquad (B9.2\text{-}3)$$

Wiederum mit $u_\tau = \kappa\,G/\ln\mathrm{Re}$ ergibt sich

$$\boxed{\frac{\delta_w^*}{L^*} = \frac{70}{\kappa\,G}\frac{\ln\mathrm{Re}}{\mathrm{Re}} = 118\frac{\ln\mathrm{Re}}{\mathrm{Re}}} \qquad (B9.2\text{-}4)$$

Für das Verhältnis δ_w^*/δ^* gilt damit:

$$\frac{\delta_w^*}{\delta^*} = \frac{118}{0{,}202}\frac{\ln^2\mathrm{Re}}{\mathrm{Re}} = 584\frac{\ln^2\mathrm{Re}}{\mathrm{Re}} \qquad (B9.2\text{-}5)$$

Tabelle B9.2 enthält einige Zahlenwerte für die Realisierung in Luft ($\nu^* = 15 \cdot 10^{-6}\,\mathrm{m}^2/\mathrm{s}$) und Wasser ($\nu^* = 10^{-6}\,\mathrm{m}^2/\mathrm{s}$).

Beispiel 9.3: *Widerstand einer turbulent überströmten ebenen Platte*

Für den Widerstand W_{zb}^* der zweiseitig benetzten Platte gilt mit B^* als Plattenbreite

$$W_{zb}^* = 2B^* \int_0^{L^*} \tau_w^*(s^*)\,ds^* \qquad (B9.3\text{-}1)$$

woraus der dimensionslose Widerstandsbeiwert c_W gebildet wird (vgl. Beispiel 9.1 für

	$\dfrac{u_\infty^*}{\text{m/s}}$	$\dfrac{L^*}{\text{m}}$	$\text{Re} = \dfrac{u_\infty^* L^*}{\nu^*}$	$\dfrac{\delta^*}{\text{mm}}$	$\dfrac{\delta_w^*}{\text{mm}}$	$\dfrac{\delta_w^*}{\delta^*}$
	50	1	$3{,}3 \cdot 10^6$	13,5	0,54	0,04
Luft	100	1	$6{,}6 \cdot 10^6$	12,9	0,28	0,02
	100	5	$3{,}3 \cdot 10^7$	58,3	0,31	$5{,}3 \cdot 10^{-3}$
	200	10	$1{,}3 \cdot 10^8$	108	0,17	$1{,}6 \cdot 10^{-3}$
	1	2	$2 \cdot 10^6$	27,8	1,7	0,06
Wasser	2	5	$1 \cdot 10^7$	62,7	0,95	0,015
	5	50	$2{,}5 \cdot 10^8$	522	0,46	$0{,}9 \cdot 10^{-3}$
	10	200	$2 \cdot 10^9$	1886	0,25	$1{,}3 \cdot 10^{-4}$

Tab. B9.2: Grenzschichtdicke δ^* und Wandschichtdicke δ_w^* am Ende einer hydraulisch glatten Platte der Länge L^*

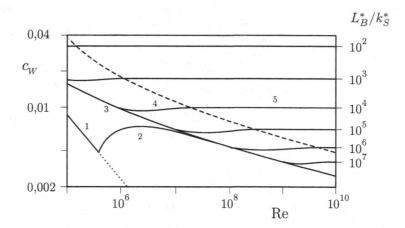

Bild B9.3: Widerstandsdiagramm der längsangeströmten Platte (zweiseitig benetzt)
1: Laminar, Beispiel 9.1, (B9.1-3)
2: mit laminarem Anlauf
3: turbulent, hydraulisch glatt ($C^+ = 5{,}0$)
4: turbulent, rauh (C^+ nach Bild 9.15)
5: turbulent, vollrauh ($C^+ = 8{,}0 - \kappa^{-1} \ln k_s^+$)
gestrichelt: Grenzlinie des vollrauhen Bereiches ($k_s^+ = 70$)

den laminaren Fall). Auch hier mit $u_\tau = \hat{u}_\tau$ und $\hat{c}_f$ nach (9.60) gilt für diesen Fall:

$$c_W = \frac{2\,W_{zb}^*}{\varrho^* B^* L^* u_\infty^{*2}} = 4 \int\limits_0^1 \hat{u}_\tau^2 \, ds = 2 \int\limits_0^1 \hat{c}_f(s) \, ds \qquad \text{(B9.3-2)}$$

Die Integration ist wiederum wegen des impliziten Charakters von $\hat{c}_f$, s. (9.62), nicht einfach auszuführen, so dass (9.63) verwendet werden sollte.

Alternativ kann c_W aber auch aus der Impulsverlustdicke stromabwärts des Körpers, im Falle der ebenen Platte (wegen $u_{s_A}^*(s^*) = u_\infty^* = $ const) sogar direkt an der Hinterkante bestimmt werden, wie dies für die laminare Grenzschicht im Beispiel 9.1 bereits erläutert worden ist. In diesem Sinne gilt für die zweiseitig benetzte Platte mit δ_2^*/L^* nach (9.66),

$$c_W = 2\left(2\frac{\delta_2^*}{L^*}\right) = 2\hat{c}_f\left[1 - (G - G_2)\sqrt{\frac{\hat{c}_f}{2}}\right]. \qquad \text{(B9.3-3)}$$

In der Beziehung für δ_2^*/L^* musste dabei jedoch ein Term G_2 als bisher vernachlässigter Term höherer Ordnung ergänzt werden, für den bei $\beta = 0$ der Zahlenwert $G_2 = 11,5$ gilt, s. Gersten, Herwig (1992, S. 630).

Damit ergibt sich das in Bild B9.3 gezeigte Widerstandsdiagramm für die Strömung an der ebenen Platte. Deutlich zu erkennen ist:

❏ die starke Zunahme des Widerstandes gegenüber einer (fiktiven) weiterhin laminaren Strömung

❏ der starke Einfluss der Wandrauheit

❏ die Re-Unabhängigkeit von c_W für Rauheiten $k_s^+ > 70$, da dann die Wandschicht „zerstört" und kein Viskositätseinfluss mehr vorhanden ist.

Beispiel 9.4:   *Widerstandsbeiwert des Kreiszylinders*

Während die ebene, parallel überströmte Platte den Prototyp einer Strömung ohne Ablösung darstellt, ist die Kreiszylinderumströmung ein typisches Beispiel für eine Strömung mit (druckinduzierter) Ablösung.

Für den Widerstandsbeiwert $c_W = c_W(\mathrm{Re})$ ergibt sich ein Verlauf, der auch für ähnlich geformte Körper (z.B. eine Ellipse) charakteristisch ist. Die fünf verschiedenen Reynolds-Zahl-Bereiche mit jeweils anderen physikalischen Merkmalen bzgl. der Strömungsablösung, sind in Bild B9.4 skizziert. Bei hohen Reynolds-Zahlen ($\mathrm{Re} > 10^5$) kommt es zu einer sehr starken Abnahme des Widerstandsbeiwertes vom Wert $c_W \approx 1$ auf einen Wert $c_W \approx 0{,}2$. Die Ursache für diese drastische Abnahme des Widerstandes in diesem Reynolds-Zahl-Bereich ist ein Übergang der zunächst laminaren Grenzschicht in die turbulente Strömungsform bevor die Grenzschicht ablöst. Die turbulente Grenzschicht kann einen deutlich größeren Druckanstieg überwinden, bis auch sie zur Ablösung kommt. Damit ist das entstehende Ablösegebiet aber deutlich kleiner als bei laminarer Ablösung und als Folge davon der Druckwiderstand des Kreiszylinders erheblich geringer. Die Strömungsverhältnisse mit turbulenter Ablösung verändern sich gegenüber dem Fall laminarer Ablösung „in Richtung" der potentialtheoretisch zu beschreibenden vollständig reibungsfreien Umströmung, für die bekanntlich $c_W = 0$ gilt, vgl. Abschn. 8.1.

Der Gesamtwiderstand eines ebenen Körpers (bei Unterschallströmung) ist die Summe aus dem Reibungs- und dem Druckwiderstand. Wenn größere Ablösegebiete auftreten, ist stets der Druckwiderstand der dominierende Anteil. Dieser wird von möglicherweise vorhandenen Wandrauheiten nur insofern indirekt beeinflusst, als Rauheiten zu

einem früheren Übergang der laminaren in die turbulente Strömungsform der Grenzschichten führen können und damit der starke Abfall im Wert von c_W bereits bei
niedrigeren Reynolds-Zahlen erfolgt. Ein direkter Einfluss von Wandrauheiten liegt nur
im turbulenten Teil der Strömungsgrenzschichten stromaufwärts der Ablösung vor. Dies
wirkt sich jedoch nur so schwach auf den Gesamtwiderstand aus, dass anders als im Fall
der ebenen Platte, bei der der Widerstand ausschließlich Reibungswiderstand ist, keine
Kurvenscharen mit einem Rauheitswert als Parameter entstehen.

Eine weitere Besonderheit auf die hingewiesen werden sollte, ist der periodische Ablöse-
vorgang im Reynolds-Zahl Bereich von etwa $60 < \text{Re} < 5\,000$, der als *Karmansche
Wirbelstraße* bezeichnet wird. In diesem Bereich kommt es zu beidseitig alternierend
ablösenden Wirbeln, wobei sich die Ablösewinkel (d.h. die Winkelposition auf dem
Kreiszylinder) erstaunlicherweise nicht erkennbar verändern. Ein neuer Wirbel wächst
sozusagen am festen Beginn des Ablösegebietes und wird mit Erreichen seiner „Ablöse-
größe" stromabwärts bewegt.Der Rand des Ablösegebietes ist damit periodisch stark
verformt, die Ablösestelle auf dem Kreiszylinder bleibt aber praktisch unverändert an
derselben Stelle.

Oberhalb von etwa $\text{Re} = 500$ stellt sich eine Ablösefrequenz f^* ein, für die der Zusammenhang $f^* D^* / u_\infty^* \approx 0{,}21 = \text{const}$ gilt. Die dimensionslose Kombination $f^* D^* / u_\infty^*$
wird *Strouhal-Zahl* S genannt.

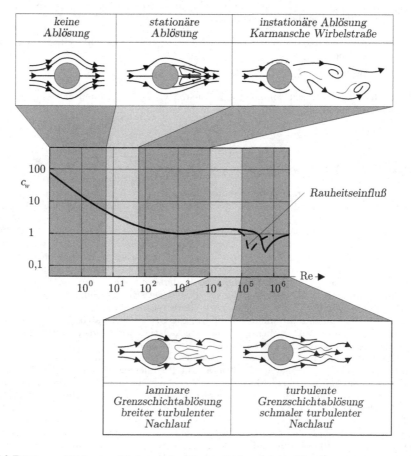

Bild B9.4:   Widerstandsbeiwert des Kreiszylinders (glatte Wand)

Anmerkung 9.5: *Grenzschichtablösung (turbulent)*

Das Kriterium für die Grenzschichtablösung ist wie im Laminaren eine Wandschubspannung $\tau_w^* = 0$. Die physikalischen Vorgänge verlaufen auch bei einer turbulenten Grenzschicht prinzipiell wie in Bild 9.9 der Anmerkung 9.2/S. 227/ dargestellt. Während jedoch die laminare Grenzschichttheorie 1. Ordnung im Ablösepunkt eine Singularität aufweist und damit dieses physikalisch/mathematische Modell keine weiteren Aussagen über die Vorgänge bei Erreichen des Ablösepunktes zulässt, können die bisher entwickelten Modellvorstellungen für turbulente Grenzschichten modifiziert werden und erlauben damit eine Analyse der Vorgänge bei der Strömungsablösung. Dies ist möglich, wenn nicht „einfach" die Grenzschichtgleichungen (9.24)–(9.26) numerisch gelöst werden (wobei dann ein ähnlich singuläres Lösungsverhalten wie im laminaren Fall auftreten würde), sondern die Verhältnisse wie bisher bezüglich der Schichtenstruktur analysiert werden.

Dabei ergeben sich folgende Besonderheiten (für weitere Details sei wiederum auf die Spezialliteratur verwiesen, besonders auf Gersten, Herwig (1992, Kap. 16.2 und 17.4)):

1. An die Stelle der bisher verwendeten Bezugsgeschwindigkeit $u_\tau^* = \sqrt{\tau_w^*/\varrho^*}$, die bei $\tau_w^* = 0$ ebenfalls null wird, tritt die sog. *Druckgradientengeschwindigkeit*

$$u_s^* = \left(\frac{\nu^*}{\varrho^*} \frac{dp_w^*}{ds^*} \right)^{1/3} \tag{9.68}$$

2. Die Wandschicht-Koordinate (bisher $n^+ = n^* u_\tau^*/\nu^*$) wird $n^\times = n^* u_s^*/\nu^*$. Die Wandschicht selbst ist gegenüber den Bereichen mit $\tau_w^* > 0$ etwas schwächer von der Reynolds-Zahl abhängig, weshalb es für $\tau_w^* \to 0$ zu einer „Verdickung" der Wandschicht kommt.

3. Am Außenrand der Wandschicht tritt nicht mehr das logarithmische Geschwindigkeitsprofil $u^+ = \kappa^{-1} \ln n^+ + C^+$ auf, sondern es gilt ein sog. *Wurzelgesetz*:

$$u^\times = \frac{\overline{u^*}}{u_s^*} = \frac{1}{\kappa_0} \sqrt{n^\times} + C^\times \tag{9.69}$$

mit den Konstanten $\kappa_0 = 0{,}4$ und $C^\times = -3{,}2$ (glatte Wand).

4. Die Wandschicht geht nicht direkt in die Außenschicht über (bisher: Defekt-Schicht), sondern in eine Zwischenschicht mit einer eigenen Skalierung. Diese Schicht wird als *innere Außenschicht* bezeichnet. Insgesamt besteht die Grenzschicht damit nicht mehr nur aus zwei, sondern aus drei Schichten.

5. Die Außenschicht ist keine Defekt-Schicht mehr, d.h., sie geht für Re $\to \infty$ nicht in die homogene Strömung $\overline{u^*} = u_{sA}^*(s^*)$ über, sondern bleibt als „echtes Grenzschichtprofil" erhalten. Außerdem zeigt sie keine mit Re $\to \infty$ verschwindende Dicke wie alle anliegenden Grenzschichten, sondern hat eine Re-unabhängige endliche Dicke. Sie stellt damit den Übergang in die sog. *freie Scherschicht* dar, die diese Eigenschaft ebenfalls besitzt.

Die experimentelle Untersuchung des Grenzschichtverhaltens bei Ablösung erfolgt üblicherweise an Grenzschichten, für die auf endlichen Lauflängen eine Wandschubspannung $\tau_w^* = 0$ realisiert wird. Dies kann mit einer Außenströmung $u_{sA}^* \sim (s^* - s_0^*)^m$ und $m \approx -0{,}219$ erreicht werden. Diese Grenzschicht besitzt eine selbstähnliche Außenschicht. Sie ist unter dem Namen *Stratford-Strömung* bekannt.

Anmerkung 9.6: *Turbulenzgrad der Außenströmung*

Bisher war die turbulente Umströmung eines Körpers bei hohen Reynolds-Zahlen mit Hilfe des Grenzschichtkonzeptes behandelt worden. Dabei konnte die Grenzschicht selbst entweder laminar oder turbulent sein. Dieses „entweder, oder" verleitet nun zu der Frage, ob die reibungsfreie Außenströmung, da sie offensichtlich nicht turbulent ist, (s. auch Bild 9.10) damit notwendigerweise als laminar anzusehen sei.

Eine solche Frage entsteht typischerweise, wenn nicht nach der Realitäts- und der Modellebene unterschieden wird. Mit dem Begriff und der damit verbundenen physikalischen Vorstellung der „reibungsfreien Außenströmung" ist man auf der Modellebene. Im Rahmen dieser Modellvorstellung, formuliert mit einem Gleichungssystem ohne viskose und ohne Reynoldssche Spannungstensoren bzw. deren Komponenten, existiert kein Mechanismus, der zu zwei unterschiedlichen Strömungsformen führen könnte, die dann als laminar bzw. turbulent bezeichnet werden müssten. Im Rahmen dieser Beschreibung kann also die Frage „laminar oder turbulent"gar nicht beantwortet werden. Sie wird als reibungsfrei modelliert, die Kategorien „laminar" oder „turbulent" existieren in dieser Modellvorstellung nicht.

Nun ergeben allerdings Messungen, dass diese als reibungsfrei modellierten Strömungsbereiche häufig einen, wenn auch meist nur geringen, Turbulenzgrad aufweisen, diese Strömungen also offensichtlich „doch" turbulent sind. Dieser scheinbare Widerspruch ist eigentlich schon aufgeklärt: Im Rahmen einer Modellvorstellung „reibungsfreie Strömung" wird dieser Aspekt vernachlässigt (s. dazu auch Bild 2.1, fehlende Entsprechungen zwischen Modell- und Realitätsebene). Wenn er sich als dennoch bedeutsam erweist, so kann und muss er zusätzlich berücksichtigt werden, indem die Modellvorstellung um diesen Aspekt erweitert wird.

Ein erster Schritt dazu ist, dass der Einfluss endlicher Turbulenzgrade der Außenströmung experimentell bestimmt wird. Darauf aufbauend können u.U. Korrekturfaktoren ermittelt werden, die in die Endergebnisse einer Analyse ohne Berücksichtigung des Turbulenzgrades der Außenströmung aufgenommen werden können. Zum Beispiel ist der Wärmeübergang zwischen einer Wand und dem angrenzenden Fluid sehr stark von auch nur geringen Turbulenzgraden der Außenströmung (Anströmung) abhängig, was in einem entsprechenden Korrekturfaktor näherungsweise berücksichtigt werden kann.

Anmerkung 9.7: *Temperaturgrenzschichten*

In Abschn. 9.2 war die Entstehung von Strömungsgrenzschichten anschaulich aus dem Zusammenspiel von Diffusion von Drehung und deren konvektivem Transport abgeleitet worden. Im Zusammenhang mit (9.3) war dabei auf die Analogie zwischen dem diffusen Transport von Drehung und von innerer Energie hingewiesen worden. Dem „Transportkoeffizienten" Viskosität ν^* entspricht bei der inneren Energie die Temperaturleitfähigkeit a^*.

„Entsteht" nun an einer Grenzfläche innere Energie (weil diese z.B. aufgrund von Wärmeleitung durch eine Wand dorthin gelangt), so breitet sich diese in Form von Wärmeleitung im Fluid quer zur Wand aus und wird gleichzeitig konvektiv entlang der Wand transportiert, wenn die Wand überströmt ist. Es bilden sich deshalb dünne Temperaturgrenzschichten aus, innerhalb derer die innere Energie des Fluides durch den Transport über die Grenzfläche beeinflusst ist.

Je nach den konkreten Verhältnissen können diese Temperaturgrenzschichten etwa die gleiche Dicke besitzen wie die Strömungsgrenzschichten, sie können aber auch sehr viel dünner oder sehr viel dicker sein als diese. Ein maßgeblicher Parameter für die Frage, in welchem Verhältnis die Dicken der Strömungs- und Temperaturgrenzschichten stehen, ist die molekulare Prandtl-Zahl

$$\mathrm{Pr} = \frac{\nu^*}{a^*} \, , \qquad (9.70)$$

die beide „Transportkoeffizienten" ins Verhältnis setzt. Bild 9.16 zeigt die Verhältnisse am Beispiel der laminaren Temperaturgrenzschichten. Für diesen Fall können die Grenzfälle $\mathrm{Pr} \to 0$ und $\mathrm{Pr} \to \infty$ sehr einfach und universell behandelt werden. Bei turbulenten Grenzschichten entstehen aber komplizierte Dreischichten-Strukturen, für Einzelheiten s. z.B. Gersten, Herwig (1992, Abschn. 7.5.5 und 15.1), generell zur Wärmeübertragung Herwig, Moschallski (2014) und Herwig (2017).

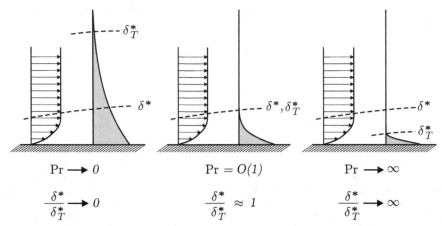

Bild 9.16: Prinzipieller Verlauf der Temperaturdifferenz $(T^* - T^*_\infty)$ in laminaren Temperaturgrenzschichten für verschiedene Bereiche der Prandtl-Zahlen

δ^*: Dicke der Strömungsgrenzschicht
δ^*_T: Dicke der Temperaturgrenzschicht

Anmerkung 9.8:   *Der Transitionsprozess bei ebenen Grenzschichten/*
Strömungsstabilität bzw. -instabilität

In Anmerkung 5.11/S. 125/ war der Transitionsprozess als Folge des Verhaltens von Strömungen gegenüber Störungen beschrieben worden. Danach setzt dieser Prozess ein, wenn Strömungen erstmals nicht mehr in der Lage sind, alle Elementarstörungen (aus denen sich eine beliebige Störung zusammensetzt) zu dämpfen. Am Beispiel der ebenen Plattengrenzschicht soll das Vorgehen bei einer solchen Analyse des Strömungsverhalten gegenüber Störungen erläutert werden.

Für die Störgeschwindigkeiten $u^{*\prime}$ und $v^{*\prime}$ einer als zweidimensional angenommenen Störung werden die Wellenansätze (5.40) gewählt. In dimensionsloser Form (entdimensioniert mit der Anströmgeschwindigkeit u^*_∞ und einer Bezugslänge L^*_B) lauten sie

$$u' = \hat{u}\exp[i\alpha(s - \hat{c}t)] + cc\,; \quad v' = \hat{v}\exp[i\alpha(s - \hat{c}t)] + cc \tag{9.71}$$

Dabei sind $\hat{u}(n)$ und $\hat{v}(n)$ die (komplexen) sog. Amplitudenfunktionen, mit denen die Form der Störung (über der Grenzschicht, in Richtung der Koordinate n) beschrieben werden. Die komplexe Exponentialfunktion $\exp[i\alpha(s - \hat{c}t)]$ beschreibt den Wellencharakter der Störung in x-Richtung bzw. in der Zeit t, der die Elementarwelle der dimensionslosen Wellenlänge $2\pi/\alpha$ ausmacht.

Anstelle der Einzelkomponenten u' und v' wird die Stromfunktion der Störung eingeführt, wobei dann $\hat{u} = \hat{\varphi}'$ und $\hat{v} = -i\alpha\hat{\varphi}$ gilt.

Die Bestimmungsgleichung für die Amplitudenfunktion der Störung, $\hat{\varphi}$, kann – relativ einfach – aus den Grundgleichungen (Navier-Stokes-Gleichungen) abgeleitet werden. Sie lautet für ebene Strömungen (lineare Stabilitätstheorie; Parallelströmungsannahme):

$$\boxed{(U - \hat{c})(\hat{\varphi}'' - \alpha^2\hat{\varphi}) - U''\hat{\varphi} = -\frac{1}{\alpha\mathrm{Re}}(\hat{\varphi}'''' - 2\alpha^2\hat{\varphi}'' + \alpha^4\hat{\varphi})} \tag{9.72}$$

und wird *Orr-Sommerfeld-Gleichung* genannt.

Darin ist U die Strömungsgeschwindigkeit der Grundströmung (laminare Grenzschicht). Zusätzlich kommen vor:

α: Wellenzahl (Wellenlänge: $2\pi/\alpha$)

$\hat{c}$: $\hat{c} = c_r + ic_i$
c_r: Wellenfortpflanzungsgeschwindigkeit, c_i: Anfachungsfaktor

Re: Reynolds-Zahl der Strömung (Re $= u_\infty^* L_B^* / \nu^*$)

Die Randbedingungen für $\hat{\varphi}$ sind homogen, so dass insgesamt ein Eigenwertproblem vorliegt ($\hat{\varphi} = 0$ ist Lösung der Gleichungen, für diskrete Werte der beteiligten Parameter existieren aber zusätzliche Lösungen $\hat{\varphi} \neq 0$).

Die numerische Lösung von (9.72) ist keineswegs trivial, da es sich um eine sog. steife Differentialgleichung handelt. Bei dieser Lösung werden z.B. die Reynolds-Zahl Re und die Wellenzahl α vorgegeben (beide sind reelle Größen). Die Lösung, getrennt nach Real- und Imaginärteil, besteht aus der komplexen Amplitudenfunktion $\hat{\varphi}$ (deren Realteil die konkrete Form der wellenartigen Störung beschreibt) und dem komplexen Eigenwert $\hat{c} = c_r + ic_i$. Wie bereits in Anmerkung 5.11/S. 125/ ausgeführt, entscheidet das Vorzeichen von c_i über das Stabilitätsverhalten (der Partialstörung mit der Wellenzahl α bei der Reynolds-Zahl

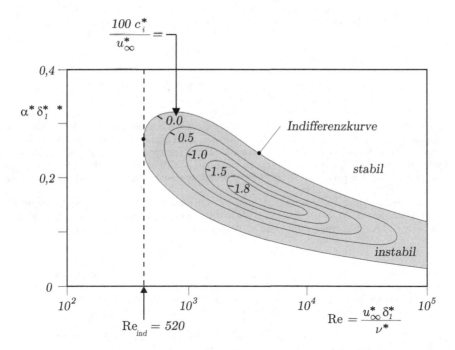

Bild 9.17: Stabilitätsdiagramm der ebenen Plattengrenzschicht; gezeigt sind die Werte von c_i^* für

$c_i^* < 0$ im stabilen Bereich (keine konkreten Angaben)

$c_i^* = 0$ auf der Indifferenzkurve

$c_i^* > 0$ im instabilen Bereich;
beachte: hohe Anfachungsraten bei relativ kleinen Reynolds-Zahlen

α^*: Wellenzahl, c_i^*: Anfachungsfaktor, δ_1^*: Verdrängungsdicke s. (9.22)

Re).

Nach einer systematischen Variation der Eingangsparameter (α, Re) erhält man schließlich das sog. *Stabilitätsdiagramm* der betrachteten Strömung. Bild 9.17 zeigt dieses für die ebene Plattengrenzschicht. Da unterhalb von $\text{Re} = 520$ keine Elementarstörung angefacht wird, ist die Strömung mit $\text{Re} < 520$ stabil und $\text{Re} = 520$ stellt die gesuchte Indifferenz-Reynolds-Zahl dar. Wie in Anmerkung 5.11 erläutert, kennzeichnet sie den Beginn des Transitionsprozesses, der bei der größeren kritischen Reynolds-Zahl Re_{krit} dann abgeschlossen ist. Messungen ergeben eine kritische Reynolds-Zahl, ebenfalls mit der Verdrängungsdicke als charakteristischer Länge gebildet, von $\text{Re}_{krit} = u_\infty^* \delta_1^* / \nu^* = 950$.

Dem Stabilitätsdiagramm ist zu entnehmen, dass die mit steigender Reynolds-Zahl erste angefachte Welle den Wert $\alpha^* \delta_1^* = 0{,}36$ besitzt. Dies entspricht einer Wellenlänge $2\pi/\alpha^*$ von $2\pi \delta_1^* / 0{,}36 = 17{,}5 \delta_1^*$ bzw. etwa dem sechsfachen der Grenzschichtdicke, vgl. Tab. 9.2. Es handelt sich also um relativ langwellige Störungen.

Weitere Einzelheiten finden sich z.B. in Schlichting, Gersten (2006).

Literatur

Gersten, K.; Herwig, H. (1992): Strömungsmechanik/Grundlagen der Impuls-, Wärme- und Stoffübertragung aus asymptotischer Sicht. Vieweg-Verlag, Braunschweig

Herwig, H.; Gloss, D.; Wenterodt, T. (2008): A new approach to understanding and modelling the influence of wall roughness on friction factors for pipe and channel flows. J. Fluid Mechanics, Vol. 613, 35-53

Herwig, H.; Schäfer, P. (1992): influence of variable properties on the stability of two-dimensional boundary layers. J. Fluid Mechanics, Vol. 243, 1-14

Herwig, H.; Moschallski, A. (2014): Wärmeübertragung, Springer Vieweg, 3. erweiterte Auflage, Wiesbaden

Herwig, H. (2017): Wärmeübertragung / Ein nahezu allgegenwärtiges Phänomen. essentials, Springer-Vieweg, Wiesbaden

Rohsenow, W.M.; Hartnett, J.P.; Cho, Y.I. (1998): Handbook of Heat Transfer. 3rd Ed., Mc Graw-Hill, New York

Schäfer, P.; Severin, J.; Herwig, H. (1995): The Effect of Heat Transfer on the Stability of Laminar Boundary Layers. Int. J. Heat Mass Transfer, Vol. 38, 1855-1863

Severin, J.; Beckert, K.; Herwig, H. (2000): Spatial development of disturbances in plane Poiseuille flow: A direct numerical simulation using a commercial CFD-code. Int. J. Heat Mass Transfer, Vol. 44, 4359-4367

Schlichting, H.; Gersten, K. (2006): Grenzschicht-Theorie. Springer-Verlag, Berlin, Heidelberg, New York

10 Durchströmungen

Während bei der Umströmung von Körpern im Fall großer Reynolds-Zahlen (die in den meisten technisch relevanten Situationen gegeben sind) ein weitgehend reibungsfreier wandferner und ein stark reibungsbehafteter und ggf. turbulenter wandnaher Teil des Strömungsfeldes ausgemacht und getrennt behandelt werden können, ist dies bei Durchströmungen nur im sog. *Einlaufbereich* der Fall. Nur im Eintrittsbereich von durchströmten Körpern besitzt die Strömung bei großen Reynolds-Zahlen Grenzschichtcharakter. Da Grenzschichten (fast immer) in Strömungsrichtung anwachsen, der Abstand begrenzender Wände aber endlich ist, werden die Grenzschichten hinreichend weit stromabwärts „zusammenwachsen". Sie füllen dann den gesamten Strömungsraum aus und existieren nicht mehr als einzeln identifizierbare Grenzschichten (in Abgrenzung zu einer Außenströmung). Die Strömung ist damit dann über den gesamten Querschnitt hinweg reibungsbehaftet bzw. turbulent.

Falls die durchströmten Geometrien in Strömungsrichtung konstante Querschnitte aufweisen, wie etwa bei durchströmten Rohren und Kanälen unterschiedlichster Querschnittsformen aber ohne Erweiterung oder Verengung in Strömungsrichtung, so ist bei konstanter Dichte des Fluides weit stromabwärts eine sog. *ausgebildete Strömung* zu erwarten. Bei diesen Strömungen variieren die Geschwindigkeitsprofile nur noch in Quer-, nicht aber in Strömungsrichtung. Aus Kontinuitätsgründen kann dann keine Quergeschwindigkeitskomponente vorhanden sein.

Wegen der großen technischen Bedeutung werden im folgenden zunächst Geometrien behandelt, die zu solchen Strömungen führen. Es handelt sich dabei also um Kanäle und Rohre unveränderten Querschnittes, in denen die Strömung im Eintrittsbereich Grenzschichtcharakter besitzt und weit stromabwärts einen ausgebildeten Zustand erreicht. Dabei sind zunächst nur die Strömungen durch einen ebenen Kanal und durch einen Kreis- oder Kreisringquerschnitt zweidimensional bzw. rotationssymmetrisch und damit im Teil B2 diese Buches „richtig angesiedelt". Bezüglich anderer Strömungsquerschnitte werden deshalb im folgenden nur einige globale Ergebnisse angegeben, ohne dass diese im Prinzip dreidimensionalen Strömungen im einzelnen behandelt werden.

10.1 Ausgebildete Durchströmungen

Weit stromabwärts (asymptotisch für $x^*/H^* \to \infty$, H^*: halbe Kanalhöhe) entstehen in einem Kanal konstanten Querschnittes und für ein Fluid mit

© Springer-Verlag Berlin Heidelberg 2018
H. Herwig und B. Schmandt, *Strömungsmechanik*,
https://doi.org/10.1007/978-3-662-57773-8_10

konstanter Dichte (zeitgemittelte) Geschwindigkeitsprofile, die sich mit der Lauflänge immer weniger verändern und schließlich die „endgültige" Form eines *ausgebildeten Geschwindigkeitsprofiles* annehmen. In Abschn. 10.2 wird untersucht, nach welchen Lauflängen dieser ausgebildete Zustand erreicht wird, hier geht es zunächst um die Beschreibung dieses Zustandes.

Ein in x-Richtung unveränderlicher Strömungszustand im Sinne eines von x^* unabhängigen Geschwindigkeitsprofiles (konstante Dichte) bedeutet unmittelbar

$$\frac{\partial \overline{u^*}}{\partial x^*} = 0 \implies \overline{u^*} = \overline{u^*}(y^*) \tag{10.1}$$

Im Fall der laminaren Strömung bezieht sich diese Aussage auf die Geschwindigkeitskomponenten u^*, da dann der Aspekt der Zeitmittelung entfällt.

In einer turbulenten Strömung bezieht sich der ausgebildete Zustand auch auf das Feld der zeitgemittelten Geschwindigkeitskorrelationen, so dass zusätzlich insbesondere gilt:

$$\frac{\partial \overline{u^{*\prime}v^{*\prime}}}{\partial x^*} = 0 \tag{10.2}$$

Dies folgt aus der Vorstellung, dass im allgemeinen Fall eine x-Unabhängigkeit der zeitgemittelten Geschwindigkeitsprofile notwendigerweise mit einer x-Unabhängigkeit der zeitgemittelten Geschwindigkeitskorrelationen einhergeht, da diese physikalisch im Sinne von zusätzliche (Reynoldsschen) Spannungen wiederum die konkreten Formen der zeitgemittelten Geschwindigkeitsprofile bestimmen. Solche Überlegungen sind deshalb erforderlich, weil im ausgebildeten Zustand nicht grundsätzlich alle Größen x-unabhängig sind, der Druck z.B. ist weiterhin mit x^* veränderlich.

Aufgrund von (10.1) und (10.2) vereinfachen sich die vollständigen Grundgleichungen bereits erheblich. Setzt man zusätzlich als Randbedingung undurchlässige Wände voraus, also $\overline{v^*} = 0$ an den Wänden, so folgt aus der Kontinuitätsgleichung (bei inkompressibler Strömung zunächst reduziert auf $\partial \overline{v^*}/\partial y^* = 0$) unmittelbar

$$\overline{v^*} = 0 \tag{10.3}$$

(bzw. $v^* = 0$ im laminaren Fall)

Unter Berücksichtigung von (10.1)–(10.3) ergeben sich die Gleichungen gemäß Tabelle 10.1 für die dort noch einmal aufgeführten Voraussetzungen.

10.1.1 Das Konzept des hydraulischen Durchmessers

Bei ausgebildeten Strömungen im zuvor beschriebenen Sinne liegt stets ein Gleichgewicht zwischen den Reibungskräften aufgrund der Schubspannungen an den Wänden und den Druckkräften auf den gegenüberliegenden freien Strömungsquerschnitten vor. Da diese Aussage unabhängig von der geometrischen Form des durchströmten Querschnittes gilt, wird versucht, darüber zu einer einheitlichen Behandlung unterschiedlicher Kanalgeometrien zu gelangen, bzw. von dem bekannten Ergebnis bei einer bestimmten Kanalgeometrie auf dasjenige einer anderen Geometrie zu schließen.

KONTINUITÄTSGLEICHUNG	$\dfrac{\mathrm{D}}{\mathrm{D}t^*} = \dfrac{\partial}{\partial t^*} + \overline{u^*}\dfrac{\partial}{\partial x^*} + \overline{v^*}\dfrac{\partial}{\partial y^*} + \overline{w^*}\dfrac{\partial}{\partial z^*}$	
$\dfrac{\partial \overline{u^*}}{\partial x^*} + \dfrac{\partial \overline{v^*}}{\partial y^*} + \dfrac{\partial \overline{w^*}}{\partial z^*} = 0 \quad ; \quad \left(\dfrac{\partial u^{*\prime}}{\partial x^*} + \dfrac{\partial v^{*\prime}}{\partial y^*} + \dfrac{\partial w^{*\prime}}{\partial z^*} = 0 \right)$		$(\overline{\mathrm{K}^*_{cp}})$

x-IMPULSGLEICHUNG

$$\varrho^* \frac{\mathrm{D}\overline{u^*}}{\mathrm{D}t^*} = \varrho^* g_x^* - \frac{\partial \overline{p^*}}{\partial x^*} + \eta^* \left[\frac{\partial^2 \overline{u^*}}{\partial x^{*2}} + \frac{\partial^2 \overline{u^*}}{\partial y^{*2}} + \frac{\partial^2 \overline{u^*}}{\partial z^{*2}} \right]$$

$$- \varrho^* \left[\frac{\partial \overline{u^{*\prime 2}}}{\partial x^*} + \frac{\partial \overline{u^{*\prime} v^{*\prime}}}{\partial y^*} + \frac{\partial \overline{u^{*\prime} w^{*\prime}}}{\partial z^*} \right] \qquad (\overline{\mathrm{XI}^*_{cp}})$$

y-IMPULSGLEICHUNG

$$\varrho^* \frac{\mathrm{D}\overline{v^*}}{\mathrm{D}t^*} = \varrho^* g_y^* - \frac{\partial \overline{p^*}}{\partial y^*} + \eta^* \left[\frac{\partial^2 \overline{v^*}}{\partial x^{*2}} + \frac{\partial^2 \overline{v^*}}{\partial y^{*2}} + \frac{\partial^2 \overline{v^*}}{\partial z^{*2}} \right]$$

$$- \varrho^* \left[\frac{\partial \overline{v^{*\prime} u^{*\prime}}}{\partial x^*} + \frac{\partial \overline{v^{*\prime 2}}}{\partial y^*} + \frac{\partial \overline{v^{*\prime} w^{*\prime}}}{\partial z^*} \right] \qquad (\overline{\mathrm{YI}^*_{cp}})$$

z-IMPULSGLEICHUNG

$$\varrho^* \frac{\mathrm{D}\overline{w^*}}{\mathrm{D}t^*} = \varrho^* g_z^* - \frac{\partial \overline{p^*}}{\partial z^*} + \eta^* \left[\frac{\partial^2 \overline{w^*}}{\partial x^{*2}} + \frac{\partial^2 \overline{w^*}}{\partial y^{*2}} + \frac{\partial^2 \overline{w^*}}{\partial z^{*2}} \right]$$

$$- \varrho^* \left[\frac{\partial \overline{w^{*\prime} u^{*\prime}}}{\partial x^*} + \frac{\partial \overline{w^{*\prime} v^{*\prime}}}{\partial y^*} + \frac{\partial \overline{w^{*\prime 2}}}{\partial z^*} \right] \qquad (\overline{\mathrm{ZI}^*_{cp}})$$

Tab. 10.1: Gleichungen der ausgebildeten ebenen Kanalströmung als Spezialfall der vollständigen Navier-Stokes-Gleichungen aus Tab. 5.5a

Voraussetzungen: stationäre Strömung, konstante Dichte, undurchlässige Wände.

Für laminare Strömungen entfallen die turbulenten Zusatzterme und die Zeitmittelungs-Striche sind ohne Bedeutung (sie können entfallen).

grau unterlegt: berücksichtigte Terme

(Die neuen Gleichungen entstehen, wenn rechts und links des Gleichheitszeichens die markierten Terme, ggf. mit den zugehörigen Vorfaktoren η^* und ϱ^*, übernommen werden. Tritt auf einer Seite kein markierter Term auf, so steht dort die Null.)

Beachte: Mit dem modifizierten Druck $\overline{p^*_{mod}} = \overline{p^*} - p^*_{st}$ gilt

$$\varrho^* g_x^* - \frac{\partial \overline{p^*}}{\partial x^*} = - \frac{\partial \overline{p^*_{mod}}}{\partial x^*} \quad ; \quad \varrho^* g_y^* - \frac{\partial \overline{p^*}}{\partial y^*} = - \frac{\partial \overline{p^*_{mod}}}{\partial y^*}$$

Bild 10.1 zeigt die Verhältnisse an einem Kanalstück der Länge dx^* und beliebiger Querschnittsgeometrie mit der Fläche A^*. Die Kräftebilanz an dem Kanal der Länge dx^* lautet

$$dx^* \int\limits_{U^*} \tau_w^*(s^*)\, ds^* = -A^* dp^* \tag{10.4}$$

wobei die Integration längs der Umfangskoordinate s^* erfolgt und U^* am Integralzeichen für eine vollständige Integration längs des gesamten Umfangs steht. Diese Integration ist erforderlich, weil τ_w^* im allgemeinen Fall mit s^* variiert und nur in Ausnahmefällen über den gesamten Umfang einen einheitlichen, konstanten Wert aufweist. Wenn U^* den Umfang darstellt, kann

$$\hat{\tau}_w^* = \frac{1}{U^*} \int\limits_{U^*} \tau_w^*(s^*)\, ds^* \tag{10.5}$$

als querschnittsgemittelte Wandschubspannung eingeführt werden. Gleichung (10.4) wird damit zu

$$\hat{\tau}_w^* = \frac{A^*}{U^*} \left(-\frac{dp^*}{dx^*} \right) \tag{10.6}$$

Die Größe A^*/U^* mit der Dimension LÄNGE stellt offensichtlich eine charakteristische Länge der Querschnittsgeometrie in Bezug auf die hier untersuchten Strömungen dar. Für eine universelle Darstellung von Ergebnissen ist dies damit die geeignete geometrische Größe.

Bei Durchströmungen ist hauptsächlich das *Widerstandsgesetz* von Interesse, das den Zusammenhang zwischen dem geförderten Massenstrom $\dot{m}^*$ und dem dazu erforderlichen Druckgradienten beschreibt. Der Massenstrom kann dabei durch die querschnittsgemittelte Geschwindigkeit

$$u_m^* = \frac{1}{A^*} \iint \overline{u^*}\, dA^* \tag{10.7}$$

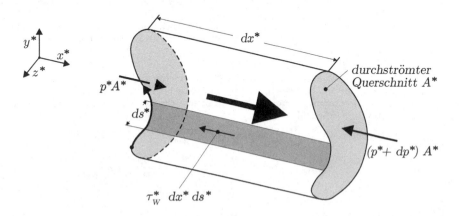

Bild 10.1: Kräftegleichgewicht bei einer vollausgebildeten Strömung durch einen Kanal mit einer beliebigen Querschnittsfläche A^*.

mit $\dot{m}^* = \varrho^* u_m^* A^*$ charakterisiert werden. Um diese beiden Größen in einer dimensionslosen Kennzahl ins Verhältnis zu setzen, wird die sog. *Reibungszahl* λ_R eingeführt, definiert als

$$\boxed{\lambda_R = \frac{(-dp^*/dx^*)2D_h^*}{\varrho^* u_m^{*2}}} \left(= \frac{8\hat{\tau}_w^*}{\varrho^* u_m^{*2}} \right) \tag{10.8}$$

Darin ist die charakteristische Länge

$$\boxed{D_h^* = \frac{4A^*}{U^*}} \tag{10.9}$$

enthalten, die *hydraulischer Durchmesser* D_h^* genannt wird. Die (rein geometrische) Größe entspricht z.B. bei einem Kreisquerschnitt dem Durchmesser D^* des Kreises, bei einem ebenen Kanal mit den Wandabständen $2H^*$ ist $D_h^* = 4H^*$.

Das Ziel der weiteren Überlegungen ist die Bestimmung von λ_R. Die Hoffnung ist, dass verschiedene Geometrien ein einheitliches Widerstandsgesetz $\lambda_R = \lambda_R(\dots)$ zeigen, wenn als charakteristische Länge jeweils der hydraulische Durchmesser verwendet wird. Eine exakte Übereinstimmung kann nicht erwartet werden, da die Einführung des hydraulischen Durchmessers nicht etwa einer Transformation entspricht, nach der für alle Geometrien eine einheitliche Lösung existieren würde.

Untersuchungen an vielen verschiedenen ausgebildeten Kanalströmungen ergeben für die Widerstandsgesetze bei unterschiedlichen Querschnittsformen (charakterisiert durch den jeweiligen hydraulischen Durchmesser):

1. für laminare Strömungen:
   relativ starke Abweichungen von einem einheitlichen Widerstandsgesetz. Abweichungen können Werte bis zu 50 % erreichen, s. dazu Bild B10.1.

2. für turbulente Strömungen:
   nur sehr geringe Abweichungen von einem einheitlichen Widerstandsgesetz. Abweichungen liegen in der Regel unterhalb von 2 %.

Die gute Übereinstimmung von Widerstandsgesetzen auf der Basis des hydraulischen Durchmessers bei turbulenten Strömungen ist auf die weitgehend universelle Geschwindigkeitsverteilung in Wandnähe zurückzuführen. Dies hat bekanntlich auch zur Folge, dass die Widerstandsgesetze ganz unterschiedlicher turbulenter Strömungen (Kanalströmung, Grenzschichtströmung, …) eine einheitliche Struktur aufweisen.

10.1.2   Laminare Strömungen im ebenen Kanal

Für laminare Strömungen reduzieren sich die vollständigen Navier-Stokes-Gleichungen gemäß Tab. 10.1 auf:

$$0 = -\frac{\partial p^*}{\partial x^*} + \eta^* \frac{\partial^2 u^*}{\partial y^{*2}} \tag{10.10}$$

wenn das Koordinatensystem wie in Bild 10.2 gelegt wird (horizontal, $g_x^* = 0$). Da u^* voraussetzungsgemäß keine Funktion von x^* ist, kann auch $\partial p^*/\partial x^*$ nicht von x^* abhängen, könnte prinzipiell aber noch eine Funktion von y^* sein. Aus der y^*-Impulsgleichung ($(\overline{\mathrm{YI}}_{cp}^*)$ in Tab. 10.1) folgt aber unter den hier gültigen Voraussetzungen, dass der Druckgradient in y-Richtung bei laminarer Strömung verschwindet, wenn p^* den sog. *modifizierten Druck* (s. auch Anmerkung 4.5/S. 64) darstellt, so dass unmittelbar folgt:

$$\frac{\partial p^*}{\partial x^*} = \mathrm{const} = K^* \tag{10.11}$$

Der Druck ist also eine lineare Funktion von x^* und jeweils über den Querschnitt hinweg konstant.

Der modifizierte Druck ist der Anteil des Druckes, der aufgrund der Strömung zusätzlich zum hydrostatischen Druck entsteht, er stellt also strenggenommen eine Druckdifferenz dar. Die Aussage (10.11) gilt für eine beliebige, nicht notwendigerweise horizontale Lage des Kanals also nur, wenn mit p^* der modifizierte Druck gemeint ist.

In den dimensionslosen Variablen gemäß Tab. 4.4, hier mit $L_B^* = H^*$ (halbe Kanalhöhe) und $U_B^* = u_m^*$, der querschnittsgemittelten Geschwindigkeit

$$u_m^* = \frac{1}{A^*} \iint u^* \, dA^* = \frac{1}{2H^*} \int\limits_{-H^*}^{+H^*} u^* \, dy^* \tag{10.12}$$

lautet (10.10)

$$0 = -\frac{dp}{dx} + \frac{1}{\mathrm{Re}} \frac{d^2 u}{dy^2} \tag{10.13}$$

Dabei sind die partiellen Ableitungen formal durch die gewöhnlichen Ableitungen d/dx bzw. d/dy ersetzt worden. Wird (10.13) mit Re multipliziert, so folgt daraus und aus (10.11) endgültig:

$$\frac{d^2 u}{dy^2} = \mathrm{const} \, (= K) \tag{10.14}$$

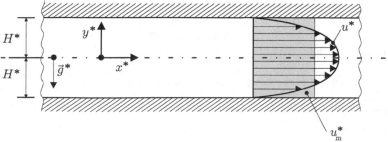

Bild 10.2: Ausgebildete laminare Kanalströmung
(stationär, konstante Dichte, undurchlässige Wand)

$$\mathrm{Re}\frac{dp}{dx} = \mathrm{const}\,(= K) \tag{10.15}$$

Hierbei ist wiederum der Vorteil der dimensionslosen Schreibweise erkennbar. Während aus der dimensionsbehafteten Betrachtung folgt, dass bei einer bestimmten Strömung (jeweils ein bestimmter Wert für H^*, u_m^* und η^*) der Druckgradient dp^*/dx^* eine problemspezifische, zunächst unbekannte Konstante ist, folgt aus der dimensionslosen Betrachtung, dass für alle hier betrachteten Strömungen die Kombination $\mathrm{Re}\,dp/dx$ eine *universelle*, zunächst unbekannte Konstante ist. Diese Konstante K kann wie folgt bestimmt werden.

Nach zweimaliger Integration von (10.14) gilt mit den zwei formalen Integrationskonstanten K_1 und K_2

$$u = \frac{K}{2}y^2 + K_1 y + K_2 \tag{10.16}$$

Aus den Randbedingungen $u(1) = 0$ (Haftbedingung) und $du/dy = 0$ für $y = 0$ (Symmetriebedingung) folgt $K_1 = 0$, $K_2 = -K/2$, so dass die dimensionslose Geschwindigkeitsverteilung zunächst wie folgt lautet:

$$u(y) = \frac{K}{2}(y^2 - 1) \tag{10.17}$$

Da u mit u_m^* entdimensioniert worden ist, kann K aus der dimensionslosen Bedingung (10.12) für u_m^* ermittelt werden, die lautet:

$$1 = \frac{1}{2}\int_{-1}^{1} u\,dy \tag{10.18}$$

Mit $u(y)$ aus (10.17) folgt daraus $K = -3$, so dass endgültig die dimensionslose Geschwindigkeitsverteilung

$$\boxed{u(y) = \frac{3}{2}(1 - y^2)} \tag{10.19}$$

vorliegt. Es handelt sich um ein parabelförmiges Geschwindigkeitsprofil, bei dem der Maximalwert in der Symmetrieebene dem 1,5-fachen der mittleren Geschwindigkeit entspricht. Da bei der Herleitung von (10.19) an keiner Stelle eine Näherung eingeführt worden ist, sondern eine Reihe von Termen aufgrund der besonderen physikalischen Situation in diesem Fall nicht in den Navier-Stokes-Gleichungen vorkommen, handelt es sich bei (10.19) um eine exakte Lösung der vollständigen Navier-Stokes-Gleichungen.

Dies verdeutlicht einmal mehr, dass die konkreten Rand- und Anfangsbedingungen bei Differentialgleichungen von entscheidender Bedeutung sind, da Lösungen der Navier-Stokes-Gleichungen für andere Rand- und Anfangsbedingungen leider nicht so leicht (oder gar nicht ...) zu finden sind!

Aus (10.15) kann mit dem bekannten Wert für K unmittelbar das *Widerstandsgesetz* für die ebene Kanalströmung gewonnen werden. Gemäß der allgemeinen Definition der Reibungszahl λ_R nach (10.8) wird mit dem hydraulischen Durchmesser $D_h^* = 4H^*$ für die ebene Kanalströmung die *Kanalreibungszahl*

$$\lambda_R = \frac{(-dp^*/dx^*)8H^*}{\varrho^* u_m^{*2}} \tag{10.20}$$

eingeführt. Aus dem zuvor gewonnenen Ergebnis $K = \mathrm{Re}\, dp/dx = -3$ kann λ_R unmittelbar zu

$$\boxed{\lambda_R = \frac{(-dp^*/dx^*)8H^*}{\varrho^* u_m^{*2}} = \frac{24}{\mathrm{Re}} = \frac{96}{\mathrm{Re}_{D_h}}} \tag{10.21}$$

bestimmt werden. Im Sinne eines „einheitlichen Widerstandsgesetzes" wird die mit dem hydraulischen Durchmesser gebildete Reynolds-Zahl Re_{D_h} eingeführt, die wegen $D_h^* = 4H^*$ im Falle der ebenen Kanalströmung um den Faktor 4 größer als die Reynolds-Zahl $\mathrm{Re} = \varrho^* u_m^* H^*/\eta^*$ ist. In Bezug auf die „Einheitlichkeit" des Widerstandsgesetzes s. auch das nachfolgende Beispiel 10.1.

Die „kompakte" Schreibweise in dimensionsloser Form unterstreicht zwar den universellen Charakter der Ergebnisse, lässt aber bisweilen die konkreten Abhängigkeiten nicht auf Anhieb erkennen. So lautet das o.g. Widerstandsgesetz $\lambda_R \mathrm{Re}_{D_h} = \mathrm{const}$; um aber erkennen zu können, wie sich bei einer bestimmten Kanalströmung (feste Größen für H^*, ϱ^* und η^*) z.B. eine Verdoppelung des Druckgradienten auswirkt, muss der Zusammenhang zwischen den dimensionsbehafteten Größen betrachtet werden. Dieser lautet im vorliegenden Fall

$$\frac{(-dp^*/dx^*)H^{*2}}{u_m^* \eta^*} = 3 \tag{10.22}$$

Ein verdoppelter Druckgradient führt also zu einem verdoppelten Massenstrom (Verdoppelung von u_m^*). Es ist aber auch zu erkennen, dass z.B. eine Verdoppelung der Kanalhöhe bei gleichem dp^*/dx^* und η^* zu einem vierfachen Massenstrom führt. Darüber hinaus folgt aus (10.22), dass die Dichte ϱ^* keinen Einfluss auf das Ergebnis besitzt. Dies ist nicht verwunderlich, da bei ausgebildeten Strömungen keine Beschleunigungen bzw. Trägheitskräfte auftreten, bei denen die Dichte ϱ^* von Bedeutung wäre.

Diese Überlegungen führen zu dem Schluss, dass eine dimensionslose Darstellung unter Einbeziehung der Reynolds-Zahl im hier vorliegenden laminaren Strömungsfall eigentlich sachlich nicht gerechtfertigt und damit irreführend ist. Statt λ_R und Re getrennt einzuführen, könnte das Produkt $\lambda_R \mathrm{Re}$ mit einem neuen Symbol versehen werden, wenn stets diese Kombination auftritt. Für laminare Strömungen ist dies der Fall. Das Produkt $\lambda_R \mathrm{Re}$ wird dann als Poiseuille-Zahl Po eingeführt. Eine Darstellung mit λ_R und

Ebener Kanal (kartesische Koordinaten)	**Kreisrohr** (Zylinder-Koordinaten)
(10.10): Navier-Stokes-Gleichungen	
$$0 = -\frac{\partial p^*}{\partial x^*} + \eta^* \frac{\partial^2 u^*}{\partial y^{*2}}$$	$$0 = -\frac{\partial p^*}{\partial x^*} + \frac{\eta^*}{r^*} \frac{\partial}{\partial r^*} \left(r^* \frac{\partial u^*}{\partial r^*} \right)$$
(10.12): querschnittsgemittelte Geschwindigkeit	
$$u_m^* = \frac{1}{2H^*} \int_{-H^*}^{+H^*} u^* \, dy^*$$	$$u_m^* = \frac{1}{\pi R^{*2}} \int_0^{R^*} u^* 2\pi r^* \, dr^*$$
(10.13): dimensionslos ($L_B^* = H^*$ bzw. R^*)	
$$0 = -\frac{dp}{dx} + \frac{1}{\mathrm{Re}_H} \frac{d^2 u}{dy^2}$$	$$0 = -\frac{dp}{dx} + \frac{1}{\mathrm{Re}_R} \frac{1}{r} \frac{d}{dr} \left(r \frac{du}{dr} \right)$$
(10.14), (10.15): speziell gilt	
$$\frac{d^2 u}{dy^2} = K \; ; \quad \mathrm{Re}_H \frac{dp}{dx} = K$$	$$\frac{1}{r} \frac{d}{dr} \left(r \frac{du}{dr} \right) = K \; ; \quad \mathrm{Re}_R \frac{dp}{dx} = K$$
Zahlenwert für K	
$K = -3$	$K = -8$
(10.19): Geschwindigkeitsprofil	
$$u(y) = \frac{3}{2}(1 - y^2)$$	$$\boxed{u(r) = 2(1 - r^2)}$$
(10.9): hydraulischer Durchmesser	
$$D_h^* = 4H^*$$	$$D_h^* = 2R^*$$
(10.21): Widerstandsgesetz	
$$\lambda_R = \frac{96}{\mathrm{Re}_{D_h}} \; ; \quad \mathrm{Re}_{D_h} = 4\mathrm{Re}_H$$	$$\boxed{\lambda_R = \frac{64}{\mathrm{Re}_{D_h}}} \; ; \quad \mathrm{Re}_{D_h} = 2\mathrm{Re}_R$$
(10.22): dimensionsbehafteter Zusammenhang	
$$\frac{(-dp^*/dx^*)H^{*2}}{u_m^* \eta^*} = 3$$	$$\frac{(-dp^*/dx^*)R^{*2}}{u_m^* \eta^*} = 8$$

Tab. 10.2: Gegenüberstellung der beiden Fälle (laminare) ebene Kanalströmung und Kreisrohrströmung

Re, die in der Literatur häufig zu finden ist wird im Hinblick auf den turbulenten Strömungsfall gewählt, weil dort dann eine explizite Reynolds-Zahl-Abhängigkeit vorliegt und man beide Fälle, laminar und turbulent, formal einheitlich behandeln möchte, die Ergebnisse also z.B. in *einem* Diagramm darstellen will, s. dazu Bild B2.3 in Beispiel 2.3.

Die mit (10.21) suggerierte explizite Reynolds-Zahl-Abhängigkeit liegt für die ausgebildete laminare Durchströmung nicht vor, weil „in Wirklichkeit" das Produkt $\lambda_R \mathrm{Re}_{D_h}$ als charakteristische Kennzahl auftritt. Daran ist zu erkennen, s. (10.22), dass eine adäquate Entdimensionierung des Druckes p^* nicht mit $\varrho^* u_m^{*2}$ gemäß Tab. 4.4, sondern mit $\eta^* u_m^*/H^*$ vorgenommen werden sollte, wenn dies ausschließlich unter den Gesichtspunkten der vorliegenden laminaren Strömung erfolgen würde. Während $\varrho^* u_m^{*2}$ als (doppelter) dynamischer Druck (vgl. Anmerkung 6.6/S. 148) typischerweise der Entdimensionierung turbulenter Strömungsgrößen dient, wäre $\eta^* u_m^*/H^*$ eine typisch „laminare Bezugsgröße" mit der Bedeutung einer viskosen Scherspannung (molekulare Viskosität × Geschwindigkeitsgradient).

Im Teil C dieses Buches wird eine alternative Definition der Reibungszahl λ_R eingeführt, die berücksichtigt, dass Reibungsverluste stets auf eine Dissipation mechanischer Energie und die damit verbundene Entropieproduktion zurückgehen.

Anmerkung 10.1: *Ausgebildete laminare Strömung im Rohr (Kreisquerschnitt)*

Die ausgebildete Rohrströmung kann vollkommen analog zur zuvor behandelten ebenen Kanalströmung betrachtet werden. Ausgangspunkt sind jetzt aber sinnvollerweise die Navier-Stokes-Gleichungen in Zylinder-Koordinaten, s. dazu Anhang 2. In Tab. 10.2 sind die einzelnen Schritte gegenübergestellt. Die Entdimensionierung erfolgt in beiden Fällen mit $U_B^* = u_m^*$, die Bezugslänge ist im Fall der Kanalströmung die halbe Kanalhöhe H^*, im Fall der Rohrströmung der Radius R^*.

Beispiel 10.1: *Widerstandsgesetze ausgebildeter laminarer Strömungen durch Kreisring- und Rechteck-Querschnitte*

Im Sinne von „einheitlichen Widerstandsgesetzen" sind in Bild B10.1 die Konstanten im Widerstandsgesetz $\lambda_R \mathrm{Re}_{D_h} = \mathrm{const}$ mit λ_R nach (10.8) und $\mathrm{Re}_{D_h} = \varrho^* u_m^* D_h^*/\eta^*$ mit D_h^* nach (10.9) für zwei verschiedene Querschnittsformen aufgetragen.

Im Grenzfall $\Lambda = 0$ „entarten" beide Geometrien zum Grenzfall der ebenen Kanalströmung, für den die Konstante bereits in (10.21) zu 96 bestimmt worden ist. Dass die Kreisring-Geometrie für kleine Werte von Λ, also für Geometrien „in der Nähe" dieses Grenzfalles keine deutlichen Änderungen in der Konstanten aufweist, lässt darauf schließen, dass Krümmungseffekte in diesem Zusammenhang keinen sehr starken Einfluss besitzen. Dass andererseits der Zahlenwert der Konstanten für kleine Werte von Λ bei der Rechteckgeometrie schnell abfällt, bedeutet einen offensichtlich starken Einfluss der Randeffekte (Effekte der Seitenwände). Für $\Lambda = 1$ liegt der „Grenzfall" Kreis bzw. Quadrat vor. Bei der Annäherung an diesen Grenzfall zeigt der Kreisring-Querschnitt eine sehr starke Veränderung der Konstanten für $\Lambda \to 1$. Dies rührt offensichtlich daher, dass für Werte sehr nahe bei $\Lambda = 1$ trotzdem noch erhebliche Unterschiede zur reinen Rohrströmung ($\Lambda = 1$) vorliegen, da das sehr kleine Innenrohr, solange es existiert, an seiner Wand die Haftbedingung erzwingt und damit das Gesamtprofil stark beeinflusst.

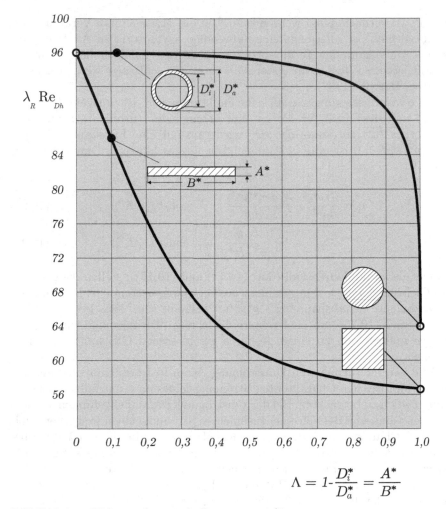

$$\Lambda = 1 - \frac{D_i^*}{D_a^*} = \frac{A^*}{B^*}$$

Bild B10.1: Widerstandsgesetz $\lambda_R \mathrm{Re}_{D_h} = $ const für
a) Kreisring-Querschnitte mit verschiedenen D_i^*/D_a^*
b) Rechteck-Querschnitte mit verschiedenen A^*/B^*

10.1.3 Turbulente Strömungen im ebenen Kanal

Für turbulente Strömungen reduzieren sich die vollständigen Navier-Stokes-Gleichungen gemäß Tab. 10.1 auf

$$0 = -\frac{d\overline{p^*}}{dx^*} + \eta^* \frac{d^2\overline{u^*}}{dy^{*2}} - \varrho^* \frac{d\overline{u^{*\prime}v^{*\prime}}}{dy^*} \,, \tag{10.23}$$

wenn wiederum (wie im laminaren Fall) der Druck $\overline{p^*}$ als modifizierter Druck interpretiert wird und wenn die turbulente Normalspannung $(-\varrho^* \partial \overline{v^{*\prime}}^2/\partial y^*$

in $(\overline{\mathrm{YI^*}}_{cp}))$ vernachlässigt werden kann. Um die letztgenannte Voraussetzung zu überprüfen, ist allerdings eine aufwendige asymptotische Analyse erforderlich. Diese kann den Term $-\varrho^* \partial \overline{v^{*\prime 2}} / \partial y^*$ als sog. Effekt höherer Ordnung identifizieren, so dass er in erster Näherung vernachlässigt werden kann, s. Gersten, Herwig (1992).

Da $\overline{u^*}$ voraussetzungsgemäß keine Funktion von x^* ist (ausgebildete Strömung) und dies auch für die „$\overline{u^*}$ mit erzeugende" turbulente Schubspannung $-\varrho^* \overline{u^{*\prime} v^{*\prime}}$ gilt, kann $d\overline{p^*}/dx^*$ wiederum nur eine Konstante sein (wegen $\partial \overline{p^*} / \partial y^* = 0$ ist eine y^*-Abhängigkeit ausgeschlossen). Damit wird aus (10.23):

$$\eta^* \frac{d^2 \overline{u^*}}{dy^{*2}} - \varrho^* \frac{d(\overline{u^{*\prime} v^{*\prime}})}{dy^*} \; = \; \mathrm{const} \, (= K^*) \tag{10.24}$$

$$\frac{d\overline{p^*}}{dx^*} \; = \; \mathrm{const} \, (= K^*) \tag{10.25}$$

Anders als im laminaren Fall (dort (10.14) und (10.15)), stellen die gefundenen Gleichungen noch kein geschlossenes Gleichungssystem dar. Dazu müsste die turbulente Schubspannung $-\varrho^* \overline{u^{*\prime} v^{*\prime}}$ bekannt sein. Dies bedeutet, dass (10.24) und (10.25) um eine weitere Gleichung (Turbulenzmodell) ergänzt werden müssen, um zu einem lösbaren geschlossenen Gleichungssystem zu gelangen.

Wie bei der turbulenten Umströmung (Kap. 9) ist es sinnvoll, zunächst den asymptotischen Charakter des Strömungsfeldes im Grenzfall großer Reynolds-Zahlen zu betrachten. Bei der Umströmung war dabei gefunden worden, dass der wandnahe Bereich einer turbulenten Strömung einen weitgehend universellen Charakter besitzt. Da eine Kanalströmung durch zwei Wände begrenzt ist, kann erwartet werden, dass das gesamte Strömungsfeld in seiner Struktur und damit auch in seinen generellen Abhängigkeiten diesem universellen Verhalten folgt. In der Tat zeigt sich, dass eine Turbulenzmodellierung im vorliegenden Fall nur noch erforderlich ist, um die Zahlenwerte bestimmter Konstanten festzulegen, nachdem die „allgemeinen Strukturüberlegungen" das Ergebnis bis auf diese Zahlenwerte bereits ergeben haben. Häufig wird auf eine Turbulenzmodellierung ganz verzichtet. Die unbekannten Werte der Konstanten werden dann statt dessen aus dem Experiment bestimmt.

Die asymptotischen Überlegungen zur Lösungsstruktur sind vollkommen analog zu denjenigen bei der Ausbildung turbulenter Grenzschichten bei der Umströmung. Da die ausgebildete Durchströmung dadurch entsteht, dass anfangs vorhandene Grenzschichten an gegenüberliegenden Wänden „zusammenwachsen", entsteht im Bereich der ausgebildeten Strömung die in Bild 10.3 skizzierte Struktur. An den gegenüberliegenden Wänden liegen Wandschichten (mit viskosen Unterschichten) vor. Der vollturbulente Kernbereich geht aus den Defekt-Schichten hervor und wird jetzt sinnvoller als *Kernschicht* bezeichnet. Da turbulente Strömungen in Wandnähe, d.h. in ihren Wandschichten, einen universellen Charakter besitzen, sind die Besonder-

heiten der Kanalströmung nur bei der Formulierung des Kernbereiches zu erwarten.

Ähnlich wie bei der Analyse des Umströmungsproblems sollen hier nicht alle Einzelheiten der asymptotischen Analyse wiedergegeben werden. Analog zur Darstellung der Ergebnisse für Umströmungen in Abschn. 9.5.4 werden im folgenden die wesentlichen Ergebnisse mitgeteilt. Während bei Grenzschichten ein Gleichgewichtsparameter zur Kennzeichnung der Außenströmung existiert, ist dies bei Innenströmungen naturgemäß nicht der Fall, da die Kernschicht keine frei wählbare Geschwindigkeitszu- oder abnahme zulässt. Die Massenerhaltung $\dot{m}^* = \varrho^* u_m^* A^* = \text{const}$ erzwingt vielmehr (bei konstanter Dichte ϱ^*) eine konstante querschnittsgemittelte Geschwindigkeit u_m^*, da auch A^* konstant ist.

Bestimmung der Wandschubspannung (Widerstandsgesetz)

Gesucht ist der Zusammenhang zwischen der Wandschubspannung τ_w^* und der querschnittsgemittelten Geschwindigkeit u_m^*. Da die Wandschubspannung bei ausgebildeten Strömungen direkt proportional zum Druckgradienten ist (vgl. (10.6)) soll dieser Zusammenhang wiederum als $\lambda_R = \lambda_R(\ldots)$, mit der Kanalreibungszahl λ_R nach (10.8) dargestellt werden.

Durch asymptotische Anpassung der Wand- und Kernschicht folgt für λ_R (vgl. (9.62) mit $\lambda_R = 4\hat{c}_f$!):

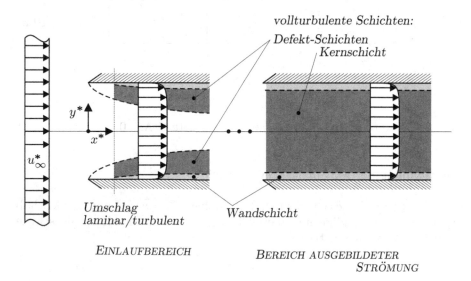

Bild 10.3:   Teilbereiche des Strömungsfeldes bei einer turbulenten Durchströmung

grau unterlegt: Bereiche mit nennenswerten turbulenten Schwankungsgeschwindigkeiten

$$\sqrt{\frac{8}{\lambda_R}} = \frac{1}{\kappa} \ln\left(\frac{1}{4} \mathrm{Re}_{D_h} \sqrt{\frac{\lambda_R}{8}}\right) + C^+ + \overline{C} + \overline{\overline{C}} \qquad (10.26)$$

Dabei ist Re_{D_h} wiederum die mit dem hydraulischen Durchmesser gebildete Reynolds-Zahl $\mathrm{Re}_{D_h} = 4\mathrm{Re}_H$. Die Konstanten in (10.26) haben folgende Bedeutung:

C^+: Wandschicht-Konstante; sie erfasst wie bei Grenzschichten den Einfluss der Wandrauheit; $C^+ = 5$ für eine hydraulisch glatte Wand

$\overline{C}$: Kernschicht-Konstante; sie erfasst die Abweichungen des Geschwindigkeitsverlaufes in der Kernschicht vom logarithmischen Verlauf (der in Wandnähe gilt); $\overline{C} = 0{,}94$

$\overline{\overline{C}}$: Kernschicht-Konstante; sie erfasst die Abweichung der maximalen Geschwindigkeit (auf der Symmetrielinie) von der querschnittsgemittelten Geschwindigkeit; $\overline{\overline{C}} = -2{,}64$

Die beiden Konstanten $\overline{C}$ und $\overline{\overline{C}}$ (die nach einer Turbulenzmodellierung oder im Experiment bestimmt werden können) könnten zu einer einzigen Kernschicht-Konstanten zusammengefasst werden. Für weitergehende Aussagen sollten sie aber zunächst getrennt aufgeführt werden.

Anstelle der impliziten Form (10.26) kann wieder die (sehr gute) explizite Näherung

$$\lambda_R = \frac{(dp^*/dx^*)8H^*}{\varrho^* u_m^{*2}} = \frac{8\tau_w^*}{\varrho^* u_m^{*2}} = 8\left[\frac{\kappa}{\ln \mathrm{Re}_{D_h}} G(\Lambda, A)\right]^2 \qquad (10.27)$$

mit

$$\Lambda = \ln \mathrm{Re}_{D_h}^2$$
$$A = -0{,}46$$

verwendet werden. Tabelle 10.3 enthält die Werte $G(\Lambda, -0{,}46)$, vgl. Tab. 9.4 .

Bestimmung der Maximalgeschwindigkeit

Durch Integration des Geschwindigkeitsprofiles $u^+ = \overline{u^*}/u_\tau^*$ mit u_τ^* als Schubspannungsgeschwindigkeit gemäß (9.32) ergibt sich für die Maximalgeschwindigkeit auf der Symmetrieachse

$$u_{max}^+ = u_m^+ - \overline{\overline{C}}$$

bzw. umgeschrieben und mit $\overline{\overline{C}} = -2{,}64$:

$$\frac{u_{max}^*}{u_m^*} = 1 + 2{,}64\,\frac{u_\tau^*}{u_m^*} = 1 + \frac{2{,}64}{\sqrt{8}}\sqrt{\lambda_R} \qquad (10.28)$$

$Re_{D_h}^2$	10^5	10^6	10^7	10^8	10^{10}	10^{12}	10^{14}	10^{16}	∞
G	1,62	1,54	1,48	1,43	1,36	1,31	1,27	1,24	1
	(1,57)	(1,50)	(1,45)	(1,41)	(1,34)	(1,29)	(1,26)	(1,23)	(1)

Tab. 10.3: Zahlenwerte der Funktion $G(\Lambda,A)$ mit $A = -0,46$, vgl. Tab. 9.4
in Klammern: Werte für $A = -0,17$, s. Anmerkung 10.2/S. 275
Beachte: Die Eingangsgröße ist hier $Re_{D_h}^2$, in Tab. 9.4 aber Re, weil Λ in beiden Fällen unterschiedlich definiert ist.

In (10.28) ist unmittelbar erkennbar, dass die Strömungsprofile mit wachsender Reynolds-Zahl stets „völliger" werden, d.h., dass $u_{max}^*/u_m^* \to 1$ gilt, weil λ_R mit steigender Reynolds-Zahl abnimmt.

Einfluss von Wandrauheiten

In der Formulierung (10.26) wirken Wandrauheiten auf die Konstante C^+, die aus einer Integration der Wandschicht entsteht, vgl. (9.51). Es gelten exakt dieselben Aussagen über die Wirkung von Wandrauheiten wie bei Grenzschichten, s. dazu die Ausführungen im Zusammenhang mit (9.67).

Eine detaillierte Untersuchung des Einflusses von Wandrauheiten auf der Basis direkter numerische Simulation (DNS, keine Turbulenzmodellierung, s. Kap. 5.2) findet sich in Jin et al. (2014).

Anmerkung 10.2: *Ausgebildete turbulente Strömung im Rohr (Kreisquerschnitt)*

Wie im laminaren Fall kann die ausgebildete Rohrströmung wieder vollkommen analog zur zuvor behandelten ebenen Kanalströmung behandelt werden. Die Bezugslänge ist im Falle der Kanalströmung wiederum die halbe Kanalhöhe H^*, im Fall der Rohrströmung der Radius R^*. Die nachfolgende Tabelle 10.4 zeigt die Gegenüberstellung beider Fälle.

Beispiel 10.2: *Widerstandsgesetz ausgebildeter turbulenter Rohrströmungen*

Bild B10.2 zeigt die Rohrreibungszahl λ_R als Funktion der Reynolds-Zahl und der Wandrauheit. Bei Reynolds-Zahlen Re $< 2\,300$ liegt eine laminare Strömung vor, für die $\lambda_R = 64/Re_{D_h}$ gemäß Tab. 10.2 gilt. Wäre die Strömung auch für Reynolds-Zahlen Re $> 2\,300$ weiterhin laminar, so würde λ_R den als „fiktive laminare Strömung" gekennzeichneten Verlauf aufweisen. Daran wird deutlich, dass turbulente Strömungen gegenüber den (fiktiv) laminaren Strömungen einen erheblich größeren Widerstand besitzen. Als reale Strömungen treten laminare Fälle oberhalb von Re $= 2\,300$ nur auf, wenn eine absolut störungsfreie Strömung realisiert werden kann. Näherungsweise können solche Strömungen erreicht werden, wenn durch Polymerzusätze (langkettige Moleküle) die turbulente Schwankungsbewegung weitgehend unterdrückt wird.

Die mit „hydraulisch glatt" bezeichnete Kurve entspricht dem Widerstandsgesetz nach Tab. 10.4 mit $C^+ = 5,0$. Im vollrauhen Bereich ragen die Wandrauheiten über die Wandschicht hinaus, „zerstören" diese und unterbinden damit einen Viskositäts- bzw.

Ebener Kanal (kartesische Koordinaten)	Kreisrohr (Zylinder-Koordinaten)

(10.23): Navier-Stokes-Gleichungen	
$$0 = -\frac{\partial p^*}{\partial x^*} + \eta^* \frac{\partial^2 \overline{u^*}}{\partial y^{*2}} - \varrho^* \frac{\partial(\overline{u^{*\prime}v^{*\prime}})}{\partial y^*}$$	$$0 = -\frac{\partial p^*}{\partial x^*} + \frac{\eta^*}{r^*}\frac{\partial}{\partial r^*}\left(r^* \frac{\partial \overline{u^*}}{\partial r^*}\right)$$ $$- \frac{\varrho^*}{r^*}\frac{\partial(r^*(\overline{u^{*\prime}v^{*\prime}}))}{\partial r^*}$$

querschnittsgemittelte Geschwindigkeit	
$$u_m^* = \frac{1}{2H^*}\int\limits_{-H^*}^{+H^*} \overline{u^*}\, dy^*$$	$$u_m^* = \frac{1}{\pi R^{*2}}\int\limits_{0}^{R^*} \overline{u^*}\, 2\pi r^*\, dr^*$$

(10.24), (10.25): speziell gilt	
$$\eta^* \frac{d^2\overline{u^*}}{dy^{*2}} - \varrho^* \frac{d(\overline{u^{*\prime}v^{*\prime}})}{dy^*}$$ $$= \text{const}\,(=K^*)$$	$$\frac{\eta^*}{r^*}\frac{d}{dr^*}\left(r^*\frac{d\overline{u^*}}{dr^*}\right) - \frac{\varrho^*}{r^*}\frac{d(r^*(\overline{u^{*\prime}v^{*\prime}}))}{dr^*}$$ $$= \text{const}\,(=K^*)$$
$$\frac{dp^*}{dx^*} = \text{const}\,(=K^*)$$	$$\frac{dp^*}{dx^*} = \text{const}\,(=K^*)$$

hydraulischer Durchmesser	
$$D_h^* = 4H^*$$	$$D_h^* = 2R^*$$

(10.26): Widerstandsgesetz	
$$\sqrt{\frac{8}{\lambda_R}} = \frac{1}{\kappa}\ln\left(\frac{1}{4}\mathrm{Re}_{D_h}\sqrt{\frac{\lambda_R}{8}}\right)$$ $$+C^+ + \overline{C} + \overline{\overline{C}}$$	$$\sqrt{\frac{8}{\lambda_R}} = \frac{1}{\kappa}\ln\left(\frac{1}{2}\mathrm{Re}_{D_h}\sqrt{\frac{\lambda_R}{8}}\right)$$ $$+C^+ + \overline{C} + \overline{\overline{C}}$$

Konstanten	
$C^+ = 5{,}0$ (glatte Wand) $\overline{C} = 0{,}94$ $\overline{\overline{C}} = -2{,}64$	$C^+ = 5{,}0$ (glatte Wand) $\overline{C} = 1{,}03$ $\overline{\overline{C}} = -4{,}07$

Fortsetzung der Tabelle auf der folgenden Seite

—————————————— *Fortsetzung der Tabelle von der vorigen Seite* ——————————————

(10.27):	explizite Form
$\lambda_R = 8 \left[\dfrac{\kappa}{\ln \mathrm{Re}_{D_h}} G(\Lambda,A) \right]^2$ $\Lambda = \ln \mathrm{Re}_{D_h}^2 \; ; \quad A = -0{,}46$	$\boxed{\lambda_R = 8 \left[\dfrac{\kappa}{\ln \mathrm{Re}_{D_h}} G(\Lambda,A) \right]^2}$ $\Lambda = \ln \mathrm{Re}_{D_h}^2 \; ; \quad A = -0{,}17$

Tab. 10.4: Gegenüberstellung der beiden Fälle (turbulente) ebene Kanalströmung und Kreisrohrströmung

Reynolds-Zahl-Einfluss.
 Mit dem Konzept des hydraulischen Durchmessers kann Bild B10.2 auch für andere, nicht-Kreisquerschnitte benutzt werden, wenn als charakteristische Länge der hydraulische Durchmesser gewählt wird.

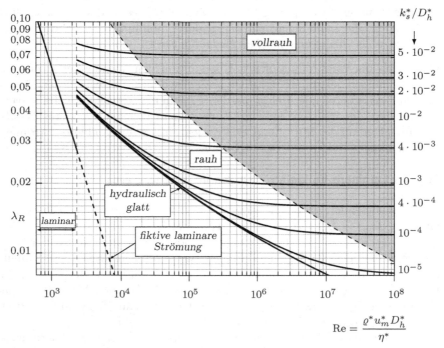

Bild B10.2: Widerstandsgesetz für ein gerades Rohr mit Kreisquerschnitt $D_h^* = D^*$ oder anderen Querschnittsformen (D_h^* des entsprechenden Querschnittes); Grafik: C. Redecker, TUHH

10.2 Nichtausgebildete Durchströmungen

Mit dem Zusatz „nichtausgebildet" werden alle Durchströmungen gekennzeichnet, die kein lauflängenunabhängiges Geschwindigkeitsprofil aufweisen.
Wenn auch Temperaturprofile betrachtet werden, sollte zwischen hydrodynamisch und thermisch ausgebildeten Strömungen unterschieden werden.

Im folgenden soll nur die Strömung näher betrachtet werden, so dass auf
den Zusatz hydrodynamisch verzichtet wird. Strömungen können prinzipiell
aus zwei Gründen nichtausgebildet sein:

1. Die Geometrie des durchströmten Gebietes lässt keinen ausgebildeten Zustand zu, weil keine in Strömungsrichtung konstanten Verhältnisse vorliegen. Dies ist z.B. bei Rohrleitungen mit einer entsprechend dichten
   Abfolge von Krümmern der Fall oder wenn sich Strömungsquerschnitte
   kontinuierlich verengen (Düse) oder erweitern (Diffusor), ganz allgemein
   also bei variablen Querschnitten.

2. Die Geometrie erlaubt grundsätzlich ausgebildete Strömungen, die Strömung befindet sich aber noch in einem Umbildungsprozess hin zum lauf-
   längenunabhängigen, ausgebildeten Zustand. Dies sind sog. *Einlaufströmungen*; die Lauflängen, auf denen der Umbildungsprozess stattfindet,
   werden als *(hydrodynamische) Einlauflängen* L_{hyd}^* bezeichnet.

Da es sich um einen allmählichen Übergang in den ausgebildeten Zustand
handelt, müssen bestimmte Kriterien bezüglich der charakteristischen Längen
für den Einlaufbereich festgelegt werden. Eine häufig getroffene Vereinbarung
besagt, dass der hydrodynamische Einlauf dann beendet ist, wenn die Geschwindigkeit auf der Mittellinie 99 % derjenigen der ausgebildeten Strömung
erreicht hat.

10.2.1 Laminare Einlaufströmungen im ebenen Kanal

Der entscheidende Parameter bei der Bestimmung der dimensionslosen Einlauflänge $L_{hyd} = L_{hyd}^*/H^*$, mit H^* als halber Kanalhöhe, ist die Reynolds-
Zahl $\mathrm{Re} = \varrho^* u_m^* H^*/\eta^*$. Für große Reynolds-Zahlen sind wegen der dann
im Eintrittsbereich vorliegenden dünnen Wandgrenzschichten große Einlauflängen zu erwarten. Diese können mit einer asymptotischen Betrachtung für
$\mathrm{Re} \to \infty$ ermittelt werden. Für kleine Reynolds-Zahlen ($\mathrm{Re} \to 0$) ist die
Einlauflänge L_{hyd} praktisch konstant, da die Abweichungen vom Grenzwert
$\mathrm{Re} = 0$ (sog. *schleichende Strömung*) äußerst gering sind.

Aufgrund dieser Überlegungen lässt sich folgende einfache Näherungsbeziehung für die hydrodynamische Einlauflänge angeben, die in den Grenzfällen
$\mathrm{Re} \to 0$ und $\mathrm{Re} \to \infty$ exakt ist (für die genaue Herleitung s. Gersten, Herwig
(1992)):

$$L_{hyd} = \frac{L_{hyd}^*}{H^*} = \frac{C_1}{1 + C_2\mathrm{Re}/C_1} + C_2\mathrm{Re} \; ; \quad \mathrm{Re} = \frac{\varrho^* u_m^* H^*}{\eta^*} \qquad (10.29)$$

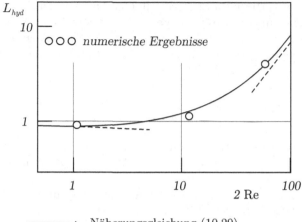

―――――― : Näherungsgleichung (10.29)
― ― ― ― : Asymptoten für Re → ∞, Re → 0

Bild 10.4: Hydrodynamische Einlauflänge der ebenen, laminaren Kanalströmung

Für eine Kanalströmung, die im Eintrittsquerschnitt eine homogene Geschwindigkeitsverteilung aufweist, sind $C_1 = 0{,}89$ und $C_2 = 0{,}164$. Bild 10.4 zeigt diese Funktion im Vergleich zu den Asymptoten für Re → ∞ und Re → 0 sowie zu numerischen Lösungen der vollständigen Navier-Stokes-Gleichungen. Danach beträgt die Einlauflänge bei extrem kleinen Reynolds-Zahlen etwa eine halbe Kanalhöhe ($L^*_{hyd} \approx C_1 H^*$) und wächst bis zu Werten von Re = 1 000 (kritische Reynolds-Zahl der ebenen Kanalströmung) auf etwa 80 Kanalhöhen ($L^*_{hyd} \approx 1\,000\,C_2$) an.

Anmerkung 10.3: *Laminare Einlaufströmungen im Rohr (Kreisquerschnitt)*

Die hydrodynamische Einlauflänge kann auf ähnliche Weise wie beim ebenen Kanal durch eine einfache Näherungsbeziehung angegeben werden, die in den Grenzfällen Re → ∞ und Re → 0 im Prinzip exakt ist. Aufgrund der allmählichen Annäherung an den ausgebildeten Zustand weichen verschiedene Literaturangaben zu diesen Grenzfällen jedoch nicht unerheblich voneinander ab.

Unter Beibehaltung der Form wie in (10.29) kann die Beziehung

$$L_{hyd} = \frac{L^*_{hyd}}{R^*} = \frac{C_1}{1 + C_2 \mathrm{Re}/C_1} + C_2 \mathrm{Re} \;; \quad \mathrm{Re} = \frac{\varrho^* u^*_m R^*}{\eta^*} \tag{10.30}$$

mit $C_1 = 1{,}2$ und $C_2 = 0{,}224$ auch für das Rohr empfohlen werden. Somit ergeben sich für sehr kleine Reynolds-Zahlen Einlauflängen deutlich kleiner als ein Rohrdurchmesser, für Re = 1 150 (kritische Reynolds-Zahl; beachte: Die kritische Reynolds-Zahl 2 300 z.B. in Bild B10.2 bezieht sich auf die mit dem Durchmesser gebildete Reynolds-Zahl) liegen Einlauflängen von etwa 130 Rohrdurchmessern vor.

10.2.2 Turbulente Einlaufströmungen

Bei turbulenten Einlaufströmungen wird der ausgebildete Strömungszustand

wegen des höheren Impulsaustausches in Querrichtung früher erreicht als bei vergleichbaren laminaren Strömungen. Eine theoretische Analyse des Umbildungsprozesses muss die Schichtenstruktur der Strömung berücksichtigen. Für den führenden Term einer asymptotischen Betrachtung ergibt sich dabei (für Details s. Herwig, Voigt (1995))

$$
L_{hyd} = \frac{L_{hyd}^*}{L_B^*} = \frac{u_m^*}{\kappa\, u_{\tau\infty}^*} \qquad
\begin{array}{ll}
\text{Kanal:} & L_B^* = H^* \\
\text{Rohr:} & L_B^* = R^*
\end{array}
\tag{10.31}
$$

mit der Karman-Konstante $\kappa = 0{,}41$ und der Wandschubspannungsgeschwindigkeit $u_{\tau\infty}^* = \sqrt{\tau_{w\infty}^*/\varrho^*}$ gebildet mit der Wandschubspannung $\tau_{w\infty}^*$ im ausgebildeten Zustand.

Bild 10.5 zeigt die Auswertung dieser Beziehung unter Berücksichtigung der Widerstandsgesetze aus Tab. 10.4 zur Bestimmung von $\tau_{w\infty}^*$ bzw. $u_{\tau\infty}^*$ an hydraulisch glatten Wänden. Zusätzlich ist für die Rohrströmung eine empirische Beziehung in Form eines Potenzgesetzes,

$$
L_{hyd} = \frac{L_{hyd}^*}{R^*} = 8{,}8\, \mathrm{Re}^{1/6} \;; \quad \mathrm{Re} = \frac{\varrho^* u_m^* R^*}{\eta^*}
\tag{10.32}
$$

eingezeichnet, s. dazu Munson et al. (1998). Es sollte aber beachtet werden, dass das häufig nicht genannte Kriterium für den ausgebildeten Zustand eine entscheidende Rolle spielt. Formuliert man dieses sehr scharf, so ergeben sich deutlich größere Einlauflängen. Im späteren Beispiel 12.2 wird eine solche Strömung numerisch berechnet. Der ausgebildete Zustand wird dort bei 120 Radien als erreicht angesehen.

Im Reynolds-Zahl Bereich von 10^4 bis 10^5 liegen hydrodynamische Einlauflängen nach Bild 10.5 von etwa 50 Radien bzw. halben Kanalhöhen vor. Wäre die Strömung bei diesen Reynolds-Zahlen noch laminar, so würden die Einlauflängen etwa 150 bis 400 mal größer sein, wie (10.29) und (10.30) zeigen.

Anmerkung 10.4: *Kräfte- und Energiebilanzen bei Durchströmungen*

Bei ausgebildeten Durchströmungen besitzen die Fluidteilchen benachbarter Stromlinien zwar unterschiedliche Geschwindigkeiten (Profile der Geschwindigkeiten), diese verändern sich aber in Strömungsrichtung nicht. Deshalb treten keine Trägheitskräfte auf und die Kräftebilanz ist diejenige zwischen der Druckkräfte-Differenz auf den gegenüberliegenden Querschnittsflächen und der Kraft aufgrund von Schubspannungen an der Mantelfläche eines gedachten Fluidzylinders innerhalb der durchströmten Geometrie. Wenn die Stromlinien nicht gekrümmt sind (gerades Rohr) muss der Druck bis auf den Einfluss einer möglichen zusätzlichen hydrostatischen Druckverteilung quer zur Strömungsrichtung konstant sein. Nur bei gekrümmten Stromlinien würde eine Druckdifferenz quer zur Strömung entstehen, die dann vorhandene Zentrifugalkräfte kompensieren würde (vgl. dazu Anmerkung 6.2/S. 141).

Die bei horizontalen Strömungen vollständig vernachlässigbare zusätzliche hydrostatische Druckverteilung (diese hat bei horizontalen Strömungen keinen Einfluss auf die Druck*differenz* zwischen zwei Querschnitten) kann bei nicht-horizontalen Strömungen von Bedeutung sein, da sie dann auf die Druckdifferenzen in Strömungsrichtung wirkt. Die

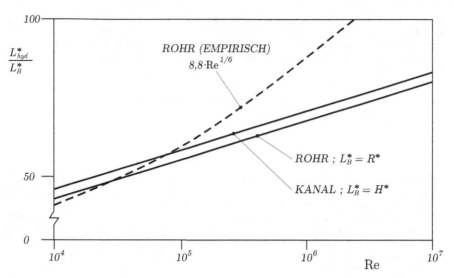

Bild 10.5: Hydrodynamische Einlauflängen der turbulenten ebenen Kanal- und Rohrströmung; $\mathrm{Re} = \varrho^* u_m^* L_B^* / \eta^*$

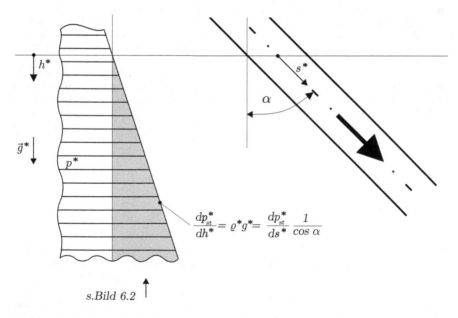

Bild 10.6: Hydrostatischer Druckgradient in der Koordinate h^* (s. Bild 6.2) bzw. s^*

bisher beschriebenen Zusammenhänge bleiben allerdings vollständig erhalten, wenn der Druckgradient in der Strömung so interpretiert wird, dass er den Einfluss der zusätzlichen hydrostatischen Druckverteilung berücksichtigt.

Der tatsächlich im Fluid in Strömungsrichtung vorhandene Druckgradient dp^*/ds^*

setzt sich demnach aus demjenigen Anteil, der auf die hydrostatische Druckverteilung zurückgeht dp^*_{st}/ds^* (und Gewichtskräfte kompensiert) und demjenigen Anteil, der die Reibungskräfte im Strömungszustand kompensiert dp^*_{mod}/ds^*, zusammen. Der Druck p^*_{mod} war bereits in Anmerkung 4.5/S. 64/ als sog. *modifizierter Druck* eingeführt worden und dann formal als

$$p^*_{mod} = p^* - p^*_{st} \qquad (10.33)$$

geschrieben werden, wobei p^*_{st} den hydrostatischen Druckanteil beschreibt.

Für die geometrischen Verhältnisse in Bild 10.6 ist deshalb der für die Strömung maßgebliche Druckgradient dp^*_{mod}/ds^*

$$\frac{dp^*_{mod}}{ds^*} = \frac{d(p^* - p^*_{st})}{ds^*} = \frac{dp^*}{ds^*} - \varrho^* g^* \cos \alpha \qquad (10.34)$$

Während für horizontale ausgebildete Strömungen die Reibungskräfte (Wirkung der Schubspannungen) ausschließlich durch Druckkräfte kompensiert werden, geschieht dies für nichthorizontale Strömungen zum Teil auch durch Gewichtskräfte.

Da dp^*/ds^* z.B. von einer Pumpe aufgebracht werden muss, wird eine Strömung nach unten durch die Schwerkraft unterstützt (geringeres dp^*/ds^* erforderlich), nach oben aber erschwert (höheres dp^*/ds^* erforderlich). Aus energetischer Sicht muss zusätzlich potentielle Energie aufgebracht werden bzw. kann für die Strömung genutzt werden.

Bei nicht ausgebildeten Strömungen kommt es zu Beschleunigungen bzw. Verzögerungen von Fluidteilchen, so dass eine Kräftebilanz dann zusätzlich Trägheitskräfte einbeziehen muss. Diese sind örtlich verteilt, so dass nur jeweils eine lokale Kräftebilanz formulierbar ist.

Bezüglich einer globalen Energiebilanz für eine Strömung zwischen zwei Querschnitten auf gleichem Höhenniveau, in denen derselbe Druck vorliegt, gilt folgendes:

Bei laminaren Strömungen wird die durch eine Pumpe zwischen den beiden Querschnitten aufgebrachte mechanische Energie bei ausgebildeten Strömungen vollständig dissipiert, d.h. in thermische Energie verwandelt, bei nicht-ausgebildeten Strömungen zum Teil in kinetische Energie umgewandelt.

Bei turbulenten Strömungen wird nur ein Teil der mechanischen Energie direkt dissipiert, ein anderer Teil, die Turbulenzproduktion, dient der Erzeugung bzw. Aufrechterhaltung der turbulenten Schwankungsbewegung und wird erst nach dem sog. Kaskadenprozess (s. Bild 5.2) dissipiert.

Literatur

Herwig, H.; Voigt, M. (1995): Eine asymptotische Analyse des Wärmeüberganges im Einlaufbereich von turbulenten Kanal- und Rohrströmungen. Heat and Mass Transfer, Vol. 31, 65–76

Jin, Y.; Uth, M.F.; Herwig, H. (2014): Structure of a turbulent flow through plane channels with smooth and rough walls: An analysis based on high resolution DNS results. Computer and Fluids, Vol. 107, 77–88

Munson, B.R.; Young, D.F.; Okiishi, T.H. (1998): Fundamentals of Fluid Mechanics. 3rd Ed., John Wiley & Sons, New York

B3: Dreidimensionale Näherung

Strömungen, bei denen Änderungen der Variablen in allen drei Raumrichtungen vorkommen (dreidimensionale Strömungen) sind häufig so komplex, dass sie nur numerischen Lösungsverfahren zugänglich sind. Solche Verfahren sind nicht mehr Gegenstand des vorliegenden Buches, dessen Hauptziel aber nach wie vor ist, die Grundgleichungen für die theoretische Behandlung allgemeiner Probleme zur Verfügung zu stellen sowie das physikalische Verständnis für Strömungsprobleme zu stärken.

In Kap. 4 waren die allgemeinen dreidimensionalen Grundgleichungen bereitgestellt worden, die als Basis für numerische Lösungen dienen. Das nachfolgende Kapitel 11 gibt einen kurzen Überblick, welche Vereinfachungen auch im dreidimensionalen Fall in diesen Grundgleichungen möglich sind, wenn spezielle Strömungzustände und/oder Geometrien vorliegen. Danach sollen in Vorbereitung auf numerische Lösungen einige Aspekte näher erläutert werden, die für einen effektiven Einsatz numerischer Methoden von großer Bedeutung sind und unmittelbar aus den bisher angestellten Überlegungen abgeleitet werden können. Dies sind im wesentlichen drei Aspekte, die in drei Abschnitten des Kap. 12 behandelt werden.

11 Vereinfachte Gleichungen für dreidimensionale Strömungen

Körper*umströmungen* bei großen Reynolds-Zahlen besitzen, wie schon im zweidimensionalen Fall ausführlich erläutert worden ist, Grenzschichtcharakter. Das Strömungsfeld kann demnach weitgehend als reibungsfrei und bei zusätzlich drehungsfreier Zuströmung auch als drehungsfrei approximiert werden. Lediglich in Wandnähe liegt eine drehungsbehaftete Grenzschicht vor, in der Reibungseffekte von Bedeutung sind.

Körper*durchströmungen* erlauben mit Ausnahme der Einlaufbereiche keine Gebietsaufteilung in reibungs- bzw. drehungsfreie und reibungs- bzw. drehungsbehaftete Teilgebiete. Eine Vereinfachung der Grundgleichungen kann sich bei Durchströmungen aber durch die sog. Schlankheit des Lösungsgebietes ergeben, so dass Gradienten quer zur Hauptströmungsrichtung dann sehr viel größer sind als die Gradienten entsprechender Größen in Strömungsrichtung.

Im folgenden werden die möglichen Vereinfachungen in den vollständigen dreidimensionalen Grundgleichungen für Umströmungen und Durchströmungen näher erläutert.

11.1 Dreidimensionale Körperumströmungen

11.1.1 Reibungsfreie Umströmungen und Potentialströmungen

Außerhalb der stark reibungs- und damit auch drehungsbehafteten Strömungsgrenzschichten kann die Strömung in guter Näherung als reibungsfrei angesehen werden. Dies gilt allerdings nur dann, wenn in der Strömung keine größeren Ablösegebiete vorhanden sind. Die Strömung in solchen Ablösegebieten könnte zwar oftmals auch als weitgehend reibungsfrei angesehen werden, die Form der Ablösegebiete könnte aber nur unter Berücksichtigung von Reibungseffekten in den Grenzschichten ermittelt werden. Damit ist eine vollständig reibungsfreie Betrachtung auch kein sinnvoller erster Schritt bei der Beschreibung einer Strömung, wenn große Ablösegebiete vorhanden sind.

Für reibungsfreie Strömungen können die allgemeinen Grundgleichungen nach Tab. 4.1 erheblich vereinfacht werden. Es entfällt der gesamte (deviatorische) Spannungstensor, da alle Schub- und Normalspannungskomponenten $(\tau_{xx}^*, \tau_{yx}^*, \ldots)$ bei drehungsfreien Strömungen entfallen, s. dazu Anmerkung 8.1/S. 190. Es entfällt damit die Notwendigkeit, konstitutive Gleichungen einzuführen, die das Gleichungssystem schließen würden, da die Komponenten des Spannungstensors nicht mehr in den Gleichungen enthalten sind. Ein spezielles Fluidverhalten kann sich demnach bei reibungsfreier Strömung nicht

auswirken, eine Unterscheidung nach Newtonschen und nicht-Newtonschen Fluiden entfällt bei reibungsfreier Strömung.

Die zu berücksichtigenden Terme sind für den Fall einer stationären, inkompressiblen Strömung in Tab. 11.1 markiert. Die so entstehenden Gleichungen werden wieder als *Euler-Gleichungen* bezeichnet (für die zweidimensionale Version s. Abschn. 8.1 bzw. Tab. 8.1). Wenn konstante Stoffwerte unterstellt werden, sind diese Gleichungen ausreichend, das Strömungsproblem zu lösen. Für variable Stoffwerte und insbesondere für Strömungen mit stark variabler Dichte (kompressible Strömungen) muss die Energiegleichung hinzugenommen werden. Diese erfordert zunächst eine konstitutive Gleichung zur Verknüpfung des Wärmstromdichte-Vektors (q_x^*, q_y^*, q_z^*) mit dem Temperaturfeld. In der Regel wird jedoch auch der Wärmestromdichte-Vektor vernachlässigt, was einem lokal-adiabaten Temperaturfeld oder einem nicht wärmeleitenden Fluid entspricht.

Da beim Übergang auf die Euler-Gleichungen die höchsten Ableitungen in den allgemeinen Grundgleichungen vernachlässigt worden sind (für ein Newtonsches Fluid z.B. hätten sich jeweils zweite Ableitungen nach den Ortskoordinaten ergeben), können nicht mehr alle physikalischen Randbedingungen erfüllt werden.

Wie bereits für den zweidimensionalen Fall erläutert, kann an festen Wänden nur noch die sog. *kinematische Randbedingung* eingehalten werden, die ein Durchströmen der Körperoberfläche verhindert (wenn die physikalische Randbedingung dies aufgrund der Wandundurchlässigkeit fordert). Die sog. Haftbedingung kann jedoch nicht erfüllt werden, d.h., die Strömung besitzt an der Wand eine endliche „unphysikalische" Tangentialkomponente.

Wie im zweidimensionalen Fall ist dies der Ausgangspunkt für die Grenzschichttheorie, die diese Wand-Tangentialkomponente als Geschwindigkeit am Grenzschicht-Außenrand „übernimmt" und den kontinuierlichen Übergang auf den Geschwindigkeits-Wandwert Null (Haftbedingung) in der extrem dünnen Grenzschicht realisiert.

Aus der Lösung der Euler-Gleichungen als reibungsfreie Umströmung einer Körperkontur folgt also die Geschwindigkeitsverteilung an der Wand, interpretiert als Geschwindigkeitsverteilung am Außenrand der Grenzschicht. Daraus ergibt sich unmittelbar die Druckverteilung an der Wand (bzw. am Außenrand der Grenzschicht), da der sog. Gesamtdruck, vgl. (6.30)

$$p_{ges}^* = p^* + \frac{\varrho^*}{2}\left(u^{*2} + v^{*2} + w^{*2}\right) \tag{11.1}$$

längs der Wand konstant ist.

Ist die reibungsfreie Strömung zusätzlich drehungsfrei (weil sie eine drehungsfreie Anströmung besitzt), so handelt es sich wieder um eine Potentialströmung (vgl. Abschn. 8.2 für den zweidimensionalen Fall). Es existiert dann ein skalares Potential Φ^* mit der Eigenschaft $\vec{v}^* = \text{grad}\ \Phi^*$, d.h., der Geschwindigkeitsvektor $\vec{v}^* = (u^*, v^*, w^*)$ folgt unmittelbar durch Bildung des Gradientenvektors $(\partial\Phi^*/\partial x^*, \partial\Phi^*/\partial y^*, \partial\Phi^*/\partial z^*)$, wenn es sich – wie hier un-

$$\frac{\mathrm{D}}{\mathrm{D}t^*} = \frac{\partial}{\partial t^*} + u^* \frac{\partial}{\partial x^*} + v^* \frac{\partial}{\partial y^*} + w^* \frac{\partial}{\partial z^*}$$

KONTINUITÄTSGLEICHUNG

$$\frac{\mathrm{D}\varrho^*}{\mathrm{D}t^*} + \varrho^* \left[\frac{\partial u^*}{\partial x^*} + \frac{\partial v^*}{\partial y^*} + \frac{\partial w^*}{\partial z^*} \right] = 0 \tag{K*}$$

x-IMPULSGLEICHUNG

$$\varrho^* \frac{\mathrm{D}u^*}{\mathrm{D}t^*} = f_x^* - \frac{\partial p^*}{\partial x^*} + \left(\frac{\partial \tau_{xx}^*}{\partial x^*} + \frac{\partial \tau_{yx}^*}{\partial y^*} + \frac{\partial \tau_{zx}^*}{\partial z^*} \right) \tag{XI*}$$

y-IMPULSGLEICHUNG

$$\varrho^* \frac{\mathrm{D}v^*}{\mathrm{D}t^*} = f_y^* - \frac{\partial p^*}{\partial y^*} + \left(\frac{\partial \tau_{xy}^*}{\partial x^*} + \frac{\partial \tau_{yy}^*}{\partial y^*} + \frac{\partial \tau_{zy}^*}{\partial z^*} \right) \tag{YI*}$$

z-IMPULSGLEICHUNG

$$\varrho^* \frac{\mathrm{D}w^*}{\mathrm{D}t^*} = f_z^* - \frac{\partial p^*}{\partial z^*} + \left(\frac{\partial \tau_{xz}^*}{\partial x^*} + \frac{\partial \tau_{yz}^*}{\partial y^*} + \frac{\partial \tau_{zz}^*}{\partial z^*} \right) \tag{ZI*}$$

ENERGIEGLEICHUNG

$$\varrho^* \frac{\mathrm{D}H^*}{\mathrm{D}t^*} = - \left(\frac{\partial q_x^*}{\partial x^*} + \frac{\partial q_y^*}{\partial y^*} + \frac{\partial q_z^*}{\partial z^*} \right) \tag{E*}$$

$$+ (u^* f_x^* + v^* f_y^* + w^* f_z^*) + \frac{\partial p^*}{\partial t^*} + \mathcal{D}^*$$

TEIL-ENERGIEGLEICHUNG (MECHANISCHE ENERGIE)

$$\frac{\varrho^*}{2} \frac{\mathrm{D}}{\mathrm{D}t^*} [u^{*2} + v^{*2} + w^{*2}] = \left(\frac{\partial p^*}{\partial t^*} - \frac{\mathrm{D}p^*}{\mathrm{D}t^*} \right) + \mathcal{D}^* - \Phi^* \tag{ME*}$$

$$+ (u^* f_x^* + v^* f_y^* + w^* f_z^*)$$

TEIL-ENERGIEGLEICHUNG (THERMISCHE ENERGIE)

$$\varrho^* \frac{\mathrm{D}h^*}{\mathrm{D}t^*} = - \left(\frac{\partial q_x^*}{\partial x^*} + \frac{\partial q_y^*}{\partial y^*} + \frac{\partial q_z^*}{\partial z^*} \right) + \frac{\mathrm{D}p^*}{\mathrm{D}t^*} + \Phi^* \tag{TE*}$$

Tab. 11.1: 3D-Euler-Gleichungen und Energiegleichungen

Räumliche, reibungsfreie Strömungen als Spezialfall der allgemeinen Bilanzgleichungen aus Tab. 4.1; zusätzliche Annahmen: stationär, inkompressibel

grau unterlegt: berücksichtigte Terme

(Die neuen Gleichungen entstehen, wenn rechts und links des Gleichheitszeichens die markierten Terme übernommen werden. Tritt auf einer Seite kein markierter Term auf, so steht dort die Null.)

Beachte: Mit $\vec{f}^* = \varrho^* \vec{g}^*$ und dem modifizierten Druck $p_{mod}^* = p^* - p_{st}^*$ gilt

$$\varrho^* g_x^* - \frac{\partial p^*}{\partial x^*} = -\frac{\partial p_{mod}^*}{\partial x^*} \; ; \quad \varrho^* g_y^* - \frac{\partial p^*}{\partial y^*} = -\frac{\partial p_{mod}^*}{\partial y^*} \; ; \quad \varrho^* g_z^* - \frac{\partial p^*}{\partial z^*} = -\frac{\partial p_{mod}^*}{\partial z^*}$$

terstellt – um eine inkompressible Strömung handelt. Die Potentialfunktion Φ^* gehorcht wiederum der jetzt dreidimensionalen Laplacegleichung

$$\Delta\Phi^* = 0 \; ; \quad \Delta = \frac{\partial^2}{\partial x^{*2}} + \frac{\partial^2}{\partial y^{*2}} + \frac{\partial^2}{\partial z^{*2}} \qquad (11.2)$$

die unmittelbar bei Berücksichtigung von $\vec{v}^* = \mathrm{grad}\;\Phi^*$ aus der Kontinuitätsgleichung $\mathrm{div}\;\vec{v}^* = 0$ hervorgeht (beachte die Identität $\Delta\ldots = \mathrm{div}\;\mathrm{grad}\;\ldots$ für eine skalare Funktion, s. auch Anhang 1).

Wie im zweidimensionalen Fall (dort (8.8)) handelt es sich bei (11.2) um eine lineare Differentialgleichung, so dass Lösungen wiederum durch Superposition von Elementarlösungen aufgebaut werden können, wie dies in Abschn. 8.2.4 für den zweidimensionalen Fall beschrieben worden ist.

Anders als im ebenen Fall, existiert aber im dreidimensionalen Fall nicht *eine* Stromfunktion, die auf ähnlich enge Weise (konjugierte Funktionen) mit der Potentialfunktion verknüpft wäre, wie z.B. Tab. 8.2 dies für den ebenen Fall zeigt.

Stattdessen kann für dreidimensionale Strömungen eine *Vektorstromfunktion* $\vec{\Psi}^* = (\Psi_x^*, \Psi_y^*, \Psi_z^*)$ eingeführt werden, aus der die Geschwindigkeit in Form des Geschwindigkeitsvektors $\vec{v}^*$ als $\vec{v}^* = \mathrm{rot}\;\vec{\Psi}^*$ folgt, d.h. für die einzelnen Komponenten gilt:

$$u^* = \frac{\partial\Psi_z^*}{\partial y^*} - \frac{\partial\Psi_y^*}{\partial z^*} \; ; \quad v^* = \frac{\partial\Psi_x^*}{\partial z^*} - \frac{\partial\Psi_z^*}{\partial x^*} \; ; \quad w^* = \frac{\partial\Psi_y^*}{\partial x^*} - \frac{\partial\Psi_x^*}{\partial y^*} \qquad (11.3)$$

Der ebene Fall ergibt sich daraus mit $\vec{\Psi}^* = (0, 0, \Psi_z^*)$. Für diese Stromfunktion, die zunächst ganz allgemein für dreidimensionale Strömungen eingeführt worden ist, gilt im Spezialfall der drehungsfreien (Potential-)Strömung allerdings keine (Vektor-)Laplace-Gleichung $\Delta\vec{\Psi}^* = 0$, sondern

$$\Delta\vec{\Psi}^* = \mathrm{grad}\;\mathrm{div}\;\vec{\Psi}^* \qquad (11.4)$$

so dass nicht mehr von der Stromfunktion auf eine neue Potentialfunktion geschlossen werden kann, wie dies im Spezialfall der ebenen Strömung der Fall ist. Für weitere Einzelheiten s. z.B. Hackeschmidt (1970).

Anmerkung 11.1: *Das d'Alembertsche Paradoxon bei räumlichen Strömungen*

In Abschn. 8.1 war die Tatsache, dass ein reibungsfrei umströmter Körper im ebenen Fall (zweidimensionale Strömung) keinen Widerstand besitzt, als sog. *d'Alembertsches Paradoxon* bezeichnet worden. Aus der Druckverteilung kann im ebenen Fall zwar kein Widerstand, wohl aber ein Auftrieb ermittelt werden (Auftrieb: Kraftkomponente senkrecht zur Anströmung). Dieser wird durch Reibungseffekte auch nur noch geringfügig modifiziert, wenn die Strömungsgrenzschichten nicht großräumig ablösen.

Bei räumlicher (dreidimensionaler) reibungsfreier Körperumströmung ist der Widerstand erwartungsgemäß ebenfalls stets Null. Darüber hinaus kann aber auch kein Auftrieb

entstehen, was zunächst sehr verblüffend ist. Der mathematische Hintergrund dafür ist die Tatsache, dass es sich bei räumlichen Körperumströmungen nicht mehr um mehrfach zusammenhängende Strömungsgebiete handelt (gekennzeichnet dadurch, dass in ihnen geschlossene Kurven existieren, die nicht durch stetige Veränderungen auf Null zusammengezogen werden können), sondern um sog. *einfach zusammenhängende* Gebiete, für nähere Einzelheiten s. Chorin, Marsden (1992).

Beispiel 11.1:   *Kugelumströmung*

Da die Laplacegleichung (11.2) wie im zweidimensionalen Fall, dort (8.8), eine lineare Funktion ist, können aus der additiven Überlagerung von Einzellösungen neue Lösungen gewonnen werden (Superpositionsprinzip).

In Beispiel 8.2 war durch Überlagerung der zweidimensionalen Dipolströmung mit der ebenen Translationsströmung die Potentialströmung um einen Kreiszylinder bestimmt worden. Im jetzt betrachteten dreidimensionalen Fall entsteht auf ganz analoge Weise die Potentialströmung um eine Kugel. Dazu werden überlagert:

1. Die Translationsströmung in x-Richtung mit der Geschwindigkeit u_∞^*:

   Potentialfunktion: $\Phi^* = u_\infty^* x^*$

   Stromfunktion: $\Psi^* = u_\infty^* r^{*2}/2$

2. Die räumliche Dipolströmung im Koordinatenursprung mit dem Dipolmoment M^*:

   Potentialfunktion: $\Phi^* = \dfrac{M^*}{4\pi} \dfrac{x^*}{(r^{*2} + x^{*2})^{3/2}}$

   Stromfunktion: $\Psi^* = -\dfrac{M^*}{4\pi} \dfrac{r^{*2}}{(r^{*2} + x^{*2})^{3/2}}$

Das Koordinatensystem ist in Bild B11.1 skizziert. Die Strömung ist rotationssysmmetrisch in den Koordinaten x^*, r^*. Deshalb existiert hier auch, anders als bei allgemeinen dreidimensionalen Strömungen *eine* Stromfunktion $\Psi^*(x^*, r^*)$.

Der Dipol entsteht analog zum zweidimensionalen Fall aus einer (räumlichen) Quelle und einer (räumlichen) Senke mit verschwindenem Abstand aber stetig ansteigender Quellstärke, wobei das Produkt aus Abstand und Quellstärke dem konstanten Dipolmoment M^* mit $[M^*] = \mathrm{m}^4/\mathrm{s}$ entspricht.

Für die Kugelumströmung insgesamt gilt also:

$$\Phi^* = \left[u_\infty^* + \frac{M^*}{4\pi(r^{*2} + x^{*2})^{3/2}} \right] x^* \; ; \quad \Psi^* = \left[\frac{u_\infty^*}{2} - \frac{M^*}{4\pi(r^{*2} + x^{*2})^{3/2}} \right] r^{*2}$$

(B11.1-1)

Für die Nullstromlinie (Index NS), die als Wand interpretiert werden kann, folgt aus $[\ldots] = 0$ in der Beziehung für die Stromfunktion mit $R^* = \sqrt{(r^{*2} + x^{*2})_{NS}}$ als dem Kugelradius

$$R^* = \left[\frac{M^*}{2\pi u_\infty^*} \right]^{1/3}$$

Außerhalb dieser Kugel kann die Strömung als Potentialströmung um die Kugel interpretiert werden, so dass für $\hat{r}^* = \sqrt{r^{*2} + x^{*2}}$ bei $\hat{r}^* > R^*$ gilt

$$\Phi^* = \frac{u_\infty^*}{2} x^* \left[2 + \left(\frac{R^*}{\hat{r}^*} \right)^3 \right] \; ; \quad \Psi^* = \frac{u_\infty^*}{2} r^{*2} \left[1 - \left(\frac{R^*}{\hat{r}^*} \right)^3 \right] \qquad \text{(B11.1-2)}$$

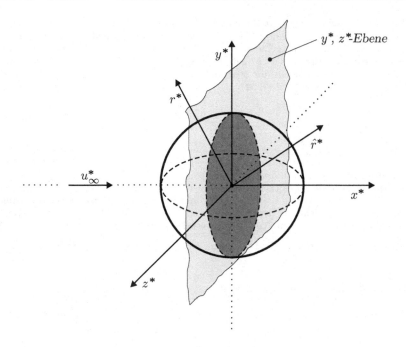

Bild B11.1: Koordinatensystem bei der Kugelumströmung

x^*, y^*, z^*: kartesische Koordinaten
r^* : Radialkoordinate in der y^*, z^*-Ebene mit $r^{*2} = y^{*2} + z^{*2}$
$\hat{r}^*$: Radialkoordinate im x^*, y^*, z^*-Raum
      mit $\hat{r}^{*2} = x^{*2} + y^{*2} + z^{*2} = r^{*2} + x^{*2}$

11.1.2 Strömungsgrenzschichten

In Kap. 9 sind der physikalische Hintergrund und die mathematische Behandlung von ebenen (zweidimensionalen) Strömungsgrenzschichten ausführlich behandelt worden. An dieser Stelle wird nun eine Erweiterung auf räumliche Strömungsgrenzschichten vorgenommen, wobei sich eine Reihe neuer Effekte ergibt, das prinzipielle Vorgehen aber wie bei der ebenen Strömung bleibt.

Von besonderer Bedeutung ist dabei das systematische und hierarchische Vorgehen bei der Beschreibung des Strömungsfeldes: In einem ersten Schritt wird die reibungsfreie Umströmung des Körpers bestimmt (Außenströmung 1. Ordnung). Mit der daraus ermittelten Geschwindigkeits- bzw. Druckverteilung an der Wand wird anschließend die Grenzschicht an der Wand berechnet (Grenzschichtströmung 1. Ordnung). Prinzipiell kann dieses Verfahren fortgesetzt werden (Außenströmung und Grenzschichtströmung höherer Ordnungen), aber schon die Ergebnisse der Theorien 1. Ordnung stellen oft eine gute Näherung der insgesamt gesuchten Lösung dar.

Bei einer Beschränkung auf die Theorien 1. Ordnung können die Grenzschichtgleichungen formal im kartesischen (x, y, z)-Koordinatensystem ange-

geben werden, obwohl die Grenzschichtgleichungen eigentlich in einem körperangepassten krummlinigen (s,n,l)-Koordinatensystem formuliert werden
(s. dazu Schlichting, Gersten (1997)). Da Krümmungseinflüsse aber erstmals
in den Grenzschichtgleichungen 2. Ordnung auftreten, können die Grenzschichtgleichungen 1. Ordnung formal in (x,y,z)-Koordinaten formuliert und
als Gleichungen in körperangepassten, sog. natürlichen Koordinaten interpretiert werden. Im Rahmen dieser Interpretation folgen die x- und z-Ko-
ordinaten dann dem Wandverlauf, die y-Koordinate steht senkrecht auf der
Wand.

Eine Erweiterung auf räumliche Grenzschichtströmungen führt auf 3D-
Grenzschichtgleichungen, die in Tab. 11.2a für laminare und in Tab. 11.2b für
turbulente Strömungen als Spezialfälle der Navier-Stokes-Gleichungen dargestellt sind.

Als Randbedingungen gelten jeweils die Haftbedingung an der Wand,
die Wandundurchlässigkeit sowie der asymptotische Übergang in die Außenströmung am Außenrand der Grenzschicht, also:

$$y^* = 0 \quad : \quad \overline{u^*} = \overline{v^*} = \overline{w^*} = 0 \tag{11.5}$$

$$y^* \to y_\infty^* \quad : \quad \overline{u^*} = u_A^* \; ; \quad \overline{w^*} = w_A^* \tag{11.6}$$

Dabei ist y_∞^* ein y^*-Wert außerhalb der Grenzschicht, u_A^* und w_A^* sind die
Geschwindigkeitskomponenten einer reibungsfreien Außenströmung an der
Wand (prinzipiell ermittelbar aus den Euler-Gleichungen des vorherigen Abschnittes 11.1.1). Für laminare Grenzschichten entfallen die Mittelungsstriche
in (11.5) und (11.6).

Gegenüber dem ebenen Fall gibt es im wesentlichen drei neue Effekte,
die im folgenden näher beschrieben werden. Anschließend werden einige spezielle Aspekte behandelt, die für die theoretische Beschreibung räumlicher
Grenzschichtströmungen von Bedeutung sind.

3D-Effekt: Verwundene Geschwindigkeitsprofile

Die folgenden Überlegungen sollen in einem orthogonalen (s,n,l)-Koordina-
tensystem angestellt werden, das lokal an der betrachteten Stelle des Strömungsfeldes so ausgerichtet ist, dass die s-Koordinate stets in Richtung der
Außenströmung an der Wand (Richtung der Geschwindigkeit am Grenzschichtrand), die n-Koordinate senkrecht zur Wand (n: normal) und die l-
Koordinate in Querrichtung (l: lateral) weist. Die zugehörigen Geschwindigkeitskomponenten sollen sein: $s \to u$; $n \to v$; $l \to w$.

In Bild 11.1 ist auf der linken Seite eine ebene Grenzschichtströmung in
diesem Koordinatensystem gezeigt. Für diese erfolgt die gesamte Strömung in
s-Richtung, ein von der Außenströmung aufgeprägter Druckgradient kann nur
als $\partial p^*/\partial s^*$ vorkommen, $\partial p^*/\partial l^*$ ist für eine ebene Strömung per Definition
Null. Der „Schubspannungsvektor" an der Wand, geschrieben als $\vec{\tau}_w^*$, zeigt

KONTINUITÄTSGLEICHUNG	$\dfrac{\mathrm{D}}{\mathrm{D}t^*} = \dfrac{\partial}{\partial t^*} + u^*\dfrac{\partial}{\partial x^*} + v^*\dfrac{\partial}{\partial y^*} + w^*\dfrac{\partial}{\partial z^*}$	
$\dfrac{\partial u^*}{\partial x^*} + \dfrac{\partial v^*}{\partial y^*} + \dfrac{\partial w^*}{\partial z^*} = 0$		(K^*_{cp})
x-IMPULSGLEICHUNG		
$\varrho^*\dfrac{\mathrm{D}u^*}{\mathrm{D}t^*} = \varrho^* g_x^* - \dfrac{\partial p^*}{\partial x^*} + \eta^*\left[\dfrac{\partial^2 u^*}{\partial x^{*2}} + \dfrac{\partial^2 u^*}{\partial y^{*2}} + \dfrac{\partial^2 u^*}{\partial z^{*2}}\right]$		(XI^*_{cp})
y-IMPULSGLEICHUNG		
$\varrho^*\dfrac{\mathrm{D}v^*}{\mathrm{D}t^*} = \varrho^* g_y^* - \dfrac{\partial p^*}{\partial y^*} + \eta^*\left[\dfrac{\partial^2 v^*}{\partial x^{*2}} + \dfrac{\partial^2 v^*}{\partial y^{*2}} + \dfrac{\partial^2 v^*}{\partial z^{*2}}\right]$		(YI^*_{cp})
z-IMPULSGLEICHUNG		
$\varrho^*\dfrac{\mathrm{D}w^*}{\mathrm{D}t^*} = \varrho^* g_z^* - \dfrac{\partial p^*}{\partial z^*} + \eta^*\left[\dfrac{\partial^2 w^*}{\partial x^{*2}} + \dfrac{\partial^2 w^*}{\partial y^{*2}} + \dfrac{\partial^2 w^*}{\partial z^{*2}}\right]$		(ZI^*_{cp})

Tab. 11.2a: 3D-Prandtlsche Grenzschichtgleichungen (laminar)

Grenzschichtgleichungen für räumliche, inkompressible, *laminare* Strömungen als Spezialfall der Navier-Stokes-Gleichungen aus Tab. 4.3a
Zusätzliche Annahme: stationär

grau unterlegt: berücksichtigte Terme

(Die neuen Gleichungen entstehen, wenn rechts und links des Gleichheitszeichens die markierten Terme, ggf. mit dem zugehörigen Vorfaktor η^*, übernommen werden. Tritt auf einer Seite kein markierter Term auf, so steht dort die Null)

Beachte: Mit dem modifizierten Druck $p^*_{mod} = p^* - p^*_{st}$ gilt

$$\varrho^* g_x^* - \frac{\partial p^*}{\partial x^*} = -\frac{\partial p^*_{mod}}{\partial x^*} \;;\quad \varrho^* g_y^* - \frac{\partial p^*}{\partial y^*} = -\frac{\partial p^*_{mod}}{\partial y^*} \;;\quad \varrho^* g_z^* - \frac{\partial p^*}{\partial z^*} = -\frac{\partial p^*_{mod}}{\partial z^*}$$

Die Bestimmung der relevanten Terme erfolgt über eine Größenordnungs-Abschätzung aller Terme mit den Bedingungen

❏ $v^* \ll u^* \approx w^*$

❏ $\partial/\partial x^* \approx \partial/\partial z^* \ll \partial/\partial y^*$

und berücksichtigt, dass das Lösungsgebiet eine (asymptotisch) kleine Querabmessung besitzt.
Beachte: Da nur die Grenzschichtgleichungen 1. Ordnung identifiziert werden, für die noch keine Krümmungseinflüsse auftreten, können die kartesischen Koordinaten x^*, y^*, z^* beibehalten werden. Nur im Rahmen der Grenzschichtgleichungen 1. Ordnung können diese Koordinaten allgemein als körperangepasste Koordinaten interpretiert werden.
(2D-Version, s. Tab. 9.1)

Kontinuitätsgleichung	$\dfrac{\mathrm{D}}{\mathrm{D}t^*} = \dfrac{\partial}{\partial t^*} + \overline{u^*}\dfrac{\partial}{\partial x^*} + \overline{v^*}\dfrac{\partial}{\partial y^*} + \overline{w^*}\dfrac{\partial}{\partial z^*}$

$$\frac{\partial \overline{u^*}}{\partial x^*} + \frac{\partial \overline{v^*}}{\partial y^*} + \frac{\partial \overline{w^*}}{\partial z^*} = 0 \quad ; \quad \left(\frac{\partial u^{*\prime}}{\partial x^*} + \frac{\partial v^{*\prime}}{\partial y^*} + \frac{\partial w^{*\prime}}{\partial z^*} = 0\right) \qquad (\overline{\mathrm{K}^*_{cp}})$$

x-Impulsgleichung

$$\varrho^* \frac{\mathrm{D}\overline{u^*}}{\mathrm{D}t^*} = \varrho^* g_x^* - \frac{\partial \overline{p^*}}{\partial x^*}$$

$$+ \eta^* \left[\frac{\partial^2 \overline{u^*}}{\partial x^{*2}} + \frac{\partial^2 \overline{u^*}}{\partial y^{*2}} + \frac{\partial^2 \overline{u^*}}{\partial z^{*2}}\right]$$

$$- \varrho^* \left[\frac{\partial \overline{u^{*\prime 2}}}{\partial x^*} + \frac{\partial \overline{u^{*\prime}v^{*\prime}}}{\partial y^*} + \frac{\partial \overline{u^{*\prime}w^{*\prime}}}{\partial z^*}\right]$$

$\qquad (\overline{\mathrm{XI}^*_{cp}})$

y-Impulsgleichung

$$\varrho^* \frac{\mathrm{D}\overline{v^*}}{\mathrm{D}t^*} = \varrho^* g_y^* - \frac{\partial \overline{p^*}}{\partial y^*}$$

$$+ \eta^* \left[\frac{\partial^2 \overline{v^*}}{\partial x^{*2}} + \frac{\partial^2 \overline{v^*}}{\partial y^{*2}} + \frac{\partial^2 \overline{v^*}}{\partial z^{*2}}\right]$$

$$- \varrho^* \left[\frac{\partial \overline{v^{*\prime}u^{*\prime}}}{\partial x^*} + \frac{\partial \overline{v^{*\prime 2}}}{\partial y^*} + \frac{\partial \overline{v^{*\prime}w^{*\prime}}}{\partial z^*}\right]$$

$\qquad (\overline{\mathrm{YI}^*_{cp}})$

z-Impulsgleichung

$$\varrho^* \frac{\mathrm{D}\overline{w^*}}{\mathrm{D}t^*} = \varrho^* g_z^* - \frac{\partial \overline{p^*}}{\partial z^*}$$

$$+ \eta^* \left[\frac{\partial^2 \overline{w^*}}{\partial x^{*2}} + \frac{\partial^2 \overline{w^*}}{\partial y^{*2}} + \frac{\partial^2 \overline{w^*}}{\partial z^{*2}}\right]$$

$$- \varrho^* \left[\frac{\partial \overline{w^{*\prime}u^{*\prime}}}{\partial x^*} + \frac{\partial \overline{w^{*\prime}v^{*\prime}}}{\partial y^*} + \frac{\partial \overline{w^{*\prime 2}}}{\partial z^*}\right]$$

$\qquad (\overline{\mathrm{ZI}^*_{cp}})$

Tab. 11.2b: 3-D Prandtlsche Grenzschichtgleichungen (turbulent)

Grenzschichtgleichungen für räumliche, inkompressible, *turbulente* Strömungen als Spezialfall der zeitgemittelten Navier-Stokes-Gleichungen aus Tab. 5.5a
Zusätzliche Annahme: stationär

grau unterlegt: berücksichtigte Terme

Fortsetzung der Tabellenunterschrift auf der nächsten Seite

—————— *Fortsetzung der Tabellenunterschrift von der vorigen Seite* ——————

(Die neuen Gleichungen entstehen, wenn rechts und links des Gleichheitszeichens die markierten Terme, ggf. mit den zugehörigen Vorfaktoren η^* bzw. ϱ^*, übernommen werden. Tritt auf einer Seite kein markierter Term auf, so steht dort die Null)

Beachte: Mit dem modifizierten Druck $\overline{p^*}_{mod} = \overline{p^*} - p^*_{st}$ gilt

$$\varrho^* g^*_x - \frac{\partial \overline{p^*}}{\partial x^*} = -\frac{\partial \overline{p^*}_{mod}}{\partial x^*} \; ; \quad \varrho^* g^*_y - \frac{\partial \overline{p^*}}{\partial y^*} = -\frac{\partial \overline{p^*}_{mod}}{\partial y^*} \; ; \quad \varrho^* g^*_z - \frac{\partial \overline{p^*}}{\partial z^*} = -\frac{\partial \overline{p^*}_{mod}}{\partial z^*}$$

Die Bestimmung der relevanten Terme erfolgt über eine Größenordnungs-Abschätzung aller Terme mit den Bedingungen

☐ $\overline{v^*} \leq \overline{u^*} \approx \overline{w^*}$

☐ $\partial/\partial x^* \approx \partial/\partial z^* \leq \partial/\partial y^*$

☐ $\overline{u^{*\prime}_i u^{*\prime}_j}$ sind von gleicher Größenordnung

und berücksichtigt, dass das Lösungsgebiet eine (asymptotisch) kleine Querabmessung besitzt.
Beachte: Da nur die Grenzschichtgleichungen 1. Ordnung identifiziert werden, für die noch keine Krümmungseinflüsse auftreten, können die kartesischen Koordinaten x^*, y^*, z^* beibehalten werden. Nur im Rahmen der Grenzschichtgleichungen 1. Ordnung können diese Koordinaten allgemein als körperangepasste Koordinaten interpretiert werden.
(2D-Version, s. Tab. 9.3)

ebenfalls in s-Richtung.

Bei räumlichen Grenzschichtströmungen sind die Verhältnisse deutlich anders, auch wenn am Grenzschichtaußenrand dieselbe Geschwindigkeit in s-Richtung vorliegt, wie auf der rechten Seite in Bild 11.1 gezeigt ist. Durch die Außenströmung aufgeprägt, herrscht jetzt neben dem möglichen Druckgradienten $\partial p^*/\partial s^*$ eine weitere Komponente $\partial p^*/\partial l^* \neq 0$, also ein lateraler, aufgeprägter Druckgradient, wenn die Stromlinien der Außenströmung eine laterale Krümmung aufweisen.

Dies führt zu einer Ablenkung des Geschwindigkeitsprofiles in der Grenzschicht in l-Richtung, und zwar um so stärker, je kleiner die Geschwindigkeit ist, d.h., die Ablenkungen, die zu einer Verwindung des Gesamtprofiles führen (*engl.: skewed profiles*), sind in Wandnähe am stärksten. Es entsteht also zusätzlich eine w^*-Komponente des Geschwindigkeitsprofiles, die auch als sog. *Querströmung* interpretiert werden kann.

Als Folge dieser Verwindung bzw. der Querströmung treten zwei Schubspannungskomponenten auf, und zwar (hier am Beispiel der laminaren Strömung):

$$\tau^*_{ws} = \eta^* \left(\frac{\partial u^*}{\partial n^*} \right)_w \; ; \quad \tau^*_{wl} = \eta^* \left(\frac{\partial w^*}{\partial n^*} \right)_w \tag{11.7}$$

Diese führen zu einem „Schubspannungsvektor" $\vec{\tau}^*_w$, der mit der s-Richtung einen sog. *(Wand-)Querströmungswinkel* β_w einschließt, wie dies in Bild 11.1

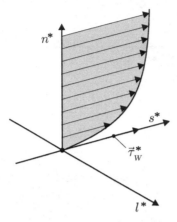 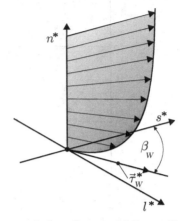

ebenes Grenzschichtprofil
Strömung in s-Richtung

$(\partial p^*/\partial l^* = 0)$

einzige Komponente: $u^*(n^*)$

räumliches Grenzschichtprofil
Außenströmung in s-Richtung

$(\partial p^*/\partial l^* \neq 0)$

Komponenten: $u^*(n^*)$, $w^*(n^*)$

Bild 11.1: Vergleich zwischen einem ebenen und einem räumlichen Grenzschichtprofil. Verwindung des räumlichen Geschwindigkeitsprofils durch die zusätzliche
n-abhängige Querströmung w^*
β_W: Querströmungswinkel an der Wand

gezeigt ist.

In einer sog. *Hodographen-Darstellung* wird die Verwindung des Geschwindigkeitsprofiles sehr anschaulich. Diese Darstellung entsteht als eine senkrechte Projektion des Geschwindigkeitsprofiles in die s-l-Ebene. Als Koordinaten
dieser Projektionsebene werden direkt die Geschwindigkeitskomponenten u^*
und w^* gewählt, die Werte s^* und l^* könnten dann als Parameter an jeden
Punkt der Kurve geschrieben werden. Bild 11.2 zeigt eine solche Darstellung,
die entsteht, wenn das rechte Profil in Bild 11.1 „von oben", d.h. entgegen
der n-Achse, betrachtet wird. Die gestrichelten Linien stellen Hodographen
extrem verwundener Profile dar, bei denen dann z.B. die Maximalgeschwindigkeit auch innerhalb der Grenzschicht liegen können.

3D-Effekt: Lateral konvergierende oder divergierende Stromlinien

Bei ebenen Strömungen kann der Stromlinienabstand unmittelbar zur Interpretation des Strömungsfeldes herangezogen werden. Da der Massenstrom
zwischen zwei Stromflächen konstant bleibt, bedeutet ein kleiner Stromlinienabstand große Geschwindigkeiten, ein großer Stromlinienabstand hingegen
kleine Geschwindigkeiten (unterstellt, die Dichte bleibt annähernd konstant).

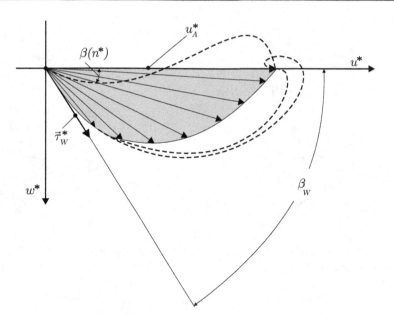

Bild 11.2: Hodographen-Darstellung eines verwundenen räumlichen Grenzschichtprofiles

$\beta(n^*)$: Querströmungswinkel im Abstand n^* von der Wand
gestrichelte Linien: Hodographen extrem verwundener Profile

Bei räumlichen Strömungen gilt zwar weiterhin, dass der Massenstrom innerhalb in sich geschlossener Stromflächen konstant bleibt, diese können sich jetzt aber nicht nur in einer, sondern in zwei Richtungen ausdehnen, wie dies in Bild 11.3 angedeutet ist. Während z.B. eine geometrisch bedingte Einschnürung im ebenen Fall unmittelbar zu einer Erhöhung der Geschwindigkeit führt, kann die räumliche Strömung bei einer Einschnürung in einer Richtung in die andere Richtung „ausweichen" und es muss nicht notwendigerweise in einer Erhöhung der Geschwindigkeit kommen.

Dieses Phänomen tritt z.B. auf, wenn sich die Grenzschicht an einem rotationssymmetrischen Körper der hinteren Spitze nähert, s. Bild 11.4. Die Grenzschicht wird dann u.U. so stark aufgedickt, dass sie nicht mehr als schlankes Gebiet angesehen werden kann und wegen der starken Stromlinienkrümmungen nach außen auch kein konstanter Druck quer zur Grenzschicht mehr vorliegt.

3D-Effekt: Sekundärströmungen

Wenn ein Strömungsfeld, wie bei ebenen oder rotationssymmetrischen Strömungen nur zwei Geschwindigkeitskomponenten besitzt, so lassen sich diese stets in einer Ebene anschaulich in Form von Geschwindigkeitsvektoren (mit zwei Komponenten) darstellen. Diese stellen die Tangenten an die Stromli-

nien dar, die in dieser Ebene ebenfalls eingezeichnet werden können (und im stationären Fall gleichzeitig auch die Bahnlinien darstellen, vgl. Abschn. 3.2.1).

Bei räumlichen Strömungen besitzt der Geschwindigkeitsvektor im allgemeinen Fall aber drei Komponenten, so dass eine graphische Darstellung nur im Raum möglich wäre. Für die anschauliche Darstellung einer räumlichen Grenzschichtströmung wird deshalb folgende „Hilfskonstruktion" gewählt, die dann wieder eine zweidimensionale Darstellung erlaubt. Mit der schon in Bild 11.1 gewählten Lage des Koordinatensystems, die s-Koordinate stets in Richtung der Geschwindigkeitskomponente u^* am Außenrand der Grenzschicht zu legen, ist jeweils eine dazu senkrechte n-l-Ebene definiert, in der die beiden anderen Geschwindigkeitskomponenten v^* und w^* liegen. Diese können als zweidimensionaler Geschwindigkeitsvektor einer sog. *Sekundärströmung* angesehen werden, so dass sich die tatsächliche Strömung aus einer Primärströmung und einer Sekundärströmung $(0, v^*, w^*)$ zusammensetzt. Es ist aber zu beachten, dass diese Aufteilung in Primär- und Sekundärströmung willkürlich ist. Wenn gelegentlich in der Ebene der Sekundärströmung an den $(0, v^*, w^*)$-Vektor „Stromlinien" angetragen werden, so ist zu beachten, dass diese auch bei stationären Strömungen keine Bahnlinien der realen Strömung sind, da diese tangential in Richtung des dreidimensionalen Vektors (u^*, v^*, w^*) verlaufen. Für eine kritische Auseinandersetzung mit diesem Konzept siehe Herwig, Hölling u. Eisfeld (2005).

Abschließend sollen einige Aspekte erwähnt werden, die bei der Bestimmung räumlicher Grenzschichtströmungen auf der Basis der 3D-Grenzschichtgleichungen besonders beachtet werden müssen.

1. Die numerischen Lösungsverfahren müssen sicherstellen, dass ein bestimmter Punkt P im Lösungsfeld (d.h. in der Grenzschicht) einerseits von einem bestimmten stromaufwärts gelegenen Gebiet beeinflusst werden kann und andererseits selbst ein bestimmtes Gebiet stromabwärts beeinflusst. Diese *Gebiete der Abhängigkeit* und *Gebiete des Einflusses* ergeben sich aus der Überlegung, dass in der Grenzschicht Information konvektiv längs der Stromlinien und diffusiv (fast) ausschließlich senkrecht zur

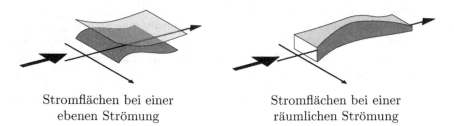

Stromflächen bei einer
ebenen Strömung

Stromflächen bei einer
räumlichen Strömung

Bild 11.3: Vergleich zwischen ebenen und räumlichen Strömungen zwischen bzw. innerhalb von Stromflächen

Grenzschichtdicke

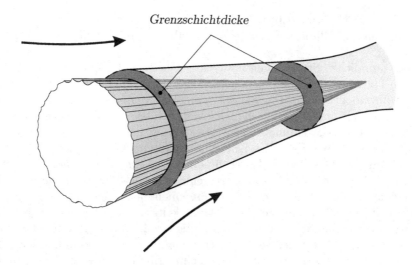

Bild 11.4: Prinzipieller Grenzschichtverlauf in der Nähe der hinteren Spitze eines rotationssymmetrischen Körpers

Wand transportiert wird. Damit können die gesuchten Gebiete als diejenigen identifiziert werden, die zwischen zwei senkrecht zur Wand stehenden Ebenen durch den Punkt P eingeschlossen werden, wie dies in Bild 11.5 gezeigt ist. Eine Ebene verläuft dabei tangential zur Außenströmung u_A^* die andere tangential zum Wandschubspannungsvektor $\vec{\tau}_w^*$, wenn das Geschwindigkeitsprofil, wie in den Bildern 11.1 bzw. 11.2 gezeigt, verwunden ist (und Verläufe, wie in Bild 11.2 gestrichelt eingezeichnet, ausgeschlossen werden).

2. Turbulente räumliche Grenzschichten sollten vor einer numerischen Lösung ebenso auf ihre asymptotische Struktur untersucht werden, wie dies für ebene Grenzschichten in Abschn. 9.5.1–9.5.3 ausführlich beschrieben worden ist. Dabei ergibt sich die prinzipiell gleiche Aufteilung in eine Wandschicht mit der adäquaten Koordinate $n^+ = n^* u_\tau^* / \nu^*$ vgl. (9.39) und eine Defekt-Schicht mit der Koordinate $n = n^*/\delta^*$, wobei $u_\tau^* = \sqrt{\tau_w^*/\varrho^*}$ wieder die sog. Wandschubspannungsgeschwindigkeit ist und δ^* die Grenzschichtdicke darstellt.

Die asymptotische Theorie für Re $\to \infty$ ergibt eine Struktur, die weitgehend derjenigen einer ebenen Strömung entspricht (für Detail s. z.B. Degani et al. (1993)), weil die Querströmung im Rahmen dieser Theorie zwei entscheidende Eigenschaften besitzt:

❏ sie ist von der asymptotischen Größenordnung des Geschwindigkeits-Defektes, also von der Größenordnung $O(u_\tau)$, vgl. (9.53).

❏ sie weist in der Wandschicht einen konstanten Querströmungswinkel $\beta = \beta_w$ auf. Die Strömung ist dort also nicht verwunden und

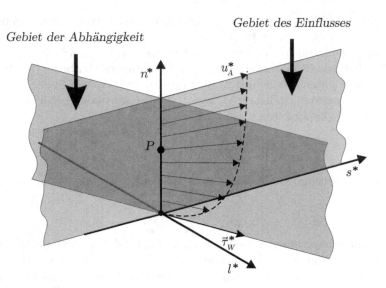

Bild 11.5: Gebiete der Abhängigkeit und des Einflusses eines Punktes P in der Grenz-schicht

wird deshalb als *kollaterale Strömung* bezeichnet (was der Bedingung $\partial^2 w^*/\partial u^{*2} = 0$ im Ursprung von Bild 11.2 entspricht). Für die Geschwindigkeitskomponente in Richtung von $\vec{\tau}_w^*$ gilt damit im Übergangsgebiet zur Defektschicht (vgl. (9.45)):

$$\lim_{n^+ \to \infty}\left(\frac{\sqrt{\overline{u^*}^2 + \overline{w^*}^2}}{u_\tau^*}\right) = \frac{1}{\kappa}\ln n^+ + C^+ \qquad (11.8)$$

Andere, nicht streng asymptotische Theorien liefern getrennte Wandgesetze für $\overline{u^*}$ und $\overline{w^*}$, für Details sei auf Piquet (1999) verwiesen.

Die Modellierung der Außenschicht lehnt sich weitgehend an die Überlegungen zur ebenen Strömung an, wobei als neuer Aspekt die Abhängigkeit des Querströmungswinkels β von der Koordinate n hinzukommt. Damit wird indirekt die Querströmungskomponente modelliert.

Leider existieren nur wenige genau vermessene turbulente räumliche Grenzschichtströmungen, so dass eine Reihe von Fragen ungeklärt sind, etwa, ob die zuvor postulierte Kollateralität in der Wandschicht tatsächlich vorliegt. Für eine eingehende Diskussion dieser Fragen s. Piquet (1999).

3. Der für die Turbulenzmodellierung weit verbreitete Ansatz einer isotropen Wirbelviskosität η_t^* im turbulenten Spannungstensor $\tau_{ij}^{*\,\prime}$, ist für räumliche Grenzschichtströmungen grundsätzlich problematisch, weil die unterstellte Isotropie (Richtungsunabhängigkeit) des mit dieser Größe modellierten Turbulenzverhaltens offensichtlich nicht gegeben ist. In Ab-

schn. 5.4.2 war bereits die Möglichkeit diskutiert worden, algebraische Reynolds-Spannungs-Modelle so zu interpretieren, dass sie der Einführung einer *anisotropen Wirbelviskosität* entsprechen. Alternativ könnte eine Wirbelviskosität ganz allgemein als ein Tensor vierter Stufe (mit $9 \cdot 9 = 81$ Komponenten) eingeführt werden (analog zum Ansatz (4.23) für den viskosen Spannungstensor τ_{ij}^*), von dem im vorliegenden Fall aber nur die beiden Komponenten

$$\eta_{ts}^* = -\varrho^* \frac{\overline{u^{*\prime} v^{*\prime}}}{\partial \overline{u^*}/\partial y^*} \; ; \quad \eta_{tl}^* = -\varrho^* \frac{\overline{w^{*\prime} v^{*\prime}}}{\partial \overline{w^*}/\partial y^*} \qquad (11.9)$$

von Bedeutung wären. Bildet man aus beiden Komponenten das Verhältnis

$$N_e = \frac{\eta_{tl}^*}{\eta_{ts}^*} \qquad (11.10)$$

so sind Abweichungen von $N_e = 1$ ein Maß für die Anisotropie. Messungen ergeben erhebliche Abweichungen vom Wert $N_e = 1$. Dies deckt sich mit der vorab möglichen Aussage, dass eine Reihe dreidimensionaler Effekte mit einem isotropen Wirbelviskositätsansatz grundsätzlich nicht erfasst werden können, für Details sei wiederum auf Piquet (1999) verwiesen.

Aus diesem Grund sollten räumliche Grenzschichtströmungen möglichst mit Hilfe von Reynolds-Spannungs-Turbulenzmodellen behandelt werden (vgl. Abschn. 5.4.2).

11.2 Dreidimensionale Durchströmungen

11.2.1 Vorbemerkung

Bei Durchströmungen von Körpern liegen häufig Geometrien vor, die das eigentliche Strömungsgebiet zu einem sog. *schlanken* Gebiet machen. In kartesischen Koordinaten bedeutet dies, dass die Querabmessungen in der y- und der z-Richtung deutlich kleiner sind als die Abmessungen in der Hauptströmungsrichtung x. Dann sind die ersten und zweiten Ableitungen der Strömungsgrößen nach y und z erheblich größer als diejenigen nach x, so dass eine sinnvolle Näherung in der Vernachlässigung der x-Ableitungen bestehen kann.

Damit tritt häufig auch ein Wechsel im Typ der Differentialgleichung auf. Während die vollständigen Navier-Stokes-Gleichungen vom sog. *elliptischen* Typ sind, bei dem insbesondere auch Stromaufwärtswirkungen der Strömungsgrößen auftreten, weisen die reduzierten Gleichungen oftmals einen sog. *parabolischen* Charakter auf, bei dem das Einflussgebiet der Strömungsgrößen nur in stromabwärtige Richtung weist. Dieser Unterschied ist für die Auswahl numerischer Verfahren von großer Bedeutung. Der Aufwand für die Lösung parabolischer Probleme ist gegenüber demjenigen für elliptische Probleme oftmals erheblich reduziert.

$$\frac{\mathrm{D}}{\mathrm{D}t^*} = \frac{\partial}{\partial t^*} + u^* \frac{\partial}{\partial x^*} + v^* \frac{\partial}{\partial y^*} + w^* \frac{\partial}{\partial z^*}$$

KONTINUITÄTSGLEICHUNG

$$\frac{\partial u^*}{\partial x^*} + \frac{\partial v^*}{\partial y^*} + \frac{\partial w^*}{\partial z^*} = 0 \tag{K_{cp}^*}$$

x-IMPULSGLEICHUNG

$$\varrho^* \frac{\mathrm{D}u^*}{\mathrm{D}t^*} = \varrho^* g_x^* - \frac{\partial p^*}{\partial x^*} + \eta^* \left[\frac{\partial^2 u^*}{\partial x^{*2}} + \frac{\partial^2 u^*}{\partial y^{*2}} + \frac{\partial^2 u^*}{\partial z^{*2}} \right] \tag{XI_{cp}^*}$$

y-IMPULSGLEICHUNG

$$\varrho^* \frac{\mathrm{D}v^*}{\mathrm{D}t^*} = \varrho^* g_y^* - \frac{\partial p^*}{\partial y^*} + \eta^* \left[\frac{\partial^2 v^*}{\partial x^{*2}} + \frac{\partial^2 v^*}{\partial y^{*2}} + \frac{\partial^2 v^*}{\partial z^{*2}} \right] \tag{YI_{cp}^*}$$

z-IMPULSGLEICHUNG

$$\varrho^* \frac{\mathrm{D}w^*}{\mathrm{D}t^*} = \varrho^* g_z^* - \frac{\partial p^*}{\partial z^*} + \eta^* \left[\frac{\partial^2 w^*}{\partial x^{*2}} + \frac{\partial^2 w^*}{\partial y^{*2}} + \frac{\partial^2 w^*}{\partial z^{*2}} \right] \tag{ZI_{cp}^*}$$

Tab. 11.3: Vereinfachungen der vollständigen Navier-Stokes-Gleichungen aus Tab. 4.3a für stationäre, laminare Durchströmungen schlanker Gebiete

grau unterlegt: berücksichtigte Terme

(Die neuen Gleichungen entstehen, wenn rechts und links des Gleichheitszeichens die markierten Terme, ggf. mit dem zugehörigen Vorfaktor η^*, übernommen werden. Tritt auf einer Seite kein markierter Term auf, so steht dort die Null.)

Beachte: Mit dem modifizierten Druck $p_{mod}^* = p^* - p_{st}^*$ gilt

$$\varrho^* g_x^* - \frac{\partial p^*}{\partial x^*} = -\frac{\partial p_{mod}^*}{\partial x^*} \;;\quad \varrho^* g_y^* - \frac{\partial p^*}{\partial y^*} = -\frac{\partial p_{mod}^*}{\partial y^*} \;;\quad \varrho^* g_z^* - \frac{\partial p^*}{\partial z^*} = -\frac{\partial p_{mod}^*}{\partial z^*}$$

Je nach Behandlung der Druckterme ergeben sich als Gleichungen:

❏ Parabolisierte Navier-Stokes-Gleichungen (PNS)

❏ Teilparabolisierte Navier-Stokes-Gleichungen (PPNS)

11.2.2 Parabolisierte, teilparabolisierte Navier-Stokes-Gleichungen

Die Vernachlässigung aller zweiten Ableitungen in der Hauptströmungsrichtung x führt zu dem in Tab. 11.3 enthaltenen Gleichungssystem. Es vernachlässigt gegenüber den allgemeinen Gleichungen in Tab. 4.3a zusätzlich die Zeitableitungen, gilt also für stationäre, laminare Strömungen. Die entsprechenden Gleichungen für turbulente Strömungen könnten auf gleiche Weise aus Tab. 5.5a gewonnen werden, wobei dann zusätzlich die Komponenten des Reynoldsschen Spannungstensors Berücksichtigung finden müssen, die

den in Tab. 11.3 aufgenommenen Komponenten des viskosen Spannungstensors entsprechen.

Ob das Gleichungssystem in Tab. 11.3 vollständig parabolisch ist, hängt noch davon ab, wie der Druckgradient $\partial p^*/\partial x^*$ behandelt wird, da dieser zunächst noch ein „elliptisches Verhalten" der Lösung bewirkt. Zwei Fälle sind zu unterscheiden:

1. Der Druck in der x-Impulsgleichung wird als ausschließlich von x^* abhängig unterstellt und kann aus der zu fordernden Massenerhaltung in jedem Strömungsquerschnitt $x^* = $ const ermittelt werden. In den beiden anderen Impulsgleichungen wird der Druck als zusätzlich abhängig von y^* und z^* angenommen, insgesamt also als die Summe $p^*(x^*) + \Delta p^*(x^*, y^*, z^*)$ angesetzt, wobei Δp^* aus den y- und z-Impulsgleichungen ermittelt wird.

   Dieses so behandelte Gleichungssystem ist von vollständig parabolischem Typ. Die Gleichungen werden *parabolisierte Navier-Stokes-Gleichungen* (PNS; *engl.*: parabolized Navier-Stokes) genannt.

2. Der Druck wird unverändert in den Gleichungen beibehalten, womit ein elliptisches Element in die sonst parabolischen Gleichungen eingeführt wird. In einem speziellen Iterationsverfahren wird das Druckfeld vom Strömungsfeld getrennt und so der parabolische Charakter der Gleichungen zur Bestimmung des Geschwindigkeitsfeldes ausgenutzt. Bei dieser Vorgehensweise werden die Gleichungen *teilparabolisierte Navier-Stokes-Gleichungen* genannt (PPNS; *engl.*: partially parabolized Navier-Stokes).

Die auf diese Weise vereinfachten Gleichungen entstehen allerdings auf gewisse Weise willkürlich. Anders als z.B. die Grenzschichtgleichungen können sie nicht systematisch durch Gleichungen höherer Ordnung ergänzt werden. Solche Näherungen werden deshalb als sog. *nichtrationale Näherungen* bezeichnet, für weitere Einzelheiten s. z.B. Gersten, Herwig (1992, Kap. 12).

Literatur

Chorin, A.J.; Marsden, J.E. (1992): A Mathematical introduction to Fluid Mechanics. 3rd Ed., Springer-Verlag, New York, Berlin, Heidelberg

Degani, A.T.; Smith, F.T.; Walker, J.D.A. (1993): The structure of a three-dimensional turbulent boundary layer. J. Fluid Mech., Vol. 250, 43–68

Gersten, K.; Herwig, H. (1992): Strömungsmechanik/Grundlagen der Impuls-, Wärme- und Stoffübertragung aus asymptotischer Sicht. Vieweg-Verlag, Braunschweig

Hackeschmidt, M. (1970): Grundlagen der Strömungstechnik, Band II: Felder. VEB Deutscher Verlag für Grundstoffindustrie, Leipzig

Herwig,H.; Hölling, M.; Eisfeld, T. (2005): Sind Sekundärströmungen noch zeitgemäß? Forschung im Ingenieurwesen, Bd. 69, 115-119

Piquet, J. (1999): Turbulent Flows/Models and Physics. Springer-Verlag, Berlin, Heidelberg, New York

Schlichting, H.; Gersten, K. (1997): Grenzschicht-Theorie. Springer-Verlag, Berlin, Heidelberg, New York

12 Spezielle Aspekte bei der numerischen Lösung komplexer Strömungsprobleme

Die in den drei folgenden Abschnitten behandelten Aspekte sind oftmals in Darstellungen, die sich den rein numerischen Lösungsverfahren widmen, gar nicht oder aber nur relativ beiläufig behandelt. Sie stellen in einem gewissen Sinne aber „Bindeglieder" zwischen einer grundlagenorientierten Einführung in die Physik und mathematische Behandlung von Strömungen und einer anwendungsbezogenen Einführung in die numerische Lösung konkreter Strömungsprobleme dar.

In Bezug auf die numerische Lösung strömungsmechanischer Probleme existiert eine umfangreiche Spezialliteratur. Aus Sicht der Autoren sind folgende Bücher besonders empfehlenswert:

Ferziger, Perić (2002); Fletcher (1998); Hirsch (2007); Schäfer (1999).

12.1 Numerische Lösung dimensionsloser Gleichungen

Im Zusammenhang mit der Dimensionsanalyse von Strömungsproblemen in Abschn. 2.3 war erläutert worden, dass es erhebliche Vorteile bietet, nicht die dimensionsbehafteten Grundgleichungen zu lösen, sondern diese vorher in eine dimensionslose Form zu bringen. Der wesentliche Vorteil gegenüber einer dimensionsbehafteten Formulierung (mit der ein einziger konkreter Fall berechnet wird) besteht darin, dass mit einer Lösung der dimensionslosen Gleichungen unendlich viele dimensionsbehaftete Lösungen gefunden werden. Dies sind alle diejenigen, die dieselben Zahlenwerte der dimensionslosen Parameter des Problems aufweisen. Neben der zunächst eigentlich gesuchten Lösung erhält man „automatisch" weitere dimensionsbehaftete Lösungen, wie dies in Bild 12.1 (dort der rechte „Ast") angedeutet ist, da die dimensionslose Lösung einer unendlich großen Anzahl dimensionsbehafteter Lösungen entspricht.

Eine für die praktische Anwendung diese Sachverhaltes wichtige Einschränkung ist allerdings, dass nur diejenigen weiteren Lösungen gefunden werden, die dem vorgegebenen Satz von dimensionslosen Kennzahlen entsprechen. Ob diese zusätzlichen Lösungen von Wert sind, muss im konkreten Fall entschieden werden. Es ist allerdings mit steigender Anzahl dimensionsloser Kennzahlen in einem Problem immer unwahrscheinlicher, dass man mit weiteren Lösungen „etwas anfangen kann", weil dafür genau diejenige zusätzliche Kombination von dimensionsbehafteten Einflussgrößen von Interesse sein müsste, die auf dieselben Kennzahlen führt wie bei dem eigentlich interessierenden ursprünglichen Problem.

© Springer-Verlag Berlin Heidelberg 2018
H. Herwig und B. Schmandt, *Strömungsmechanik*,
https://doi.org/10.1007/978-3-662-57773-8_12

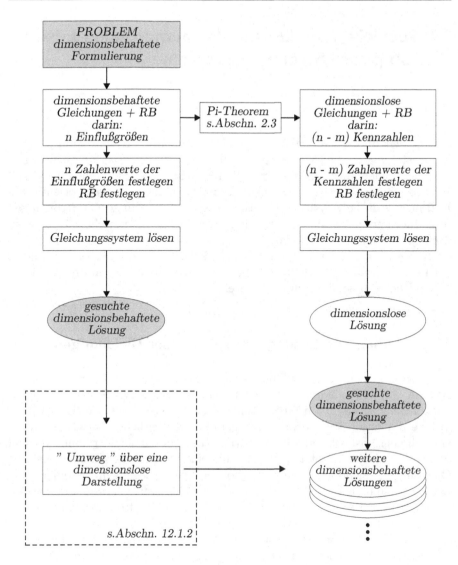

Bild 12.1: Dimensionsbehaftete/dimensionslose Lösungen eines Problems

Nicht zuletzt aus diesem Grunde verzichten alle kommerziellen und freien CFD-Programme (wie FLUENT, OpenFOAM, STAR-CCM+, CFX, ...) auf eine dimensionslose Formulierung und erwarten dimensionsbehaftete Eingabewerte für die Einflussgrößen.

Bei der Berechnung turbulenter Strömungen unter Verwendung der sog. Wandfunktionen kommt allerdings noch ein weiterer, grundsätzlicher Aspekt hinzu. Wandfunktionen formulieren die universell gültigen Ergebnisse in unmittelbarer Wandnähe in speziell transformierten und damit auch entdimen-

sionierten Variablen. Zum Beispiel verhält sich die wandparallele Geschwindigkeitskomponente $\overline{u^*}$ in einem bestimmten Bereich wie (vgl. (9.45))

$$u^+ = \frac{1}{\kappa}\ln n^+ + C^+ \; ; \quad u^+ = \frac{\overline{u^*}}{u^*_\tau} \; ; \quad n^+ = \frac{n^* u^*_\tau}{\nu^*} \qquad (12.1)$$

Wären die Gleichungen nun allgemein als $u = \overline{u^*}/U^*_B$ und $n = n^*/L^*_B$ entdimensioniert, so würden bezüglich $\overline{u^*}$ und n^* jeweils zwei verschiedene Entdimensionierungen vorliegen, die nur im konkreten Fall ineinander umgerechnet werden könnten, was einer angestrebten allgemeinen Lösung des dimensionslosen Problems widerspricht.

Eine (direkte) Lösung dimensionsloser Gleichungen ist also in diesen Fällen nicht möglich. Trotzdem können aber die aus „dimensionsloser Sicht" *zusätzlichen* dimensionsbehafteten Lösungen aus der direkt bestimmten dimensionsbehafteten Lösung durch einen kleinen Umweg problemlos erhalten werden. Dieser ist in Bild 12.1 angedeutet und dort mit *Umweg über eine dimensionslose Darstellung* (linker „Ast") gekennzeichnet. Wie dieser „Umweg" aussehen muss, ergibt sich aus dem grundsätzlichen Vorgehen, mit dem aus dimensionsbehafteten Gleichungen dimensionslose Ergebnisse gewonnen werden können. Dies soll deshalb zunächst erläutert werden.

12.1.1   Bestimmung dimensionsloser Ergebnisse aus dimensionsbehafteten Gleichungen

Tab. 12.1 zeigt am Beispiel der Impulsgleichungen, dass sich die dimensionsbehaftete und dimensionslose Form einer Gleichung stets nur in den Vorfaktoren der einzelnen Terme unterscheiden. Werden diese Vorfaktoren formal zur Übereinstimmung gebracht, so sind beide Gleichungen in ihrem Aufbau identisch und ihre Lösungen bei gleichen Rand- und Anfangsbedingungen gleich. Um dies auszunutzen, werden die Einflussgrößen in den dimensionsbehafteten Gleichungen unabhängig von den Zahlenwerten des ursprünglichen Problems so gewählt, dass

1.   Die Zahlenwerte der Kennzahlen der dimensionslosen Formulierung denjenigen entsprechen, die zu dem dimensionsbehaftet formulierten Problem gehören.

2.   Die dimensionsbehafteten und die dimensionslosen Gleichungen formal identisch sind.

Dies gelingt stets, da die Zahl der Einflussgrößen größer als die Zahl der Kennzahlen ist. Das folgende Beispiel soll dies erläutern.

Beispiel 12.1: *Lösung der Impulsgleichungen für die Umströmung eines Körpers*

Für einen mit der Geschwindigkeit u^*_∞ angeströmten Körper der charakteristischen Länge L^* soll die Widerstandskraft W^* durch Lösung der Navier-Stokes-Gleichungen bestimmt werden.

x-Impulsgleichung/Dimensionsbehaftet

$$\varrho^* \frac{\mathrm{D}u^*}{\mathrm{D}t^*} = -\frac{\partial p^*_{mod}}{\partial x^*} + \eta^* \left[\frac{\partial^2 u^*}{\partial x^{*2}} + \frac{\partial^2 u^*}{\partial y^{*2}} + \frac{\partial^2 u^*}{\partial z^{*2}} \right] \qquad (\mathrm{XI}^*_{cp})$$

x-Impulsgleichung/Dimensionslos

$$\frac{\mathrm{D}u}{\mathrm{D}t} = -\frac{\partial p_{mod}}{\partial x} + \frac{1}{\mathrm{Re}} \left[\frac{\partial^2 u}{\partial x^2} + \frac{\partial^2 u}{\partial y^2} + \frac{\partial^2 u}{\partial z^2} \right] \qquad (\mathrm{XI}_{cp})$$

y-Impulsgleichung/Dimensionsbehaftet

$$\varrho^* \frac{\mathrm{D}v^*}{\mathrm{D}t^*} = -\frac{\partial p^*_{mod}}{\partial y^*} + \eta^* \left[\frac{\partial^2 v^*}{\partial x^{*2}} + \frac{\partial^2 v^*}{\partial y^{*2}} + \frac{\partial^2 v^*}{\partial z^{*2}} \right] \qquad (\mathrm{YI}^*_{cp})$$

y-Impulsgleichung/Dimensionslos

$$\frac{\mathrm{D}v}{\mathrm{D}t} = -\frac{\partial p_{mod}}{\partial y} + \frac{1}{\mathrm{Re}} \left[\frac{\partial^2 v}{\partial x^2} + \frac{\partial^2 v}{\partial y^2} + \frac{\partial^2 v}{\partial z^2} \right] \qquad (\mathrm{YI}_{cp})$$

z-Impulsgleichung/Dimensionsbehaftet

$$\varrho^* \frac{\mathrm{D}w^*}{\mathrm{D}t^*} = -\frac{\partial p^*_{mod}}{\partial z^*} + \eta^* \left[\frac{\partial^2 w^*}{\partial x^{*2}} + \frac{\partial^2 w^*}{\partial y^{*2}} + \frac{\partial^2 w^*}{\partial z^{*2}} \right] \qquad (\mathrm{ZI}^*_{cp})$$

z-Impulsgleichung/Dimensionslos

$$\frac{\mathrm{D}w}{\mathrm{D}t} = -\frac{\partial p_{mod}}{\partial z} + \frac{1}{\mathrm{Re}} \left[\frac{\partial^2 w}{\partial x^2} + \frac{\partial^2 w}{\partial y^2} + \frac{\partial^2 w}{\partial z^2} \right] \qquad (\mathrm{ZI}_{cp})$$

Tab. 12.1: Impulsgleichungen in dimensionsbehafteter und in der zugehörigen dimensionslosen Form aus Tab. 4.3a bzw. 4.7a

hier: Verwendung des modifizierten Druckes
dimensionslose Größen nach Tab. 4.4

Die n Einflussgrößen des Problems sind gemäß Abschn. 2.3:

W^* (Widerstand; Zielvariable)
L^* (char. Länge; Geometrievariable)
u^*_∞ (Anströmgeschwindigkeit; Prozessvariable)
ϱ^* (Dichte; Stoffwert)
η^* (dyn. Viskosität; Stoffwert)

Diese $n = 5$ Einflussgrößen besitzen $m = 3$ Basisdimensionen (Länge, Zeit, Masse), so dass die Lösung in Form von zwei dimensionslosen Kennzahlen angegeben werden kann, z.B. als

$$c_W = c_W(\mathrm{Re}) \quad \text{mit} \quad c_W = \frac{2W^*}{\varrho^* u^{*2}_\infty L^{*2}} \; ; \quad \mathrm{Re} = \frac{\varrho^* u^*_\infty L^*}{\eta^*}$$

Hierbei ist c_W die sog. Zielkennzahl, die also das eigentlich gesuchte Ergebnis darstellt. Wie der Zusammenhang $c_W(\mathrm{Re})$ konkret aussieht, muss durch die Lösung der zugrundeliegenden Gleichungen bestimmt werden. In diesen Gleichungen und den zugehörigen Rand- und Anfangsbedingungen treten alle Einflussgrößen bis auf die gesucht Größe W^* auf. (Diese muss durch Integration aus der gefundenen Lösung für das Strömungsfeld bestimmt werden.)

Im hier vorliegenden Fall seien folgende Zahlenwerte gegeben:

$$L^* = 0{,}5\,\mathrm{m}\;;\quad u_\infty^* = 8\,\mathrm{m/s}\;;\quad \varrho^* = 1{,}2\,\mathrm{kg/m^3}\;;\quad \eta^* = 1{,}8\cdot 10^{-5}\,\mathrm{kg/ms}$$

Diese Werte ergeben eine Reynolds-Zahl von $\mathrm{Re} = 2{,}7 \cdot 10^5$. Sollte das Ergebnis aus den dimensionslosen Gleichungen in Tab. 12.1 bestimmt werden, so müsste dort dieser Zahlenwert für die Reynolds-Zahl eingesetzt werden. Aufgrund der Entdimensionierung dieser Gleichungen (vgl. Tab. 4.4) würde die Anströmung dann mit $u_\infty = u_\infty^*/U_B^* = 1$ erfolgen, da u_∞^* als Bezugsgeschwindigkeit verwendet wird. Die so gewonnene Lösung wäre die gesuchte Lösung. Tatsächlich sollen aber die dimensionsbehafteten Gleichungen gelöst werden, so dass anstelle der ursprünglichen Größen für L^*, u_∞^*, ϱ^* und η^* die gleichwertigen Größen der nachfolgenden Tabelle B12.1 verwendet werden, die als „DUMMY-Variablen" bezeichnet werden sollen, weil sie künstliche Ersatzvariable darstellen. Diese stellen sicher, dass die dimensionsbehafteten und die dimensionslosen Gleichungen formal identisch sind, und dass die richtige Reynolds-Zahl Verwendung findet.

In Beispiel 12.1. war offensichtlich die laminare Umströmung eines Körpers betrachtet worden, da die Gleichungen in Tab. 12.1 keine Turbulenzterme enthalten.

Beispiel 12.2 zeigt, dass dieses Vorgehen nicht etwa auf laminare Strömungen beschränkt ist, sondern ganz allgemein möglich ist, also z.B. auch bei der Berechnung einer turbulenten Durchströmung angewandt werden kann. Darüber hinaus wird deutlich, dass es zwar *einen* Satz von DUMMY-Variablen gibt, der beide Gleichungssysteme (dimensionsbehaftet und dimensionslos) formal gleich macht, dass es darüber hinaus aber beliebig viele Variablen-

	ursprüngliche Variable	DUMMY-Variable
L^*	$0{,}5\,\mathrm{m}$	$1\,\mathrm{m}$
u_∞^*	$8\,\mathrm{m/s}$	$1\,\mathrm{m/s}$
ϱ^*	$1{,}2\,\mathrm{kg/m^3}$	$1\,\mathrm{kg/m^3}$
η^*	$1{,}8 \cdot 10^{-5}\,\mathrm{kg/ms}$	$0{,}38 \cdot 10^{-5}\,\mathrm{kg/ms}$
Re	$2{,}7 \cdot 10^5$	$2{,}7 \cdot 10^5$

Tab. B12.1: Ursprüngliche und DUMMY-Variable

Kombinationen (weitere sog. „dummy-Variablen", beachte die unterschiedliche Schreibweise DUMMY bzw. dummy) gibt, die zum selben Ergebnis führen. Dies ist auf gewisse Weise die „Umkehrung" der Erkenntnis, dass eine dimensionslose Lösung beliebig vielen dimensionsbehafteten Lösungen entspricht. Die formale Kennzeichnung der Ersatzvariablen als DUMMY- und dummy-Variablen unterscheidet also danach, ob mit ihnen eine formale Gleichheit der dimensionsbehafteten und dimensionslosen Gleichungen erreicht wird (DUMMY-Variablen), oder ob es sich nur um beliebige andere Variablen handelt, die lediglich die erforderlichen Zahlenwerte der Kennzahlen ergeben (dummy Variable).

Beispiel 12.2: *Turbulente Rohreinlaufströmung*

Mit einem kommerziellen CFD-Programm (**CFX 4.3** von **AEA Technology**) soll die turbulente Rohrströmung im Einlaufbereich berechnet werden. Der Rohrdurchmesser beträgt $D^* = 0,1$ m, die homogene Geschwindigkeit im Eintrittsquerschnitt ist $u_E^* = 6$ m/s, das Fluid ist Luft mit den Stoffwerten $\varrho^* = 1,2$ kg/m^3 und $\eta^* = 1,8 \cdot 10^{-5}$ kg/ms. Einige Details zur numerischen Lösung sind in den späteren Beispielen 12.3 und 12.4 zu finden, hier interessiert nur die Wahl der Eingabegrößen für dieses Problem.

Bild B12.2 zeigt zunächst für die „konventionelle Lösung" unter Eingabe der zuvor genannten Größen, dass das Geschwindigkeitsprofil weit stromabwärts, hier bei $x^*/D^* = 60$ in guter Näherung den universellen Verlauf in Wandnähe erreicht, der durch das Wandgesetz (9.52) beschrieben wird.

Dasselbe Ergebnis wird auch bei Eingabe der DUMMY-Variablen nach Tab. B12.2 erzielt. Diese Variablen entsprechen formal einer dimensionslosen Formulierung mit der Bezugslänge $L_B^* = D^*$ und der Bezugsgeschwindigkeit $u_B^* = u_E^*$. Im Ergebnis sind die Zahlenwerte für Längenangaben deshalb als x^*/D^* bzw. r^*/D^* zu interpretieren, diejenigen für Geschwindigkeiten als $\overline{u^*}/u_E^*$ bzw. $\overline{v^*}/u_E^*$.

Bei ebenfalls möglichen Rechnungen in dummy-Variablen (statt DUMMY-Variablen) wird zunächst ein Ergebnis erzielt, das noch nicht unmittelbar als dimensionslos interpretiert werden kann. Deshalb muss eine Umrechnung der Ergebnisse erfolgen, indem alle erhaltenen Zahlenwerte (dimensionsbehaftet, gewonnen aus den dummy-Eingangsgrößen) auf die Bezugsgrößen der dimensionslosen Darstellung bezogen werden.

In Beispiel B12.2 ist eine solche weitere Rechnung aufgeführt. Dort ist die Geschwindigkeit $u_E^* = 40\,000$ m/s gewählt, was zusammen mit den anderen Größen wiederum auf die Reynolds-Zahl Re = 40 000 führt. Die dimensionslosen Geschwindigkeitswerte folgen, nachdem alle erhaltenen Geschwindigkeiten in diesem Beispiel auf $U_B^* = u_E^* = 40\,000$ m/s bezogen werden. Am Rohreintritt liegt dann die dimensionslose Geschwindigkeit $u_E^*/U_B^* = 1$ vor. Sind noch andere Eingabewerte zahlenmäßig anders als die dimensionslosen Werte belegt, so muss dies nachträglich ebenfalls berücksichtigt werden, um zu einem dimensionslosen Ergebnis zu gelangen.

Beispiel B12.2 verdeutlicht aber auch, dass bei der Wahl beliebiger dummy-Variablen durchaus Vorsicht geboten ist. Eine Wahl von $u_E^* = 40\,000$ m/s war nur deshalb möglich, weil zuvor sichergestellt worden ist, dass nur die inkompressiblen Gleichungen gelöst werden. Eine Geschwindigkeit von dieser

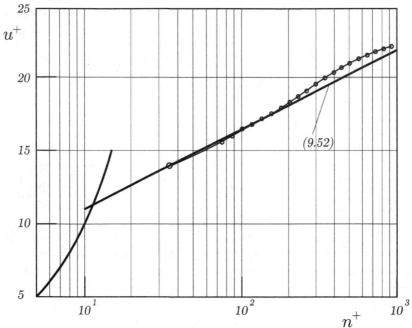

Bild B12.2:   Strömungsgeschwindigkeit im Rohr weit stromabwärts des Eintrittsquer-
schnittes (bei $x^*/D^* = 60$) bestimmt aus einer numerischen Lösung mit
den Eingabedaten

$$D^* = 0{,}1\,\text{m}\,;\quad u_E^* = 6\,\text{m/s}\,;\quad \varrho^* = 1{,}2\,\text{kg/m}^3\,;\quad \eta^* = 1{,}8\cdot 10^{-5}\,\text{kg/ms}$$

Diese entsprechen einer Reynolds-Zahl Re = 40 000.

Größe würde physikalisch bestimmt keine als inkompressibel zu modellierende Strömung darstellen! Um dies zu verdeutlichen, ist in Tab. B12.2 (letzte
Spalte) eine Rechnung aufgeführt, die mit einem kompressiblen CFD-Code erhalten wurde und die zeigt, dass schon bei einer Eintrittsgeschwindigkeit von
$u_E^* = 200\,\text{m/s}$ (die einer Mach-Zahl von ca. Ma = 0,55 entspricht) deutliche
Abweichungen vom inkompressiblen Fall auftreten. Nur in einem inkompressiblen Code, in dessen zugrundeliegenden Gleichungen die Mach-Zahl nicht als
Parameter vorkommt, kann die Geschwindigkeit im Prinzip beliebig gewählt
werden.

Dies ist ein weiteres Beispiel dafür, dass der physikalische Hintergrund
von verwendeten mathematischen Gleichungen stets präsent sein sollte.

12.1.2   Bestimmung weiterer dimensionsbehafteter Ergebnisse aus ei-
ner dimensionsbehafteten Lösung

Nach den vorhergehenden Ausführungen ist der „Umweg" klar vorgezeichnet,
wie aus einer zunächst gefundenen dimensionsbehafteten numerischen Lösung
unmittelbar weitere Lösungen gefunden werden können. Dazu ist in folgenden

	ursprüngliche Variable	DUMMY-Variable	dummy-Variable	...	kompressibler CFD-Code dummy-Variable
D^*	$0{,}1\,\mathrm{m}$	$1\,\mathrm{m}$	$1\,\mathrm{m}$		$1\,\mathrm{m}$
u_E^*	$6\,\dfrac{\mathrm{m}}{\mathrm{s}}$	$1\,\dfrac{\mathrm{m}}{\mathrm{s}}$	$40\,000\,\dfrac{\mathrm{m}}{\mathrm{s}}$		$200\,\dfrac{\mathrm{m}}{\mathrm{s}}$
ϱ^*	$1{,}2\,\dfrac{\mathrm{kg}}{\mathrm{m}^3}$	$1\,\dfrac{\mathrm{kg}}{\mathrm{m}^3}$	$1\,\dfrac{\mathrm{kg}}{\mathrm{m}^3}$		$1{,}98\,\dfrac{\mathrm{kg}}{\mathrm{m}^3}$
η^*	$1{,}8\cdot10^{-5}\,\dfrac{\mathrm{kg}}{\mathrm{ms}}$	$\dfrac{1}{40\,000}\,\dfrac{\mathrm{kg}}{\mathrm{ms}}$	$1\,\dfrac{\mathrm{kg}}{\mathrm{ms}}$		$1{,}05\cdot10^{-2}\,\dfrac{\mathrm{kg}}{\mathrm{ms}}$
Re	$40\,000$	$40\,000$	$40\,000$		$40\,000$

n^+	ermittelte u^+-Werte				
50	$14{,}537\,706$	$14{,}531\,083$	$14{,}531\,083$		$14{,}258\,807$
100	$16{,}371\,616$	$16{,}364\,147$	$16{,}364\,147$		$16{,}044\,496$
500	$20{,}987\,970$	$20{,}987\,953$	$20{,}987\,953$		$20{,}603\,375$

Tab. B12.2: Wiederholung der ursprünglichen numerischen Berechnung mit verschiedenen DUMMY- bzw. dummy-Eingangsvariablen

Geschwindigkeit u^+ bei $x^*/D^* = 60$ in 3 verschiedenen Wandabständen.

vier Schritten vorzugehen.

1. Zu einer dimensionsbehafteten Formulierung der zugrunde liegenden Gleichungen sind die entsprechenden dimensionslosen Gleichungen zu formulieren (u.U. genügt es, dies „in Gedanken" zu tun, also ohne sie explizit aufzuschreiben). Dabei werden die Bezugsgrößen festgelegt.

2. Die numerischen Ergebnisse der zunächst gefundenen Lösung werden auf diese Bezugsgrößen bezogen, also die entsprechenden dimensionslosen Ergebnisse hergestellt.

3. Mit den Zahlenwerten der Eingangsgrößen (des ursprünglichen dimensionsbehafteten Problems) werden die Zahlenwerte der dimensionslosen Kennzahlen der dimensionslosen Formulierung ermittelt.

4. Alle Kombinationen von Eingangsgrößen, die dieselben Zahlenwerte der Kennzahlen ergeben, die unter Punkt 3 bestimmt worden waren, sind jetzt als weitere Fälle zugelassen. Die numerischen Ergebnisse für diese Fälle können unmittelbar aus den zuvor unter Punkt 2. bestimmten dimensionslosen Ergebnissen gewonnen werden, indem diese mit den neu gewählten Eingangsgrößen multipliziert werden.

Dieses Vorgehen ist stets möglich, wenig aufwendig, aber u.U. von großem Nutzen. Übrigens: Das Konvergenzverhalten der numerischen Verfahren ist bei unterschiedlicher Wahl von dummy-Variablen durchaus verschieden, was bei Konvergenzproblemen u.U. einen Ausweg weist.

12.2 Numerische Lösungen bei turbulenten Strömungen

In Kap. 9 war das Verhalten turbulenter Grenzschichtströmungen in Wandnähe ausführlich behandelt worden. Für eine numerische Lösung in wandbegrenzten Strömungsgebieten sind folgende Aspekte des in Kap. 9 analysierten Strömungsverhaltens von Bedeutung:

1. Alle wandgebundenen Strömungen verhalten sich bei großen Reynolds-Zahlen in unmittelbarer Wandnähe ähnlich, solange die Wandschubspannung nicht Null wird ($\tau_w^* \neq 0$).

2. Dieses ähnliche Verhalten bei großen Reynolds-Zahlen kann einheitlich beschrieben werden, wenn dazu die adäquaten Variablen gewählt werden. Für den Geschwindigkeitsverlauf in Wandnähe $\overline{u^*}(n^*)$ ist dazu eine Darstellung in den Variablen $u^+ = \overline{u^*}/u_\tau^*$ und $n^+ = n^* u_\tau^*/\nu^*$, also als $u^+(n^+)$ erforderlich. Dieser Zusammenhang wird als universelles (Wand-) Gesetz bezeichnet.

3. Der konkrete Verlauf der Funktion $u^+(n^+)$ ist in Bild 9.14a skizziert. Er besitzt die beiden Asymptoten

$$
\begin{aligned}
n^+ \to 0 \quad &: \quad u^+ = n^+ \qquad\qquad\quad \text{vgl. (9.40)} \\
n^+ \to \infty \quad &: \quad u^+ = \kappa^{-1} \ln n^+ + C^+ \quad \text{vgl. (9.45)}
\end{aligned}
\tag{12.2}
$$

Für die numerischen Lösungen ist besonders die Asymptote $n^+ \to \infty$ von Bedeutung. Bild 9.14a zeigt, dass sie schon für n^+-Werte oberhalb von 10 eine gute Beschreibung des tatsächlichen Verlaufes von u^+ darstellt.

4. Die untere Grenze des durch (9.45) beschriebenen Geschwindigkeitsverlaufes ist durch einen bestimmten, festzulegenden Mindestwert n_{min}^+ gegeben. Für steigende Reynolds-Zahlen entspricht diesem festen Wert n_{min}^+ ein immer kleinerer Wert des „tatsächlichen" physikalischen Wandabstandes n^*. Mit $n^+ = n^* u_\tau^*/\nu^*$ gilt für diesen physikalischen Wandabstand n^*, bezogen auf eine charakteristische Länge L_B^*, aufgrund einer einfa-

	ebene Plattenströmung		allg. Näherung (12.4)
Re	u_τ	n_{11}^*/L_B^*	n_{11}^*/L_B^*
10^5	0,054	$2,0 \cdot 10^{-3}$	$2,1 \cdot 10^{-3}$
10^6	0,044	$2,5 \cdot 10^{-4}$	$2,5 \cdot 10^{-4}$
10^7	0,036	$3,0 \cdot 10^{-5}$	$2,9 \cdot 10^{-5}$
10^8	0,031	$3,0 \cdot 10^{-6}$	$3,3 \cdot 10^{-6}$

Tab. 12.2: Physikalischer Wandabstand eines Punktes mit dem transformierten Wandabstand $n^+ = 11$
L_B^*: Bezugslänge des Problems; $\mathrm{Re} = U_B^* L_B^*/\nu^*$

chen Umformung

$$\frac{n_{min}^*}{L_B^*} = \frac{n_{min}^+}{\mathrm{Re}\, u_\tau} ; \quad \mathrm{Re} = \frac{U_B^* L_B^*}{\nu^*} ; \quad u_\tau = \frac{u_\tau^*}{U_B^*} \tag{12.3}$$

Tab. 12.2 enthält einige Zahlenwerte n_{min}^*/L_B^* für einen bestimmten Wert von n_{min}^+ mit der Schubspannungsgeschwindigkeit u_τ der ebenen Plattengrenzschicht, vgl. (9.60)–(9.63). Diese Zahlenwerte sind typisch für allgemeine wandnahe Strömungen, da sich verschiedene Wandgrenzschichten zwar in den Zahlenwerten für u_τ unterscheiden, diese aber nicht stark variieren (s. (9.60), (9.63) unter Beachtung, dass $G(\Lambda; A)$ gemäß Tab. 9.4 stets in der Nähe von $G = 1$ liegt). Für n_{min}^+ ist in Tab. 12.2 der Zahlenwert $n_{min}^+ = 11$ als typischer Wert eingesetzt worden. Dieser ergibt sich als n^+-Wert des Schnittpunktes der beiden Asymptoten (12.2) mit $\kappa = 0,41$ und $C^+ = 5$ und wird häufig in numerischen Programmen verwendet.

Werden die Variationen von $G(\Lambda; A)$ insgesamt vernachlässigt und $G = 1$ gesetzt, so lässt sich aus (12.3) mit $u_\tau \sim 1/\ln \mathrm{Re}$ gemäß (9.63) folgende Näherungsbeziehung für den „tatsächlichen" Wandabstand n_{11}^* des Punktes $n^+ = 11$ ableiten:

$$\frac{n_{11}^*}{L_B^*} \approx 18 \frac{\ln \mathrm{Re}}{\mathrm{Re}} ; \quad \mathrm{Re} = \frac{U_B^* L_B^*}{\nu^*} \tag{12.4}$$

Diese Näherungswerte sind ebenfalls in Tab. 12.2 aufgenommen worden. Sie stimmen recht gut mit den genauen Werten überein.

Da (12.4) aus dem Verhalten von Wandgrenzschichten abgeleitet wurde, kann diese Beziehung in einem allgemeinen turbulenten Lösungsgebiet zur Abschätzung der Verhältnisse an den Wänden eingesetzt werden,

wenn L_B^* und U_B^* des Problems gleichzeitig auch typische Größen für die wandnahen Schichten (Grenzschichten) darstellen.

Die in den Punkten 1.–4. genannten Eigenschaften turbulenter Strömungen (bei großen Reynolds-Zahlen) in Wandnähe werden für die numerische Lösung wie folgt genutzt. Statt die Lösung bis zur Wand hin zu bestimmen und dort die physikalischen Randbedingungen (Haftbedingung) zu erfüllen, wird das (bekannte) universelle Verhalten in Wandnähe benutzt, um die Lösung im ersten wandentfernten Aufpunkt des numerischen Gitters zu formulieren. Wenn dieser Aufpunkt einen Abstand deutlich größer als $n^+ = 11$ besitzt, so kann z.B. die wandparallele Geschwindigkeitskomponente u^+ aus (9.45) bestimmt werden. Der Vorteil dieser Vorgehensweise besteht darin, einerseits eine bekannte (Teil-)Lösung zu nutzen (und nicht stets neu zu berechnen), andererseits vor allem aber auch darin, keine so hohe Aufpunktdichte in unmittelbarer Wandnähe zu benötigen. Diese wäre erforderlich, wenn der Geschwindigkeitsverlauf bis zur Wand hin berechnet werden müsste.

Alle weiteren Strömungsgrößen in dem ersten, wandbenachbarten Aufpunkt werden aus dem universellen Verhalten der Strömung in Wandnähe ermittelt. Wird z.B. das k-ε-Turbulenzmodell verwendet (vgl. Abschn. 5.4.1), so kann für k^* und für ε^* im ersten Aufpunkt der algebraische Zusammenhang

$$k^+ = C_\mu^{-1/2} \; ; \quad \varepsilon^+ = C_\mu^{3/4} \mathrm{Re}_\tau \frac{k^{+3/2}}{\kappa n^+} \tag{12.5}$$

mit

$$k^+ = \frac{k^*}{u_\tau^{*2}} \; ; \quad \varepsilon^+ = \frac{\varepsilon^* L_B^*}{u_\tau^{*3}} \; ; \quad n^+ = \frac{n^* u_\tau^*}{\nu^*} \; ; \quad \mathrm{Re}_\tau = \frac{u_\tau^* L_B^*}{\nu^*} \; ; \quad u_\tau^* = \sqrt{\frac{\tau_w^*}{\varrho^*}}$$

hergeleitet werden (C_μ aus Tab. 5.6 in Abschn. 5.4.1). Diese Funktionen werden üblicherweise als *Wandfunktionen* bezeichnet (*engl.*: wall functions).

Da das universelle Verhalten für große Reynolds-Zahlen (Re $\to \infty$) vorliegt, wird diese Art der Einbindung der Randbedingungen als *Version des k-ε-Modells für große Reynolds-Zahlen* (*engl.*: high Reynolds number version) bezeichnet. Die Verwendung dieser Version setzt also zweierlei voraus:

1. Die Reynolds-Zahl des betrachteten Problems ist hinreichend groß, s. dazu Beispiel 12.3.

2. Der Wandabstand des ersten Aufpunktes ist deutlich größer als $n^+ = 11$, s. dazu Beispiel 12.4.

Leider wird bei vielen Programmen, welche die „high Reynolds number" Version des k-ε-Modells verwenden, darauf verzichtet zu überprüfen, ob diese Voraussetzungen jeweils erfüllt sind. Zeitgemäße Codes verfügen jedoch über Methoden zur „automatischen Wandbehandlung", die bei entsprechender Auswahl eine robuste Lösung mit vertretbarer Genauigkeit auch auf ungeeigneten Gittern ermöglichen. Insbesondere das sog. k-ω-SST-Modell kann durch

Verwendung kontinuierlicher Wandfunktionen sowohl als high Reynolds number Modell als auch als low Reynolds number Modell verwendet werden. Für akurate Resultate muss die Wandauflösung für den low Reynolds number Fall jedoch sehr fein mit $n^+ \to 1$ gewählt werden. Eine Prüfung der Wandauflösung ist in jedem Fall notwendig.

In Fällen niedriger Reynolds-Zahlen muss das Strömungsgebiet in jedem Fall bis zur Wand hin berechnet werden, weil das Strömungsverhalten in unmittelbarer Nähe zur Wand nicht mehr universell ist. Trotzdem besteht der Zweischichtencharakter wandgebundener Strömungen weiter, d.h., die molekulare Viskosität hat nur in der sog. Wandschicht (beschrieben in der Koordinate n^+) einen Einfluss. Um die Turbulenzmodellierung aber im ganzen Strömungsgebiet trotzdem einheitlich vornehmen zu können, wird die besondere Situation in unmittelbarer Wandnähe jetzt in Form sog. *Wandschichtfunktionen* (*engl.*: wall layer functions) berücksichtigt, die für sich genommen wiederum universellen Charakter besitzen und den Einfluss der Viskosität in Wandnähe korrekt erfassen sollen. Diese Funktionen werden gelegentlich auch als *Dämpfungsfunktionen* bezeichnet und sollten nicht mit den sog. Wandfunktionen (12.5) der „high Reynolds number version" verwechselt werden! Für Einzelheiten sei auf die Spezialliteratur verwiesen, s. z.B. Gersten, Herwig (1992, Abschn. 14.6.6). Diese Version wird als *Version des k-ε-Modells für kleine Reynolds-Zahlen* bezeichnet (*engl.*: low Reynolds number version). Eine solche Bezeichnung ist allerdings etwas irreführend, da sie zwar für niedrige Reynolds-Zahlen die einzig korrekte Version darstellt, aber auch für große Reynolds-Zahlen prinzipiell gültig bleibt (dort aber in der Regel durch die andere Version für große Reynolds-Zahlen ersetzt wird). Zu speziellen Aspekten von Wandfunktionen siehe Hölling und Herwig (2005) sowie Kiš und Herwig (2012).

Beispiel 12.3: *Turbulente Rohreinlaufströmung bei steigenden Reynolds-Zahlen*

Mit Hilfe eines kommerziellen CFD-Programmes wird die Ausbildung eines zunächst homogenen Strömungsprofiles in einem Rohr berechnet, vgl. auch Beispiel 12.2. Nach einer Lauflänge von 60 Durchmessern ändert sich die Strömung bei den nachfolgend gezeigten Reynolds-Zahlen nicht mehr in Strömungsrichtung. Sie gilt also in diesem Sinne als ausgebildet.

Für die Berechnung bei vier verschiedenen Reynolds-Zahlen $\mathrm{Re} = u_m^* D^* / \nu^*$, nämlich

$$\mathrm{Re} = 5\,300 \; ; \quad \mathrm{Re} = 10\,000 \; ; \quad \mathrm{Re} = 20\,000 \; ; \quad \mathrm{Re} = 40\,000$$

werden sowohl die Version für kleine als auch die Version für große Reynolds-Zahlen des k-ε-Modells eingesetzt. Wie sich herausstellt, ist die an die Physik angepasste adäquate Wahl des numerischen Gitters von großer Bedeutung. Bild B12.3-1 zeigt die verwendeten Gitter im Querschnitt bei $60\,D^*$ und enthält die Angaben n_{wz}^+ als den n^+-Wert des Mittelpunktes der wandnächsten Zelle (erster Aufpunkt).

Die Ergebnisse in Bild B12.3-2 sind vor diesem Hintergrund wie folgt zu interpretieren. Als „wahre Werte" können sowohl die Messungen bei den zwei höchsten Reynolds-Zahlen als auch die numerischen Ergebnisse der direkten numerischen Simulation (DNS, vgl. Abschn. 5.2) bei der kleinsten Reynolds-Zahl angesehen werden. Wie zu erwarten stimmen diese wahren Werte mit steigender Reynolds-Zahl immer besser mit den asymptotischen Werten (9.45) für $n^+ \to \infty$ überein.

Eine Berechnung mit dem k-ε-Modell für kleine Reynolds-Zahlen, bei der die physikalischen Randbedingungen an der Wand unmittelbar berücksichtigt werden, ist, wie zuvor beschrieben, prinzipiell bei allen Reynolds-Zahlen möglich. Sie erfordert jedoch mit steigender Reynolds-Zahl eine immer feinere Gitterauflösung, da die Gradienten in Wandnähe immer steiler werden.

Bild B12.3-2 zeigt, dass bei Re $= 20\,000$ und erst recht bei Re $= 40\,000$ das einheitlich gewählt Gitter mit immerhin 820 Zellen im Querschnitt nicht ausreicht, die Strömung hinreichend genau zu berechnen. Die zunehmenden Abweichungen bei steigenden Reynolds-Zahlen sind hier ausschließlich auf ein immer weniger den Strömungsverhältnissen angepasstes Gitter zurückzuführen.

Die Version des k-ε-Modells für große Reynolds-Zahlen kann trotz der relativ geringen Anzahl von Zellen im Querschnitt die Strömung bei den großen Reynolds- Zahlen sehr gut beschreiben. Bei der niedrigen Reynolds-Zahl von Re $= 5\,300$ treten jedoch erhebliche Abweichungen auf, weil das Modell einen logarithmischen Verlauf von u^+ unterstellt, dies aber bei so niedrigen Reynolds-Zahlen (noch) nicht der Fall ist, wie die DNS-Ergebnisse zeigen.

Beispiel 12.4: *Turbulente Rohreinlaufströmung*
Gitterverfeinerung im k-ε-Modell für große Reynolds-Zahlen

Häufig erwartet man bei numerischen Lösungen von Strömungsproblemen um so genauere Ergebnisse, je feiner das numerische Gitter gewählt wird. Bei der Berechnung von turbulenten Strömungen mit Hilfe von Wandfunktionen (d.h. mit der Modellversion für große Reynolds-Zahlen, die das universelle wandnahe Verhalten der Strömung ausnutzt) ist dabei aber durchaus Vorsicht geboten. Da z.B. in kommerziellen Programmen bei der Version des k-ε-Modells für große Reynolds-Zahlen ein logarithmischer Verlauf der Geschwindigkeit u^+ zwar in Wandnähe aber trotzdem für $n^+ \to \infty$ unterstellt wird, muss der n^+-Wert des wandnächsten Punktes deutlich größer als $n^+ = 11$ sein.

Diese Bedingung wird zwangsläufig verletzt, wenn das numerische Gitter bei fester Reynolds-Zahl stets weiter verfeinert wird. Bild B12.4 zeigt, dass erhebliche Fehler auftreten können, „obwohl" das Gitter lediglich weiter verfeinert wurde (damit aber die Bedingung $n_{wz}^+ > 11$ nicht mehr eingehalten wird).

Dies verdeutlicht, dass bei numerischen Lösungen mit Wandfunktionen eine Kontrolle erforderlich ist, welchen n^+-Wert die ersten Aufpunkte in Wandnähe besitzen.

12.3 Numerische Lösungen kritisch gesehen

Das Anliegen der nachfolgenden Anmerkungen lässt sich vielleicht am besten durch zwei „anekdotische Bemerkungen" erläutern.

❐ Einen experimentellen Befund akzeptieren alle sofort – mit Ausnahme desjenigen, der das Experiment durchgeführt hat; einem numerischen Ergebnis misstrauen alle – mit Ausnahme desjenigen, der die Rechnung durchgeführt hat.

❐ CFD als Abkürzung für <u>c</u>omputational <u>f</u>luid <u>d</u>ynamics steht eigentlich für „<u>c</u>oloured <u>f</u>luid <u>d</u>ynamics" (aufgrund vieler farbiger Ergebnisbilder).

Eine etwas ernsthaftere Auseinandersetzung mit dem Thema fordert stattdessen einen grundsätzlich kritischen Umgang mit Ergebnissen numerischer Berechnungen. Dafür gibt es eine Reihe guter Gründe, die letztlich alle damit zu tun haben, dass es sich bei numerischen Ergebnissen schließlich um

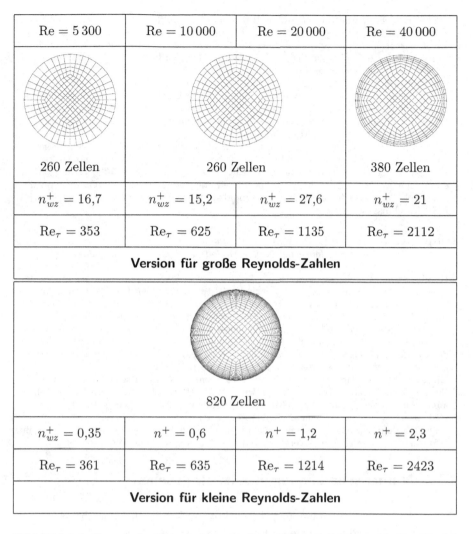

Re = 5 300	Re = 10 000	Re = 20 000	Re = 40 000
260 Zellen	260 Zellen		380 Zellen
$n_{wz}^+ = 16{,}7$	$n_{wz}^+ = 15{,}2$	$n_{wz}^+ = 27{,}6$	$n_{wz}^+ = 21$
$\mathrm{Re}_\tau = 353$	$\mathrm{Re}_\tau = 625$	$\mathrm{Re}_\tau = 1135$	$\mathrm{Re}_\tau = 2112$

Version für große Reynolds-Zahlen

820 Zellen			
$n_{wz}^+ = 0{,}35$	$n^+ = 0{,}6$	$n^+ = 1{,}2$	$n^+ = 2{,}3$
$\mathrm{Re}_\tau = 361$	$\mathrm{Re}_\tau = 635$	$\mathrm{Re}_\tau = 1214$	$\mathrm{Re}_\tau = 2423$

Version für kleine Reynolds-Zahlen

Bild B12.3-1: Numerische Gitter bei verschiedenen Reynolds-Zahlen und beiden Versionen des k-ε-Modells.

die „numerische Approximation einer analytisch formulierten Modellvorstellung der realen Situation" handelt und eben nicht um die Realität selbst. In diesem Zusammenhang ist folgendes besonders zu beachten.

1. Bild 2.1, das den Zusammenhang zwischen der Realitätsebene und der Modellebene verdeutlicht, muss bei numerischen Lösungen um eine dritte Ebene erweitert werden, wie dies in Bild 12.2 angedeutet ist. Zwischen dieser und der Modellebene bestehen die Beziehungen in Form von Approximationen.

   Neben fehlenden Entsprechungen zwischen Realitäts- und Modellebe-

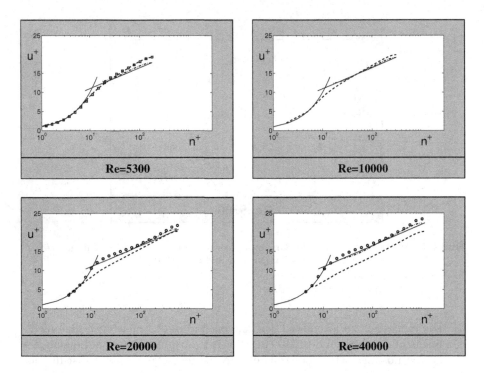

Bild B12.3-2: Ausgebildetes Geschwindigkeitsprofil bei $60\,D^*$

——————— Asymptotische Verteilung (Re $\to \infty$)

▫ ▫ ▫ ▫ ▫ ▫ Direkte numerische Simulation $\Big\}$ „wahre" Werte
○ ○ ○ ○ ○ ○ Messungen

– – – – k-ε-Modell für kleine Reynolds-Zahlen

—·——·— k-ε-Modell für große Reynolds-Zahlen

ne kann es im konkreten Fall also zusätzlich zu unzureichenden Approximationen zwischen der Modell- und der Lösungsebene kommen. Damit stellt sich verstärkt die Frage nach der Relevanz von numerischen Ergebnissen auf der Lösungsebene in Bezug auf die (real oder fiktiv) erhobenen Daten auf der Realitätsebene.

2. Die experimentelle Datenerhebung (auf der Realitätsebene, s. Bild 12.2) kann an einzelnen ausgesuchten Punkten des Strömungsfeldes prinzipiell beliebig genau erfolgen, ohne dass dafür die anderen Bereiche des Strömungsfeldes betrachtet werden müssten.

Numerische Ergebnisse in einzelnen ausgesuchten Punkten können aber nur in dem Maße an Genauigkeit gewinnen, wie die numerische Lösung im gesamten Lösungsgebiet (präziser: im Gebiet der Abhängigkeit, vgl. z.B. Bild 11.5) genauer wird. Dies ist stets mit einem hohen Aufwand verbunden, also auch wenn genaue Ergebnisse eigentlich nur an einigen wenigen Stellen des Lösungsgebietes gesucht sind.

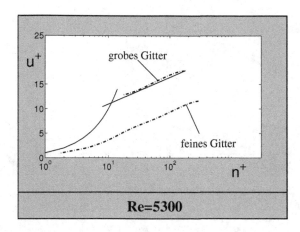

Bild B12.4:   Fehler bei weiterer Gitterverfeinerung mit dem k-ε-Modell in der Version
für große Reynolds-Zahlen, vgl. Bild B12.3-2 für Re $= 5\,300$

grobes Gitter: 260 Zellen
feines Gitter: 820 Zellen

3. Die numerisch zu lösenden Gleichungen sind in den meisten Fällen nicht-
    linear und erfordern deshalb ein iteratives Lösungsschema auf einem dis-
    kreten Lösungsgitter. Einem konkreten numerischen Ergebnis ist für sich
    genommen in der Regel weder anzusehen, ob bereits eine hinreichende
    Konvergenz vorliegt, noch ob die Gitterauflösung dem Problem angepasst
    ist (Beispiel B12.4 zeigt, dass dies keineswegs immer die Frage nach einem
    hinreichend feinen Gitter ist).

Insgesamt sollten numerische Ergebnisse, die oftmals für komplexe geometrische Strömungsgebiete ermittelt werden, sehr kritisch hinterfragt werden, da
in der Regel keine unmittelbare Beurteilung der Beziehung zur Realitätsebene
möglich ist. Eine durch aufwendiges sog. *post-processing* erstellte Farbdarstel-
lung von Detailergebnissen einer numerischen Lösung ist zunächst nur eine
Aussage über eben diese numerische Lösung selbst. Die suggestive Kraft von
bunten Bildern sollte nicht den *kritischen* Blick auf die Ergebnisse verstellen!
    Bei der Beurteilung der Aussagefähigkeit einer Lösung in Bezug auf das
zugrundeliegende physikalische Problem sollten zumindest folgende Fragen
bedacht werden:

1. Ist das physikalisch/mathematische Modell in Form der zugrundeliegen-
    den Gleichungen einschließlich der Anfangs- und Randbedingungen ad-
    äquat? Wie kritisch sind mögliche Einschränkungen wie z.B. 2D, rotati-
    onssymmetrisch, stationär, konstante Stoffwerte,... ?

2. Ist die gewählte Form der Diskretisierung der analytischen Modellglei-
    chungen dem Problem angepasst?

3. Sind die Anfangs- und Randbedingungen hinreichend bekannt und kön-

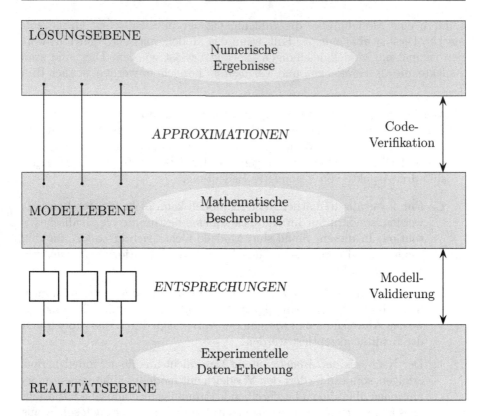

Bild 12.2: Erweiterung der Realitäts- und Modellebenen um die Lösungsebene
vgl. Bild 2.1 in Kap. 2. Erläuterungen zu Verifikation und Validierung in
Abschn. 12.4

nen sie adäquat in die Modellierung übernommen werden?

4. Ist eine hinreichende Konvergenz der numerischen Lösung erreicht?

5. Ist das gewählte numerische Gitter dem Problem angepasst?

6. Ist die Lösung gitterunabhängig, d.h. verändert sie sich bei einer Verfeinerung des Gitters nur um einen akzeptabel niedrigen Betrag?

7. Wie „gut" ist das u.U. eingesetzte Turbulenzmodell?

Dies ist keine vollständige Liste. Ohne diese oder ähnliche kritische Nachfragen sollte jedoch kein numerisches Ergebnis akzeptiert werden.

12.4 Validierung und Verifikation

Wenn eine Strömungsgröße berechnet wird, z.B. die Geschwindigkeit an einer bestimmten Stelle im Strömungsfeld, so *ist* dies nicht die Geschwindigkeit,

sondern eine Modellgröße, die zahlenmäßig der physikalischen Größe *ent-spricht*. Dies ist aber nur der Fall, wenn das Modell „passend" gewählt worden ist und die Modellgleichungen „korrekt" gelöst wurden. Dies sind zwei Aspekte, die als *Validierung* und *Verifikation* bezeichnet werden, s. auch Bild 12.2.

☐ *Validierung* (eines physikalisch/mathematischen Modells) Unter der *Validierung* eines physikalisch/mathematischen Modells versteht man den Nachweis, dass dieses Modell geeignet ist, eine bestimmte strömungsmechanische Situation hinreichend genau zu beschreiben. In dieser Definition sind drei Aspekte von besonderer Bedeutung:

1. Ein physikalisch/mathematisches Modell kann nicht für sich beurteilt werden, sondern nur im Hinblick auf eine bestimmte physikalische Situation. In diesem Sinne sind Modelle nicht „richtig" oder „falsch", sondern zur Beschreibung einer bestimmten Situation *mehr oder weniger geeignet*.

2. Eine *hinreichend genaue Beschreibung* einer strömungsmechanischen Situation setzt ein Genauigkeitskriterium voraus, d.h. die Angabe, welche Abweichungen zwischen der Vorhersage durch das Modell und der Realität akzeptiert werden.

3. Der Nachweis der *Modelleignung* kann nicht aus dem Modell heraus erfolgen, sondern fordert den Vergleich mit modellunabhängigen Informationen über die zu beschreibende strömungsmechanische Situation. Dies können experimentell ermittelte Daten sein, aber auch solche aus einem anderen Modell, dessen Eignung bereits nachgewiesen wurde, das also als validiert gelten kann.

Insgesamt wird damit sichergestellt, dass die *physikalischen Annahmen* bei der konkreten Modellbildung zulässig sind.

Wenn das physikalisch/mathematische Modell eine aufwendige numerische Lösung erforderlich macht, weil z.B. mehrere gekoppelte nichtlineare partielle Differentialgleichungen gelöst werden müssen (sog. *Feldgleichung*), so ist dazu ein *numerischer Code* erforderlich. Dieser löst die Gleichungen näherungsweise indem diskrete Werte an endlich vielen Gitterpunkten eines numerischen Gitters bestimmt werden, das über das interessierende Lösungsgebiet gelegt wird. Dieser numerische Code muss verifiziert werden.

☐ *Verifikation* (eines numerischen Codes) Unter der *Verifikation* eines numerischen Codes versteht man den Nachweis, dass dieser Code ein mathematisches Gleichungssystem mit hinreichender Genauigkeit löst.

In diesem Zusammenhang sind drei Aspekte von besonderer Bedeutung:

1. *Konsistenz*: Dies bezieht sich auf den Abbruchfehler, den man bei der

Diskretisierung der Ausgangsgleichungen gegenüber diesen einführt, weil mathematische Ableitungen durch Reihenentwicklungen mit endlich vielen Termen ersetzt werden. Die Diskretisierung ist konsistent, wenn der Abbruchfehler Null wird, wenn die Diskretisierungsschrittweite zu Null geht.

2. *Stabilität*: Eine Lösungsmethode ist stabil, wenn sie Fehler, die während der numerischen Lösung auftreten, nicht verstärkt. Bei iterativen Methoden bedeutet dies, dass die Lösung nicht divergiert.

3. *Konvergenz*: Dies bedeutet, dass die Lösung der diskretisierten Gleichungen zur Lösung der Ausgangsgleichung wird, wenn die Diskretisierungsschrittweite zu Null geht. Diese Forderung ist stärker als diejenige nach der Konsistenz, weil ein konsistentes Diskretisierungsschema, das keine konvergente Lösung liefert, wertlos ist.

Der generelle Nachweis von Konsistenz, Stabilität und Konvergenz ist keineswegs trivial und gelingt häufig nur für lineare Gleichungssysteme.

Insgesamt wird damit sichergestellt, dass die *mathematischen Näherungen* im numerischen Code zulässig sind.

Im englischspracheigen Raum werden die beiden Aspekte der Validierung und Verifikation auf folgende Kurzform gebracht:

❐ *Validation*: Do we solve the right equations? (Lösen wir die richtigen Geichungen?)

❐ *Verification*: Do we solve the equations right? (Lösen wir die Gleichungen richtig?)

Literatur

Ferziger, J.; Peric, M. (2002): Computational Methods for Fluid Dynamics. 3rd ed., Springer-Verlag, Berlin, Heidelberg, New York

Fletcher, C.A.J. (1998): Computational Techniques for Fluid Dynamics. Vol. 1, 2, 2nd ed., Springer-Verlag, Berlin, Heidelberg, New York

Gersten, K.; Herwig, H. (1992): Strömungsmechanik/Grundlagen der Impuls-, Wärme- und Stoffübertragung aus asymptotischer Sicht. Vieweg-Verlag, Braunschweig

Hirsch, C. (2007): Numerical Computation of Internal and External Flows. 2nd ed., Butterworth-Heinemann, Oxford

Hölling, M.; Herwig, H. (2005): Asymptotic analysis of the near wall region of turbulent natural convection flows. J. Fluid Mechanics, Vol. 541, 383 - 397

Kiš, P.; Herwig, H. (2012): The near wall physics and wall functions for turbulent natural convection, Int. Journal Heat Mass Transfer, Vol. 55, 2625-2635

Schäfer, M. (1999): Numerik im Maschinenbau. Springer-Verlag, Berlin, Heidelberg, New York

TEIL C

STRÖMUNGEN AUS THERMODYNAMISCHER SICHT

Im Teil C dieses Buches werden thermodynamische Prinzipien, die in den sog. Hauptsätzen der Thermodynamik formuliert sind, herangezogen. Während das Grundprinzip der Energieerhaltung auch bisher schon angewandt wurde, wird mit Einführung der *Entropie* eine neue Größe in die Überlegungen einbezogen. Diese Größe eignet sich besonders, um mit ihrer Hilfe Verluste im Strömungsfeld systematisch zu ermitteln und physikalisch anschaulich zu interpretieren. In diesem Sinne wird eine alternative Definition der bisher verwendeten Widerstandszahlen und -beiwerte eingeführt und auf verschiedene Strömungssituationen angewandt.

13 Thermodynamische Aspekte von Strömungen

13.1 Vorbemerkungen

Aus thermodynamischer Sicht sind Strömungen Prozesse, die innerhalb von Kontrollräumen bzgl. verschiedener physikalischer Größen bilanziert werden können. Neben der Massenerhaltung als Grundprinzip sind dabei vor allem energetische Bilanzen von Bedeutung. Ein wesentlicher Beitrag der Thermodynamik bezieht sich dabei auf die Qualität von Energien, die mit Strömungen transportiert oder in Form von konvektiven (strömungsunterstützten) Wärmeübertragungsprozessen von einem Fluid auf ein anderes übertragen werden. Der erste Aspekt (Energietransport) betrifft die Bestimmung von Verlusten in einer Strömung, während sich der zweite Aspekt (die konvektive Wärmeübertragung) zusätzlich auf Verluste bei der Energieübertragung in Form von Wärme bezieht.

Neben der Möglichkeit quantitative Aussagen zu erhalten, ist vor allem die eindeutige Definition von Verlusten sowie ihre physikalische Interpretation von Bedeutung. Beides gelingt, wenn der Entropiebegriff auch in strömungsmechanische Fragestellungen eingeführt wird. Dies kann entweder durch die Einführung der *Entropie* selbst geschehen, oder mehr oder weniger indirekt dadurch, dass Energien stets auch in ihrer Aufteilung in *Exergie* und *Anergie* interpretiert werden können.

Für Leser, denen diese Begriffe bzw. die dahinter stehenden Konzepte nicht geläufig sind, wird im folgenden Unterkapitel eine kurze Einführung in die thermodynamischen Grundbegriffe *Entropie*, *Exergie* und *Anergie* gegeben. Eine ausführliche Darstellung und Einordnung dieser Begriffe in die allgemeinen thermodynamischen Zusammenhänge findet man z.B. in Herwig et al. (2016).

13.2 Thermodynamische Grundbegriffe und die dahinter stehenden Konzepte

Ein wesentliches Gebiet der Thermodynamik befasst sich mit der Bilanzierung und Bewertung von Energien bzw. der verschiedenen Formen, in denen diese über eine Systemgrenze gelangen können. Es wird dabei nach sog. *Zustands-* und *Prozessgrößen* unterschieden. Energie in ihren verschiedenen Formen ist eine Zustandsgröße, Wärme und Arbeit sind zwei verschiedene

© Springer-Verlag Berlin Heidelberg 2018
H. Herwig und B. Schmandt, *Strömungsmechanik*,
https://doi.org/10.1007/978-3-662-57773-8_13

Formen der Energieübertragung über eine Systemgrenze und damit Prozessgrößen.

13.2.1 Thermodynamische Gesamtenergie und Teilenergiegleichungen

Im sog. ersten Hauptsatz der Thermodynamik, der bereits in Kap. 4.5.3 eingeführt wurde, wird das Grundprinzip der Energieerhaltung postuliert. Es besagt, dass Energie in einem thermodynamischen System nur durch einen Transport über die Systemgrenze, nicht aber durch Erzeugung oder Vernichtung verändert werden kann. Bezogen auf ein sog. offenes System mit einem Eintrittsquerschnitt ① und einem Austrittsquerschnitt ② lautet der erste Hauptsatz, vgl. (6.35) in Anmerkung 6.7, in spezifischen (d.h. auf die Masse bezogenen) Größen und für eine inkompressible Strömung

$$e_2^* + \frac{u_2^{*\,2}}{2} + g^* y_2^* = e_1^* + \frac{u_1^{*\,2}}{2} + g^* y_1^* + \frac{p_1^* - p_2^*}{\varrho^*} + w_{t12}^* + \hat{q}_{12}^* \qquad (13.1)$$

Diese Formulierung entspricht derjenigen der Stromfadentheorie, also einer eindimensionalen Näherung. Typischerweise werden in der Thermodynamik nur eindimensionale Betrachtungen angestellt, was den Energietransport betrifft, so dass damit dann auch nur algebraische Gleichungen (und keine Differentialgleichungen) auftreten.

Gleichung (13.1) als Bilanzgleichung der sog. *Thermodynamischen Gesamtenergie* kann in zwei Teilenergiegleichungen aufgespalten werden, wie dies in Kap. 4.5.3 für die Herleitung der Energie-Differentialgleichungen bereits erläutert worden war. Im Sinne der eindimensionalen Stromfadentheorie entstehen dabei die beiden Teilenergiegleichungen

$$\frac{u_2^{*\,2}}{2} + g^* y_2^* = \frac{u_1^{*\,2}}{2} + g^* y_1^* + \frac{p_1^* - p_2^*}{\varrho^*} + w_{t12}^* - \varphi_{12}^* \qquad (13.2)$$

$$e_2^* = e_1^* + q_{12}^* + \varphi_{12}^* \qquad (13.3)$$

als mechanische bzw. thermische Teilenergiegleichungen, vgl. (6.20) und (6.33).

In den Gleichungen (13.1) bis (13.3) wurde bewusst darauf verzichtet, die spezifische Enthalpie h^* gemäß (4.21) einzuführen, da dies bei der nachfolgend vorgesehenen Anwendung in offenen, durchströmten Systemen leicht zu Fehlinterpretationen führt, s. dazu Herwig (2014). Zusätzlich wurden die Terme p^*/ϱ^* die bereits in Kap. 6.2.1 der spezifischen Verschiebearbeit zugeordnet wurden als „Arbeitsterm" $(p_1^* - p_2^*)/\varrho^*$ jeweils auf die rechte Seite der Gleichungen (13.1) und (13.2) geschrieben.

13.2.2 Entropie und Entropieproduktion

Im sog. zweiten Hauptsatz der Thermodynamik, der bisher nicht eingeführt wurde, wird die Existenz einer Zustandsgröße *Entropie* postuliert. Es handelt sich dabei um eine im Alltag nicht gebräuchliche Größe, die sehr abstrakt und einer unmittelbaren anschaulichen Vorstellung nur schwer zugänglich ist. Sie ist aber für ein tiefergehendes Verständnis thermodynamischer Zusammenhänge unbedingt erforderlich. Es kann nur empfohlen werden, sich nicht durch die simple Frage „Was ist Entropie" und die zwangsläufig ausbleibende einfache und kurze Antwort den Weg zu einem grundsätzlichen Verständnis von Entropie zu verstellen. Es geht im Gegenteil darum, sich auf einen Lernprozess einzulassen, bei dem nach und nach eine auch durchaus anschauliche Vorstellung davon entsteht, was mit dieser Größe ausgedrückt werden kann. In diesem Sinne sind es verschiedene physikalische Aspekte (für deren Verständnis die Größe Entropie erforderlich ist), die insgesamt eine Vorstellung von dieser Größe entstehen lassen. Es ist nicht die vermeintlich einfache Antwort auf die Frage „was denn Entropie nun sei", s. dazu auch Herwig (2000).

„Trotzdem" ist der zweite Hauptsatz der Thermodynamik sehr konkret und postuliert für jedes thermodynamische System die Existenz einer Größe S^* (Entropie) bzw. $s^* = \dot{S}^*/\dot{m}^*$ (spezifische Entropie). Für ein offenes, von einem Massenstrom $\dot{m}^*$ durchströmtes System gilt zwischen den Querschnitten ① und ②

$$s_2^* = s_1^* + s_{Qrev,12}^* + s_{irr,12}^* \qquad (13.4)$$

Diese Gleichung zeigt, dass sich die Entropie zwischen zwei Querschnitten offensichtlich durch zwei verschiedene physikalische Vorgänge verändern kann. Diese sind:

❏ Eine *Entropieübertragung* $s_{Qrev,12}^*$. Dieser Vorgang ist an eine spezielle Form der Wärmeübertragung gekoppelt, die *reversible Wärmeübertragung* genannt wird. Es handelt sich dabei um den Grenzfall einer allgemeinen, nicht reversiblen Wärmeübertragung im Sinne einer verschwindenden treibenden Temperaturdifferenz, durch die ein endlicher Wärmestrom $\dot{Q}^* = q^* A^*$ zustande kommt, vgl. (4.24) für q^*. Es gilt der feste Zusammenhang

$$\dot{S}_{Qrev,12}^* = \frac{\dot{Q}_{rev,12}}{T^*} \qquad (13.5)$$

so dass für $s_{Qrev,12}^*$ in (13.4) jetzt gilt

$$s_{Qrev,12}^* = \frac{q_{rev}^* A_{12}^*}{\dot{m}^* T^*} \qquad (13.6)$$

Dabei ist A_{12}^* die Übertragungsfläche zwischen den Querschnitten ① und ②, T^* ist die absolute thermodynamische Temperatur (in Kelvin), bei der die Wärmeübertragung erfolgt.

Mit einem (reversibel übertragenen) Wärmestrom ist also stets ein „begleitender" Entropiestrom verbunden, der sowohl positiv als auch negativ sein kann, je nachdem in welche Richtung der Wärmestrom fließt.

❏ Eine *Entropieproduktion* $s_{irr,12}^*$. Diese Größe beschreibt quantitativ, wie stark irreversibel ein bestimmter physikalischer Vorgang ist. Im hier vorliegenden Zusammenhang können zwei irreversible Teilvorgänge auftreten: die Dissipation mechanischer Energie in einem Strömungsfeld und die Produktion von Entropie aufgrund einer Wärmeleitung in Richtung abnehmender Temperatur in einem Temperaturfeld. Ein realer Wärmeübergang besitzt damit stets zwei Aspekte, die sich auf die Entropie auswirken, die Entropie*übertragung* zusammen mit dem Wärmestrom gemäß (13.5) und die Entropie*produktion*, deren Stärke später genauer bestimmt werden wird.

Eine entscheidende Aussage des zweiten Hauptsatzes ist, dass Entropie grundsätzlich nicht vernichtet (wohl aber erzeugt) werden kann. Es gilt also stets

$$\boxed{s_{irr}^* \geq 0} \tag{13.7}$$

Für die Bestimmung strömungsmechanischer Verluste ist die Entropieproduktion bei der Dissipation mechanischer Energie im Strömungsfeld von besonderer Bedeutung. Als globaler Wert kann die spezifische Dissipation zwischen zwei Querschnitte, d.h. der Term φ_{12}^* in (13.2) auf den entsprechenden Anteil am Term $s_{irr,12}^*$ in (13.4) zurückgeführt werden. Es gilt

$$\boxed{\varphi_{12}^* = T^* s_{irr,12D}^* \geq 0} \tag{13.8}$$

Der zusätzliche Index D bei $s_{irr,12D}^*$ zeigt an, dass der Teil der Entropieproduktion gemeint ist, der aufgrund von Dissipation im Strömungsfeld auftritt. Bzgl. der Entropieproduktion im Temperaturfeld aufgrund von Wärmeleitung s. die Anmerkung 13.2 am Ende von Kap. 13.2.3.

Für eine eingehende Analyse von strömungsmechanischen Verlusten ist es interessant, deren genaue Verteilung im Feld zu bestimmen. Dies erfordert die Kenntnis der *lokalen* Dissipations- oder Entropieproduktionsraten, die mit den globalen Werten in (13.8) zunächst nicht vorliegt.

Die lokale Dissipationsrate war in Tab. 4.3b bereits als Φ^* angegeben worden. Mit der zu (13.8) analogen Beziehung zwischen der Dissipation und der damit verbundenen Entropieproduktion

$$\Phi^* = T^* \dot{S}_{irr,12D}^{*\prime\prime\prime} \tag{13.9}$$

folgt für die lokale Entropieproduktionsrate in kartesischen Koordinaten

$$
\dot{S}^{*\,'''}_{irr,D} = \frac{\eta^*}{T^*} \left(2 \left[\left(\frac{\partial u^*}{\partial x^*} \right)^2 + \left(\frac{\partial v^*}{\partial y^*} \right)^2 + \left(\frac{\partial w^*}{\partial z^*} \right)^2 \right] \right.
$$
$$
\left. + \left(\frac{\partial u^*}{\partial y^*} + \frac{\partial v^*}{\partial x^*} \right)^2 + \left(\frac{\partial u^*}{\partial z^*} + \frac{\partial w^*}{\partial x^*} \right)^2 + \left(\frac{\partial v^*}{\partial z^*} + \frac{\partial w^*}{\partial y^*} \right)^2 \right)
$$

(13.10)

Diese kann bestimmt werden, wenn das Geschwindigkeitsfeld (und damit alle in (13.10) auftretenden Geschwindigkeitsgradienten) sowie die Temperatur bekannt sind. Dies gilt allerdings nur, wenn das Geschwindigkeitsfeld durch den Vektor $\vec{v}^* = (u^*, v^*, w^*)$ vollständig beschrieben ist, wie das für laminare Strömungen generell und für turbulente Strömungen dann der Fall ist, wenn Lösungen durch eine direkte numerische Simulation (DNS, s. Kap. 5.2) bestimmt werden.

Wenn turbulente Strömungen aber durch die Aufspaltung der Strömungsgrößen in zeitliche Mittelwerte und zugehörige Schwankungsgrößen ermittelt werden sollen (RANS, s. Kap. 5.3.2), dann ist eine solche Aufspaltung auch für $\dot{S}^{*\,'''}_{irr,D}$ erforderlich. In diesem Sinne gilt

$$
\dot{S}^{*\,'''}_{irr,D} = \overline{\left(\dot{S}^{*\,'''}_{irr,D} \right)} + \left(\dot{S}^{*\,'''}_{irr,D} \right)'
$$

(13.11)

mit $\overline{(\ \ )}$ und $(\ \ )'$ für die zeitgemittelte bzw. die schwankende Komponente der Entropieproduktion. Sie lauten, wiederum in kartesischen Koordinaten

$$
\overline{\left(\dot{S}^{*\,'''}_{irr,D} \right)} = \frac{\eta^*}{T^*} \left(2 \left[\overline{\left(\frac{\partial u^*}{\partial x^*} \right)^2} + \overline{\left(\frac{\partial v^*}{\partial y^*} \right)^2} + \overline{\left(\frac{\partial w^*}{\partial z^*} \right)^2} \right] \right.
$$
$$
\left. + \overline{\left(\frac{\partial u^*}{\partial y^*} + \frac{\partial v^*}{\partial x^*} \right)^2} + \overline{\left(\frac{\partial u^*}{\partial z^*} + \frac{\partial w^*}{\partial x^*} \right)^2} + \overline{\left(\frac{\partial v^*}{\partial z^*} + \frac{\partial w^*}{\partial y^*} \right)^2} \right)
$$

(13.12)

und

$$
\left(\dot{S}^{*\,'''}_{irr,D} \right)' = \dot{S}^{*\,'''}_{irr,D} - \overline{\left(\dot{S}^{*\,'''}_{irr,D} \right)}
$$

(13.13)

Im folgenden ist nur der zeitliche Mittelwert $\overline{\left(\dot{S}^{*\,'''}_{irr,D} \right)}$ von Bedeutung, weil dieser ein Maß für die insgesamt auftretende Entropieproduktion ist. Das zeitliche Mittel der Größe $\left(\dot{S}^{*\,'''}_{irr,D} \right)'$ ist definitionsgemäß gleich null.

Da die Geschwindigkeit selbst auch in einen Mittel- und einen Schwankungswert aufgeteilt wird, kann $\overline{\left(\dot{S}^{*\,'''}_{irr,D} \right)}$ in zwei Anteile aufgespalten werden, die der Entropieproduktion aufgrund der zeitlich gemittelten Geschwindigkeit und aufgrund der Geschwindigkeitsschwankung entsprechen. Diese beiden Anteile sind

$$
\dot{S}^{*\,'''}_{irr,\overline{D}} = \frac{\eta^*}{T^*} \left(2 \left[\left(\frac{\partial \overline{u^*}}{\partial x^*} \right)^2 + \left(\frac{\partial \overline{v^*}}{\partial y^*} \right)^2 + \left(\frac{\partial \overline{w^*}}{\partial z^*} \right)^2 \right] \right.
$$
$$
\left. + \left(\frac{\partial \overline{u^*}}{\partial y^*} + \frac{\partial \overline{v^*}}{\partial x^*} \right)^2 + \left(\frac{\partial \overline{u^*}}{\partial z^*} + \frac{\partial \overline{w^*}}{\partial x^*} \right)^2 + \left(\frac{\partial \overline{v^*}}{\partial z^*} + \frac{\partial \overline{w^*}}{\partial y^*} \right)^2 \right)
$$

(13.14)

$$
\dot{S}^{*\,'''}_{irr,D'} = \frac{\eta^*}{T^*} \left(2 \left[\overline{\left(\frac{\partial u^{*\,'}}{\partial x^*} \right)^2} + \overline{\left(\frac{\partial v^{*\,'}}{\partial y^*} \right)^2} + \overline{\left(\frac{\partial w^{*\,'}}{\partial z^*} \right)^2} \right] \right.
$$
$$
\left. + \overline{\left(\frac{\partial u^{*\,'}}{\partial y^*} + \frac{\partial v^{*\,'}}{\partial x^*} \right)^2} + \overline{\left(\frac{\partial u^{*\,'}}{\partial z^*} + \frac{\partial w^{*\,'}}{\partial x^*} \right)^2} + \overline{\left(\frac{\partial v^{*\,'}}{\partial z^*} + \frac{\partial w^{*\,'}}{\partial y^*} \right)^2} \right)
$$

(13.15)

Mit dieser Aufspaltung wird deutlich, dass $\dot{S}^{*\,'''}_{irr,\overline{D}}$ direkt bestimmt werden kann, wenn die Lösung des zeitgemittelten Problems bekannt ist, da dann die zeitgemittelten Geschwindigkeitskomponenten vorliegen. Der zweite Anteil $\dot{S}^{*\,'''}_{irr,D'}$ muss hingegen modelliert werden, da die Schwankungskomponenten der Geschwindigkeit nicht Teil der Lösung im Rahmen der zeitgemittelten Gleichungen sind. Es muss aber beachtet werden, dass es sich um eine rein formale Aufspaltung handelt, die nicht wirklich physikalisch interpretierbar ist, da z.B. zu keinem Zeitpunkt ein Geschwindigkeitsprofil $\overline{u^*}$ real vorliegt.

Die lokalen Entropieproduktionsraten gemäß (13.14) und (13.15) bzw. diejenige gemäß (13.10) werden im späteren Kapitel 14 benötigt, um Verluste in Strömungen genauer zu erfassen als dies bisher unter Verwendung der Widerstandszahl ζ, s. (6.23), für Durchströmungen bzw. des Widerstandsbeiwertes c_W, s. (9.21), für Umströmungen der Fall war.

Anmerkung 13.1: *Entropie als Postprocessing-Größe*

In Kap. 4 war das System aus Grundgleichungen bereitgestellt worden, mit dem strömungsmechanische Probleme im Sinne von physikalisch/mathematischen Modellen beschrieben werden können. Dabei handelt es sich um fünf Differentialgleichungen zur Bestimmung der fünf Größen u^*, v^*, w^*, p^* und T^*, s. z.B. Tabellen 4.3a und b.

Wenn nun die Entropie S^* als weitere Größe hinzutritt, ist prinzipiell eine sechste Differentialgleichung erforderlich, um auch S^* im Strömungsfeld zu ermitteln. Thermodynamische Überlegungen besagen aber, dass die spez. Entropie s^* als Zustandsgröße eine Zustandsgleichung der Form $s^* = s^*(T^*, p^*)$ besitzt. Dieser prinzipielle Zusammenhang führt dazu, dass bei Kenntnis der Druck- und Temperaturverteilung in einem Strömungsfeld auch die Verteilung der Entropie s^* bekannt ist (vorausgesetzt, die konkrete Form von $s^* = s^*(T^*, p^*)$ ist gegeben). In diesem Sinne handelt es sich bei der Entropie um eine sog. *Postprocessing-Größe*, d.h. eine physikalische Größe, die am Ende einer Rechnung aus anderen, bis dahin bestimmten Größen ermittelt werden kann.

Diese Überlegungen führen aber auch dazu, dass eine Bilanzgleichung für die Entropie nicht unabhängig von den restlichen Bilanzgleichungen sein kann, bzw. dass eine Herleitung

dieser Gleichung unter Verwendung der anderen Grundgleichungen möglich sein muss. Dies ist in der Tat der Fall und wird in Herwig und Wenterodt (2012) im Einzelnen erläutert.

Diese Gleichung muss aus den zuvor genannten Gründen nicht gelöst werden. Sie dient aber u.a. dazu, die Termgruppe zu identifizieren, mit der die Entropieproduktion aufgrund von Dissipation beschrieben wird. Erwartungsgemäß handelt es sich dabei um die auf anderem Weg bereits gefundene Kombination aus Geschwindigkeitsgradienten-Termen in (13.10).

13.2.3   Exergie und Anergie

Bisher ist eine Bilanzierung von Energien stets unter *quantitativen* Gesichtspunkten vorgenommen worden, d.h. es ging stets um die Frage, wieviel Energie in Form von mechanischer Leistung oder als Wärmestrom in einer entsprechenden Bilanz als übertragene Energie berücksichtigt werden muss und wie dies die Energie im betrachteten Kontrollraum verändert. Dies gilt sowohl für die allgemeine Bilanz, ausgehend von (4.19), als auch für die eindimensionale Stromfadentheorie, s. (13.1). Die z.B. in (13.1) auftretende innere, kinetische und potentielle Energie wird genauso wenig *qualitativ* bewertet, wie die dort vorkommenden Prozessgrößen Verschiebearbeit, technische Arbeit und der Wärmestrom.

Eine thermodynamisch motivierte Bewertung von Energien bzw. Energieströmen in Übertragungsprozessen erfolgt im Zusammenhang mit der Frage, ob eine bestimmte Energieform unbegrenzt, nur zum Teil oder gar nicht in jede andere Energieform umgewandelt werden kann. Eine vollständige Umwandlungsmöglichkeit wird dabei am höchsten bewertet, weil dies z.B. auch die prinzipielle Umwandelbarkeit in elektrische Energie umfasst. Erfahrungsgemäß ist elektrische Energie von optimaler Qualität, weil sie als prinzipielle Antriebsenergie für alle mechanischen und thermischen Prozesse dienen kann (in diesem Sinne also auf jeden Fall das Kriterium der vollständigen Umwandlungsmöglichkeit in alle anderen Energieformen erfüllt).

Von Rant (1956) wurde deshalb vorgeschlagen, jede Energie (bzw. jeden Energiestrom) in zwei Teilenergien aufzuteilen. Der Teil einer Energie, der prinzipiell und bei einem bestimmten thermodynamischen Umgebungszustand uneingeschränkt in jede andere Energieform umgewandelt werden kann, wird diesem Vorschlag nach *Exergie* genannt, der Rest ist *Anergie*. Demnach gilt grundsätzlich

$$Energie = Exergie + Anergie$$

Der thermodynamische Umgebungszustand ist durch die Umgebungstemperatur T^*_{Umg} und den Umgebungsdruck p^*_{Umg} (was seinen physikalischen Zustand betrifft) eindeutig festgelegt. Dieser Umgebungszustand spielt dann eine Rolle, wenn nur eine begrenzte Umwandelbarkeit vorliegt. Betrachtet man alle interessierenden Energieformen bzw. Energieübertragungsformen unter diesem Gesichtspunkt, stellt sich heraus, dass die innere Energie und der Wärmestrom eine Sonderstellung einnehmen. Tabelle 13.1 zeigt, dass nur für diese beiden Größen der Exergieteil nicht 100% beträgt, sondern in der jeweils

ENERGIEFORMEN	
spezifische innere Energie e^* $$e^{*\,E} = e^* - e^*_{Umg} - T^*_{Umg}(s^* - s^*_{Umg}) + p^*_{Umg}(\varrho^{*\,-1} - \varrho^{*\,-1}_{Umg})$$	
spezifische kinetische Energie $\dfrac{|\vec{v}^*|^2}{2}$	reine Exergie
spez. potentielle Energie $g^*(y^* - y^*_{Umg})$	reine Exergie
ENERGIEÜBERTRAGUNGSFORMEN	
Wärmestrom $\dot{Q}^*$	$\dot{Q}^{*\,E} = \eta_C \dot{Q}^*;\ \eta_C = 1 - T^*_{Umg}/T^*$
mechanische Leistung P^*_{mech}	reiner Exergiestrom
elektrische Leistung P^*_{el}	reiner Exergiestrom

Tab. 13.1: Exergieteile verschiedener Energie- und Energieübertragungsformen; Kennzeichnung durch ( )^E

konkreten Situation unter Einbeziehung des Umgebungszustandes bestimmt werden muss. Gemäß Tab. 13.1 besteht die innere Energie nur zum Teil aus Exergie, besitzt also auch einen Anergieteil. Auch wenn die Beziehung für $e^{*\,E}$ nicht sehr anschaulich ist, wird sofort deutlich, dass der Exergieteil umso geringer ist, je näher sich der Zustand am Umgebungszustand befindet ($e^* \to e^*_{Umg}$, $s^* \to s^*_{Umg}$ und $\varrho^{*\,-1} \to \varrho^{*\,-1}_{Umg}$). Im Umgebungszustand selbst ist der Exergieteil null, so dass innere Energie der Umgebung reine Anergie darstellt. Eine Herleitung der Beziehung für $e^{*\,E}$ findet man in Herwig (2012), dort als Beispiel 3.

Unter anderem für Kraftwerksprozesse ist es von entscheidender Bedeutung, dass ein Wärmestrom $\dot{Q}^*$ nur zu dem Teil $(1 - T^*_{Umg}/T^*)$ aus Exergie besteht. Der Faktor

$$\boxed{\eta_C = 1 - T^*_{Umg}/T^*} \tag{13.16}$$

wird *Carnot-Faktor* genannt und entspricht aufgrund der zuvor genannten Bedeutung dem maximalen thermischen Wirkungsgrad einer (reversibel) arbeitenden Wärmekraftmaschine.

Während aus thermodynamischer Sicht die Energie eine Erhaltungsgröße

darstellt, gilt dies nicht für die Exergie und die Anergie für sich genommen (die Summe aus beiden Größen entspricht stets der Energie und ist damit eine Erhaltungsgröße). Änderungen können aber nicht beliebig sein. Die Existenz des zweiten Hauptsatzes der Thermodynamik hat zur Folge, dass Exergie zwar vernichtet, aber nicht erzeugt werden kann. In sog. reversiblen, verlustfreien Prozessen bleibt der Exergieteil einer Energie unverändert, während reale, stets irreversible Prozesse immer zu einem Exergieverlust führen. Da die Exergie als der wertvolle Teil der Energie gelten kann, ist mit einer Verringerung des Exergieteiles (und einer entsprechenden Erhöhung des Anergieteiles) eine *Entwertung der Energie* verbunden. Dieser Entwertungsprozess ist stets von Entropieproduktion begleitet bzw. kann er darauf zurückgeführt werden.

In Kap. 13.2.1 war beschrieben worden, dass die Dissipation mechanischer Energie dazu führt, dass diese in thermische (innere) Energie umgewandelt wird, erkennbar am Auftreten von φ_{12}^* in (13.2) und (13.3) mit umgekehrtem Vorzeichen. Gleichung (13.8) und (13.9) zeigen, dass dies stets mit der Produktion von Entropie verbunden ist. Die Erhöhung der inneren Energie im betrachteten System durch einen Dissipationsprozess kann gedanklich durch einen äquivalenten Wärmestrom ersetzt werden, der zu genau derselben Erhöhung der inneren Energie führt, wie sie durch den Dissipationsprozess vorliegt. Gemäß (13.5) muss bei einer gedachten (reversiblen) Wärmeübertragung bei einer Temperatur T^* dann ein fiktiver Wärmestrom $\dot{Q}^* = T^* \dot{S}_{irr}^*$ übertragen werden. Für $T^* = T_{Umg}^*$ wird dabei keine Exergie übertragen, da der Carnotfaktor dann $\eta_C = 0$ ist, s. (13.16). Damit wird die Energie aber um $T_{Umg}^* \dot{S}_{irr}^*$ entwertet, weil ursprünglich vorhandene Exergie durch diesen Vorgang verloren geht. Dies wird als Exergieverluststrom $\dot{E}_V^{*\,E}$ bezeichnet, wenn $\dot{E}^{*\,E}$ den Exergieteil eines Energiestromes $\dot{E}^*$ beschreibt.

Der allgemeine Zusammenhang

$$\boxed{\dot{E}_V^{*\,E} = T_{Umg}^* \dot{S}_{irr}^*} \tag{13.17}$$

ist unter dem Namen *Gouy-Stodola-Theorem* bekannt und wird im Folgenden mehrfach benutzt werden.

13.2.4 Entropisches Potential

Die bisherigen Ausführungen haben gezeigt, dass reale Prozesse, in denen auf verschiedene Weise Energien übertragen werden, stets mit der Erzeugung von Entropie verbunden sind. Da Entropie erzeugt, aber nicht vernichtet werden kann, liegt die Frage nahe, wo diese Entropie letztendlich bleibt. Und: Kann man eine bestimmte Energie(menge) mit einem zugehörigen Entropiewert charakterisieren, der bei der Übertragung dieser Energie in den verschiedensten aufeinander folgenden Situationen maximal erzeugt werden kann. Dieser „Entropie-Gesamtwert" könnte dann als Referenzwert dienen, um einen

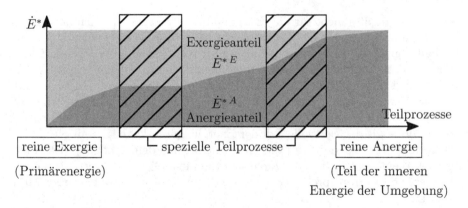

Bild 13.1: Energiepfad von der Primärenergie zur inneren Energie der Umgebung

bestimmten Übertragungs-Teilprozess mit der dabei erzeugten Entropie zu kennzeichnen bzw. zu bewerten.

Genau diese Überlegungen haben zu dem Konzept des sog. *Entropischen Potentials einer Energie(menge)* geführt. Damit ist folgendes gemeint: In technischen Prozessen eingesetzte Energie

❏ beginnt stets als Primärenergie, ein Zustand in dem sie zu 100% aus Exergie besteht

❏ endet letztlich als Teil der inneren Energie der Umgebung, ein Zustand in dem sie zu 100% aus Anergie besteht.

Bild 13.1 zeigt einen Energiestrom $\dot{E}^*$, der als Primärenergiestrom beginnt und nach einer Abfolge von Teilprozessen als Teil der inneren Energie der Umgebung endet. Zwei Teilprozesse sind durch Schraffur gekennzeichnet, wobei einmal der Exergieanteil innerhalb des Teilprozesses unverändert bleibt (idealisierter, reversibler Prozess) und einmal durch Exergieverlust abnimmt (realer, irreversibler Prozess).

Wenn entlang des Energiepfades der Energiestrom $\dot{E}^*$ vollständig entwertet wird, weil er von 100% Exergie zu 100% Anergie „mutiert", wird dabei gemäß (13.17) der Entropiestrom

$$\dot{S}^*_{irr} = \frac{\dot{E}^{*E}_V}{T^*_{Umg}} = \frac{\dot{E}^{*E}}{T^*_{Umg}} \tag{13.18}$$

erzeugt und letztlich an die Umgebung abgegeben. Diese Größe wird *Entropisches Potenzial* genannt, weil es den Energiestrom $\dot{E}^*$ bzgl. seiner Möglichkeit beschreibt, Entropie zu erzeugen und an die Umgebung abzugeben.

Betrachtet man nun einen Teilprozess i der Prozesskette, d.h. des Energiepfades von $\dot{E}^*$ auf dem Weg von der Primärenergie zum Zustand, Teil der

Umgebungsenergie zu sein, so wird in diesem Teilprozess wiederum gemäß (13.17) der Entropiestrom $\dot{S}^*_{irr,i}$ erzeugt, d.h. es gilt mit dem Exergieverlust $\dot{E}^*_{V,i}$ im Teilprozess i:

$$\dot{S}^*_{irr,i} = \frac{\dot{E}^{*\,E}_{V,i}}{T^*_{Umg}} \tag{13.19}$$

Damit gibt es nun die Möglichkeit, diesen Teilprozess dadurch zu kennzeichnen, dass mit

$$N_i = \frac{\dot{S}^*_{irr,i}}{\dot{S}^*_{irr}} = \frac{T^*_{Umg}\dot{S}^*_{irr,i}}{\dot{E}^*} \tag{13.20}$$

beschrieben wird, wieviel des Entropischen Potentials von $\dot{E}^*$ im Teilprozess i „verbraucht" worden ist, d.h. wie stark $\dot{E}^*$ in diesem Teilprozess entwertet wird.

Diese dimensionslose Kennzahl wird *Energieentwertungszahl* N_i (engl. energy devaluation number) genannt. Dieses Konzept ist relativ neu, bietet aber gegenüber alternativen Bewertungsmöglichkeiten den Vorteil einer klaren physikalischen Bedeutung von N_i. Zu Einzelheiten des Konzeptes und zu Anwendungsbeispielen s. Wenterodt, Herwig (2014), Wenterodt et al. (2015), Herwig (2016a) und Herwig (2016b).

Anmerkung 13.2: *Entropieproduktion durch Wärmeleitung*

Mit den Gleichungen (13.10) bis (13.13) sind die Beziehungen für die lokale Entropieproduktion im Strömungsfeld aufgrund der Dissipation mechanischer Energie gegeben. Die in Anmerkung 13.1 erwähnte explizite Form der Bilanz-Differentialgleichung für die spezifische Entropie s^* erlaubt es, auch die Beziehung für die Entropieproduktion im Temperaturfeld anzugeben. Diese tritt immer dann auf, wenn ein Wärmestrom in Richtung abnehmender Temperatur fließt, was bei realen, nicht reversiblen Wärmeübertragungsprozessen stets der Fall ist. Dabei wird die in Form von Wärme übertragene Energie entwertet, weil die als innere Energie auftretende Energie bei stets abnehmenden Temperaturen vorliegt. Wie zuvor beschrieben worden war ist dies mit einem Exergieverlust behaftet, der über (13.17) unmittelbar mit einer Entropieproduktion verbunden ist. Mit dem Index WL für Wärmeleitung kann aus der (hier nicht explizit angegebenen, aber in Herwig, Wenterodt (2012) enthaltenen Gleichung für s^*) abgeleitet werden, dass analog zu $\dot{S}^{*\,'''}_{irr,D}$ nach (13.10) für die Entropieproduktion durch Wärmeleitung gilt:

$$\dot{S}^{*\,'''}_{irr,WL} = \frac{\lambda^*}{T^{*\,2}}\left(\left[\frac{\partial T^*}{\partial x^*}\right]^2 + \left[\frac{\partial T^*}{\partial y^*}\right]^2 + \left[\frac{\partial T^*}{\partial z^*}\right]^2\right) \tag{13.21}$$

Dabei ist λ^* die in (4.24) eingeführte *Wärmeleitfähigkeit*.

Für turbulente Strömungen, die als zeitgemittelte Strömungen bestimmt werden sollen, ist wiederum die Aufspaltung

$$\dot{S}^{*\,'''}_{irr,WL} = \overline{\left(\dot{S}^{*\,'''}_{irr,WL}\right)} + \left(\dot{S}^{*\,'''}_{irr,WL}\right)' \tag{13.22}$$

erforderlich, mit

$$\overline{\left(\dot{S}^{*\,'''}_{irr,WL}\right)} = \frac{\lambda^*}{T^{*\,2}}\left(\overline{\left[\frac{\partial T^*}{\partial x^*}\right]^2} + \overline{\left[\frac{\partial T^*}{\partial y^*}\right]^2} + \overline{\left[\frac{\partial T^*}{\partial z^*}\right]^2}\right) \tag{13.23}$$

und

$$\left(\dot{S}^{*\,\prime\prime\prime}_{irr,WL}\right)' = \dot{S}^{*\,\prime\prime\prime}_{irr,WL} - \overline{\left(\dot{S}^{*\,\prime\prime\prime}_{irr,WL}\right)} \tag{13.24}$$

Der in den folgenden Beispielen ausschließlich betrachtete Mittelwert kann für ein gemitteltes Temperaturfeld in Analogie zu Gl. (13.14) und Gl. (13.15) wiederum durch zwei Anteile als $\overline{\left(\dot{S}^{*\,\prime\prime\prime}_{irr,WL}\right)} = \dot{S}^{*\,\prime\prime\prime}_{irr,\overline{WL}} + \dot{S}^{*\,\prime\prime\prime}_{irr,WL'}$ ausgedrückt werden. Diese lauten

$$\dot{S}^{*\,\prime\prime\prime}_{irr,\overline{WL}} = \frac{\lambda^*}{T^{*\,2}}\left(\left[\frac{\partial \overline{T^*}}{\partial x^*}\right]^2 + \left[\frac{\partial \overline{T^*}}{\partial y^*}\right]^2 + \left[\frac{\partial \overline{T^*}}{\partial z^*}\right]^2\right) \tag{13.25}$$

$$\dot{S}^{*\,\prime\prime\prime}_{irr,WL'} = \frac{\lambda^*}{T^{*\,2}}\left(\overline{\left[\frac{\partial T^{*\,\prime}}{\partial x^*}\right]^2} + \overline{\left[\frac{\partial T^{*\,\prime}}{\partial y^*}\right]^2} + \overline{\left[\frac{\partial T^{*\,\prime}}{\partial z^*}\right]^2}\right) \tag{13.26}$$

wobei $\dot{S}^{*\,\prime\prime\prime}_{irr,\overline{WL}}$ wieder bestimmt werden kann, $\dot{S}^{*\,\prime\prime\prime}_{irr,WL'}$ aber modelliert werden muss.

Für konvektive Wärmeübertragungsprozesse können Exergieverluste im Strömungs- und im Temperaturfeld auf einheitliche Weise ermittelt werden, wenn dazu die entsprechenden Entropieproduktionsraten herangezogen werden, wie dies im späteren Kapitel 15 gezeigt wird.

Literatur

Herwig, H. (2000): Was ist Entropie? Eine Frage - zehn Antworten. Forschung auf dem Gebiet des Ingenieurwesens, 66, 74-78

Herwig, H. (2014): The Misleading Use of "Enthalpy" in an Energy Conversion Analysis. Natural Science 6, 878-885. doi: 10.4236/ns.2014.611085

Herwig, H. (2016a): The SLA (Second Law Analysis) in Convective Heat Transfer Processes, Journal of Energy and Power Engineering, 10, 283-286

Herwig, H. (2016b): What Exactly is the Nusselt Number in Convective Heat Transfer Problems and are there Alternatives?, Entropy, 18, 198

Herwig, H.; Kautz, C.; Moschallski, A. (2016): Technische Thermodynamik / Grundlagen und Anleitung zum Lösen von Aufgaben, 2. Aufl., Springer-Vieweg, Wiesbaden

Herwig, H.; Wenterodt, T. (2012): Entropie für Ingenieure: Erfolgreich das Entropie-Konzept bei Energietechnischen Fragestellungen anwenden. Vieweg+Teubner, Wiesbaden

Rant, Z. (1956): Exergie, ein neues Wort für technische Arbeitsfähigkeit. Forschung auf dem Gebiete des Ingenieurwesens, 22, 36-38

Wenterodt, T.; Herwig, H. (2014): The entropic potential concept: A new way to look at energy transfer operations, Entropy, 16, 2017-2084

Wenterodt, T.; Redecker, C.; Herwig, H. (2015): Second law analysis for sustainable heat and energy transfer: The entropic potential concept. Applied Energy, 139, 376-383

14 Strömungsverluste aus thermodynamischer Sicht

14.1 Vorbemerkungen

Strömungsverluste durch Dissipation werden üblicherweise in Form von Widerstandszahlen ζ und Widerstandsbeiwerten c_W angegeben, je nachdem, ob es sich um eine Durch- oder eine Umströmung handelt. Die physikalische Interpretation bezieht sich dabei auf das Auftreten eines zusätzlichen Druckverlustes bei Durchströmungen (s. (6.24) für das Beispiel eines 90°-Krümmers) bzw. einer Widerstandskraft bei Umströmungen (s. Beispiel 9.1 für die Überströmung einer ebenen Platte).

Wenn diese Kennzahlen experimentell bestimmt werden, so geschieht dies durch entsprechende Druck- bzw. Kraftmessungen. In diesem Sinne handelt es sich bei der Widerstandszahl und dem Widerstandsbeiwert um dimensionslose (Gesamt-) Druckverluste bzw. Widerstandskräfte. Beide kommen physikalisch zustande, weil im Strömungsfeld durch die Existenz des jeweiligen Bauteiles bzw. Körpers eine zusätzliche Dissipation mechanischer Energie auftritt. „Zusätzlich" bezieht sich dabei auf Situationen, in denen ohne das Bauteil oder ohne den umströmten Körper bereits ein Strömungsfeld existiert, in dem Dissipation mechanischer Energie stattfindet. Auch der mit der zusätzlichen Dissipation einhergehende Verlust mechanischer Energie ist unmittelbar mit einer Entropieproduktion verbunden, aus deren Ermittlung umgekehrt auf den Verlust der mechanischen Energie und damit dann auch auf die zugehörigen Kennzahlen geschlossen werden kann. Damit besteht aus thermodynamischer Sicht die grundsätzliche Alternative, Widerstandszahlen bzw. Widerstandsbeiwerte durch die Bestimmung der zusätzlichen Entropieproduktion zu ermitteln. Dies ist immer dann möglich, wenn das Strömungsfeld (und ggf. auch das Temperaturfeld) im Detail bekannt ist. Die alternative Bestimmung der Kennzahlen bietet sich deshalb an, wenn numerische Lösungen vorliegen, für eine experimentelle Ermittlung ist sie weniger geeignet, weil dabei in der Regel nur Globalwerte (wie Druckverluste oder Widerstandskräfte) bestimmt werden können.

© Springer-Verlag Berlin Heidelberg 2018
H. Herwig und B. Schmandt, *Strömungsmechanik*,
https://doi.org/10.1007/978-3-662-57773-8_14

14.2 Alternative, einheitliche Definition von Widerstandszahlen und -beiwerten

Mit Einführung der Widerstandszahl ζ, s. (6.24), als

$$\zeta = \frac{\Delta p^*}{\varrho^* u_S^{*2}/2} \tag{14.1}$$

und des Widerstandsbeiwertes c_W, s. (9.21), als

$$c_W = \frac{2W^*}{\varrho^* B^* L^* u_\infty^{*2}} \tag{14.2}$$

entsteht der Eindruck, dass zwischen beiden Konzepten keine unmittelbaren Gemeinsamkeiten bestehen.

Aus thermodynamischer Sicht geht es aber in beiden Fällen gleichermaßen darum, die jeweils zusätzliche Entropieproduktion zu ermitteln, so dass eine einheitliche Definition angebracht erscheint. Zu dieser gelangt man folgendermaßen.

☐ Für *Durchströmungen* wird von der allgemeiner gültigen Definition (6.23) ausgegangen, hier formal geschrieben als

$$\zeta = \frac{\varphi^*}{u_S^{*2}/2} \tag{14.3}$$

mit φ^* als zusätzlicher spezifischer Dissipation aufgrund eines bestimmten Bauteils. Unter Verwendung von (13.8) und mit $s^* = \dot{S}^*/\dot{m}^*$ sowie $\dot{m}^* = \varrho^* u_S^* A^*$ wird daraus

$$\boxed{\widehat{\zeta} = \frac{T^* s_{irr,D}^*}{u_S^{*2}/2} = \frac{2T^*}{\varrho^* u_S^{*3} A^*} \dot{S}_{irr,D}^*} \tag{14.4}$$

☐ Für *Umströmungen* gilt, dass eine Widerstandskraft W^*, deren Angriffspunkt sich mit einer Geschwindigkeit u_∞^* bewegt, zu einer Verlustleistung

$$P_{irr}^* = W^* u_\infty^*$$

führt. Diese entspricht genau der zusätzlichen Dissipationsrate im Strömungsfeld. Damit gilt gemäß (13.9)

$$P_{irr}^* = T^* \int_{V^*} \dot{S}_{irr,D}^{*\,\prime\prime\prime} \mathrm{d}V^* = T^* \dot{S}_{irr,D}^* \tag{14.5}$$

wobei V^* das Volumen darstellt, in dem eine zusätzliche Dissipationsrate auftritt. Mit $B^* L^* = A_w^*$ wird aus (14.2) nach einer Erweiterung mit u_∞^*

$$\boxed{\widehat{c}_W = \frac{2P_{irr}^*}{\varrho^* u_\infty^{*3} A_w^*} = \frac{2T^*}{\varrho^* u_\infty^{*3} A_w^*} \dot{S}_{irr,D}^*} \tag{14.6}$$

Der Vergleich von (14.4) und (14.6) zeigt die formale Ähnlichkeit beider Definitionen, die Ausdruck der physikalischen Übereinstimmung beider Fälle ist. Beide Gleichungen gelten im Folgenden als alternative Definitionen der entsprechenden Kennzahlen, kenntlich gemacht durch das Symbol $\widehat{}$ bei ζ und c_W. Da die alternativen Definitionen auf dem zweiten Hauptsatz der Thermodynamik basieren, wird diese Herangehensweise in englischsprachigen Veröffentlichungen als „SLA-approach" bezeichnet (SLA: second law analysis).

Anmerkung 14.1: *Motivation und Vorteil der alternativen Definition von $\widehat{\zeta}$ und $\widehat{c}_W$*

Der entscheidende Vorteil von $\widehat{\zeta}$ und $\widehat{c}_W$ gegenüber der „klassischen" Definition ζ und c_W besteht darin, dass die Kennzahlen durch Integration der Feldgröße $\dot{S}_{irr,D}^{*\,\prime\prime\prime}$ bestimmt werden. Damit liegt die Information vor, an welchen Stellen im Strömungsfeld welche Verluste auftreten, was z.B. unmittelbar für Optimierungszwecke genutzt werden kann. Da $\widehat{\zeta}$ und $\widehat{c}_W$ auf die eigentlichen Ursachen für Verluste im Strömungsfeld zurückgeführt werden, gelingt in der Regel eine überzeugende physikalische Interpretation von $\widehat{\zeta}$ und $\widehat{c}_W$. Zusätzlich ist von Vorteil, dass die Integration über eine Feldgröße zu einer höheren Genauigkeit führt als bei der Differenzbildung zweier Größen.

Es könnte eingewandt werden, dass anstelle der lokalen Entropieproduktion die lokale Dissipation verwendet werden sollte, die über (13.9) unmittelbar mit der Entropieproduktion verbunden ist und den Vorteil einer größeren Anschaulichkeit besitzt. Dabei muss aber bedacht werden, dass aus thermodynamischer Sicht nicht die Dissipation als solche entscheidend ist, sondern die damit verbundenen Exergieverluste. Der Vergleich von (13.9) und (13.17) zeigt, dass nur im Spezialfall $T^* = T_{Umg}^*$, wenn also die Strömung bei Umgebungstemperatur vorliegt, die Dissipation dem Exergieverlust entspricht, dies aber für $T^* \neq T_{Umg}^*$ nicht mehr der Fall ist. Wenn grundsätzlich die Information über die mit einer Strömung verbundenen Exergieverluste erhalten bleiben soll, muss die Definition von $\widehat{\zeta}$ und $\widehat{c}_W$ die Entropieproduktion enthalten, wie im nachfolgenden Kapitel genauer ausgeführt wird.

Ein weiteres Argument für die Verwendung von $\dot{S}_{irr,D}^{*\,\prime\prime\prime}$ anstelle von Φ^* ist die Möglichkeit, konvektive Wärmeübergänge konsistent zu bewerten. Die dann auftretenden Verluste im Strömungs- und im Temperaturfeld können einheitlich auf die insgesamt auftretende Entropieproduktion zurückgeführt werden, s. dazu Kapitel 15.

14.3 Exergieverluste durch Strömungen

In Kap. 13.1.3 war gezeigt worden, dass die Qualität von Energien durch die Aufteilung in Exergie und Anergie, bzw. durch die Angabe des jeweiligen Exergieteiles quantifiziert werden kann. Immer dann, wenn in Strömungsprozessen die Qualität der Energie von Bedeutung ist, gilt es, Strömungsverluste danach zu bewerten, wie groß der damit verbundene Exergieverlust ist. Gleichung (13.17) zeigt, dass der Exergieverlust unmittelbar durch die auftretende Entropieproduktion bestimmt ist. Diese wiederum entspricht aber nicht stets der Dissipation mechanischer Energie und damit nicht stets den Widerstandszahlen bzw. -beiwerten, wie ein Blick auf (13.9) zeigt. Nur wenn die Strömung bei Umgebungstemperatur erfolgt, ist mit der Dissipation mechanischer Energie ein gleich großer Exergieverlust verbunden. Strömungen

auf einem anderen Temperaturniveau $T^* \neq T^*_{Umg}$ führen zwar zu einer unveränderten Dissipation mechanischer Energie, diese entspricht aber nicht mehr dem auftretenden Exergieverlust. Für $T^* > T^*_{Umg}$ liegt die zusätzlich eingebrachte innere Energie auf einem gegenüber T^*_{Umg} erhöhten Temperaturniveau vor, so dass diese noch einen Exergieteil besitzt, s. Tab. 13.1.

Um auch den Exergieverlust für Temperaturen $T^* \neq T^*_{Umg}$ zu quantifizieren, muss deshalb neben den Widerstandszahlen und -beiwerten $\widehat{\zeta}$ bzw. $\widehat{c}_W$ ein jeweils entsprechender Exergieverlustbeiwert eingeführt werden. Nach den bisherigen Überlegungen gilt mit der Indizierung durch einen hochgestellten Buchstaben E

$$\widehat{\zeta}^E = \frac{T^*_{Umg}}{T^*} \widehat{\zeta} \tag{14.7}$$

$$\widehat{c}^E_W = \frac{T^*_{Umg}}{T^*} \widehat{c}_W \tag{14.8}$$

Diese Informationen über Exergieverluste sind für alle Prozesse von Bedeutung, in denen die Exergie eine entscheidende Größe ist. Ein typisches Beispiel sind Kraftwerksprozesse. In diesen Prozessen treten Strömungsverluste im Arbeitsfluid auf einem hohen Temperaturniveau auf, bevor das Fluid in die Turbine eintritt. Da in der Turbine höchstens der Exergieteil der dort umgesetzten Energie in mechanische Arbeit umgewandelt werden kann, führt jeder Exergieverlust vor der Turbine zu einer entsprechenden Reduktion des Kraftwerkwirkungsgrades.

14.4 Anwendung der alternativen Widerstandszahlen und -beiwerte

In diesem Kapitel werden die thermodynamisch motivierten alternativen Definitionen $\widehat{\zeta}$ und $\widehat{c}_W$ in mehreren verschiedenen Situationen angewandt. Neben der Diskussion der jeweiligen Besonderheiten spezieller Strömungssituationen werden konkrete Beispiele gegeben, mit denen die Vorteile der alternativ definierten Kennzahlen deutlich werden sollen. Die Anwendung der alternativen Kennzahlen $\widehat{\zeta}$ und $\widehat{c}_W$ ist bisher erst für einzelne exemplarische Fälle erfolgt, da es sich um einen Vorschlag handelt, der erst mit dem verstärkten aufkommen numerischer Lösungen aktuell geworden ist, s. Herwig, Schmandt (2014). Langfristig können und sollten aber umfangreiche Tabellenwerte entstehen, die auf den neuen Definitionen basieren. Diese wären dann Alternativen zu den umfangreichen klassischen Nachschlagewerken, wie Miller (1978) oder Idelchik (2007) für die „klassischen" Kennzahlen.

Da zumindest zurzeit die alternative Definition für Durchströmungen sehr viel häufiger angewandt wird als für Umströmungen, wird im Folgenden der Schwerpunkt auf diese Strömungen gelegt. Anschließend wird exemplarisch gezeigt, dass auch Umströmungen auf die neue Weise bezüglich der auftretenden Verluste analysiert werden können.

14.4.1   Widerstandszahlen durchströmter Bauteile

Die schon in (14.4) gegebene Definition von $\widehat{\zeta}$ lautet

$$\widehat{\zeta} = \frac{2T^*}{\varrho^* u_S^{*3} A^*} \dot{S}^*_{irr,D} \tag{14.9}$$

für laminare Strömungen, und

$$\widehat{\zeta} = \frac{2T^*}{\varrho^* u_S^{*3} A^*} \overline{(\dot{S}^*_{irr,D})} \tag{14.10}$$

für turbulente Strömungen. Für die gesamte Entropieproduktion gilt dabei für turbulenten Strömungen eine Aufteilung analog zu (13.11). In beiden Fällen ist über ein Volumen zu integrieren in dem es zu zusätzlichen Entropieproduktionsraten aufgrund eines betrachteten Bauteils kommt. Wie schon in Kap. 6.2.2 am Beispiel des 90°-Krümmers erläutert worden ist, kommt es zu einer Veränderung des Strömungsfeldes auch vor und nach einem Bauteil, was dann zu entsprechenden zusätzlichen Entropieproduktionsraten führt. Um dies systematisch erfassen zu können, werden folgende Längen vor bzw. nach einem zu analysierenden Bauteil eingeführt.

L_V^*:   Charakteristische Vorlauflänge
L_{VN}^*:   Numerische Vorlauflänge
L_N^*:   Charakteristische Nachlauflänge
L_{NN}^*:   Numerische Nachlauflänge

Die charakteristischen Längen L_V^* und L_N^* werden als diejenigen Längen definiert, auf denen 95% der zusätzlichen Entropieproduktion (im Vor- bzw. im Nachlauf) auftreten. Sie dienen lediglich der Charakterisierung des „Vor- bzw. Nachlaufeffekts", haben aber nicht die Bedeutung dass in ihnen die Effekte vollständig ablaufen. Diese werden im Zuge der Berechnung vollständig erfasst, wofür die numerischen „Vor- bzw. Nachlauflängen" eingeführt werden: Die numerischen Längen L_{VN}^* und L_{NN}^* beschreiben die Längen des numerischen Lösungsgebiets (stromaufwärts bzw. stromabwärts). Sie müssen so groß gewählt werden, dass die zusätzliche Entropieproduktion mit einer gewünschten Genauigkeit in den numerischen Lösungen bestimmt werden kann.

Bild 14.1 zeigt die eingeführten Längen schematisch und deutet an, dass meist $L_N^* > L_V^*$ gilt, weil der stromabwärtige Einfluss fast immer überwiegt. Das numerische Lösungsgebiet umfasst das Bauteil selbst und die vor- und nachgeschalteten Bereiche der Längen L_{VN}^* und L_{NN}^*. Zusätzlich wurden die charakteristischen Längen L_V^* und L_N^* eingeführt, weil diese eine sehr anschauliche Vorstellung davon vermitteln, wie weit der Bauteileinfluss mit einem deutlichen Einfluss reicht.

Bild 14.1 enthält auch die einzelnen Anteile der zusätzlichen Entropieproduktion aufgrund eines bestimmten Bauteils. Diese sind für eine laminare Strömung

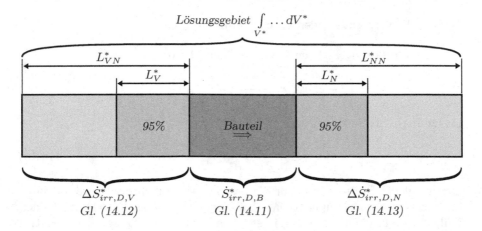

Bild 14.1: Schematische Darstellung eines durchströmten Bauteils und der im Vor- und Nachlauf zu berücksichtigenden Strömungsgebiete

$$\dot{S}^*_{irr,D,B} = \int\limits_{V^*_B} \dot{S}^{*\,\prime\prime\prime}_{irr,D}\,\mathrm{d}V^* \qquad (14.11)$$

also die gesamte Entropieproduktion im Bauteil selbst, sowie im Vor- und Nachlauf die Anteile

$$\Delta\dot{S}^*_{irr,D,V} = \int\limits_{V^*_V} \left(\dot{S}^{*\,\prime\prime\prime}_{irr,D} - \dot{S}^{*\,\prime\prime\prime}_{irr,D,0} \right)\mathrm{d}V^* \qquad (14.12)$$

$$\Delta\dot{S}^*_{irr,D,N} = \int\limits_{V^*_N} \left(\dot{S}^{*\,\prime\prime\prime}_{irr,D} - \dot{S}^{*\,\prime\prime\prime}_{irr,D,0} \right)\mathrm{d}V^* \qquad (14.13)$$

Hier ist $\dot{S}^{*\,\prime\prime\prime}_{irr,D,0}$ die Entropieproduktionsrate der als ungestört unterstellten zugehörigen Strömung vor bzw. nach dem Bauteil. Analoge, doppelte Beziehungen (für die gemittelten und die Schwankungsgrößen) gelten für turbulente Strömungen.

Als Ergebnis bzgl. der Entropieproduktionsverteilung bietet es sich an, die Verteilung der Entropieproduktion $\dot{S}^{*\,\prime}_{irr,D}$ entlang einer an der Hauptströmung orientierte Koordinate x^*_m zu zeigen. Dabei muss zunächst die Entropieproduktion im Volumen $V^*(x^*_m)$ stromaufwärts der Koordinate x^*_m durch Integration ermittelt werden

$$\dot{S}^*_{irr,D}(x^*_m) = \int\limits_{V^*(x^*\leq x^*_m)} \dot{S}^{*\,\prime\prime\prime}_{irr,D}\,\mathrm{d}V^*$$

Durch die Ableitung nach x_m folgt schließlich die gesuchte Verteilung

$$\dot{S}^{*\,\prime}_{irr,D} = \frac{\partial}{\partial x^*_m} \int\limits_{V^*(x^* \leq x^*_m)} \dot{S}^{*\,\prime\prime\prime}_{irr,D} \mathrm{d}V^* \qquad (14.14)$$

die auch als Zuwachs der Entropieproduktion entlang der Hauptströmung interpretiert werden kann. Für Rohrleitungen mit konstantem Querschnitt entspricht dies dem Integral über einen jeweiligen Querschnitt an der Stelle x^*_m

$$\dot{S}^{*\,\prime}_{irr,D} = \int\limits_{A^*} \dot{S}^{*\,\prime\prime\prime}_{irr,D} \mathrm{d}A^* \qquad (14.15)$$

Bezogen auf den entsprechenden Wert der als ausgebildet unterstellten Strömung kann $\dot{S}^{*\,\prime}_{irr,D}$ zur anschaulichen Visualisierung der lokalen Verhältnisse vor, in und nach dem Bauteil über x^*_m aufgetragen werden, wie dies in den nachfolgenden Beispielen gezeigt wird.

Im Rahmen der beschriebenen Modellvorstellung werden $\widehat{\zeta}$-Werte mit der numerischen Genauigkeit der Lösung bestimmt. Diese kann für laminare Strömungen grob zu etwa 1% angegeben werden. Im Fall von laminaren Strömungen kann davon ausgegangen werden, dass keine nennenswerten Modellfehler vorliegen, da die Strömung von den Navier-Stokes-Gleichungen hinreichend genau beschrieben werden. Falls der reale Krümmer Wandrauheiten aufweist (die vom Modell nicht abgebildet werden) so haben diese bei laminaren Strömungen einen in der Regel vernachlässigbaren Einfluss auf den Strömungswiderstand. Unsicherheiten bei der experimentellen Bestimmung sind hingegen wesentlich höher. Eine systematische Analyse der Abhängigkeit des ζ-Wertes von Unsicherheiten in der gesamten Messkette findet sich in Schmandt, Herwig (2012)

Wenn turbulente Strömungen vorliegen, ist der Einfluss von eventuell vorliegenden Wandrauheiten nicht von vorne herein vernachlässigbar gering. Hinzu kommt, dass durch die erforderliche Turbulenzmodellierung ein Modellfehler entsteht, der je nach der konkreten Wahl des Turbulenzmodells durchaus in der Größenordnung von 10% liegen kann.

Unabhängig davon, ob eine laminare oder eine turbulente Strömung vorliegt spielt die Geometriegenauigkeit des Bauteils eine wichtige Rolle. Man kann zeigen, dass geringe Änderungen der Geometrie, die u.U. von der Größenordnung der Fertigungsgenauigkeit sind, einen erheblichen Einfluss auf den $\widehat{\zeta}$-Wert haben können.

Beispiel 14.1: *Bestimmung der Widerstandszahl $\widehat{\zeta}$ für einen laminar durchströmten 90°-Krümmer*

Für einen Kanal mit quadratischem Querschnitt wird ein 90°-Krümmer mit dem Krümmungsradius $R^*/D_h^* = 1$ numerisch berechnet. Details dazu findet man in Herwig, Schmandt, Uth (2010). Mit Hilfe dieser Ergebnisse kann $\widehat{\zeta}$ für verschiedene Reynolds-Zahlen bestimmt werden. Tabelle B14.1-1 enthält Detailangaben zu den einzelnen Lösungen sowie als Endergebnis die Widerstandszahl $\widehat{\zeta}$. Bild B14.2-1 zeigt für zwei verschiedene Reynolds-Zahlen die über den Querschnitt integrierten Entropieproduktionsraten gemäß (14.14). Es ist erkennbar, dass mit wachsender Reynolds-Zahl immer mehr der zusätzlichen Entropieproduktion hinter dem Krümmer auftritt, s. dazu auch die entsprechenden Daten in Tab. 14.1-1. Dies war auch bereits in Bild 6.5 in Kap. 6.2.2, dort als zusätzlicher Druckverlust hinter dem Krümmer diskutiert worden. Tab. 14.1-1 zeigt, dass dieser Effekt mit steigender Reynolds-Zahl zunimmt. Eine immer stärkere Konvektion führt zu einer immer stärkeren Verformung des stromabwärtigen Geschwindigkeitsprofils, was dann eine entsprechende Steigerung der zusätzlichen Entropieproduktion zur Folge hat. Im Grenzfall Re $\to$ 0, einer sog. schleichenden Strömung, bleibt die zusätzliche Entropieproduktion auf den Krümmer selbst beschränkt (mit einer Lösung, die spiegelsymmetrisch zur 45° Ebene ist).

In Kap. 6.2.2 war bereits diskutiert worden, dass bei einer räumlich nahen Hintereinanderschaltung von 90°-Krümmern die $\widehat{\zeta}$-Werte nicht einfach addiert werden dürfen, um den gesamten Widerstand der Anordnung zu bestimmen. Stattdessen muss die Kombination der Einzelkrümmer als ein neues Bauteil angesehen werden, dem ein eigener $\widehat{\zeta}$-Wert zugeordnet wird.

Tab. 14.1-2 zeigt solche $\widehat{\zeta}$-Werte für die Hintereinanderschaltung von zwei 90°-Krümmern, die hier auf drei unterschiedliche Weisen erfolgt. Es ist sehr aufschlussreich, die $\widehat{\zeta}$-Werte der Krümmerkombinationen mit dem zweifachen Wert des Einzelkrümmers zu vergleichen. Für Re $\to$ 0 stimmen diese beiden Werte überein, weil es keinen stromabwärtigen Effekt des Einzelkrümmers gibt. Für große Reynolds-Zahlen ist der $\widehat{\zeta}$-Wert der Krümmerkombination stets kleiner als der doppelte Wert des Einzelkrümmers, weil der zweite Krümmer die Ausbildung der zusätzlichen Verluste nach dem ersten Krümmer verhindert.

Weitere Details zum Einzel- und Doppelkrümmer sind in Herwig, Schmandt, Uth (2010) zu finden.

Die gezeigten Ergebnisse basieren auf Lösungen, denen eine bestimmte Modellvorstellung bzgl. der Strömungen bzw. der darin auftretenden Verluste zugrunde liegt. Solche Modelle müssen validiert werden (s. dazu Abschn. 12.4), was z.B. mit Hilfe zugehöriger Experimente erfolgen kann.

Bild B14.2-2 zeigt $\widehat{\zeta}$-Werte im Vergleich zu entsprechenden Messungen aus Herwig, Schmandt (2012), die als Bestätigung (Validierung) der gewählten Modellvorstellung gelten können.

Beispiel 14.2: *Bestimmung der Widerstandszahl $\widehat{\zeta}$ für einen turbulent durchströmten 90°-Krümmer*

Dieselbe Geometrie wie im vorigen Beispiel 14.1 wird jetzt bei deutlich höheren Reynolds-Zahlen betrachtet, bei denen eine ausgebildete Turbulenz vorliegt. Die numerische Berechnung erfolgt auf der Basis der zeitgemittelten Gleichungen (RANS, s. Kap. 5.3), Details sind in Schmandt, Herwig (2011a) zu finden.

Tab. 14.2 enthält die Detailangaben zur Lösung für eine turbulente Strömung bei un-

terschiedlichen Reynolds-Zahlen. Für alle berechneten Fälle tritt etwa 80% der zusätzlichen Entropieproduktion stromabwärts des 90°-Krümmers auf.

Bild B14.2 zeigt diese starke stromabwärtige Entropieproduktion anhand der über den Querschnitt gemittelten Entropieproduktion für zwei Reynolds-Zahlen.

Auch hier ist eine (erfolgreiche) Validierung vorgenommen worden, diesmal mit den zugehörigen $\widehat{\zeta}$-Werten aus der Literatur, die ihrerseits auf entsprechenden Messungen beruhen. Zu Details, s. Herwig, Schmandt (2011a).

Re	$\Delta\dot{S}^*_{irr,D,V}/\dot{S}^*_{irr,D}$	$\dot{S}^*_{irr,D,B}/\dot{S}^*_{irr,D}$	$\Delta\dot{S}^*_{irr,D,N}/\dot{S}^*_{irr,D}$	L^*_V/D^*_h	L^*_N/D^*_h	$\widehat{\zeta}$
4	$\ll 1$	1	$\ll 1$	$\ll 1$	$\ll 1$	22,19
8	$\ll 1$	0,99	$\ll 1$	0,40	0,43	11,25
16	0,01	0,97	0,02	0,45	0,91	5,91
32	0,01	0,90	0,09	0,52	1,37	3,46
64	0,01	0,73	0,26	0,57	2,16	2,53
128	0,01	0,54	0,45	0,61	3,47	2,26
256	0,01	0,40	0,59	1,08	8,35	2,17
512	0,00	0,29	0,71	0,38	15,12	2,27

Tab. B14.1-1: Details der Lösungen für eine laminare Durchströmung eines 90°-Krümmers

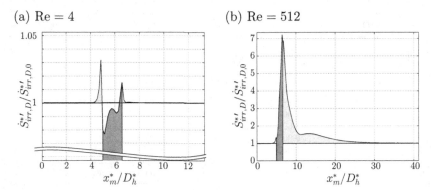

(a) Re $= 4$ (b) Re $= 512$

Bild B14.1-1: Verteilung der (zusätzlichen) Entropieproduktion eines laminar durchströmten 90°-Krümmers
dunkelgrau: Entropieproduktion im Bauteil
hellgrau: zusätzliche Entropieproduktion vor bzw. nach dem Bauteil

Re	$\Delta\dot{S}^*_{irr,D,V}/\dot{S}^*_{irr,D}$	$\dot{S}^*_{irr,D,B}/\dot{S}^*_{irr,D}$	$\Delta\dot{S}^*_{irr,D,N}/\dot{S}^*_{irr,D}$	L^*_V/D^*_h	L^*_N/D^*_h	$\hat{\zeta}$	$2\widehat{\zeta}_{einzel}$
S-Verschaltung							
4	0,00	1,00	0,00	$\ll 1$	$\ll 1$	43,76	44,38
8	0,00	1,00	0,00	0,33	0,60	22,20	22,50
16	0,00	0,99	0,01	0,43	0,98	11,67	11,82
32	0,01	0,95	0,05	0,49	1,48	6,71	6,93
64	0,01	0,89	0,10	0,59	2,61	4,35	4,51
128	0,01	0,88	0,12	0,73	2,21	3,15	4,53
256	0,01	0,72	0,28	0,64	8,85	3,06	4,34
512	0,00	0,52	0,48	0,68	15,25	3,18	4,34
U-Verschaltung							
4	0,00	1,00	0,00	$\ll 1$	$\ll 1$	43,76	44,38
8	0,00	1,00	0,00	0,33	0,58	22,14	22,50
16	0,00	0,99	0,01	0,43	0,96	11,57	11,82
32	0,01	0,96	0,03	0,49	1,34	6,63	6,93
64	0,01	0,91	0,08	0,59	2,11	4,31	4,51
128	0,01	0,86	0,13	0,74	3,46	3,06	4,53
256	0,01	0,82	0,17	0,67	4,42	2,31	4,34
512	0,00	0,65	0,35	0,42	16,21	2,20	4,34
räumliche Verschaltung							
4	0,00	1,00	0,00	$\ll 1$	$\ll 1$	43,51	44,38
8	0,00	1,00	0,00	0,31	0,54	22,05	22,50
16	0,00	0,99	0,01	0,38	0,95	11,59	11,82
32	0,01	0,95	0,04	0,46	1,37	6,76	6,93
64	0,01	0,88	0,11	0,56	2,26	4,60	4,51
128	0,01	0,80	0,19	0,65	4,40	3,53	4,53
256	0,01	0,73	0,26	0,66	9,70	2,90	4,34
512	0,00	0,61	0,38	0,50	19,88	2,68	4,34

Tab. B14.1-2: Details der Lösungen für eine laminare Durchströmung von zwei hintereinandergeschalteten 90°-Krümmern

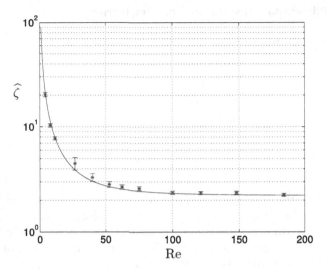

Bild B14.1-2: Vergleich von Messungen (Symbole) und theoretischen Ergebnissen für die Widerstandszahl $\widehat{\zeta}$ für einen laminar durchströmten 90°-Krümmer

Re	$\Delta\dot{S}^*_{irr,D,V}/\dot{S}^*_{irr,D}$	$\dot{S}^*_{irr,D,B}/\dot{S}^*_{irr,D}$	$\Delta\dot{S}^*_{irr,D,N}/\dot{S}^*_{irr,D}$	L^*_V/D^*_h	L^*_N/D^*_h	$\widehat{\zeta}$
5000	0,01	0,21	0,78	0,58	6,23	0,74
10000	0,01	0,19	0,8	0,54	6,32	0,62
50000	0,01	0,17	0,82	0,48	8,20	0,40
100000	0,01	0,16	0,83	0,36	11,08	0,35

Tab. B14.2:   Details der Lösungen für eine turbulente Durchströmung eines 90°-Krümmers

(a) Re = 5 000   (b) Re = 100 000

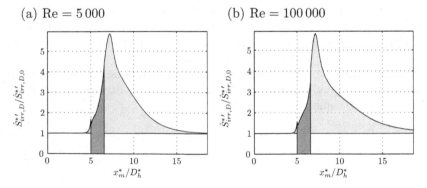

Bild B14.2:   Verteilung der (zusätzlichen) Entropieproduktion eines turbulent durchströmten 90°-Krümmers
dunkelgrau: Entropieproduktion im Bauteil
hellgrau: zusätzliche Entropieproduktion vor bzw. nach dem Bauteil

14.4.2 Widerstandsbeiwerte umströmter Körper

Die bereits in (14.6) gegebene Definition von $\widehat{c}_W$ lautet

$$\boxed{\widehat{c}_W = \frac{2T^*}{\varrho^* u_\infty^{*3} A_w^*} \dot{S}_{irr,D}^*}$$
(14.16)

für laminare Strömungen, und

$$\boxed{\widehat{c}_W = \frac{2T^*}{\varrho^* u_\infty^{*3} A_w^*} \overline{\left(\dot{S}_{irr,D}^*\right)}}$$
(14.17)

für turbulente Strömungen. Für die gesamte Entropieproduktion gilt dabei bei turbulenten Strömungen wiederum eine Aufteilung analog zu (13.11). In beiden Fällen ist zur Bestimmung der gesamten Entropieproduktion als Folge der Körperumströmung über dasjenige Volumen zu integrieren, in dem eine zusätzliche Entropieproduktion auftritt. Am Beispiel von $\widehat{c}_W$ gemäß (14.16) bedeutet dies für $\dot{S}_{irr,D}^*$

$$\Delta \dot{S}_{irr,D}^* = \int\limits_{V^*} \left(\dot{S}_{irr,D}^{*\,\prime\prime\prime} - \dot{S}_{irr,D,0}^{*\,\prime\prime\prime} \right) \mathrm{d}V^*$$

Hierbei ist $\dot{S}_{irr,D,0}^{*\,\prime\prime\prime}$ die lokale Entropieproduktionsrate der ungestörten Anströmung, die jedoch nur für eine nichthomogene Anströmung von null verschieden ist. Das Volumen V^* ist im Prinzip das gesamte Strömungsgebiet, es kann aber in dem Maße eingeschränkt werden wie körperentfernte Bereiche vorliegen, in denen der Einfluss der Körperumströmung vernachlässigbar gering ist.

Im folgenden Beispiel wird gezeigt, was diese Überlegungen für die laminare Überströmung einer ebenen Platte bedeuten. Im Grenzfall Re $\to \infty$ ist dies eine Standardsituation der Grenzschichttheorie, die zu einem Widerstandsbeiwert $c_W = 2 \cdot 1{,}328 \mathrm{Re}^{-1/2}$ führt, s. (B9.1-3) im Beispiel 9.1. In diesem Beispiel war gezeigt worden, dass eine Erweiterung im Sinne der Grenzschichttheorie höherer Ordnung zu einem Ergebnis führt, das auch für endliche Reynolds-Zahlen zu einer sehr guten Übereinstimmung mit den Lösungen der vollständigen Navier-Stokes Gleichungen für diese Strömungen führt, s. Bild B9.1-2 im Beispiel 9.1.

Beispiel 14.3: *Bestimmung des Widerstandsbeiwertes für eine laminar überströmte ebene Platte der Länge L^**

Bild B14.3-1 zeigt einen Ausschnitt des numerischen Gitters um die ebene Platte der Länge L^*, mit dessen Hilfe die Navier-Stokes Gleichungen mit einem finiten Volumen Verfahren gelöst worden sind. Details dazu findet man in Herwig, Schmandt (2013).

Aus dieser Lösung folgt unmittelbar die lokale Entropieproduktionsrate gemäß (13.10), aus deren Integration in ebenen senkrecht zur Anströmung die Entropieproduktionsraten $\dot{S}_{irr,D}^{*\,\prime}$ als Funktion der Koordinate x^* folgen. Diese sind in einer dimensionslosen Darstellung in Bild B14.3-2 für zwei verschiedene Reynolds-Zahlen gezeigt. Für die sehr kleine Reynolds-Zahl Re = 1 liegt noch eine nahezu symmetrische Verteilung um $x^*/L^* = 0{,}5$ vor, die für eine schleichende Strömung (Re → 0) gelten würde. Für die große Reynolds-Zahl Re = 512 wird der Grenzschichtcharakter der Strömung deutlich erkennbar, charakterisiert durch die nahezu verschwindende stromaufwärtige Strömungsbeeinflussung, die hohen Werte der Entropieproduktion nahe der Vorderkante (bei $x^*/L^* = 0$) und den Einfluss im Nachlauf.

Die Integration der lokalen Entropieproduktionsraten im gesamten Volumen ergibt gemäß (14.16) den Widerstandsbeiwert $\widehat{c}_W$. Dieser ist in Bild B14.3-3 im Vergleich zu c_W gemäß (B9.1-4) im Beispiel 9.1 gezeigt. Die gute Übereinstimmung zeigt, dass die alternative Definition $\widehat{c}_W$ für den Widerstandsbeiwert bei der Umströmung von Körpern eine realistische Alternative darstellt, wenn es darum geht, Widerstände zu bestimmen und physikalisch zu interpretieren.

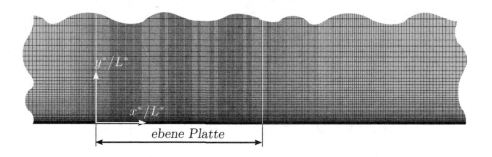

Bild B14.3-1: Numerisches Gitter für die Lösung der Navier-Stokes Gleichungen für eine laminare Strömung um eine ebene Platte

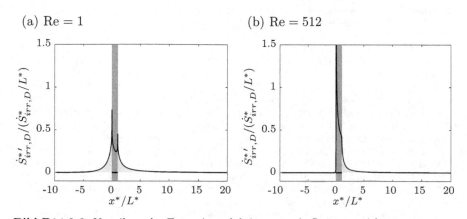

Bild B14.3-2: Verteilung der Entropieproduktionsraten in Strömungsrichtung
Lage der ebenen Platte: $0 \leq L^* \leq 1$

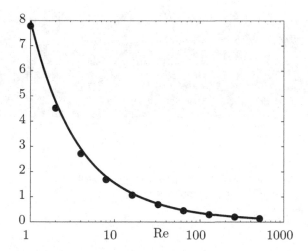

Bild B14.3-3: Vergleich der Ergebnisse für die Widerstandsbeiwerte der ebenen Platte
bei laminarer Anströmung
—: c_W nach (B9.1-4)
• : $\widehat{c}_W$ nach (14.16)

14.4.3   Weitere, spezielle Anwendungsfälle

In den beiden vorherigen Abschnitten ist die neue Methode zur Bestimmung von Strömungsverlusten an Standard-Beispielen erläutert worden. Eine umfangreiche und anschauliche Darstellung findet man in Herwig, Schmandt (2014). Zusätzlich werden im Folgenden noch mehrere spezielle Anwendungsbeispiele, jeweils mit den entsprechenden Literaturangaben, aufgeführt:

❐ Instationäre laminare Durchströmungen, s. Schmandt, Herwig (2013a)

❐ Laminare und turbulente Strömungen in Verzweigungen, s. Schmandt, Herwig (2013b), Schmandt et al (2014), Schmandt, Herwig (2014a), Schmandt, Herwig (2015a)

❐ Kompressible laminare Durchströmungen, s. Schmandt, Herwig (2014b)

❐ Optimierungsstrategien für Durchströmungen, s. Schmandt, Herwig (2015b)

❐ Turbulente Strömungen in Düsen und Diffusoren, s. Schmandt, Herwig (2011b)

❐ Verluste von aufsteigenden Gasblasen in Flüssigkeiten, s. Herwig, Schmandt (2013)

Die ersten drei der aufgelisteten Anwendungsfälle werden nachfolgend durch Beispiele erläutert.

Beispiel 14.4: *Instationäre Durchströmung eines Kreisrohres*

Die Entropieproduktion im Strömungsfeld kann auch in instationären Strömungssituationen bestimmt werden. Dies geschieht unter Anwendung von Gleichung (13.10) für verschiedene Zeitpunkte einer Strömungssituation mit ausreichender zeitlicher Auflösung. Im vorliegenden Beispiel aus Schmandt, Herwig (2013a) soll die laminare Durchströmung eines Rohres mit dem zeitlich variablen Massenstrom

$$\dot{m}^*(t^*) = \dot{m}_m^* + \dot{m}_A^*(2\pi f^* t^*)$$

betrachtet werden. Die Strömung ist ausgebildet, d.h. es tritt keine Abhängigkeit von der Lauflänge auf, so dass in jedem Querschnitt dieselbe Strömungssituation vorliegt. Bezogen auf den mittleren Massenstrom $\dot{m}_m^*$ und nach Einsetzen der dimensionslosen Frequenz $F = f^* \mathrm{D}_h^{*2}/\nu^*$ ergibt sich der dimensionslose momentane Massenstrom zu

$$\dot{M} = 1 + \dot{M}_A(2\pi F\tau)$$

Für eine dimensionslose Amplitude von $\dot{M}_A = 0{,}5$ ist in Abbildung B14.4-1 die momentane integrale Entropieproduktion über eine Strömungsperiode bezogen auf die Entropieproduktion für die stationäre Strömung mit dem mittleren Massenstrom $\dot{m}_m^*$ gezeigt.

Für die erste Hälfte der Periode, d.h. bei ansteigendem Massenstrom, sind die Strömungsverluste stets größer als in der zum Vergleich betrachteten stationären Strömung. Für die verzögerte Strömung in der zweiten Hälfte der Strömungsperiode ist eine Fallunterscheidung für verschiedene Werte der dimensionslosen Frequenz F zu treffen. Im Falle kleiner dimensionsloser Frequenzen $F \leq 1$ ist die momentane Entropieproduktion

während der Verzögerungsphase kleiner als in der stationären Strömung, da durch die verminderte Strömungsgeschwindigkeit die Geschwindigkeitsgradienten abnehmen. Die erhöhten Werte aus der ersten Hälfte der Strömungsperiode werden durch die verminderten Werte der zweiten Hälfte nahezu kompensiert, so dass der Strömungsverlust im zeitliche Mittel in etwa dem der stationären Strömung entspricht. Für höhere Werte von F können die momentanen Verluste auch in der zweiten Hälfte der Strömungsperiode höher sein als in der stationären Strömung. Dies liegt an einer Phasenverschiebung der Strömung in wandnahen Bereichen: Es kommt zu einer Strömung entgegen der Hauptströmungsrichtung, wobei hohe Gradienten in Wandnähe auftreten. Infolge dessen ist der zeitgemittelte Strömungsverlust höher als in der korrespondierenden stationären Strömung.

Unter Anwendung der zeitgemittelten Entropieproduktion kann eine mittlere Rohrreibungszahl $\widehat{\lambda}_{R,instat}$ gebildet werden. Die Erhöhung der Rohrreibungszahl aufgrund der Instationarität ist in Abbildung B14.4-2 als Instationaritätsfaktor $C_{un} = \dfrac{\widehat{\lambda}_{R,instat}}{\widehat{\lambda}_{R,stat}}$ gezeigt. Zum Beispiel ergibt sich für eine Strömung von Wasser mit der Viskosität $\nu^* = 10^{-6}\,\mathrm{m^2/s}$ in einem Rohr mit einem Durchmesser von 5 cm mit einer Frequenz von $f^* = 0{,}5$ Hz eine dimensionslose Frequenz $F = 1250$ und damit ein ca. dreifach höherer Verlust als in einer stationären Strömung.

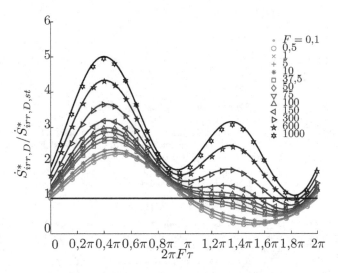

Bild B14.4-1: Momentane Entropieproduktion in einer instationären ausgebildeten Rohrströmung über eine Strömunsperiode für eine dimensionslose Amplitude von $\dot{M}_A = 0{,}5$ aus Schmandt, Herwig (2013a). Symbole: Simulationsergebnisse, Linien: Analytische Lösung

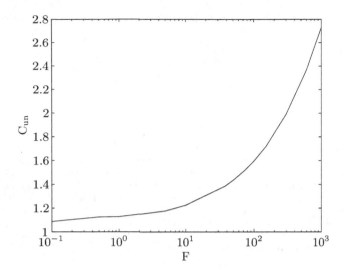

Bild B14.4-2: Erhöhung der zeitgemittelten Entropieproduktion in einer instationären ausgebildeten Rohrströmung bezogen auf den stationären Strömungsverlust für eine dimensionslose Amplitude von $\dot{M}_A = 0{,}5$ aus Schmandt, Herwig (2013a).

Beispiel 14.5: *Energietransfer in verzweigten Strömungen*

Bei verzweigten Durchströmungen wird ein Gesamtmassenstrom in mindestens zwei Teilmassenströme aufgespalten oder es werden mindestens zwei Teilmassenströme vereinigt. In Abbildung B14.5-1 ist eine asymmetrische Strömungszusammenführung als ein Beispiel aus Schmandt, Herwig (2015a) gezeigt. Ein typischer Anwendungsfall für die gezeigte Situation ist die Mischung zweier Massenströme in einem Reaktor oder die Vereinigung zweier Luftmassenströme in einem Abluftsystem.

Gegenüber einem unverzweigten System muss der Verlust nun für zwei Teilmassenströme zwischen drei Querschnitten betrachtet werden. Im vorliegenden Beispiel gibt es die Eintrittsquerschnitte ① und ② sowie den gemeinsamen Austrittsquerschnitt ③. Die entsprechenden Massenströme werden daher als $\dot{m}_{13}^*$ und $\dot{m}_{23}^*$ bezeichnet. Um die Verluste in beiden Teilmassenströmen zu bestimmen, ist die Integration der Entropieproduktion entsprechend den Gleichungen (14.11)-(14.13) in denjenigen Volumenanteilen auszuführen, die durch den entsprechenden Teilmassenstrom ausgefüllt werden.

Da beide Teilmassenströme durch eine gemeinsame Trennstromfläche begrenzt werden, kann es zu einem Energieaustausch über diese kommen, wenn die Strömung wie im vorliegenden Fall unsymmetrisch bzgl. der Trennstromfläche ist. Der Grund dafür sind viskose Spannungen auf beiden Seiten der Trennstromfläche, die dazu führen, dass die Teilmassenströme Arbeit untereinander verrichten können. Die volumetrische Arbeit aufgrund von viskosen Spannungen wurde bereits in Tab. 4.1 als sog. Diffusion $\mathcal{D}^*$ eingeführt. Ihre integrale Wirkung ist in Abbildung B14.5-1 die Diffusionsrate $\dot{D}^*$. Die Richtung des Pfeiles nimmt bereits vorweg, dass der Teilmassenstrom $\dot{m}_{13}^*$ Arbeit am Teilmassenstrom $\dot{m}_{23}^*$ verrichtet.

Um die gemeinsame Wirkung von Verlust und Diffusion zu berücksichtigen, muss

für eine verzweigte Strömung anstelle der Widerstandszahl eine *Energieänderungszahl* definiert werden. Es gilt

$$\widetilde{\zeta}_{13} = \frac{\varphi_{13}^* - d_{13}^*}{u_{S3}^{*2}/2}$$

$$\widetilde{\zeta}_{23} = \frac{\varphi_{23}^* - d_{23}^*}{u_{S3}^{*2}/2}$$

mit φ^* nach (13.8) und $d_{23}^* = \dot{D}^*/\dot{m}_{23}^*$ sowie $d_{13}^* = -\dot{D}^*/\dot{m}_{13}^*$.

Übersteigt die spezifische Diffusion d^* die spezifische Dissipation φ^*, so wird die Energieänderungszahl negativ. Dies bedeutet, dass der betroffene Teilmassenstrom Energie während des Strömungsvorgangs zu Lasten des zweiten Teilmassenstromes aufnimmt. In der Literatur findet man negative Werte für den „Verlustbeiwert" als Resultat einer indirekten Ermittlung unter Verwendung der Totaldrücke in den drei Querschnitten. Das Verhältnis von Dissipation und diffusivem Energieaustausch kann aber nur durch die Verwendung von Feldgrößen bestimmt werden.

Werte für die Energieänderungszahl sind für drei verschiedene Reynoldszahlen sowie verschiedene Massenstromverhältnisse $r = \dot{m}_{23}^*/(\dot{m}_{13}^* + \dot{m}_{23}^*)$ in Abbildung B14.5-2 gezeigt, s. Schmandt, Herwig (2015a) für methodische und numerische Details.

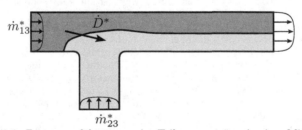

Bild B14.5-1: Zusammenführung zweier Teilmassenströme in einer Mischergeometrie

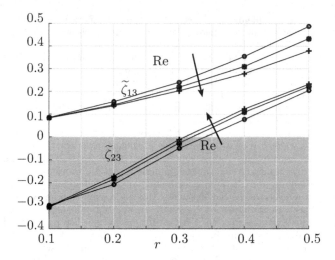

Bild B14.5-2: Simulationsergebnisse für die Energieänderungszahl für die Mischergeometrie aus Schmandt, Herwig (2015a), Re = 25000, 50000, 100000

Beispiel 14.6:   *Einfluss der Kompressibilität bei Durchströmungen*

Viele technisch relevante Strömungen von Gasen sind inkompressibel, da die Kompressibilität eines Gases nur die notwendige Bedingung für das Vorliegen einer kompressiblen Strömung ist. Als hinreichende Bedingung muss zusätzlich gelten, dass die Druckänderung aufgrund der Strömung, und damit auch die Dichteänderung im kompressiblen Fluid, signifikant hoch ist. Als Kriterium muss ein Schwellwert situativ ermittelt werden, der die Vernachlässigung von Dichteänderungen zulässt. Ein Richtwert kann sein, dass die Druck- bzw. Dichteänderung nur 5% von einem Referenzwert betragen darf. Das häufig zitierte „Machzahlkriterium", Ma $\leq$ 0,3 als hinreichende Bedingung für eine inkompressible Strömung, gilt nur für Umströmungen, bei denen der Druck im Staupunkt auf einer Körperkontur von der Geschwindigkeit der Zuströmung maximal beeinflusst wird und der Druck in der Grenzschicht weitgehend von der reibungsfreien Aussenströmung aufgeprägt wird.

Bei Durchströmungen kann auch bei sehr geringer Machzahl eine große Druckänderung auftreten, wenn die Strömungsverluste entsprechend hoch sind. Dies ist bei Gasströmungen in Mikrosystemen (oder in einem Makrosystem unter vorliegen derselben Werte der entsprechenden Kennzahlen) der Fall. Die Kompressibilität tritt dann als Skalierungseffekt hinzu, der in „Extremfällen" nicht vernachlässigt werden kann.

Ein solcher „Extremfall" ist die Durchströmung eines Mikrokrümmers, der in Bild B14.6 gezeigt ist. Analog zu Abbildung B14.1-1 ist die Verteilung der Entropieproduktion entlang der Hauptströmungsrichtung dargestellt. Für den hier gezeigten Fall mit einer Reynoldszahl von Re = 64 und einer Machzahl von $Ma = 0,1$ im Zuströmquerschnitt ist trotz der geringen Machzahl ein Kompressibilitätseinfluss erkennbar: Die Entropieproduktion steigt in jedem Querschnitt mit zunehmender Längenkoordinate deutlich an, da eine Beschleunigung der Strömung stattfindet. Die Beschleunigung hat zur Folge, dass die Geschwindigkeitsgradienten und damit auch die Entropieprodukti-

on zunimmt. Die Beschleunigung oder Verzögerung der Strömung kann auch durch die Wahl der thermischen Randbedingung an den Wänden beeinflusst werden, s. Schmandt, Herwig (2014b) für Details.

Zusätzlich ist in Bild B14.6 zu erkennen, dass die Auswahl der Vergleichssituation „ungestörte Strömung in einem geraden Kanal" zur Ermittlung der zusätzlichen Entropieproduktionsraten im Vor- und Nachlauf des Krümmers durch die beschleunigte Strömung erschwert wird. In einem geraden Rohr gibt es für den skizzierten kompressiblen Strömungsfall mit adiabaten Wänden keine ausgebildete Strömung, deren längenspezifischer konstanter Verlust zur Ermittlung der Zusatzverluste genutzt werden könnte. Nimmt man stattdessen den lokalen Verlust in der beschleunigten Strömung des geraden Vergleichsrohres an derselben Lauflängenkoordinate, kann zunächst nur im Vorlauf der zusätzliche Verlust angegeben werden. Im Nachlauf muss berücksichtigt werden, dass aufgrund der Dichteabnahme durch die Bauteil-induzierten Verluste eine Beschleunigung der Strömung zusätzlich zur Beschleunigung aufgrund der Verluste im geraden Vergleichsrohr entsteht. Soll die asymptotische Annäherung an die ungestörte Vergleichsströmung im Nachlauf wie in Abbildung B14.6 b) dargestellt werden, müssen die längenspezifischen Verluste für das Vergleichsrohr entsprechend entlang der Strömungskoordinate um eine Länge Δx^* verschoben werden, so dass ein endlicher zusätzlicher Verlust im Nachlauf mit begrenzter räumlicher Auswirkung erzeugt wird.

Zahlenwerte für die auf diese Weise ermittelten Verlustbeiwerte stimmen für die kompressible Strömung in guter Näherung mit denen für eine inkompressible Strömung überein. Es muss jedoch unbedingt beachtet werden, dass eine zusätzliche Beschleunigung der Strömung aufgrund eines Bauteils zu einer Beeinflussung der Nachlaufströmung führt, die sich prinzipiell unendlich weit im Nachlauf auswirkt. Nur durch die Wahl der besonderen Vergleichssituation kann ein endlicher Widerstandsbeiwert angegeben werden.

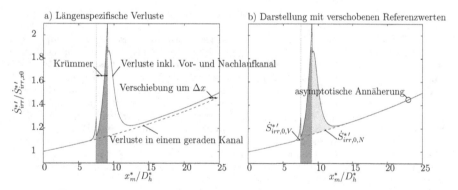

Bild B14.6:   Verteilung der Entropieproduktion für eine kompressible laminare Durchströmung eines Krümmers, Re = 64, Ma = 0,1.

Literatur

Herwig, H. ; Schmandt, B. (2013): Drag With External and Pressure Drop With Internal Flows: A New and Unifying Look at Losses in the Flow Field Based on the Second Law of Thermodynamics. Fluid Dyn. Res. , 45, 1-18

Herwig, H; Schmandt, B. (2014): How to Determine Losses in a Flow Field: A Paradigm Shift Towards the Second Law Analysis. Entropy, 16(6), 2959-2989

Herwig, H. ; Schmandt, B. ; Uth, M.-F. (2010): Loss Coefficients in Laminar Flows: Indispensable for the Design of Micro Flow Systems (ICNMM2010-30166). In: Proceedings of ASME 2010 3rd Joint US-European Fluids Engineering Summer Meeting and 8th International Conference on Nanochannels, Microchannels, and Minichannels ICNMM2010. Montreal, Canada, August 2010

Idelchik, I.E. (2007): Handbook of Hydraulic Resistance. 4th edition, Begell House, Inc.

Miller, D. S. (1978): Internal Flow Systems, 2. Auflage, BHRA, Nachdruck von 1990

Schmandt, B.; Herwig, H. (2011a): Internal Flow Losses: A Fresh Look at Old Concepts. J. Fluids Eng., 133, 051201-1-10

Schmandt, B.; Herwig, H. (2011b): Diffuser and Nozzle Design Optimization by Entropy Generation Minimization. Entropy, 13, 1380-1402

Schmandt, B. ; Herwig, H. (2012): A Standard Method to Determine Loss Coefficients of Conduit Components Based on the Second Law of Thermodynamics (ICNMM2012-73249). Proceedings of the ASME 10th International Conference on Nanochannels, Microchannels, and Minichannels ICNMM2012. Rio Grande, Puerto Rico, Juli 2012

Schmandt, B.; Herwig, H. (2013a): Loss Coefficients for Periodically Unsteady Flows in Conduit Components: Illustrated for Laminar Flow in a Circular Duct and a 90 Degree Bend. J. Fluids Eng., 135, 031204-1-9

Schmandt, B.; Herwig, H. (2013b): Performance Evaluation of the Flow in Micro Junctions: Head Change Versus Head Loss Coefficients (ICNMM2013-73031). Proceedings of the ASME 11th International Conference on Nanochannels, Microchannels, and Minichannels ICNMM2013, Sapporo, Japan, Juni 2013

Schmandt, B.; Herwig, H. (2014a): Losses Due to the Flow Through Conduit Components in Mini- and Micro- Systems Accounted for by Head Loss/Change Coefficients (FEDSM2014-21098). Proceedings of the ASME 2014 4th Joint US-European Fluids Engineering Division Summer Meeting and 12th International Conference on Nanochannels, Microchannels, and Minichannels FEDSM2014, Chicago, Illinois, USA, August 2014

Schmandt, B.; Herwig, H. (2014b): Loss Coefficients for Compressible Flows in Conduit Components Under Different Thermal Boundary Conditions (IHTC15-8482). Proceedings of the 15th International Heat Transfer Conference IHTC-15, Kyoto, Japan, August 2014

Schmandt, B.; Herwig, H. (2015a): The Head Change Coefficient for Brached Flows: Why Losses Due to Junctions Can be Negative. Int. Journal of Heat and Fluid Flow, 54, 268-275

Schmandt, B.; Herwig, H. (2015b): Losses Due to Conduit Components: An Optimization Strategy and Its Application. J. Fluids Eng., 138, 031204-1-8

Schmandt, B.; Iyer, V.; Herwig, H. (2014): Determination of Head Change Coefficients for Dividing and Combining Junctions: A Method Based on the Second Law of Thermodynamics. Chemical Engineering Science, 111, 191 - 202

15 Konvektive Wärmeübertragung und ihre Bewertung

Unter konvektiver Wärmeübertragung versteht man einen Wärmeübergang über eine Systemgrenze, der durch eine meist grenzparallele Strömung unterstützt wird. Die in Form von Wärme über die Systemgrenze fließende Energie wird vom Fluid im Rahmen seiner Wärmekapazität gespeichert und mit der Strömung stromabwärts transportiert. Auf diese Weise kann eine stationäre physikalische Situation entstehen, in der ein bestimmter Wärmestrom über eine Wand fließt und die dabei übertragene Energie von einem konstanten Massenstrom gleichmäßig aufgenommen wird.

Ein typisches Beispiel ist eine beheizte Rohrströmung, d.h. ein Energiestrom wird in Form von Wärme über die Rohrwand geleitet und anschließend vom Fluid konvektiv stromabwärts befördert, wie dies in Bild 15.1 skizziert ist. In diesem Beispiel liegt eine konstante Wandwärmestromdichte $\dot{q}_w^*$ vor, so dass die mittlere Fluidtemperatur T_m^* in Strömungsrichtung linear ansteigt. Die Voraussetzung dafür ist eine konstante Wärmekapazität c_p^* des Fluides, weil dann die Energiebilanz lautet

$$\dot{m}^* c_p^* \mathrm{d}T^* = q_w^* \pi D^* \mathrm{d}x^* \tag{15.1}$$

bzw.

$$\frac{\mathrm{d}T^*}{\mathrm{d}x^*} = \frac{q_w^* \pi D^*}{\dot{m}^* c_p^*} \tag{15.2}$$

Die linke Seite von (15.1) entspricht der Erhöhung der inneren Energie des Fluides, die rechte Seite der auf einer Länge $\mathrm{d}x^*$ in Form von Wärme übertragenen Energie. In diesem Beispiel wird unterstellt, dass eine ausgebildete Strömung und ein ausgebildeter Wärmeübergang vorliegen, d.h. sowohl das Geschwindigkeitsprofil u^* als auch das Temperatur-Defektprofil $T^* - T_m^*$ sind von der Lauflänge x^* unabhängig. Dies führt dann z.B. dazu, dass die Wandtemperatur T_w^* parallel zur mittleren Temperatur T_m^* in Strömungsrichtung ebenfalls linear ansteigt.

Im Fachgebiet Wärmeübertragung wird die jeweilige Wärmeübertragung mit Hilfe der Nußelt-Zahl beschrieben, die im vorliegenden Fall wie folgt definiert ist:

$$\mathrm{Nu} = \frac{q_w^* D^*}{\lambda^* (T_w^* - T_m^*)} \tag{15.3}$$

Für eine laminare Strömung ergibt eine genauere Analyse des in Bild 15.1 gezeigten Falles, dass Nu = 4,36 gilt, siehe z.B. Herwig, Moschallski (2014).

© Springer-Verlag Berlin Heidelberg 2018
H. Herwig und B. Schmandt, *Strömungsmechanik*,
https://doi.org/10.1007/978-3-662-57773-8_15

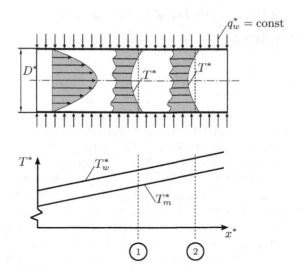

Bild 15.1: Prinzipieller Temperaturverlauf bei der Wärmeübertragung mit $q_w^* = \text{const}$; ausgebildeter Zustand

Bei einer solchen konvektiven Wärmeübertragung tritt sowohl im Strömungs- als auch im Temperaturfeld Entropieproduktion auf, da sowohl Geschwindigkeits- als auch Temperaturgradienten entstehen, vergleiche (13.10) und (13.21) bzgl. der lokalen Entropieproduktionen. Gemäß (13.17) ist mit der Entropieproduktion ein Exergieverlust verbunden, den man immer dann, wenn Exergie von Bedeutung ist, so gering wie möglich halten möchte.

Es tritt nun z.B. die Frage auf, ob bei einem gegebenen Massenstrom $\dot{m}^*$ und einer vorgegebenen Energie, die pro Länge in Form von Wärme übertragen werden soll, für einen bestimmten Rohrdurchmesser ein Minimum an Entropieproduktion auftritt.

Um dies zu entscheiden, müssen für verschiedene Durchmesser $\dot{S}^{*\,\prime}_{irr,D}$ gemäß (14.14) und die entsprechende Größe $\dot{S}^{*\,\prime}_{irr,WL}$ bestimmt werden. Die Summe aus beiden Entropieproduktionen in einem Querschnitt kann dann bzgl. der Frage nach einem möglichen Minimum, bzw. der Frage nach einem optimalen Durchmesser, untersucht werden. Im Fall der ausgebildeten laminaren Rohrströmung existieren analytische Lösungen für das Geschwindigkeits- und das Temperaturprofil, aus denen $\dot{S}^{*\,\prime}_{irr,D}$ und $\dot{S}^{*\,\prime}_{irr,WL}$ bestimmt werden können. Die Entropieproduktionsraten lauten:

$$\dot{S}^{*\,\prime}_{irr,D} = \frac{8\lambda_R \dot{m}^{*\,3}}{\pi^2 \varrho^{*\,2} T_m^* D^{*\,5}} \tag{15.4}$$

$$\dot{S}^{*\,\prime}_{irr,WL} = \frac{(q_w^* \pi D^*)^2}{\pi \lambda^* T_m^{*\,2} \mathrm{Nu}} \tag{15.5}$$

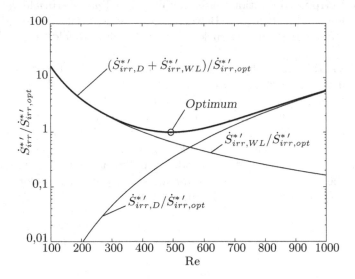

Bild 15.2: Verlauf der Entropieproduktionsraten $\dot{S}^{*\,\prime}_{irr,D}$ und $\dot{S}^{*\,\prime}_{irr,WL}$ für die beheizte laminare Rohrströmung mit Nu = 4,36, Pr = 7 und $q_w = 1,46 \cdot 10^{-3}$

Für die weitere Analyse kann davon ausgegangen werden, dass die Temperaturzunahme entlang der Strömung so gering ist, dass (15.4) und (15.5) die lokalen Verhältnisse in jedem Querschnitt eines Rohres endlicher Länge mit der Einlasstemperatur $T^*_{m1} = T^*_m$ beschreiben. Das in Abbildung 15.2 gezeigte Optimum ist daher repräsentativ für ein beheiztes Rohr als real vorstellbares System. Im gezeigten Beispiel wird ein Wassermassenstrom $\dot{m}^* = 0,5\,\mathrm{g/s}$ bei einer Viskosität $\eta^* = 10^{-3}\,\mathrm{kg/ms}$ und einer Wärmeleitfähigkeit $\lambda^* = 0,5562\,\mathrm{W/mK}$ betrachtet. Die Wandwärmestromdichte beträgt $q^*_w = 1000\,\mathrm{W/m^2}$. In der dimensionslosen Betrachtungsweise wird eine optimale Reynoldszahl von Re = 493 ermittelt, die für die gezeigten Zahlenwerte einen optimalen Durchmesser von $D^* = 1,3\,\mathrm{mm}$ ergibt. Eine genauere Analyse zeigt, dass die ermittelte optimale Reynoldszahl für alle Kombinationen dimensionsbehafteter Werte mit Nu = 4,36 und einer Prantdl-Zahl Pr = 7 zutrifft, wenn zusätzlich die Werte einer dimensionslosen Wandwärmestromdichte

$$q_w = \frac{q^*_w \dot{m}^{*\,3/5}}{\varrho^{*\,2/5}\lambda^{*\,6/5}T^{*\,6/5}_m}$$

(hier: $q_w = 1,46 \cdot 10^{-3}$) übereinstimmen. Bei der Ermittlung dieser Kennzahl wurde darauf geachtet, ausschließlich dimensionsbehaftete Größen zu verwenden, die a priori bekannt sind und während der Opimierung nicht verändert werden.

Mit diesem Beispiel soll gezeigt werden, dass wenn immer die Informati-

on über die Entropieproduktion im Strömungs- und Temperaturfeld vorliegt, eine einheitliche und gemeinsame Bewertung der beiden Teilaspekte „irreversibler Wärmeübergang" und „Druckverlust im Strömungsfeld" möglich ist.

Ohne Rückgriff auf die Entropieproduktion müsste eine Bewertung konvektiver Wärmeübertragungsprozesse anhand der Nußelt-Zahl Nu und der Widerstandszahl $\hat{\zeta}$ erfolgen. Es gibt Versuche, beide Größen in eine gemeinsame Bewertung einzubeziehen, deren physikalische Interpretation ist aber äußerst fragwürdig, wie dies z.B. in Herwig (2011) ausführlich diskutiert wird.

Genauere Ausführungen zum konvektiven Wärmeübergang, beschrieben durch die dabei auftretende Entropieproduktion, findet sich in Herwig (2016a) und Herwig (2018). Eine kritische Auseinandersetzung mit der häufig verwendeten Nußelt-Zahl findet man in Herwig (2016b).

Literatur

Herwig, H.; Moschallski, A. (2014): Wärmeübertragung: Physikalische Grundlagen - Illustrierende Beispiele - Übungsaufgaben mit Musterlösungen, 3. Auflage, Springer Fachmedien, Wiesbaden

Herwig, H. (2011): The Role of Entropy Generation in Momentum and Heat Transfer, Journal of Heat Transfer, 134, 031003-1-11

Herwig, H. (2016a): The SLA (Second Law Analysis) in Convective Heat Transfer Processes, Journal of Energy and Power Engineering, 10, 283-286

Herwig, H. (2016b): What Exactly is the Nusselt-Number in Convective Heat Transfer Problems and are There Alternatives?, Entropy, 18, 198 (1-15)

Herwig, H. (2018): How to Teach Heat Transfer More Systematically: Involving Entropy and Some Newly Defined Quantities (IHTC16-KN15), Proceedings of the 16th International Heat Transfer Conference, IHTC16, August 10-15, 2018, Beijing, China

TEIL D

ÜBUNGSAUFGABEN

Im Teil D des Buches sind einige typische Übungsaufgaben zusammengestellt, die zum größten Teil auch als Klausuraufgaben eingesetzt worden sind. Inhaltlich gehören sie zu den Kapiteln 2, 4, 6-10 und 14.

Um die eigenständige Bearbeitung der Aufgaben zu erleichtern wird das sog. SMART-Konzept eingeführt. Durch dieses neuartige Konzept wird eine systematische Analyse der Aufgabenstellung bezüglich des physikalischen Hintergrundes ermöglicht, um die Aufgaben anschließend möglichst effizient bearbeiten zu können.

Die Nummerierung ist nicht fortlaufend, sondern bezieht sich auf die zugehörigen Kapitel des Buches. Dabei wird die jeweils erste Aufgabe ausführlich nach dem SMART-Konzept behandelt, zu allen weiteren Aufgaben werden die ausführlichen Lösungen gezeigt. Es wird empfohlen, die Aufgaben zunächst selbst zu lösen (und die Lösungen anhand der direkt nach den Aufgaben angeführten Ergebnissen zu überprüfen), bevor die ausführlichen Lösungswege studiert werden.

16 Das SMART-Konzept in der Strömungsmechanik

Strömungsmechanische Probleme müssen analysiert und verstanden werden, wenn sie in technischen Anlagen gezielt eingesetzt werden sollen. Dies umfasst viele Einzelaspekte, die als solche den Umfang von Übungsaufgaben haben können, mit denen auf den Einsatz im späteren Berufsleben vorbereitet werden soll.

Wenn nachfolgend gezeigt wird, wie Übungsaufgaben systematisch angegangen und gelöst werden können, so ist es das eigentliche Ziel, darauf vorzubereiten, wie im späteren Berufsleben strömungsmechanische Probleme systematisch bewältigt werden können.

16.1 Das SMART-Konzept

Wenn die nachfolgende Systematik bei der Lösung von Übungsaufgaben den Namen SMART-Konzept erhält, so gibt es dafür zwei Gründe:

❐ Es suggeriert die positive Bedeutung des englischen Wortes SMART, das typischerweise mit geschickt, elegant und klug übersetzt wird.

❐ Es handelt sich um ein Akronym, also ein Kurzwort, das aus den Anfangsbuchstaben mehrerer Wörter zusammengesetzt ist.

Im Sinne eines solchen Akronyms steht SMART für

S: systematisch

M: methodisches

A: Aufgaben-

R: Rechen-

T: Tool

Es sei den Autoren bitte nachgesehen, dass sie hier aus vielleicht nachvollziehbaren Gründen vom Anglizismus „Tool" Gebrauch gemacht haben. Dieses Aufgaben-Rechen-Tool ist aber nicht nur ein Werkzeug (englisch: tool), sondern so anspruchsvoll, wie sein eigenes Akronym ART besagt (art: englisch für Kunst, Geschicklichkeit).

© Springer-Verlag Berlin Heidelberg 2018
H. Herwig und B. Schmandt, *Strömungsmechanik*,
https://doi.org/10.1007/978-3-662-57773-8_16

16.1.1 Vorbemerkung

SMART wird im Folgenden bewusst als Konzept und nicht als Rezept eingeführt. Übungsaufgaben nach einem bestimmten „Rezept" lösen zu wollen ist kein sinnvolles Ansinnen, weil dieses weder generell gelingen wird, noch in den Fällen, in denen es gelingen mag, dem eigentlichen Anliegen gerecht wird. Dies besteht darin, eine strömungsmechanische Situation zu verstehen, weil nur dann ein bestimmtes Ergebnis eingeordnet, beurteilt und u.U. auch als ungeeignet verworfen werden kann.

Das physikalische Verständnis eines vorliegenden Problems ist damit der Schlüssel, um zu konkreten Lösungsschritten zu gelangen. Bezüglich dieses Schlüssels sollten folgende Besonderheiten strömungsmechanischer Probleme bzw. der daraus formulierten Aufgabenstellungen bedacht werden:

◻ Sieht man sich fertige Lösungen (sog. Musterlösungen) strömungsmechanischer Übungsaufgaben an, so ist oftmals der erste Eindruck: Zu einer solchen Lösung zu gelangen, kann eigentlich nicht schwer sein, weil nur wenige und meist ganz einfache mathematische Beziehungen erforderlich waren, um einige gesuchte Zahlenwerte zu bestimmen.

◻ Diese in der Tat einfachen, zumeist algebraischen, Gleichungen (und gelegentlich auch Differential-Gleichungen) sind Teil eines bestimmten oftmals sehr einfachen physikalisch/mathematischen Modells, mit dem eine bestimmte Strömung (modellhaft) beschrieben werden soll. Aber: Die Auswahl des geeigneten Modells ist der wichtige und oftmals keineswegs triviale Teil der Lösung. Die mit diesem entscheidenden Auswahlprozess verbundenen Schwierigkeiten kann man einer Musterlösung allerdings nicht mehr ansehen. Diese enthält oftmals nur noch ein oder zwei mathematisch einfache Gleichungen und verführt zu dem voreiligen Schluss: „Es kann ja wohl nicht schwierig sein, darauf zu kommen" oder „ja, so hätte ich es wohl auch gemacht". Tatsächlich sind die besagten ein oder zwei Gleichungen aber das Resultat einer sorgfältigen physikalischen Analyse des Problems.

Diese Überlegungen finden sich im nachfolgenden Abschnitt wieder, in dem der grundsätzliche Weg beschrieben wird, auf dem man von einer Aufgabenstellung zur gewünschten Lösung gelangt.

16.1.2 Aufgabenstellung und Lösung

In Bild 16.1 zum programmatischen Ablauf bei der Lösung eines strömungsmechanischen Problems sind die wesentlichen Elemente dargestellt, die eine solche Aufgabenstellung und ihre Lösung ausmachen. Ausgangspunkt ist in der Regel die Beschreibung einer strömungsmechanischen Situation, in der eine oder mehrere Größen gesucht sind. Implizit ist damit eine physikalische Situation angesprochen, in der es zu der vorliegenden Strömung kommt und

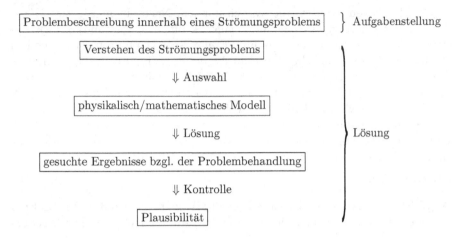

Bild 16.1: Programmatischer Ablauf bei der Lösung eines Strömungsproblems

die es zu verstehen gilt. Anschließend muss entschieden werden, mit welcher Modellvorstellung eine Lösung gefunden werden kann.

Die Lösung umfasst den größten Teil des in Bild 16.1 gezeigten programmatischen Ablaufes bei der Behandlung einer strömungsmechanischen Fragestellung. Die wesentlichen Elemente sind:

☐ Das Verstehen der Strömungssituation einschließlich der konkreten Fragestellung.

☐ Die Auswahl eines geeigneten physikalisch/mathematischen Modells zur Beschreibung der Strömungssituation.

☐ Die Lösung der mathematischen Gleichungen, bzw. die Bestimmung konkreter Zahlenwerte im Sinne der gesuchten Problemlösung.

☐ Eine Kontrolle, ob die richtigen Dimensionen vorliegen und ob das Ergebnis insgesamt plausibel ist.

Damit kann das SMART-Konzept in groben Zügen wie folgt beschrieben werden:

Ausgehend von der Beschreibung einer Strömungssituation und der Formulierung konkreter Fragen gilt es, die Physik des Problems zu verstehen und ein geeignetes physikalisch/mathematisches Modell auszuwählen, mit dessen Hilfe die gestellten Fragen plausibel beantwortet werden können.

Wie man dabei konkret vorgehen sollte, wird im folgenden Abschnitt erläutert.

16.2 SMART-EVE: Ein Konzept in drei Schritten

In einer Strömung ist eine bestimmte physikalische Situation verwirklicht, die zunächst so gut wie möglich verstanden sein muss, bevor sich daraus

ergebende Fragen beantwortet werden können. Nach einem Einstieg (E) in die zugrunde liegende Problematik, geht es um das Verständnis (V), was dann unmittelbar zu den gewünschten Ergebnissen (E) führen soll. Auch hier wieder bietet es sich an, dies mit dem Akronym EVE zu charakterisieren, so dass die weitere Vorgehensweise jetzt SMART-EVE-Konzept genannt werden soll. Diese drei Schritte EVE sind im Folgenden jeweils mit Fragen unterlegt, mit denen man sich einer konkreten Aufgabe nähern sollte. Die Fragen werden nicht immer „zielführend" sein und sollten deshalb nur in den Fällen zur Basis weiterer Überlegungen genommen werden, in denen es sich offensichtlich um sinnvolle Fragestellungen zur konkreten Aufgabe handelt.

Einstieg (E):

❏ Welche physikalische Situation liegt der Aufgabe zugrunde? Wie und mit welchen vereinfachenden (idealisierenden) Annahmen kann diese beschrieben werden?

❏ Wie lässt sich die physikalische Situation anschaulich darstellen?

❏ Was ist gegeben, was ist gesucht?

Verständnis (V):

❏ Was bestimmt die Strömungssituation?

❏ Was würde sie verstärken bzw. abschwächen?

❏ Welche Grenzfälle gibt es, die zum Verständnis der Strömungssituation beitragen?

Ergebnisse (E):

❏ Welche Gleichungen (Bilanzen, Zustandsgleichungen,...) beschreiben die Physik modellhaft?

❏ Wie sieht die konkrete Lösung aus?

❏ Sind die Ergebnisse plausibel?

17 Ausgewählte Übungsaufgaben und Lösungen

In diesem Abschnitt wird zu ausgewählten Buchkapiteln (2,4,6-10,14) zunächst für jeweils eine typische Übungsaufgabe die ausführliche Lösung nach dem beschriebenen SMART-EVE-Konzept vorgestellt. Zusätzlich wird zu den meisten Themenfeldern jeweils mindestens eine weitere Aufgabenstellungen angegeben. Die Anzahl der zusätzlichen Übungsaufgaben ergibt sich aus dem inhaltlichen Umfang des jeweiligen Kapitels. Diese zusätzlichen Übungsaufgaben sollten möglichst selbstständig nach dem SMART-EVE-Konzept bearbeitet werden. Zur Überprüfung der dabei erzielten Ergebnisse sind ausführliche Lösungen angegeben. Für alle angegebenen Gleichungen gilt, dass die Zahlenwerte immer in (abgeleiteten) SI-Einheiten eingesetzt werden.

17.1 Zu Kap. 2: Physikalisch/mathematische Modellbildung in der Strömungsmechanik

Aufgabe 2-1 (Dimensionsanalyse/Kap. 2)

Es soll die Widerstandskraft an einem Fabrikschornstein bei Umströmung mit Luft ermittelt werden. Dazu wird in einem Laborexperiment die Widerstandskraft auf ein Modell des Schornsteins gemessen. Mit Hilfe der Ähnlichkeitstheorie kann aus den Messergebnissen des Laborexperiments die am Fabrikschornstein wirkende Kraft ermittelt werden. In dem Laborexperiment

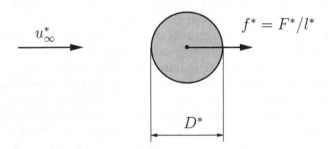

strömt Luft um einen glatten Zylinder mit dem Durchmesser D^*. Das Fluid hat in einem ausreichendem Abstand vom Zylinder die konstante Geschwindigkeit u_∞^*. Auf den umströmten Zylinder wirkt die spezifische Widerstandskraft $f^* = F^*/l^*$.

a) Es sollen alle Einflussgrößen aufgelistet werden, die für den Vorgang der Zylinderumströmung relevant sind.

b) Wieviele Basisdimensionen treten auf?

c) Mit wievielen dimensionslosen Kennzahlen lässt sich das Problem beschreiben?

d) Leiten sie *einen möglichen* Satz dimensionsloser Kennzahlen her, der das Problem beschreibt.

e) Der Durchmesser des Modellschornsteins soll $\frac{1}{20}$ des realen betragen. Wie groß muss, *bei gleichem Fluid*, die Strömungsgeschwindigkeit in dem Modell gewählt werden, damit aus den Messergebnissen Aussagen über den mit $10\,\frac{m}{s}$ angeströmten realen Schornstein geschlossen werden können? Welche Probleme könnten sich hierbei ergeben?

Lösung von Aufgabe 2-1 nach dem SMART-EVE-Konzept:

Einstieg (E):

❏ *Welche physikalische Situation liegt der Aufgabe zugrunde? Wie und mit welchen vereinfachenden (idealisierenden) Annahmen kann diese beschrieben werden?*

Es wird angenommen, dass Luft um einen zylindrischen Körper mit definiertem Durchmesser, jedoch beliebiger Länge strömt. Die Luft bewirkt bei der Umströmung eine Kraft auf den Schornstein, die zu einem Teil durch Wandschubspannungen und zum anderen Teil durch die Druckverteilung auf der Zylinderoberfläche hervorgerufen wird. Sowohl Wandschubspannung als auch Druckverteilung sind ein direktes Resultat der Strömung, die durch die Anströmung mit der Geschwindigkeit u_∞^* hervorgerufen wird. Da Luft zu den Newtonschen Fluiden gehört, bewirken die Geschwindigkeitsgradienten in der Luft die bereits beschriebenen Reibungskräfte. Die Strömung und die darin vorliegenden Gradienten werden zudem durch die sog. Trägheitskräfte beeinflusst, die von der Dichte und der Beschleunigung der Luft entlang der Strömung abhängen. Aufgrund der stetigen, jedoch stumpfen Kontur der Zylindergeometrie wird es bei höheren Anströmgeschwindigkeiten zu einer druckinduzierten Ablösung der Strömung kommen, so dass die im Nachlauf entstehenden Wirbel einen großen Einfluss auf den Strömungswiderstand haben werden. Die Tatsache, dass die Länge des Schornstein durch die Annahme eines unendlich langen Körpers nicht betrachtet wird, bedeutet nicht, dass eine zweidimensionale Strömung vorliegen muss. im zeitlichen Mittel wird dies jedoch der Fall sein, da keine Position entlang der Schornsteinhöhe besonders ausgezeichnet ist. Bei der Rücktransformation der gefundenen Lösung auf ein reales Problem mit einem Schornstein begrenzter Länge sollte

zusätzlich beachtet werden, dass die Länge groß gegenüber dem Durchmesser sein muss, um Randeffekte an der Schornsteinöffnung oder am Boden vernachlässigen zu können. Ebenso ist denkbar, dass die Strömung einen Einfluss auf die Dichte nehmen kann, wenn große Druckunterschiede auftreten. Dies soll jedoch zunächst vernachlässigt werden, da praktische Erfahrungen aus dem Schornsteinbau keinen Kompressibilitätseinfluss zeigen.

◻ *Wie lässt sich die physikalische Situation anschaulich darstellen?*
Die Situation ist in der Skizze zur Aufgabenstellung zusammengefasst. Dabei ist aus Gründen der Übersichlichkeit ein Schnitt durch den Schornstein bei einer beliebigen Höhenkoordinate als Kreisfläche dargestellt. Die Strömung tritt außerhalb dieser Kreisfläche auf.

◻ *Was ist gegeben, was ist gesucht?*
Gegeben ist der Durchmesser als einzige zur Beschreibung der Geometrie benötigte Variable. Ebenso ist die Strömungsgeschwindigkeit bekannt. Gesucht ist die Kraft pro Länge auf den Schornstein.

Verständnis (V):

◻ *Was bestimmt die Strömungssituation?*
Die Strömung ist durch Reibungs- und Trägheitseinfluss charakterisiert. Beide Effekte sind an die Stoffwerte Viskosität und Dichte, sowie die Anströmgeschwindigkeit und die Geometrie geknüpft.

◻ *Was würde sie verstärken bzw. abschwächen?*
Die Kraft auf den Schornstein wird bei vorgegebener Geometrie und bekannten Stoffwerten mit der Anströmgeschwindigkeit zunehmen.

◻ *Welche Grenzfälle gibt es, die zum Verständnis der Strömungssituation beitragen?*
Im Grenzfall „Windstille" wird keine Strömung stattfinden, es würde keine Kraft auf den Schornstein ausgeübt werden. Bei (sehr) geringen Windgeschwindigkeiten würde eine symmetrische Umströmung des Kreiszylinders vorliegen. Bei realistischen Anströmgeschwindigkeiten wird ein Trägheitseinfluss bestehen. Die Strömung wird Ablösewirbel im Nachlauf aufweisen. Bei periodisch ablösender Strömung wird zusätzlich ein tonales Geräusch entstehen, da die Luft mit der Ablösefrequenz zum Schwingen angeregt wird. Zusammen mit der hohen Kraft auf den Schornstein kann die Schwingung bei Erreichen der Schwingungseigenfrequenz sogar zum Einsturz des Schornsteins führen.

Ergebnisse (E):

◻ *Welche Gleichungen (Bilanzen, Zustandsgleichungen,...) beschreiben die Physik modellhaft?*
Die Strömung bei Annahme eines Newtonschen Fluides wird durch die Navier-Stokes-Gleichungen beschrieben. Diese müssen hier jedoch nicht

mathematisch gelöst werden, da stattdessen ein Experiment an einem Modell zur Lösung des Problems führt. Die Lösung der Navier-Stokes-Gleichungen bei trägheitsbehafteten Strömungen ist in der Regel nur durch eine numerische Turbulenzmodellierung unter Zuhilfenahme von Computern möglich. Durch die Anwendung der Dimensionsanalyse kann hier jedoch eine Aussage getroffen werden, unter welchen Bedingungen eine einmal im Windkanal gemessene (oder simulativ gewonnene) Lösung auf ein geometrisch ähnliches Problem angewendet werden darf und wie eine Skalierungsvorschrift für die dimensionslose Lösung aussieht.

❐ Wie sieht die konkrete Lösung aus?

zu a:

Die gesuchten Einflussgrößen lassen sich am einfachsten mit Hilfe der Relevanzliste aus Kap. 2.3.3 („Fünf-Punkte-Plan") ermitteln:

R1 / ZIELVARIABLE:	Gesucht ist die spezifische Widerstandskraft $f^* = \frac{F^*}{l^*}$.
R2 / GEOMETRIEVARIABLE:	Die Widerstandskraft hängt offensichtlich vom Durchmesser D^* des Schornsteins ab. Durch den Bezug der Widerstandkraft F^* auf die Länge l^* tritt diese als Geometrievariable nicht gesondert auf.
R3 / PROZESSVARIABLE:	Mit Variation der Geschwindigkeit u_∞^* geht eine Veränderung der Widerstandskraft einher. Dies entspricht der Wahrnehmung aus dem Alltag. Wie sich später zeigen wird, ist die Widerstandskraft proportional zum Staudruck, der eine quadratische Abhängigkeit von der Geschwindigkeit aufweist.
R4 / STOFFWERTE:	Im vorliegenden Fall wird die Widerstandskraft maßgeblich vom Druckwiderstand beeinflusst. Dieser hängt von der Dichte ϱ^* des Mediums ab. Außerdem tragen Wandschubspannungen am Körper zum Widerstand bei, die von der dynamischen Viskosität η^* des Fluides abhängen.
R5 / KONSTANTEN:	-

zu b:

Wie sich anhand der Einheiten der gefundenen Größen feststellen lässt, sind die Basisdimensionen MASSE, LÄNGE und ZEIT vertreten. Eine Überprüfung der SI-Einheiten ergibt:

Größe $(n = 5)$	Basisdimensionen $(m = 3)$
$[f^*] = N/m = kg/s^2$	MASSE, ZEIT
$[D^*] = m$	LÄNGE
$[u_\infty^*] = m/s$	LÄNGE, ZEIT
$[\eta^*] = kg/ms$	LÄNGE, MASSE, ZEIT
$[\varrho^*] = kg/m^3$	LÄNGE, MASSE

zu c:

Die Anzahl der dimensionslosen Kennzahlen ist nach dem Buckingham'schen Pi-Theorem gleich der Differenz aus der Anzahl auftretender Einflussgrößen und der Anzahl der Basisdimensionen, hier also: $n - m = 2$

zu d:

Dimensionslose Kennzahlen lassen sich bei einer überschaubaren Anzahl von Einflussgrößen nach dem Probierverfahren bestimmen. Sie ergeben sich als Produkt unterschiedlicher (auch negativer) Potenzen der Einflussgrößen. Häufig auftretende dimensionslose Kennzahlen, wie z.B. die Reynoldszahl (Re), die bei allen reibungsbehafteten Strömungsvorgängen auftritt, können dabei direkt gebildet werden, wenn alle darin vorkommenden Größen in der Menge der Einflussgrößen des Problems vorhanden sind. Bestimmt man Π_1 zu $Re = \frac{\varrho^* u_\infty^* D^*}{\eta^*}$, so muss die verbleibende Kennzahl Π_2 auf jeden Fall die übrigen Größen f^* und ϱ^* enthalten. Durch Probieren findet man: $\Pi_2 = c_w = \frac{f^*}{\frac{\varrho^*}{2} u_\infty^{*2} D^*} = \frac{F^*}{\frac{\varrho^*}{2} u_\infty^{*2} D^* l^*}$
Der c_w-Wert ist das Verhältnis der Widerstandskraft zum Staudruck $\frac{\varrho^*}{2} u_\infty^{*2}$ und zur Stirnfläche des angeströmten Zylinders. Aus der impliziten Funktion $F(\Pi_1,\Pi_2) = 0$ folgt $\Pi_2 = f(\Pi_1)$ und damit $c_w = f(Re)$.

zu e:

Damit Aussagen zum realen Verhalten möglich sind, muss der c_w-Wert bekannt sein, um die spezifische Kraft auf den Schornstein ausrechnen zu können. Bei gleichen Reynoldszahlen ergeben sich für das Modell und den realen Schornstein dieselben c_w-Werte. Daraus folgt, dass die Produkte aus Geschwindigkeit und Durchmesser in beiden Fällen identisch sein müssen:

$$Re_{modell} \stackrel{!}{=} Re_{real} \Rightarrow (u_\infty^* D^*)_{modell} = (u_\infty^* D^*)_{real}$$

$$\Rightarrow u^*_{\infty \, modell} = u^*_{\infty \, real} \frac{D^*_{real}}{D^*_{modell}} = 200 \frac{m}{s}.$$

Bei dieser hohen Geschwindigkeit können jedoch Effekte auftreten, die sich am realen Schornstein nicht zeigen. Diese gehen auf nicht mehr zu vernachlässigende Veränderungen der Dichte bei den hohen Geschwindigkeiten im Modell zurück. Solche Kopressibilitätseffekte können nur bei Machzahlen bis Ma = 0,3 vernachlässigt werden. Diese Bedingung ist im realen Fall erfüllt, nicht aber im Modellfall (→ Skalierungseffekte).

❏ *Sind die Ergebnisse plausibel?*
Durch die Verwendung des „Fünf-Punkte-Plans" ist die Plausibilität in jedem Schritt gegeben. Bei konstantem Widerstandsbeiwert steigt die Kraft auf den Schornstein mit steigender Windgeschwindigkeit. Dies zeigt sich wie erwartet bei der Lösung des Aufgabenteils d).

Aufgabe 2-2 (Dimensionsanalyse/Kap. 2)

Es sollen die eine Rohreinlaufströmung ohne Wärmeübergang beschreibenden dimensionslosen Kennzahlen ermittelt werden. Ziel dieser Überlegung ist es, einen funktionalen Zusammenhang zwischen der Wandschubspannung und den geometrischen und anderen physikalischen Einflussgrößen dieses Strömungsproblems zu erhalten.

   a) Geben Sie alle Größen an, die auf den Vorgang einer Rohreinlaufströmung Einfluss haben.

   b) Wieviele Basisdimensionen treten auf?

   c) Mit wievielen dimensionslosen Kennzahlen lässt sich das Problem beschreiben?

   d) Leiten sie *einen möglichen* Satz dimensionsloser Kennzahlen her, der das Problem beschreibt.

Lösung von Aufgabe 2-2:

zu a:

Die Ermittlung der Einflussgrößen kann wie im vorangegangenen Beispiel nach der Relevanzliste erfolgen. Die gesuchte Wandschubspannung τ^*_w ist eine Funktion der über den Durchmesser gemittelten Strömungsgeschwindigkeit u^*_m, des Rohrdurchmessers D^* sowie der Dichte ϱ^* und der dynamischen Viskosität η^*. Da sich das Profil der Strömung mit zunehmendem Abstand

von der Öffnung dem Profil einer ausgebildeten Strömung annähert, ist auch dieser Abstand x^* in die Liste der Einflussgrößen aufzunehmen.

zu b und c:

Bei $n = 6$ Einflussgrößen und $m = 3$ Basisdimensionen, Ermittlung s. Aufgabe 1-2, ergeben sich drei unabhängige Kennzahlen.

zu d:

Auch hier können die Kennzahlen durch „Probieren" ermittelt werden. Es ist dabei nur sicherzustellen, dass drei voneinander unabhängige dimensionslose Kombinationen entstehen. Alternativ kann auch das nachfolgende systematische Vorgehen angewandt werden. Es wird häufig empfohlen, ist aber sehr aufwendig und nicht erforderlich, da die Bestimmung durch „Probieren" vollkommen gleichwertige Ergebnisse liefert.

- Alle SI-Einheiten der Einflussgrößen werden bestimmt:
  $[\tau_w^*] = \mathrm{kg/ms^2}$, $[u_m^*] = \mathrm{m/s}$, $[D^*] = \mathrm{m}$, $[\varrho^*] = \mathrm{kg/m^3}$, $[\eta^*] = \mathrm{kg/ms}$ und $[x^*] = \mathrm{m}$

- Die dimensionslose Kennzahl wird nun als Potenzprodukt der Einflussgrößen aufgestellt:

$$\Pi_1 = \tau_w^{*\,\alpha_1} u_m^{*\,\alpha_2} D^{*\alpha_3} \varrho^{*\alpha_4} \eta^{*\alpha_5} x^{*\alpha_6}$$

Setzt man nun die Einheiten ein, so erhält man:

$$[\Pi_1] = \left(\mathrm{kg/ms^2}\right)^{\alpha_1} (\mathrm{m/s})^{\alpha_2}\, m^{\alpha_3} \left(\mathrm{kg/m^3}\right)^{\alpha_4} (\mathrm{kg/ms})^{\alpha_5}\, m^{\alpha_6} \overset{!}{=} 1$$

Ordnet man diesen Ausdruck nach den Einheiten, findet man:

$$[\Pi_1] = \mathrm{kg}^{\alpha_1+\alpha_4+\alpha_5} \cdot \mathrm{m}^{-\alpha_1+\alpha_2-3\alpha_4-\alpha_5+\alpha_6} \cdot \mathrm{s}^{-2\alpha_1-\alpha_2-\alpha_5}$$

- Damit eine dimensionslose Kennzahl entsteht, müssen also folgende Gleichungen erfüllt sein:

  (1) $\alpha_1 + \alpha_4 + \alpha_5 = 0$

  (2) $-\alpha_1 + \alpha_2 + \alpha_3 - 3\alpha_4 - \alpha_5 + \alpha_6 = 0$

  (3) $-2\alpha_1 - \alpha_2 - \alpha_5 = 0$

Da hiermit ein System aus drei Gleichungen für sechs Unbekannte vorliegt, können drei Größen beliebig vorgegeben werden, sofern diese Auswahl keine der drei Bedingungen verletzt und weiterhin drei Gleichungen für die auf drei verminderte Anzahl der zu ermittelnden Unbekannten verbleiben.

Da bekannt ist, dass drei Kennzahlen existieren, kann dieses Verfahren dreimal (mit jeweils einer anderen Festlegung von drei Größen) angewandt werden:

1. Wahl: $\alpha_1 = 1$, $\alpha_2 = -2$, $\alpha_3 = 0$ $\Rightarrow$ $\alpha_4 = -1$, $\alpha_5 = 0$, $\alpha_6 = 0$

   Setzt man die Exponenten in den ursprünglichen Ansatz ein, so erhält man $\Pi_1 = \frac{\tau_w^*}{\varrho^* u_m^{*2}}$. Bis auf einen Faktor ist dies die Rohrreibungszahl $\lambda_R = \frac{8\tau_w^*}{\varrho^* u_m^{*2}}$, die hier jedoch als lokale Größe von der x^*-Koordinate abhängig ist.

2. Wahl: $\alpha_1 = 0$, $\alpha_2 = 1$, $\alpha_3 = 1$ $\Rightarrow$ $\alpha_4 = 1$, $\alpha_5 = -1$, $\alpha_6 = 0$

   Auch in diesem Fall findet sich die Reynoldszahl als mögliche Kennzahl: $\Pi_2 = \mathrm{Re} = \frac{\varrho^* u_m^* D^*}{\eta^*}$.

3. Wahl: $\alpha_3 = -1$, $\alpha_6 = 1$, $\alpha_1 = 0$ $\Rightarrow$ $\alpha_2 = 0$, $\alpha_4 = 0$, $\alpha_5 = 0$

   Eine dritte Kennzahl ergibt sich, als Koordinate x^* auf den Durchmesser D^* bezogen: $\Pi_3 = \frac{x^*}{D^*}$

Bei einem „vierten Versuch" würde man eine Kennzahl bekommen, die bereits aus den anderen Kennzahlen gebildet werden könnte.

Nochmals: Die Kennzahlen stattdessen durch „Probieren" zu bestimmen ist völlig legitim, da man den Kennzahlen nach der Bestimmung nicht ansehen kann, auf welchem Weg sie entstanden sind.

17.2 Zu Kap. 4: Grundgleichungen der Strömungsmechanik

Aufgabe 4-1 (Grundgleichungen/Kap. 4)

Es wird eine stationäre laminare Strömung eines *inkompressiblen, Newtonschen* Fluids zwischen zwei sehr langen parallelen ebenen Platten betrachtet, von denen die eine in Ruhe ist, während die andere mit konstanter Geschwindigkeit U^* in ihrer eigenen Ebene bewegt wird. Die Platten besitzen einen Abstand H^*, die Dichte ϱ^* des Fluides sei konstant. Eine solche Strömung wird als *Couette-Strömung* bezeichnet.

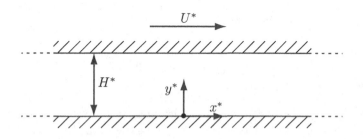

Die Navier-Stokes'schen Bewegungsgleichungen lauten in kartesischen Koordinaten für die x^*-Komponente u^* des Geschwindigkeitsvektors $\vec{v}^*(u^*, v^*, w^*)$:

$$\varrho^* \left(\frac{\partial u^*}{\partial t^*} + u^* \frac{\partial u^*}{\partial x^*} + v^* \frac{\partial u^*}{\partial y^*} + w^* \frac{\partial u^*}{\partial z^*} \right)$$

$$= -\frac{\partial p^*}{\partial x^*} + \left(\frac{\partial \tau_{xx}^*}{\partial x^*} + \frac{\partial \tau_{xy}^*}{\partial y^*} + \frac{\partial \tau_{xz}^*}{\partial z^*} \right) + \varrho^* g_x^*$$

mit den Komponenten des Spannungstensors für ein Newtonsches Fluid in kartesischen Koordinaten

$$\tau_{xx}^* = \eta^* \left(2\frac{\partial u^*}{\partial x^*} - \frac{2}{3}\mathrm{div}(\vec{v}^*) \right), \quad \tau_{xy}^* = \eta^* \left(\frac{\partial u^*}{\partial y^*} + \frac{\partial v^*}{\partial x^*} \right),$$

$$\tau_{xz}^* = \eta^* \left(\frac{\partial u^*}{\partial z^*} + \frac{\partial w^*}{\partial x^*} \right)$$

und der Divergenz des Geschwindigkeitsvektors $\vec{v}^*$ in kartesischen Koordinaten

$$\mathrm{div}(\vec{v}^*) = \frac{\partial u^*}{\partial x^*} + \frac{\partial v^*}{\partial y^*} + \frac{\partial w^*}{\partial z^*}$$

a) Leiten Sie aus den Navier-Stokes'schen Bewegungsgleichungen das Geschwindigkeitsprofil einer ausgebildeten und stationären Strömung (keine x^*, t^*−Abhängigkeit) zwischen den Platten her.

b) Wie groß ist die Wandschubspannung τ_w^* ?

Lösung von Aufgabe 4-1 nach dem SMART-EVE-Konzept:

Einstieg (E):

◻ *Welche physikalische Situation liegt der Aufgabe zugrunde? Wie und mit welchen vereinfachenden (idealisierenden) Annahmen kann diese beschrieben werden?*

Die beschriebene Situation ist die Abstraktion einer besonderen Strömungssituation. Neben der denkbaren Relativbewegung zweier sehr großen Platten kann die Vereinfachung noch eine weitere, geometrisch zunächst sehr verschiedene Situation beschreiben: Bei der Drehung zweier Zylinder um eine gemeinsame konzentrische Achse, wie zum Beispiel in einem sog. Rotationsviskosimeter, kann der zwischen den beiden Lagerschalen entstehende Schmierspalt entlang einer linear verlaufenden Hauptströmungsachse abgewickelt werden, wenn die Krümmung vernachlässigbar ist. Dies ist dann der Fall, wenn der Durchmesser beider zylindrischen Lagerschalen groß gegenüber der Spalthöhe ist. Das Viskosimeter dient zur Messung der Wandschubspannung, woraus die Viskosität eines Newtonschen Fluides berechnet werden kann, wenn eine bekannte Strömung vorliegt.

Die Strömung innerhalb des Spalts wird als „ausgebildet" angenommen. D.h., es gibt keine ausgezeichnete Stelle entlang der sog. Hauptströmungsrichtung, an der eine von einer anderen Stelle abweichende physikalische

Situation vorliegen könnte. Die Strömung wird damit eindimensional: Alle Strömungsgeschwindigkeiten sind damit nur noch von einer Koordinate quer zur Hauptströmungsrichtung abhängig. Es gibt daher ein Geschwindigkeitsprofil im Spalt, das nicht von der Lauflänge abhängt. Die Strömung verläuft parallel zu den Platten. Eine Strömungskomponente senkrecht zur Hauptströmung kann hier nicht auftreten, da die Wände nicht durchströmt werden können. Die Dichte des Fluides als weitere denkbare Einflussgröße darf keinen Einfluss haben, da keine Trägheitskräfte auftreten: Es findet weder eine Beschleunigung in Hauptströmungsrichtung statt, noch können Wirbel auftreten, da die Strömung als ausgebildet unterstellt wird.

Bezüglich des Drucks muss angenommen werden, dass dieser im gesamten Strömungsfeld konstant ist. Da die Strömung ausgebildet ist, könnte prinzipiell ein konstanter Druck*gradient* vorliegen, der lokale Reibungsverluste ausgleicht und die Strömung aufrechterhält. Im Falle des Rotationsviskosimeters würde dieser konstante Druck*gradient* aber dazu führen, dass nach einem Umlauf eine Unstetigkeit im Druck vorliegen würde: Wenn der Druck monoton abnehmen würde und die Strömungskoordinate nach einer vollständigen Umrundung des Zylinders wieder am selben Ort ankäme, würde er auf den höheren Ausgangsdruck treffen. Dieser Drucksprung steht jedoch im Widerspruch zum eingangs unterstellten konstanten Druck.

◻ *Wie lässt sich die physikalische Situation anschaulich darstellen?*
Zusammenfassend kann hier zunächst skizziert werden, dass eine Strömung entlang ausschließlich einer einzigen Koordinate besteht, wobei jedoch Geschwindigkeitsunterschiede quer zu dieser Koordinate auftreten können.

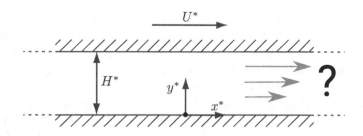

Es ist bereits zu erahnen, dass die Strömungsgeschwindigkeit an den Rändern die Geschwindigkeit der jeweiligen Platte annehmen wird. Dies ist die Folge der sog. Haftbedingung, die berücksichtigt, dass benachbarte Moleküle des Fluides und der Wand Wechselwirkungen unterliegen, die keinen Sprung in der Geschwindigkeit zulassen.

❏ *Was ist gegeben, was ist gesucht?*
Gesucht sind das Geschwindigkeitsprofil und die Wandschubspannung in Abhängigkeit von der Relativgeschwindigkeit der Platten und der Spalthöhe.

Verständnis (V):

❏ *Was bestimmt die Strömungssituation?*
Die Strömungssituation einschließlich der Wandschubspannung sind von Strömungsgeschwindigkeit, Plattenabstand und Viskosität des strömenden Mediums abhängig.

❏ *Was würde sie verstärken bzw. abschwächen?*
Bei Festlegung auf ein Fluid kann die Wandschubspannung durch Erhöhung der Relativgeschwindigkeit erhöht werden, da dies die Geschwindigkeitsgradienten intensiviert. Durch eine Verringerung des Plattenabstands wird voraussichtlich die Wandschubspannung ebenfalls steigen, da die Gradienten auch in diesem Fall steigen müssen, da dieselbe Geschwindigkeitsdifferenz jetzt innerhalb eines verminderten Abstands auftritt.

❏ *Welche Grenzfälle gibt es, die zum Verständnis der Strömungssituation beitragen?*
Es gibt den Grenzfall „Nichtviskoses Medium". Ohne Viskosität würde keine Strömung stattfinden. Die sog. schergetriebene Strömung, die im betrachteten Fall vorliegt, könnte nicht ohne Reibung stattfinden. Mit steigender Viskosität würde bei gegebener Relativgeschwindigkeit die Wandschubspannung steigen, theoretisch unbegrenzt. Ebenso würde eine unendlich hohe Relativgeschwindigkeit zu einer unendlich hohen Wandschubspannung führen.

Ergebnisse (E):

❏ *Welche Gleichungen (Bilanzen, Zustandsgleichungen,...) beschreiben die Physik modellhaft?*
Aus den vorausgegangenen Überlegungen muss ausschließlich eine Komponente der Navier-Stokes-Gleichungen entlang der Hauptströmungsrichtung betrachtet werden, da nur hier eine Strömung stattfindet. Zur Schließung der Gleichungen kann zusätzlich die Kontinuitätsgleichung erforderlich sein.
Da die Strömung, wie bereits erwähnt, nicht durch einen Druckgradienten angetrieben wird, muss es eine andere Ursache geben, um die verlustbehaftete Strömung mit Energie zu versorgen: Durch die Reibung an der bewegten Platte ist eine Kraft erforderlich, um die konstante Plattengeschwindigkeit aufrecht zu erhalten. An der oberen Platte wird durch die äußere Scherkrafteinwirkung also Arbeit verrichtet. Es handelt sich um eine schergetriebene Strömung.

☐ *Wie sieht die konkrete Lösung aus?*

zu a:

Die Bewegung der Platten geschieht ausschließlich in x^*-Richtung, das Geschwindigkeitsprofil soll über die Spalthöhe, also in y^*-Richtung, ermittelt werden. Bei zeit-konstanter Geschwindigkeit u^* in x^*-Richtung und $v^* = w^* = 0$ ist der Ausdruck $u^*(y^*) = \int \frac{\partial u^*}{\partial y^*} \mathrm{d}y^*$ gesucht. Dazu wird die x^*-Impulsgleichung für den hier vorliegenden Fall betrachtet. Folgende Terme entfallen aufgrund der speziellen Strömungssituation:

$$\frac{\partial u^*}{\partial t^*} = 0$$ Es besteht keine explizite Geschwindigkeitsänderung mit der Zeit, da eine stationäre Strömung betrachtet wird.

$$\frac{\partial u^*}{\partial x^*} = 0$$ Für eine ausgebildete Strömung besteht keine Abhängigkeit von der Koordinate x^*.

$$v^* \frac{\partial u^*}{\partial y^*} = 0 \qquad v^* = 0$$

$$w^* \frac{\partial u^*}{\partial z^*} = 0 \qquad w^* = 0$$

$$-\frac{\partial p^*}{\partial x^*} = 0$$ Es tritt keine Druckänderung in x^*-Richtung auf, da es sich um eine reine schergetriebene Strömung handeln soll.

$$\varrho^* g_x^* = 0$$ Aufgrund der horizontalen Aufstellung der Platten gilt $g_x^* = 0$.

$$\frac{\partial \tau_{xx}^*}{\partial x^*} = 0$$ Ausgebildete Strömung (keine x^*-Abhängigkeit)

$$\frac{\partial \tau_{xz}^*}{\partial z^*} = 0$$ Ebene Strömung (keine z^*-Abhängigkeit)

Die x^*-Impulsgleichung lautet damit für den hier vorliegenden Fall:

$$\frac{\partial \tau_{xy}^*}{\partial y^*} = 0$$

Mit dem Newtonschen Schubspannungsansatz aus Tab. 4.2 gilt dann

$$\frac{\partial \tau_{xy}^*}{\partial y^*} = \eta^* \frac{\partial^2 u^*}{\partial y^{*2}} = 0 \quad \Rightarrow \quad \frac{\partial u^*}{\partial y^*} = C_1^* \quad \Rightarrow \quad u^*(y^*) = C_1^* y^* + C_2^*$$

Die Integrationskonstanten findet man durch Einsetzen der Randbedingungen:

$$u^*(y^* = 0) = 0 \quad \Rightarrow \quad C_2^* = 0$$

$$u^*(y^* = H^*) \;=\; U^* \;\Rightarrow\; C_1^* = \frac{U^*}{H^*}$$

Die gesuchte Lösung ist also $u^*(y^*) = \dfrac{U^*}{H^*}y^*$. Diese Lösung ist eine exakte Gleichung der Navier-Stokes Gleichungen, die aber leider nur in solchen Spezialfällen so einfach zu ermitteln ist.

zu b:

Da die Geschwindigkeit linear von y^* abhängt, gilt für $\tau_{xy}^* \sim \partial u^*/\partial y^*$, so dass τ_{xy}^* konstant ist. Mit $\tau_{xy}^* = \eta^*\partial u^*/\partial y^*$ und $\partial u^*/\partial y^*$ aus dem vorigen Aufgabenteil gilt

$$\tau_w^* = \tau_{xy}^*(y^* = 0) = \tau_{xy}^*(y^* = H^*) = \eta^*\frac{U^*}{H^*}$$

In (a) und (b) wurden also folgende Profile für die stationäre laminare Couette-Strömung ermittelt:

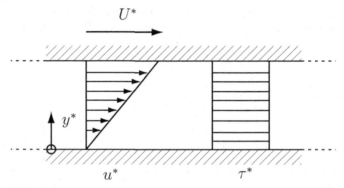

□ *Sind die Ergebnisse plausibel?*
Die Ergebnisse sind plausibel: Die Haftbedingung wird an beiden Platten erfüllt. Zwischen beiden Randwerten verläuft das Geschwindigkeitsprofil linear. Die Wandschubspannung verhält sich wie erwartet, da sie mit zunehmender Geschwindigkeit oder zunehmender Viskosität sowie abnehmendem Plattenabstand zunimmt.

Aufgabe 4-2 (Grundgleichungen/Kap. 4)

Die Navier-Stokes'schen Bewegungsgleichungen lauten in Zylinderkoordinaten (x^*, r^*, φ) für die x^*-Komponente u_x^* des Geschwindigkeitsvektors $\vec{v}^*(u_x^*, u_r^*, u_\varphi^*)$:

$$\varrho^*\left(\frac{\partial u_x^*}{\partial t^*} + u_x^*\frac{\partial u_x^*}{\partial x^*} + u_r^*\frac{\partial u_x^*}{\partial r^*} + \frac{u_\varphi^*}{r^*}\frac{\partial u_x^*}{\partial \varphi}\right)$$
$$= -\frac{\partial p^*}{\partial x^*} + \left(\frac{\partial \tau_{xx}^*}{\partial x^*} + \frac{1}{r^*}\frac{\partial}{\partial r^*}\left(r^*\tau_{rx}^*\right) + \frac{1}{r^*}\frac{\partial \tau_{\varphi x}^*}{\partial \varphi}\right) + \varrho^* g_x^*$$

mit den Komponenten des Spannungstensors für ein Newtonsches Fluid in Zylinderkoordinaten

$$\tau_{xx}^* = \eta^* \left(2\frac{\partial u_x^*}{\partial x^*} - \frac{2}{3}\mathrm{div}(\vec{v}^*) \right)$$

$$\tau_{rx}^* = \eta^* \left(\frac{\partial u_x^*}{\partial r^*} + \frac{\partial u_r^*}{\partial x^*} \right)$$

$$\tau_{\varphi x}^* = \eta^* \left(\frac{\partial u_\varphi^*}{\partial x^*} + \frac{1}{r}\frac{\partial u_x^*}{\partial \varphi} \right)$$

und der Divergenz des Geschwindigkeitsvektors $\vec{v}^*$ in Zylinderkoordinaten

$$\mathrm{div}(\vec{v}^*) = \frac{1}{r^*}\frac{\partial}{\partial r^*}\left(r^* u_r^* \right) + \frac{1}{r^*}\frac{\partial u_\varphi^*}{\partial \varphi} + \frac{\partial u_x^*}{\partial x^*}$$

Es soll nun eine ausgebildete laminare achsensymmetrische Rohrströmung (keine x^*,φ-Abhängigkeit) eines *inkompressiblen, Newtonschen* Fluids betrachtet werden. Diese Strömung wird als *Hagen-Poiseuille-Strömung* bezeichnet.

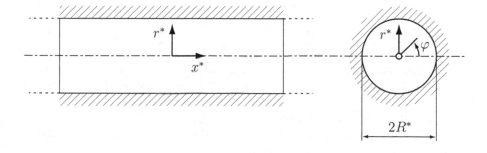

a) Leiten Sie aus den oben angegebenen Gleichungen die Geschwindigkeitsverteilung der ausgebildeten Rohrströmung her.

b) Welcher Zusammenhang besteht zwischen der maximalen Geschwindigkeit in der Rohrmitte u_{max}^* und der mittleren Geschwindigkeit $u_m^* = \frac{1}{A^*}\int u_x^*(r^*)\mathrm{d}A^*$ der Strömung?

Anmerkung: Das Winkelmaß φ im Bogenmaß ist definiert als die Länge eines zu einem Winkel gehörigen Bogens mit einem bestimmten Radius bezogen auf eben diesen Radius. Deshalb kann es als dimensionsloe Größe betrachtet werden und wird hier ohne * geschrieben.

Lösung von Aufgabe 4-2:

zu a:

In diesem Beispiel kann ebenfalls eine exakte Lösung der Navier-Stokes Gleichungen gefunden werden, da bestimmte Terme in Analogie zu Aufgabe 4-1 entfallen. So vereinfacht sich der Geschwindigkeitsvektor durch die besondere Strömungssituation (ausgebildetes Strömungsprofil und Rotationssymmetrie des Rohres) zu $\vec{v}^*(u_x^*, u_r^*, u_\varphi^*) = \vec{v}^*(u_x^*(r^*), 0, 0)$. Alle partiellen Ableitungen der Geschwindigkeit nach x^* und φ verschwinden. Mit diesen Erkenntnissen und dem Newtonschen Schubspannungsansatz in Zylinderkoordinaten vereinfacht sich die x^*-Impulsgleichung zu

$$0 = -\frac{\partial p^*}{\partial x^*} + \frac{\eta^*}{r^*}\frac{\partial}{\partial r^*}\left(r^*\frac{\partial u_x^*}{\partial r^*}\right)$$

Durch Integration und Umstellen der Terme folgt

$$\frac{\partial u_x^*}{\partial r^*} = \frac{r^*}{2\eta^*}\frac{\partial p^*}{\partial x^*} + C_0^*$$

Da die Strömung rotationssymmetrisch und stetig ist, muss in der Mitte des Rohres ($r^* = 0$) ein Extremum vorliegen ($\frac{\partial u_x^*(r^*=0)}{\partial r^*} = 0$).
Daraus folgt $C_0^* = 0$. Durch weitere Integration erhält man

$$u_x^*(r^*) = \frac{1}{4\eta^*}\frac{\partial p^*}{\partial x^*}r^{*2} + C_1^*$$

Die Integrationskonstante findet man durch Anwendung der Haftbedingung $u_x^*(r^* = R^*) = 0$. Der Druckgradient $\partial p^*/\partial x^*$ ist konstant, da er sich durch das Kräftegleichgewicht zwischen den Druckkräften und den über die mit der Rohrlänge linear anwachsende Wandfläche integrierten konstanten Wandschubspannungen ergibt. Folglich lässt er sich als $\partial p^*/\partial x^* = (p^*(x^* = l^*) - p^*(x^* = x_0^*))/(l^* - x_0^*)$ schreiben, wobei l^* eine beliebige Entfernung vom Ausgangspunkt darstellt. Dadurch ergibt sich die gesuchte Lösung:

$$u_x^*(r^*) = \frac{p_l^* - p_0^*}{\Delta l^*}\frac{R^{*2}}{4\eta^*}\left(\frac{r^{*2}}{R^{*2}} - 1\right)$$

zu b:

Die gesuchte mittlere Geschwindigkeit erhält man, indem man die Geschwindigkeiten über die Querschnittsfläche integriert und dieses Integral durch den Betrag dieser Fläche teilt.

$$u_m^* = \frac{1}{A^*}\int u_x^*(r^*)\mathrm{d}A^*$$

$$= \frac{1}{\pi R^{*2}} \frac{p_l^* - p_0^*}{\Delta l^*} \frac{R^{*2}}{4\eta^*} \int\limits_0^{R^*} (\frac{r^{*2}}{R^{*2}} - 1) 2\pi r^* \mathrm{d}r^*$$

$$= -u_{max}^* \frac{2}{R^{*2}} \left[\frac{1}{4} \frac{r^{*4}}{R^{*2}} - \frac{1}{2} r^{*2} \right]_0^{R^*}$$

$$= u_{max}^*/2$$

mit

$$u_{max}^* = u_x^*(r^* = 0) = -\frac{p_l^* - p_0^*}{\Delta l^*} \frac{R^{*2}}{4\eta^*}$$

Mit den Ergebnissen aus (a) und (b) ergibt sich folgendes Strömungsprofil:

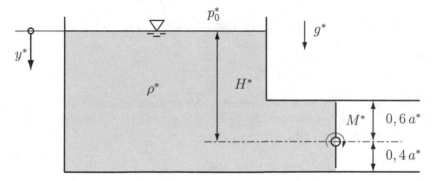

Das dimensionslose Profil $u_x(r) = 2(1 - r^2)$ hat universellen Charakter für die gezeigte Strömungssituation, s. Tab. 10.2 für weiterführende Informationen.

17.3 Zu Kap. 6: Stromfadentheorie bei endlichen Querschnitten für inkompressible Strömungen

Aufgabe 6-1 (Hydrostatik/Kap. 6)

Auf die skizzierte Drosselklappe mit exzentrisch angeordneter Drehachse wirkt im geschlossenen Zustand der hydrostatische Druck des bis zur Höhe H^* aufgestauten Wassers. Stromabwärts der Klappe herrscht der Umgebungsdruck p_0^*. Die Klappe, deren Dicke vernachlässigt werden kann, hat eine quadratische Fläche (Seitenlänge a^*).

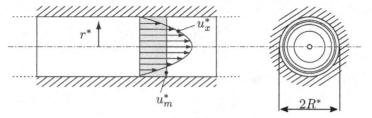

a) Wie groß ist das auf die Drosselklappe ausgeübte Moment M^* für die Wasserhöhe H^*?

b) Bei welcher Höhe H_0^* ist das Moment gerade Null?

Lösung von Aufgabe 6-1 nach dem SMART-EVE-Konzept:

Einstieg (E):

◻ *Welche physikalische Situation liegt der Aufgabe zugrunde? Wie und mit welchen vereinfachenden (idealisierenden) Annahmen kann diese beschrieben werden?*
Die Hydrostatik ist ein besonderer Fall der Strömungsmechanik bei dem eigentlich keine Strömung stattfindet. Ein inkompressibles Fluid befindet sich in Ruhe. Durch den Druck innerhalb des (hier nicht fließenden) Fluides kommt es zu Normalkräften an Oberflächen, die einen Fluidkontakt aufweisen. Der Druck wird dabei nicht durch eine Strömung verursacht sondern an einer Oberfläche durch den Umgebungsdruck p_0^* aufgeprägt. Zusätzlich nimmt der Druck in Richtung des Erdschwerefeldes linear mit dem Abstand zur Oberfläche zu. Für den Wert des Druck in einem beliebigen Punkt des Feldes ist neben dem Umgebungsdruck ausschließlich der Abstand zur Oberfläche relevant unabhängig davon, ob die Oberfläche des Wassers oder eine weitere Wand oberhalb des Punktes ist. Es gilt mit dem Koordinatensystem aus der Aufgabenskizze also $p^* = p_0^* + \varrho^* g^* y^*$.
An einer infinitesimal kleinen Oberfläche dA^* mit dem dort lokal vorherrschenden Druck p^* entsteht eine entgegen der Flächennormalen gerichtete Kraft $d\vec{F}^* = -p^* d\vec{A}^*$. Die gesamte Kraft auf eine Fläche kann durch Integration über die Fläche gewonnen werden. Gewöhnlich wird dabei eine Zerlegung in eine horizontale und eine vertikale Kraftkomponente vorgenommen. Durch die Anwendung geometrischer Gesetzmäßigkeiten kann häufig auf eine Integration verzichtet werden. In der vorliegenden Aufgabe ist die Flächennormale der skizzierten ebenen Platte in horizontaler Richtung ausgerichtet, so dass keine Vertikalkomponente entstehen kann. Auf der Außenseite der Klappe wirkt der Umgebungsdruck, so dass eine zur Kraft durch das Wasser entgegengesetzte Kraft entsteht. Damit wird der Umgebungsdruckanteil im hydrostatischen Druck kompensiert, so dass p_0^* keinen Einfluss auf die berechnete Vertikalkraft nehmen kann.
Da die Kraft in einem sog. Druckpunkt angreift, der abhängig von der Eintauchtiefe der Klappe, d.h. vom Abstand zur Oberfläche, ist, entsteht ein Moment, wenn die Klappe außerhalb des Druckpunktes gelagert wird.

◻ *Wie lässt sich die physikalische Situation anschaulich darstellen?* Die physikalische Situation ist durch die Skizze in der Aufgabenstellung abgebildet.

❏ *Was ist gegeben, was ist gesucht?*
Gegeben ist die Geometrie des Problems sowie die Wasserhöhe H^* über dem Lagerpunkt. Mit veränderter Höhe wird sich das gesuchte Moment im Lagerpunkt der Klappe verändern.

Verständnis (V):

❏ *Was bestimmt die Strömungssituation?* Die „Strömungssituation" ist gekennzeichnet durch einen Druck, der von der Wassertiefe abhängt. Die Verteilung des Drucks bestimmt die Lage des Druckpunktes auf der Klappe.

❏ *Was würde sie verstärken bzw. abschwächen?*
Durch eine Vergrößerung der Wasserhöhe H^* steigt das Druckniveau auf der gesamten Klappe an. Die relative Änderung des Drucks auf der Klappenoberfläche, d.h. die Differenz der Drücke am unteren Ende sowie am oberen Ende der Klappe $p_u^* - p_o^* = \varrho * g^* a^*$ bezogen auf den Schwerpunktsdruck $\varrho^* g^* (H^* - 0{,}1a^*)$ sinkt. Damit wandert der Angriffspunkt der Kraft mit steigender Wassertiefe auf den Schwerpunkt der Klappe zu, weil sich der Druck immer mehr einer effektiven Gleichverteilung annähert. Zusätzlich steigt auch die horizontale Komponente der Kraft auf die Klappe. Insgesamt wächst das Moment mit steigender Wasserhöhe an.

❏ *Welche Grenzfälle gibt es, die zum Verständnis der Strömungssituation beitragen?*
Für eine sehr große Höhe H^* ist der Druck auf der Klappe relativ gesehen nahezu gleichverteilt. Der Angriffspunkt der Kraft wandert damit in den Schwerpunkt. Der Hebelarm des Moments ist dann $0{,}1a^*$. Die Klappe wird in jedem Fall in Richtung des Momentenpfeils in der Aufgabenskizze aufgedrückt.
Sinkt die Höhe H^* auf die Höhe der Klappenoberkante, d.h. $H^* = 0{,}6a^*$ wandert der Angriffspunkt unter den Lagerpunkt. Das Moment hat nun ein anderes Vorzeichen. Dies müsste bei einer Abstützung der Klappe berücksichtigt werden, damit die Klappe nicht aufgedrückt werden kann. Beide Grenzfälle sind in der folgenden Skizze dargestellt.

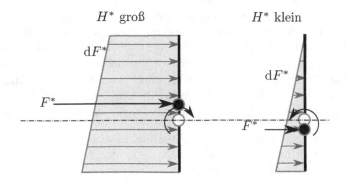

H^* groß H^* klein

Der Angriffpunkt der Kraft (Druckpunkt) liegt im geometrischen Schwerpunkt der nach unten zunehmenden Flächenlast $dF^* = -(p^* - p_0^*)dA^*$ in der Skizze. Dabei ist bereits berücksichtigt, dass der Umgebungsdruck p_0^* von der Außenseite entgegen dem Wasserdruck p^* wirkt.

Ergebnisse (E):

❏ *Welche Gleichungen (Bilanzen, Zustandsgleichungen,...) beschreiben die Physik modellhaft?*
Der Wasserdruck wird durch das hydrostatische Grundgesetz beschrieben, wobei der Druck im Flächenschwerpunkt zur Berechnung der gesamten Horizontalkraft verwendet werden kann, wenn er mit (der Horizontalprojektion) der Fläche multipliziert wird.
Zur Bestimmung des Druckpunkts ist die Betrachtung der Kraftverteilung auf der Fläche unter Beachtung der Flächengeometrie zu berücksichtigen. Nur für eine rechteckige Fläche liegt der Druckpunkt im Schwerpunkt der Flächenlast. Für beliebige Geometrien der Wandfläche ist eine tiefergehende Analyse notwendig.

❏ *Wie sieht die konkrete Lösung aus?*

zu a:

Die Ermittlung des Momentes kann in folgenden 3 Schritten erfolgen:

1) Ermittlung des Druckes in der sog. Schwerpunktshöhe der druckbeaufschlagten Oberfläche (Klappe)
   Der hydrostatische Druck in Flüssigkeiten steigt linear in Richtung von $\vec{g}^*$ an: $p^*(y^*) = p_0^* + \varrho^* g^* y^*$. Die horizontale Komponente der aus dem Druck resultierenden Kraft ergibt sich als Integral dieses Druckes über die horizontale Projektion der Oberfläche des Körpers. In dem betrachteten Beispiel der senkrecht stehenden Fläche gilt folglich

$$F_x^* = \int_{H^*-0,4a^*}^{H^*+0,6a^*} (p^* - p_0^*)a^* dy^*$$

Dabei wird die infinitesimale Flächenzunahme durch $dA^* = a^* dy^*$ ausgedrückt. Außerdem wird der Umgebungsdruck subtrahiert, da er auf beiden Seiten der Klappe wirkt. Wie sich zeigen lässt, kann man diese Kraft auch allgemein durch Multiplikation des Druckes im Fächenschwerpunkt der Projektion S_x mit der Koordinate y_S^* und der projezierten Oberfläche erhalten. Damit gilt im vorliegenden Fall

$$F_x^* = \varrho^* g^* y_S^* A^*$$

Für eine Fläche, deren horizontale Projektion ein Rechteck ergibt, befindet sich deren Schwerpunkt in der Mitte dieser Projektionsfläche. Die Schwerpunktshöhe ist folglich $y_S^* = H^* - 0{,}6a^* + 0{,}5a^* = H^* - 0{,}1a^*$. Die Kraft beträgt damit $F_x^* = \varrho^* g^* (H^* - 0{,}1a^*) a^{*2}$.

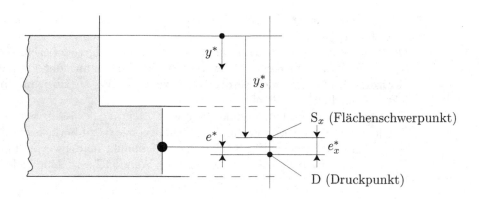

2) Bestimmung des Angriffspunktes von F_x^*

Durch die Zunahme des Druckes mit der Tiefe fallen der Angriffspunkt von F_x^* (Druckpunkt) und der Schwerpunkt der Fläche nicht zusammen. Der Druckpunkt liegt um den Abstand $e_x^* = \dfrac{I_S^*}{y_S^* A_x^*}$ tiefer. Dabei ist I_S^* das Flächenträgheitsmoment mit dem Wert $I_S^* = \frac{1}{12} a^{*4}$ für Quadrate der Seitenlänge a^*.

3) Ermittlung des Momentes

Die im Druckpunkt angreifende Kraft bewirkt im Lager eine ebenso große Reaktionskraft. Dieses Kräftepaar bewirkt ein Moment, das sich durch Multiplikation der Druckkraft und des Abstands beider Kräfte ermitteln lässt. Dieser Abstand l^* ist der Abstand des Druckpunktes vom Auflagerpunkt: $l^* = 0{,}1a^* - e_x^*$. Das Moment beträgt daher

$$
\begin{aligned}
M^* &= F_x^* l^* = \varrho^* g^* y_S^* A^* (0{,}1a^* - e_x^*) = \varrho^* g^* a^{*2} \left(0{,}1a^* y_S^* - \frac{I_S^*}{a^{*2}}\right) \\
&= \varrho^* g^* a^{*2} \left(\frac{1}{10} a^* H^* - \frac{7}{75} a^{*2}\right)
\end{aligned}
$$

zu b:

Aus $M^* = 0$ mit M^* aus (a) folgt $H^* = \frac{14}{15} a^*$.

◻ *Sind die Ergebnisse plausibel?*

Unter Beachtung der vorausgegangenen Überlegungen sind die Ergebnisse plausibel: Mit steigender Wasserhöhe nimmt das Moment zu, da sowohl Hebelarm als auch Kraft zunehmen.

Ausgehend von einer geringen Höhe gibt es einen Vorzeichenwechsel des Moments mit steigender Höhe. Auch dies wurde zuvor vorhergesehen.

Aufgabe 6-2 (freie Oberflächen/Kap. 6)

Ein rotationssymmetrischer Behälter (Radius R^*, Füllhöhe H^*) ist mit einer Flüssigkeit der Dichte ϱ^* gefüllt und mit einem Kolben abgeschlossen, der eine Gewichtskraft vom Betrag G^* auf das Wasser ausübt. Der Kolben ist frei beweglich, dichtet die Flüssigkeit aber vollständig gegen die Atmosphäre ab. Der Behälter rotiert um seine senkrechte Achse mit der konstanten Winkelgeschwindigkeit $\hat{\omega}^*$. Der Umgebungsdruck beträgt p_0^*.

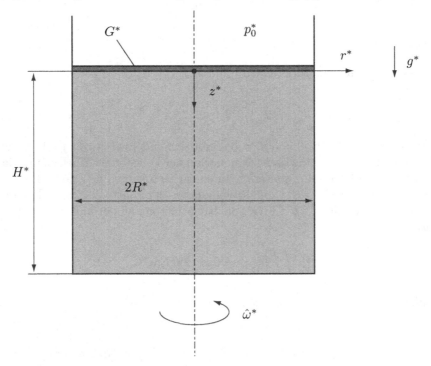

a) Wie groß ist für $\hat{\omega}^* = 0$ der Druck am Behälterboden?

b) Berechnen Sie die Druckverteilung im Behälter $p^*(z^*,r^*)$ für $\hat{\omega}^* = $ const $\neq 0$.

c) An welcher Stelle und bei welcher Winkelgeschwindigkeit $\hat{\omega}^*_{krit}$ wird der Dampfdruck $p_D^* = 0{,}2\,p_0^*$ zuerst erreicht?

Lösung von Aufgabe 6-2:

zu a:

Es gilt das hydrostatische Grundgesetz, vgl. (6.7):

$$p^* = p_B^* + \varrho^* g^* h^*$$

Der Druck p_B^* bei $z^* = 0$ entsteht durch den Umgebungsdruck p_0^* und zusätzlich durch die Gewichtskraft der Platte (G^*), die auf die Flüssigkeitsfläche πR^{*2} wirkt. Am Behälterboden $(h^* = H^*)$ herrscht damit der Druck

$$p^*(z^* = H^*) = \underbrace{p_0^* + \frac{G^*}{\pi R^{*2}}}_{p_B^*} + \varrho^* g^* H^*$$

zu b:

In einem gleichförmig rotierenden Fluid gilt, vgl. (6.13):

$$p^* = p_B^* + \varrho^* g^* h^* + \frac{1}{2} \varrho^* \hat{\omega}^{*2} r^{*2}$$

Der Druck p_B^* bei $z^* = 0$ und $r^* = 0$ ergibt sich anders als zuvor jetzt aus der folgenden Überlegung: Es herrscht weiterhin der Umgebungsdruck p_0^* und das Gewicht der Platte führt weiterhin zu einem Druckanteil $G^*/\pi R^{*2}$. Die von der Flüssigkeitsfläche πR^{*2} unmittelbar unter der Platte zu tragende Kraft ist damit insgesamt $p_0^* \pi R^{*2} + G^*$. Sie entspricht genau der auf dieser Fläche wirkenden Druckkraft

$$\iint p^*(z^* = 0, r^*)\, 2\pi r^*\, \mathrm{d}r^*$$

Damit gilt für $h^* = 0$ und damit $p^* = p_B^* + \frac{1}{2} \varrho^* \hat{\omega}^{*2} r^{*2}$ also

$$p_0^* \pi R^{*2} + G^* = p_B^* \pi R^{*2} + \pi \varrho^* \hat{\omega}^{*2} \underbrace{\int\limits_0^{R^*} r^{*3}\, \mathrm{d}r^*}_{=R^{*4}/4}$$

woraus unmittelbar folgt

$$p_B^* = p_0^* + \frac{G^*}{\pi R^{*2}} - \varrho^* \hat{\omega}^{*2} R^{*2}/4$$

Der Druck bei $z^* = 0$, $h^* = 0$ ist kleiner als im ruhenden Fall und nimmt mit steigender Winkelgeschwindigkeit $\hat{\omega}^*$ ab. Die Druckverteilung im Behälter lautet damit

$$p^*(z^*,r^*) = \underbrace{p_0^* + \frac{G^*}{\pi R^{*2}} - \varrho^*\hat{\omega}^{*2}R^{*2}/4}_{p_B^*} + \varrho^* g^* z^* + \varrho^*\hat{\omega}^{*2}r^{*2}/2$$

zu c:

Wie sich leicht nachvollziehen lässt, ist der Druck für $r^* = z^* = 0$ minimal. Nach Gleichsetzen des Druckes mit dem Dampfdruck $p_D^* = 0{,}2\, p_0^*$ bei Beachtung der soeben gefundenen Koordinaten liefert die Gleichung für $p^*(z^*,r^*)$ die kritische Kreisfrequenz $\hat{\omega}_{krit}^* = \sqrt{\left(\frac{4G^*}{\pi\varrho^* R^{*4}} + \frac{3{,}2\, p_0^*}{\varrho^* R^{*2}} \right)}$.

Aufgabe 6-3 (Stromfadentheorie/Kap. 6)

Wasser wird mit Hilfe einer Pumpe vom Behälter 1 in den höher gelegenen Behälter 2 gefördert.

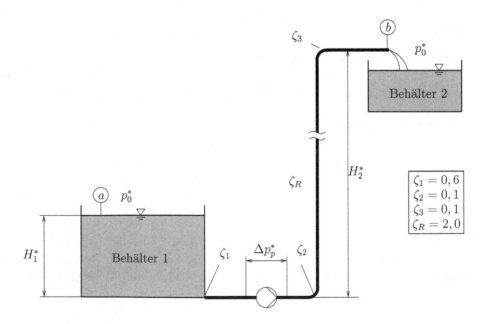

Hinweise:

- Die Änderung des Füllstandes im Behälter 1 kann vernachlässigt werden.

- Die Rohrreibung soll nur auf dem „langen" Rohrabschnitt durch den konstanten Term ζ_R berücksichtigt werden. In den restlichen Abschnitten gilt in erster Näherung $\lambda_R = 0$.

- Alle Rohre haben den Durchmesser D^*.

Gegeben: $H_1^* = 1\,\text{m}$, $H_2^* = 10\,\text{m}$, $D^* = 0,1\,\text{m}$,
$\quad\quad\quad p_0^* = 10^5\,\text{Pa}$, $\varrho^* = 1000\,\text{kg/m}^3$, $g^* = 9,81\,\text{m/s}^2$

a) Bestimmen Sie die Geschwindigkeit im Punkt ⓑ, wenn der Druckanstieg über die Pumpe $\Delta p_p^* = 5 \cdot 10^5\,\text{Pa}$ beträgt.

b) Wie groß sind dabei die Pumpleistung und die elektrische Antriebsleistung ($\eta_P = 0,7$)?

c) Geben Sie den Zusammenhang zwischen dem geförderten Massenstrom $\dot{m}^*$ und der dazu benötigten Druckerhöhung Δp_p^* der Pumpe an ($\Delta p_p^* = \Delta p_p^*(\dot{m}^*)$).

Lösung von Aufgabe 6-3:

zu a:

Die Bernoulli-Gleichung von ⓐ nach ⓑ lautet

$$p_0^* + \varrho^* g^* H_1^* + \Delta p_p^* = p_0^* + \varrho^* g^* H_2^* + \varrho^* \frac{u_b^{*2}}{2} + \frac{u_b^{*2}}{2}\left(\zeta_1 + \zeta_2 + \zeta_3 + \zeta_R\right).$$

Auflösen nach u_b^* ergibt

$$u_b^* = \sqrt{\frac{2(\Delta p_p^* - \varrho^* g^*(H_2^* - H_1^*))}{\varrho^*\left(1 + \zeta_1 + \zeta_2 + \zeta_3 + \zeta_R\right)}} = 14,72\,\text{m/s}.$$

zu b:

Durch den Querschnitt ⓑ mit $A_b^* = D^{*2}\pi/4 = 7,854 \cdot 10^{-3}\text{m}^2$ fließt ein Volumenstrom von $\dot{V}^* = A_b^* \cdot u_b^* = 0,116\text{kg/s}$. Die gesuchte Pumpleistung ergibt sich durch Multiplikation von Druckunterschied und Volumenstrom:

$$P_P^* = \Delta p_p^* \cdot \dot{V}^* = 57,81\,\text{kW}$$

Die elektrische Antriebsleistung ergibt sich durch Berücksichtigung des Wirkungsgrades: Antriebsleistung:

$$P_{el}^* = \frac{P_P^*}{\eta_P} = 82,58\,\text{kW}$$

zu c:

Das Auflösen der Bernoulli-Gleichung nach dem Druckunterschied ergibt folgenden Ausdruck:

$$\Delta p_p^* = \varrho^* g^* (H_2^* - H_1^*) + \varrho^* \frac{u_b^{*2}}{2} (1 + \zeta_1 + \zeta_2 + \zeta_3 + \zeta_R)$$

Da der Massenstrom das Produkt aus Dichte und Volumenstrom ist, $\dot{m}^* = \varrho^* A_b^* \cdot u_b^* = 115{,}61\,\text{kg/s}$, kann er über diese Verknüpfung Eingang in die soeben umgeformte Gleichung erhalten.

$$\Delta p_p^* = \varrho^* g^* (H_2^* - H_1^*) + \frac{\dot{m}^{*2}}{2\varrho^* A^{*2}} (1 + \zeta_1 + \zeta_2 + \zeta_3 + \zeta_R)$$

$$\Delta p_p^* = 88\,290\,\text{Pa} + 30{,}80\,\frac{\text{Pa}\,\text{s}^2}{\text{kg}^2} \cdot \dot{m}^{*2}$$

Aufgabe 6-4 (Stromfadentheorie/Kap. 6)

In dem in der Abbildung skizzierten Rohrsystem wird ein Fluid von ① nach ② und ③ gefördert. In den Querschnitten ①, ② und ③ herrschen jeweils Umgebungsbedingungen. In dem Rohrsystem treten keine Höhenunterschiede auf. Dissipation tritt in den vier hydraulisch glatten Rohrstücken (Länge jeweils L^*, Durchmesser jeweils D^*), sowie in dem Verteiler (ζ_a für den Durchgang, ζ_b für den Abzweig) auf.

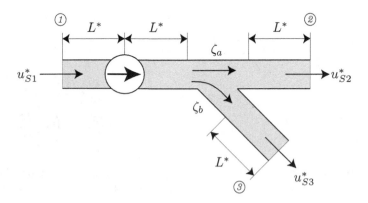

Gegeben: $u_{S2}^* = 1\,\frac{\text{m}}{\text{s}}$, $L^* = 50\,\text{m}$, $D^* = 0{,}25\,\text{m}$,

$\zeta_a = 0{,}5$, $\zeta_b = 0{,}75$ (gebildet mit der
Einströmgeschwindigkeit am Verteiler), $\lambda_R = 0{,}02$

$\nu^* = 10^{-6}\,\frac{\text{m}^2}{\text{s}}$, $\varrho^* = 1000\,\frac{\text{kg}}{\text{m}^3}$,

$\eta_P = 0{,}7$ (effektiver Wirkungsgrad der Pumpe)

a) Wie groß ist die mittlere Strömungsgeschwindigkeit im Querschnitt ③?

b) Bestimmen Sie die mittlere Strömungsgeschwindigkeit im Querschnitt ①.

c) Wie groß ist die Pumpen-Wellenleistung P_M^*?

Lösung von Aufgabe 6-4:

zu a:

Als Modellvorstellung können hier zwei Stromröhren betrachtet werden, die vom Querschnitt ① zunächst „nebeneinander" durch die Rohrleitung sowie die Pumpe strömen und sich dann im Verteiler verzweigen. Bis zum Verteiler müssen die Geschwindigkeiten in beiden Stromröhren identisch sein. Die zugeführte spezifische technische Arbeit an beide Stromröhren ist ebenfalls gleich. Es gilt somit nach der erweiterten Bernoulli-Gleichung (6.20)

$$① \to ②: \quad \left(\frac{\varrho^*}{2}u_{S2}^{*2} + p_2^*\right) - \left(\frac{\varrho^*}{2}u_{S1}^{*2} + p_1^*\right) = \varrho^* w_t^*$$

$$-\frac{\varrho^*}{2}u_{S1}^{*2}\left(\lambda_R\frac{2L^*}{D^*} + \zeta_a\right)$$

$$-\frac{\varrho^*}{2}u_{S2}^{*2}\left(\lambda_R\frac{L^*}{D^*}\right)$$

$$① \to ③: \quad \left(\frac{\varrho^*}{2}u_{S3}^{*2} + p_3^*\right) - \left(\frac{\varrho^*}{2}u_{S1}^{*2} + p_1^*\right) = \varrho^* w_t^*$$

$$-\frac{\varrho^*}{2}u_{S1}^{*2}\left(\lambda_R\frac{2L^*}{D^*} + \zeta_b\right)$$

$$-\frac{\varrho^*}{2}u_{S3}^{*2}\left(\lambda_R\frac{L^*}{D^*}\right)$$

Da am Austritt und Eintritt jeweils Umgebungsbedingungen herrschen, ist der Druck dort identisch ($p_1^* = p_2^* = p_3^*$) und fällt somit aus Bernoulli-Gleichung heraus. Zusätzlich muss die Kontinuitätsgleichung erfüllt werden. Bei gleichen Querschnitten reduziert sich diese zu

$$u_{S1}^* = u_{S2}^* + u_{S3}^*$$

Somit stehen drei Gleichungen zur Bestimmung der drei unbekannten Größen (w_t^*, u_{S1}^* und u_{S3}^*) zur Verfügung. Ein möglicher Lösungsweg ist nun, die beiden Energie-Gleichungen von einander abzuziehen.

$$u_{S2}^{*2} - u_{S3}^{*2} = -u_{S1}^{*2}(\zeta_a - \zeta_b) - \lambda_R \frac{L^*}{D^*}(u_{S2}^{*2} - u_{S3}^{*2})$$

Einsetzen von u_{S1}^* führt auf eine quadratische Gleichung mit der Lösung

$$u_{S3}^* = 0{,}905\,\mathrm{m/s}$$

Die Geschwindigkeit ist also erwartungsgemäß in dem Rohrzweig mit dem höheren Reibungswiderstand geringer ($u_{S3}^* < u_{S2}^*$).

zu b:

Nach der Kontinuitätsgleichung folgt für die Geschwindigkeit an der Stelle ①

$$u_{S1}^* = u_{S2}^* + u_{S3}^* = 1{,}905\,\mathrm{m/s}$$

zu c:

Aus der Bilanz ① $\rightarrow$ ② kann die zugeführte spezifische Arbeit ermittelt werden.

$$w_t^* = \frac{1}{2}\left(u_{S2}^{*2}\left[1 + \lambda_R \frac{L^*}{D^*}\right] - u_{S1}^{*2}\left[1 - \lambda_R \frac{2L^*}{D^*} - \zeta_a\right]\right) = 16{,}11\,\frac{\mathrm{J}}{\mathrm{kg}}$$

Der Massenstrom im Querschnitt ① ist

$$\dot{m}^* = u_{S1}^* \varrho^* A_1^* = u_{S1}^* \varrho^* \frac{\pi}{4} D^{*2} = 93{,}51\,\mathrm{kg/s}$$

Somit ergibt sich für die gesuchte Pumpen-Wellenleistung

$$P_M^* = \frac{\dot{m}^* w_t^*}{0{,}7} = 2152{,}1\,\mathrm{W}$$

Aufgabe 6-5 (Impulssatz/Kap. 6)

Ein Kanal mit einer sprunghaften Querschnittserweiterung wird von einem Fluid der Dichte ϱ^* reibungsfrei durchströmt. An der Stelle ① hat das Fluid die Geschwindigkeit u_{S1}^* (konst. über dem Querschnitt), bevor es zu der sprunghaften Querschnitterweiterung kommt. Weiter stromabwärts an der Stelle ② hat sich das Geschwindigkeitsprofil über den Querschnitt wieder konstant auf den Wert u_{S2}^* ausgeglichen.

a) Ermitteln Sie die Widerstandszahl ζ_2 bezogen auf die Austrittsgeschwindigkeit u_{S2}^* für die sprunghafte Querschnittserweiterung (Carnotscher-Stoßverlustfaktor).

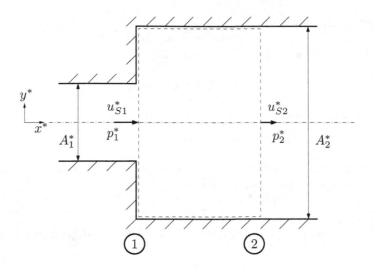

Lösung von Aufgabe 6-5:

zu a:

Es stehen drei Gleichungen zur Lösung dieser Aufgabe zur Verfügung:

- Kontinuitätsgleichung (4.12):

$$u_{S1}^* A_1^* = u_{S2}^* A_2^* \quad \Rightarrow \quad u_{S1}^* = u_{S2}^* \frac{A_2^*}{A_1^*}$$

- Bernoulli-Gleichung (6.20):

$$\left(\frac{\varrho^*}{2} u_{S2}^{*2} + p_2 \right) - \left(\frac{\varrho^*}{2} u_{S1}^{*2} + p_1 \right) = -\frac{\varrho^*}{2} u_{S2}^{*2} \zeta_2$$

- x-Impuls-Gleichung (6.40):

$$\iint_{\hat{A}^*} \varrho^* u^* \mathrm{d}Q^* = -\iint_{\hat{A}^*} p^* \mathrm{d}\hat{A}_x^* - R_x^*$$

Die Kontinuitätsgleichung und die Bernoulli-Gleichung können direkt ausgewertet werden. Für die Impulsbilanz muss auf die korrekte Bestimmung der Vorzeichen geachtet werden, wie im folgenden gezeigt wird. Desweiteren vereinfachen sich die Integrale, da von einer eindimensionalen Strömung ausgegangen werden kann.

Wie in Abschnitt 6.4 erläutert, zählen eintretende Massenströme negativ und austretende positiv, somit gilt:

$$\iint\limits_{\hat{A}^*} \varrho^* u^* \mathrm{d}Q^* = \varrho^* u_{S2}^{*2} A_2^* - \varrho^* u_{S1}^{*2} A_1^*$$

Der Ausdruck $-\iint p^* \mathrm{d}\hat{A}_x^* - R_x^*$ kann dadurch bestimmt werden, dass die Reaktionskraft R_x^* des Diffusors auf das Fluid im Kontrollvolumen nicht getrennt behandelt wird. In einer reibungsfreien Strömung entsteht R_x^* aufgrund von Druckkräften (und nicht durch Schubspannungen). Es wird jetzt angenommen, dass auf der gesamten Querschnittsfläche an der Stelle ①, also auf $\hat{A}_1^* = A_2^*$ und nicht nur auf A_1^*, der Druck p_1^* herrscht. Für die Vorzeichen der Druckkräfte muss berücksichtigt werden, dass der Flächennormalenvektor an der Stelle ① nach links (negatives Vorzeichen) zeigt und an der Stelle ② nach rechts (positives Vorzeichen). Es ergibt sich somit:

$$-\iint\limits_{\hat{A}^*} p^* \mathrm{d}\hat{A}_x^* - R_x^* = A_2^*(p_1^* - p_2^*)$$

Die Impulsbilanz für den Kanal mit sprunghafter Querschnittserweiterung unter Verwendung der Kontinuitätsgleichung lautet also:

$$\varrho^* u_{S2}^{*2} A_2^* - \varrho^* u_{S1}^{*2} A_1^* = A_2^*(p_1^* - p_2^*) \quad \Rightarrow \quad p_1^* - p_2^* = \varrho u_{S2}^{*2}\left(1 - \frac{A_2^*}{A_1^*}\right)$$

Zur anschaulichen Überprüfung kann ausgenutzt werden, dass in einem Diffusor der Druck in Strömungsrichtung ansteigen sollte, also $p_1^* - p_2^* < 0$. Da das Flächenverhältnis $A_2^*/A_1^* > 1$ ist, ist auch die rechte Seite der Impulsbilanz negativ ($\Rightarrow$ Plausibilitätsprüfung erfüllt).

Die Bernoulli-Gleichung kann ebenfalls nach der Druckdifferenz aufgelöst werden

$$p_1^* - p_2^* = \frac{\varrho^*}{2}\left(u_{S2}^{*2} - u_{S1}^{*2} + u_{S2}^{*2}\zeta_2\right) = \frac{\varrho^*}{2} u_{S2}^{*2}\left(1 - \left(\frac{A_2^*}{A_1^*}\right)^2 + \zeta_2\right)$$

Der Ausdruck $p_1^* - p_2^*$ wurde also aus der Impulsbilanz und der Bernoulli-Gleichung bestimmt und kann nun gleichgesetzt werden, um die gesuchte Widerstandszahl ζ_2 zu ermitteln.

$$\frac{\varrho^*}{2} u_{S2}^{*2}\left(1 - \left(\frac{A_2^*}{A_1^*}\right)^2 + \zeta_2\right) = \varrho u_{S2}^{*2}\left(1 - \frac{A_2^*}{A_1^*}\right)$$

$$\zeta_2 = 2\left(1 - \frac{A_2^*}{A_1^*}\right) - 1 + \left(\frac{A_2^*}{A_1^*}\right)^2$$

$$\zeta_2 = \left(\frac{A_2^*}{A_1^*}\right)^2 - 2\frac{A_2^*}{A_1^*} + 1 = \left(1 - \frac{A_2^*}{A_1^*}\right)^2$$

Aufgabe 6-6 (Impulssatz/Kap. 6)

Ein Triebwerk eines Flugzeuges nimmt den Massenstrom $\dot{m}^*$ bei der Flugge-
schwindigkeit U_∞^* auf und beschleunigt diesen auf die Geschwindigkeit U_{TW}^*.
Dadurch wird die Schubkraft F_S^* erzeugt.
Unmittelbar nach der Landung beträgt die Einströmgeschwindigkeit $U_{\infty L}^*$.
Durch einen einfachen Mechanismus soll der gesamte Massenstrom in zwei
Teilmassenströme aufgespalten und unter dem Winkel α entgegen der Flugrichtung ausgestoßen werden, um das Flugzeug abzubremsen.
Die jeweiligen Ein- und Austrittsgeschwindigkeiten in den kreisförmigen Ein-
und Auslässen sind durch die Geometrie des Triebwerks mit dem Eintrittsdurchmesser D^* und dem Austrittsdurchmesser d^* korreliert. Dort sowie im
umgelenkten Freistrahl herrscht der Umgebungsdruck. Reibung und Dichteunterschiede in der Strömung sollen im Zuge einer überschlägigen Berechnung
vernachlässigt werden.

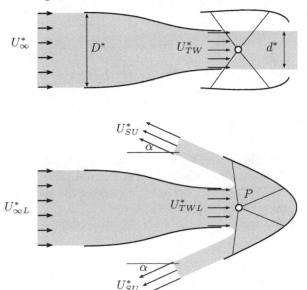

Gegeben: $D^* = 1\mathrm{m}$, $d^* = 0{,}7071\mathrm{m}$, $\alpha = 45°$, $\varrho^* = 1\mathrm{kg/m}^3$

Impulsgleichung für x^*-Komponente: $\displaystyle\int\limits_{\hat{A}^*} \varrho^* u^* \,\mathrm{d}Q^* = -\int\limits_{\hat{A}^*} p^* \,\mathrm{d}\hat{A}_x^* - F_S^*$

a) Wie groß ist die Fluggeschwindigkeit U_∞^* wenn das Triebwerk einen
   Schub von $|F_S^*| = 20000\mathrm{N}$ bewirkt. Welche Leistung P_{TW}^* muss an der
   Strömung verrichtet werden?

b) Wie groß ist Bremskraft bei aktivierter Schubumkehr, wenn die Geschwindigkeit bei der Landung $U_{\infty L}^* = 50\mathrm{m/s}$ beträgt?

c) Welche Kraft muss das Lager im Punkt P aufnehmen?

Lösung von Aufgabe 6-6:

zu a:

Es wird zunächst ein Koordinatensystem festgelegt. Die positive x^*-Richtung soll nach rechts verlaufen. Die y^*-Richtung wird nicht definiert, da das Problem symmetrisch zur x^*-Achse ist.
Die Auswertung der Impulsgleichung ergibt

$$\varrho^* \left[U_\infty^*(-U_\infty^* \frac{D^{*\,2}}{4}\pi) + U_{TW}^*(U_\infty^* \frac{D^{*\,2}}{4}\pi) \right] = -\underbrace{(p^* - p_\infty^*)}_{=0}\, d\hat{A}_x^* - F_S^*$$

Der ein- und der austretende Massenstrom haben durch die Anwendung der Kontinuitätsgleichung bereits denselben Betrag. Die Austrittsgeschwindigkeit U_{TW}^* folgt aus der Kontinuitätsgleichung zu

$$U_{TW}^* = \frac{D^{*\,2}}{d^{*\,2}} U_\infty^* = 2U_\infty^*$$

Einsetzen in die Impulsgleichung und anschließendes Auflösen nach U_∞^* ergibt

$$\varrho^* \frac{D^{*\,2}}{4}\pi U_\infty^{*\,2} \;=\; -F_S^* = -(-20000\,\text{N}) \quad \text{(Schubkraft entgegen } x^*\text{-Richtung)}$$

$$\Rightarrow U_\infty^* \;=\; \sqrt{-F_S^* \frac{4}{\pi \varrho^* D^{*\,2}}} = 159{,}58\,\text{m/s} = 574{,}48\,\text{km/h}$$

Die spezifische Arbeit folgt aus der Bernoulli-Gleichung zu

$$w_{TW}^* = \frac{U_{TW}^{*\,2} - U_\infty^{*\,2}}{2} = 38{,}198\,\text{kJ/kg}$$

Daraus folgt die Leistung

$$P_{TW}^* = \dot{m}^* w_{TW}^* = \varrho^* U_\infty^* \frac{D^{*\,2}}{4}\pi\, w_{TW}^* = 4{,}79\,\text{MW}$$

zu b:

Die Kraft folgt aus der Impulsbilanz unter Beachtung der Vorzeichenregeln

$$F_{SU}^* = -\varrho^* \left[U_{\infty L}^*(-U_{\infty L}^* \frac{D^{*\,2}}{4}\pi) + U_{SU,x^*}^*(U_{\infty L}^* \frac{D^{*\,2}}{4}\pi) \right]$$

Die Geschwindigkeitskomponente des umgelenkten Freistrahls beträgt

$$U^*_{SU,x^*} = -U^*_{SU} cos\alpha$$

mit U^*_{SU} aus der Bernoulli-Gleichung

$$\frac{U^{*2}_{TWL}}{2} + \frac{p^*_{\infty L}}{\varrho^*} = \frac{U^{*2}_{SU}}{2} + \frac{p^*_{\infty L}}{\varrho^*}$$

$$\Rightarrow U^*_{SU} = U^*_{TWL} = 2U^*_{\infty L}$$

Einsetzen aller Werte ergibt

$$F^*_{SU} = -\varrho^* \left[U^*_{\infty L}(-U^*_{\infty L}\frac{D^{*2}}{4}\pi) - 2U^*_{\infty L}cos\alpha(U^*_{\infty L}\frac{D^{*2}}{4}\pi) \right]$$

$$= \varrho^* \frac{D^{*2}}{4}\pi U^{*2}_{\infty L}(1 + 2\cos\alpha) = 4740\,\text{N}$$

zu c:

Die Kraft im Lagerpunkt P kann analog zu b: ermittelt werden. Die Bilanzgrenze umfasst nun jedoch nicht mehr den Eintrittsquerschnitt des Triebwerks. Die Begrenzung des Kontrollraums auf der linken Seite erfolgt durch den Austrittsquerschnitt des Triebwerks.

$$F^*_P = -\varrho^* \left[U^*_{TWL}(-U^*_{\infty L}\frac{D^{*2}}{4}\pi) - 2U^*_{\infty L}cos\alpha(U^*_{\infty L}\frac{D^{*2}}{4}\pi) \right]$$

$$= \varrho^* \frac{D^{*2}}{4}\pi U^{*2}_{\infty L}(2 + 2\cos\alpha) = 6704\,\text{N}$$

17.4 Zu Kap. 7: Stromfadentheorie bei endlichen Querschnitten für kompressible Strömungen

Aufgabe 7-1 (Kompressible Strömungen/Kap. 7)

Im dargestellten Überschallkanal soll in der Messstrecke eine Mach-Zahl von $Ma_2 = 2{,}0$ erzeugt werden. Die Luft (ideales Gas) strömt aus dem Kessel, für den nur die Kesseltemperatur T^*_0 gegeben ist, durch eine Laval-Düse in die Messstrecke. Hinter der Messstrecke verengt sich der Querschnitt auf A^*_3, bevor die Luft in die Umgebung austritt. Hier herrscht der Umgebungsdruck p^*_{Umg}. Die Strömung sei isentrop.

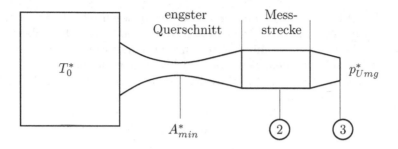

Gegeben: $T_0^* = 20°C$, $p_{Umg}^* = 1\,\text{bar}$, $\text{Ma}_2 = 2{,}0$, $A_2^* = 0{,}1\,\text{m}^2$, $A_3^* = 0{,}08\,\text{m}^2$, $R^* = 287\,\text{J}/(\text{kgK})$, $\kappa = 1{,}4$

a) Wie groß muss A_{min}^* sein, damit in der Messstrecke die geforderte Mach-Zahl $\text{Ma}_2 = 2{,}0$ herrscht?

b) Wie groß muss der Kesseldruck p_0^* sein, damit die Luft im Austritts-querschnitt ③ gerade den Umgebungsdruck p_{Umg}^* erreicht?

c) Welcher Druck herrscht dann in der Messstrecke ②?

d) Wie groß ist der Massenstrom durch den Kanal?

Lösung von Aufgabe 7-1 nach dem SMART-EVE-Konzept:

Einstieg (E):

❏ *Welche physikalische Situation liegt der Aufgabe zugrunde? Wie und mit welchen vereinfachenden (idealisierenden) Annahmen kann diese beschrieben werden?*
In der Aufgabe wird eine kompressible Strömung betrachtet, die verein-fachend zusätzlich als stationär, adiabat und reibungsfrei angenommen wird. Wird zusätzlich ideales Gasverhalten für die Kopplung von Dich-te, Temperatur und Druck unterstellt, entsteht ein Gleichungssystem, das analytisch lösbar ist, s. Kap.7.

❏ *Wie lässt sich die physikalische Situation anschaulich darstellen?*
In dimensionsloser Form lässt sich das Gleichungssystem graphisch ent-lang einer dimensionslosen Druckkoordinate darstellen. Die Lösung für ein zweiatomiges Gas ist in Bild 7.3 in Kapitel 7 skizziert. Für jeden Wert der Druckkoordinate gibt es eine eindeutige Lösung für die Dichte, den Druck, die Machzahl und die dazu passende Querschnittsfläche entlang der Stromröhre.
Für den Fall, dass die Querschnittsfläche der Stromröhre bis zum Er-reichen des engsten Querschnitts abnimmt und danach wieder zunimmt,

nimmt der Druck in der Strömung monoton ab, wenn eine Überschallströmung vorliegt. Der im Diagramm dargestellte Verlauf der Querschnittsfläche kann dann sehr leicht mit dem realen Querschnittsverlauf der Düsen-
geometrie assoziiert werden, wenn die Druckkoordinate in Strömungsrichtung (im Diagramm von links nach rechts) verfolgt wird. Bei Vorgabe der
Geometrie können unmittelbar die Werte für den dimensionslosen Druck
sowie Dichte und Machzahl abgelesen werden. Dabei wird natürlich unterstellt, dass durch das Druckverhältnis Schallgeschwindigkeit im engsten
Querschnitt vorliegt.

Im betrachteten Fall wird vom Kessel ⓪ bis zur Messstrecke ② die
kovergent-divergente Düsenform eingehalten. Danach wird die Stromröhre
bis zum Austrittsquerschnitt ③ wieder verengt. Der Querschnittsverlauf
im Diagramm 7.3 korreliert dann nur bis zum Querschnitt ② mit der
realen Stromröhrengeometrie. Der Zustand ③ muss dann links vom ②
abgelesen werden. Die „Änderung der Strömungsrichtung" im Diagramm
ist möglich, da die Strömung isentrop ist und daher keine kausale Verket-
tung zwischen benachbarten Zuständen besteht.

Würde zusätzlich ein Wärmeübergang oder ein Verdichungsstoß auftreten,
wäre die Strömung nicht mehr isentrop. Das Diagramm könnte nur auf die
Teilbereiche der Stromröhre angewandt werden, die den Wärmeübergang
oder Verdichungsstoß ausklammern. Die Rücktransformation zu dimensionsbehafteten Lösungen müsste dann auch für jeden isentropen Teilbe-
reich jeweils einen anderen Kesselzustand berücksichtigen.

❐ *Was ist gegeben, was ist gesucht?*
Gesucht sind der engste Querschnitt der Stromröhre, der Druck in der
Messstrecke und der Massenstrom. Gegeben sind der Querschnitt der
Messstrecke, der Austrittsquerschnitt des Systems und die Kesseltempe-
ratur.

Für die vollständige Rücktransformation beliebiger dimensionsloser Ergebnisse zur dimensionsbehafteten Lösung werden zudem der Kesseldruck,
die Kesseldichte, die Kesseltemperatur und die Schallgeschwindigkeit im
engsten Querschnitt benötigt.

Verständnis (V):

❐ *Was bestimmt die Strömungssituation?*
Im Überschallwindkanal soll die Machzahl Ma=2 eingestellt werden, um
z.B. eine Strömungssituation an einem Modell nachbilden zu können. Da
der Querschnitt der Messstrecke bereits über den Maßstab des Modells
festgelegt ist und die Machzahl aus dem dimensionslosen Flächenverhältnis folgt, ist der engste Querschnitt bereits eindeutig definiert. Durch den
definierten Druck am Austritt und die vorgegeben Austrittsfläche, die das
Flächen- und Druckverhältnis festlegt, ist der Kesseldruck vorgegeben.

❏ *Was würde sie verstärken bzw. abschwächen?*

Im vorliegenden Problem ist bei vorgegebener Querschnittfläche der Windkanalstrecke ② die Fläche des engsten Querschnitts zu dimensionieren. Über diese Einflussgröße lässt sich die Machzahl im Überschallwindkanal festlegen. Ein kleinerer engster Querschnitt würde dabei ein höheres Flächenverhältnis bedeuten und der Querschnitt ② würde im Diagramm aus Abbildung 7.3 bei einem kleineren Druckverhältnis (also „weiter rechts") zu finden sein. Die Machzahl würde mit verkleinertem engsten Querschnitt steigen.

Da neben der Machzahl noch der Druck im Austrittsquerschnitt ③ an den Umgebungsdruck angepasst werden soll, muss der Kesselzustand variiert werden. Dabei würde ein höherer Kesseldruck einen höheren Druck im Austritt bedeuten. Wird hingegen der Austrittsquerschnitt bei gegebenen Austrittsdruck verändert, beeinflusst dies den Kesseldruck. Eine höhere Austrittsfläche hätte ein kleineres dimensionsloses Druckverhältnis zur Folge, wie sich aus der allgemeingültigen Lösung aus Bild 7.3 erkennen lässt. Der Kesseldruck müsste also steigen. Eine möglichst geringe Austrittsfläche ist also günstig, um den Kesseldruck zu senken. Dabei muss allerdings beachtet werden, dass die zuvor getroffenen Vereinfachung gültig bleiben.

Die Kesseltemperatur ist bereits auf 20°C festgelegt worden. Wäre die Kesseltemperatur variabel, könnte zusätzlich noch die Temperatur in der Messstrecke variiert werden.

Der Kesseldruck, die Kesseltemperatur und der engste Querschnitt wirken sich zudem unmittelbar auf den Massenstrom aus.

❏ *Welche Grenzfälle gibt es, die zum Verständnis der Strömungssituation beitragen?*

Ein immer kleiner werdender engster Querschnitt würde die Machzahl in der Messstrecke erhöhen. Bei festgelegtem Umgebungsdruck im Austritt und festgelegter Querschnittsfläche im Austritt müsste dann allerdings der Kesseldruck angehoben werden. Bei festem Kesseldruck würde eine Verminderung des engsten Querschnitts dazu führen, dass der Druck durch die stärkere Expansion stromabwärts des engsten Querschnitts sinken würde. Es würde zu einem Verdichtungsstoß mit anschließender Unterschallströmung kommen, sobald die Strömung nicht mehr gegen den hohen Umgebungsdruck anströmen kann.

Ergebnisse (E):

❏ *Welche Gleichungen (Bilanzen, Zustandsgleichungen,...) beschreiben die Physik modellhaft?*

Die Physik wird durch die Gesamtenergiegleichung, das ideale Gasgesetz, die Isentropengleichung und die Kontinuitätsgleichung beschrieben. Das dimensionsbehaftete Gleichungssystem ist in (7.6) gezeigt. Die dimensionslose Lösung kann Bild 7.3 für ein zweiatomiges Gas entnommen

werden. Im allgemeinen Fall gelten die Gleichungen (7.8) (Zustandsgleichung), (7.11) (Machzahl) und (7.14) (Flächenverhältnis).

◻ *Wie sieht die konkrete Lösung aus?*

Es soll im folgenden gezeigt werden, wie die Aufgabe graphisch mit Hilfe von Bild 7.3 gelöst werden kann. Da die Strömung isentrop ist, kann jeder Zustand innerhalb des Kanals anhand des Diagramms bestimmt werden.

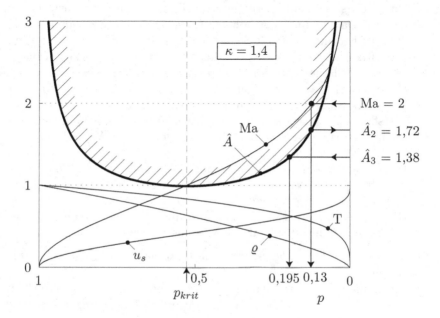

zu a:

Nach dem Diagramm in Bild 7.3 liegt eine Machzahl von $Ma_2 = 2$ bei einem Druckverhältnis von

$$\frac{p_2^*}{p_0^*} = 0{,}13$$

vor. Das zugehörige Flächenverhältnis $\hat{A}_2 = A_2^*/A_{min}^*$ kann zu 1,72 bestimmt werden. Die gesuchte Fläche im engsten Querschnitt ist somit $\hat{A}^* = A_2^*/1{,}72 = 0{,}058\,\mathrm{m}^2$.

zu b:

Mit dem bekannten Flächenverhältnis von Austritt ③ zu engstem Querschnitt

$$\frac{A_3^*}{A_{min}^*} = \frac{0{,}08\,\mathrm{m}^2}{0{,}058\,\mathrm{m}^2} = 1{,}38$$

liefert das Diagramm folgendes Druckverhältnis:

$$\frac{p_3^*}{p_0^*} = \frac{p_{Umg}^*}{p_0^*} = 0{,}195$$

Somit ergibt sich der gesuchte Kesseldruck zu $p_0^* = 1\,\mathrm{bar}/0{,}196 = 5{,}13\,\mathrm{bar}$.

zu c:

Aus Aufgabenteil a) ist $p_2^*/p_0^* = 0{,}13$ bekannt. Somit ist $p_2^* = 0{,}13 \cdot 5{,}13\,\mathrm{bar} = 0{,}67\,\mathrm{bar}$.

zu d:

Zur Lösung dieses Aufgabenteils gibt es mehrere Möglichkeiten. Es soll hier beispielhaft folgender Lösungsweg gezeigt werden.

Aus dem Diagramm kann $T_2^*/T_0^* = 0{,}54 \Rightarrow T_2^* = 161{,}23\,\mathrm{K}$ entnommen werden. Für die Geschwindigkeit an der Stelle ② gilt somit (2-fache Schallgeschwindigkeit, $\mathrm{Ma}_2 = 2$):

$$u_2^* = 2\sqrt{\kappa R^* T_2^*} = 509{,}05\,\mathrm{m/s}$$

Die Dichte kann über das ideale Gasgesetz ermittelt werden:

$$\varrho_2^* = \frac{p_2^*}{R^* T_2^*} = 1{,}45\,\frac{\mathrm{kg}}{\mathrm{m}^3}$$

Somit sind alle Größen bekannt, um den Massenstrom zu bestimmen:

$$\dot{m}^* = \varrho_2^* u_2^* A_2^* = 73{,}81\,\frac{\mathrm{kg}}{\mathrm{s}}$$

❒ *Sind die Ergebnisse plausibel?*
   Die Ergebnisse sind plausibel: Der engste Querschnitt ist geringer als der Querschnitt der Messstrecke und der Austrittsquerschnitt. Der Kesseldruck ist wesentlich höher als der Umgebungsdruck. Der Massenstrom ist allerdings enorm hoch, so dass ein kontinuierlicher Messbetrieb eine Leistung im zweistelligen Megawattbereich erfordern würde.

Aufgabe 7-2 (Kompressible Strömungen/Kap. 7)

Eine Mondrakete wird innerhalb der Erdatmosphäre von 5 identischen Triebwerken am unteren Ende der ersten Stufe angetrieben. Das heiße Abgas

strömt dabei aus einer Brennkammer in eine Laval-Düse mit dem Eintritts-querschnitt ① ein und verlässt diese am Austritt ② mit Überschallgeschwindigkeit. Gehen Sie bei der Bearbeitung der weiteren Teilaufgaben davon aus, dass es sich beim Abgas um ein ideales, dreiatomiges Gas (H_2O + CO_2) mit $R^* = 320\,J/kgK$ und $c_p^* = 1290\,J/kgK$ handelt.

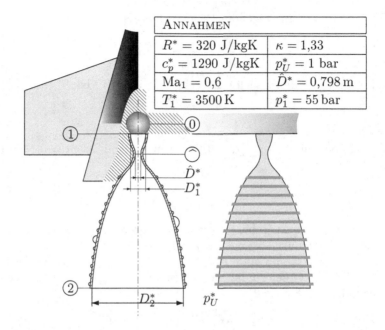

ANNAHMEN	
$R^* = 320\,J/kgK$	$\kappa = 1{,}33$
$c_p^* = 1290\,J/kgK$	$p_U^* = 1\,bar$
$Ma_1 = 0{,}6$	$\hat{D}^* = 0{,}798\,m$
$T_1^* = 3500\,K$	$p_1^* = 55\,bar$

a) Bestimmen Sie das Druckverhältnis und den Durchmesser im Eintritts-querschnitt ①.

b) Welcher Massenstrom stellt sich ein?

c) Welcher Austrittsdurchmesser und welche Austrittsgeschwindigkeit liegen im Querschnitt ② vor, wenn die Düse für den Druck $p_U^* = 1\,bar$ am Boden angepasst ist?

d) Welche Schubkraft liegt am Boden vor und wie ändert sich diese mit der Flughöhe, wenn der fiktive Kesselzustand uverändert bleibt?

Lösung von Aufgabe 7-2:

Da ein dreiatomiges Gas vorliegt, kann die Aufgabe nicht unter Verwendung der graphischen Lösung aus Abbildung 7.3 gelöst werden. Es könnte ein entsprechendes Diagramm für den Isentropenexponenten $\kappa = 1{,}33$ generiert werden. Steht dieses nicht zur Verfügung, kann stattdessen die dimensionslose Lösung aus Kapitel 7 mathematisch ausgewertet werden.

zu a:

Da die Machzahl im Eintrittsquerschnitt bekannt ist, kann das dazu gehörige Druckverhältnis aus der dimensionlosen Gleichung (7.11) bestimmt werden. Aus $\mathrm{Ma} = \sqrt{\frac{2}{\kappa - 1}\left(p^{\frac{1-\kappa}{\kappa}} - 1\right)}$ folgt daher

$$p_1 = \left(1 + \frac{\kappa - 1}{2}\mathrm{Ma}_1^2\right)^{\frac{\kappa}{1 - \kappa}} = 0{,}79$$

Mit diesem Druckverhältnis kann der dimensionslose Eintrittsquerschnitt aus der Gleichung (7.14) berechnet werden.

$$\hat{A}_1 = \left(\frac{2}{\kappa + 1}\right)^{\frac{1}{\kappa - 1}} \sqrt{\frac{\kappa - 1}{\kappa + 1}}\, p_1^{-\frac{1}{\kappa}}\left(1 - p_1^{\frac{\kappa - 1}{\kappa}}\right)^{-\frac{1}{2}} = 1{,}2$$

$$\Rightarrow D_1^* = \hat{D}^*\sqrt{A_1} = 0{,}871\,\mathrm{m}$$

zu b:

Der Massenstrom kann im Querschnitt 1 berechnet werden. Dort sind Dichte, Geschwindigkeit und Querschnittsfläche bekannt.

$$\dot{m}^* = \varrho_1^* u_1^* A_1^*$$

$$\varrho_1^* = \frac{p_1^*}{R^* T_1^*}$$

$$a_1^* = \sqrt{\kappa R^* T_1^*} = 1220\,\mathrm{m/s}$$

$$u_1^* = \mathrm{Ma}_1 a_1^* = 732\,\mathrm{m/s}$$

$$\dot{m}^* = 2142\,\mathrm{kg/s}$$

zu c:

Der dimensionsbehaftete Druck im Austrittsquerschnitt soll 1 bar betragen. Der Austrittsquerschnitt folgt aus der dimensionslosen Querschnittsfläche (7.14), s. Aufgabenteil a. Dazu muss zuvor der Druck im Querschnitt 2 mit dem Kesseldruck entdimensioniert werden. Der Kesseldruck folgt aus dem dimensionsbehafteten Druck und dem dimensionslosen Druckverhältnis im Querschnitt 1.

$$p_1 = \frac{p_1^*}{p_0^*}$$

$$\Rightarrow p_0^* = p_1^*/p_1 = 69{,}4\,\mathrm{bar}$$

$$p_2 = p_2^*/p_0^* = 0{,}0144$$

$$\hat{A}_2 = \left(\frac{2}{\kappa+1}\right)^{\frac{1}{\kappa-1}} \sqrt{\frac{\kappa-1}{\kappa+1}}\, p_2^{-\frac{1}{\kappa}} \left(1 - p_2^{\frac{\kappa-1}{\kappa}}\right)^{-\frac{1}{2}} = 7{,}12$$

$$\Rightarrow D_2^* = \hat{D}^* \sqrt{A_2} = 2{,}13\,\mathrm{m}$$

zu d:

Zur Bestimmung des Schubes ist die Geschwindigkeit im Ausstritt notwendig. Diese kann z.B. aus der Kontinuitätsgleichung berechnet werden. Dazu ist neben dem bereits bekannten Querschnitt noch die druck- und temperaturabhängige Dichte zu bestimmen. Mit der dimensionslosen Temperatur im Austrittsquerschnitt kann die Temperatur im Ausstritt berechnet werden. Die Kesseltemperatur folgt aus der Isentropen-Gleichung und idealem Gasverhalten.

$$T_1 = p_1^{\frac{\kappa-1}{\kappa}}$$

$$T_0^* = \frac{T_1^*}{T_1} = 3708\,\mathrm{K}$$

$$T_2 = p_2^{\frac{\kappa-1}{\kappa}} = 0{,}35$$

$$T_2^* = T_2 T_0^* = 1295\,\mathrm{K}$$

Mit dem Austrittsdruck und der Austrittstemperatur folgt für die Dichte

$$\varrho_2^* = \frac{p_2^*}{R^* T_2^*} = 0{,}24\,\mathrm{kg/m^3}$$

Die Geschwindigkeit folgt aus der Kontinuitätsgleichung

$$u_2^* = \frac{\dot{m}^*}{\varrho_2^* A_2^*} = 2495\,\mathrm{m/s}$$

Der Schub kann nun aus der Impulsgleichung bestimmt werden. Das Koordinatensystem wurde so gewählt, dass die Flugrichtung entlang der z-Koordinate verläuft.

$$\iint\limits_{\hat{A}^*} \varrho^* w^* \mathrm{d}Q^* = - \iint\limits_{\hat{A}^*} p^* \mathrm{d}\hat{A}_z^* - R_z^*$$

Wird die Kontrollraumgrenze so gewählt, dass die Aussenwand der Rakete mit eingeschlossen wird, ergibt sich die Gesamtbeschleunigungskraft für die 5 Triebwerke zu

$$R_z^* = 5(-[\varrho_2(-u_2^*)A_2^*u_2^*] - (p_2^* - p_U^*(h^*))(-A_2^*))$$

Dabei ist die Ausrichtung von Geschwindigkeits- und Flächenvektoren relativ zur nach oben weisenden z-Koordinate als Vorzeichen vor den skalaren Werten zu beachten. Zusammenfassend folgt

$$R_z^* = 5[(u_2^*\dot{m}^*) + (p_2^* - p_U^*(h^*))A_2^*]$$

Am Boden verschwindet der Einfluss des Druckterms, da Austrittsdruck und Umgebungsdruck identisch sind. Der Schub beträgt dann 26,72 MN. Mit steigender Flughöhe nimmt der Umgebungsdruck ab. Daher wird die Beschleunigungskraft größer.

17.5 Zu Kap. 8: Reibungsfreie Umströmungen

Aufgabe 8-1 (Potentialtheorie/Kap. 8)

Als Segelfluggelände dient der Rand einer Hochebene, die um die Höhe H^* über der Tiefebene liegt. Die Form des Geländes entspricht einer Stromlinie eines angeströmten ebenen Halbkörpers (Translationsströmung mit der Geschwindigkeit u_∞^* und Quellenströmung mit der Quellstärke Q^*). In der Tiefebene herrscht weit vor dem Rand ($x^* = -\infty$) eine Parallelströmung mit der konstanten Geschwindigkeit u_∞^*. Die Strömung ist eine Potentialströmung. Die Neigung $m = \tan\alpha$ des Geländes im Punkt A ist bekannt, ebenso die Höhe H_A^* des Punktes A über der Tiefebene.

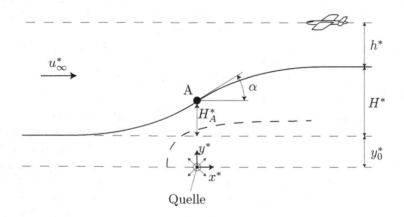

a) Um welche Höhe y_0^* muss die Quelle unter dem Niveau der Tiefebene liegen? Drücken Sie das Ergebnis als Funktion von m, H^* und H_A^* aus.

b) Berechnen Sie Linien gleichen Aufwindes v^* (vertikale Geschwindigkeitskomponente) und skizzieren Sie das Ergebnis.

c) Wo findet ein horizontal fliegendes Flugzeug, welches über der Hochebene in der Höhe $h^* = 100\,\text{m}$ fliegt, den stärksten Aufwind v^*_{max}/u^*_∞ und wie groß ist dieser?

Gegeben: $\alpha = 17,7°$, $H^* = 200\,\text{m}$, $H^*_A = 100\,\text{m}$

Lösung von Aufgabe 8-1 nach dem SMART-EVE-Konzept:

Einstieg (E):

◻ *Welche physikalische Situation liegt der Aufgabe zugrunde? Wie und mit welchen vereinfachenden (idealisierenden) Annahmen kann diese beschrieben werden?*
Die Strömung soll als reibungs- und drehungsfrei angenommen werden. Eine solche Strömung heißt Potentialströmung. Für Potentialströmungen gilt das Superpositionsprinzip, d.h. Strömungen können als Summe von Einzelbestandteilen beschrieben werden. Durch geschickte Wahl der Einzellösungen können sehr einfach (nahezu) reale Strömungen modelliert werden. Reibungseffekte können dadurch jedoch nicht direkt berücksichtigt werden. So ist es z.B. nicht möglich den Widerstand eines umströmten Körpers zu bestimmen. Ohne Reibung kann auch oftmals nicht erklärt werden, wie eine bestimmte Strömung zustandegekommen ist. Die tangentiale Abströmung von einer Flügelhinterkante kann z.B. ohne Anwesenheit einer reibungsbedingten Grenzschicht nicht erklärt werden. Es ist jedoch legitim, eine in der Natur beobachtete Strömung unabhängig von den Gründen ihrer Entstehung näherungsweise durch eine Potentialströmung zu beschreiben, wenn das Strömungsfeld außerhalb von Grenzschichten bestimmt werden soll. Damit können z.B. Auftriebskräfte an einem Flugzeug ermittelt werden, wenn das gerade Abströmen an der Hinterkante durch einen Potentialwirbel eingestellt wird. Ebenso kann in der vorliegenden Aufgabe die Strömung entlang eines Hangs mit einfacher Geometrie angenähert werden. Reibungseffekte sind im Strömungsfeld weit oberhalb des Hangs nicht relevant.

◻ *Wie lässt sich die physikalische Situation anschaulich darstellen?*
Die Strömung soll durch die Überlagerung einer Translationsströmung in horizontaler Richtung und einer Quellströmung „erzeugt" werden.
Durch die Quellströmung werden die anfangs parallel Stromlinien der Translationsströmung „auseinandergedrückt" und bilden so die Hangkontur nach. Da sowohl die Translationsströmung als auch die Quellströmung symmetrisch sind, muss auch die Superposition beider Einzellösungen symmetrisch sein. Der Hang weist jedoch keine Symmetrie auf. Um die Strömungssituation über dem Hang abzubilden muss daher das Strömungsfeld unterhalb der Stromlinie, die den Hang abbildet, ignoriert werden.

Der Teil oberhalb des Hangs ist in der folgenden Abbildung als „relevanter Teil des Strömungsfeldes" gekennzeichnet. In diesem Teil bezeichnet die Strömungskomponente in x-Richtung den Gegenwind und die Komponente in y-Richtung den gesuchten Aufwind. Für die Dimensionierung der Quelle, also zur Bestimmung der Quellstärke, muss jedoch weiterhin das gesamte Feld einschließlich des für das Segelflugzeug irrelevanten Bereichs betrachtet werden, da die Quelle sich auch dort auswirkt.

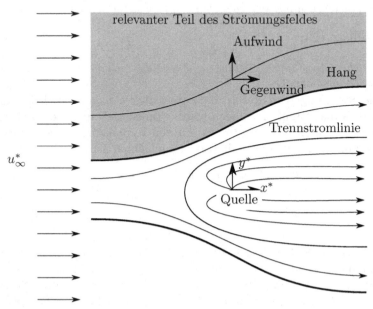

◻ *Was ist gegeben, was ist gesucht?*
Gegeben ist die Kontur des Hangs. Gesucht ist die Lage der Quelle, die Linien gleichen Aufwindes und der Ort und der Betrag des Aufwindes bei einer Flughöhe von 100 m.

Verständnis (V):

◻ *Was bestimmt die Strömungssituation?*
Die Strömung wird maßgeblich durch die Kontur des Hangs beeinflusst werden.

◻ *Was würde sie verstärken bzw. abschwächen?*
Ein steiler Hang mit einem großen Höhenunterschied wird anschaulich gesehen einen großen Aufwind bedingen und deshalb eine hohe Quellstärke erfordern.

◻ *Welche Grenzfälle gibt es, die zum Verständnis der Strömungssituation beitragen?*
Im Grenzfall eines „horizontalen Hanges", also eines flachen Bodens, wird es keinen Aufwind geben, da die Strömung nicht nach oben umgeleitet

wird. Ein sehr steiler Hang hingegen wird die Strömung sehr stark nach oben umlenken.

Direkt auf der Hangkontur, also für eine Flughöhe von 0 m, muss das Verhältnis der Aufwindkomponente zur Gegenwindkomponente der Steigung des Hangs entsprechen, da die Strömung tangential zum Hang verlaufen muss. Es findet nämlich keine Durchströmung der Hangkontur statt. Sehr weit oberhalb des Hangs wird der Aufwind sehr schwach werden, da der Einfluss der Quelle asymptotisch mit der Entfernung abnimmt.

Ergebnisse (E):

◻ *Welche Gleichungen (Bilanzen, Zustandsgleichungen,...) beschreiben die Physik modellhaft?*
Die Strömung wird durch die Potentialgleichungen beschrieben. Dabei werden die Potentiallösungen für die Tangential- und die Quellströmung addiert. Durch die Ableitung nach den Raumkoordinaten entstehen die entsprechenden Geschwindigkeitskomponenten.

◻ *Wie sieht die konkrete Lösung aus?*

zu a:

Zunächst kann die Quellstärke Q^* ermittelt werden. Der Hang wird durch die Stromlinie abgebildet, so dass „über die Hanglinie hinweg" kein Massenstrom auftritt. Darüber hinaus kann davon ausgegangen werden, dass für $x^* \to \infty$ wieder die Anströmgeschwindigkeit u_∞^* vorliegt, siehe auch Beispiel 8.1. Es gilt also zwischen beiden „Hangstromlinien" bzgl. des Volumenstroms pro Breite für den Eintritt $Q_{ein}^* = 2y_0^* u_\infty^*$ und für den Austritt $Q_{aus}^* = 2(H^* + y_0^*)u_\infty^*$. Die Differenz zwischen den beiden Größen ist die Quellstärke Q^* der Quelle, also

$$Q^* = Q_{aus}^* - Q_{ein}^* = 2H^* u_\infty^*$$

Dies entspricht ganz anschaulich dem Volumenstrom pro Breite weit stromabwärts zwischen den parallel verlaufenden Trennstromlinien zwischen Quell- und Translationsströmung (und könnte auch so direkt bestimmt werden). Im Punkt A ist die Steigung des Hanges bekannt, die auch die Steigung der zugehörigen Stromlinie ist. Es gilt also $m = \tan\alpha = v_A^*/u_A^*$, wobei der Index A die Stelle $x^* = 0$ und $y^* = y_0^* + H_A^*$ kennzeichnen soll. Nach Tabelle 8.2 gilt für die Überlagerung einer Parallelströmung ($v_\infty^* = 0$) mit einer Quellenströmung der Stärke Q^*:

$$u^* = u_\infty^* + \frac{Q^*}{2\pi}\frac{x^*}{x^{*2} + y^{*2}} \quad \Rightarrow \quad u_A^* = u_\infty^*$$

$$v^* = v_\infty^* + \frac{Q^*}{2\pi}\frac{y^*}{x^{*2} + y^{*2}} \quad \Rightarrow \quad v_A^* = \frac{H^* u_\infty^*}{\pi}\frac{1}{y_0^* + H_A^*}$$

Im Punkt A gilt somit:

$$m = \frac{v_A^*}{u_A^*} = \frac{H^*}{\pi}\frac{1}{y_0^* + H_A^*} \quad\Rightarrow\quad y_0^* = \frac{H^*}{\pi m} - H_A^* = 100\,\text{m}$$

zu b:

Für $v^* = \text{const}$ bzw. $v^*/u_\infty^* = \text{const}$ muss gelten:

$$\frac{v^*}{u_\infty^*} = \text{const} = \frac{H^*}{\pi}\frac{y^*}{x^{*2} + y^{*2}}$$

In der Abbildung ist der Hang des Segelfluggeländes zusammen mit weiteren Stromlinien angegeben. Linien konstanten Aufwindes ($v^*/u_\infty^* = \text{const}$) sind als Kreise zu erkennen.

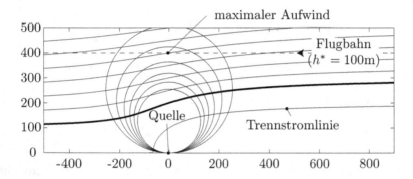

zu c:

Um das Maximum des Aufwindes zu bestimmen, kann formal die Ableitung $\mathrm{d}v^*/\mathrm{d}x^*$ gebildet und hiermit das Maximum ermittelt werden. Es ist aber auch durch „Hinschauen" zu erkennen, dass v^* seinen Maximalwert bei $x^* = 0$ besitzt, da x^{*2} im Nenner steht. Das maximale Verhältnis v_{max}^*/u_∞^* in einer Flughöhe von $h^* = 100\,\text{m}$ erhält man nun durch Auswerten von v^* an der Stelle $y^* = y_0^* + H^* + h^* = 400\,\text{m}$ und $x^* = 0$:

$$\frac{v_{max}^*}{u_\infty^*} = \frac{H^*}{\pi}\frac{1}{y_0^* + H^* + h^*} = \frac{1}{2\pi} \quad\Rightarrow\quad v_{max}^* \approx 0{,}16 \cdot u_\infty^*$$

❏ *Sind die Ergebnisse plausibel?*
   Die Lösung ist plausibel: Wertet man die Lösung für die relative Aufwindkomponente $\frac{v^*}{u_\infty^*} = \frac{H^*}{\pi}\frac{y^*}{x^{*2}+y^{*2}}$ im Punkt A, also bei $x^* = 0\,\text{m}$ und

$y^* = y_0^* + H_A^*$ aus, ergibt sich ein wert von $1/\pi$. Dies entspricht der Steigung $\tan 17{,}7° \approx 0{,}32$ in A. Der entsprechende Wert bei $h^* = 100\,\text{m}$ ist mit $0{,}16$ geringer, da der Beitrag der Quellströmung mit der Entfernung abnimmt.

Aufgabe 8-2 (Potentialtheorie/Kap. 8)

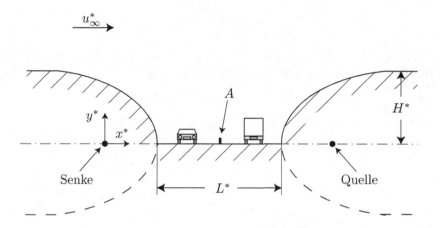

Die Abbildung zeigt einen Schnitt durch ein Gelände mit einer Autobahn, die beidseitig von einer hohen Böschung eingefasst ist. Die Fahrbahn hat die Breite L^* und liegt um H^* tiefer als das umgebende Geländeniveau. Über dem Gelände herrscht Seitenwind der Geschwindigkeit u_∞^*. Es soll eine ebene reibungslose Strömung vorausgesetzt werden. Die Form der Böschung soll der Trennstromlinie entsprechen, die sich durch Überlagerung von Quelle, Senke und Translationsströmung ergibt.
Gegeben: $L^* = 60\,\text{m}$, $H^* = 16 \cdot \pi\,\text{m}$, $u_\infty^* = 50\,\text{km/h}$

a) Wie groß ist der Seitenwind auf der Mitte der Fahrbahn (im Punkt A)?

Lösung von Aufgabe 8-2:

zu a:

Es handelt sich bei dem vorliegenden Problem um eine Überlagerung von drei Einzellösungen, so dass hier das Problem der Wahl des Koordinatensystems

mit hinzukommt. Es soll hier so gewählt werden, dass der Ursprung des Koordinatensystem mit dem Ursprung der Senke übereinstimmt. Es folgt dann nach Tabelle 8.2 für die Geschwindigkeit u^*, wobei beachtet werden muss, dass die Quelle um x_Q^* verschoben ist.

$$u^* = u_\infty^* - \underbrace{\frac{Q^*}{2\pi} \frac{x^*}{x^{*2} + y^{*2}}}_{\text{Senke}} + \underbrace{\frac{Q^*}{2\pi} \frac{x^* - x_Q^*}{(x^* - x_Q^*)^2 + y^{*2}}}_{\text{Quelle}}$$

Hierbei ist Q^* die noch unbekannte Quellstärke der Quelle bzw. Senke (gleicher Betrag, aber unterschiedliche Vorzeichen) und x_Q^* der noch unbekannte Abstand zwischen Quelle und Senke. Allerdings muss aufgrund der Symmetrie gelten, dass $x_Q^* = L^* + 2x_S^*$ ist, wobei x_S^* der Abstand von der Senke/Quelle zum entsprechenden Staupunkt ist.

Um x_S^* zu bestimmen, kann (neben $y_S^* = 0$) ausgenutzt werden, dass die Geschwindigkeit im Staupunkt definitionsgemäß Null ist:

$$0 = u_\infty^* - \frac{Q^*}{2\pi} \frac{1}{x_S^*} + \frac{Q^*}{2\pi} \frac{1}{x_S^* - x_Q^*}$$

Die Quellstärke ist wie in Beispiel 8.1 gegeben durch $Q^* = 2H^* u_\infty^*$. Es folgt unter Berücksichtigung von $x_Q^* = L^* + 2x_S^*$:

$$0 = u_\infty^* \left[1 - \frac{H}{\pi} \left(\frac{1}{x_S^*} + \frac{1}{L^* + x_S^*} \right) \right]$$

Lösen der quadratischen Gleichung führt auf:

$$x_S^* = -\frac{L^* - 2H^*/\pi}{2} + \sqrt{\left(\frac{L^* - 2H^*/\pi}{2} \right)^2 + \frac{H^* L^*}{\pi}} = 20\,\text{m}$$

Somit folgt $x_Q^* = 100\,\text{m}$ und es sind alle Größen der Gleichung zur Bestimmung der Geschwindigkeit bekannt. Auswerten an der Stelle $y^* = 0$ und $x^* = x_Q^*/2 = 50\,\text{m}$ (Punkt A) liefert:

$$u^* = u_\infty^* - \frac{Q^*}{2\pi} \frac{1}{x_Q^*/2} - \frac{Q^*}{2\pi} \frac{1}{x_Q^*/2} = u_\infty^* \left(1 - \frac{2H^*}{\pi} \frac{1}{x_Q^*/2} \right) = 18\,\text{km/h}$$

In der Abbildung bilden die Trennstromlinien die Hänge. Darüber sind weitere Stromlinien eingezeichnet.

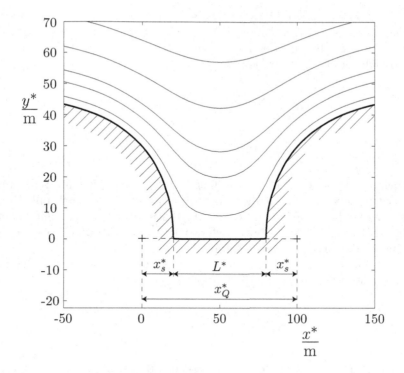

17.6 Zu Kap. 9: Reibungsbehaftete Umströmungen

Aufgabe 9-1 (Grenzschichten/Kap. 9)

Eine Platte mit dem Seitenverhältnis 2:1 (Kantenlänge $2l^*$ bzw. l^*) wird einmal quer und einmal längs mit der Geschwindigkeit u_∞^* homogen angeströmt. Die sich ausbildende Grenzschicht sei in beiden Fällen laminar und Randeffekte sowie der Einfluss der Hinterkante sollen vernachlässigt werden.

a) Bestimmen Sie das Verhältnis der Kräfte $W_{l\ddot{a}ngs}^*/W_{quer}^*$.

Gegeben: $c_W = \dfrac{2W_{zb}^*}{\varrho^* B^* L^* u_\infty^{*2}} = 2 \cdot \dfrac{1{,}328}{\sqrt{\mathrm{Re}}}$

Lösung von Aufgabe 9-1 nach dem SMART-EVE-Konzept:

Einstieg (E):

☐ *Welche physikalische Situation liegt der Aufgabe zugrunde? Wie und mit welchen vereinfachenden (idealisierenden) Annahmen kann diese beschrieben werden?*
Es wird die Umströmung einer ebenen Platte betrachtet. Da die Platte keine Dicke besitzt und parallel zur Anströmung orientiert ist, gibt

es keinen Druckwiderstand. Die Widerstandskraft wird allein durch die Wandschubspannung übertragen. Die Wandschubspannung ist proportional zum Geschwindigkeitsgradienten an der Wand. Dieser entsteht dadurch, dass ausgehen von der Vorderkante der Platte die anfangs homogene Anströmung an der Platte durch Reibungseffekte aufgrund der Haftbedingung abgebremst wird. Die Wandschubspannung wird unmittelbar stromabwärts der Vorderkante sehr hoch sein. Direkt an der Vorderkante gibt es eine Singularität für die Wandschubspannung da der Übergang von der Anströmung zur festen Wand, an der die Haftbedingung gilt, unstetig ist. Stromabwärts von der Vorderkante wird die Wandschubspannung monoton abnehmen, da die Grenzschicht immer weiter anwächst und die Geschwindigkeitsgradienten an der Wand entsprechend abnehmen. Vergleiche hierzu das Beispiel B9.1.

❑ *Wie lässt sich die physikalische Situation anschaulich darstellen?*
Das Grenzschichtwachstum und die damit verbundene Abnahme der Wandschubspannung ist in Bild B9.1-1 dargestellt.

❑ *Was ist gegeben, was ist gesucht?*
Gegeben ist das Seitenverhältnis der Platte bei Überströmung in Längs- und Querrichtung. Gesucht ist das Verhältnis der Widerstandskräfte für den Fall der Längs- und der Querüberströmung.

Verständnis (V):

❑ *Was bestimmt die Strömungssituation?*
Die Widerstandskraft wird durch den Verlauf des Wandgeschwindigkeitsgradienten bestimmt. In der Nähe der Plattenvorderkante ist dieser besonders hoch. Die Wandschubspannung ergibt bei der Integration über die benetzte Plattenoberfläche die Widerstandskraft. Folglich haben auch die Abmessungen der Platte einen Einfluss auf die Widerstandskraft.

❑ *Was würde sie verstärken bzw. abschwächen?*
Für Luft als gegebenes Fluid wird die Widerstandskraft von Länge und Breite abhängen. Der Widerstand wird dabei sowohl mit der Länge als auch mit der Breite wachsen. Eine besondere Situation entsteht jedoch, wenn Länge und Breite über die Vorgabe einer konstanten Fläche verknüpft werden. Eine Vergrößerung der Länge, die für sich genommen eine Erhöhung des Widerstands bedeuten würde, führt damit gleichzeitig zu einer Verkleinerung der Breite, die wiederum den Widerstand vermindert. Für eine konstante Wandschubspannung würden sich beide Effekte exakt kompensieren. Da die Wandschubspannung an der Vorderkante am höchsten ist, kann gefolgert werden, dass diejenige Konfiguration den höchsten Widerstand haben wird, bei der der Bereich nahe der Vorderkante den höchsten Flächenanteil aufweisen wird. Damit ist der Widerstand einer breiten Platte höher.

❏ *Welche Grenzfälle gibt es, die zum Verständnis der Strömungssituation beitragen?*
Die Grenzfälle „unendlich breite Platte" und „unendlich lange Platte", jeweils bei Vorgabe einer endlichen Plattenfläche, verdeutlichen den Effekt von Plattenbreite und Plattenlänge auf den Widerstand: Wird die Platte in einem Gedankenexperiment immer breiter, steigt die Wandschubspannung im Mittel immer weiter an, da die Oberfläche der Platte in Längsrichtung immer näher an die Vorderkante gerät. Die Wandschubspannung steigt dabei unbegrenzt. Mit konstanter Plattenoberfläche kann der Wert für den Widerstand theoretisch unbegrenzt ansteigen.
Im Fall einer immer schmaler werdenden Platte sinkt die mittlere Wandschubspannung. Bei konstanter Oberfläche wird die Widerstandskraft für eine erhöhte Länge damit immer kleiner. Einen Grenzwert für die Widerstandskraft anzugeben wäre hier noch voreilig.
Beide Extremsituationen sind allerdings nur theoretischer Natur. Sie sind jedoch im Einklang mit den eingangs getroffenen Vereinfachungen.

Ergebnisse (E):

❏ *Welche Gleichungen (Bilanzen, Zustandsgleichungen,...) beschreiben die Physik modellhaft?*
Eine reibungsbehaftete Strömung eines Newtonschen Fluides wird im Rahmen der Kontinuumstheorie immer durch die Navier-Stokes-Gleichungen beschrieben. Im vorliegenden Fall ist die Lösung unter Berücksichtigung der Grenzschichttheorie bereits als Widerstandsbeiwert für die ebene Platte ohne Hinterkanteneinfluss angegeben worden. Sie muss nur noch für den vorliegenden Fall angewandt werden.

❏ *Wie sieht die konkrete Lösung aus?*

Nach Gleichung B9.1-3 aus Beispiel 9.1 gilt für den Widerstandsbeiwert einer beidseitig benetzten, laminar überströmten Platte:

$$c_W = \frac{2W_{zb}^*}{\varrho^* B^* L^* u_\infty^{*2}} = 2 \cdot \frac{1{,}328}{\sqrt{u_\infty^* L^* / \nu^*}}$$

Dies kann nach der gesuchten Widerstandskraft W_{zb}^* aufgelöst werden:

$$W_{zb}^* = 1{,}328 \sqrt{\nu^* L^*} \varrho^* B^* u_\infty^{*3/2}$$

Für die längs angeströmte Platte gilt für die Breite $B^* = l^*$ sowie für die Länge $L^* = 2l^*$ und somit

$$W_{längs}^* = 1{,}328 \sqrt{\nu^* 2l^*} \varrho^* l^* u_\infty^{*3/2}$$

Die quer angeströmte Platte hat die Abmessungen $B^* = 2l^*$, $L^* = l^*$ und die Widerstandskraft

$$W_{quer}^* = 1{,}328 \sqrt{\nu^* l^*} \varrho^* (2l^*) u_\infty^{*3/2}$$

Für das Verhältnis der Kräfte folgt

$$\frac{W^*_{l\ddot{a}ngs}}{W^*_{quer}} = \frac{\sqrt{2l^*}}{\sqrt{l^*}} \cdot \frac{l^*}{2l^*} = \frac{1}{\sqrt{2}}$$

Solange die Grenzschichten an der Platte laminar sind, ist die Widerstandskraft für die gewählte Plattengeometrie bei Queranströmung $\sqrt{2}$-mal so groß wie bei Längsanströmung.

❏ *Sind die Ergebnisse plausibel?*
   Das Ergebnis war qualitativ zu erwarten, da der Geschwindigkeitsgradient (und somit auch die Wandschubspannung) ausgehend von der Vorderkante monoton abnimmt. Bei einer breiten Platte wirkt die höhere Schubspannung nun auf einer größeren Fläche und führt zu einer größeren Widerstandskraft als bei der Längsanströmung einer vergleichbaren Platte.

Aufgabe 9-2 (Grenzschichten/Kap. 9)

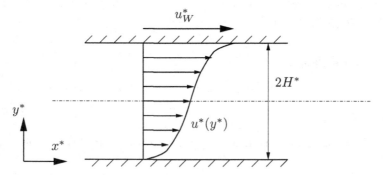

Nach obiger Abbildung wird eine voll ausgebildete turbulente Strömung eines *inkompressiblen, Newtonschen* Fluids zwischen zwei sehr langen parallelen ebenen Platten betrachtet (Abstand $2H^*$), von denen die eine in Ruhe ist, während die andere mit konstanter Geschwindigkeit u^*_W in ihrer eigenen Ebene bewegt wird. Eine solche Strömung wird als *turbulente Couette-Strömung* bezeichnet. Es soll das Geschwindigkeitsfeld der mittleren Geschwindigkeit in Strömungsrichtung durch den Prandtlschen Mischungswegansatz berechnet werden.

a) Ermitteln Sie zunächst aus der zeitlich gemittelten x-Impulsgleichung für die turbulente Strömung den Gradienten der Schubspannung

$$\tau^* = \eta^* \frac{\partial \overline{u^*}}{\partial y^*} - \varrho^* \overline{u^{*'} v^{*'}} = \tau^*_v + \tau^*_t$$

in y^*-Richtung.

b) Ein Ansatz für den Verlauf der Mischungsweglänge im *Kernbereich* der Strömung ist

$$L_t^*(y^*) = \frac{1}{2}\kappa\frac{y^*}{H^*}\left(2H^* - y^*\right)$$

mit $\kappa = 0{,}41$ als von-Kármán-Konstante. Berechnen Sie mit diesem Verlauf unter Anwendung des Wirbelviskositätsansatzes den Verlauf der turbulenten Scheinspannung τ_t^* in der Kernschicht.

c) Berechnen Sie das Geschwindigkeitsprofil der mittleren Geschwindigkeit $\overline{u^*}(y^*)$ in der Kernschicht, wenn außerhalb der viskosen Unterschicht die viskose Schubspannung τ_v^* gegenüber der turbulenten Scheinspannung τ_t^* vernachlässigt werden kann.

d) Leiten Sie das Geschwindigkeitsprofil der mittleren Geschwindigkeit $\overline{u^*}(y^*)$ für die wandnahe Schicht her. Beachten Sie, dass in *Wandnähe* der Zusammenhang $L_t^*(y^*) = \kappa y^*$ gilt!

e) Wie verläuft das Geschwindigkeitsprofil der mittleren Geschwindigkeit $\overline{u^*}(y^*)$ in unmittelbarer Nähe der Wand, wenn dort die turbulenten Scheinspannung τ_t^* gegenüber der viskose Schubspannung τ_v^* vernachlässigt werden kann?

Lösung von Aufgabe 9-2:

zu a:

Die zweidimensionale turbulente Impulsbilanz in x-Richtung lautet (ohne Auftriebskräfte):

$$\frac{\partial\overline{u^*}}{\partial t^*} + \overline{u^*}\frac{\partial\overline{u^*}}{\partial x^*} + \overline{v^*}\frac{\partial\overline{u^*}}{\partial y^*} = -\frac{\partial p^*}{\partial x^*} + \eta^*\left[\frac{\partial^2\overline{u^*}}{\partial x^{*2}} + \frac{\partial^2\overline{u^*}}{\partial y^{*2}}\right] - \varrho^*\left[\frac{\partial\overline{u^{*\prime2}}}{\partial x^*} + \frac{\partial\overline{u^{*\prime}v^{*\prime}}}{\partial y^*}\right]$$

die durch folgende Annahmen vereinfacht werden kann

- stationär $\Rightarrow$ $\dfrac{\partial\overline{u^*}}{\partial t^*} = 0$

- ausgebildet $\Rightarrow$ $\dfrac{\partial\dots}{\partial x^*} = 0$

- keine Querströmung (aus der Kontinuitätsgleichung):

$$\underbrace{\frac{\partial\overline{u^*}}{\partial x^*}}_{=0} + \frac{\partial\overline{v^*}}{\partial y^*} = 0 \quad\Leftrightarrow\quad \overline{v^*} = const = 0$$

Die Impulsbilanz vereinfacht sich damit zu

$$0 = \eta^* \left[\frac{\partial^2 \overline{u^*}}{\partial y^{*2}} \right] - \varrho^* \left[\frac{\partial \overline{u^{*\prime} v^{*\prime}}}{\partial y^*} \right] = \frac{\partial}{\partial y^*} \left[\underbrace{\eta^* \frac{\partial \overline{u^*}}{\partial y^*}}_{=\tau_v^*} - \underbrace{\varrho^* \overline{u^{*\prime} v^{*\prime}}}_{=\tau_t^*} \right] = \frac{\partial \tau^*}{\partial y^*}$$

zu b:

Es gilt nach Gleichung (5.24)

$$\tau_t^* = \eta_t^* \frac{\partial \overline{u^*}}{\partial y^*} = \varrho^* L_t^{*2} \left| \frac{\partial \overline{u^*}}{\partial y^*} \right|^2 = \varrho^* \left[\frac{\kappa}{2H^*} \left(2H^* y^* - y^{*2} \right) \right]^2 \left| \frac{\partial \overline{u^*}}{\partial y^*} \right|^2$$

zu c:

Es gilt in der Kernschicht, dass $\tau_t^* \gg \tau_v^*$ ist, also $\tau_t^* = \tau_W^*$

$$\tau_t^* = \tau_W^* = \varrho^* \left[\frac{\kappa}{2H^*} \left(2H^* y^* - y^{*2} \right) \right]^2 \left| \frac{\partial \overline{u^*}}{\partial y^*} \right|^2$$

$$\Rightarrow \quad \frac{\partial \overline{u^*}}{\partial y^*} = \frac{1}{\kappa} \sqrt{\frac{\tau_W^*}{\varrho^*}} \frac{2H^*}{(2H^* y^* - y^{*2})}$$

$$\overline{u^*} = \frac{1}{\kappa} \sqrt{\frac{\tau_W^*}{\varrho^*}} \ln \left(\frac{y^*}{2H^* - y^*} \right) + B^*$$

Hierbei ist B^* die Integrationskonstante, die bestimmt werden kann, indem man ausnutzt, dass aus Symmetrie-Gründen auf der Mittellinie $y^* = H^*$ die Geschwindigkeit $\overline{u^*} = u_W^*/2$ vorliegt.

$$\overline{u^*}(H^*) = \frac{u_W^*}{2} = \frac{1}{\kappa} \sqrt{\frac{\tau_W^*}{\varrho^*}} \underbrace{\ln \left(\frac{H^*}{2H^* - H^*} \right)}_{=0} + B^*$$

Somit folgt $B^* = u_W^*/2$ und das gesuchte Geschwindigkeitsprofil im Bereich der Kernschicht lautet

$$\overline{u^*} = \frac{1}{\kappa} \sqrt{\frac{\tau_W^*}{\varrho^*}} \ln \left(\frac{y^*}{2H^* - y^*} \right) + \frac{1}{2} u_W^*$$

zu d:

In der wandnahen Schicht gilt weiterhin $\tau_t^* = \tau_W^*$, mit der turbulenten Schubspannung als

$$\tau_t^* = \tau_W^* = \varrho^* L_t^{*2} \left|\frac{\partial \overline{u^*}}{\partial y^*}\right|^2 = \varrho^* (\kappa y^*)^2 \left|\frac{\partial \overline{u^*}}{\partial y^*}\right|^2 \quad \Leftrightarrow \quad \frac{\partial \overline{u^*}}{\partial y^*} = \sqrt{\frac{\tau_W^*}{\varrho^*}} \frac{1}{\kappa y^*}$$

Es ist bereits zu erkennen, dass diese Gleichung durch Trennung der Variablen und anschließende Integration zu lösen ist. Allerdings würde dann die dimensionsbehaftete Größe y^* als Argument des natürlichen Logarithmus auftreten, was nicht zulässig ist. Es hat sich deshalb durchgesetzt, den Wandabstand mit Hilfe der sog. Wandschubspannungsgeschwindigkeit $u_\tau^* = \sqrt{\tau_W^*/\varrho^*}$ und der kinematischen Viskosität $\nu^* = \eta^*/\varrho^*$ zu entdimensionieren.

$$\text{Koordinatentransformation:} \quad y^* \to y^+ = \frac{y^* u_\tau^*}{\nu^*}$$

In entdimensionierter Form lautet die Gleichung zur Bestimmung der Geschwindigkeit also:

$$\sqrt{\frac{\varrho^*}{\tau_W^*}} \cdot \frac{\partial \overline{u^*}}{\partial y^+} = \frac{1}{\kappa y^+} \quad \Rightarrow \quad \sqrt{\frac{\varrho^*}{\tau_W^*}} \cdot \overline{u^*} = \frac{1}{\kappa} \ln y^+ + C$$

Die Integrationskonstante C ist universell gültig und wurde für glatte Wände durch Messungen zu 5,0 bestimmt. Das gesuchte Geschwindigkeitsprofil in Wandnähe lautet also

$$\overline{u^*} = \frac{1}{\kappa} \sqrt{\frac{\tau_W^*}{\varrho^*}} \ln \left(\frac{y^*}{\nu^*} \sqrt{\frac{\tau_W^*}{\varrho^*}}\right) + \sqrt{\frac{\tau_W^*}{\varrho^*}} \cdot C$$

zu e:

In unmittelbarer Wandnähe (viskose Unterschicht) gilt $\tau_v^* \gg \tau_t^*$ und somit $\tau_v^* = \tau_W^*$

$$\tau_v^* = \tau_W^* = \eta^* \frac{\partial \overline{u^*}}{\partial y^*} \quad \Rightarrow \quad \overline{u^*} = \frac{\tau_W^*}{\eta^*} \cdot y^* \quad \left(= \left.\frac{\partial \overline{u^*}}{\partial y^*}\right|_w \cdot y^*\right)$$

Die nachfolgende Abbildung zeigt den Geschwindigkeitsverlauf in der viskosen Unterschicht nach Aufgabenteil e) (durchgezogenen Linie), im wandnahen logarithmischen Bereich nach d) (strich-punktierte Linie) und in der Kernschicht nach c) (gepunktete Linie). Die Verläufe wurden für eine Reynolds-Zahl von $\mathrm{Re}_{2H} = 48\,354$ ermittelt. Hierfür wurden die Wandschubspannung

zu $\tau_W^* = 30\,\mathrm{N/m^2}$, die Dichte zu $\varrho^* = 1\,\mathrm{kg/m^3}$ und die kinematische Viskosität zu $\nu^* = 0,01\,\mathrm{m^2/s^2}$ gesetzt. Die Wandgeschwindigkeit $u_W^* = 241,77\,\mathrm{m/s}$, mit der auch die Reynolds-Zahl gebildet wurde, wurde durch ein hier nicht näher erläutertes Anpassen der Profile aus c) und d) ermittelt.

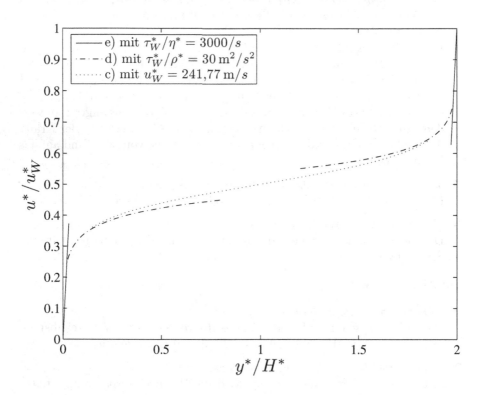

17.7 Zu Kap. 10: Durchströmungen

Aufgabe 10-1 (Durchströmungen/Kap. 10)

Über eine hydraulisch glatte, horizontal verlaufende Rohrleitung der Länge $L^* = 10\,\mathrm{m}$ und des Durchmessers $D^* = 0,1\,\mathrm{m}$ wird Luft ($\varrho^* = 1,2\,\mathrm{kg/m^3}$, $\nu^* = 15 \cdot 10^{-6}\,\mathrm{m^2/s}$) mit Hilfe eines Gebläses aus der Umgebung angesaugt. Die mittlere Strömungsgeschwindigkeit im Rohr betrage $u_S^* = 15\,\mathrm{m/s}$. Der Eintritt ist sehr gut abgerundet, so dass keine Eintrittsverluste auftreten. Einlaufeffekte können vernachlässigt werden.

a) Wie groß ist die Kraft auf den Flansch des Gebläses?

Lösung von Aufgabe 10-1 nach dem SMART-EVE-Konzept:

Einstieg (E):

◻ *Welche physikalische Situation liegt der Aufgabe zugrunde? Wie und mit welchen vereinfachenden (idealisierenden) Annahmen kann diese beschrieben werden?*

Da die Rohrleitung horizontal verläuft, wird die Kraft, die an der Innenseite des Rohres durch die dort wirkende Wandschubspannung entsteht, vollständig als senkrechte Kraft auf den Flansch übertragen. Diese Kraft steht im Gleichgewicht mit der Druckdifferenz über die Rohrlänge L^*, so dass für die Lösung des Problems diese Druckdifferenz herangezogen werden kann. Dabei ist zu beachten, dass für dieses Gleichgewicht der Kräfte die Kraft aus den Wandschubspannungen zählt, die von der Wand auf das Fluid wirken.

◻ *Wie lässt sich die physikalische Situation anschaulich darstellen?*

Dies ist durch das beschriebene Kräftegleichgewicht bereits geschehen.

◻ *Was ist gegeben, was ist gesucht?*

Die Geometrie ist gegeben, die Kraft aufgrund der reibungsbehafteten Strömung ist gesucht.

Verständnis (V):

◻ *Was bestimmt die Strömungssituation?*

Die gleichmäßig auf die Innenwand des Rohres wirkende Wandschubspannung führt zu der hier maßgeblichen Kraft auf den Flansch.

◻ *Was würde sie verstärken bzw. abschwächen?*

Mit ansteigendem Volumenstrom wird die Wandschubspannung intensiviert. Damit hängt die Kraft auf den Flansch unmittelbar vom Volumenstrom ab.

◻ *Welche Grenzfälle gibt es, die zum Verständnis der Strömungssituation beitragen?*

Für sehr kleine Volumenströme würde sich eine laminare Strömung einstellen, bei der der Zusammenhang zwischen Volumenstrom und Kraft linear wäre. Die Wandschubspannung wäre direkt proportional zum Volumenstrom.

Für sehr hohe Volumenströme würde sich eine turbulente Strömung einstellen. Durch turbulente Wirbel entsteht nun zusätzlich ein Trägheitseinfluss, so dass die Abhängigkeit von Kraft und Volumenstrom zwischen den Grenzfällen „linear" und „quadratisch" verläuft. Erst im Fall von Geometrieänderungen entlang des Strömungsweges, z.B. durch Einbauten oder sehr rauhe Wände könnte die Strömung durch Trägheitskräfte dominiert werden, so dass ein reiner quadratischer Zusammenhang vorliegen könnte.

Ergebnisse (E):

❏ *Welche Gleichungen (Bilanzen, Zustandsgleichungen,...) beschreiben die Physik modellhaft?*
Die Durchströmung des Rohres wird durch die Navier-Stokes Gleichungen beschrieben. Da diese auch für den vorliegenden geometrisch sehr simplen Fall nur für laminare Strömungen analytisch gelöst werden können, kann die Rohrreibungszahl aus Bild B10.2 als empirisch gewonnene Lösung verwendet werden.

❏ *Wie sieht die konkrete Lösung aus?*

Um den Druckverlust in der Rohrleitung bestimmen zu können, muss zunächst die Reynolds-Zahl ermittelt werden

$$\mathrm{Re} = \frac{u_S^* D^*}{\nu^*} = 100\,000$$

Die Rohrreibungszahl kann anhand des Moody-Diagramms (Bild B10.2) zu $\lambda_R = 0{,}018$ ermittelt werden. Der Druckverlust ergibt sich nach (6.20) zu

$$\left(p_2^* - \frac{\varrho^*}{2} u_{S2}^{*2}\right) - \left(p_1^* - \frac{\varrho^*}{2} u_{S1}^{*2}\right) = -\frac{\varrho^*}{2} u_{S2}^{*2} \lambda_R \frac{L^*}{D^*}$$

Da sich der Querschnitt des Rohrs nicht ändert, bleibt die Geschwindigkeit konstant ($u_{S2}^* = u_{S1}^* = u_S^*$). Es folgt somit:

$$\Delta p^* = p_2^* - p_1^* = -\frac{\varrho^*}{2} u_{S2}^{*2} \lambda_R \frac{L^*}{D^*} = -243 \, \frac{\mathrm{N}}{\mathrm{m}^2}$$

Die gesuchte Kraft ergibt sich also zu

$$F^* = |\Delta p^*| \cdot A^* = |\Delta p^*| \cdot \frac{\pi}{4} D^{*2} = 1{,}91 \, \mathrm{N}$$

❏ *Sind die Ergebnisse plausibel?*
Die Ergebnisse sind plausibel. Die Kraft steigt mit der mittleren Geschwindigkeit, bzw. dem Volumenstrom, an. Der Zusammenhang $\Delta p^* = -\frac{\varrho^*}{2} u_{S2}^{*2} \lambda_R \frac{L^*}{D^*}$ suggeriert zunächst einen quadratischen Zusammenhang. Dies ist jedoch nicht richtig, da die Rohrreibungszahl λ_R mit steigender Reynoldszahl bzw. steigendem Volumenstrom abnimmt, so dass der Zusammenhang zwischen den Grenzfällen „linear" und „quadratisch" verläuft. Die Kraft der Strömung auf das Rohr ist sehr gering und daher in diesem Fall gegenüber weiteren Kräften, z.B. der Gewichtskraft oder Kräften aufgrund thermischer Spannungen, zu vernachlässigen.

17.8 Zu Kap. 14: Strömungsverluste aus thermodynamischer Sicht

Aufgabe 14-1 (Strömungsverluste aus thermodyn. Sicht/Kap. 14)

Es soll im folgenden ein 90°-Rohrkrümmer (Kreisquerschnitt, hydraulisch glatt) mit einem Durchmesser von $D^* = 0,1$ m und einem dimensionslosen Krümmungsradius von $R^*/D^* = 1$ betrachtet werden. Die zugehörige Vorlaufstrecke betrage $L_V^*/D^* = 5$ und die Nachlaufstrecke $L_N^*/D^* = 10$. Als Fluid wird Wasser ($\nu^* = 10^{-6}$ m^2/s, $\varrho^* = 1000$ kg/m^3) verwendet. Durch eine genaue Analyse der Strömung ist das folgende Widerstandsgesetz für den Krümmer ermittelt worden:

$$\zeta = \begin{cases} 0{,}53 & \text{Re} = 10^4 \\ 0{,}32 & \text{Re} = 10^5 \\ 0{,}22 & \text{Re} = 10^6 \\ 0{,}2 & \text{Re} \geq 10^7 \end{cases}$$

a) Bestimmen Sie die Verlustleistung P_{irr}^* aufgrund der geraden Rohrabschnitte und des Krümmers, wenn in allen Querschnitten die Strömungsgeschwindigkeit $u_1^* = 10$ m/s vorherrscht. Welchen Anteil hat der Krümmer am Gesamtverlust?

b) Wie ändern sich die Verlustleistung und der Anteil der Verluste aufgrund des Krümmers, wenn die Strömungsgeschwindigkeit zunächst auf $u_2^* = 1$ m/s und anschließend auf $u_3^* = 0,1$ m/s reduziert wird?

c) Wie groß ist der Fehler bei der Bestimmung der Verlustleistung im Falle der drei verschiedenen Strömungsgeschwindigkeiten, wenn ein konstanter Widerstandsbeiwert von $\zeta = 0,2$ angenommen wird? Unter welchen Voraussetzungen könnte die Reynoldszahlabhängigkeit des Widerstandsbeiwerts tatsächlich vernachlässigt werden?

Lösung von Aufgabe 14-1 nach dem SMART-EVE-Konzept:

Einstieg (E):

❏ *Welche physikalische Situation liegt der Aufgabe zugrunde? Wie und mit welchen vereinfachenden (idealisierenden) Annahmen kann diese beschrieben werden?*
Im vorliegenden Fall handelt es sich um eine sog. Durchströmung bei der das Fluid mit Ausnahme von Eintritts- und Austrittsfläche allseitig von Wänden umschlossen wird. Durch den Wandeinfluss wird es bei Eintritt in das Leitungssystem zunächst zu einem Grenzschichtwachstum von den Wänden ausgehend kommen. Mit fortschreitender Lauflänge der

Strömung werden die Grenzschichten bald zusammenwachsen, so dass es zu nennenswerten Reibungseffekten im gesamten Strömungsfeld kommen wird. Dabei wird mechanische Energie durch einen Dissipationsprozess zu sog. innerer Energie. Die dabei entstehende Erwärmung im Strömungsfeld ist in vielen Fällen allerdings aufgrund des hohen Kapazitätsmassenstroms (Produkt aus Massenstrom und Wärmekapazität) vernachlässigbar. Der Verlust mechanischer Energie bedingt allerdings häufig eine nicht zu vernachlässigende Verschiebearbeit, die durch eine Pumpe aufgebracht werden muss, um die Strömung aufrechtzuerhalten.

Im vorliegenden Fall ist eine energetische Bewertung eines Durchströmungsprozesses am Beispiel eines Krümmers in einer Rohrleitung durchzuführen. Dabei ist interessant, wie sich die Strömungsverluste in Abhängigkeit von der Strömungsgeschwindigkeit, bzw. vom Massenstrom verhalten.

❐ *Wie lässt sich die physikalische Situation anschaulich darstellen?*
Die Verschaltung von Krümmer und Rohr ist in der folgenden Abbildung skizziert.

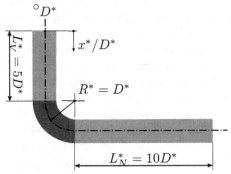

❐ *Was ist gegeben, was ist gesucht?*
Gesucht ist der Beitrag des Krümmers zum Gesamtverlust sowie die Abhängigkeit des Verlustes vom Massenstrom durch den Krümmer und die Rohre. Gegeben ist neben den drei zu berücksichtigenden Massenströmen der dimensionslose Zusammenhang des Verlustes aufgrund des Krümmers in Form des Widerstandsbeiwertes als Funktion der Reynoldszahl. In vielen Publikationen wird jedoch ausschließlich ein konstanter Wert für den Widerstandsbeiwert angegeben, so dass es interessant zu wissen ist, unter welchen Voraussetzungen ein Reynoldszahl-unabhängiger Wert überhaupt gerechtfertigt ist.

Verständnis (V):

❐ *Was bestimmt die Strömungssituation?*
Strömungsverluste entstehen durch Geschwindigkeitsgradienten im Strömungsfeld. Durch Reibungsverluste kommt es zu lokaler Entropieproduktion, s. Gleichung (13.10), die über das Strömungsfeld integriert den Gesamtverlust ergibt.

❐ *Was würde sie verstärken bzw. abschwächen?*
Die Intensität der Strömungsverluste wird mit einem steigenden Massenstrom zunehmen.

❐ *Welche Grenzfälle gibt es, die zum Verständnis der Strömungssituation beitragen?*
Im Fall einer ausgebildeten laminaren Strömung gibt es ein bestimmtes Strömungsprofil, vgl. Gleichung (10.19) für ein Kreisrohr bzw. einen ebenen Kanal. Die Profil*form* ist prinzipiell unabhängig von der mittleren Geschwindigkeit. Allerdings sind die *Werte* linear abhängig von der mittleren Geschwindigkeit und damit auch vom Massenstrom. Da die Gradienten ebenfalls linear mit dem Massenstrom ansteigen, wird die Entropieproduktion in (13.10), wo die Gradienten in quadrierter Form auftreten, quadratisch mit dem Massenstrom steigen. Für den Grenzfall „laminare ausgebildete Strömung" gilt das Widerstandsgesetz $P_{irr}^* \propto \dot{m}^{*2}$.
Ist die Strömung nicht ausgebildet, so ist der quadratische Zusammenhang nicht mehr gültig. In Bereichen, in denen lokal Beschleunigungen auftreten, hat die Strömung eine erhöhte spezifische kinetische Energie $u^{*2}/2$. Dies kann z.B. bei Turbulenz, bei unstetiger Geometrieänderung oder auch in laminaren Wirbeln auftreten. Wird diese Energie nicht mehr an die Strömung zurückgespeist, etwa stromabwärts eines Wirbels, so dissipiert diese im Extremfall vollständig. Die kinetische Energie ist das Produkt der spezifischen kinetischen Energie in einem Querschnitt und dem Massenstrom durch diesen Querschnitt. Damit ist die u.U. vollständig dissipierte kinetische Energie in der dritten Potenz abhängig von der Geschwindigkeit und damit auch vom Massenstrom. Für den allgemeinen Fall einer nicht ausgebildeten Strömung gilt demnach $P_{irr}^* \propto \dot{m}^{*n}$ mit $2 \leq n \leq 3$, wobei $n = 3$ den totalen Verlust der lokal vorhandenen kinetischen Energie bedeutet. In diesem Fall werden die Verluste aufgrund der Trägheit zum überwiegenden Teil im Nachlauf einer Komponente auftreten. Der Fall $n = 2$ bedeutet, dass Trägheitskräfte eine untergeordnete Rolle spielen. Die zugehörige Strömung muss jedoch nicht zwangsläufig ausgebildet sein. Auch eine sog. schleichende Strömung in einer komplexen Geometrie ist durch die Abwesenheit von Trägheitskräften gekennzeichnet.

Ergebnisse (E):

❐ *Welche Gleichungen (Bilanzen, Zustandsgleichungen,...) beschreiben die Physik modellhaft?*
Verluste können bei bekanntem Strömungsfeld direkt aus diesem berechnet werden, wenn die lokale Entropieproduktion nach (13.10) berechnet wird. In Experimenten kann eine indirekte Bilanzierung unter Berücksichtigung des Totaldrucks in mindestens 2 Bilanzquerschnitten vorgenommen werden. In jedem Fall können die Ergebnisse als dimensionslose Verlustbeiwerte vertafelt werden. Die Abhängigkeit vom Massenstrom wird in

der dimensionslosen Form als Abhängigkeit von der Reynoldszahl berücksichtigt.

☐ *Wie sieht die konkrete Lösung aus?*

zu a:

Um die Verlustleistung ermitteln zu können, ist zunächst die Reynolds-Zahl zu bestimmen:

$$\text{Re}_1 = \frac{u_1^* D^*}{\nu^*} = 10^6$$

Es kann nun für den Vor- und Nachlauf die Rohrreibungszahl λ_R anhand des Moody-Diagramms nach Bild B10.2 zu $\lambda_R = 0{,}012$ bestimmt werden. Alternativ könnte auch eine iterative Berechnung anhand des impliziten Widerstandsgesetzes nach Tabelle 10.4 erfolgen.

$$\sqrt{\frac{8}{\lambda_R}} = \frac{1}{\kappa} \ln\left(\frac{1}{2}\text{Re}\sqrt{\frac{\lambda_R}{8}}\right) + C^+ + \overline{C} + \overline{\overline{C}} \quad \Rightarrow \quad \lambda_R = 0{,}0117$$

Die Verlustleistung setzt sich aus den Verlusten in den geraden Rohrstücken bei Annahme einer ausgebildeten Strömung und den Verlusten aufgrund des Krümmers zusammen. Die gegenüber einer ausgebildeten Strömung erhöhten Verluste in den geraden Abschnitten der Gesamtlänge $15D^*$ werden dabei durch Krümmer verursacht. Es handelt sich um sog. zusätzliche Verluste, die im Verlustbeiwert berücksichtigt sind.

$$P_{irr,1}^* = \underbrace{\lambda_R \frac{L_V^* + L_N^*}{D^*} \overbrace{\frac{u_1^{*2}}{2} \dot{m}^*}^{3{,}926\,\text{kW}}}_{706\,\text{W}} + \underbrace{\zeta \frac{u_1^{*2}}{2} \dot{m}^*}_{864\,\text{W}} = 1570\,\text{W}$$

Der Krümmer verursacht damit 55% der Verluste.

zu b:

Bei einer Verminderung der Strömungsgeschwindigkeit um den Faktor 10 würde die Verlustleistung um den Faktor 1000 vermindert, wenn die dimensionslosen Verlustbeiwerte λ_R und ζ unabhängig von der Reynoldszahl wären, da der Faktor $\frac{u^{*2}}{2}\dot{m}^*$ proportional zu u^{*3} skaliert. Die mit einer Verringerung der Strömungsgeschwindigkeit einhergehende Verminderung der Reynolds-Zahl auf $\text{Re} = 10^5$ bzw. $\text{Re} = 10^4$ führt jedoch zu einer Erhöhung von Rohrreibungszahl und Widerstandsbeiwert, so dass insgesamt $P_{irr}^* \propto u^{*n}$ mit $2 \leq n \leq 3$ folgt.

Die Rohrreibungszahl kann zu $\lambda_R = 0{,}018$ für $\text{Re} = 10^5$ und $\lambda_R = 0{,}030$ für $\text{Re} = 10^4$ bestimmt werden. Die Widerstandsbeiwerte folgen aus der Tabelle zu $\zeta = 0{,}32$ für $\text{Re} = 10^5$ und $\zeta = 0{,}53$ für $\text{Re} = 10^4$.

Die neuen Verlustleistungen ergeben sich zu

$$P_{irr,2}^* = \underbrace{\lambda_R \frac{L_V^* + L_N^*}{D^*} \overbrace{\frac{u_2^{*2}}{2} \dot{m}^*}^{3,926\,\text{W}}}_{1,06\,\text{W}} + \underbrace{\zeta \frac{u_2^{*2}}{2} \dot{m}^*}_{1,26\,\text{W}} = 2,31\text{W}$$

und

$$P_{irr,3}^* = \underbrace{\lambda_R \frac{L_V^* + L_N^*}{D^*} \overbrace{\frac{u_3^{*2}}{2} \dot{m}^*}^{3,926\,\text{mW}}}_{1,78\,\text{mW}} + \underbrace{\zeta \frac{u_3^{*2}}{2} \dot{m}^*}_{2,08\,\text{mW}} = 3,85\text{mW}$$

Der Anteil des Krümmers am Gesamtverlust beträgt weiterhin nahezu 55%. Davon treten lt. Tabelle B14.2 ca. 80% als zusätzliche Verluste in der Nachlaufstrecke auf.

zu c:

Einsetzen von $\zeta = 0{,}2$ ergibt

$$P_{irr,1,\zeta=0,2}^* = \lambda_R \frac{L_V^* + L_N^*}{D^*} \frac{u_1^{*2}}{2} \dot{m}^* + \zeta \frac{u_1^{*2}}{2} \dot{m}^* = 1491\text{W}$$

$$P_{irr,2,\zeta=0,2}^* = \lambda_R \frac{L_V^* + L_N^*}{D^*} \frac{u_2^{*2}}{2} \dot{m}^* + \zeta \frac{u_2^{*2}}{2} \dot{m}^* = 1,85\text{W}$$

$$P_{irr,3,\zeta=0,2}^* = \lambda_R \frac{L_V^* + L_N^*}{D^*} \frac{u_3^{*2}}{2} \dot{m}^* + \zeta \frac{u_3^{*2}}{2} \dot{m}^* = 2,55\text{mW}$$

Es ergeben sich damit Abweichungen von

$$(P_{irr,1}^* - P_{irr,1,\zeta=0,2}^*)/P_{irr,1}^* = 5\%$$

$$(P_{irr,2}^* - P_{irr,2,\zeta=0,2}^*)/P_{irr,2}^* = 20\%$$

$$(P_{irr,3}^* - P_{irr,3,\zeta=0,2}^*)/P_{irr,3}^* = 34\%$$

Der Fehler wird mit sinkender Reynoldszahl größer. Setzt man eine zulässige Fehlergrenze von 5% an, folgt daraus, dass die Reynoldszahl größer als 10^6 sein muss. Die Abweichung des approximierten Widestandsbeiwert vom wahren Wert $\zeta = 0{,}22$ beträgt dabei 10%. Da durch die geraden Rohrsegmente ebenfalls ein Beitrag zum Gesamtverlust entsteht, wird der Fehler durch den Krümmer für die untersuchte Anordnung in etwa halbiert.

◻ *Sind die Ergebnisse plausibel?*

Die Ergebnisse sind plausibel. Die Verluste skalieren mit einem Exponenten $2 \leq n \leq 3$. Nur für den Fall eines sehr starken Trägheitseinflusses, der bei einem glatten Krümmer erst bei Reynoldszahlen Re $> 10^6$ auftritt, gilt $n \approx 3$. Durch die Definition des Widerstandsbeiwertes, der die Verlustleistung zunächst auf den Massenstrom bezieht und die daraus resultierende spezifische Verlustleistung auf die kinetische Energie der mittleren Geschwindigkeit bezieht, wird der Widerstandsbeiwert erst dann Reynoldzahl-unabhängig. Mit abnehmender Reynoldszahl ab Re $< 10^6$ steigt der Widerstandsbeiwert als Konsequenz von $P_{irr}^* \propto u^{*n}$ mit $2 \leq n \leq 3$.

Anhang 1: Vektoroperatoren und ihre Bedeutung in kartesischen Koordinaten

In einer vektoriellen Formulierung gelten die Grundgleichungen einheitlich, d.h. unabhängig vom Koordinatensystem. Um daraus die Gleichungen für ein bestimmtes Koordinatensystem zu gewinnen, müssen die einheitlich gültigen Vektoroperationen in die koordinaten-spezifische Form „übersetzt" werden. Für eine Übertragung auf kartesische Koordinaten enthält die nachfolgende Tabelle einige wichtige Operatoren einschließlich ihrer Bedeutung in kartesischen Koordinaten.

Um besser erkennen zu lassen, welche Stufe (Skalar, Vektor, Tensor) die einzelnen Operatoren ergeben, sind allgemeine Größen s^* und $\hat{s}^*$ für Skalare, $\vec{v}^*$ und $\hat{\vec{v}}^*$ für Vektoren, T^* für Tensoren gewählt worden. Die mit (ˆ) gekennzeichneten Größen sind für die Fälle eingeführt worden, in denen der Operator die Stufe nicht ändert, wie z.B. der Operator rot , der angewandt auf einen Vektor wieder einen Vektor ergibt. Die linke Spalte der Tabelle zeigt jeweils zwei oder mehrere gleichwertige symbolische Schreibweisen für ein und denselben Operator, da leider keine einheitliche Schreibweise besteht.

Vektor-Operator	ergibt in Index-Schreibweise	ergibt ausgeführt in kartesischen Koordinaten
GRADIENT DES SKALARS s^*		
$\operatorname{grad} s^* = \nabla s^*$	$v_i^* = \dfrac{\partial s^*}{\partial x_i^*}$	$\vec{v}^* = \left(\dfrac{\partial s^*}{\partial x^*}, \dfrac{\partial s^*}{\partial y^*}, \dfrac{\partial s^*}{\partial z^*} \right)$
GRADIENT DES VEKTORS $\vec{v}^*$		
$\operatorname{grad} \vec{v}^* = \nabla \vec{v}^*$	$t_{ij}^* = \dfrac{\partial v_j^*}{\partial x_i^*}$	$T^* = \begin{bmatrix} \dfrac{\partial v_1^*}{\partial x^*} & \dfrac{\partial v_2^*}{\partial x^*} & \dfrac{\partial v_3^*}{\partial x^*} \\[2ex] \dfrac{\partial v_1^*}{\partial y^*} & \dfrac{\partial v_2^*}{\partial y^*} & \dfrac{\partial v_3^*}{\partial y^*} \\[2ex] \dfrac{\partial v_1^*}{\partial z^*} & \dfrac{\partial v_2^*}{\partial z^*} & \dfrac{\partial v_3^*}{\partial z^*} \end{bmatrix}$

Fortsetzung der Tabelle auf der folgenden Seite

© Springer-Verlag Berlin Heidelberg 2018
H. Herwig und B. Schmandt, *Strömungsmechanik*,
https://doi.org/10.1007/978-3-662-57773-8

Fortsetzung der Tabelle von der vorigen Seite

DIVERGENZ DES VEKTORS $\vec{v}^*$

| $\operatorname{div} \vec{v}^* = \nabla \cdot \vec{v}^*$ | $s^* = \dfrac{\partial v_i^*}{\partial x_i^*}$ | $s^* = \dfrac{\partial v_1^*}{\partial x^*} + \dfrac{\partial v_2^*}{\partial y^*} + \dfrac{\partial v_3^*}{\partial z^*}$ |

DIVERGENZ DES TENSORS T^*

| $\operatorname{Div} T^* = \nabla \cdot T^*$ | $v_i^* = \dfrac{\partial t_{ji}^*}{\partial x_j^*}$ | $\vec{v}^* = \begin{pmatrix} \dfrac{\partial t_{11}^*}{\partial x^*} + \dfrac{\partial t_{21}^*}{\partial y^*} + \dfrac{\partial t_{31}^*}{\partial z^*} \\[2ex] \dfrac{\partial t_{12}^*}{\partial x^*} + \dfrac{\partial t_{22}^*}{\partial y^*} + \dfrac{\partial t_{32}^*}{\partial z^*} \\[2ex] \dfrac{\partial t_{13}^*}{\partial x^*} + \dfrac{\partial t_{23}^*}{\partial y^*} + \dfrac{\partial t_{33}^*}{\partial z^*} \end{pmatrix}^T$ |

ROTATION DES VEKTORS $\vec{v}^*$

| $\operatorname{rot} \vec{v}^* = \nabla \times \vec{v}^*$ | $\hat{v}_i^* = \epsilon_{ijk} \dfrac{\partial v_k^*}{\partial x_j^*}$ | $\hat{\vec{v}}^* = \begin{pmatrix} \dfrac{\partial v_3^*}{\partial y^*} - \dfrac{\partial v_2^*}{\partial z^*} \\[2ex] \dfrac{\partial v_1^*}{\partial z^*} - \dfrac{\partial v_3^*}{\partial x^*} \\[2ex] \dfrac{\partial v_2^*}{\partial x^*} - \dfrac{\partial v_1^*}{\partial y^*} \end{pmatrix}^T$ |

LAPLACE-OPERATOR AUF s^*

| $\begin{aligned} \Delta s^* &= \nabla^2 s^* \\ &= \operatorname{div} \operatorname{grad} s^* \\ &= \nabla \cdot (\nabla s^*) \end{aligned}$ | $\hat{s}^* = \dfrac{\partial^2 s^*}{\partial x_i^* \partial x_i^*}$ | $\hat{s}^* = \dfrac{\partial^2 s^*}{\partial x^{*2}} + \dfrac{\partial^2 s^*}{\partial y^{*2}} + \dfrac{\partial^2 s^*}{\partial z^{*2}}$ |

Tab. A1.1: Vektoroperatoren und ihre Bedeutung in kartesischen Koordinaten

$s^*, \hat{s}^*$:   Skalare

$\vec{v}^*, \hat{\vec{v}}^*$:   Vektoren; $\vec{v}^* = (v_1^*, v_2^*, v_3^*)$; $\hat{\vec{v}}^* = (\hat{v}_1^*, \hat{v}_2^*, \hat{v}_3^*)$

T^*:   Tensor; $T^* = \begin{bmatrix} t_{11}^* & t_{12}^* & t_{13}^* \\ t_{21}^* & t_{22}^* & t_{23}^* \\ t_{31}^* & t_{32}^* & t_{33}^* \end{bmatrix}$

Bei der Indexschreibweise gilt die Summationskonvention, s. Anmerkung 4.7/S. 76

ϵ_{ijk} :   Permutationssymbol ($+1$, -1 oder 0, abhängig von der Zahlenfolge i, j, k)

Anhang 2: Andere Koordinatensysteme/ Grundgleichungen in Zylinderkoordinaten

Im vorliegenden Buch sind alle Gleichungen in kartesischen Koordinaten angegeben worden. Für bestimmte Strömungen ist es allerdings zweckmäßig, die Gleichungen in anderen, den Strömungen besser angepassten Koordinaten zu formulieren. Neben den kartesischen sind deshalb folgende Koordinaten gebräuchlich, die jeweils in Bezug auf das kartesische Koordinatensystem (x^*, y^*, z^*) angegeben werden können:

❐ Zylinderkoordinaten (x_Z^*, r_Z^*, φ_Z)

$$x_Z^* = x^*$$
$$r_Z^* = \sqrt{y^{*2} + z^{*2}}$$
$$\varphi_Z = \arctan(z^*/y^*)$$

❐ Kugelkoordinaten (r_K^*, φ_K, Θ_K)

$$r_K^* = \sqrt{x^{*2} + y^{*2} + z^{*2}}$$
$$\varphi_K = \arctan(z^*/y^*)$$
$$\Theta_K = \arctan(x^*/\sqrt{y^{*2} + z^{*2}})$$

❐ Allgemeine körperangepasste Koordinaten (s^*, n^*, l^*)

s^*: wandparallele Koordinate
n^*: wandnormale Koordinate
l^*: laterale Koordinate

Die Gleichungen in neuen Koordinatensystemen können prinzipiell auf zwei Wegen gewonnen werden:

1. Ausgehend von den Gleichungen in kartesischen Koordinaten

   ❐ unter Beachtung der Kettenregeln bei der Umschreibung partieller Ableitungen von einem auf ein anderes Koordinatensystem

   ❐ unter Beachtung der Transformationsvorschriften für die Einheitsvektoren in den jeweiligen Koordinatensystemen

   Beispiele hierfür finden sich u.a. in Jischa (1982).

2. Ausgehend von den Gleichungen in Vektordarstellung, die einheitlich für alle Koordinatensysteme gilt und anschließendes Umschreiben in das gewünschte Koordinatensystem unter Beachtung der jeweiligen Vektor- und Tensoroperatoren, s. dazu auch Anmerkung 4.8 .

© Springer-Verlag Berlin Heidelberg 2018
H. Herwig und B. Schmandt, *Strömungsmechanik*,
https://doi.org/10.1007/978-3-662-57773-8

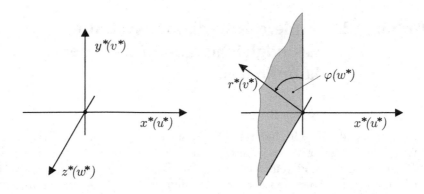

kartesische Koordinaten   Zylinderkoordinaten

u^*:   Axialgeschwindigkeit
v^*:   Radialgeschwindigkeit
w^*:   Umfangsgeschwindigkeit

Bild A2.1: Lage des Zylinder-Koordinatensystems

Beispiele hierfür finden sich u.a. in Panton (1996) und Bird et al. (1960).
In der nachfolgenden Tabelle A2.1 sind beispielhaft die allgemeinen Bilanzgleichungen für die Masse und den Impuls analog zu Tab. 4.1 in Zylinderkoordinaten angegeben. Die konstitutiven Gleichungen für Newtonsche Fluide
ebenfalls in Zylinderkoordinaten enthält Tab. A2.2 (analog zu Tab. 4.2).
Die Lage der Koordinaten ist in Bild A2.1 skizziert. Dabei ist zu beachten,
dass u^*, v^*, w^* für die drei Komponenten des Geschwindigkeitsvektors beibehalten worden sind, diese aber gegenüber einem kartesischen Koordinatensystem eine andere Bedeutung haben, wie ebenfalls in Bild A2.1 ausgeführt
ist.

Literatur

Bird, R.B.; Stewart, W.E.; Lightfood, E.N. (2002): Transport Phenomena. 2. Aufl., John
Wiley, New York

Jischa, M. (1982): Konvektiver Impuls-, Wärme- und Stoffaustausch. Vieweg-Verlag,
Braunschweig

Panton, R. (1996): Incompressible Flow. John Wiley & Sons, New York

$$\boxed{\frac{\mathrm{D}}{\mathrm{D}t^*} = \frac{\partial}{\partial t^*} + u^* \frac{\partial}{\partial x^*} + v^* \frac{\partial}{\partial r^*} + \frac{w^*}{r^*} \frac{\partial}{\partial \varphi}}$$

KONTINUITÄTSGLEICHUNG

$$\frac{\partial \varrho^*}{\partial t^*} + \frac{\partial(\varrho^* u^*)}{\partial x^*} + \frac{1}{r^*} \frac{\partial(r^* \varrho^* v^*)}{\partial r^*} + \frac{1}{r^*} \frac{\partial(\varrho^* w^*)}{\partial \varphi} = 0 \qquad (\text{K*})$$

x-IMPULSGLEICHUNG

$$\varrho^* \frac{\mathrm{D}u^*}{\mathrm{D}t^*} = f_x^* - \frac{\partial p^*}{\partial x^*} + \left(\frac{\partial \tau_{xx}^*}{\partial x^*} + \frac{1}{r^*} \frac{\partial(r^* \tau_{rx}^*)}{\partial r^*} + \frac{1}{r^*} \frac{\partial \tau_{\varphi x}^*}{\partial \varphi} \right) \qquad (\text{XI*})$$

r-IMPULSGLEICHUNG

$$\varrho^* \left(\frac{\mathrm{D}v^*}{\mathrm{D}t^*} - \frac{w^{*2}}{r^*} \right) = f_r^* - \frac{\partial p^*}{\partial r^*}$$

$$+ \left(\frac{\partial \tau_{xr}^*}{\partial x^*} + \frac{1}{r^*} \frac{\partial(r^* \tau_{rr}^*)}{\partial r^*} + \frac{1}{r^*} \frac{\partial \tau_{\varphi r}^*}{\partial \varphi} - \frac{\tau_{\varphi\varphi}^*}{r^*} \right) \qquad (\text{RI*})$$

φ-IMPULSGLEICHUNG

$$\varrho^* \left(\frac{\mathrm{D}w^*}{\mathrm{D}t^*} + \frac{v^* w^*}{r^*} \right) = f_\varphi^* - \frac{1}{r^*} \frac{\partial p^*}{\partial \varphi}$$

$$+ \left(\frac{\partial \tau_{x\varphi}^*}{\partial x^*} + \frac{1}{r^{*2}} \frac{\partial(r^{*2} \tau_{r\varphi}^*)}{\partial r^*} + \frac{1}{r^*} \frac{\partial \tau_{\varphi\varphi}^*}{\partial \varphi} + \frac{\tau_{\varphi r}^* - \tau_{r\varphi}^*}{r^*} \right) \qquad (\Phi\text{I*})$$

Tab. A2.1: Dimensionsbehaftete allgemeine Bilanzgleichungen in Zylinderkoordinaten
Kartesische Koordinaten: s. Tab. 4.1

$$\boxed{\mathrm{div}\ \vec{v}^* = \frac{\partial u^*}{\partial x^*} + \frac{1}{r^*} \frac{\partial(r^* v^*)}{\partial r^*} + \frac{1}{r^*} \frac{\partial w^*}{\partial \varphi}}$$

TANGENTIALSPANNUNGEN

$$\tau_{xr}^* = \tau_{rx}^* = \eta^* \left[\frac{\partial v^*}{\partial x^*} + \frac{\partial u^*}{\partial r^*} \right] ; \quad \tau_{r\varphi}^* = \tau_{\varphi r}^* = \eta^* \left[r^* \frac{\partial}{\partial r^*} \left(\frac{w^*}{r^*} \right) + \frac{1}{r^*} \frac{\partial v^*}{\partial \varphi} \right] ;$$

$$\tau_{\varphi x}^* = \tau_{x\varphi}^* = \eta^* \left[\frac{1}{r^*} \frac{\partial u^*}{\partial \varphi} + \frac{\partial w^*}{\partial x^*} \right]$$

NORMALSPANNUNGEN

$$\tau_{xx}^* = \eta^* \left[2 \frac{\partial u^*}{\partial x^*} - \frac{2}{3} \mathrm{div}\ \vec{v}^* \right] ; \quad \tau_{rr}^* = \eta^* \left[2 \frac{\partial v^*}{\partial r^*} - \frac{2}{3} \mathrm{div}\ \vec{v}^* \right] ;$$

$$\tau_{\varphi\varphi}^* = \eta^* \left[2 \left(\frac{1}{r^*} \frac{\partial w^*}{\partial \varphi} + \frac{v^*}{r^*} \right) - \frac{2}{3} \mathrm{div}\ \vec{v}^* \right]$$

Tab. A2.2: Konstitutive Gleichungen Newtonscher Fluide in Zylinderkoordinaten
Kartesische Koordinaten: s. Tab. 4.2

Häufig verwendete Indizes und Kennungen

Im folgenden werden an einer allgemeinen Größe a die wesentlichen, im Buch verwendeten Indizes und Kennungen erläutert.

a^* dimensionsbehaftete Größe

$\overline{a^*}$ konventionelle Zeitmittelung von a^*, s. (5.7)

$\overset{.....}{a^*}$ massengewichtete Zeitmittelung von a^*, s. (5.8)

$a^{*\prime}$ Schwankungsgröße von a^* bei konventioneller Zeitmittelung, s. (5.7)

$a^{*\prime\prime}$ Schwankungsgröße von a^* bei massengewichteter Zeitmittelung, s. (5.8)

a_i^* Komponente eines Vektors ($i = x, y, z$)

a_{ij}^* Komponente eines Tensors ($i = x, y, z$; $j = x, y, z$)

a_0^* Kesselgröße bei kompressiblen Strömungen, s. Bild 7.1

a_{krit}^* kritische Größe bei kompressiblen Strömungen, s. (7.12)

a_∞^* Größe in der Zuströmung/Anströmung

a^+ dimensionslose Größe in der Wandschicht einer turbulenten Grenzschicht, s. (9.39)

$\hat{a}$ dimensionslose Größe in einer turbulenten Grenzschicht, gebildet mit der lokalen Außengeschwindigkeit, s. (9.61)

$a^{*\prime\prime\prime}$ volumetrische Größe, s. Teil C

$a^{*\prime}$ longitudinale Größe, s. Teil C

© Springer-Verlag Berlin Heidelberg 2018
H. Herwig und B. Schmandt, *Strömungsmechanik*,
https://doi.org/10.1007/978-3-662-57773-8

Verzeichnis wichtiger Symbole und Formelzeichen

$\hat{A}$	–	dimensionsloser Strömungsquerschnitt A^*/A^*_{krit} bei kompressiblen Strömungen, s. (7.14)
A^*	N	aerodynamischer Auftrieb, s. (B8.3-1)
A^*	m^2	Fläche
$\hat{A}^*$	m^2	freier Teil der Kontrollraumgrenze, s. Bild 6.5
a^*	m^2/s	Temperaturleitfähigkeit
a^*_t	m^2/s	turbulente Temperaturleitfähigkeit, s. (5.35)
B	–	Parameter im Defekt-Gesetz, s. (9.58)
B^*	m	Breite, senkrecht zur Zeichenebene
C^+	–	Konstante im Wandgesetz turbulenter Grenzschichten, s. (9.45)
c_p	–	Druckbeiwert, s. (8.4)
c_W	–	Widerstandsbeiwert, s. (9.21)
$\widehat{c}_W$	–	Widerstandsbeiwert, s. (14.6)
$\hat{c}_f$	–	Reibungsbeiwert, bezogen auf u^*_{sA}, s. (9.60)
c^*	m/s	Schallgeschwindigkeit, s. (3.14)
c^*	$\mathrm{J/kg\,K}$	spezifische Wärmekapazität von Flüssigkeiten, s. (6.34)
c^*_p	$\mathrm{J/kg\,K}$	isobare spez. Wärmekapazität

© Springer-Verlag Berlin Heidelberg 2018
H. Herwig und B. Schmandt, *Strömungsmechanik*,
https://doi.org/10.1007/978-3-662-57773-8

D^*	m	Durchmesser
D^*	m/s	Geschwindigkeits-Defekt, s. (9.53)
D^*	kg/ms^3	Diffusionsfunktion, s. Tab. 4.1
D_h^*	m	hydraulischer Durchmesser, s. (10.9)
$\dot{E}_V^{*\,E}$	W	Exergieverluststrom, s. (13.17)
$e^{*\,E}$	m^2/s^2	spez. Exergieanteil, s. Tab. 13.1
e^*	m^2/s^2	spez. innere Energie, s. (4.21)
Ec	–	Eckert-Zahl, s. (4.31)
$\vec{f}^*$	N/m^3	Volumenbezogener Volumenkraftvektor, s. (4.14)
Fr	–	Froude-Zahl, s. (4.32)
$\vec{g}^*$	m/s^2	Fallbeschleunigungsvektor
H^*	m	halbe Kanalhöhe, s. Bild B5.1
H^*	m^2/s^2	spez. Gesamtenthalpie, s. (4.21)
h^*	m^2/s^2	spez. Enthalpie, s. (4.21)
k_e^*	1/m	Wellenzahl, s. (5.1)
k^*	m^2/s^2	spez. kinetische Energie der Schwankungsbewegung, s. (5.11)
k_s^*	m	äquivalente Sandrauheit, s. Tab. 9.6
Kn	–	Knudsen-Zahl, s. (1.2)
L_V^*	m	Vorlauflänge, s. Bild 14.1
L_N^*	m	Nachlauflänge, s. Bild 14.1

L^*_{hyd}	m	hydrodynamische Einlauflänge, s. (10.29)
L^*_t	m	Turbulenz-Längenmaß, s. Bild 5.4
l^*_k	m	Kolmogorov-Länge, s. (5.2)
M^*	m^3/s	Dipolmoment, s. Tab. 8.2
m^*	kg	Masse
Ma	–	Mach-Zahl, s. (3.15)
N	–	laminare Grenzschichtkoordinate, s. (9.9)
n^+	–	turbulente Grenzschichtkoordinate, s. (9.39)
n^*	m	Koordinate senkrecht zur Wand
O^*	m^2	gebundener Teil der Kontrollraumgrenze, s. Bild 6.5
p^*	N/m^2	Druck
p^*_{dyn}	N/m^2	dynamischer Druck, s. (6.29)
p^*_{ges}	N/m^2	Gesamtdruck, s. (6.30)
p^*_{mech}	N/m^2	mechanischer Druck, s. (4.17)
p^*_{st}	N/m^2	Druck im statischen Feld
Pe	–	Peclet-Zahl, s. (4.30)
Pr	–	Prandtl-Zahl, s. (7.90)
Pr_t	–	turbulente Prandtl-Zahl, s. (5.36)
Q^*	m^2/s	Quellstärke, s. Tab. 8.2
Q^*	m^3/s	Volumenstrom
$\vec{q}^{\,*}$	W/m^2	Wärmestromdichtevektor, s. (4.24)

$\vec{q}^{*\prime}$	W/m^2	Reynoldsscher Wärmestromdichtevektor, s. (5.18)
$\hat{q}_{12}^*$	J/kg	spezifische Wärme zwischen zwei Querschnitten ① und ②, s. (13.3)
R^*	m	Rohrradius
$\vec{R}^*$	N	Kraftvektor
Re	–	Reynolds-Zahl, s. (4.29)
Re_τ	–	turbulente Reynolds-Zahl, s. (9.33)
s^*	m	Koordinate entlang der Wand
S^*	J/K	Entropie
$\dot{S}^*$	W/K	Entropiestrom
$\Delta\dot{S}_{irr,D,V}^*$	W/K	zusätzliche Entropieproduktionsrate stromaufwärts einer Komponente, s. (14.12)
$\Delta\dot{S}_{irr,D,N}^*$	W/K	zusätzliche Entropieproduktionsrate stromabwärts einer Komponente, s. (14.13)
$\dot{S}_{irr,D}^{*\,\prime\prime\prime}$	W/m^3K	volumetrische Entropieproduktionsrate durch Dissipation, s. (13.10)
$\dot{S}_{irr,WL}^{*\,\prime\prime\prime}$	W/m^3K	volumetrische Entropieproduktionsrate durch Wärmeleitung, s. (13.18)
s^*	$m^2/s^2\,K$	spez. Entropie
s_{irr}^*	$m^2/s^2\,K$	spez. Entropieproduktion, s. (13.7)
T^*	K	Temperatur, absolute
t^*	s	Zeit
Tu	–	Turbulenzgrad, s. (5.12)

$\hat{u}_\tau$	—	Schubspannungsgeschwindigkeit, bezogen auf u_{sA}^*, s. (9.61)
u^*	m/s	Geschwindigkeitskomponente in x-Richtung
u_m^*	m/s	querschnittsgemittelte Geschwindigkeit, s. (10.12)
u_S^*	m/s	Geschwindigkeitsbetrag längs einer Stromlinie, s. (6.1)
u_s^*	m/s	Druckgradientengeschwindigkeit, s. (9.68)
u_τ^*	m/s	Schubspannungsgeschwindigkeit, s. (9.32)
u_∞^*	m/s	Anströmgeschwindigkeit
V	—	transformierte Geschwindigkeit in der laminaren Grenzschicht, s. (9.10)
V^*	m^3	Fluidvolumen
v^*	m/s	Geschwindigkeitskomponente in y-Richtung
$\vec{v}^*$	m/s	Geschwindigkeitsvektor
W^*	N	Widerstandskraft
w^*	m/s	Geschwindigkeitskomponente in z-Richtung
w_{t12}^*	m^2/s^2	spez. technische Arbeit zwischen zwei Querschnitten ① und ②, s. (6.20)
x^*	m	kartesische Koordinate
y^*	m	kartesische Koordinate
z^*	m	kartesische Koordinate

Γ^*	m^2/s	Zirkulation, s. (3.5)
Φ	m^2/s	Potentialfunktion, s. (8.5)

Ψ^*	m^2/s	Stromfunktion, s. Anmerkung 4.10
β	$-$	Clauser-Parameter, s. (9.55)
β	$-$	Querströmungswinkel, s. Bild 11.2
δ_{ij}	$-$	Kronecker-Symbol, s. (4.35)
δ^*	m	Grenzschichtdicke, s. (9.6)
δ_1^*	m	Verdrängungsdicke, s. (9.22)
δ_2^*	m	Impulsverlustdicke, s. (9.19)
δ_W^*	m	Dicke der Wandschicht bei turbulenten Grenzschichten, s. (9.38)
ε^*	m^2/s^3	Dissipationsrate, s. (5.27)
ζ	$-$	Widerstandszahl, s. (6.23)
$\widehat{\zeta}$	$-$	Widerstandszahl, s. (14.4)
η^*	kg/ms	dynamische Viskosität, s. (1.3)
η_t^*	kg/ms	dynamische Wirbelviskosität, s. (5.15)
κ	$-$	Isentropenexponent, s. (7.4)
κ	$-$	Karman-Konstante, s. (5.25)
λ_e^*	m	Wellenlänge, s. (5.1)
λ^*	m	mittlere freie Weglänge, s. (1.2)
λ^*	W/mK	Wärmeleitfähigkeit, s. (4.24)
λ_t^*	W/mK	turbulente Wärmeleitfähigkeit, s. (5.18)
$\mu^{*\prime}$	kg/ms	Volumenviskosität, s. Anmerkung 4.5

ν^*	$\mathrm{m^2/s}$	kinematische Viskosität, s. (5.19)
ν_t^*	$\mathrm{m^2/s}$	kinematische Wirbelviskosität, s (5.20)
ϱ^*	$\mathrm{kg/m^3}$	Dichte, s. (1.1)
τ^*	$\mathrm{N/m^2}$	Schubspannung, s. (1.3)
τ_{ij}^*	$\mathrm{N/m^2}$	Komponenten des viskosen Spannungstensors
$\tau_{ij}^{*\prime}$	$\mathrm{N/m^2}$	Komponenten des Reynoldsschen Spannungstensors
φ_{12}^*	$\mathrm{m^2/s^2}$	spez. Dissipation zwischen zwei Querschnitten ① und ②, s. (6.23)
ω^*	$\mathrm{1/s}$	Drehung, s. (3.4)
$\vec{\omega}^*$	$\mathrm{1/s}$	Drehungsvektor, s. Anmerkung 3.3

Index

© Springer-Verlag Berlin Heidelberg 2018
H. Herwig und B. Schmandt, *Strömungsmechanik*,
https://doi.org/10.1007/978-3-662-57773-8

Printed in the United States
By Bookmasters